中文版

会声会影X6一本通

优图视觉 组编
张 凯 等 编著

精通 软件操作
高手 活学活用
全能 职场选手

专门为零基础渴望自学成才在职场出人头地的你设计的书

本书是一本全面介绍使用会声会影 X6 进行视频处理的完全自学类图书。全书内容针对初学者，循序渐进，从易到难，使读者掌握所学知识，并学会精通使用会声会影 X6 的方法。

本书共有20章，第1~2章为初识会声会影X6和基本操作，作为全书的铺垫。第3~5章为捕获视频、添加素材和视频素材编辑，全面地讲解了素材从捕获到导入再到编辑的全过程。第6章为字幕效果。第7~10章为覆叠效果、转场效果、滤镜效果和音频滤镜。第11~12章为路径动画与跟踪动画和渲染输出视频。第13~20章为综合案例效果，通过8个大型的项目案例，让读者了解工作的全部流程，使其通过反复的练习，达到掌握技术更全面、水平提升速度更快的目的。

图书在版编目（CIP）数据

会声会影 X6 一本通 / 优图视觉编著 . -- 北京：机械工业出版社，2014.9

ISBN 978-7-111-47768-6

Ⅰ.①会… Ⅱ.①优… Ⅲ.①视频编辑软件软件 Ⅳ.① TP317.53

中国版本图书馆 CIP 数据核字（2014）第 195714 号

机械工业出版社（北京市百万庄大街22号 邮政编码 100037）
策划编辑：刘志刚　　责任编辑：刘志刚　吴　靖
封面设计：张　静　　责任校对：王翠英　　责任印制：乔　宇
保定市中画美凯印刷有限公司印刷
2015年5月第1版·第1次印刷
210mm×285mm·24.25 印张·795 千字
标准书号：ISBN 978-7-111-47768-6
　　　　　ISBN 978-7-89405-767-9(光盘)
定价：98.80 元（含 DVD）

凡购本书，如有缺页、倒页、脱页，由本社发行部调换

电话服务
服务咨询热线：（010）88361066
读者购书热线：（010）68326294
　　　　　　　（010）88379203

网络服务
机工官网：www.cmpbook.com
机工官博：weibo.com/cmp1952
教育服务网：www.cmpedu.com
金书网：www.golden-book.com

前　言

会声会影 X6 是一款处理视频的软件，其操作非常简单、容易掌握，并且功能也比较强大，越来越受用户喜爱。会声会影 X6 广泛应用于视频制作、影视制作、特效制作和广告制作等行业。

针对会声会影 X6 的广泛应用和读者需求，我们编写了本书，希望能给读者学习会声会影 X6 提供帮助。

本书的写作方式新颖、章节安排合理、知识难点全面、层次从入门到精通。具体章节内容介绍如下。

第 1 章：初识会声会影 X6。主要讲解了视频制作的相关理论知识。

第 2 章：基础操作。主要讲解了会声会影 X6 的常用基本操作，为后面章节的学习做铺垫。

第 3 章：捕获视频。主要讲解了视频的捕获方法。

第 4 章：添加素材。主要讲解了多种素材添加的技巧。

第 5 章：视频素材编辑。主要讲解了视频素材的常用编辑方法。

第 6 章：字幕效果。主要讲解了各种风格、质感文字的创建和编辑。

第 7 章：覆叠效果。主要讲解了各种覆叠效果的参数和应用效果。

第 8 章：转场效果。主要讲解了各种转场效果的参数及应用方法。

第 9 章：滤镜效果。主要讲解了各种特效滤镜的详细参数和模拟效果。

第 10 章：音频滤镜。主要讲解了各种音频滤镜的参数和使用技巧。

第 11 章：路径动画与跟踪动画。主要讲解了路径动画与跟踪动画的制作。

第 12 章：渲染输出视频。主要讲解了影片最终的渲染输出方法，包括输出不同大小、质量和要求的影片。

第 13~20 章：综合案例效果。以 8 个大型的综合案例，讲解了视频后期制作大型项目的完整流程和思路。

本书附带一张 DVD 教学光盘，内容包括所有实例的源文件和素材文件，并包含本书中所有实例的视频教学录像，供读者使用。

本书技术实用、讲解清晰，不仅可以作为会声会影初、中级读者学习使用，也可以作为大中专院校相关专业及会声会影培训班的教材，更适合于视频制作、影视制作、特效制作和广告制作等行业的从业人员使用。

本书由优图视觉策划，主要由张凯负责编写。参与本书编写的有曹茂鹏、瞿颖健、艾飞、曹爱德、曹明、曹诗雅、曹玮、曹元钢、曹子龙、崔英迪、丁仁雯、董辅川、高歌、韩雷、鞠闯、李化、李进、李路、马啸、马扬、瞿吉业、瞿学严、瞿玉珍、孙丹、孙芳、孙雅娜、王萍、王铁成、杨建超、杨力、杨宗香、于燕香、张建霞和张玉华等同志。在编写的过程中，得到了机械工业出版社的刘志刚老师的大力支持，在此一并表示感谢。

由于时间仓促，加之水平有限，书中难免存在错误和不妥之处，敬请广大读者批评和指正。

编　者

目录

前言

基础篇

编辑技巧篇

第 5 章 视频素材编辑

绚丽文字篇

第 6 章 字幕效果

精彩特效篇

趣味动画篇

输出篇

案例篇

基础篇

第 1 章　初识会声会影 X6

本章内容简介

在使用会声会影 X6 软件前，需要掌握软件的安装方法以及新增功能，本章主要介绍了各个操作界面和素材库的使用方法，以及会声会影 X6 的新功能，使读者能够快速了解软件的各种操作和功能变化。

本章学习要点

了解相关的理论知识

掌握会声会影 X6 的安装方法

认识会声会影 X6 的工作界面

掌握各个面板和素材库的应用

了解会声会影 X6 的新功能

佳作欣赏

1.1　会声会影 X6 的系统要求

在安装会声会影 X6 时，首先需了解该软件的安装环境，避免在安装过程中出现错误的可能性。

（1）Intel Core Duo 1.83 GHz 处理器或 AMD 双核 2.0 GHz 处理器（建议使用 Intel Core i5 或 i7 处理器，或者是 ADM Phenom II X4 或 X6 处理器）。

（2）安装具有最新服务包的 Microsoft Windows 8/7/Vista/XP（32 位或 64 位版本）。

（3）2GB 的 RAM（建议使用 4GB 的 RAM 或更高内存，以及 1GB 的 VRAM 或更高内存）。

（4）屏幕分辨率最低位 1024×768 像素。

（5）Windows 兼容声卡。

（6）Windows 兼容的 DVD-ROM 驱动器，用于安装与 Windows 兼容的 DVD 刻录器，用于 DVD 输出。建议使用 Windows 兼容的蓝光光盘（Blu-ray Disc）刻录器，用于蓝光光盘和 DVD 输出。

（7）为编辑 UHD/4K 和 3D 视频，建议使用 Intel Core i7 或 AMD Phenom II X4（装有 Windows 8 64 位操作系统和 4GB RAM 或更高内存）。

1.2 常用视音频格式

常用的视音频格式有很多种，包括 AVI、MPEG、MP3 和 DVD 等。下面介绍几种视音频格式：

【AVI】：Audio-Video Interleave（音频视频交织）是一种专门为 Microsoft Windows 环境设计的数字视频文件格式，现在通常作为多种音频和视频编解码程序的存储格式。

【AVCHD】：其全称为 Advanced Video Codec High Definition，是一种摄像机专用的视频格式。它使用了专为蓝光光盘 / 高清晰兼容性而设计的光盘结构，可以在标准 DVD 上刻录。

【BD Blu-ray】：是一种使用蓝光激光以达到高清晰视频录制和回放的可选光盘格式。每张光盘还可在 25GB（单层）和 50GB（双层）的光盘中刻录更多信息，是标准 DVD 容量的五倍多。

【DV】：Digital Video（数字视频）的首字母缩写，代表非常具体的视频格式，就像 VHS 或 High-8 一样。如果有适当的硬件和软件，您的 DV 摄像机和计算机便可以识别（回放、记录）这种格式。可以将 DV 从摄像机复制到计算机，然后再将影片复制回摄像机（当然，是在编辑之后），并且不会有任何质量损失。

【DVD】:（数字通用光盘）由于其质量和兼容性优势，而在视频制作中得到广泛应用。DVD 不仅可以保证视频和音频的质量，它还使用 MPEG-2 格式，此格式可用于制作单面或双面以及单层或双层的光盘。这些 DVD 可以在单独的 DVD 播放机中播放，也可以在计算机的 DVD-ROM 驱动器中播放。

【MP3】：是 MPEG Audio Layer-3 的缩写。它是一种音频压缩技术，能够以非常小的文件大小制造出接近 CD 的音频质量，从而使其能够通过 Internet 快速传输。

【MPEG-2】：一种在诸如 DVD 之类的产品中使用的音频和视频压缩标准。它是 MPEG-4 移动设备和 Internet 视频流中常用的视频和音频压缩格式，以低数据速率提供高质量视频。

1.3 电视制式

制式就是电视台和电视机之间共同实行的一种处理视频和音频信号的标准，当标准统一时，即可实现信号的接收。世界上广泛使用的主要电视广播制式有 PAL、NTSC 和 SECAM 三种，中国大部分地区和印度等国家都使用 PAL 制式，欧美国家、日韩和东南亚地区主要使用 NTSC 制式，而俄罗斯则主要使用 SECAM 制式。

1.3.1

PAL 制式是采用逐行倒相正交平衡调幅的方法，弥补了 NTSC 制式相位敏感造成色彩失真的缺点。而且该制式相位偏差并不敏感，在传送过程中对画面色彩的影响较小。

PAL 制式常用来指电视扫描线为 625 线，每秒 25 帧，隔行扫描的色彩编码制式。而且 PAL 和 NTSC 这两种制式不能相互兼容。

1.3.2

NTSC 制式是最早的彩色制式，该制式采用正交平衡调幅的方法，其优点是解码的线路简单、成本较低。NTSC 制式标准自问世以来，除了增添了色彩信号的新参数外并没有其他显著变化，而且 NTSC 信号是不能与计算机系统直接兼容的。

1.3.3

SECAM 制式是法语的缩写，是指按顺序传送色彩信号与存储恢复彩色信号制，同样也弥补了 NTSC 制式相位失真的缺点，采用的是时间分隔的方法来传送两个色差信号，其主要优点是在三种制式中受传输过程中的影响最小，而且色彩效果最好。

1.4 视频基础

视频就是将一系列的静态图像以连续的方式进行播放，从而形成的动态画面效果。当每秒图像变化超过 24 帧时，由于人体的视觉画面暂留原理，所以人眼无法分辨出单帧的画面，而是平滑的视频效果。随着数字化建设的发展，视频的应用也从电视扩展到网络等领域。

1.4.1

视频分辨率就是视频画面的大小，以像素为单位。即视频高和宽的像素值，像素越高画面质量越高，而像素越低画面质量就越低。每英寸的有效像素填充量影响着视频的大小和质量，当有效像素较低时，画面被放大后就会出现显卡自动添加的差值，画面就会模糊。在通常情况下单位尺寸越大，有效像素就越小，也就越清晰。

1.4.2

像素长宽比主要指视频画面与画面元素的比例，而数字视频的像素与计算机中常用的方形像素不同，如传统的电视屏幕长宽比为 4:3，HDTV 制式的长宽比为 16:9，就是非方形像素的格式。较窄的像素块则形成了 4:3 的画面，较宽的像素块则多形成 16:9 的画面。不同长宽比的视频画面对比效果，如图 1-1 所示。

图 1-1

1.4.3

影视媒体是当前最广泛、最大众化、最具影响力的传播形式，包括电视、电影、广告片段等都时时刻刻地影响着人们的生活。数字化的技术发展使得这些媒体传播更加丰富和多样，而在这些影视媒体的背后，就是影视制作。

影视制作分为前期和后期，前期制作主要是采集素材，对素材进行初步剪辑处理，形成半成品。后期制作就是将拍摄所得的素材通过三维动画和特效合成等方法制作出特殊的画面效果，然后将相应的画面进行组接、字幕和配音等，最后形成一套完整的影片效果。

后期制作流程

影视后期制作一般主要包括镜头组接、特效制作和声音合成三个部分。

1. 镜头组接

首先需要将采集录制的素材进行剪辑，剪辑分为初剪和精剪两部分。按照已定的脚本进行初步剪辑和拼接，在初剪通过后，即可进入细致的精剪部分，并调整镜头与镜头间的组接方式，从而形成一个没有视频特效、没有配乐和旁白的视频版本。

求生秘籍——技巧提示：蒙太奇

蒙太奇技巧：影片后期制作主要分为画面剪辑与合成两个部分，通过对素材的剪辑可以将画面进行平行并列和叠化，从而使画面过渡增加深意，并且过渡效果柔和。在影片中添加不同地点、不同距离和角度、不同拍摄方法的镜头，并进行相关排列合成，从而强调影片含义、氛围。这就是蒙太奇的刻画手法。

2. 特效制作

在镜头的组接完成后，即可对影片进行特效相关的合成，该部分的制作直接影响最终画面的呈现效果。影片的特效处理方式包括抠像与光效合成等。许多影片中出现的十分震撼的画面效果，多数是在这一部分进行制作的。

3. 声音合成

当作品的所有镜头画面效果完成后，就可以进行声音的合成，包括旁白、对白和配乐等。根据镜头进行声音匹配，然后添加音效与背景音乐，并设置音效的立体声和远近效果，从而使声音更加真实。

FAQ 常见问题解答：线性编辑与非线性编辑的区别有哪些？

传统的影片编辑是在编辑机上完成的，包括放像机和录像机。但是磁带的画面是按顺序排列的，且无法插入和删除镜头，从而有较大的局限性，这就是线性编辑。

非线性编辑主要是数字化的编辑，无须过多的外部设备。在剪辑过程中可以打破时间顺序，将镜头重新组接、删除和添加，而且画面质量不会因此而降低。由于非线性编辑的灵活性和快捷性，所以其应用十分广泛。

1.5 会声会影 X6 的安装方法

会声会影 X6 的界面分明、功能强大，而且操作较为简单，学习起来较为容易。它可以快速地制作和编辑视频。不仅可以对生活中录制的影片进行编辑，还可以制作较为专业的影片效果。会声会影 X6 的界面效果，如图 1-2 所示。

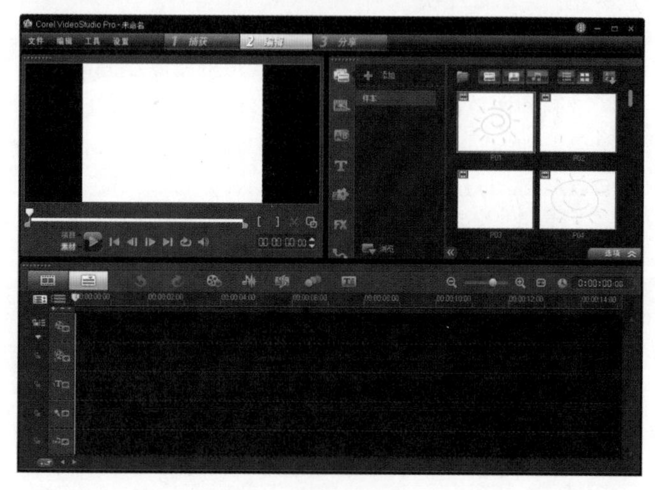

图 1-2

会声会影 X6 的安装方法：

（1）双击开启会声会影 X6 的安装程序，等待安装文件，如图 1-3 所示。在文件保存完成后，会弹出安装初始化向导对话框，如图 1-4 所示。

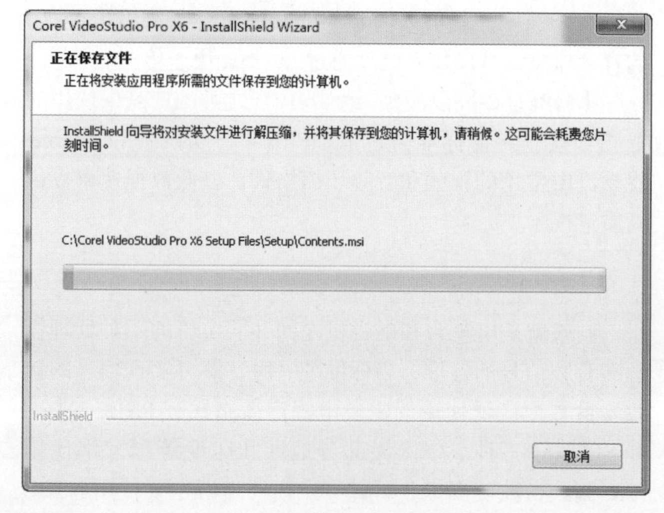

图 1-3

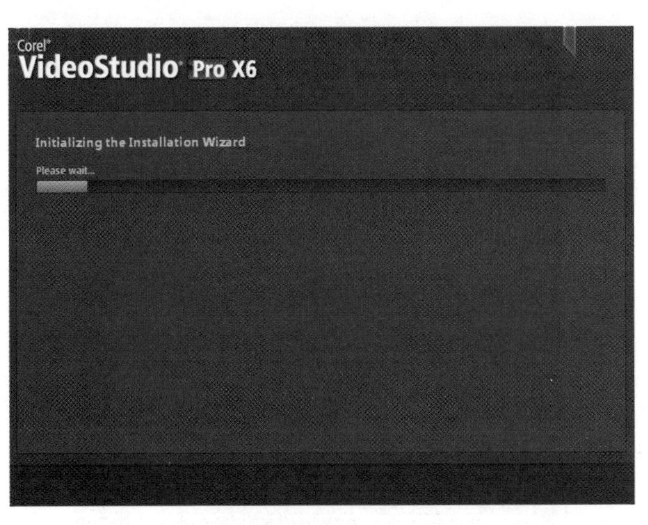

图 1-4

（2）在初始化安装完成后，在弹出的许可协议对话框中勾选接受协议选项，然后单击【Next（下一步）】按钮，如图 1-5 所示。

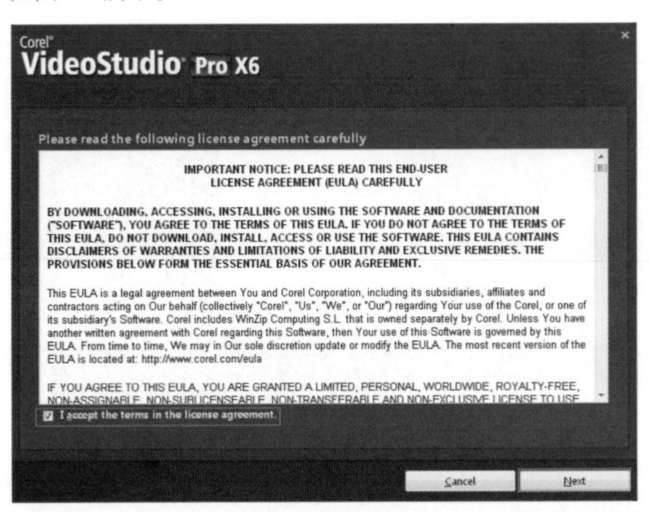

图 1-5

（3）在出现的安装界面中选择所在国家和软件安装的路径，并单击【Next（下一步）】按钮，如图 1-6 所示。

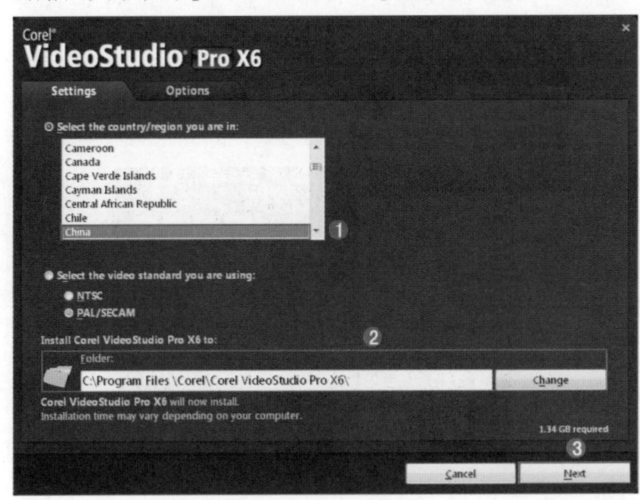

图 1-6

（4）在此时出现的界面中单击【Install Now（现在安装）】按钮，如图 1-7 所示。等待安装进度，如图 1-8 所示。

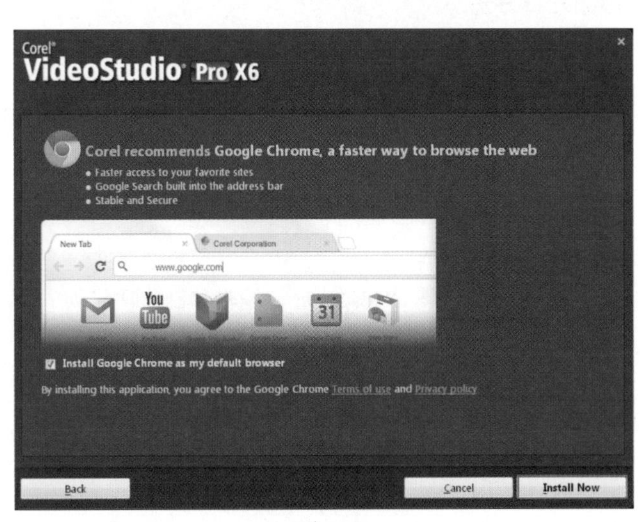

图 1-7

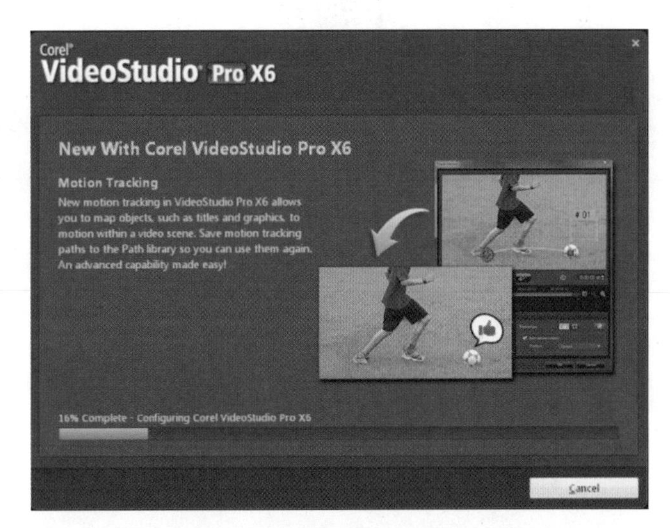

图 1-8

（5）在进度完成后单击【Finish（完成）】按钮即可完成安装，如图 1-9 所示。

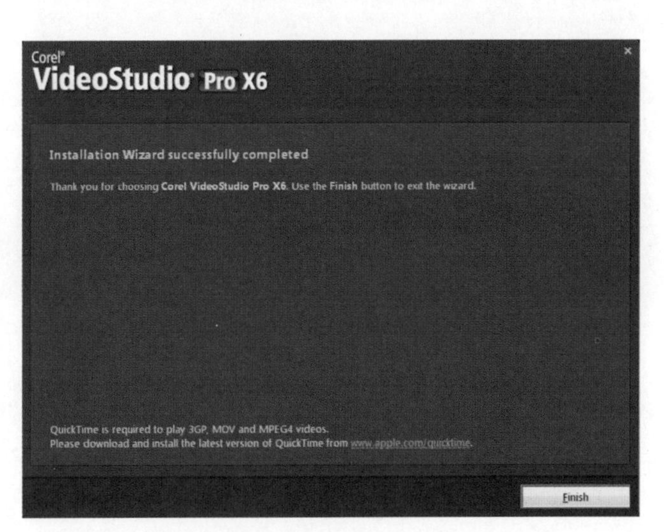

图 1-9

FAQ 常见问题解答：获取会声会影 X6 的安装程序的几种方法。

（1）登录 http://www.corel.com/corel 官方网站购买正版。

（2）登录 http://www.corel.com/corel/product/index.jsp?pid=prod4900075 下载免费试用版。

1.6 打开和关闭会声会影 X6

在利用会声会影 X6 软件进行编辑和制作项目前，首先要学会打开和关闭会声会影 X6 软件。

1.6.1

（1）在会声会影 X6 软件的快捷方式图标上双击鼠标左键，如图 1-10 所示。这时会出现启动界面，如图 1-11 所示。

图 1-10

图 1-11

（2）稍等片刻，即可打开会声会影 X6 软件，如图 1-12 所示。

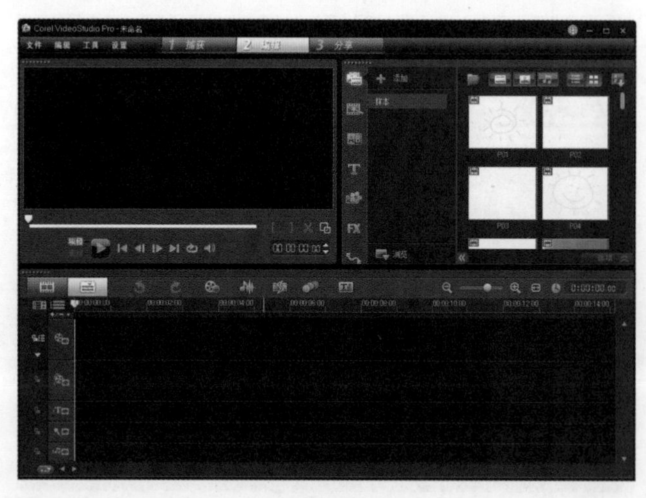

图 1-12

1.6.2

（1）如果要关闭会声会影 X6 软件，直接单击右上角的【关闭】按钮即可，如图 1-13 所示。

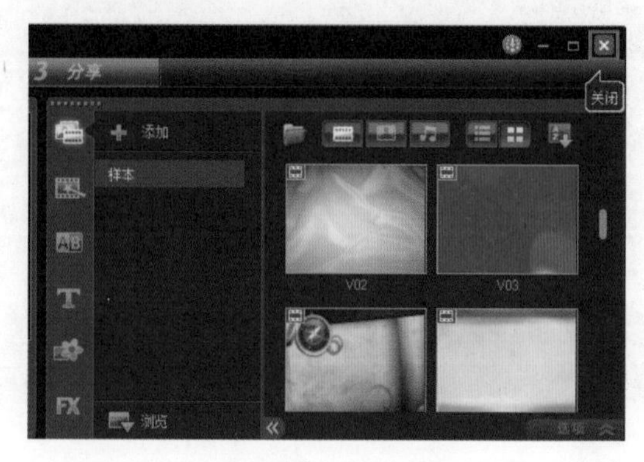

图 1-13

（2）也可以执行菜单栏中的【文件】/【退出】命令，如图 1-14 所示。

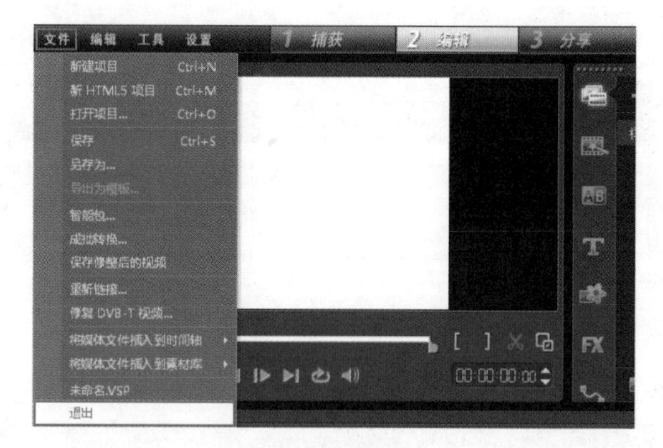

图 1-14

1.7 认识会声会影 X6 的工作界面

会声会影 X6 的工作界面中包括多个模块，分别为【菜单栏】、【步骤面板】、【预览窗口】、【导览面板】、【素材库面板】、【素材库】、【选项面板】、【工具栏】和【项目时间轴】，如图 1-15 所示。

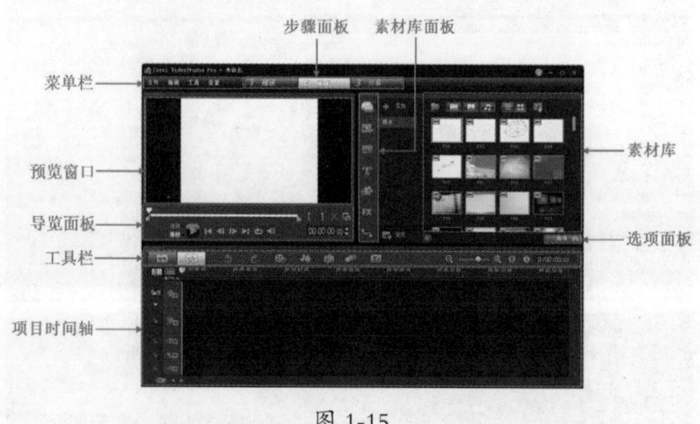

图 1-15

1.7.1

在会声会影 X6 的【菜单栏】中提供了常用的命令，分别为【文件】、【编辑】、【工具】和【设置】四个菜单，如图 1-16 所示。

图 1-16

1. 文件菜单

【文件】菜单中主要包括【新建项目】、【打开项目】、【保存】和【退出】等常用操作命令，如图 1-17 所示。

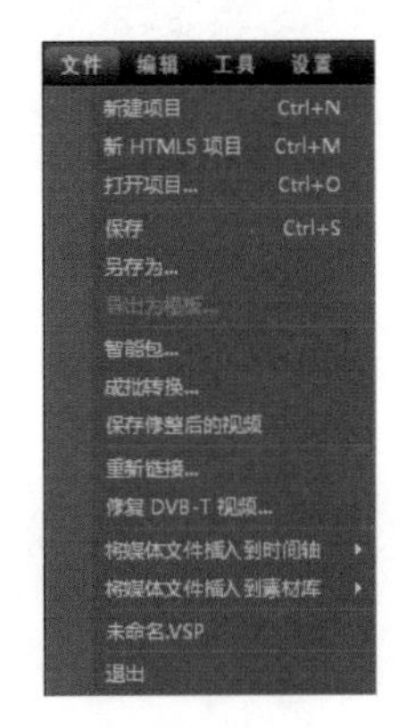

图 1-17

重点参数提醒：

※新建项目：新建一个项目，并关闭当前的项目，快捷键为【Ctrl+N】。

※新 HTML 5 项目：新建 HTML 5 标准的项目文件，常用于网络分享等应用，快捷键为【Ctrl+M】。

※打开项目：打开计算机中已存的项目文件，快捷键为【Ctrl+O】。

※保存：保存当前的项目文件，快捷键为【Ctrl+S】。

※另存为：将当前的项目文件另外储存一份，并可以重新进行命名。

※导出为模板：将当前项目导出为模板，然后将该模板导入到【即时项目】素材库中，可以方便以后应用。

※智能包：可以将当前项目打包储存为一个文件夹或压缩文件，在使用该命令前需先保存项目。

※成批转换：可以将不同格式的视频文件批量转换为一种格式。

※保存修整后的视频：在对视频素材进行修整之后，选择修整后的素材，然后使用该命令可以将修整后的视频保存到新文件中，而不替换原始文件。

※重新链接：可以将时间轴中的素材文件进行重新链接，以更换素材。

※修复 DVB-T 视频：对 DVB-T 标准的视频文件进行修复。

※将媒体文件插入到时间轴：将素材文件快速插入到时间轴中，包括视频、照片和音频等素材文件。

※将媒体文件插入到素材库：将素材文件快速插入到素材库中。

※未命名 .VSP：在此之前打开过的项目文件会按顺序列出，可以选择项目文件将其快速打开。

※退出：退出会声会影 X6 软件。

2. 编辑菜单

在【编辑】菜单栏中主要包括【恢复】、【撤销】、【删除】、【复制】和【复制属性】等编辑项目文件的命令，如图 1-18 所示。

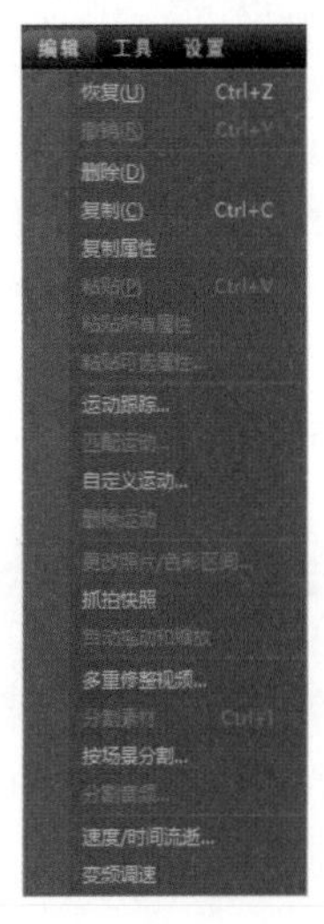

图 1-18

重点参数提醒：

※恢复：恢复上一步操作，快捷键为【Ctrl+Z】。

※撤销：撤销上一步撤销操作，快捷键为【Ctrl+Y】。

※删除：将当前选择的素材文件或转场效果进行删除。

※复制：对当前时间轴上的素材文件进行复制，快捷键为【Ctrl+C】。

※复制属性：仅复制被选择素材文件上的属性。

※粘贴：在需要粘贴的位置使用该命令即可粘贴复制的素材，快捷键为【Ctrl+V】。

※粘贴所有属性：将复制素材的属性全部粘贴到当前选择的素材上。

※粘贴可选属性：将复制素材的属性在当前选择的素材上进行选择性粘贴。

※运动跟踪：在选择视频素材文件时，会激活该选项。单击该选项，即可在弹出的对话框中对动态素材文件进行追踪等操作。

※匹配运动：在应用【轨道运动】功能后，会自动激活该选项。单击该选项，可以在弹出的轨道运动对话框中对匹配素材进行替换等操作。

※自定义运动：单击该选项，即可在弹出的对话框中对素材进行自定义路径动画和镜像等操作。

※删除运动：在对素材应用过【自定义运动】后，可以使用该选项将应用的自定义运动删除。

※更改照片 / 色彩区间：调整视频轨中的照片和色彩素材的区间。

※抓拍快照：将当前项目预览窗口中的画面储存到媒体库中。

※自动摇动和缩放：对照片素材进行自动摇动和缩放，可以在选项面板中进一步调整。

※多重修整视频：在弹出的多重修整视频窗口中，可以对视频素材进行修整和截取。

※分割素材：将时间线窗口中的擦洗器拖拽到某一位置，然后使用分割素材命令，可以将时间线中该位置的素材文件进行分割，快捷键为【Ctrl+I】。

※按场景分割：对视频文件使用该命令，可以检测视频文件中的不同场景，然后自动将该文件分割成多个素材文件。

※分割音频：将视频素材文件中的音频分割出来，并放置到声音轨道上。

※速度 / 时间流逝：可以更改视音频素材文件的素材区间、帧速率和速度。

※变频调速：在选择视频素材文件时，会激活该选项。可以在弹出的对话框中对素材添加关键帧并进行速度调节，无须经过多个视频剪辑。

3. 工具菜单

【工具】菜单中主要包括【创建】、【刻录光盘】和【绘图创建器】等工具，如图 1-19 所示。

图 1-19

重点参数提醒：

※运动跟踪：单击该选项，在弹出【打开视频文件】对话框中选择视频素材文件并打开，会直接进入【轨道运动】面板中。

※DV 转 DVD 向导：可以捕获启用了 FireWire 的 DV 和 HDV 磁带摄像机中的视频，添加到主题面板中，然后刻录到 DVD。该视频编辑模式提供了将视频传送到 DVD 的一种快速而直接的方式。

※创建光盘：将当前项目刻录到 DVD、AVCHD、Blu-ray 或 BD-J 格式，可在弹出的窗口中进一步设置光盘输出。

※从光盘镜像刻录（ISO）：光盘镜像文件是捕获光盘所有内容和文件结构的一个单独文件。该命令可以将源光盘镜像文件刻录到光盘刻录机中的空盘上。

※绘图创建器：该功能可以在弹出的窗口中录制绘图和写字步骤，以此来作为动画，也可以用作覆叠效果。

4. 设置菜单

【设置】菜单中主要包括【项目属性】、【素材库管理器】和【轨道管理器】等命令，如图 1-20 所示。

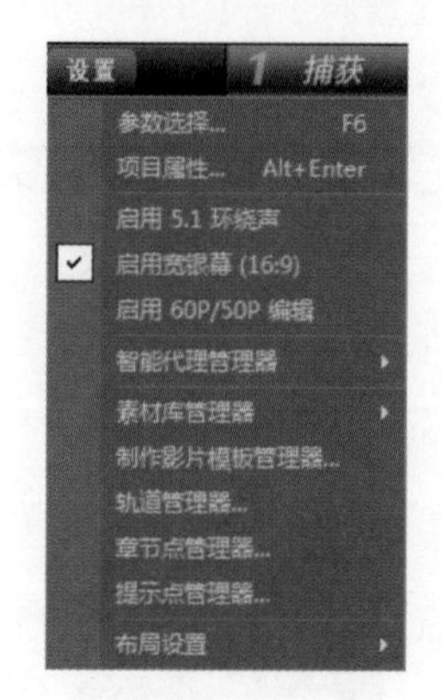

图 1-20

重点参数提醒：

※参数选择：在弹出的【参数选择】窗口中可以设置工作文件夹的保存路径，设置撤销次数，素材显示模式和预览窗口背景色等，快捷键为【F6】，如图 1-21 所示。

图 1-21

※项目属性：可以用作预览影片项目的模板，还可设置屏幕上预览时的外观和质量，设置项目文件名称，编辑文件格式等，快捷键为【Alt+Enter】。

※启用 5.1 环绕声：勾选开启 5.1 模式的环绕声效果。

※启用宽银幕（16:9）：勾选开启宽银幕即 16:9 模式效果。

※启用 60P/50P 编辑：勾选该命令可以对数码摄像机的 50 帧 / 秒的素材直接进行编辑。

※智能代理管理器：可以自动为高质量视频文件建立低解析度视频代理，方便在编辑器中读取编辑，在参数选择命令的性能选项卡中进行设置。

※素材库管理器：可以分别为素材库进行导入库、导出

库和重置库的操作。

※ 制作影片模板管理器：制作出一个常用的影片模式，可以设置帧速率、标准大小和显示宽高比等。制作完成后进行保存，方便以后应用该影片模板。

※ 轨道管理器：在轨道管理器中可以设置轨道的数量，最多可添加 1 个视频轨、20 个覆叠轨、2 个标题轨、1 个声音轨和 3 个音乐轨，如图 1-22 所示。

图 1-22

※ 章节点管理器：在弹出的窗口中设置添加章节点的时间和名称，也可以将擦洗器拖到需要添加章节点的位置，然后单击时间线窗口中的【添加 / 删除章节点】按钮或直接将鼠标指针拖到要添加章节的部分，当鼠标指针变为时，单击时间轴标尺下方的栏即可添加章节点。

※ 提示点管理器：可以在弹出的窗口中设置添加提示点的时间和名称，也可以将擦洗器拖到需要添加提示点的位置，在时间线窗口中的章节 / 提示菜单中选择提示点，然后单击时间线窗口中的【添加 / 删除提示点】按钮。直接将鼠标拖到要添加章节的部分，单击时间轴标尺下方的栏也可添加提示点。

※ 布局设置：设置会声会影 X6 的布局，可以选择默认布局也可以自定义布局并保存，方便以后切换使用。

1.7.2

会声会影 X6 制作影片的过程主要分为【捕获】、【编辑】和【分享】三个步骤，如图 1-23 所示。单击步骤面板中的按钮，即可在步骤间进行切换。

图 1-23

1. 捕获步骤面板

在【捕获】步骤面板中可以进行录制，捕获和导入视频、照片以及音频素材等，如图 1-24 所示。

2. 编辑步骤面板

在【编辑】步骤面板中的时间轴是会声会影的主要操作平台，可以通过该面板对素材进行排列、剪辑和添加滤镜等效果，如图 1-25 所示。

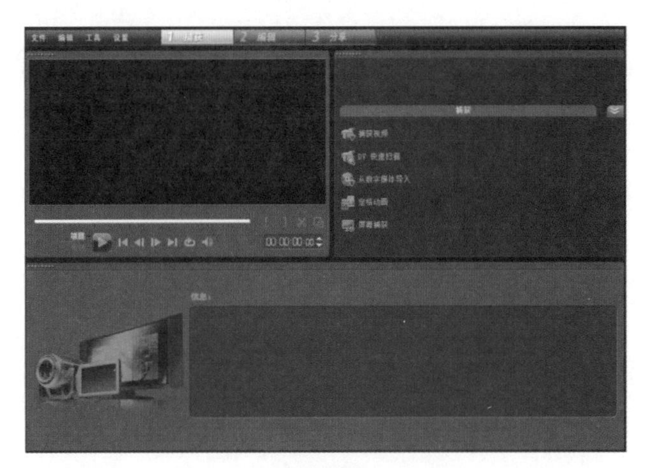

图 1-24

图 1-25

3. 分享步骤面板

在【分享】步骤面板中可以将制作完成的影片导出到 DV 摄像机和光盘中，还可以将项目文件或影片等上传到一些网站中，如图 1-26 所示。

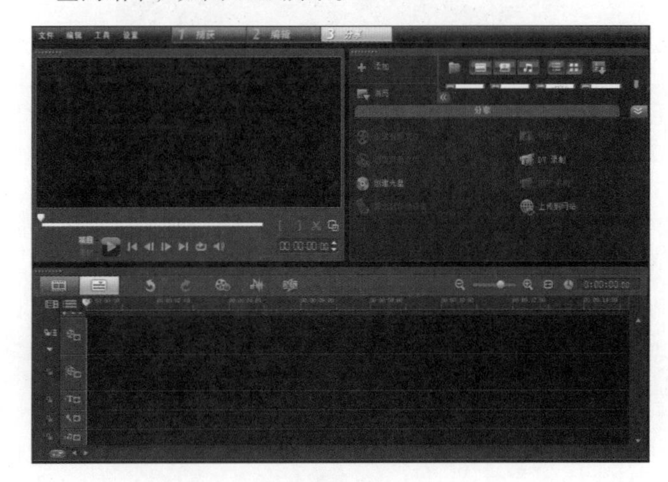

图 1-26

1.7.3

【选项面板】会随着素材和轨道变化而发生变化。一般包含一个或两个选项卡，每个选项卡中的控制和选项取决于所选素材。

1. 视频素材和照片素材的选项面板

在选择视频素材时，选项面板效果如图 1-27 所示。在选择照片素材时，选项面板效果如图 1-28 所示。

图 1-27

图 1-28

2. 视频轨和覆叠轨的属性选项卡

在选择视频轨上的素材时，其属性选项卡的效果如图 1-29 所示。在选择覆叠轨上的素材时，其属性选项卡的效果如图 1-30 所示。

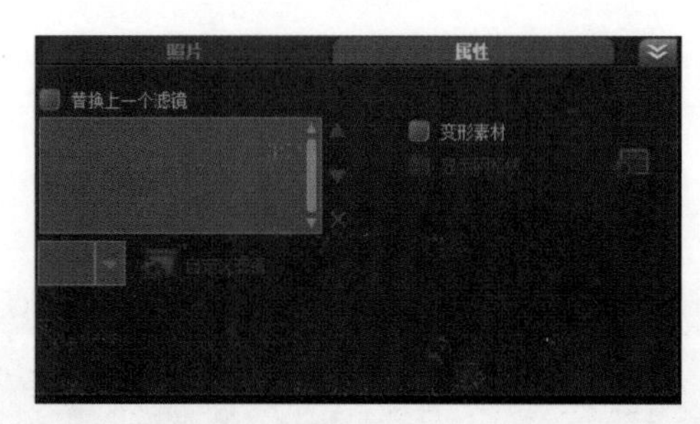

图 1-29

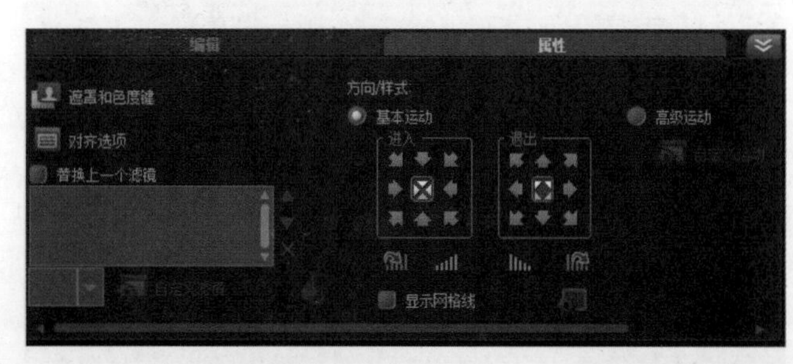

图 1-30

1.7.4

在【导览面板】中包括【播放 / 暂停】和精确调整的一些按钮，并能选择播放素材或项目。在【捕获】步骤中，也可用于 DV 或 HDV 摄像机的设备控制，如图 1-31 所示。

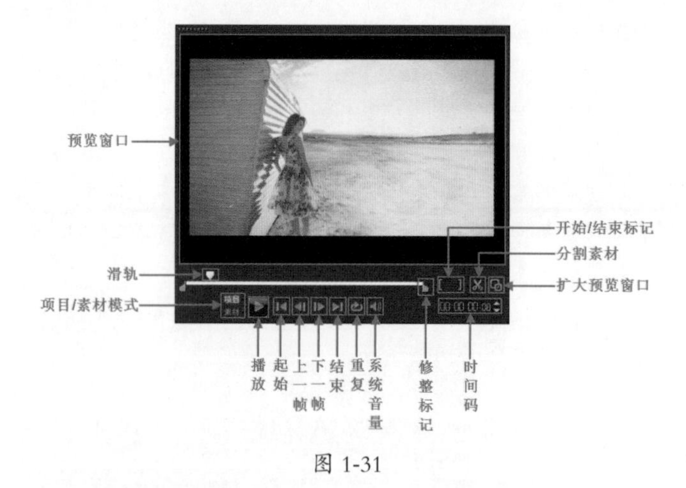

图 1-31

重点参数提醒：

※预览窗口：当前项目或素材的画面预览。

※滑轨：左右拖动可以方便在预览窗口中查看项目或素材。

※修整标记：可以拖动设置项目的预览范围或修整素材区间。

※项目 / 素材模式：选择预览整个项目或只预览所选素材。

※播放：播放、暂停、恢复当前项目或所选的素材。

※起始：返回起始片段或提示记号，按住 <Shift> 键可以仅移动上一个片段 / 提示记号。

※上一帧：移动到上一帧。

※下一帧：移动到下一帧。

※结束：移动到结束片段或提示，按住 <Shift> 键可以仅移动下一个片段 / 提示记号。

※重复：循环回放当前项目或素材。

※系统音量：可以拖动音量的滑动条来调整计算机的扬声器音量。

※时间码：通过设置时间码可以直接跳到项目或所选素材的某个部分。

※扩大预览窗口：将预览窗口放大至全屏。

※分割素材：可以分割所选素材，将滑轨拖动到想要分割的位置，然后单击此按钮，即可进行分割。

※开始 / 结束标记：设置项目的预览范围或设置素材修整的开始和结束点位置。

1.7.5

利用会声会影 X6【工具栏】中的工具可以编辑项目，还可以缩放项目时间轴上的视图大小，如图 1-32 所示。

重点参数提醒：

※故事板视图：按时间顺序显示媒体的缩略图。

※时间轴视图：可以在不同的轨中对素材执行精确到帧的编辑操作，并添加标题、覆叠和音乐等轨。

※撤销：撤销当前项目的上一步操作。

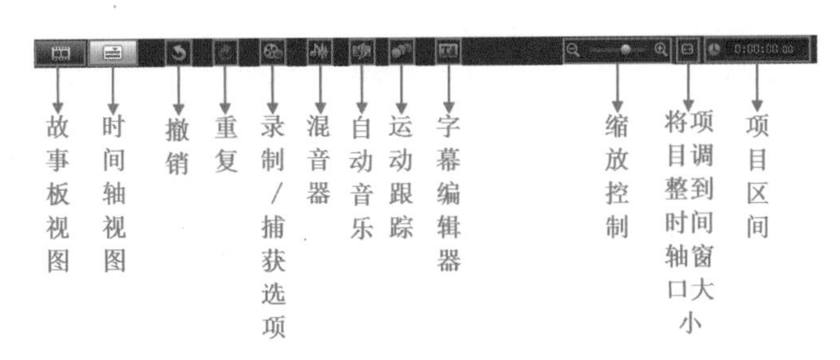

图 1-32

※重复：重复当前项目的上一步撤销操作。

※录制 / 捕获选项：显示【录制 / 捕获】选项面板，在该面板中可以进行捕获视频、导入文件和抓拍快照等操作。

※混音器：自动环绕混音和多音轨的音频时间轴，可以自定义音频设置。

※自动音乐：自动音乐面板中为项目提供了多种风格的 Smartsound 背景音乐。并可以根据项目的持续时间设置音乐长度。

※运动跟踪：选择视频轨上的视频素材，然后单击该按钮，可以在弹出的【轨道运动】对话框中进行追踪等操作。

※字幕编辑器：在时间轴中选择一个视频或音频素材，然后单击该按钮，即可在弹出的对话框中根据视音频内容快捷地添加匹配字幕。

※缩放控制：可以通过滑动条上的按钮对项目时间轴的视图进行放大或缩小。

※将项目调到时间轴窗口大小：将时间轴上的项目视图调整到适合于整个时间轴的跨度。

※项目区间：显示当前项目的区间。

1.7.6

在项目时间轴中包含【故事板视图】和【时间轴视图】两种视图类型。单击工具栏左侧的【故事板视图】或【时间轴视图】按钮，可以在两种视图中相互切换。

1. 时间轴视图

【时间轴视图】为影片项目中的元素提供了最全面的显示，该视图按照视频、覆叠、声音和音乐将项目分成不同的轨。并可以在轨道管理器中更改轨道的数量，如图 1-33 所示。

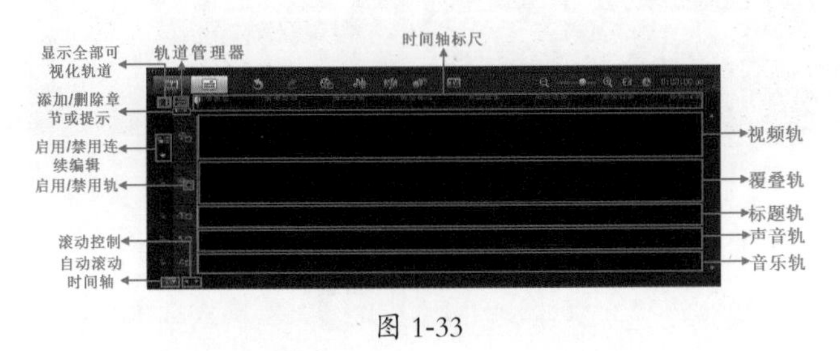

图 1-33

重点参数提醒：

※显示全部可视化轨道：显示项目中的所有可视化轨道。

※轨道管理器：可以管理项目时间轴中可见的轨道。

※时间轴标尺：以“时：分：秒：帧”的形式显示项目的时间码增量，确定素材和项目的长度。

※添加 / 删除章节或提示：可以在影片中设置章节或提示点。

※启用 / 禁用连续编辑：当插入素材时锁定或解除锁定任何移动的轨道。

※启用 / 禁用轨：启用或禁用当前轨道。

※自动滚动时间轴：预览的素材超出当前视图时，启用或禁用项目时间轴的滚动。

※滚动控制：可以通过使用【左】和【右】按钮或拖动滚动栏在项目中移动。

※视频轨：可以放置视频、照片、色彩素材和转场。

※覆叠轨：可以放置覆叠素材，如视频、照片、图形或色彩素材。

※标题轨：可以放置标题素材。

※声音轨：可以放置画外音素材。

※音乐轨：可以放置音频文件中的音乐素材。

2. 故事板视图

使用【故事板视图】可以直观方便地整理项目中的照片和视频素材。每个缩略图代表一张照片、一个视频素材或一个转场在其项目中的位置显示。

拖动缩略图即可以将其进行重新排列，缩略图底部显示着各自的区间。还可以在素材之间插入转场以及在预览窗口中修整所选的素材，如图 1-34 所示。

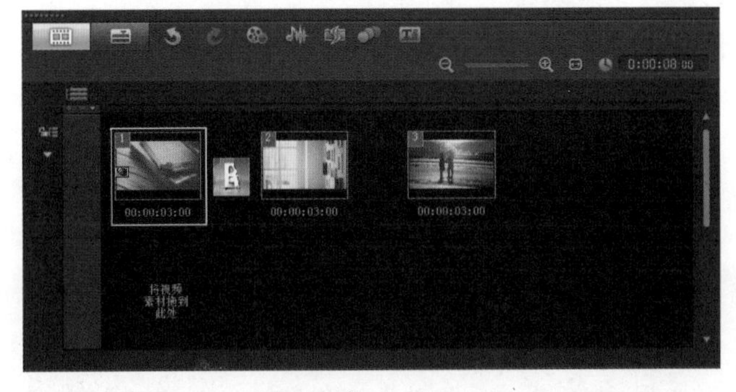

图 1-34

1.7.7

会声会影 X6 的素材库中包含了很多预设的素材，根据类型分为 7 种，分别为【媒体】、【即时项目】、【转场】、【标题】、【图形】、【滤镜】和新添加的【路径】。单击分类按钮即可在素材库之间切换，如图 1-35 所示。

1. 显示或隐藏文件类型

（1）在媒体素材库中包含视频、照片和音频三种类型文件，如图 1-36 所示。

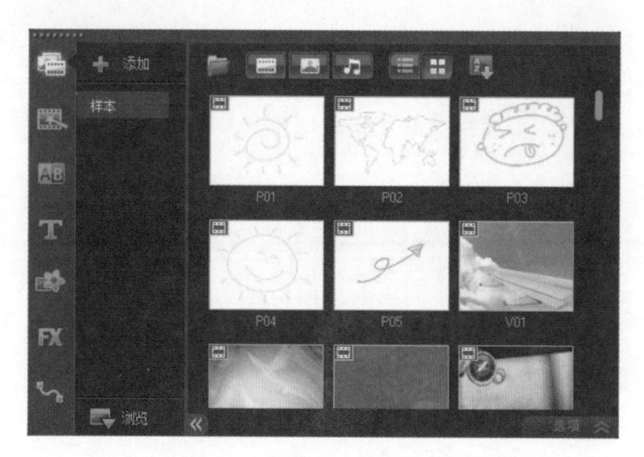

图 1-35

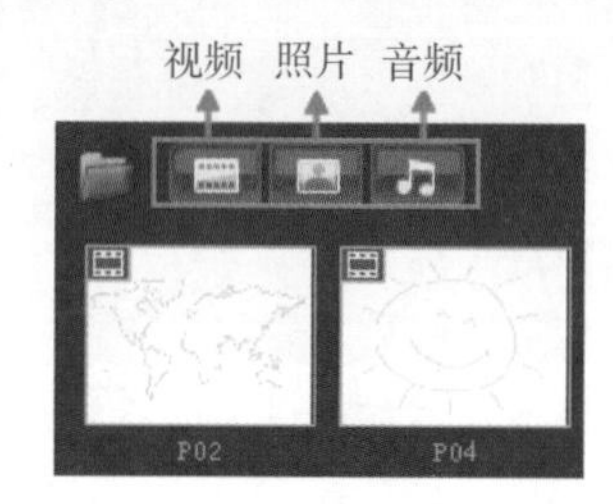

图 1-36

（2）可以通过单击各种类型文件的按钮来显示或隐藏文件类型，如图 1-37 所示。

图 1-37

2. 查看素材属性菜单

在【素材库】中的素材上单击鼠标右键，在弹出的快捷菜单中可以查看属性，同时还可对素材进行复制、删除或按场景分割素材等操作，如图 1-38 所示。

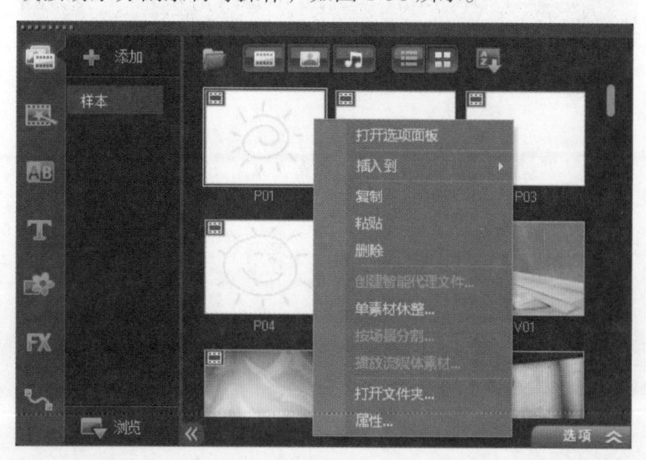

图 1-38

3. 使用【画廊】选项

【素材库】的分类中还包含精细的类别，单击【素材库】左上方的【画廊】选项，在其下拉菜单中可以选择相应的素材类别，如图 1-39 所示。

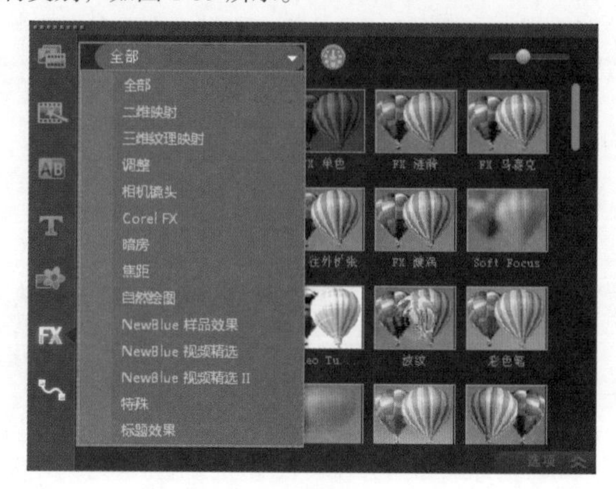

图 1-39

4. 更改预览模式

单击【素材库】上方的【列表视图】按钮或【缩略图视频】按钮，可以改变【素材库】中的预览模式。单击【对素材库中的素材排序】按钮，素材会以名称或日期等方式进行排序，如图 1-40 所示。

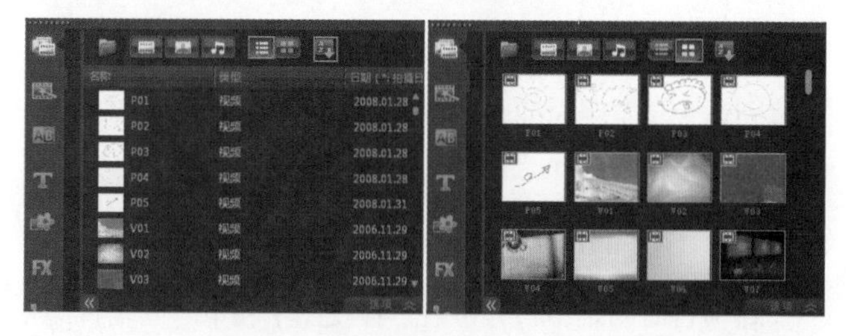

图 1-40

5. 更改缩略图大小

拖动【素材库】上方的滑块，可以放大或缩小素材的预览图，如图 1-41 所示。

图 1-41

6. 将媒体素材添加到素材库

单击【导入媒体文件】按钮，然后在弹出的【浏览媒体文件】对话框中选择需要导入的文件，并单击【打开】按钮，如图 1-42 所示。单击 添加 按钮，可以创建新的素材库文件夹，方便储存新导入的媒体文件，如图 1-43 所示。

图 1-42

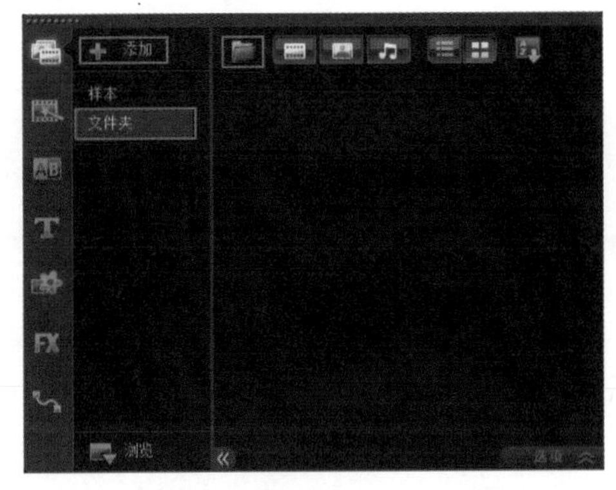

图 1-43

1.8　编辑素材库

1.8.1

为了方便使用和管理，可以将素材库中不需要的素材文件或文件夹删除。

（1）在素材库中选择素材文件或文件夹，然后单击<Delete>键删除，如图 1-44 所示。此时会弹出提示对话框，单击【确定】按钮即可，如图 1-45 所示。

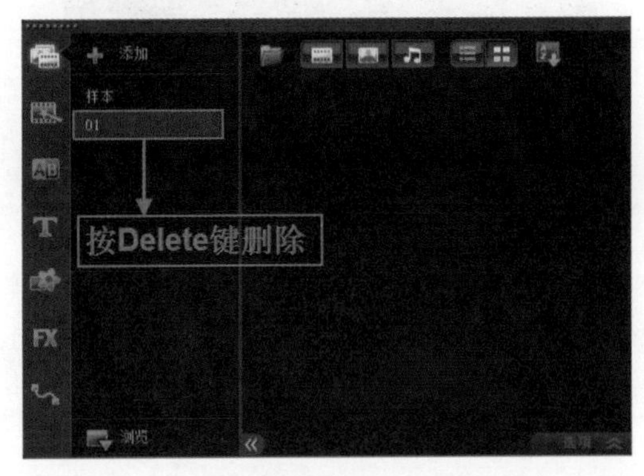

图 1-44

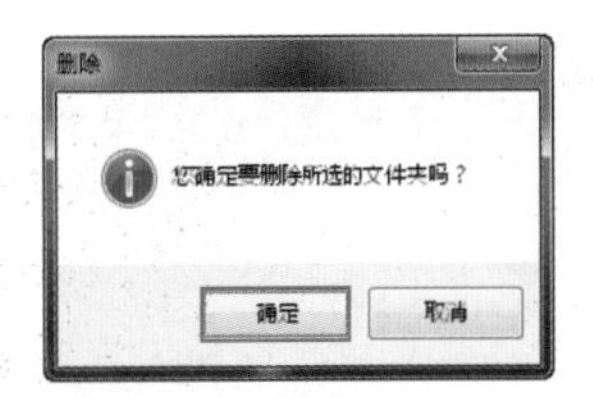

图 1-45

（2）也可以在素材上单击鼠标右键，在弹出的菜单中选择【删除】选项，如图 1-46 所示。

图 1-46

1.8.2

导出素材库：执行【设置】/【素材库管理器】/【导出库】命令，如图 1-47 所示。然后在弹出的【浏览文件夹】对话框中选择导出的路径，如图 1-48 所示。

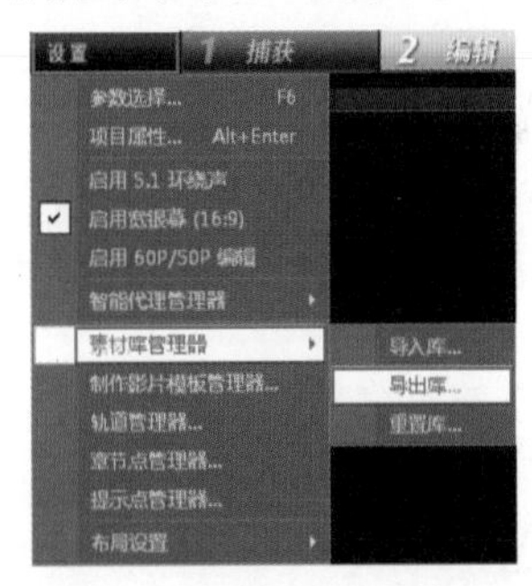

图 1-47

图 1-48

导入素材库：执行【设置】/【素材库管理器】/【导入库】命令，如图 1-49 所示。然后在【浏览文件夹】对话框中选择需要导入的素材库文件，如图 1-50 所示。

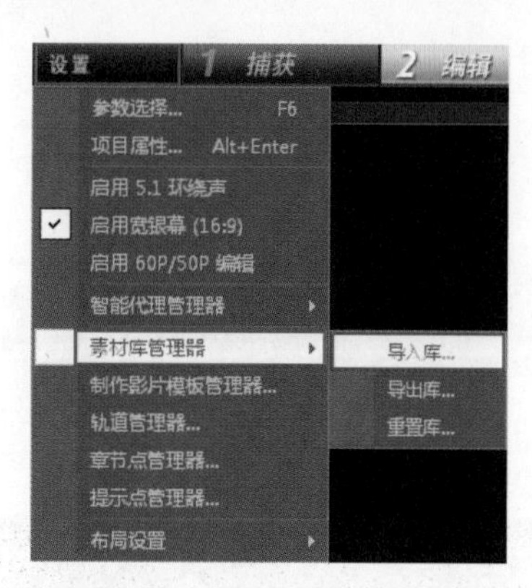

图 1-49

图 1-50

1.8.3

素材库中的素材都是快捷方式链接，所以当素材的原始文件发生更改、移动或删除等变化时，素材库中的素材将会无法正常显示。

（1）当素材的原始文件发生变化时，会弹出【重新链接】对话框，此时单击【重新链接】按钮，如图 1-51 所示。

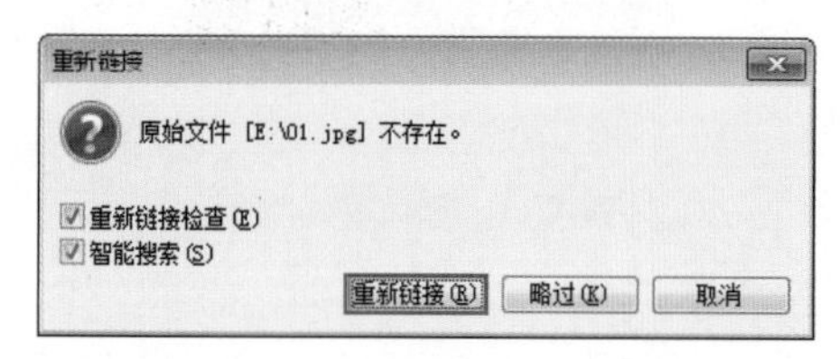

图 1-51

（2）在弹出的【替换 / 重新链接素材】对话框中选择重新链接的原始素材，然后单击【打开】按钮即可，如图 1-52 所示。

图 1-52

1. 将文件标记为 3D

将导入的 3D 素材进行标记，可以方便对其进行查找和编辑。对导入到【素材库】或【时间轴】上的 3D 文件单击鼠标右键，然后在弹出的菜单中选择【标记为 3D】，此时会出现【3D 设置】对话框，如图 1-53 所示。在进行设置后单击【确定】按钮，此时该 3D 素材的缩略图上会带有 3D 标记，如图 1-54 所示。

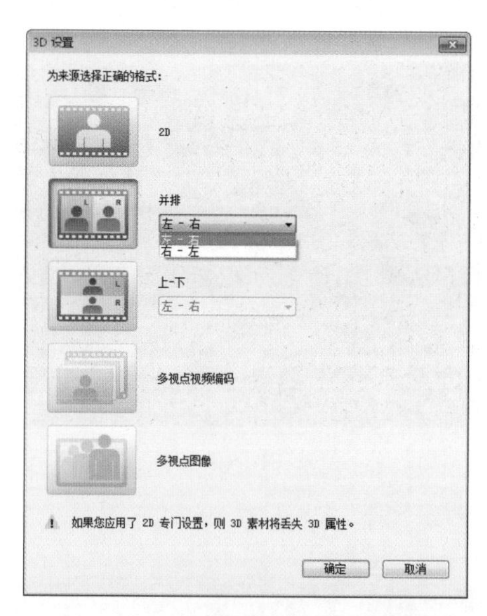

图 1-53

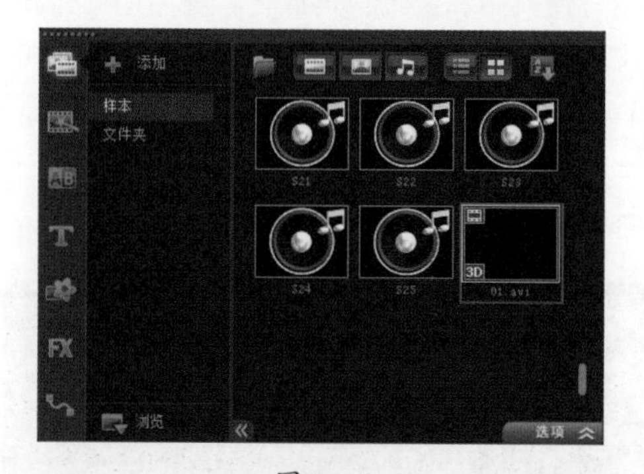

图 1-54

重点参数提醒：

※2D：如果所选素材没有被识别为 3D，则自动默认为 2D。

※并排：通过分割左右眼看到的各个帧的水平分辨率的方式提供 3D 内容，由于并排 3D 使用的带宽较低，所以有线频道常用其播放 3D 电视内容。可以选择左 - 右或右 - 左方式。

※上 - 下：也是通过分割左右眼看到的各个帧的垂直分辨率的方式提供 3D 内容。水平像素越高越适合用于显示摇摆动作。可以选择左 - 右或右 - 左方式。

※多视点视频编码：即 MVC 文件，可以生成高清晰度的立体视频或多视点 3D 视频。

※多视点图像：可以提供高质量立体图像，如使用 3D 相机拍摄的多图像对象（MPO）文件。

2. 将标题保存到素材库

在【时间轴】的标题上单击鼠标右键，然后在弹出的菜单中选择【添加到收藏夹】选项，即可将该标题保存到素材库中。使用时将其从素材库的收藏夹中拖拽到标题轨上即可，如图 1-55 所示。

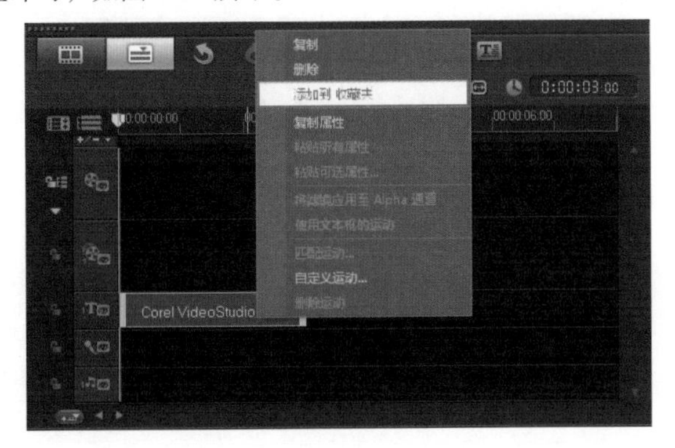

图 1-55

1.9　会声会影 X6 的新功能

会声会影 X6 新添加了许多新功能和编辑方法，使操作更加简单，效果更加强大。新功能中的一大亮点就是路径运动和 Alpha 通道，使其在制作动画的效果上更上一层楼。其强大的修复和捕获功能也十分受欢迎，能够修复拍摄不稳的视频，使其稳定。另外还添加了字幕编辑器和追踪运动等。

1. 变频调速效果

会声会影 X6 增强了【变频调速】控件，使其可以改变视频中任何部分的速度，无须多个视频剪辑片段，如图 1-56 所示。

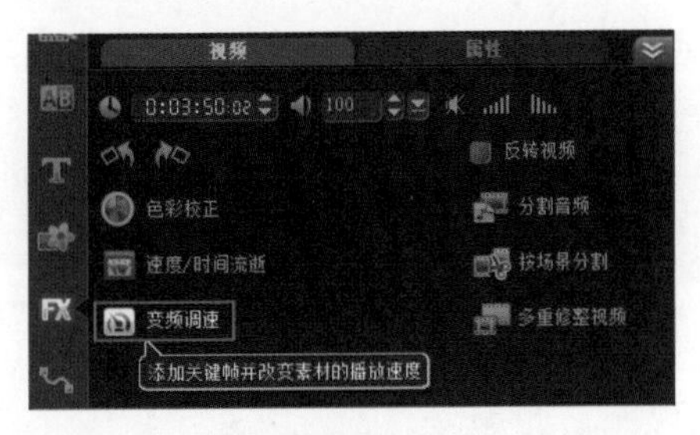

图 1-56

2. 屏幕捕获

【屏幕捕获】是指能捕获在屏幕上的操作，然后对其进行编辑和保存等操作。使用该功能可以快速地创建演示视频，而且勾选“鼠标点击动画”可以更有效地突出画面重点，如图 1-57 所示。

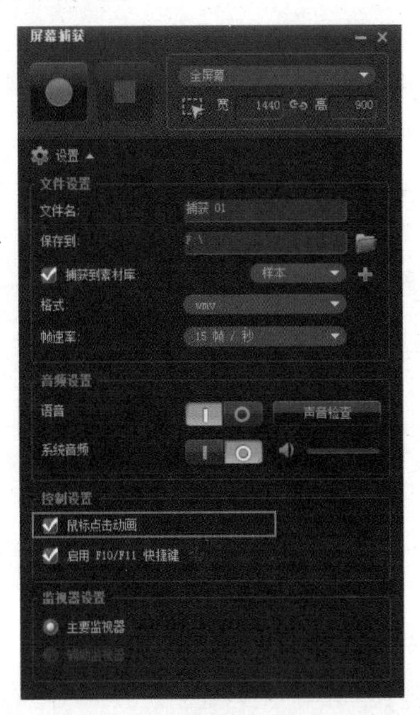

图 1-57

3. 运动追踪

会声会影 X6 中新增了【运动追踪】功能，如图 1-58 所示。该功能可利用跟踪点来跟踪屏幕上移动的物体，并能为其链接文本或图形等，如图 1-59 所示。还可以为正在运动中的物体添加气泡文字等。

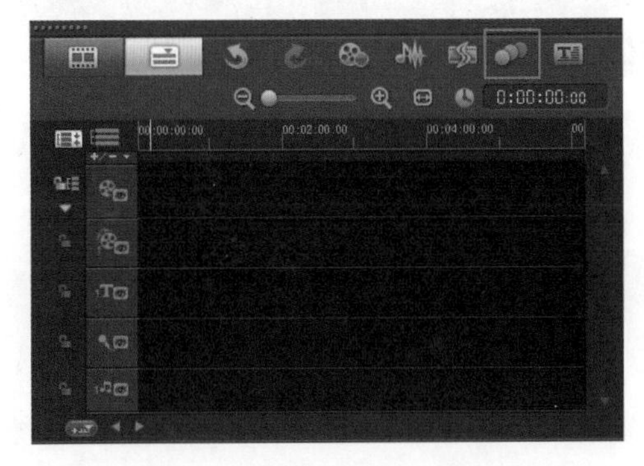

图 1-58

4. 可定制运动路径

利用【运动路径】可以为素材添加各种丰富的动画效果，而且可以对路径进行自定义设置，并将定制的路径运动保存到路径素材库中，方便下次快速使用，如图 1-60 所示。

5.DSLR 定格动画

会声会影 X6 支持多种可制作定格动画的 DSLR，使用 DSLR 摄像机创建高清的定格动画视频。利用 DSLR 的处理能力和镜头功能，从而创建出精彩的定格动画效果。

图 1-59

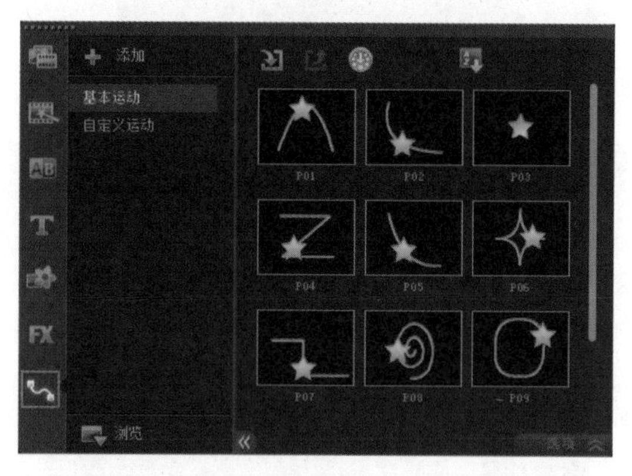

图 1-60

6.DSLR 放大模式

可以模拟 PC 或 Windows 平板电脑上的 DSLR 摄像机。只需设置并拍摄需要的帧，而不用移动摄像机。

7. 支持 4K 高清视频

支持最新的高清 4K 视频。可以处理高分辨率照片和使用 DSLR 摄像机功能，还可以导入和编辑分辨率为 4096×2160 像素的高清视频，从而能创建出超高清影片。

> **思维点拨：什么是 4K？**
>
> 4K 就是 4096×2160 像素的分辨率，是目前分辨率最高的数字电影。大多数的数字电影是 2K 的，分辨率为 2048×1080 像素。而 4K 则是 2K 投影机和高清电视分辨率的 4 倍，属于超高清分辨率，其画面更加清晰，细节更加明显。

8. 支持 AVCHD 2.0

会声会影 X6 支持 AVCHD 2.0、AVCHD 3D 和 AVCHD Progressive 格式。其他 AVCHD 功能可以添加菜单导航、字幕以及其他内容。将 AVCHD 内容保存到 SD 卡中，可即时在与 SD 卡兼容的设备上观看。

> **思维点拨：什么是 AVCHD？**
>
> AVCHD 是最常用的高清视频格式之一，其标准基于 MPEG-4AVC/H.264 视讯编码，支持 480i、720p、1080i、1080p 等格式，同时支持比数位 5.1 声道 AC-3 或线性 PCM 7.1 声道音频压缩。

9. 字幕编辑器

新增了字幕编辑器功能，在工具栏中的按钮如图 1-61 所示。可以通过语音检测技术使字幕与视频或音频中的内容自动进行分割匹配，其界面效果如图 1-62 所示。

图 1-61

图 1-62

10. 轨道切换

只需单击几下，即可切换叠加轨道，而不会丢失任何信息。此时将复制所有与轨道相关的效果、内容和属性。

11. 可定制随机转场特效

会声会影 X6 可以定制随机转场特效。选择需要的转场特效，并添加到【随机特效】的种类中。在应用时，即可随机出现所添加的转场，如图 1-63 所示。

12. 支持 QuickTime Alpha 通道

会声会影 X6 支持导入带有透明背景的连续动画，并可以在常见的 2D 和 3D 动画包中制作动画和视频特效，然后在会声会影 X6 中直接使用。

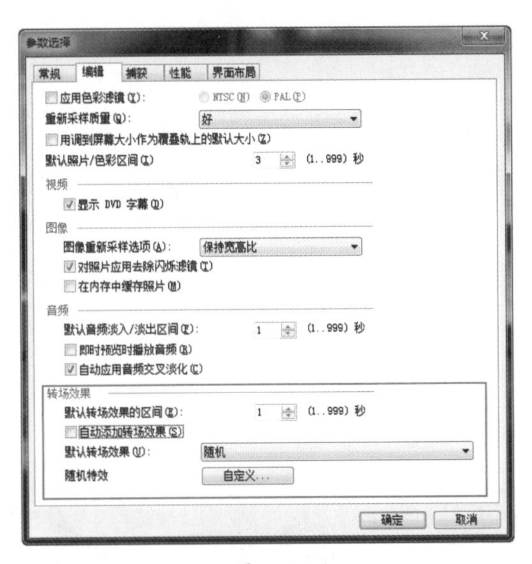

图 1-63

1.10　常见问题

1、会声会影 X6 在制作视频中有什么优点？

会声会影 X6 简单易操作，能够快速有效地制作出精美的视频动画效果。会声会影 X6 还具有界面分明和功能强大等优势。不仅可以对家庭或个人的影片进行剪辑，还可以制作专业级的影片。

2、如何控制会声会影 X6 中基本运动的照片进入和退出的速度？

在会声会影 **X6** 中通过改变【暂停区间】的大小，可以快速地调整基本运动的照片进入和退出的速度，如图 1-64 所示。

图 1-64

第 2 章　基础操作

本章内容简介：

在使用会声会影 X6 制作影片之前，需要了解如何建立项目文件和保存项目，以及编辑过程中主要应用到的界面和操作。本章主要介绍了如何新建和保存项目，如何根据个人喜好对界面进行重新布局和保存，以及常用参数的应用方法和技巧。

本章学习要点：

掌握项目的基本操作

掌握界面布局和窗口的设置

应用参数选项的相关属性

了解编辑操作的技巧

佳作欣赏

2.1　操作流程

在会声会影 X6 中制作项目主要分为【捕获】、【编辑】和【分享】三大步骤，单击步骤面板中的按钮，即可在步骤之间进行切换。

（1）1 捕获：媒体素材可以在【捕获】步骤中直接录制或导入到计算机中。包括视频、照片和音频素材。

（2）2 编辑：主要的操作都在【编辑】步骤中进行，可以将素材进行排列、编辑和修整，并为其添加滤镜效果。

（3）3 分享：在【分享】步骤中，可以将制作完成的影片导出到磁盘、DVD 或分享到 Web 中。

2.2　项目文件的基本操作

新建项目，并对项目进行编辑，然后将项目保存分享，会声会影 X6 的项目保存格式为 *.vsp。

2.2.1

在开启会声会影 X6 时会自动打开一个新项目。若正在进行项目的制作，可以将当前项目进行保存后执行【文件】/【新建项目】命令新建一个项目，如图 2-1 所示。

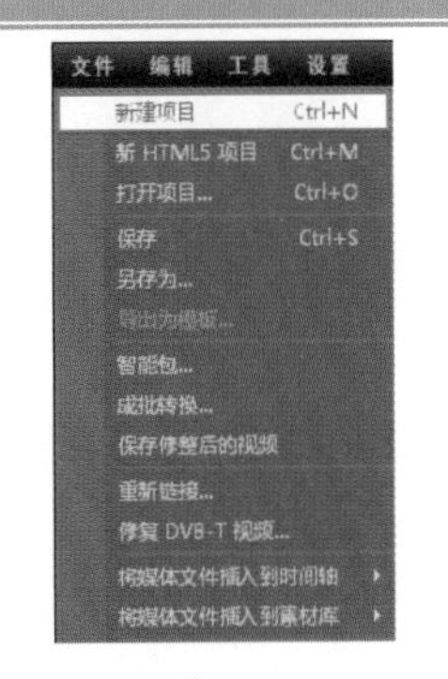

图 2-1

进阶实例：新建项目文件

案例文件	进阶实例：新建项目文件 .VSP
视频教学	视频文件 \ 第 2 章 \ 新建项目文件 .flv
难易指数	★★☆☆☆
技术掌握	导入的应用

案例分析：

在使用会声会影 X6 编辑影片前，需要新建一个新的项目文件，本案例就来学习在会声会影 X6 中如何新建项目文件，最终渲染效果如图 2-2 所示。

图 2-2

制作步骤：

（1）打开会声会影 X6 软件，然后在菜单栏中执行【文件】/【新建项目】命令，或使用快捷键【Ctrl+N】，如图 2-3 所示。

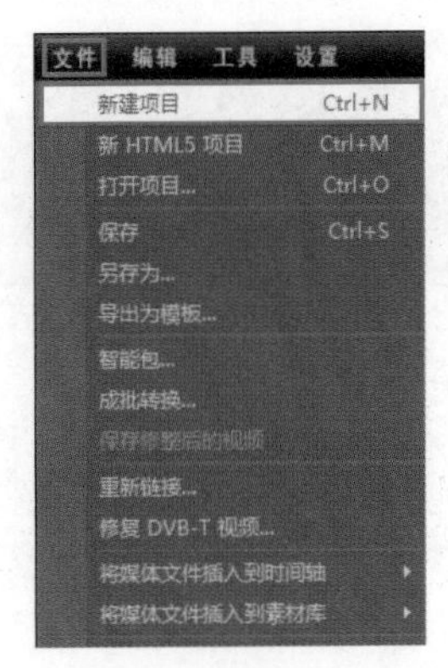

图 2-3

（2）按住鼠标左键，将素材文件夹中的【01.jpg】素材文件，拖拽到【视频轨】上，如图 2-4 所示。然后释放鼠标，即可将选择的素材文件添加到【视频轨】中，最终完成新建项目文件，如图 2-5 所示。

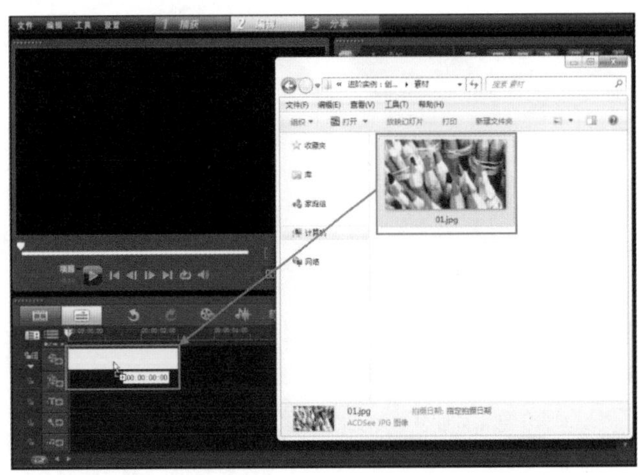

图 2-4

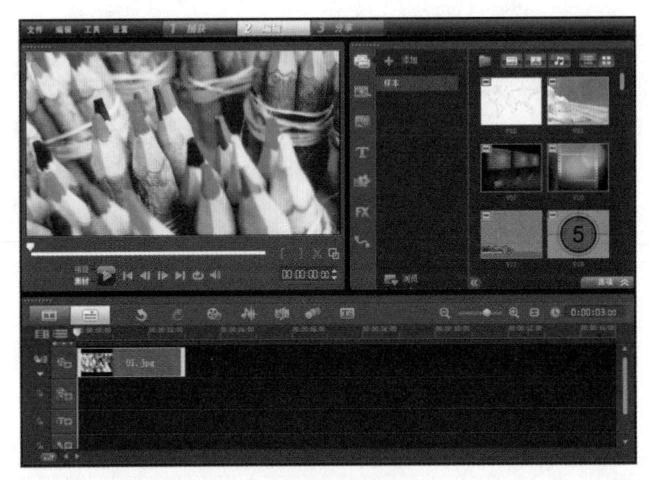

图 2-5

2.2.2

在菜单栏中执行【文件】/【新 HTML5 项目】命令，即可创建新的 HTML5 项目，或使用快捷键【Ctrl+M】，如图 2-6 所示。

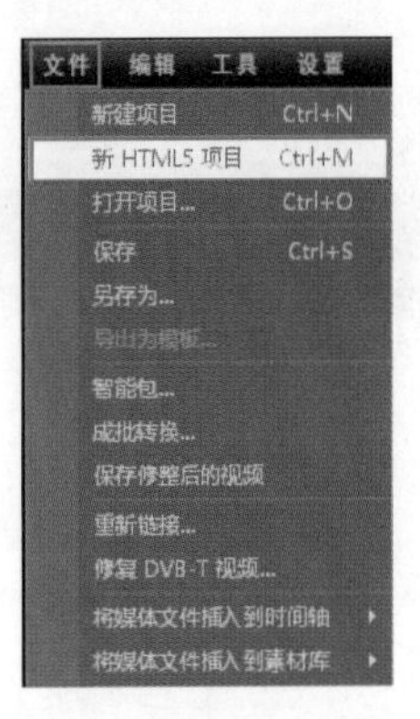

图 2-6

此时会弹出【Corel VideoStudio Pro】提示框，提示背景轨中的所有效果和素材导出为 HTML5 格式后将被渲染为一个视频文件，接着单击【确定】按钮即可，如图 2-7 所示。

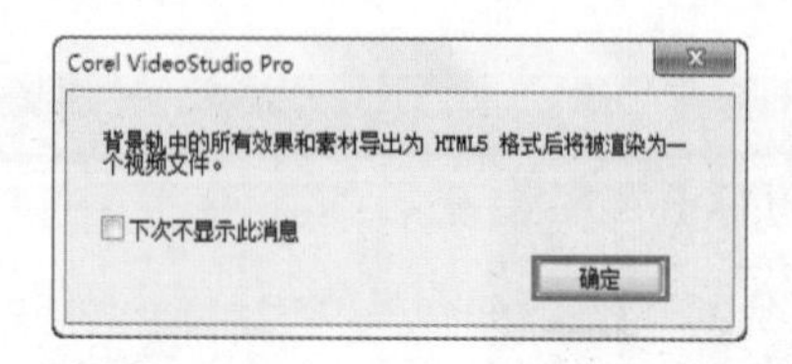

图 2-7

重点参数提醒：

※下次不显示此消息：勾选该选项，则在下次创建 HTML5 项目文件时，不会再出现【Corel VideoStudio Pro】提示框。

FAQ 常见问题解答：什么是 HTML5？

HTML5 是取代了 1999 年制定的 HTML 4.01 和 XHTML 1.0 的 HTML 标准版本，大部分浏览器都支持 HTML5 技术。HTML 5 强化了 Web 网页的表现性能，也追加了本地数据库等 Web 应用功能。它希望能够减少浏览器的插件来丰富网络应用服务，如 Adobe Flash、Microsoft Silverlight 和 Oracle JavaFX 的需求。HTML5 赋予网页更好的意义和结构，丰富的标签将随着对 RDFa、微数据与微格式等方面的支持，构建对程序、对用户都更有价值的数据驱动的 Web。

进阶实例：新建 HTML5 项目文件

案例文件	进阶实例：新建 HTML5 项目文件 .VSP
视频教学	视频文件 \ 第 2 章 \ 新建 HTML5 项目文件 .flv
难易指数	★★☆☆☆
技术掌握	新建 HTML5 项目文件的方法

案例分析：

大部分网络浏览器等都支持 HTML5 技术，其方便快捷的功能被广泛应用于互联网中。本案例就来学习在会声会影 X6 中如何新建 HTML5 项目文件，最终渲染效果如图 2-8 所示。

图 2-8

制作步骤：

（1）打开会声会影 X6 软件，然后在菜单栏中执行【文件】/【新 HTML5 项目】命令，或使用快捷键【Ctrl+M】，如图 2-9 所示。然后在弹出的【Corel VideoStudio Pro】提示框中提示“背景轨中的所有效果和素材导出为 HTML5 格式后将被渲染为一个视频文件”，接着单击【确定】按钮即可，如图 2-10 所示。

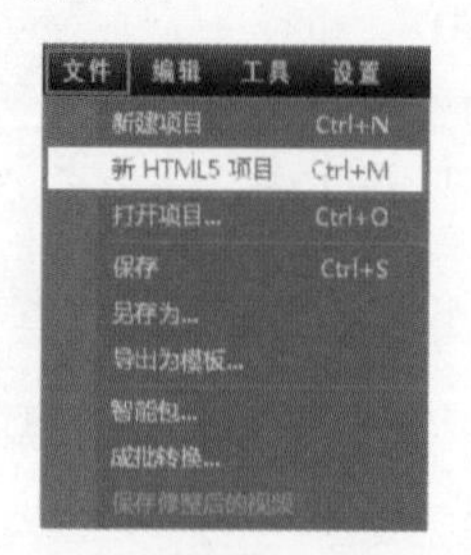

图 2-9

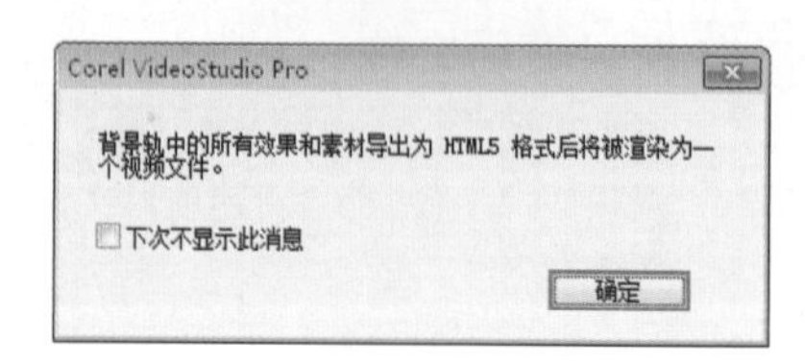

图 2-10

（2）此时【项目时间轴】中自动添加一个【背景轨】，如图 2-11 所示。在 HTML5 模式的背景轨中包含了创建 HTML5 项目的视频、照片、色彩素材和转场，此时 HTML5 项目已经创建。

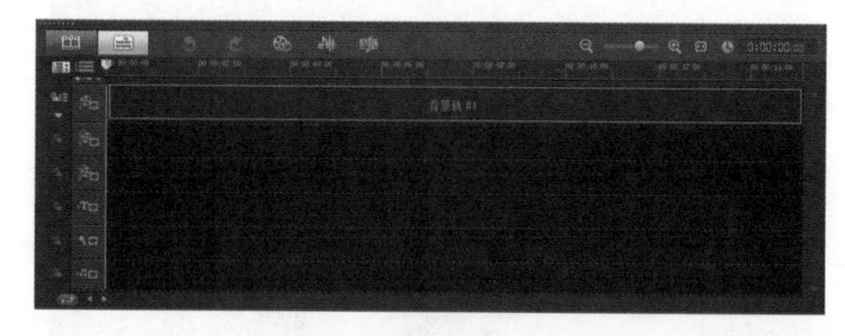

图 2-11

（3）添加素材。在【编辑】步骤界面中，单击【素材库】中的【即时项目】按钮，然后在素材库中会显示出 HTML5 视频素材，如图 2-12 所示。将该素材拖拽到【时间轴】中，然后释放鼠标，最终完成新建 HTML5 项目文件，如图 2-13 所示。

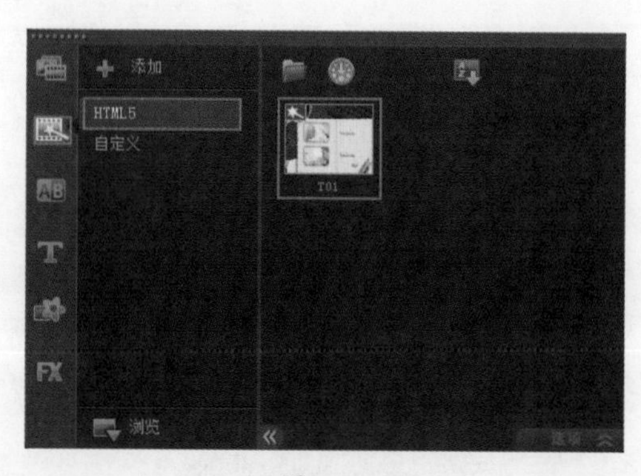

图 2-12

图 2-13

2.2.3

如果已经保存了项目文件，可以将其打开继续编辑和查看。在菜单栏中执行【文件】/【打开项目】命令，或使用快捷键【Ctrl+O】，如图 2-14 所示。然后在弹出的窗口中选择需要打开的项目文件，并单击【打开】按钮即可，如图 2-15 所示。

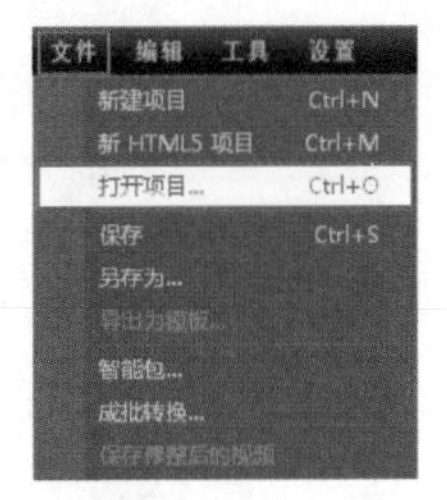

图 2-14

图 2-15

2.2.4

在项目制作的过程中，每隔一段时间需要进行保存，防止意外操作的发生或文件丢失的可能。

（1）在菜单栏中执行【文件】/【保存】命令，或使用快捷键【Ctrl+S】，如图 2-16 所示。

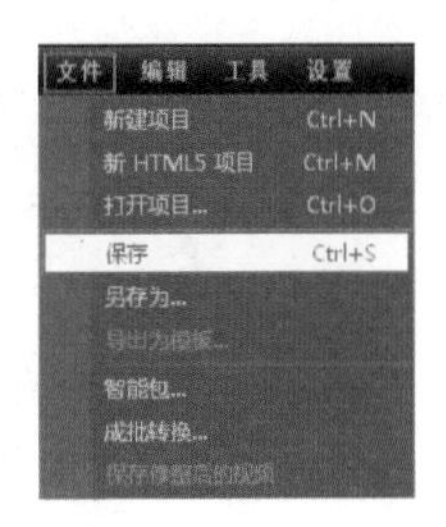

图 2-16

（2）然后在弹出的对话框中设置【文件名】和【保存类型】，并单击【保存】按钮即可，如图 2-17 所示。

图 2-17

进阶实例：保存项目文件

案例文件	进阶实例：保存项目文件 .VSP
视频教学	视频文件 \ 第 2 章 \ 保存项目文件 .flv
难易指数	★★☆☆☆
技术掌握	保存项目文件的方法

案例分析：

当一个项目制作完成后，需要将该项目进行保存，以方便再次查看与修改，最终效果如图 2-18 所示。

图 2-18

制作步骤：

（1）将素材文件夹中的【01.jpg】拖拽到时间轴，如图 2-19 所示。然后在菜单栏中执行【文件】/【保存】命令，如图 2-20 所示。

图 2-19

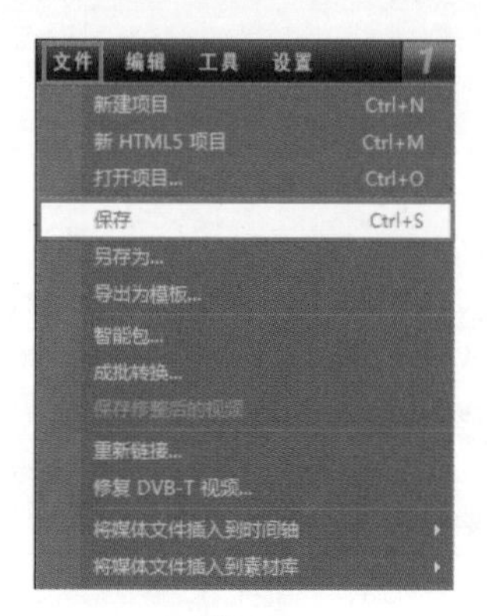

图 2-20

（2）在弹出的窗口中选择储存路径，然后在【文件名】处设置合适的文件名称，接着单击【保存】按钮即可，如图 2-21 所示。

图 2-21

（3）此时，在设置的储存路径下已经出现了保存的项目文件，如图 2-22 所示。

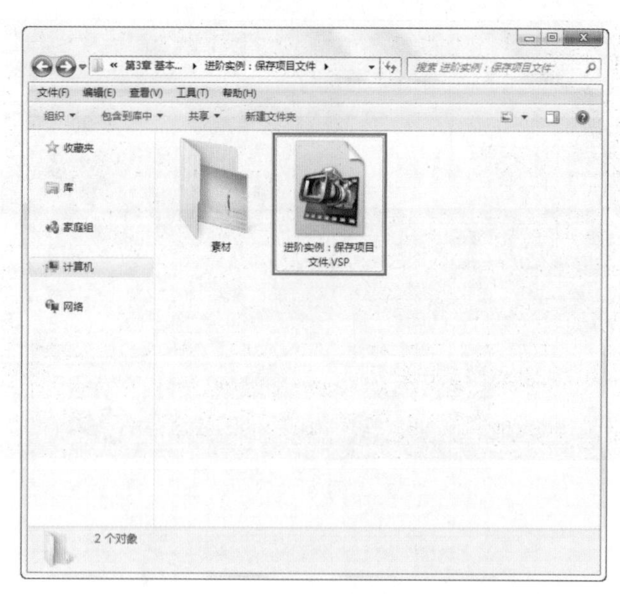

图 2-22

2.2.5

使用【智能包】命令可以将会声会影中的项目直接打包为一个文件夹或压缩为一个压缩包，方便在其他计算机上分享和传输。在菜单栏中执行【文件】/【智能包】命令，如图 2-23 所示，即可将项目的素材和项目文件保存为文件夹或压缩包。

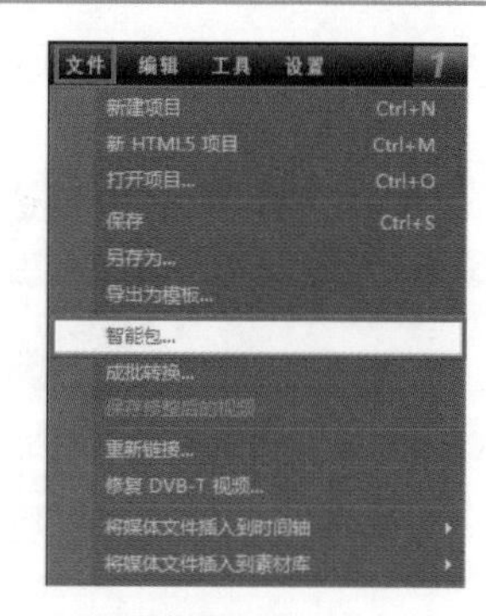

图 2-23

进阶实例：保存智能包文件

案例文件	进阶实例：保存智能包文件 .VSP
视频教学	视频文件 \ 第 2 章 \ 保存智能包文件 .flv
难易指数	★★☆☆☆
技术掌握	保存智能包文件的方法

案例分析：

在传送文件时为了节省空间，需要将项目文件压缩为压缩包。而在会声会影 X6 中可以直接将当前项目打包为压缩包，快捷方便且节省时间。本案例主要是针对“保存压缩包文件”的用法进行练习，如图 2-24 所示。

图 2-24

操作步骤

（1）打开会声会影 X6，将素材文件夹中的【01.jpg】拖拽到【视频轨】上，如图 2-25 所示。

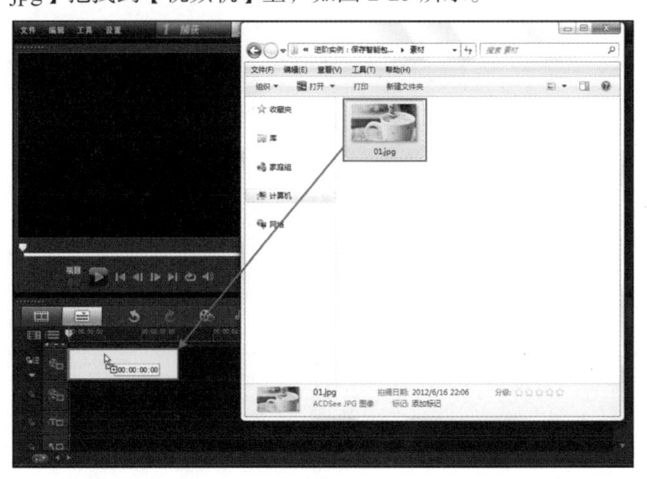

图 2-25

（2）在菜单栏中执行【文件】/【智能包】命令，如图 2-26 所示。然后在弹出的窗口中单击【是】按钮，如图 2-27 所示。

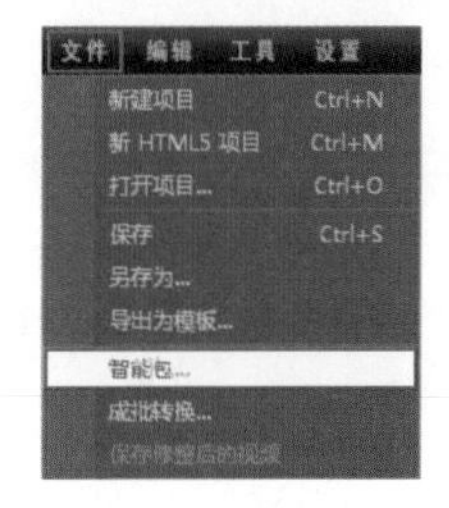

图 2-26

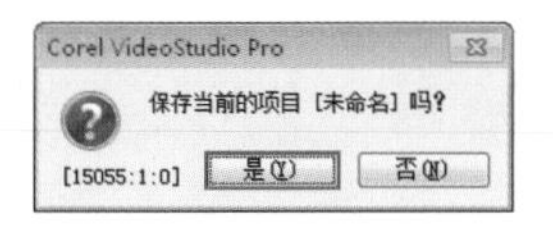

图 2-27

（3）在弹出的【另存为】窗口中设置储存路径和【文件名】，然后单击【保存】按钮，如图 2-28 所示。

图 2-28

（4）在弹出的【智能包】窗口中选择【压缩文件】选项，并且可以设置【文件夹路径】和【项目文件夹名】。设置完成后单击【确定】按钮，如图 2-29 所示。

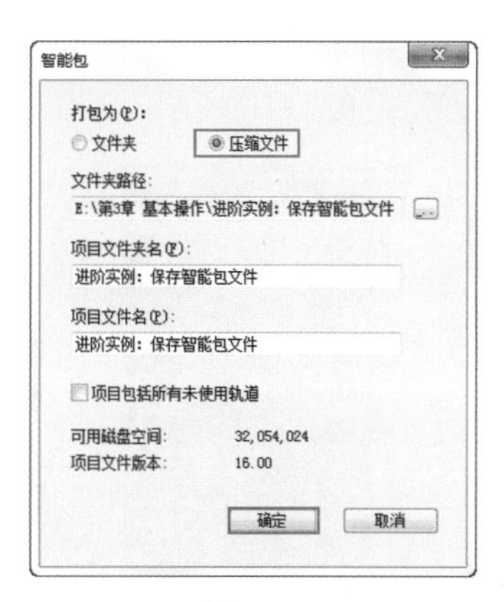

图 2-29

（5）在弹出的【压缩项目包】窗口中可以设置【更改压缩模式】和【压缩文件分割】选项，也可以对文件进行加密，然后单击【确定】按钮，如图 2-30 所示。

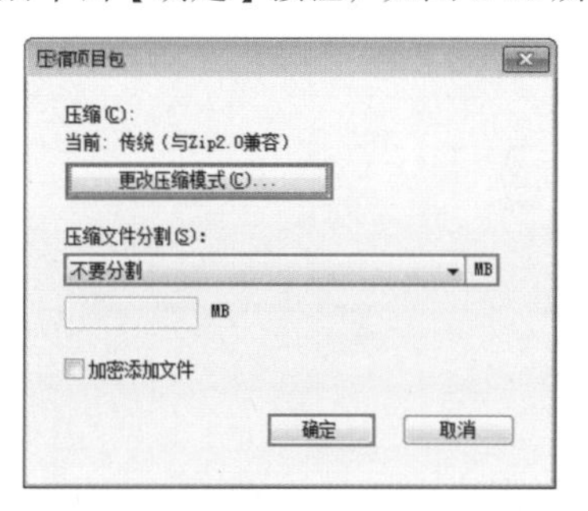

图 2-30

（6）此时会弹出提示窗口，提示已成功压缩。在设置的保存路径下会看到该项目保存的压缩包，如图 2-31 所示。

图 2-31

2.2.6

开启自动保存，会在一定间隔时间内将当前项目自动保存。

（1）单击菜单栏中【设置】/【参数选择】命令，或使用快捷键【F6】，如图 2-32 所示。

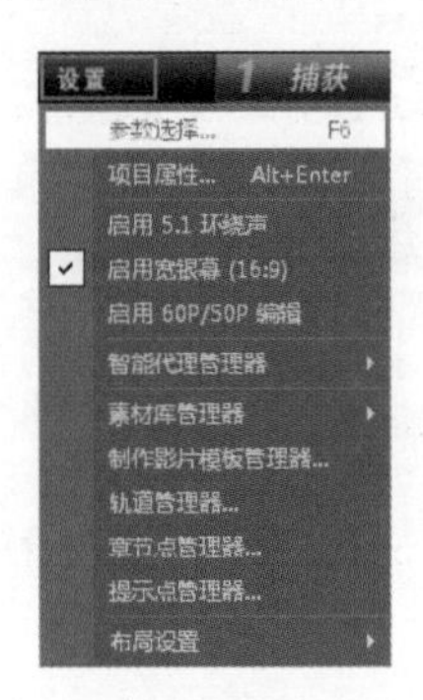

图 2-32

（2）然后在弹出的【参数选择】窗口的【常规】选项卡下，勾选【自动保存间隔】选项，并设置自动保存间隔时间，如图 2-33 所示。

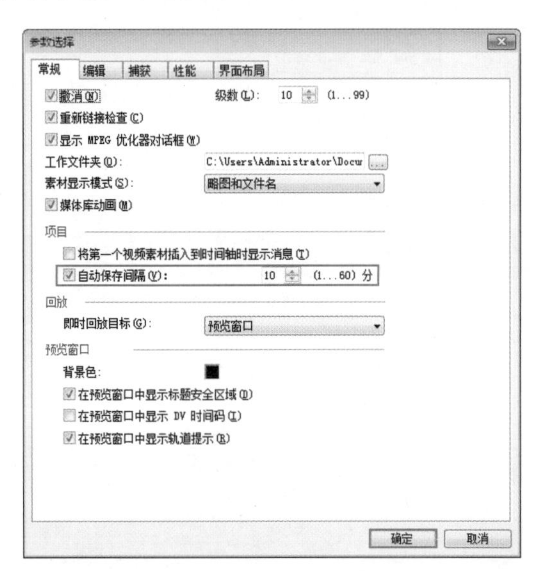

图 2-33

2.2.7

使用【成批转换】命令可以按顺序将多个文件转换为其他格式的文件。

（1）在菜单栏中执行【文件】/【成批转换】命令，如图 2-34 所示。此时会弹出【成批转换】对话框，如图 2-35 所示。

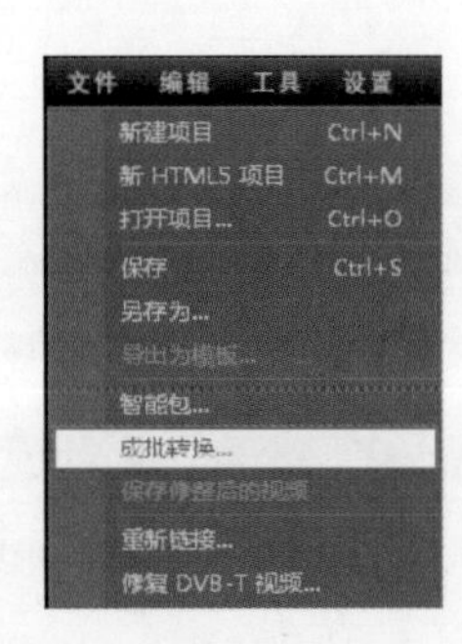

图 2-34

图 2-35

（2）单击【添加】按钮，然后在弹出的对话框中选择需要转换的文件，并单击【打开】按钮，即可导入，如图 2-36 所示。

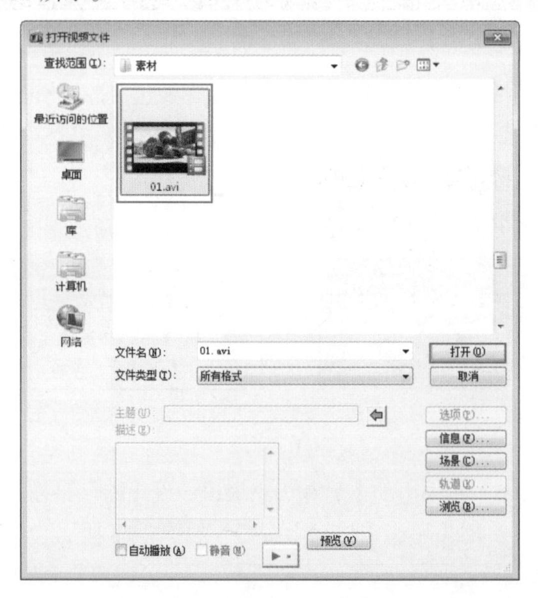

图 2-36

（3）视频素材导入后，在【保存文件夹】下设置转换结束后的保存路径，接着在【保存类型】选项的下拉列表中选择需要转换的格式，如图 2-37 所示。

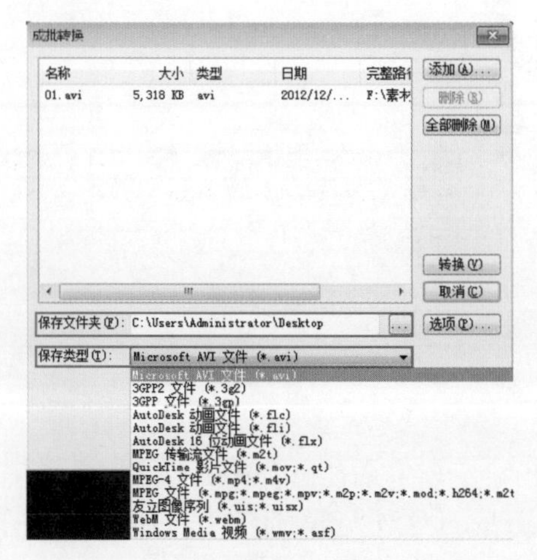

图 2-37

（4）在设置完成后，单击【转换】按钮，如图 2-38 所示，此时会出现【正在渲染】窗口，等待一段时间即可渲染完成，如图 2-39 所示。

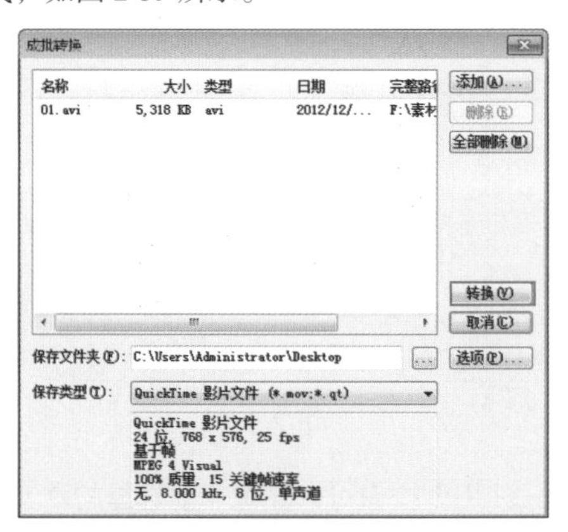

图 2-38

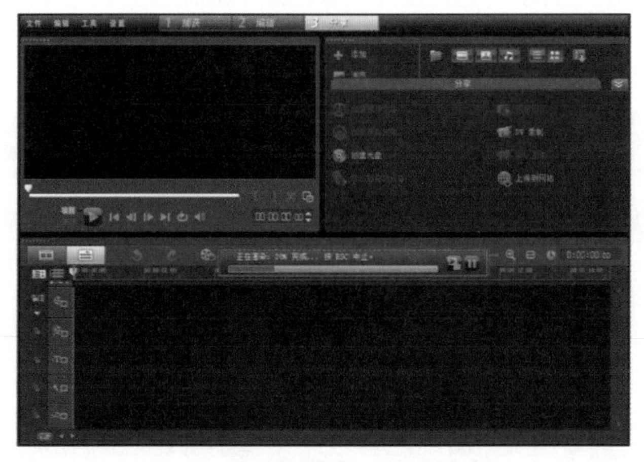

图 2-39

（5）渲染完成后，会自动弹出【任务报告】对话框，提示文件转换成功，然后单击【确定】按钮即可，如图 2-40 所示。在其设置的储存路径中即可找到转换后的文件。

图 2-40

2.2.8

当项目中的素材文件保存位置发生移动或改变时，需要重新链接素材文件。

在菜单栏中执行【文件】/【重新链接】命令，如图 2-41 所示。若链接路径正确，会弹出素材链接成功的对话框，如图 2-42 所示。

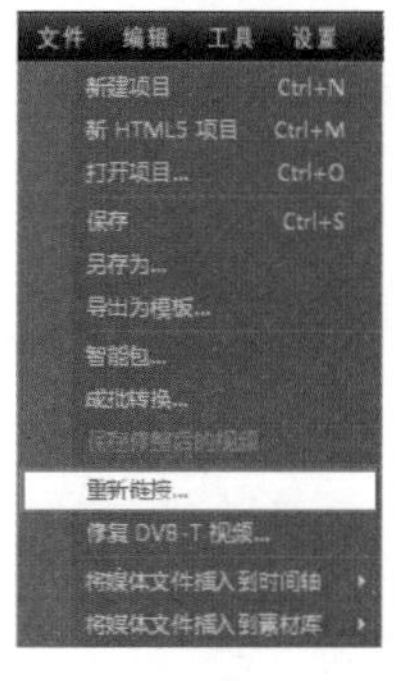

图 2-41

图 2-42

若想重新链接时间轴的某一素材文件，可以选择该素材文件，然后执行【文件】/【重新链接】命令。接着在弹出【重新链接】的对话框中单击【重新链接】按钮，即可选择需要链接的素材文件，如图 2-43 所示。

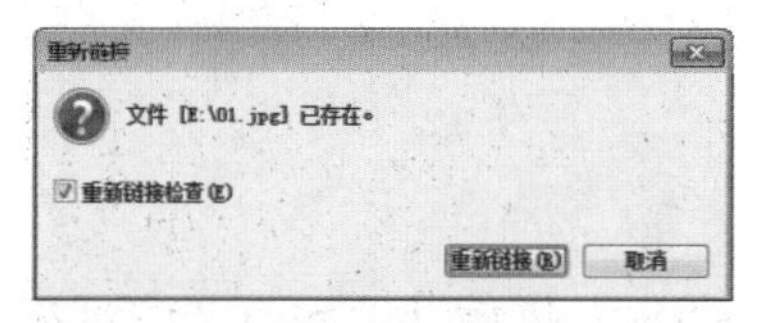

图 2-43

2.2.9

在菜单栏中执行【文件】/【修复 DVB-T 视频】命令，如图 2-44 所示。然后在弹出的对话框中单击【添加】按钮，将需要修改的文件导入，并在【保存文件夹】设置保存路径，接着单击【修复】按钮即可，如图 2-45 所示。

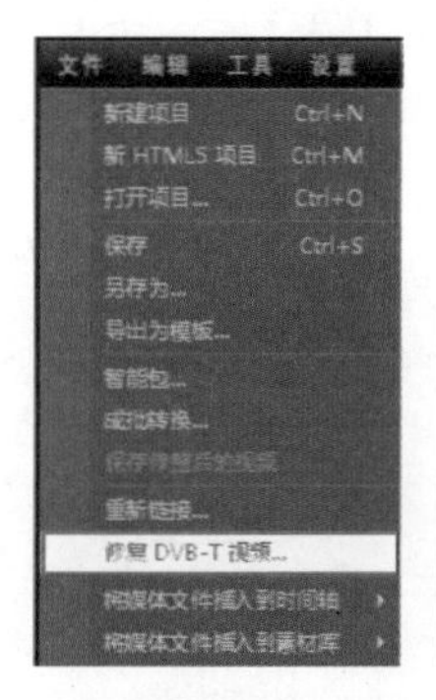

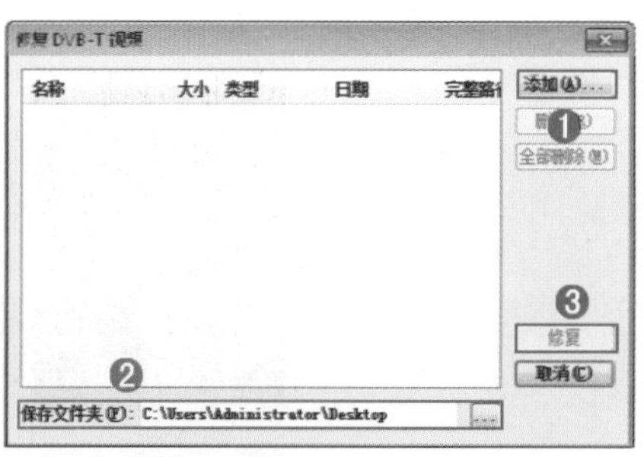

图 2-44　　图 2-45

FAQ 常见问题解答：DVB–T 视频是什么？

DVB-T 是 Digital Video Broadcasting - Terrestrial 的缩写，即地面数字电视广播，是欧洲通用的地面数字电视标准。它是 DVB 系统的一种传输方式。传输方式的主要区别在于使用的调制方式不同，利用 VHF 及 UHF 载波的 DVB-T 就使用 COFDM 调制方式。

2.2.10

在制作影片项目时常需要应用多个【覆叠轨】或【视频轨】等来达到效果。在菜单栏中执行【设置】/【轨道管理器】命令，如图 2-46 所示。在弹出的对话框中可以设置各个轨道的数量，如图 2-47 所示。

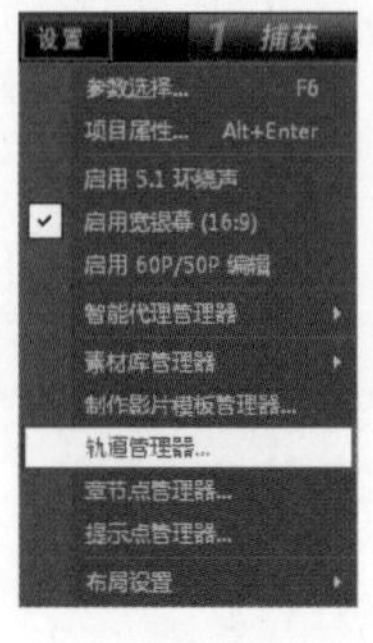

图 2-46　　图 2-47

也可以单击时间轴面板中的【轨道管理器】按钮，如图 2-48 所示。然后在弹出的【轨道管理器】对话框中进行轨道数量的设置。

图 2-48

2.2.11

在制作项目时可以添加章节点，用于方便地标记段落。在菜单栏中执行【设置】/【章节点管理器】命令，如图 2-49 所示。然后在弹出的对话框中单击【添加】按钮，并在弹出的【添加章节点】对话框中设置【名称】和【时间码】，接着单击【确定】按钮即可，如图 2-50 所示。

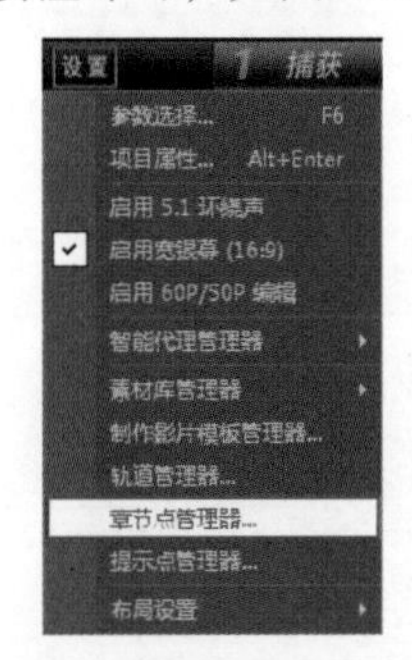

图 2-49

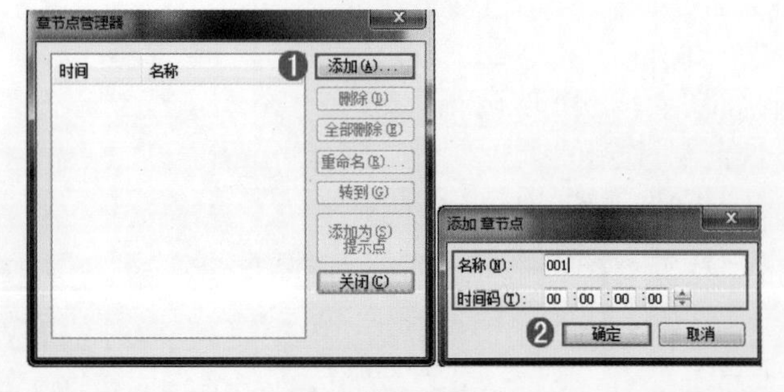

图 2-50

重点参数提醒：

※添加：在添加一个章节点后，可以单击该按钮继续进行添加，但是添加章节点的名称不能重复，如图 2-51 所示。

图 2-51

※删除：使用该按钮可以删除当前选择的章节点。首先选择需要删除的章节点，然后单击【删除】按钮，如图 2-52 所示。此时可以看到该章节点已经被删除，如图 2-53 所示。

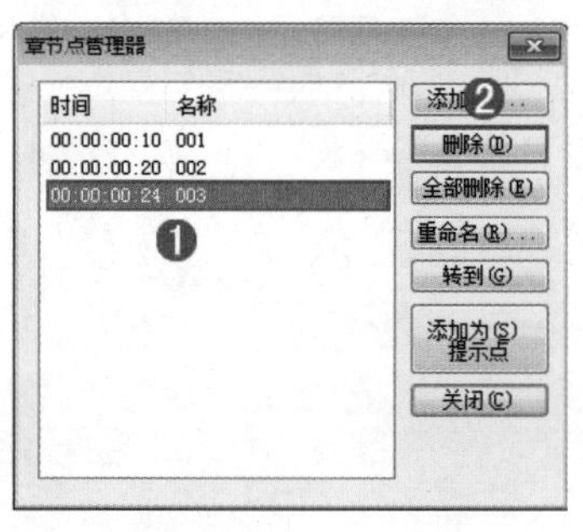

图 2-52

图 2-53

※全部删除：使用该按钮可以删除全部已经添加的章节点，如图 2-54 所示。

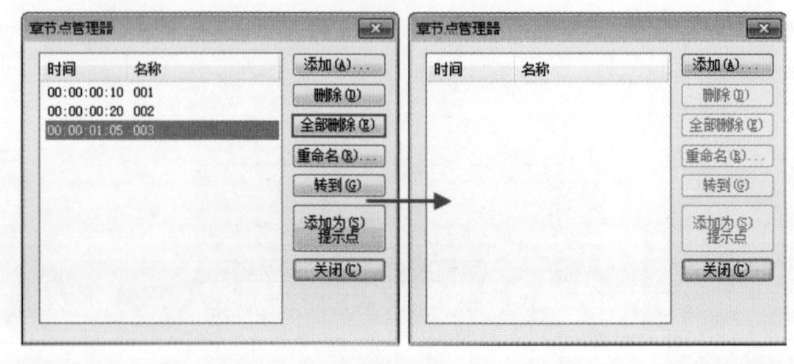

图 2-54

※重命名：使用该按钮，可以将当前选择的章节点重新命名。首先选择需要重新命名的章节点，然后单击【重命名】

按钮，如图 2-55 所示。在弹出的对话框中设置【名称】选项，接着单击【确定】按钮即可，如图 2-56 所示。

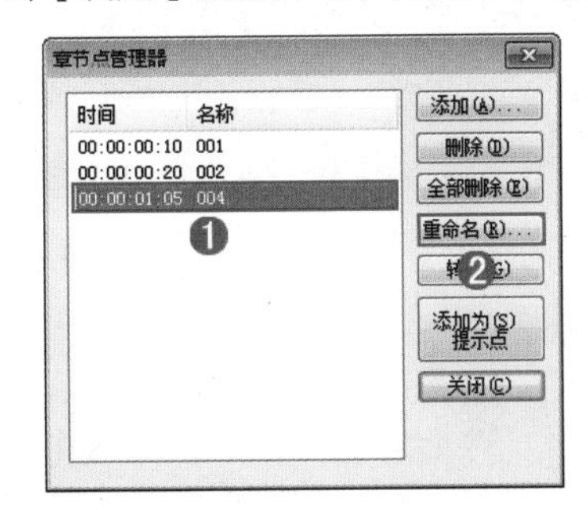

图 2-55

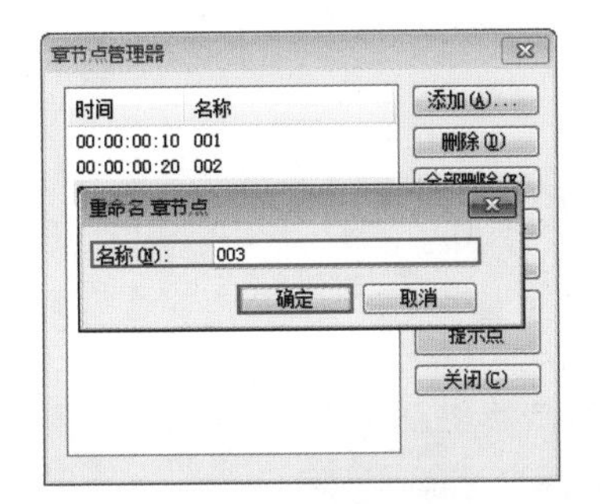

图 2-56

※转到：单击该按钮，可以将时间轴中的擦洗器直接转到当前选择的章节点位置。首先选择要转到的章节点，然后单击【转到】按钮，如图 2-57 所示。此时，时间轴中的擦洗器已经转到该章节点位置，如图 2-58 所示。

图 2-57

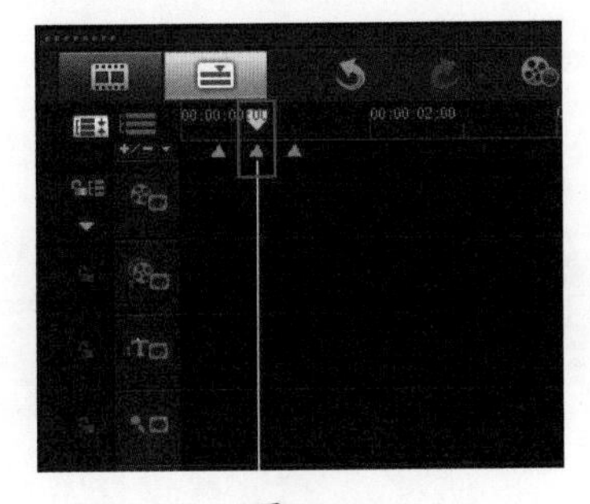

图 2-58

※添加为提示点：单击该按钮，可以将当前的章节点转换为提示点。

※关闭：在设置完成所有的章节点后，单击【关闭】按钮，即可完成操作。

2.2.12

添加提示点的方法与添加章节点的方法相同。在菜单栏中执行【设置】/【提示点管理器】命令，如图 2-59 所示。然后在弹出的对话框中即可单击【添加】按钮进行添加提示点或进一步调整，如图 2-60 所示。

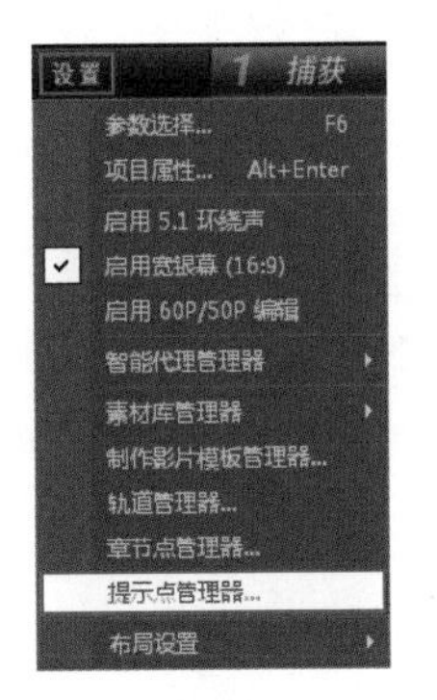

图 2-59

图 2-60

2.3 设置界面布局与预览窗口

在会声会影 X6 界面中可以根据需要自定义布局窗口的大小和位置，从而使操作更加方便。

2.3.1

通过【项目属性】对话框可以设置【项目文件信息】、【项目模板属性】、【文件格式】、【自定义压缩】、【视频设置】以及【音频设置】。项目属性对话框中的项目设置决定了项目在屏幕上预览时的外观和质量。

在菜单栏中执行【设置】/【项目属性】命令或使用快捷键<Alt+Enter>，如图 2-61 所示。然后在弹出的【项目属性】窗口中选择相应的文件格式，如图 2-62 所示。

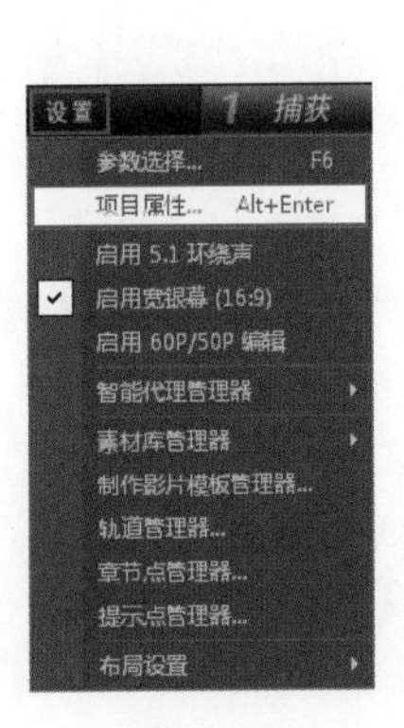

图 2-61

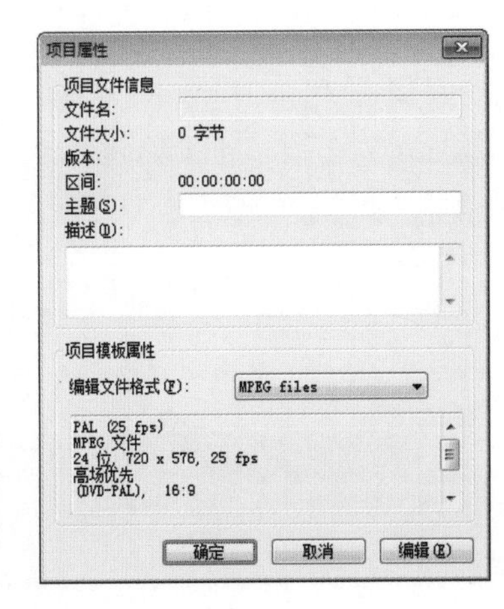

图 2-62

重点参数提醒：

※项目文件信息：该选项组中显示了与项目文件相关联如文件名称、文件大小和区间等。

※项目模板属性：该选项组中显示了项目使用的编辑文件格式和其相关属性。

※编辑文件格式：在该下拉列表中可选择创建的影片最终使用包括 MPEG 或 AVI。

※编辑：单击该按钮，会弹出【项目选项】对话框，如图 2-63 所示。在该对话框中可以对所选的文件格式进行自定义压缩以及视音频设置等。

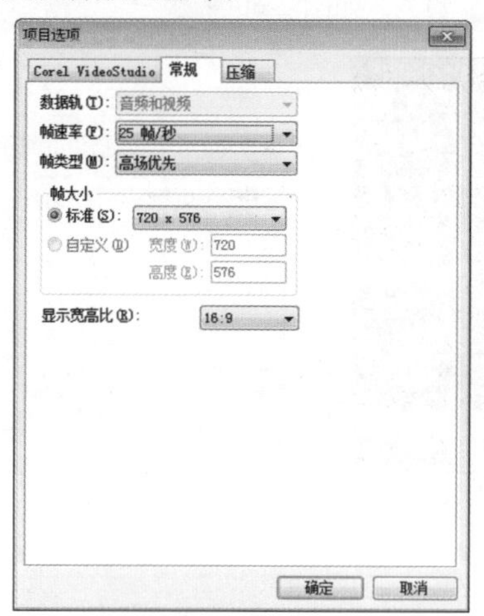

图 2-63

思维点拨：常用视频格式有哪些?

常用的视频格式有 MPEG、AVI、RM、WMV 和 MOV。

MPEG-1 和 MPEG-2 格式压缩的格式为 DAT 和 VOB，广泛应用在 VCD 和 DVD 中，它可以将 120 分钟长的原始视频文件压缩到 1.2 GB 和 4.8GB 左右大小，但是，MPEG-2 的图像质量比 MPEG-1 清晰很多。

AVI 格式：是广泛使用的一种格式。AVI 的分辨率越大，文件越大。

RM 格式：体积小但较清晰。RM 文件的大小取决于制作时选择的压缩率。

WMV 格式：也是画质越好，文件越大；相反，文件越小，画质就越差。

MOV 格式：是 QuickTime 的格式。该格式具有跨平台、存储空间要求小的特点，采用了有损压缩方式的 MOV 格式文件，画面效果较 AVI 格式要稍微好一些。

2.3.2

在会声会影 X6 界面中的各个面板都是独立的，可以自定义进行修改。

1. 移动面板的位置

（1）双击面板的左上角，此时的面板就会处于活动状态，如图 2-64 所示。拖动程序窗口的边缘，即可将其调整至所需大小。

（2）单击并拖动活动的面板，会出现方向停靠指针，如图 2-65 所示。将鼠标指针拖动到停靠指针上，释放鼠标即可将活动面板停靠在指定位置。

图 2-64

图 2-65

在面板处于活动状态时，单击面板右上角的【最大化】按钮，可以进行全屏状态；若单击【还原】按钮，即可回到默认大小；单击【最小化】按钮，则该面板会以缩略条的状态停留在会声会影 X6 的下方。

2. 保存自定义界面

在菜单栏中执行【设置】/【页面设置】/【保存至】/【自定义 #1】命令可以保存当前自定义界面，方便下次使用。

进阶实例：保存自定义界面

案例文件	案例文件 \ 第 2 章 \ 保存自定义界面 .VSP
视频教学	视频文件 \ 第 2 章 \ 保存自定义界面 flv
难易指数	★☆☆☆☆
技术要点	保存自定义界面

案例效果：

在制作项目过程中，可以依照个人习惯对操作界面进行调整，然后将该界面布局保存下来，方便下次使用。本案例主要是针对“保存自定义界面”的用法进行练习，如图 2-66 所示。

操作步骤：

（1）打开对应文件夹的场景文件【03.VSP】，起始默认界面，如图 2-67 所示，然后单击并拖动各个面板到指定位置。将鼠标指针放置到各面板之间时，鼠标指针会变为，此时可以调整面板的长度和宽度，如图 2-68 所示。

图 2-66

图 2-67

图 2-68

（2）自定义界面后，在菜单栏中执行【设置】/【页面设置】/【保存至】/【自定义 #1】命令，即可将当前自定义界面保存，如图 2-69 所示。

图 2-69

3. 加载不同的界面布局

在菜单栏中执行【设置】/【布局设置】/【切换到】命令，然后可以在其子菜单下选择不同的自定义界面进行切换，如图 2-70 所示。

图 2-70

也可以在菜单栏中执行【设置】/【参数选项】命令，然后在弹出的窗口【界面布局】选项卡下更改布局设置，如图 2-71 所示。

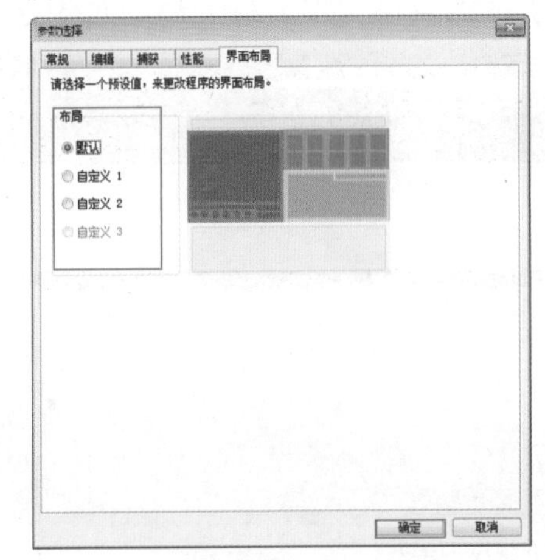

图 2-71

2.3.3

在制作项目时，使用即时回放可以快速了解项目进度。首先要选择项目或素材，然后单击导览面板中的【播放】按钮即可，如图 2-72 所示。

图 2-72

1. 设置预览范围

在使用【修整标记】或【开始标记 / 结束标记】按钮选择预览范围后，该范围在标尺面板中被标记为橙色，如图 2-73 所示。

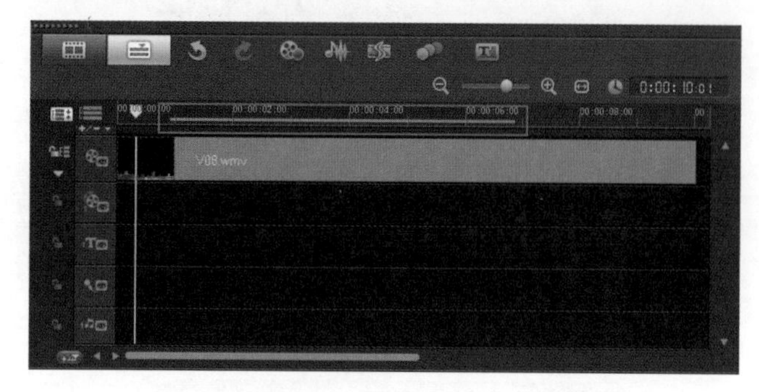

图 2-73

2. 只播放预览区域

使用【修整标记】或【开始标记 / 结束标记】按钮选择预览范围，如图 2-74 所示，然后选择要预览的项目或素材，并单击【播放】按钮即可只播放预览区域，如图 2-75 所示。

图 2-74

图 2-75

求生秘籍——技巧提示：预览整个素材

若要预览整个素材时，要先按住键盘上的 <Shift> 键，然后单击【播放】按钮。

2.3.4

为了方便在画面中调整照片或视频素材的位置和大小，可以利用网格线进行参照设置，还可以利用网格线对齐影片中的标题。

1. 显示网格线

在编辑步骤面板中双击素材，然后在【选项面板】的【属性】选项卡中选择【变形素材】选项，接着选择已经被激活的【显示网格线】选项，如图 2-76 所示。此时预览窗口中已经出现网格线，如图 2-77 所示。

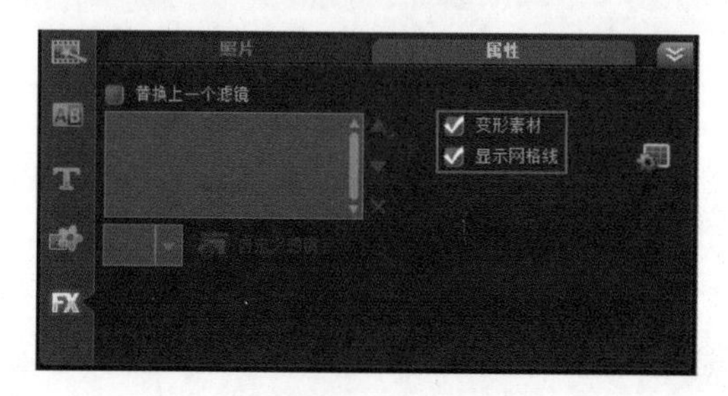

图 2-76

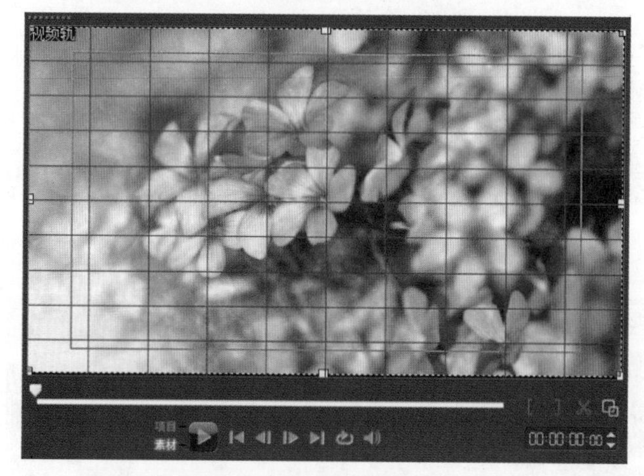

图 2-77

重点参数提醒：

※变形素材：勾选该选项，可以将视频轨中素材文件进行变形。

※显示网格线：勾选该选项，会在选择的素材文件上显示网格。

2. 设置网格线的相关参数

在【选项面板】的【属性】选项卡中，单击【显示网格线】右侧的【网格线选项】按钮，如图 2-78 所示。在弹出的对话框中，可以对网格线进行网格大小、线条类型和线条色彩等设置，如图 2-79 所示。

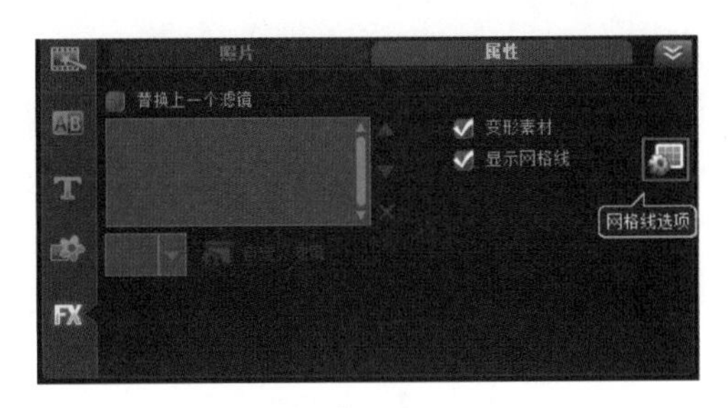

图 2-78

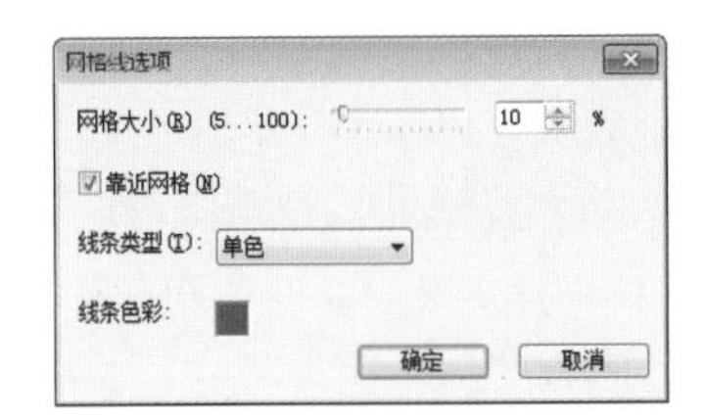

图 2-79

重点参数提醒：

※网格大小：通过调整百分比参数，可以控制【预览窗口】中的网格大小。

※靠近网格：勾选该选项，在移动素材文件时，会自动靠近网格线。

※线条类型：选择网格线的类型，包括单色、虚线、点、虚线 - 点和虚线 - 点 - 点，如图 2-80 所示。

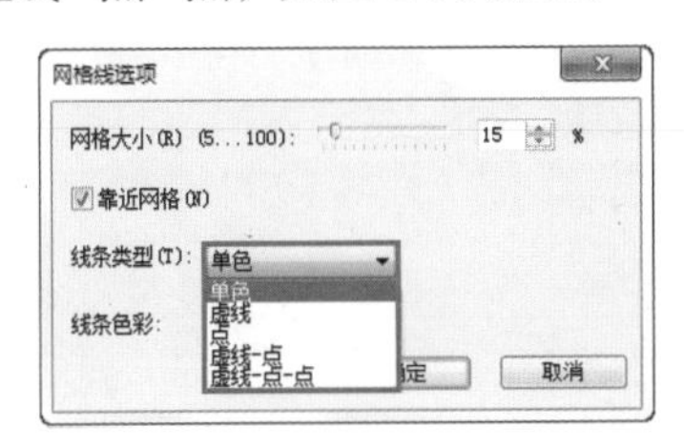

图 2-80

※线条色彩：单击色块，设置网格线的颜色。

进阶实例：利用网格调整素材的位置

案例文件	进阶实例：利用网格调整素材的位置 .VSP
视频教学	视频文件 \ 第 2 章 \ 利用网格调整素材的位置 .flv
难易指数	★★☆☆☆
技术掌握	网格线、设置网格线的相关应用

案例分析：

为了方便在窗口中将素材文件进行对位，可以开启网格线显示，如图 2-81 所示。

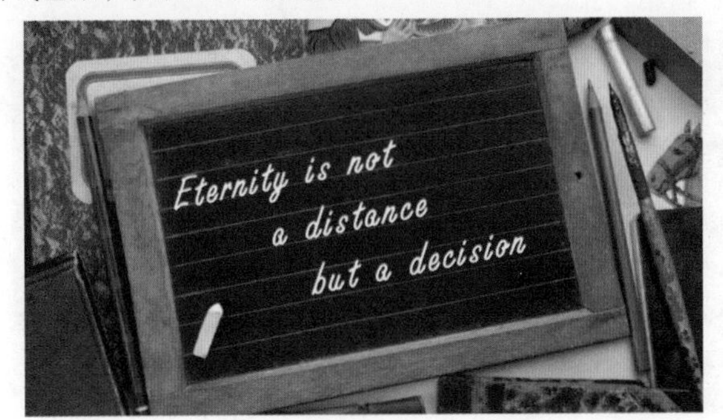

图 2-81

制作步骤：

（1）打开会声会影 X6，将素材文件夹中的素材拖拽到【视频轨】和【覆叠轨】上，如图 2-82 所示。

图 2-82

（2）选择视频轨中的素材，并单击【选项】面板，如图所示，然后在【属性】选项卡中勾选【变形素材】选项，接着勾选【显示网格线】选项，如图 2-83 所示。

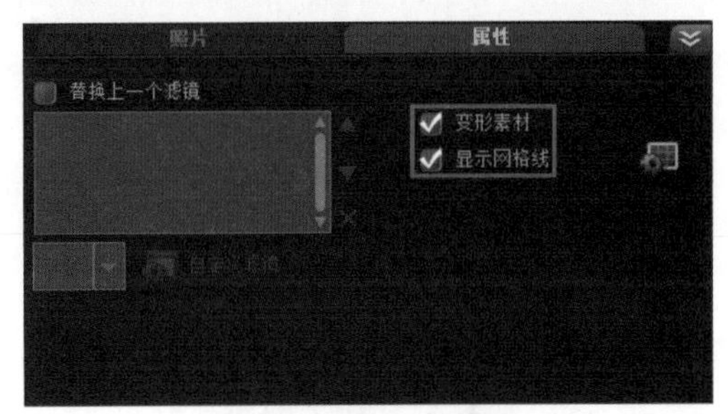

图 2-83

（3）单击【显示网格线】后面的【网格线选项】按钮，然后在弹出的对话框中设置【网格大小】为 15%，接着单击【确定】按钮，如图 2-84 所示。

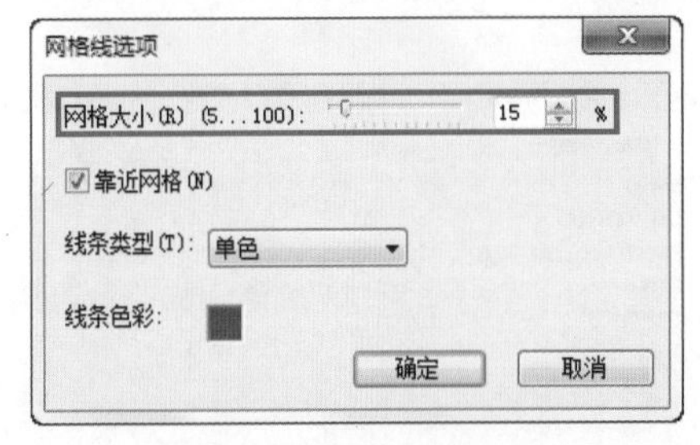

图 2-84

（4）在预览窗口中按照网格的位置调整素材文件的大小和位置即可，如图 2-85 所示。

求生秘籍——技巧提示：预览窗口中的网格比例

开启网格线效果后，预览窗口中的网格比例大小随预览窗口的比例大小变化而变化。

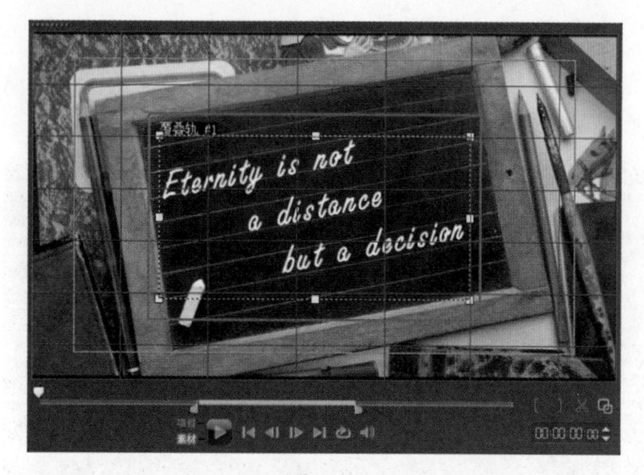

图 2-85

2.4 设置参数属性

在编辑影片项目过程中，可以依照操作习惯可以对一些常规参数进行设置，从而使操作更加便捷。提高工作效率。

2.4.1

在菜单栏中执行【设置】/【参数选择】命令，如图 2-86 所示。此时在【参数选择】对话框的【常规】选项卡中可以看到用于设置会声会影高级编辑器基本操作的参数，如图 2-87 所示。

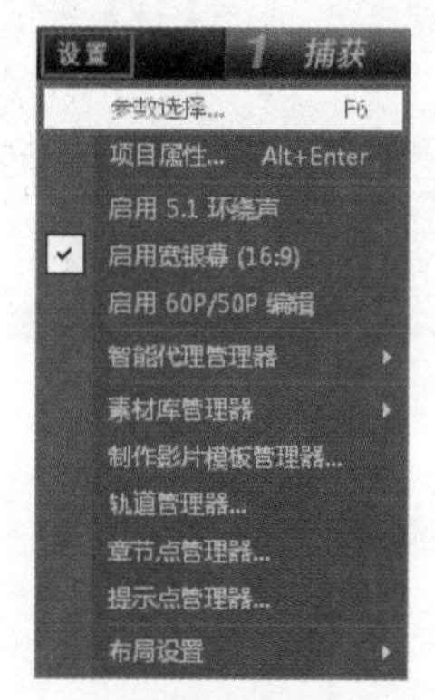

图 2-86

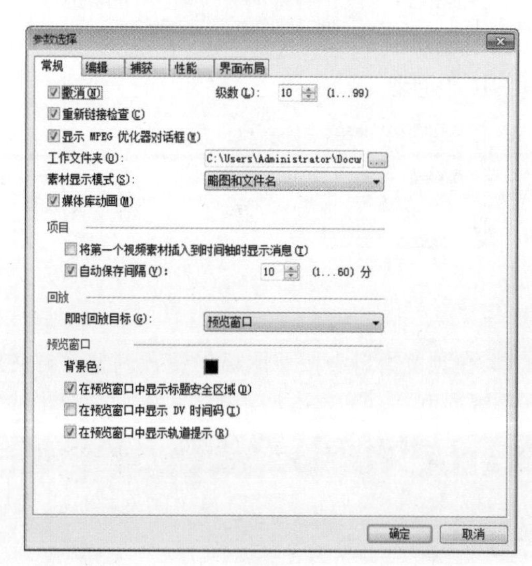

图 2-87

重点参数提醒：

※撤销：勾选该选项，可以在编辑素材时使用【编辑】/【撤销】命令，撤销上一步操作，并可以设置撤销级数的相关数值，或使用快捷键【Ctrl+Z】。

※重新链接检查：勾选该项，若源素材被更改或移动，则会自动弹出重新链接素材的提示框。

※工作文件夹：可以设置保存编辑的项目和捕获素材的文件夹位置。

※素材显示模式：可以设置时间轴上的【素材显示模式】，如图 2-88 所示。选择【仅略图】选项，可以将素材以缩略图方式显示在时间轴内，如图 2-89 所示。选择【仅文件名】选项，可以将素材以文件名方式显示在时间轴内，如图 2-90 所示。选择【略图和文件名】选项，可以将素材以略图和文件名方式显示在时间轴内，如图 2-91 所示。

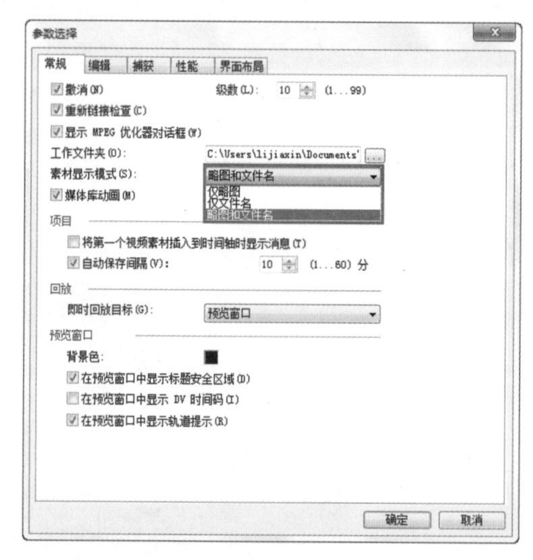

图 2-88

图 2-89

图 2-90

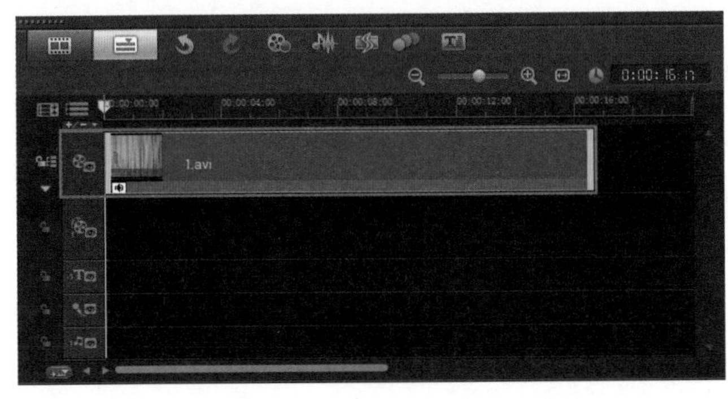

图 2-91

※将第一个视频输出插入到时间轴时显示消息：在捕获或将第一个素材插入项目时，会声会影 X6 将自动检查此素材和项目的属性。勾选该选项，若文件格式和帧大小等属性不一致，则会弹出信息提示框，以决定是否将项目的设置自动调整为与素材属性相匹配的模式。

※自动保存间隔：可以设置自动保存的间隔时间。

※即时回放目标：可以选择回放项目的目标设备，如预览窗口和 DV 摄影机等。如果计算机配备了双端的显卡，则可以同时在预览窗口和外部设备上回放项目。

※背景色：单击色块会弹出颜色面板，在该面板中可以选择各种不同的颜色，如图 2-92 所示。也可以选择【Corel 色彩选取器】选项，会弹出【Corel 色彩选取器】对话框，如图 2-93 所示。若选择【Windows 色彩选取器】选项，则会弹出【颜色】对话框，如图 2-94 所示。

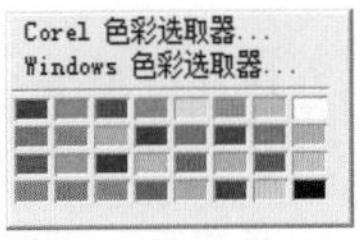

图 2-92

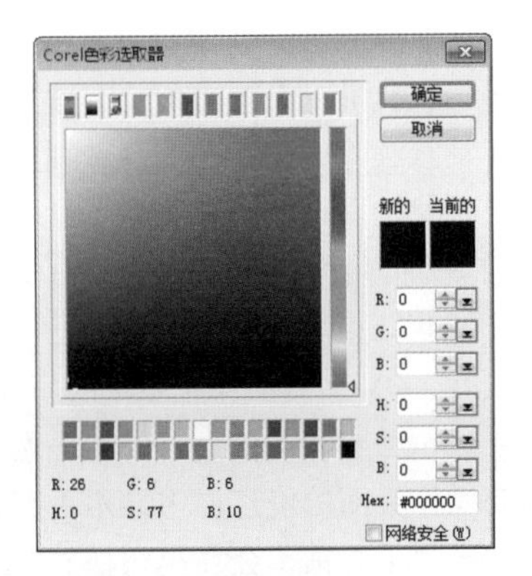

图 2-93

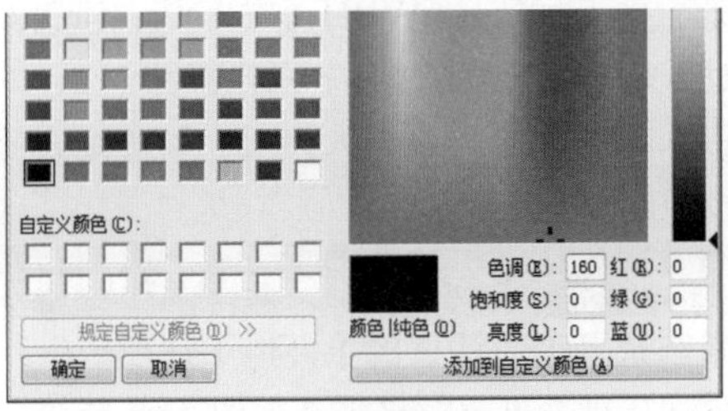

图 2-94

※在预览窗口中显示标题安全区域：勾选该选项，会在创建标题时的预览窗口中显示标题安全区域，标题安全区域可以确保设置文字时位于矩形标题安全区域内。

※在预览窗口中显示 DV 时间码：勾选该选项，可以在回放 DV 视频时，在预览窗口中显示该视频的时间码，但计算机的显卡必须是与 VMR（Video Mixing Renderer）兼容的。

※在预览窗口中显示轨道提示：勾选该选项，会在预览窗口中显示该轨道的名称提示。

2.4.2

在【参数选项】对话框里的【编辑】选项卡中，可以对项目中的素材和效果进行质量设置，并能调整图像 / 色彩素材的默认区间和转场，以及淡入淡出效果的默认区间，如图 2-95 所示。

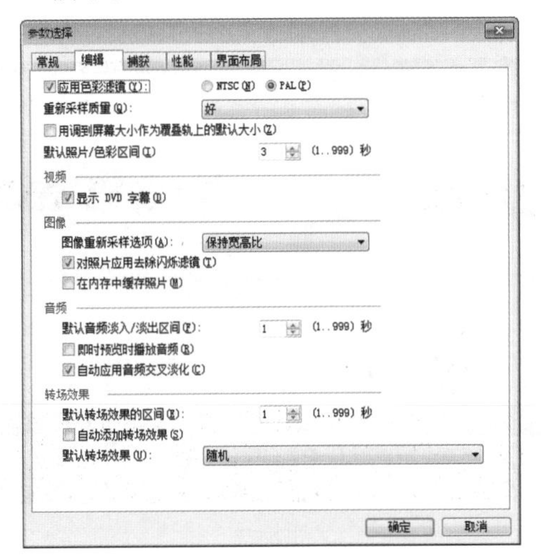

图 2-95

重点参数提醒：

※应用色彩滤镜：勾选该选项，可以将会声会影 X6 的调色板颜色限制在 NTSC 或 PAL 滤镜色彩空间的可见范围内，以保证所有色彩均有效果。如果仅用于计算机监视器显示，可以不勾选该选项。

※重新采样质量：该选项可以为素材和效果设置质量。质量越高，生成的视频质量越好，渲染的时间也越长。如果用于最后的输出，可选择【最佳】选项；如果需要进行快速输出，可选择【好】选项。

※用调到屏幕大小作为覆叠轨上的默认大小：勾选该选项，可以将插入覆叠轨上的文件设置默认大小为屏幕大小。

※默认照片 / 色彩区间：该选项可以为需要添加到项目中的图像和色彩素材指定默认的区间长度。也可以在素材插入时间轴后调整。但是若需要每个素材区间长度差不多，可以选择该选项。

※显示 DVD 字幕：勾选该选项，会显示 DVD 视频的字幕。

※图像重新采样选项：该选项包括选取图像重新采样的

两种方法，选择不同的选项，显示效果也不同。设置为【保持宽高比】时的效果，如图 2-96 所示。设置为【调到项目大小】时的效果，如图 2-97 所示。

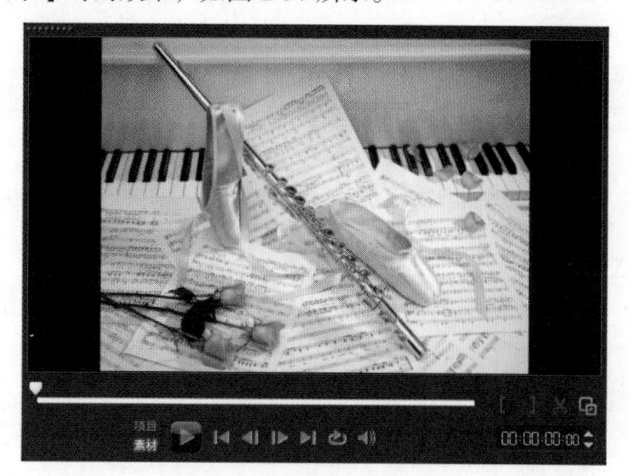

图 2-96

图 2-97

※对照片应用去除闪烁滤镜：勾选该选项，可对照片使用去除闪烁的滤镜。

※在内存中缓存照片：勾选该选项，可以在内存中对照片进行缓存。

※默认音频淡入 / 淡出区间：该选项可设置两段音频淡入和淡出的区间长度，输入的数值为素材音量从正常至淡化过程的时间总长。

※即时预览时播放音频：勾选该选项，会在即时预览的同时播放音频。

※自动应用音频交叉淡化：勾选该选项，会为音频自动应用交叉淡化。

※默认转场效果的区间：该选项用于项目中所有素材间的转场效果区间长短。

※自动添加转场效果：勾选该选项，可以为素材之间自动添加转场效果。

※默认转场效果：在自动添加转场效果时，可以选择默认的转场类型。

2.4.3

在【参数选择】对话框的【捕获】选项卡中，可以设置与视频捕获相关的选项，如图 2-98 所示。

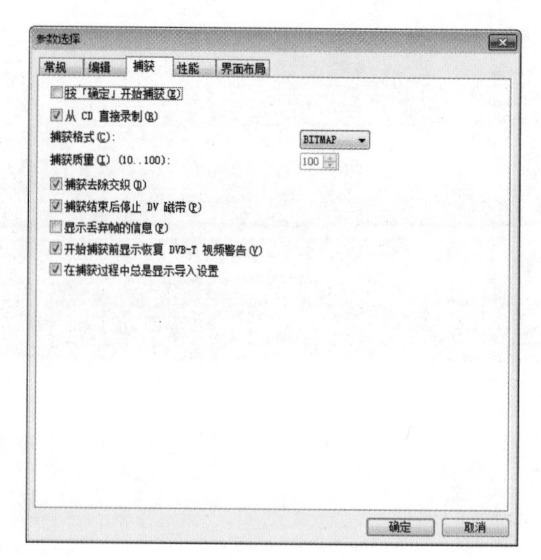

图 2-98

重点参数提醒：

※按【确定】按钮开始捕获：在默认情况下，单击【开始捕获】按钮就可对视频直接进行捕获。而勾选该选项，单击【开始捕获】按钮，会弹出提示对话框，在单击【确定】按钮后才会开始捕获视频。

※从 CD 直接录制：勾选该选项，可以直接从 CD 播放器上录制歌曲的数码数据，并保留最佳质量。

※捕获格式：该选项可以设置用于保存已捕获的静态图像的文件格式，在下拉列表中可选择从视频捕获静态帧时的文件保存格式，即 BITMAP 格式或 JPEG 格式。

※捕获质量：设置捕获的质量。

※捕获去除交织：勾选该选项，会在捕获视频中的静态图像时使用固定的图像分辨率，而不使用交织型图像的渐进式图像分辨率。

※捕获结束后停止 DV 磁带：勾选该选项，当视频捕获完成后，DV 会自动停止磁带的回放。

※显示丢弃帧的信息：勾选该选项，在捕获过程中会在捕获操作界面的信息栏中显示丢弃帧的数量。若在捕获过程中产生丢弃帧，会在视频播放时产生跳跃感。勾选该选项后，可以对丢弃帧的数量进行监控。

※开始捕获前显示恢复 DVB-T 视频警告：勾选该选项，会在开始捕获前恢复显示 DVB-T 视频警告。

※在捕获过程中总是显示导入设置：勾选该选项，会在捕获过程中总是显示导入设置。

2.4.4

在【参数选择】对话框的【性能】选项卡中，可以设置视频代理和代理文件夹路径等，如图 2-99 所示。

重点参数提醒：

※启用智能代理：勾选该选项后，会激活下面的相关参数设置，设置视频大小在大于某一数值时，自动创建代理，并设置代理文件夹的位置。

※自动生成代理模板：启动智能代理后，激活该选项，在生成代理后会自动生成模板。若勾选掉该选项，则可以选择会声会影 X6 默认的模板，同时还可以对选项进行设置。

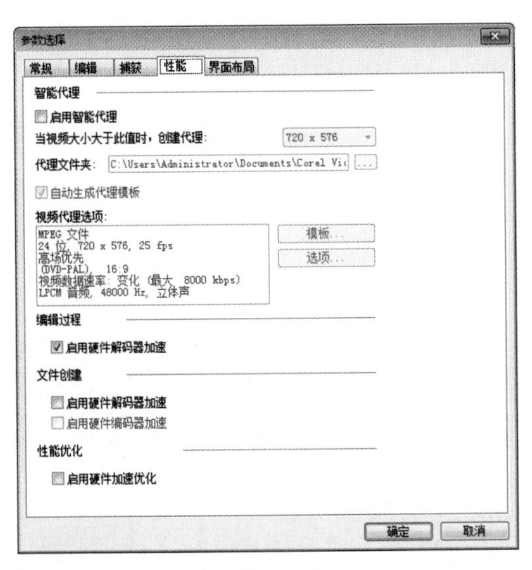

图 2-99

第 3 章 捕获视频

本章内容简介

在会声会影 X6 中可以对视频和数字媒体进行捕获与导入，然后对捕获的素材进行编辑操作。不仅可以从摄像机中捕获视频，也可以录制当前屏幕和画外音。本章主要介绍会声会影 X6 在外部设备中捕获视频和照片素材，以及屏幕录制捕获的方法。

本章学习要点

掌握视频捕获的方法

灵活掌握捕获工具

掌握导入数字媒体和录制画外音的方法

佳作欣赏

3.1 了解捕获视频

会声会影 X6 项目中编辑的素材可以从外部设备捕获或屏幕录制等方式得到，包括视频、照片和声音等素材。然后才能通过会声会影 X6 的各种功能和效果进行编辑。

在会声会影 X6 中如何捕获视频

（1）在【捕获】步骤面板的【选项】面板中单击【从数字媒体导入】按钮，如图 3-1 所示。此时，会弹出【选取“导入原文件夹”】对话框，如图 3-2 所示。在【选取“导入原文件夹”】对话框中选择需要捕获的素材，然后单击【确定】按钮即可进行捕获。

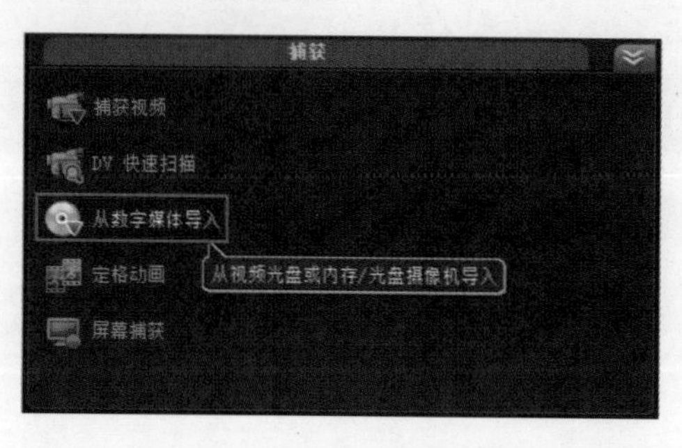

图 3-1

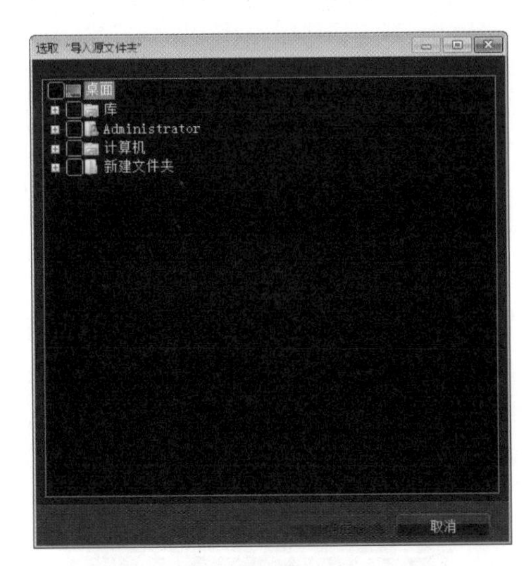

图 3-2

（2）切换到【编辑】步骤面板中。会看到【媒体】素材库的【样本】文件夹中已经出现导入的素材文件。而时间轴中也已经插入了该视频素材文件，如图 3-3 所示。

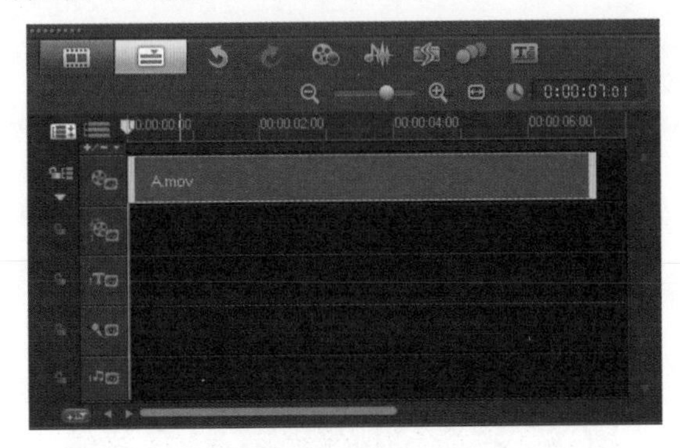

图 3-3

3.2　认识视频捕获

会声会影 X6 可以从 DVD-video、DVD-VR、AVCHD、BDMV 光盘，可录制到内存卡中的摄像机，光盘的内存储器，DV 或 HDV 摄像机，移动设备以及模拟和数字电视设备中捕获或者导入视频，如图 3-4 所示。

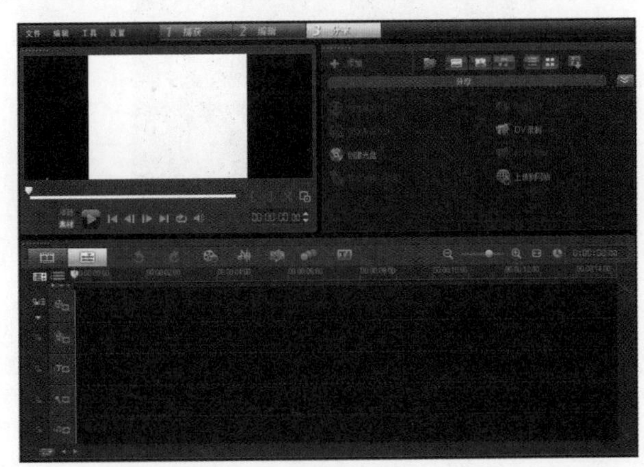

图 3-4

3.3　捕获视频

会声会影 X6 对摄像机内容进行捕获的步骤都基本相同，只有捕获视频选项面板中的可用捕获设置有所变化。

3.3.1

在会声会影 X6 的捕获步骤中，主要包括【素材库】和【捕获】面板。在【捕获】面板中包含了媒体捕获和导入方法，如图 3-5 所示。

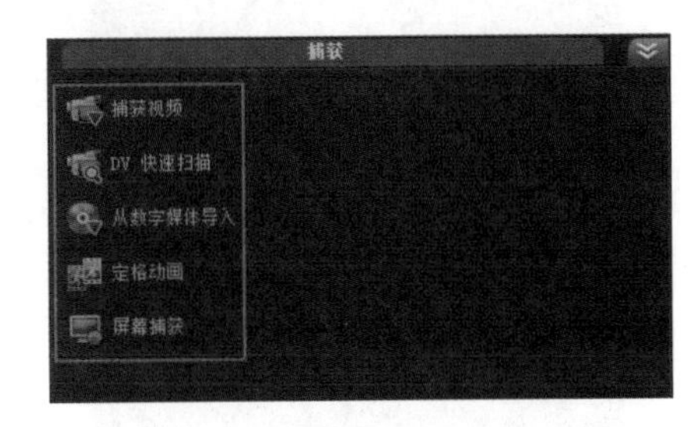

图 3-5

重点参数提醒：

※捕获视频：可以将视频和照片从摄像机捕获到计算机中。

※DV 快速扫描：可以扫描 DV 磁带并选择想要添加到影片的场景。

※从数字媒体导入：可以从 DVD-Video/DVD-VR、AVCHD、BDMV 格式的光盘或硬盘中添加媒体素材。此功能还允许直接从 AVCHD、蓝光光盘或 DVD 摄像机导入视频。

※定格动画：可以把从照片和视频捕获设备中捕获的图像制作成即时定格动画。

※屏幕捕获：可以对屏幕进行录制捕获。

3.3.2

在屏幕捕获工具栏中包含了捕获屏幕时所需的各种参数设置，如图 3-6 所示。

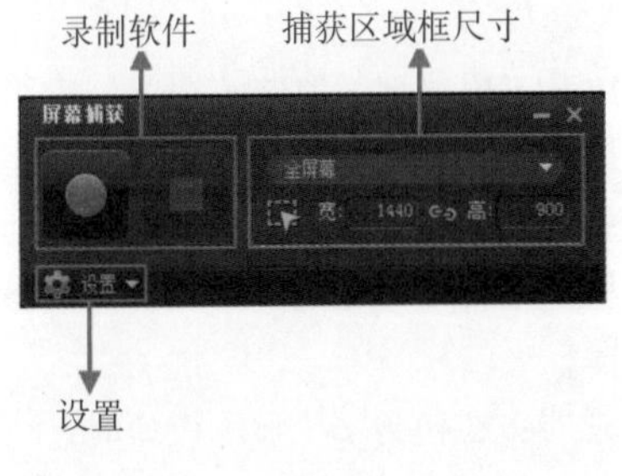

图 3-6

重点参数提醒：

※【开始 / 恢复录制】：单击该按钮即可进行录制，快捷键为【F11】。

※【结束录制】：在录制时，单击该按钮可以停止录制，快捷键为【F10】。

※捕获区域框尺寸：在宽度和高度框中指定捕获区域的尺寸。

※设置：可以设置文件、音频、显示和键盘快捷方式，如图 3-7 所示。

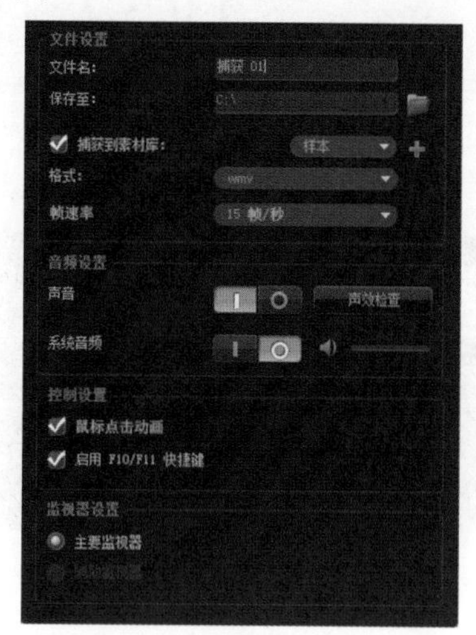

图 3-7

重点参数提醒：

※文件名：设置项目的文件名。

※保存至：设置视频文件的保存位置。

※捕获到素材库：将屏幕捕获自动导入到素材库。在默认情况下，屏幕捕获会保存在素材库的样本文件夹中。单击【添加】按钮可以添加一个新的文件夹，并设置文件的保存位置。

※格式：在其下拉菜单中可以选择一个格式选项。

※声音：单击【录制画外音】按钮启用声音录制。单击【声效检查】按钮可以测试声音输入。单击【禁止录制画外音】按钮会禁用声音录制。

※系统音频：启用或禁用系统音频。

※鼠标点击动画：勾选该选项，在屏幕录制时会录制鼠标的点击动画效果。

※启用 F10/F11 快捷键：勾选该选项，启用和关闭屏幕捕获的键盘快捷方式。

※主要监视器：在监视器设置中，选择一个显示设备。程序将自动检测系统中可用的显示设备的数量。主要监视器是默认选择。

※辅助监视器：在包含多个显示设备时，可以选择辅助监视器选项。

3.3.3

在进行屏幕捕获时可以录制屏幕上的计算机操作，包括鼠标指针变化和添加画外音，还可以设置突出和聚焦的捕获区域。

（1）在【捕获】步骤中单击【选项】面板上【屏幕捕获】按钮，如图 3-8 所示。

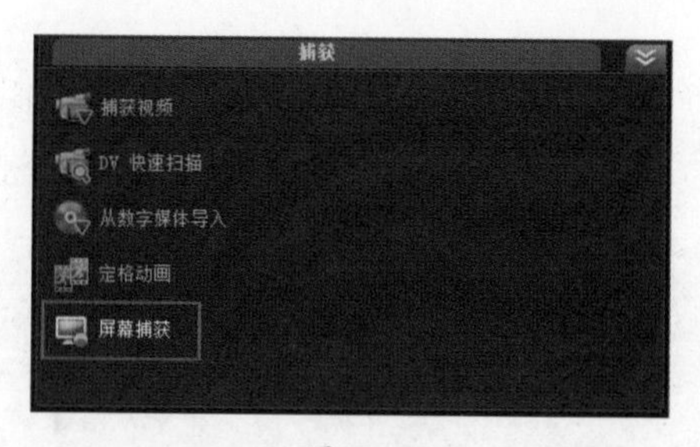

图 3-8

（2）此时会打开【屏幕捕获】工具栏，而主程序窗口则会直接变为最小化，只显示出【屏幕捕获】工具栏，如图 3-9 所示。

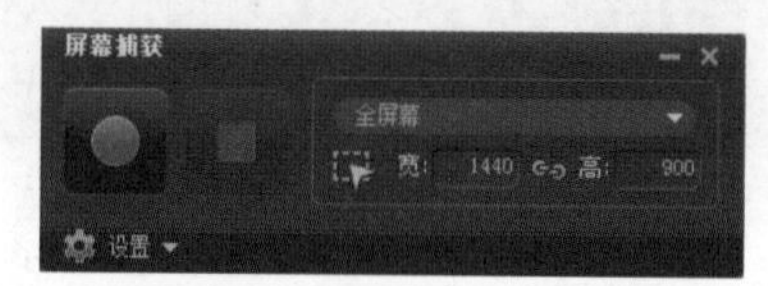

图 3-9

（3）可以在时间轴上方单击【录制 / 捕获选项】按钮，如图 3-10 所示。然后在弹出的【录制 / 捕获选项】对话框中选择【屏幕捕获】按钮，即可打开【屏幕捕获】工具栏，如图 3-11 所示。

图 3-10

图 3-11

进阶实例：屏幕捕获视频

案例文件	无
视频教学	视频文件 \ 第 3 章 \ 屏幕捕获视频 .flv
难易指数	★★☆☆☆
技术要点	屏幕捕获的方法

案例效果

在会声会影 X6 中，可以利用屏幕【捕获】功能来将屏幕上的操作和画面录下来。本案例主要针对“屏幕捕获视频”的方法进行练习，如图 3-12 所示。

图 3-12

操作步骤

（1）启动会声会影 X6，然后切换到【捕获】步骤面板中，单击选项面板中的【屏幕捕获】按钮，如图 3-13 所示。在弹出的【屏幕捕获】对话框中展开选项，并设置录制视频的大小、存储名称、位置与格式等参数，如图 3-14 所示。

图 3-13

图 3-14

（2）设置完成后调出需要录制的窗口，调节边缘的白色小方块可以调节捕捉区域范围，如图 3-15 所示。单击【屏幕捕获】对话框中的【开始 / 恢复录制】按钮，或使用快捷键 <F11> 开始录制，屏幕中会出现倒计时，如图 3-16 所示。

图 3-15

图 3-16

（3）录制完成后可以使用快捷键【F10】停止录制视频，然后系统会自动弹出提示框，提示已经完成屏幕捕获。接着单击【确定】按钮即可，如图 3-17 所示。

图 3-17

（4）最后切换到【编辑】步骤面板，在【媒体】素材库中即可找到刚刚捕获的视频，如图 3-18 所示。

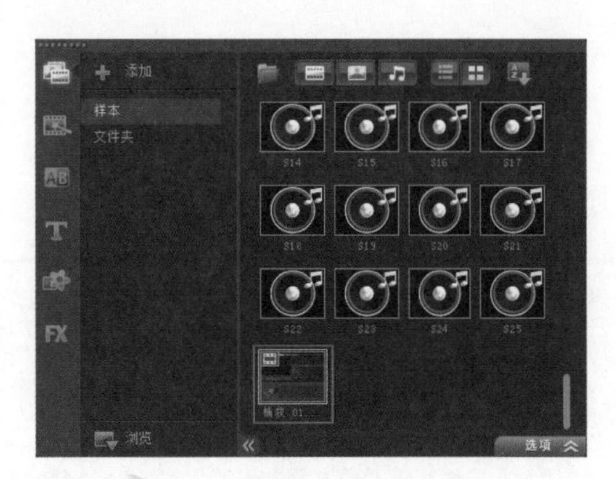

图 3-18

3.4 导入数字媒体

可以从光盘、影片、内存卡、数码相机和 DSLR 中将 DVD/DVD-VR、AVCHD、BDMV 的视频和照片导入到会声会影 X6 中。

3.4.1

会声会影 X6 中的【从移动设备中】功能可以将外部移动设备中的视频或照片等捕获到会声会影 X6 中，如从 U 盘中导入数字媒体等。

进阶实例：从 U 盘中捕获视频

案例文件	无
视频教学	视频文件 \ 第 3 章 \ 从 U 盘中捕获视频 .flv
难易指数	★★☆☆☆
技术要点	从移动设备中捕获视频的方法

案例效果

在会声会影 X6 中，可以从 U 盘或其他外部连接的移动设备中进行视频和照片的捕获。本案例主要针对“从移动设备中捕获视频”的方法进行练习，如图 3-19 所示。

图 3-19

操作步骤

（1）首先要将 U 盘与当前计算机相连，然后启动会声会影 X6，接着切换到【捕获】步骤面板中，单击选项面板中的【从数字媒体导入】按钮，如图 3-20 所示。

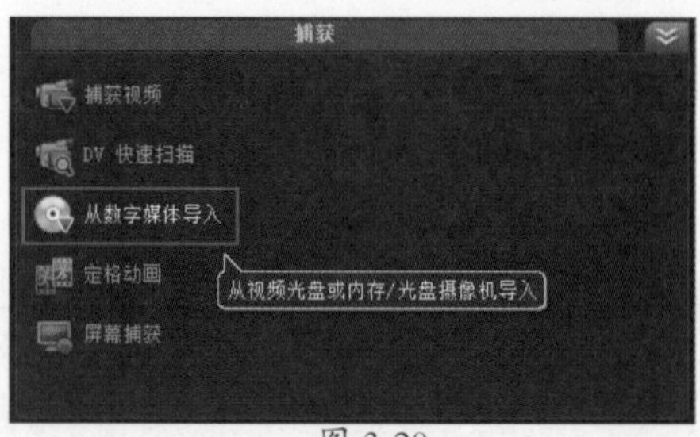

图 3-20

（2）此时会弹出【选取“导入原文件夹”】对话框，在该对话框中选择 U 盘并勾选视频素材所在的文件夹，然后单击【确定】按钮，如图 3-21 所示。

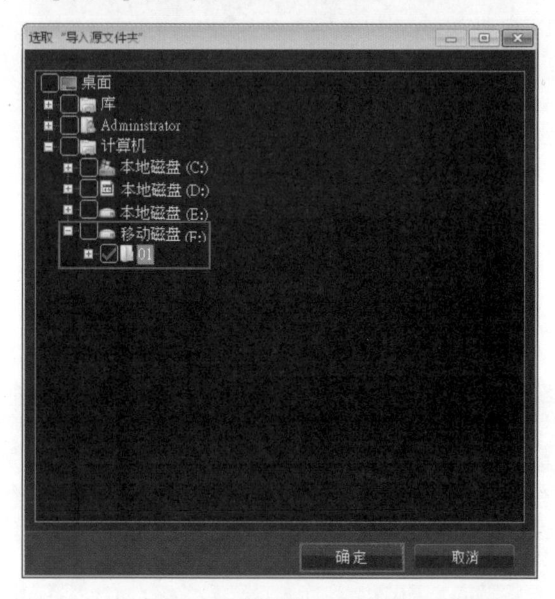

图 3-21

（3）在【从数字媒体导入】对话框中选择该文件夹，然后单击【起始】按钮，如图 3-22 所示。

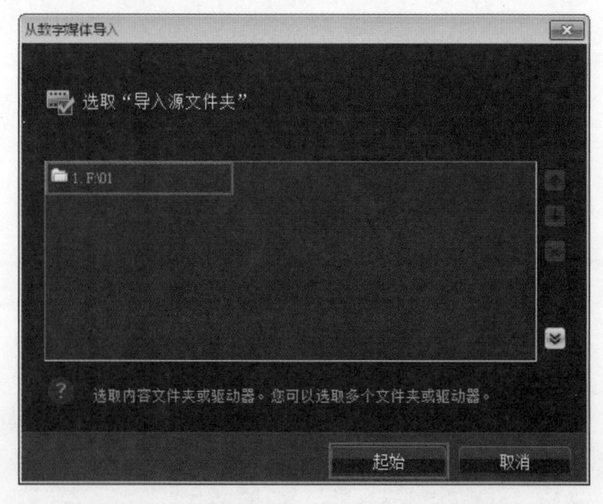

图 3-22

（4）在弹出的对话框中，选择该文件夹内需要导入的视频素材文件，然后设置要保存到计算机的【工作文件夹】路径，接着单击【开始导入】按钮，如图 3-23 所示。

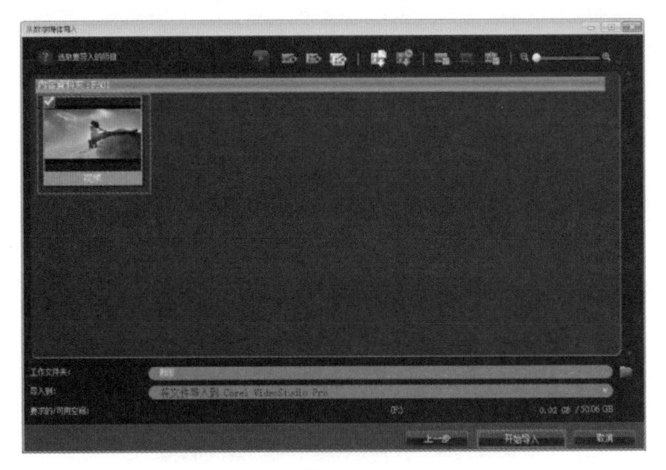

图 3-23

（5）此时，已经开始导入选择的视频文件素材，并显示导入进度，如图 3-24 所示。导入完成后，会出现【导入设置】对话框。在该对话框中，可以选择是否将导入的素材文件插入到时间轴中，然后单击【确定】按钮。

图 3-24

（6）切换到【编辑】步骤面板中，会看到【媒体】素材库的【样本】文件夹中已经出现导入的视频素材文件。而且在时间轴中也已经插入了该视频素材文件，如图 3-25 所示。

图 3-25

3.4.2

（1）首先将摄像机连接到计算机上，并打开摄像机。然后将摄像机设置为播放或 VTR/VCR 模式。

（2）切换到【捕获】步骤面板，在【选项面板】中单击【捕获视频】按钮，如图 3-26 所示，然后从【来源】的下拉列表中选择捕获设备。

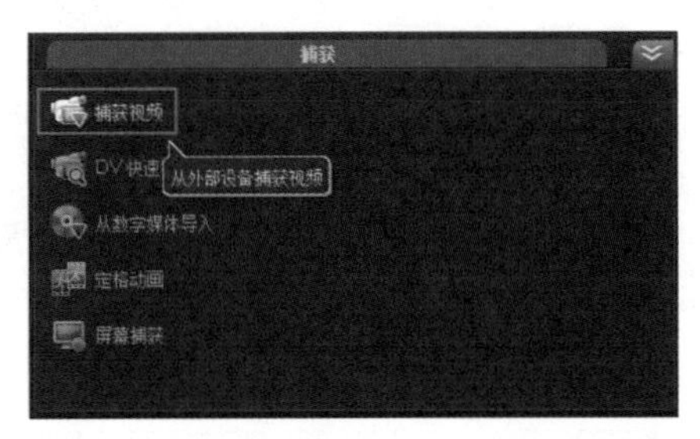

图 3-26

（3）接着从【格式】的下拉列表中选择用于保存捕获视频的文件格式和查找捕获文件夹下要保存文件的路径文件夹位置。

（4）扫描视频，搜索要捕获的部分。如果从 DV 或 HDV 摄像机捕获视频和照片，请使用【导览面板】播放录像带。

（5）在捕获视频和照片时单击【捕获视频】按钮。单击【停止捕获】按钮或 <ESC> 键即可停止捕获。

（6）当摄像机处于【录制】模式时（即相机 / 影片模式），可以捕获现场视频。

3.5　录制画外音

在会声会影 X6 中除了可以从外部设备中捕获音频文件外，还可以在菜单栏中单击【录制 / 捕获选项】按钮录制画外音，并且自动将录制的音频插入到时间轴的声音轨上。在进行屏幕捕获的同时录制画外音可以方便地制作出同步的画面效果。

进阶实例：录制画外音

案例文件	无
视频教学	视频文件 \ 第 3 章 \ 录制画外音 .flv
难易指数	★★☆☆☆
技术掌握	录制画外音

案例效果

在捕获动态画面后，有时需要添加一些外部录音进行合成，在会声会影 X6 中可以直接录制画外音。本案例主要针对“录制画外音”的方法进行练习，如图 3-27 所示。

操作步骤

（1）启动会声会影 X6，然后将麦克风连接到电脑上，接着从【编辑】步骤面板中进入【媒体】素材库，如图 3-28 所示。单击菜单栏中的【录制 / 捕获选项】按钮，如图 3-29 所示。

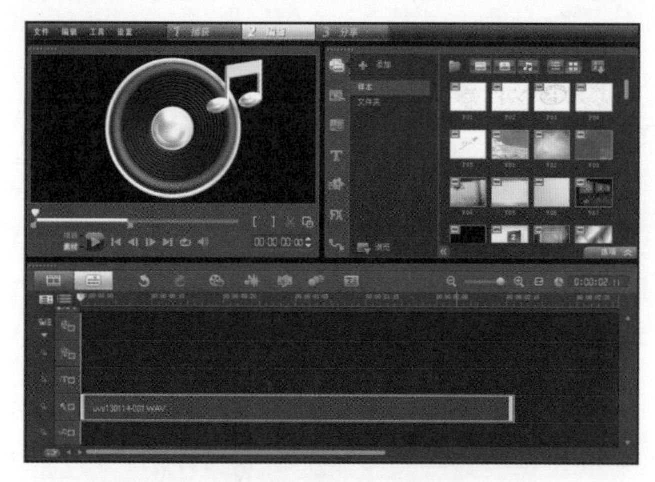

图 3-27

图 3-28

图 3-29

（2）在弹出的【录制/捕获选项】窗口中单击【画外音】按钮，如图 3-30 所示。此时会弹出【调整音量】对话框，然后通过麦克风进行画外音录制，混音器上会显示出音量，如图 3-31 所示。

（3）单击【开始】按钮，即可开始录制画外音，如图 3-32 所示。在任意位置单击，即可停止声音的录制，所录制的语音素材会被自动插入到项目时间轴的声音轨中，如图 3-33 所示。

图 3-30

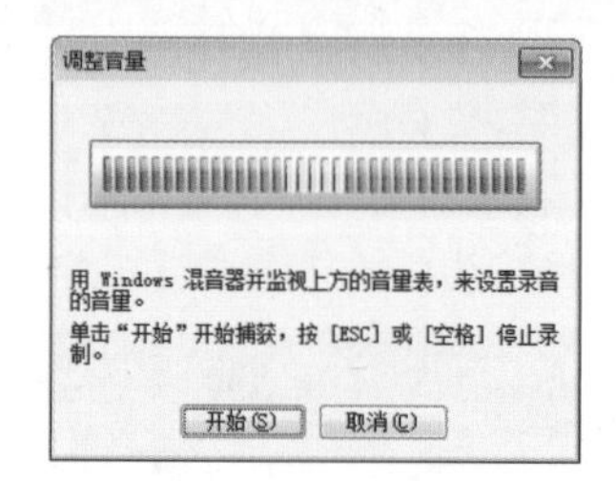

图 3-31

图 3-32

图 3-33

编辑技巧篇

第 4 章　添加素材

本章内容简介

在学习使用会声会影 X6 制作或编辑影片前，首先需掌握导入视频、照片和序列等素材的导入方法和技巧。

本章学习要点

掌握添加素材的方法

佳作欣赏

4.1　添加视频素材

在会声会影 X6 中可以添加不同类型的视频、音频和图像等，可直接将其拖拽到时间轴面板中，也可以在轨道上单击鼠标右键，在弹出的菜单中选择添加的素材类型，如图 4-1 所示。

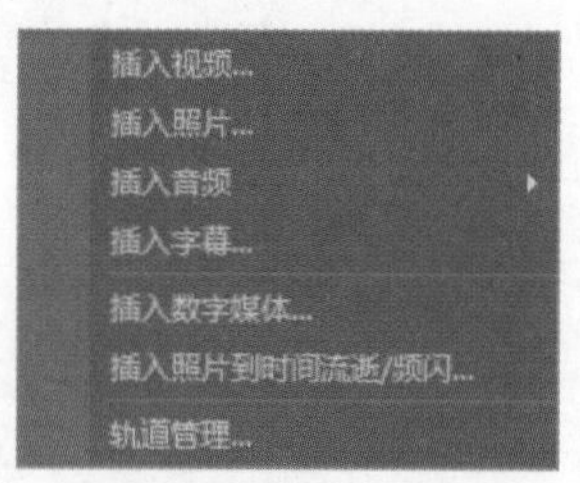

图 4-1

在会声会影 X6 中有很多预设视频素材，可以根据自己的需求添加自己喜欢的视频。添加视频素材文件的方法有很多种，下面介绍添加视频素材的几种方法。

4.1.1

（1）在会声会影 X6 中单击【媒体】素材库按钮，按住鼠标左键将需要添加的视频素材拖拽到【视频轨】或【覆叠轨】上，如图 4-2 所示。

（2）在【素材库】中的视频素材上单击鼠标右键，然后在弹出的菜单中选择插入到【视频轨】或【覆叠轨】上，如图 4-3 所示。

图 4-2

图 4-3

重点参数提醒：

※【导入媒体文件】：单击该按钮可以导入计算机中的视频、图片和音乐等素材文件。

※【显示 / 隐藏视频】：单击该按钮，可以在素材库面板中显示或隐藏视频文件。

※【显示 / 隐藏图片】：单击该按钮，可以在素材库面板中显示或隐藏图片文件。

※【显示 / 隐藏音频】：单击该按钮，可以在素材库面板中显示或隐藏音频文件。

※【列表视图】：单击该按钮，可以切换到列表视图。

※【缩略图视图】：单击该按钮，可以切换到缩略图面板。

※【对素材库中的素材进行排序】：单击该按钮，可以对素材库中的素材进行排序。

4.1.2

打开计算机中视频所在的文件夹，选择一个或多个视频素材文件，然后按住鼠标左键将其拖拽到【视频轨】或【覆叠轨】上，如图 4-4 所示。

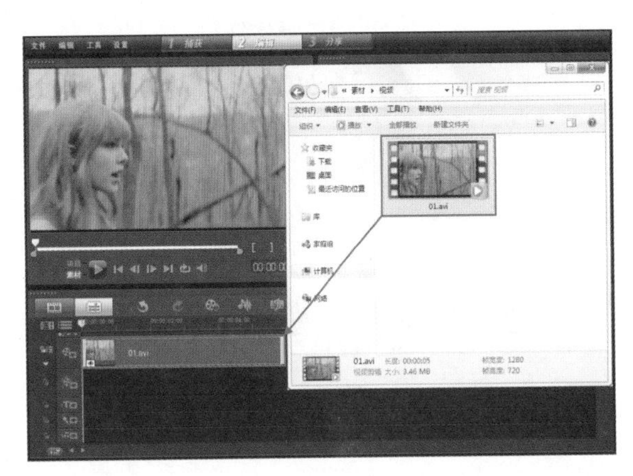

图 4-4

4.1.3

在【时间轴】上单击鼠标右键，在弹出的菜单中选择【插入视频】选项，如图 4-5 所示。接着在弹出的【打开视频文件】窗口中选择所需素材，并单击【打开】按钮，如图 4-6 所示。

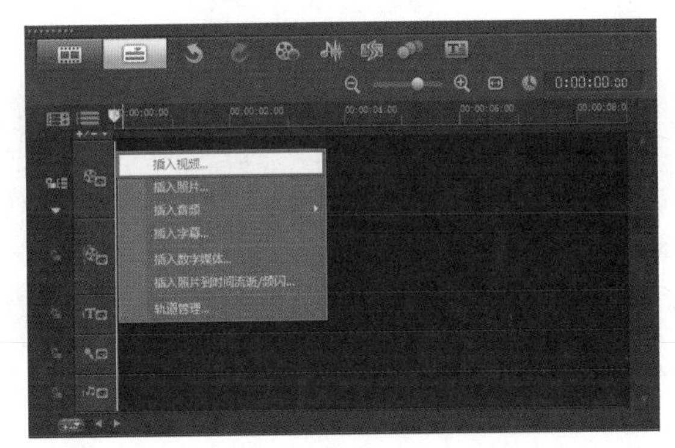

图 4-5

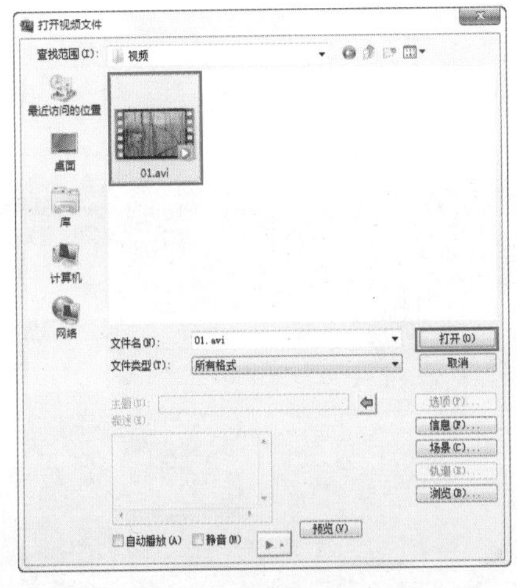

图 4-6

求生秘籍——技巧提示：插入素材

在时间轴中相应的轨上单击鼠标右键，可以在菜单栏中选择【插入照片】、【插入音频】、【插入字幕】、【插入数字媒体】和【插入照片到时间流逝 / 频闪】素材文件，如图 4-7 所示。

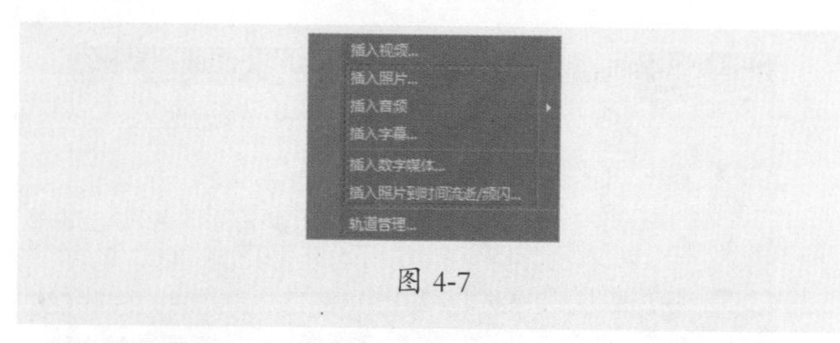

图 4-7

进阶实例：导入视频文件

案例文件	进阶实例：导入视频文件 .VSP
视频教学	视频文件 \ 第 4 章 \ 导入视频文件 .flv
难易指数	★★☆☆☆
技术掌握	导入视频的方法

案例分析：

本案例就来学习如何在会声会影 X6 中插入视频素材，最终渲染效果如图 4-8 所示。

图 4-8

制作步骤：

（1）打开会声会影 X6，然后在时间轴窗口中的【视频轨】或【覆叠轨】上单击鼠标右键，并在弹出的菜单中选择【插入视频】，如图 4-9 所示。

图 4-9

（2）在弹出的【打开视频文件】窗口中选择需要导入的【视频 .avi】素材文件，然后单击【打开】按钮，如图 4-10 所示。

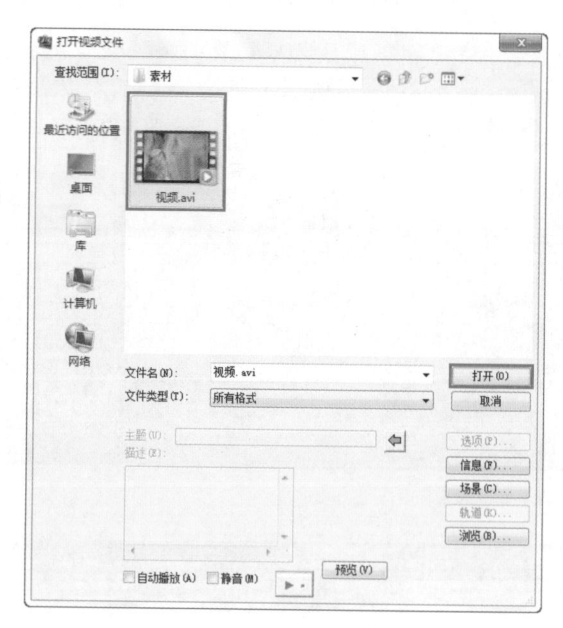

图 4-10

（3）此时【视频 .avi】素材文件已经导入到时间轴的【视频轨】，如图 4-11 所示。

图 4-11

4.2 添加图片素材

在会声会影 X6 中，添加图片素材文件的方法与添加视频素材文件的方法相同。

4.2.1

在【素材库】中选择照片素材，按住鼠标左键将其拖拽到【视频轨】或【覆叠轨】上，如图 4-12 所示。

图 4-12

在【素材库】中的照片素材上单击鼠标右键，在弹出的菜单中选择插入到【视频轨】或【覆盖轨】上，如图 4-13 所示。

图 4-13

4.2.2

打开素材文件夹，选择一个或多个照片素材文件，按住鼠标左键将其拖拽到【视频轨】或【覆盖轨】上，如图 4-14 所示。

图 4-14

4.2.3

在【时间轴】上单击鼠标右键，在弹出的菜单中执行【插入照片】命令，如图 4-15 所示。接着在弹出的【浏览照片】窗口中选择所需素材，并单击【打开】按钮，如图 4-16 所示。

图 4-15

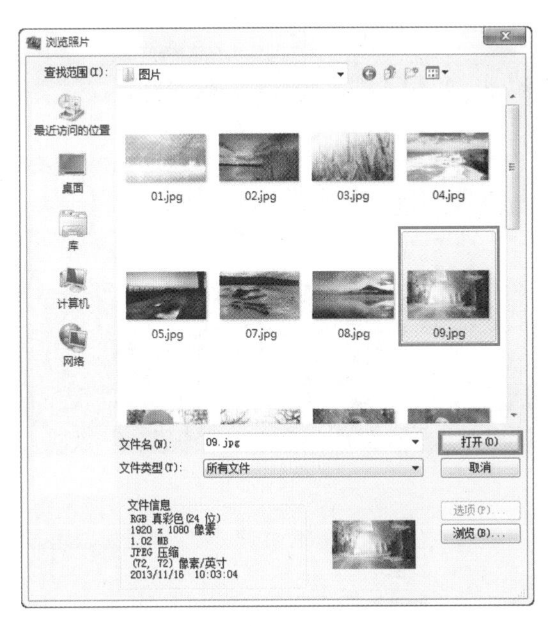

图 4-16

进阶实例：导入图片素材

案例文件	进阶实例：导入图片素材 .VSP
视频教学	视频文件 \ 第 4 章 \ 导入图片素材 .flv
难易指数	★★☆☆☆
技术掌握	导入图片素材的方法

案例分析：

本案例就来学习如何在会声会影 X6 中导入图片素材文件，最终渲染效果如图 4-17 所示。

图 4-17

制作步骤：

（1）打开会声会影 X6 软件，切换到【编辑】步骤面板中，然后在时间轴窗口中的【视频轨】或【覆盖轨】上单击鼠标右键，在弹出的菜单中选择【插入照片】，如图 4-18 所示。

（2）接着在弹出【浏览照片】窗口中选择需要导入的【01.jpg】素材文件，并单击【打开】按钮，如图 4-19 所示。

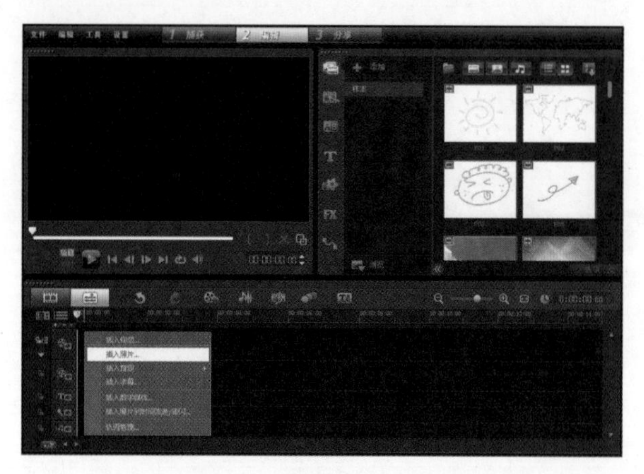

图 4-18

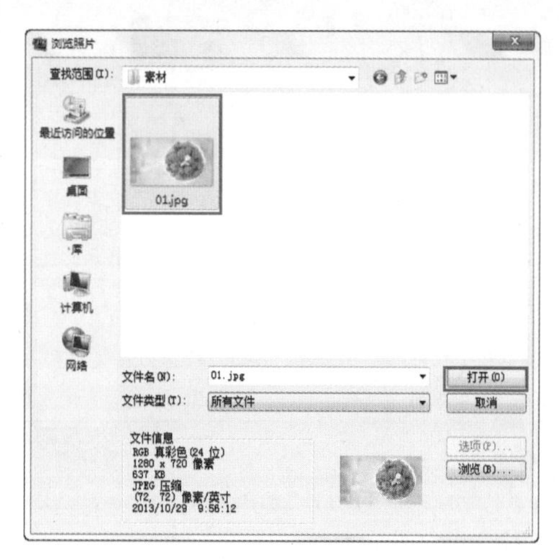

图 4-19

（3）此时【01.jpg】素材文件已经导入到时间轴的【视频轨】上，如图 4-20 所示。

图 4-20

4.3　添加图形库中素材

在素材库面板中单击【图形】按钮，打开图形素材库。单击【画廊】后面的小三角形按钮，可以在下拉菜单中选择【色彩】、【对象】、【边框】和【Flash 动画】类型，如图 4-21 所示。

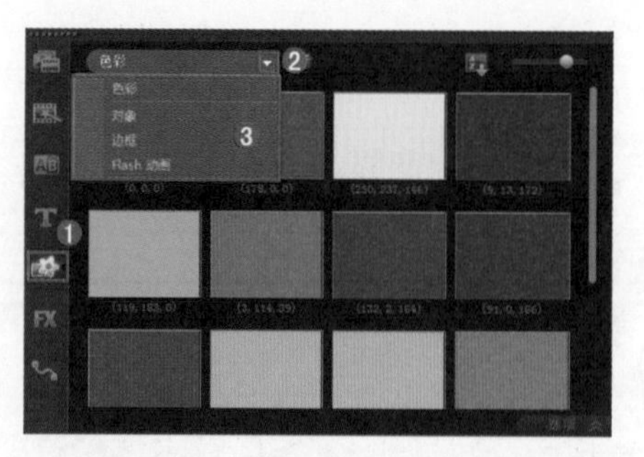

图 4-21

重点参数提醒：

※色彩：素材是单一颜色的素材，可以做为背景使用，也可以做为转场的过渡。除了预设的色彩素材外还可以创建新的色彩素材。

※对象：素材是会声会影 X6 中自带的对象素材，方便后期制作和使用。

※边框：将素材拖拽到视频轨或覆叠轨上可直接作为透明边框使用。

※Flash 动画：是自带的动画效果，直接将 flash 动画拖曳到视频轨或覆叠轨上即可。

求生秘籍——软件技能：添加 Flash 动画素材

添加 Flash 动画素材：在会声会影 X6 中，设置【画廊】类型为【Flash 动画】，然后单击【添加】按钮，如图 4-22 所示。接着在弹出的【添加 Flash 动画】对话框中，选择 Flash 动画，单击【打开】按钮，如图 4-23 所示，即可添加自定义的 Flash 动画素材。

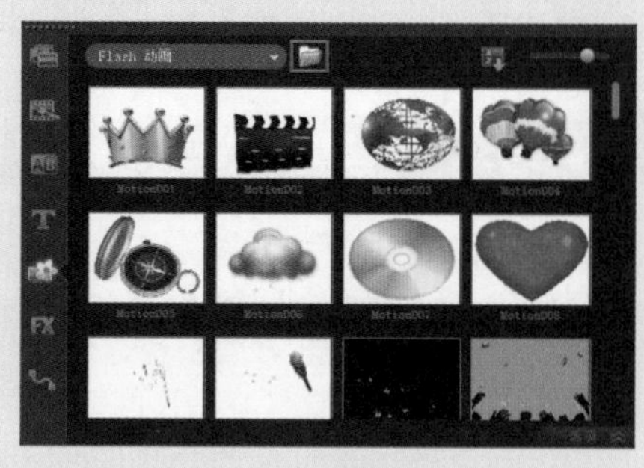

图 4-22

图 4-23

进阶实例：导入 Flash 素材

案例文件	进阶实例：导入 Flash 素材 .VSP
视频教学	视频文件 \ 第 4 章 \ 导入 Flash 素材 .flv
难易指数	★★★☆☆
技术掌握	导入 Flash 素材，并调整大小比例的方法

案例分析：

本案例就来学习如何在会声会影 X6 导入 Flash 素材制作视频动画，最终渲染效果如图 4-24 所示。

图 4-24

思路解析，如图 4-25 所示：

1. 插入图片素材，调整照片区间。
2. 插入 Flash 素材。

图 4-25

制作步骤：

1. 导入背景

（1）打开会声会影 X6 软件，然后在【视频轨】上单击鼠标右键，在弹出的菜单中选择【插入照片】选项。接着在【浏览照片】窗口中选择对应素材文件夹中的【01.jpg】素材，并单击【打开】按钮，如图 4-26 所示。

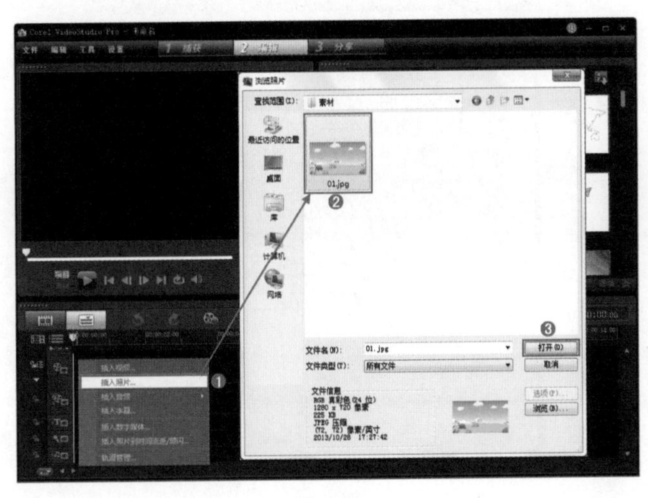

图 4-26

（2）打开【选项】面板中的【照片】选项卡，然后设置【照片区间】为 8 秒，如图 4-27 所示。

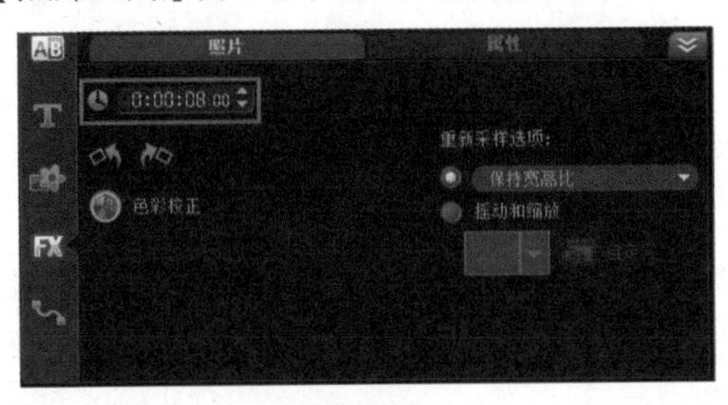

图 4-27

2. 导入 Flash 素材

（1）在【素材库】面板中单击【图形】按钮，然后将【画廊】设置为【Flash 动画】，如图 4-28 所示。

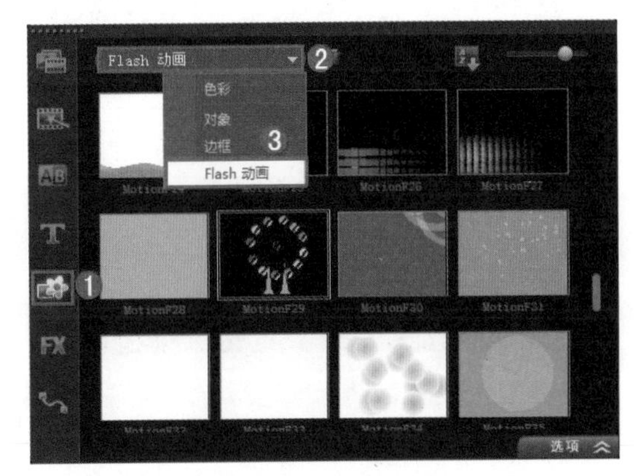

图 4-28

（2）在【Flash 动画】中双击【MotionF29】文件，在【预览窗口】中单击【播放】按钮可以预览该素材的 Flash 动画，如图 4-29 所示。

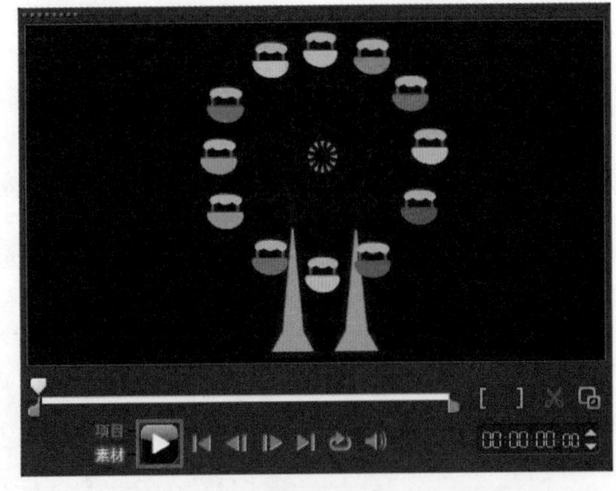

图 4-29

（3）将 Flash 动画【MotionF40】拖拽到【覆叠轨 1】上，如图 4-30 所示。

（4）在【预览窗口】中，单击鼠标右键执行【保持宽高比】命令，如图 4-31 所示。然后调整合适的大小和位置，如图 4-32 所示。

图 4-30

图 4-31

图 4-32

求生秘籍——技巧提示：调整素材

在会声会影 X6 中，选择覆叠轨上的素材，在预览窗口中单击鼠标右键，根据自己的需要选择素材的调整命令，如图 4-33 所示，调整覆叠素材的大小。

图 4-33

（5）单击【项目窗口】中的【播放】按钮，查看最终效果，如图 4-34 所示。

图 4-34

4.4 导入序列素材

在使用会声会影 X6 编辑影片素材时，可以添加序列动画素材。在【时间轨】上单击鼠标右键，在弹出的菜单中选择【插入视频】选项，如图 4-35 所示。在【打开视频文件】对话框中，设置文件类型为【友立图像序列（*.uis：*.uisx）】，然后选择 *.uis 格式的图像序列文件，并单击【打开】按钮即可，如图 4-36 所示。

图 4-35

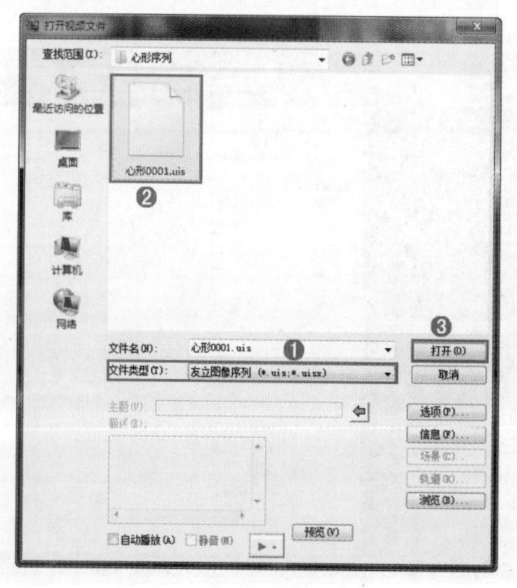

图 4-36

求生秘籍——技巧提示：定立图像序列的设置方法

在【打开视频文件】对话框中，设置文件类型为【友立图像序列（*.uis；*.uisx）】，单击【选项】按钮，如图 4-37 所示。在弹出的【定义图像序列】对话框中单击【选取】按钮，如图 4-38 所示。

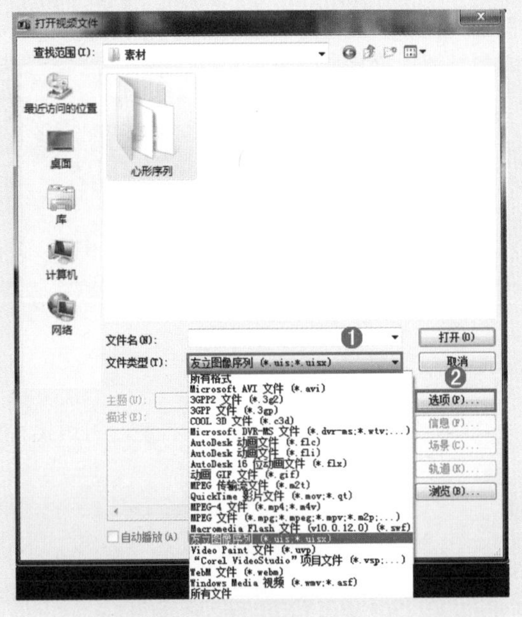

图 4-37

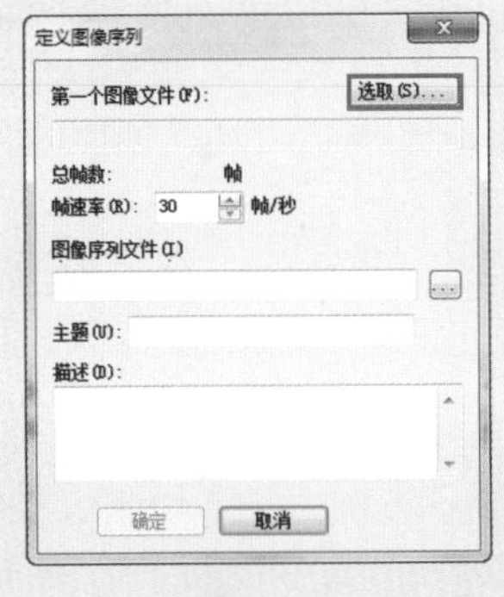

图 4-38

接着在弹出的【选取图像序列】对话框中选择第一个素材，单击【打开】按钮，如图 4-39 所示。在定义图像序列对话中，可以设置【帧速率】的数值，如图 4-40 所示。

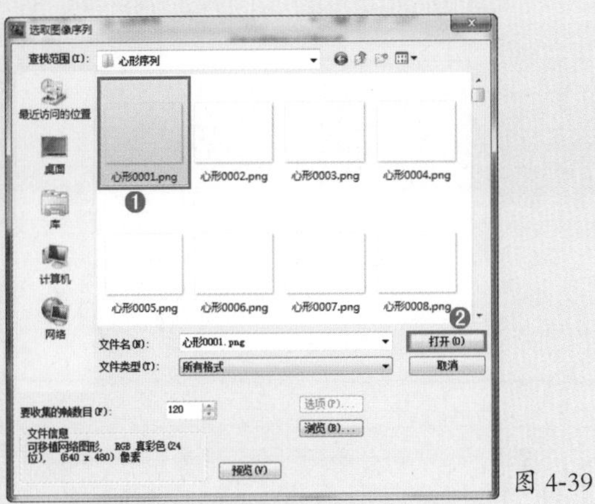

图 4-39

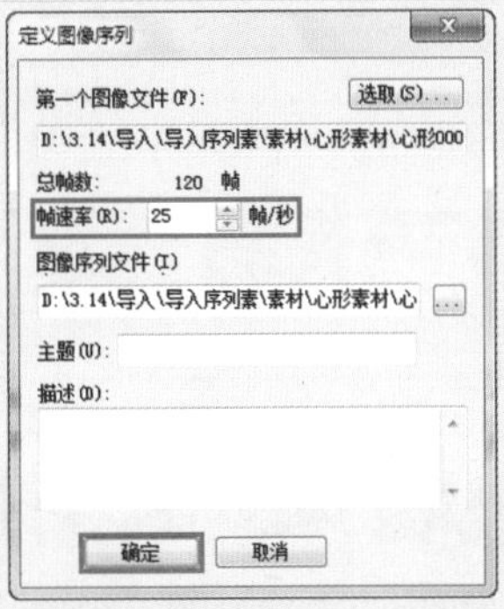

定义图像序列
第一个图像文件(F)：选取(S)...
D:\3.14\导入\导入序列素\素材\心形素材\心形000
总帧数：120 帧
帧速率(R)：25 帧/秒
图像序列文件(I)
D:\3.14\导入\导入序列素\素材\心形素材\心
主题(U)：
描述(D)：
确定　取消

图 4-40

FAQ 常见问题解答：可支持的输入格式有哪些？

视频格式：AVI、MPEG-1、MPEG-2、AVCHD、MPEG-4、H.264、BDMV、DV、HDV、DIVX、QuickTime、RealVideo、Windows 媒体格式、MOD（JVC MOD 文件格式）、M2TS、M2T、TOD、3GPP 和 3GPP2。

图像：BMP、CLP、CUR、EPS、FAX、FPX、GIF、ICO、IFF、IMG、J2K、JP2、JPC、JPG、PCD、PCT、PCX、PIC、PNG、PSD、PSPImage、PXR、RAS、RAW、SCT、SHG、TGA、TIF、UFO、UFP 和 WMF。

音频：杜比数字立体声、Dolby digital 5.1、MP3、MPA、WAV、QuicTime、Windows 媒体音频和 Ogg Vorbis。

光盘：DVD、视频 CD（VCD）和超级视频 CD（SVCD）。

以上的输入或输出的格式可能需要第三方软件支持。

4.5　添加时间流逝 / 频闪的照片

在菜单栏中执行【文件】/【将媒体文件插入到时间轴】/【插入要应用时间流逝 / 频闪的照片】命令，如图 4-41 所示。然后在【浏览照片】对话框中选择图像素材文件，接着单击【打开】按钮，如图 4-42 所示。

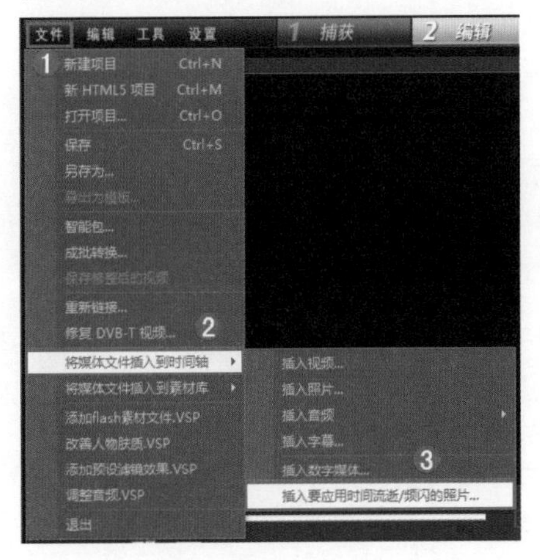

图 4-41

图 4-42

此时会弹出【时间流逝/频闪】对话框，如图 4-43 所示。

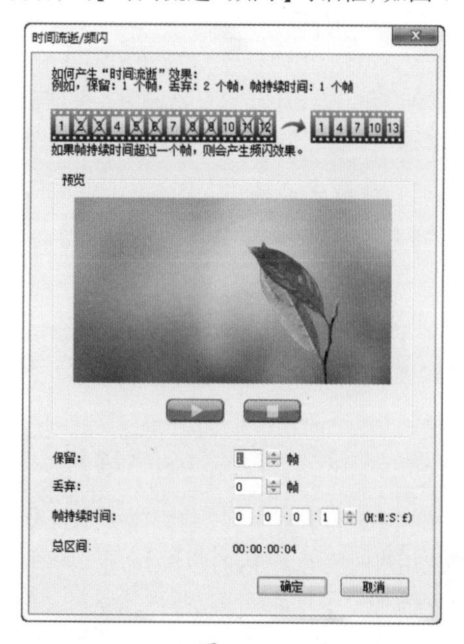

图 4-43

重点参数提醒：

※保留：设置要保留的帧的数量。

※丢弃：设置要删除的帧的数量。

※帧持续时间：设置该图像素材文件的帧的持续时间。

※总区间：显示素材文件的区间总长度。

求生秘籍——技巧提示：帧频率对素材的影响

当【帧频率】的值 >1，且素材区间不变，则会产生频闪效果。当【帧频率】的值 >1，且素材区间缩短，则会产生时间流逝效果。

4.6 添加 pspimage 文件

会声会影 X6 支持 Corel PaintShop pro 的 pspimage 文件，导入素材库的 pspimage 文件已经带有多个图层（图层不超过 20 个），可以将其与其他类型的媒体素材进行区别。

导入时可以选择以下其中一项：

图层：允许将文件的图层包含到不同的轨中。

平整：允许将平整图像插入单个轨中。

求生秘籍——技巧提示：添加 pspimage 文件时，妙用 <Shift> 键

将 pspimage 文件直接拖动到时间轴中时会将图层自动添加到不同的轨中。要想插入平整图像，需按住 <Shift> 键，并拖动文件。

第 5 章　视频素材编辑

本章内容简介

在利用会声会影 X6 制作影片时，常常需要对使用的视频素材进行剪辑。在会声会影 X6 中提供了多种剪辑方法以方便应用。本章主要讲解了如何通过修整栏、剪辑按钮、场景分割和多重修整视频等功能对视频进行剪辑，并介绍了截图和保存剪辑的视频到素材库的方法。

本章学习要点

掌握素材基础编辑和修改区间的技巧

熟练使用素材变形相关操作

掌握素材色彩校正和修整的方法

掌握绘图创建器的应用

了解按场景分割视频的应用技巧

掌握精确标记剪辑视频的方法

学习截图和视频保存到素材库的方法

佳作欣赏

5.1　编辑素材基本技巧

添加到时间轴的【视频轨】和【覆叠轨】上的素材文件都可以进行缩放与变形操作，通过调整素材的大小和变形，改变素材的显示形式。

5.1.1

在会声会影 X6 中首先要选择素材文件，才能对相应的素材进行下一步的编辑和操作。

1. 选择单个素材

当鼠标指针移动到时间轴窗口中的素材文件上，鼠标指针变为 时，即可选择相应的素材，如图 5-1 所示。选择素材文件之后，【预览窗口】中会显示相应的素材画面，如图 5-2 所示。

2. 选择多个素材

按住 <Shift> 键，然后分别单击同一轨道上不相邻的两个素材，可以将这两个素材文件之间的素材全部选中，如图 5-3 所示。

按住 <Shift> 键，然后可以分别单击选择多个不同轨道上的素材文件，如图 5-4 所示。

图 5-1

图 5-2

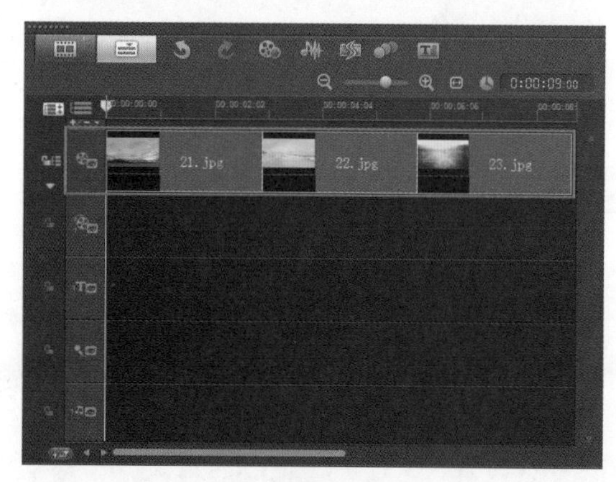

图 5-3

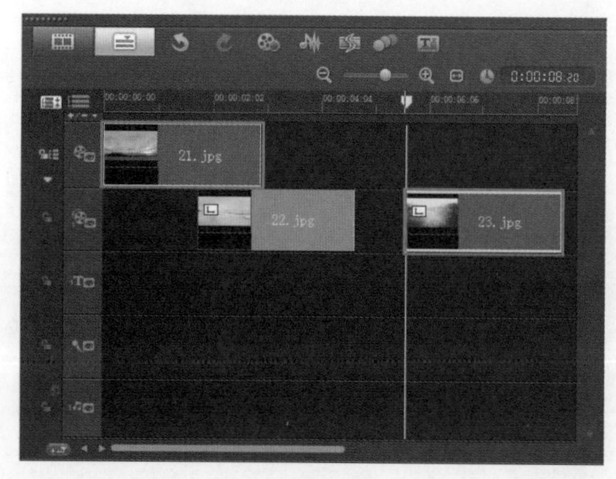

图 5-4

5.1.2

在会声会影X6中可以移动时间轴窗口中的素材文件，而且可以在不同轨道间移动素材文件。在需要移动的素材文件上按住鼠标左键，此时鼠标指针会变为，如图 5-5 所示。将当前素材文件拖动到指定位置释放鼠标左键即可，如图 5-6 所示。

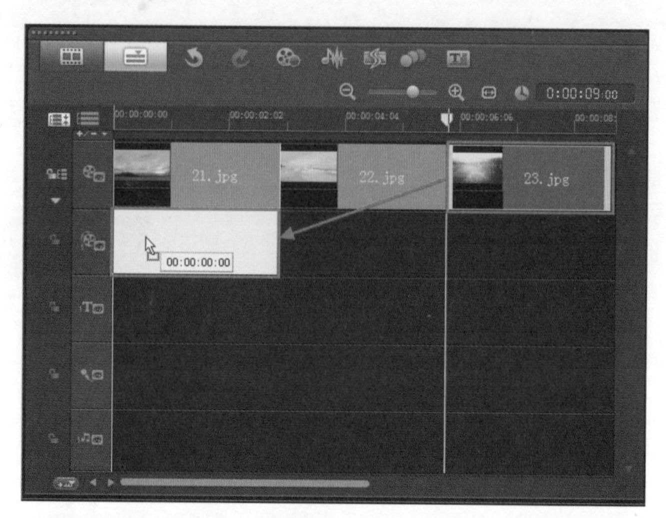

图 5-5

图 5-6

5.1.3

当时间轴窗口中需要相同的素材文件效果时，可以将当前素材文件进行复制和粘贴，而不用再导入相同的素材文件。

（1）选择时间轴窗口中的素材文件，然后在菜单栏中执行【编辑】/【复制】命令，如图 5-7 所示。

（2）将当前素材文件选择【复制】选项后，移动鼠标指针会变为，如图 5-8 所示。然后将鼠标指针移动到需要粘贴素材文件的位置，单击鼠标左键即可完成粘贴，如图 5-9 所示。

图 5-7

图 5-8

图 5-9

求生秘籍——技巧提示：复制和粘贴素材

在【视频轨】上选择素材，并单击鼠标右键，在弹出的菜单中选择【复制】选项。然后再将鼠标指针移动到需要粘贴的位置，单击鼠标左键即可粘贴到当前位置，如图 5-10 所示。

图 5-10

也可以使用快捷键【Ctrl+C】和【Ctrl+V】进行复制与粘贴。

5.1.4

（1）选择时间轴窗口中需要删除的素材文件，然后在菜单栏中执行【编辑】/【删除】命令，如图 5-11 所示。

图 5-11

（2）也可以在需要删除的素材文件上单击鼠标右键，然后在弹出的菜单中选择【删除】选项，如图 5-12 所示。

图 5-12

5.1.5

双击时间轨上的素材文件，会打开【选项】面板中的【照片】选项卡。单击【逆时针旋转 90°】按钮和【顺时针旋转 90°】按钮可以对素材进行旋转，如图 5-13 所示。

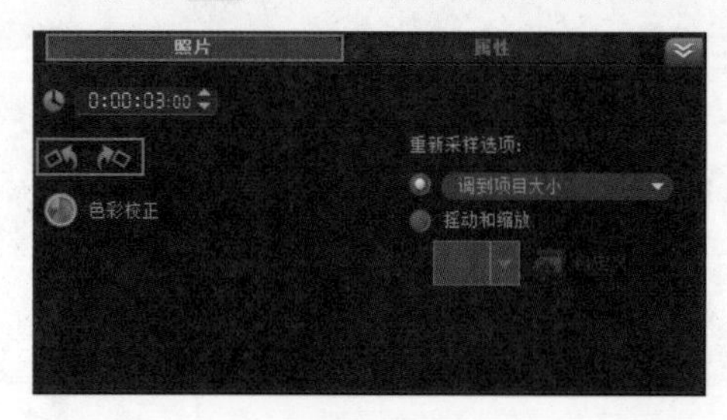

图 5-13

5.1.6

在会声会影 X6 中，可以将时间轴中的素材文件在当前位置替换为新的素材。当素材替换后，原素材的属性会应用到新素材上。

（1）在时间轴中的素材文件上单击鼠标右键，然后在弹出的菜单中选择【替换素材】选项，如图 5-14 所示。然后在弹出的【替换 / 重新链接素材】窗口中选择要替换的素材文件，并单击【打开】按钮，如图 5-15 所示。

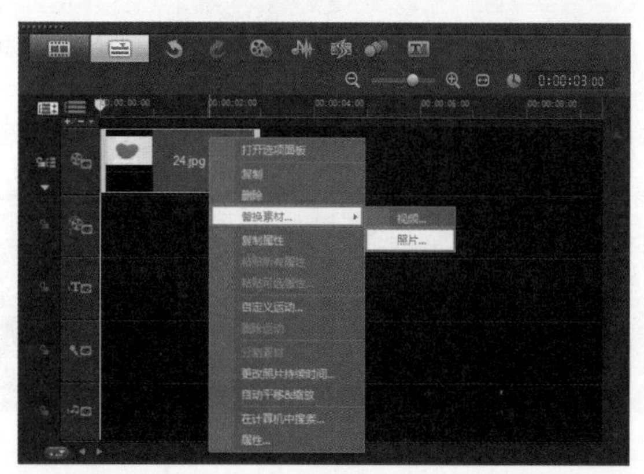

图 5-14

图 5-15

（2）此时时间轴中的素材文件已经被其他素材文件替换，如图 5-16 所示。

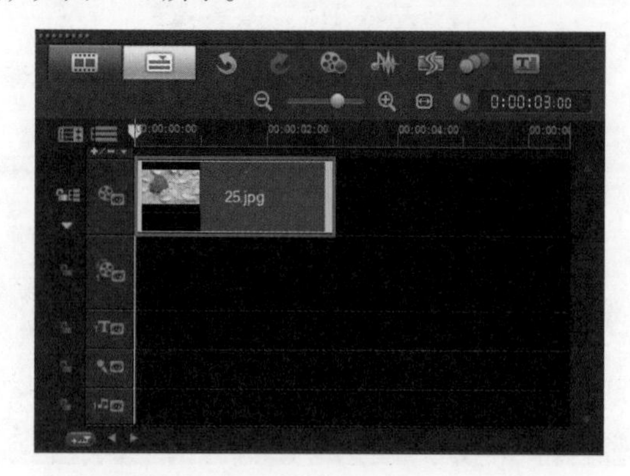

图 5-16

5.1.7

当源素材发生更改时，需要重新链接素材文件，在弹出的【重新链接】对话框中单击【重新链接】按钮，如图 5-17 所示。在弹出【替换 / 重新链接素材 ...】对话中，选择替换的素材，单击【打开】按钮即可，如图 5-18 所示。

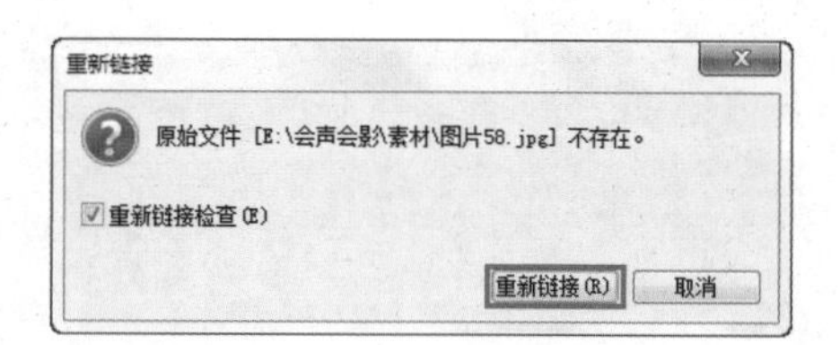

图 5-17

图 5-18

5.1.8

在时间轴面板中单击【启用 / 禁用连续编辑】按钮，在禁用连续编辑时，在【视频轨】中插入新素材，那么只有【视频轨】上的素材会移动，而其他轨上的素材会保持不动，如图 5-19 所示。

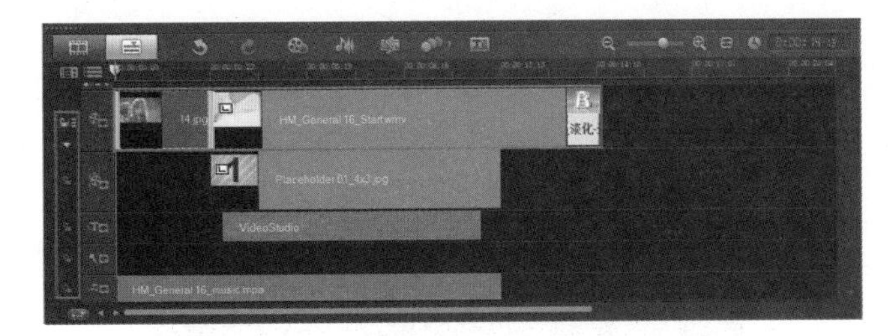

图 5-19

在启用连续编辑时，在【视频轨】中插入新素材，那么启用连续编辑的轨上的素材会移动并保持原始同步，如图 5-20 所示。

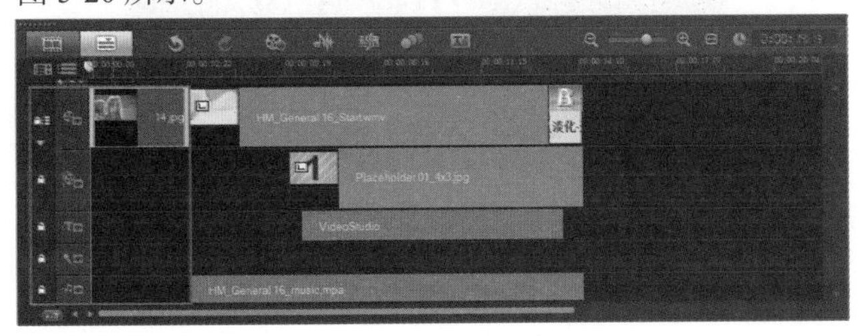

图 5-20

5.2　素材变形

在会声会影 X6 中，通过对时间轴上的素材文件进行变形调整，改变素材的大小和位置等显示形式。

5.2.1

选择【视频轨】上的素材文件时，需要在【项目】面板的【属性】选项卡中勾选【变形素材】选项，如图 5-21 所示。此时【预览窗口】中会出现该素材文件相应大小的变形框，如图 5-22 所示。

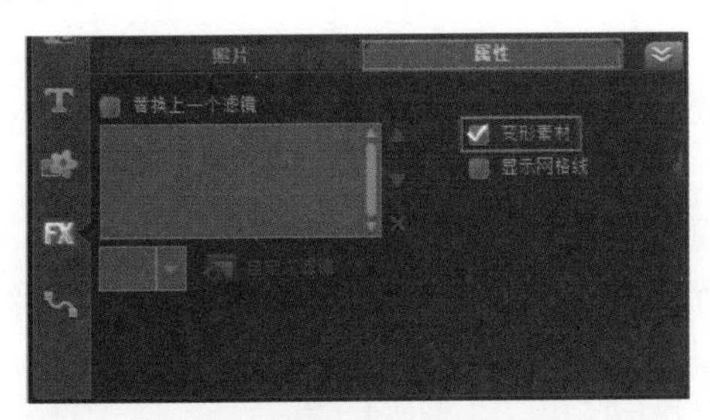

图 5-21

图 5-22

1. 按比例调整覆叠轨上素材大小

将鼠标指针拖到素材文件的变形框边角的黄色拖柄上时，鼠标指针会变为，此时按住鼠标左键拖动，即可按比例调整素材大小，如图 5-23 所示。

图 5-23

2. 覆叠轨上不等比调整素材

将鼠标指针拖到变形框边缘中间部分的黄色拖柄上时，鼠标指针会变为，此时按住鼠标左键拖动，即可调整素材大小，但并不保持比例，如图 5-24 所示。

图 5-24

3. 变形素材

当鼠标指针移动到变形框的绿色拖柄上时，鼠标指针会变为，此时按住鼠标左键拖动，可以改变素材的形状，如图 5-25 所示。

图 5-25

求生秘籍——技巧提示：在预览窗口中调整素材

可以在【预览窗口】中单击鼠标右键，然后在弹出的菜单中根据需要选择相应命令来调整覆叠素材的大小，如图 5-26 所示。

图 5-26

5.2.2

当素材文件出现变形框时，将鼠标指针移动到素材文件上，鼠标指针会变成✥，此时按住鼠标左键进行拖动，即可在【预览窗口】中移动素材，如图 5-27 所示。

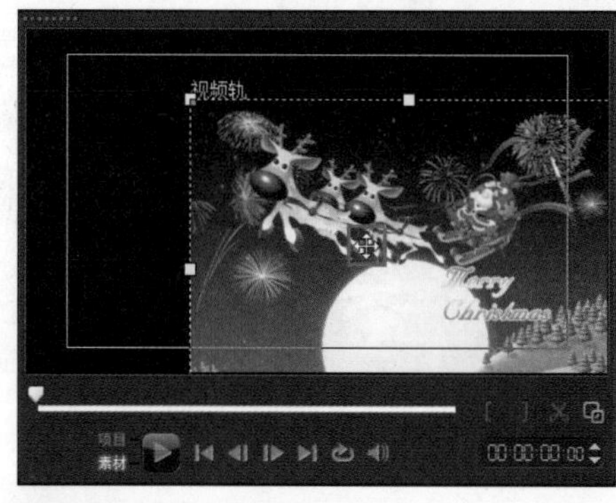

图 5-27

5.3 移动和缩放素材

在制作图像素材时，应用【摇动和缩放】功能可以制作出镜头移动和变焦的效果。选择需要应用【摇动和缩放】的素材文件，然后在【选项】面板的【照片】选项卡中勾选【摇动和缩放】选项，即应用了该功能，如图 5-28 所示。

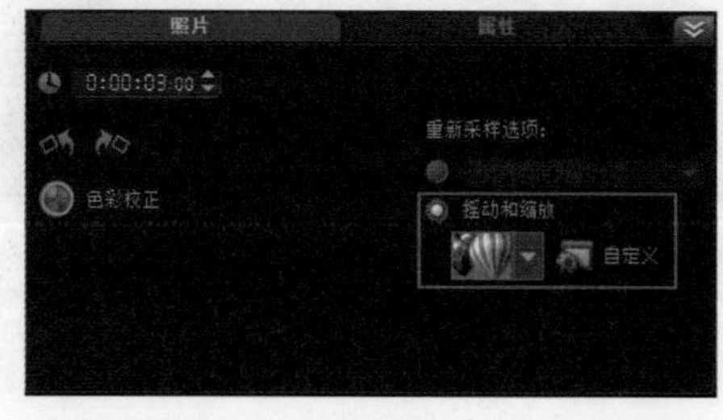

图 5-28

单击【效果预览】右侧的下拉按钮，在下拉列表中包含多种预设的摇动和缩放的效果，直接选择即可应用，如图 5-29 所示。

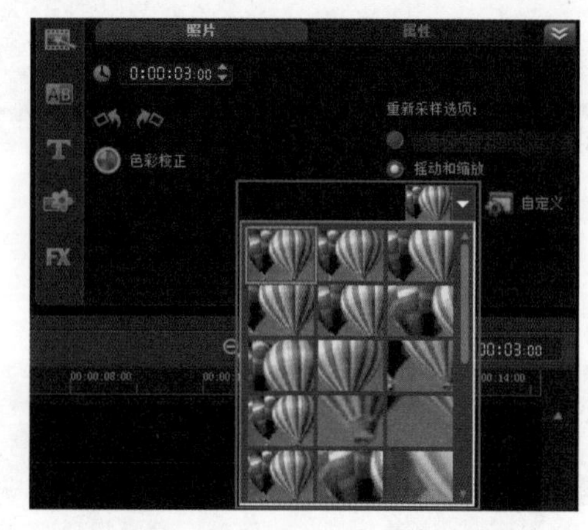

图 5-29

若预设的效果不理想，可以单击自定义按钮，在弹出的【摇动与缩放】对话框中自定义设置参数，如图 5-30 所示。

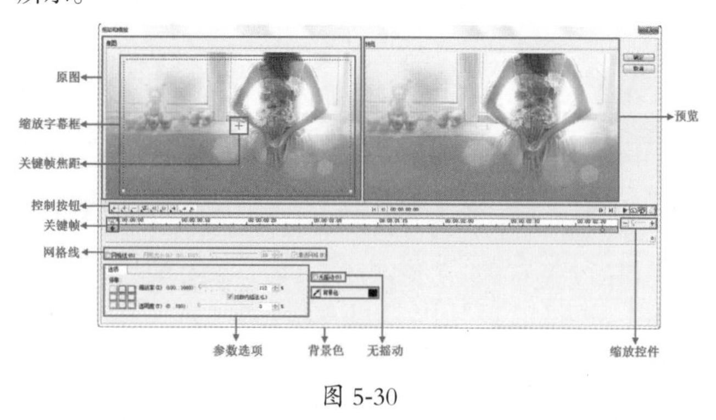

图 5-30

重点参数提醒：

※原图：显示素材的原始图像。

※预览：显示调整参数后的摇动和缩放效果。

※缩放字幕框：可以放大或缩小框内素材。

※关键帧焦距：原图中的红色光标表示关键帧聚焦的位置，可以直接拖动该光标来移动聚焦的位置。

※控制按钮：用于控制影片的播放和设置关键帧。

※【转到上一个关键帧】：单击该按钮，可以将擦洗器跳转到上一个关键帧的位置。

※【添加关键帧】：单击该按钮可以在擦洗器所在位置添加一个关键帧。

※【删除关键帧】：单击该按钮可以删除擦洗器所在位置的关键帧。

※【翻转关键帧】：单击该按钮可以将全部关键帧进行翻转。

※【将关键帧移到左边】：选择某一关键帧，然后单

击该按钮即可向左移动一帧。

※【将关键帧移到右边】：选择某一关键帧，然后单击该按钮即可向右移动一帧。

※【转到下一个关键帧】：单击该关键帧可以将擦洗器转到下一个关键帧的位置。

※【淡入】：为关键帧添加淡入效果。要添加淡入或淡出效果，需要增大透明度，将图像逐渐淡化到背景色。

※【淡出】：为关键帧添加淡出效果。

※【转到起始帧】：单击该按钮可以将擦洗器跳转到起始帧的位置。

※【左移一帧】：单击该按钮可以将擦洗器的位置向左移动一帧。

※【右移一帧】：单击该按钮可以将擦洗器的位置向右移动一帧。

※【转到终止帧】：单击该按钮可以将擦洗器跳转到终止帧的位置。

※【播放】：单击该按钮可以从擦洗器所在位置循环播放影片。

※【播放速度】：设置预览播放速度。单击该按钮可以在弹出的菜单中选择不同的播放速度，包括【正常】、【快】、【更快】和【最快】，如图 5-31 所示。该选项只对预览效果起作用，而不对图像实际的摇动和缩放起作用。

图 5-31

※【启用设备】：开启该功能时，可以使用【更换设备】中设置的预览方式预览当前效果。不开启该功能时，则仅在对话框中预览效果。

※【更换设备】：可以自定义影片预览回放方式，只有在开启【启用设备】时才可使用。单击该按钮会弹出【预览回放选项】对话框，可以在该对话框中设置预览回放方式，如图 5-32 所示。

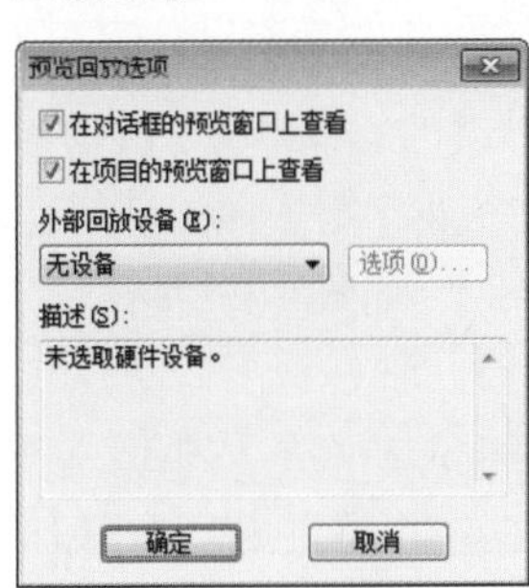

图 5-32

※关键帧：为图像添加关键帧。当擦洗器移动到关键帧的位置时，关键帧会变成红色，此时可以修改关键帧的参数。也可以根据需要添加、删除和移动关键帧。

FAQ 常见问题解答：什么是“帧”？

帧是影像动画中最小单位的单幅影像画面，相当于电影胶片上的每一格镜头。一帧就是一幅静止的画面，连续的帧就形成动画，如电视图像等。我们通常说帧速率，简单地说，就是在 1 秒内传输图片的帧数，也可以理解为图形处理器每秒能够刷新几次，单位为帧 / 秒（Frames Per Second）。高的帧速率可以得到更流畅、更逼真的动画。PAL 电视标准的帧速率为 25 帧 / 秒；NTSC 电视标准的帧速率为 29.97 帧 / 秒（约为 30 帧 / 秒）。由于本步骤设置了 3200 帧，而且【Frame Rate（帧速率）】为 29.97 帧 / 秒，所以相当于播放时间为 106.7 秒。

※缩放控件：可以缩放时间轴的大小，拖动滑块或单击按钮和对时间轴进行缩放。

※网格线：勾选该选项可以在【原图】中显示出网格线，同时【网格大小】和【靠近网格】选项也会被激活，勾掉该选项即可隐藏网格线。

※网格大小：通过移动滑块或修改数值可以调整网格大小。设置的数值越大，网格就越大。

※靠近网格：勾选该选项可以在拖动红色光标调整位置时自动吸附到网格线的交点上。

※停靠：可以选择 9 种固定的选取框停靠位置，如图 5-33 所示。这 9 个方块分别代表图像中相对应的位置，单击不同的方块，选取框就会停靠在相应的区域。

图 5-33

※缩放率：可以设置【原图】中缩放字幕框的大小。值越大，则选取框的范围越小。

※透明度：设置图像的透明度。值越大，则背景色越明显。

※无摇动：在放大或缩小图像时而不摇动图像，可以勾选【无摇动】选项。

※背景色：设置图像的背景色。单击色块，然后在弹出的【色彩选取器】对话框中设置背景颜色，也可以单击【吸管】按钮，在原图中吸取颜色做为背景色。

求生秘籍——技巧提示：快速设置自动平移缩放

在时间轴中的照片素材上单击鼠标右键，然后在弹出的菜单中选择【自动平移 & 缩放】选项，如图 5-34 所示。

图 5-34

可以快速地设置自动平移缩放动画，并自动应用预设效果。如需设置自定义动画，可以在【选项】面板中单击【自定义】按钮，设置自定义平移缩放动画效果。

进阶实例：使用摇动和缩放素材制作相片细节展示

案例文件	进阶实例：使用摇动和缩放素材制作相片细节展示 .VSP
视频教学	视频文件 \ 第 5 章 \ 使用摇动和缩放素材制作相片细节展示 .flv
难易指数	★★★☆☆
技术掌握	摇动和缩放的使用、更改自定义参数、添加关键帧

案例分析：

本案例就来学习如何在会声会影 X6 中使用摇动和缩放素材制作相片细节展示，最终渲染效果如图 5-35 所示。

图 5-35

思路解析，如图 5-36 所示：

图 5-36

（1）勾选【摇动和缩放】选项。

（2）添加关键帧，设置【摇动】和【缩放】的自定义参数。

制作步骤：

（1）打开会声会影 X6 软件，然后在【视频轨】上单击鼠标右键，在弹出的菜单中选择【插入照片】选项。接着在【浏览照片】窗口中选择对应素材文件夹中的【01.jpg】素材，并单击【打开】按钮，如图 5-37 所示，此时在【预览窗口】中可以查看效果。

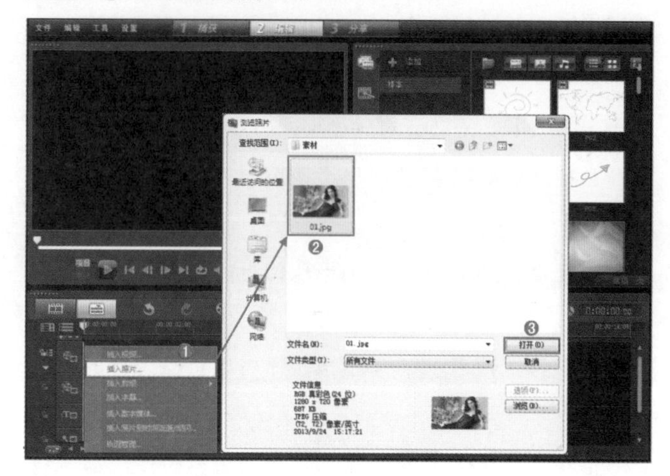

图 5-37

（2）选择【视频轨】上的【01.jpg】素材，然后在【选项】面板的【照片】选项卡中勾选【摇动和缩放】选项，如图 5-38 所示，然后单击【自定义】按钮，如图 5-39 所示。

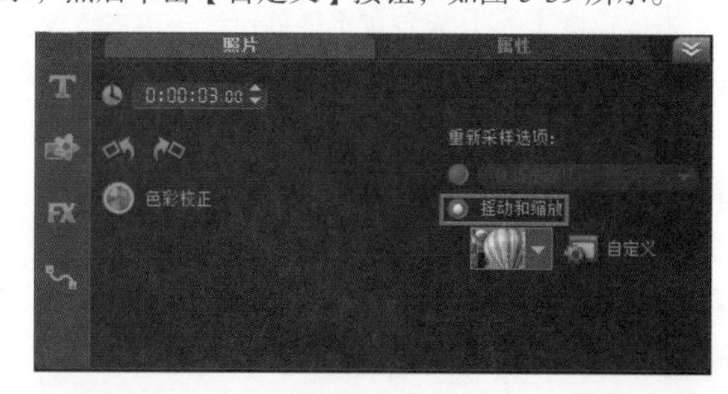

图 5-38

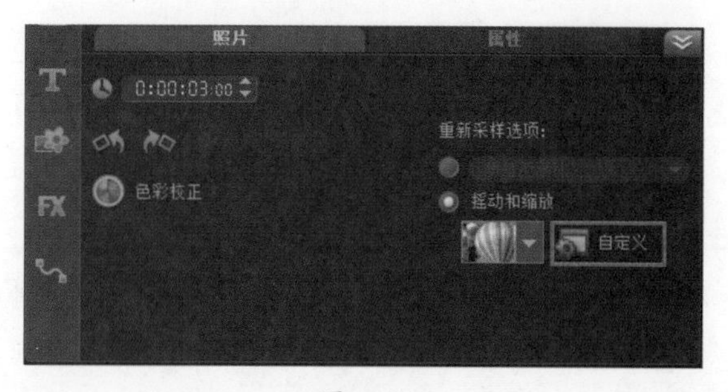

图 5-39

（3）在弹出的【摇动和缩放】对话框中选择起始帧，设置起始帧的【缩放率】为【190%】，并将十字形鼠标指针移动到合适的位置，如图 5-40 所示。

（4）然后将时间轴移动第 2 秒的位置，点击添加关键帧，设置关键帧的【缩放率】为【200%】，并将十字形鼠标指针移动到合适的位置，如图 5-41 所示。

图 5-40

图 5-41

求生秘籍——技巧提示：添加和删除关键帧

在会声会影 X6 中，将擦洗器拖拽到需要添加关键帧的位置，单击按钮 添加关键帧或单击按钮 删除关键帧。

（5）接着将时间轴移动到【结束帧】，设置关键帧的【缩放率】为【171%】，并将十字形鼠标指针移动到合适的位置，然后单击【确定】按钮，如图 5-42 所示。

图 5-42

（6）单击【项目窗口】中的【播放】按钮，查看最终效果，如图 5-43 所示。

图 5-43

5.4　色彩校正

在会声会影 X6 中可以快速地为素材的色彩尽显校正和调整。可以使用添加滤镜的方法进行调整，也可以使用【色彩校正】功能进行调整。

双击时间轴中的视频或照片素材，此时会打开【项目】面板中的【照片】或【视频】选项卡，选择【色彩校正】功能，如图 5-44 所示。

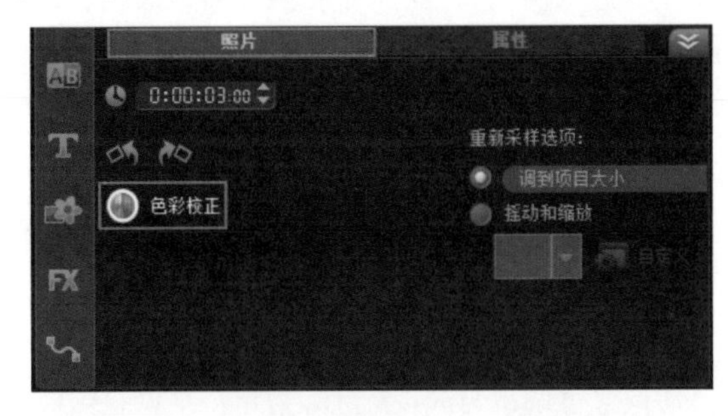

图 5-44

此时面板中会出现相应的参数，可以利用这些参数对素材进行颜色的调整和校正，如图 5-45 所示。

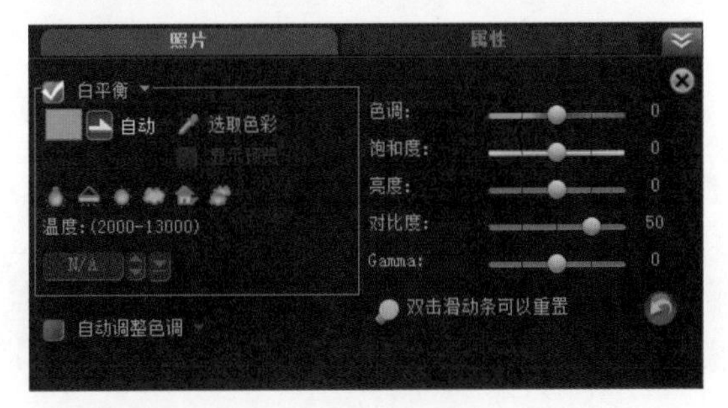

图 5-45

重点参数提醒：

※白平衡：勾选该选项后，会激活相应参数。通过设置各项参数可以消除图像中的色偏，从而恢复图像的自然色调。

※自动：会自动选择与图像总体色调相匹配的白点。

※选取色彩：可以使用【吸管工具】在【预览窗口】中的图像上手动选择白点。

※显示预览：在使用【选取色彩】后才可以应用该选项。勾选该选项后，【选项】面板中会显示出原始图像的效果，如图 5-46 所示。

图 5-46

※白平衡预设：通过当前情况可以使用一些常用的白平衡预设，包括【钨光】、【荧光】、【日光】、【云彩】、【阴影】和【阴暗】6 种预设。

重点参数提醒：

※温度：可以设置图像的颜色温度，取值范围为 2000~13000℃。使用命令可以通过滑块进行调节数值，而且在选择预设的钨光、荧光和日光时，该值较低；而选择云彩、阴影和阴暗时，温度则较高。

※自动调整色调：勾选该选项，可以自动调整图像的色调。在下拉列表中包括【最亮】、【较亮】、【一般】、【较暗】和【最暗】5 个选项，如图 5-47 所示，可以根据需要选择不同的效果选项。

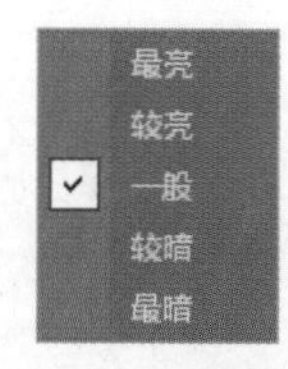

图 5-47

※色调：拖动滑动条可以调整图像的整体色调效果，调整色调后的对比效果，如图 5-48 所示。

图 5-48

※饱和度：调整图像的饱和度。数值越高，图像颜色的纯度越高；数值越低，图像颜色的纯度越低。当数值设置为最低时，图像会变为黑白。

※亮度：调整图像的明暗程度。设置的值越高，图像越亮；设置的值越低，图像越暗。

※对比度：调整图像中颜色的对比度。值越高，图像中的颜色对比越明显；值越低，图像中颜色的对比越不明显，图像越偏灰。

※Gamma：可以调整校正照片的 Gamma，产生的效果与亮度相类似。

※【重置】：将色调、饱和度、亮度、对比度和 Gamma 4 个参数重置为默认值。

进阶实例：调整照片色彩制作黄昏效果

案例文件	进阶实例：调整照片色彩制作黄昏效果 .VSP
视频教学	视频文件 \ 第 5 章 \ 调整照片色彩制作黄昏效果 .flv
难易指数	★★☆☆☆
技术掌握	色彩校正的应用

案例分析：

本案例就来学习如何在会声会影 X6 调整照片色彩制作黄昏效果，最终渲染效果如图 5-49 所示。

图 5-49

思路解析，如图 5-50 所示：

图 5-50

（1）插入照片素材。

（2）校正色彩颜色。

制作步骤：

（1）打开会声会影 X6，将素材文件夹中的【01.jpg】添加到【视频轨】上，如图 5-51 所示。此时【预览窗口】中的效果，如图 5-52 所示。

（2）双击【视频轨】上的【01.jpg】素材文件，然后打开【项目】面板中的【照片】选项卡，选择【色彩校正】，如图 5-53 所示。

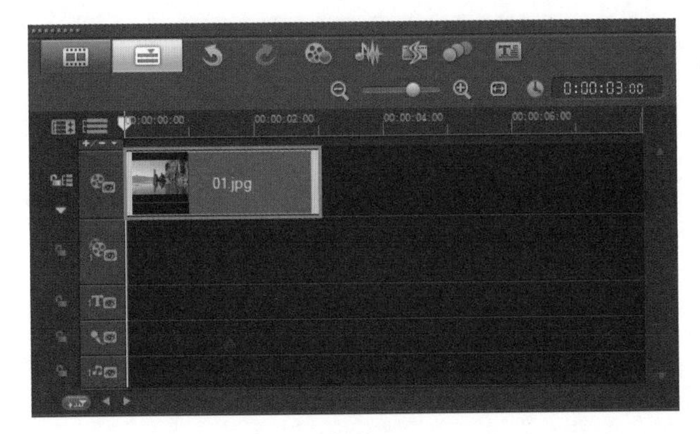

图 5-51

图 5-52

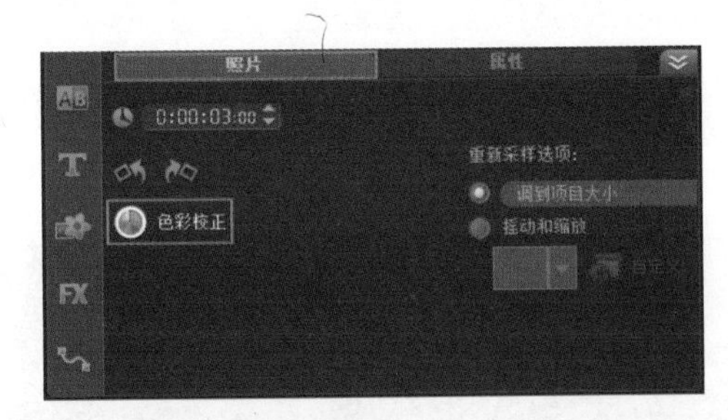

图 5-53

（3）单击【彩色校正】后，勾选【白平衡】选项，同时勾选【显示预览】选项，然后用吸管吸取需要校正的色彩，如图 5-54 所示。

图 5-54

（4）此时，在【预览窗口】中单击【播放】按钮查看最终效果，如图 5-55 所示。

图 5-55

5.5　修整素材

在会声会影 X6 中可以调整素材的区间长度和视频播放速度，而且还可以添加修整标记，对视频素材的每一帧进行修整，以达到更好的画面效果。

5.5.1

双击素材库中的视频素材或在视频素材上单击鼠标右键，在弹出的菜单中选择【单素材修整】，如图 5-56 所示。在弹出的【单素材修整】对话框中拖动【修整标记】，可以在素材上设置开始 / 结束标记点，如图 5-57 所示。

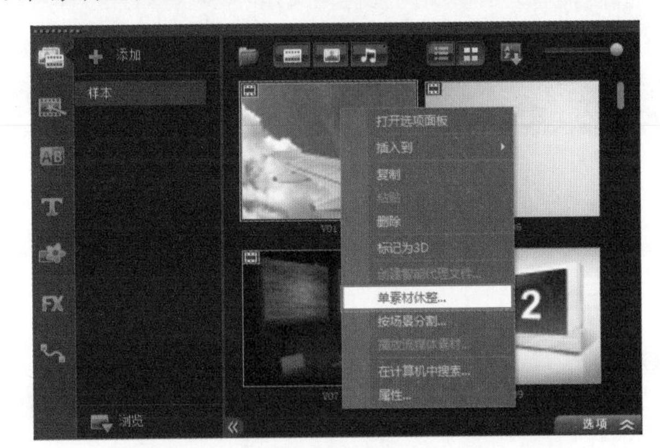

图 5-56

图 5-57

求生秘籍——技巧提示：预览素材

按住 <Shift+Space> 键或按住 <Shift> 键并单击【播放】按钮，可以预览修整后的素材。也可以使用【缩放控制】在时间轴中显示视频的每一帧并修整。利用功能可以将项目调整到时间轴窗口大小。

还可以按 <Ctrl> 键，滚动鼠标滚轮进行缩放。

5.5.2

在时间轴的素材文件上然后按住鼠标左键拖动素材，在素材产生重叠时会显示出时间码，可以根据显示的时间码进行调整，如图 5-58 所示。

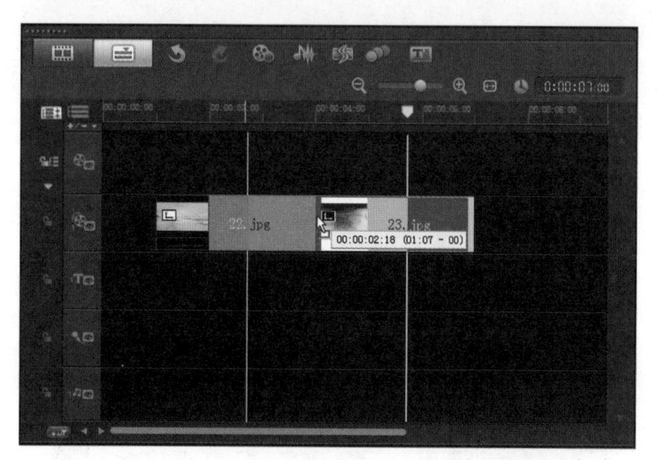

图 5-58

5.5.3

在会声会影 X6 中编辑影片时，修改素材的区间可以调整素材的回放时间长短，同时调整素材在时间轴视频中的长度。选择【视频轨】上的素材文件，然后单击【选项】面板，如图 5-59 所示。接着将【视频】选项卡中的【视频区间】设置为 5 秒，如图 5-60 所示。

图 5-59

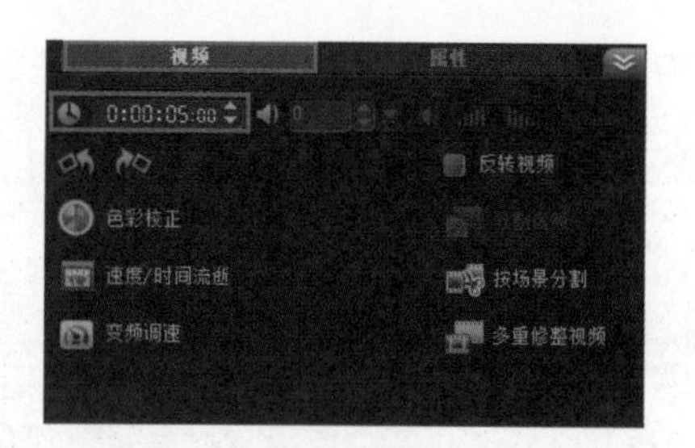

图 5-60

设置【视频区间】后，在空白处单击鼠标左键或按键盘上的 <Enter> 键即可结束操作。此时在时间轴中的素材长度发生了变化，如图 5-61 所示。

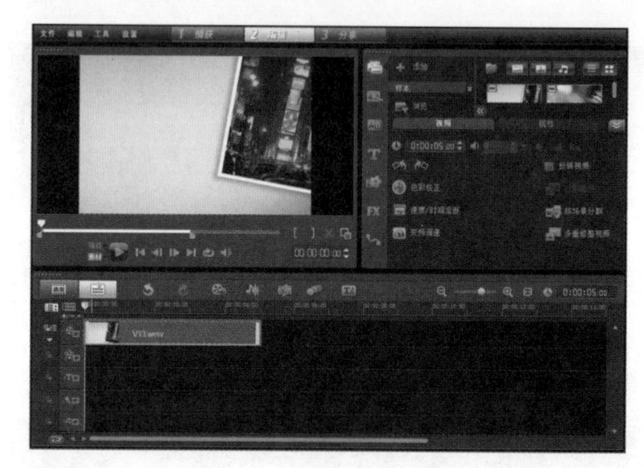

图 5-61

5.5.4

双击【视频轨】或【覆叠轨】上的视频素材文件，然后在选项面板的【视频】或【编辑】选项卡中选择【速度/时间流逝】，如图 5-62 所示。

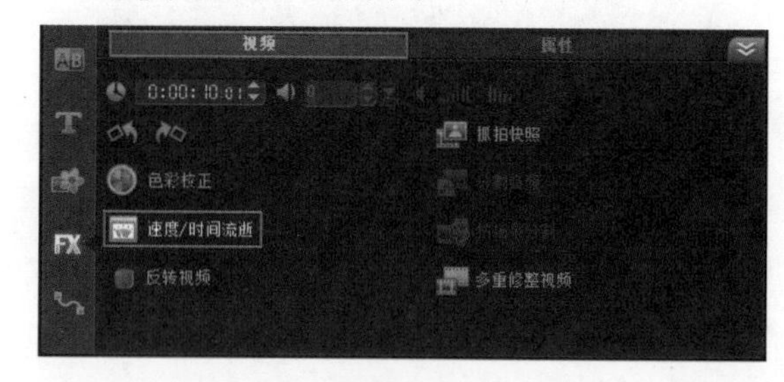

图 5-62

此时在弹出【速度/时间流逝】对话框中设置视频回放速度等参数，如图 5-63 所示。

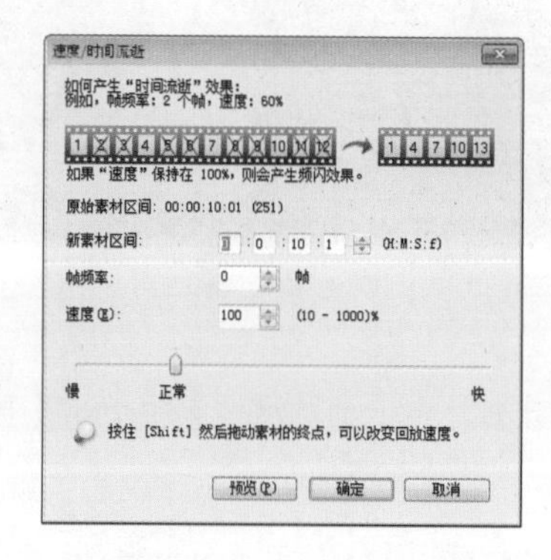

图 5-63

重点参数提醒：

※原始素材区间：显示该视频素材文件的有效区间。在【预览窗口】中拖动【修正标记】可以更改该区间的数值。

※新素材区间：设置视频素材的区间。调整该参数值的同时，速度的参数值也会产生相应的变化。

※帧速率：设置在视频回放过程中每隔一定时间要删除的帧数量。设置的值越大，则视频回放的时间流逝效果越明显。而该值为 0 时，则会保留视频素材中的所有帧，在对话框上方可以看到帧速率的删除运算方法。

※速度：根据滑动条下的【慢】、【正常】和【快】来拖动滑块，从而调整视频回放速度。默认值为 100%，即为正常回放速度，也可以直接输入百分比数值，设置的值越大，则视频回放速度就越快，反之则越慢。

※预览：单击该按钮，可以在【预览窗口】中预览当前设置的视频回放效果，在预览时，可以单击该按钮停止。

求生秘籍——技巧提示：调整视频素材

选择视频素材，然后在【选项】面板中的【视频】/【编辑】选项卡中，通过【速度 / 时间流逝】修改视频的回放速度。可以将视频设置为慢动作来强调动作，也可以将视频设置为快动作，加快视频播放速度，还可以使用此功能为视频和照片应用时间流逝和频闪效果。

进阶实例：调整速度 / 时间流逝效果

案例文件	进阶实例：调整速度 / 时间流逝效果 .VSP
视频教学	视频文件 \ 第 5 章 \ 调整速度 / 时间流逝效果 .flv
难易指数	★★★☆☆
技术掌握	调整速度 / 时间流逝的应用

案例分析：

本案例就来学习如何在会声会影 X6 调整视频的速度 / 时间流逝效果，最终渲染效果如图 5-64 所示。

图 5-64

思路解析，如图 5-65 所示：

图 5-65

（1）插入视频素材。

（2）设置【速度 / 时间流逝】的自定义参数。

制作步骤：

（1）打开会声会影 X6，将素材文件夹中的【素材 .avi】添加到【视频轨】上，如图 5-66 所示。

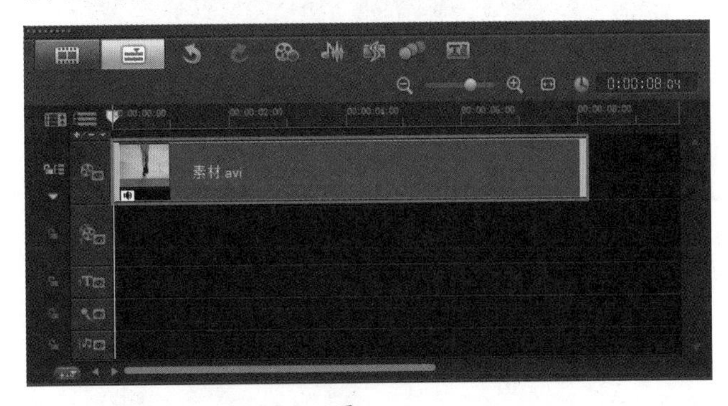

图 5-66

（2）选择时间轴中的【素材 .avi】素材文件，然后在【选项】面板的【视频】选项卡中，单击【速度 / 时间流逝】按钮，如图 5-67 所示。

图 5-67

（3）在弹出的【速度 / 时间流逝】的面板中，设置【速度】为【200%】，如图 5-68 所示。

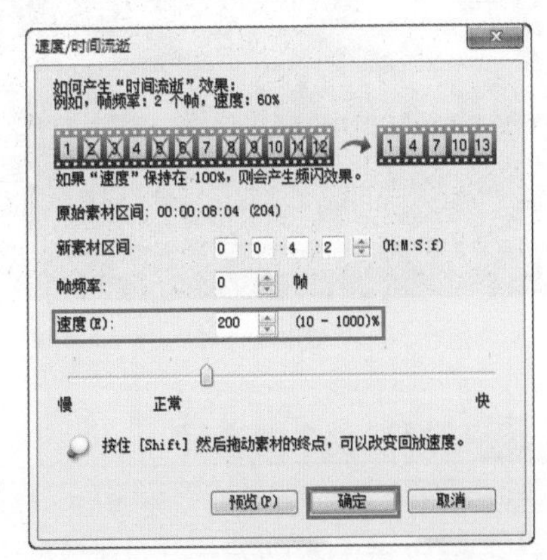

图 5-68

（4）此时时间轴中的【视频 .avi】素材文件时间长度已经更改，如图 5-69 所示。

（5）在【预览窗口】中单击【播放】按钮，可查看最终效果，如图 5-70 所示。

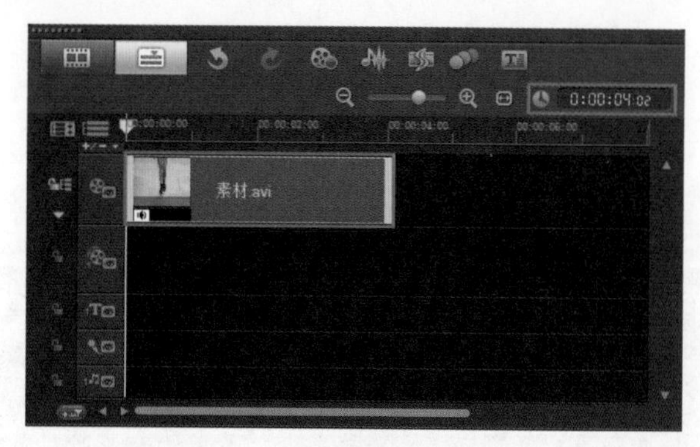

图 5-69

图 5-70

5.5.5

在对视频素材进行编辑时，可以将视频和音频分离，并可以替换音频，而且还可以对视频继续编辑。使用【选项】面板中的【音频分离】功能可以快速地分离视频素材的视频和音频，如图 5-71 所示。

图 5-71

进阶实例：替换视频中的音频

案例文件	进阶实例：替换视频中的音频 .VSP
视频教学	视频文件 \ 第 5 章 \ 分离视频和音频 .flv
难易指数	★★★☆☆
技术掌握	分割音频的应用、以及导入音频的方法

案例分析：

本案例就来学习如何在会声会影 X6 中分割视视频和音频，然后替换视频中原本的音频，最终渲染效果如图 5-72 所示。

思路解析，如图 5-73 所示：

图 5-72

图 5-73

（1）分离视频和音频，删除音频。

（2）导入新音频。

制作步骤：

（1）打开会声会影 X6，将素材文件夹中的【01.jpg】添加到【视频轨】上，如图 5-74 所示。此时【预览窗口】中的效果，如图 5-75 所示。

图 5-74

图 5-75

（2）双击【视频轨】上的【视频 .avi】素材文件，打开【选项】面板，单击【分割音频】，如图 5-76 所示。此时选择【声音轨】上分割出来的【视频 .avi】音频文件，按 <Delete> 键删除，如图 5-77 所示。

图 5-76

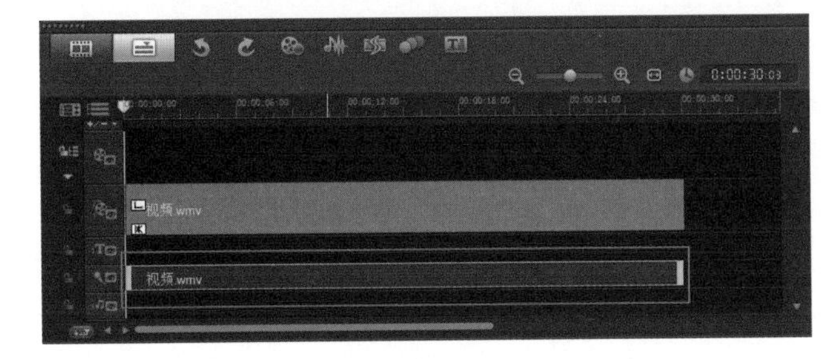

图 5-77

（3）接着在时间轴上单击鼠标右键，在弹出的菜单中选择【插入音频】，执行【到语音轨】命令，如图 5-78 所示。在弹出的【打开音频文件】对话框中选择需要导入的【音频.mp3】素材文件，然后单击【打开】按钮，如图 5-79 所示。

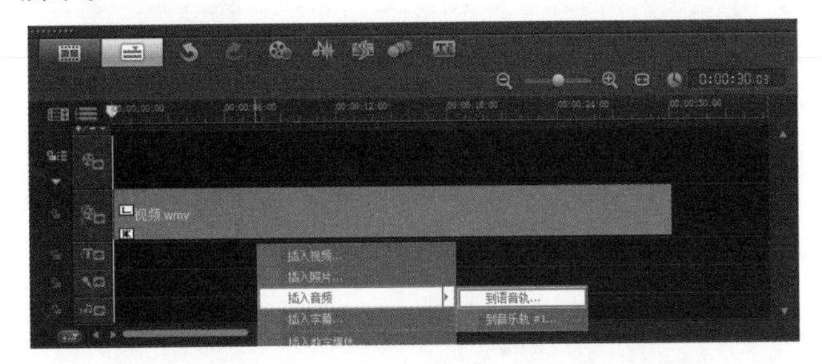

图 5-78

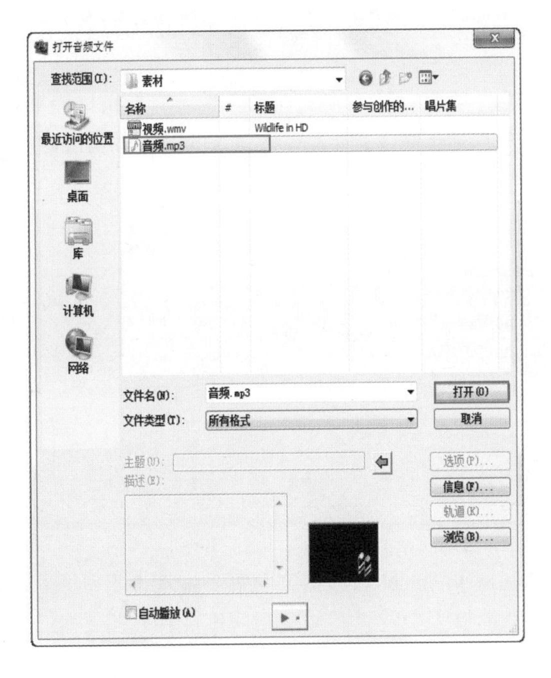

图 5-79

（4）此时，【音频.mp3】素材文件已成功地插入到【声音轨】上，如图 5-80 所示。

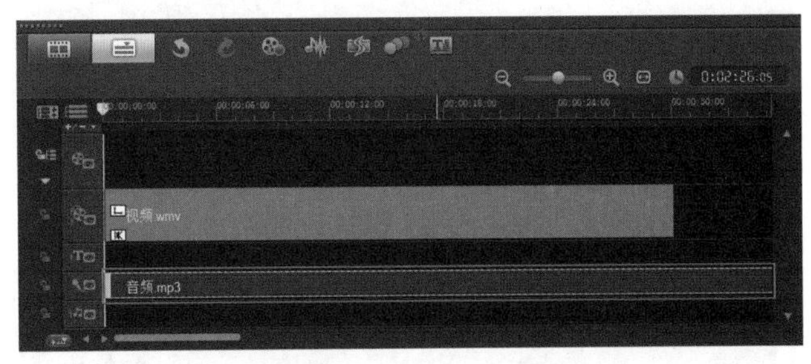

图 5-80

（5）最后在【预览窗口】单击【播放】按钮，查看最终效果，如图 5-81 所示。

图 5-81

5.5.6

按住键盘上的 <Shift> 键，然后将鼠标指针移动到时间轴的素材边缘，可以改变回放的速度。黑色箭头表示正在修整或扩展素材；白色箭头表示正在更改回放速度，如图 5-82 所示。

图 5-82

5.6　绘图创建器

在会声会影 X6 的绘图创建器中可以使用不同类型的笔刷和颜色绘制图案，并可以将绘画的过程录制为动画，方便以后使用。在菜单栏中执行【工具】/【绘图创建器】命令，如图 5-83 所示。

此时会打开【绘图创建器】界面，如图 5-84 所示。

重点参数提醒：

※画笔厚度：通过滑动条和预览框可以定义笔刷端的大小。横向的滑动条调整笔刷的横向厚度，纵向的滑动条调整笔刷的纵向厚度。按住 <Shift>/<Ctrl> 键再拖动滑动条

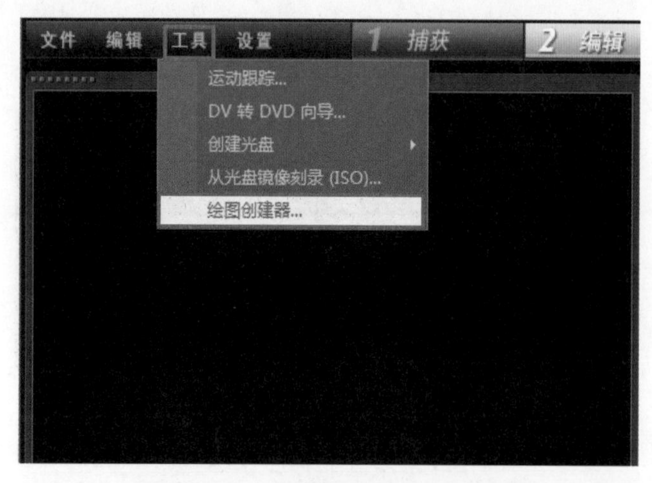

图 5-83

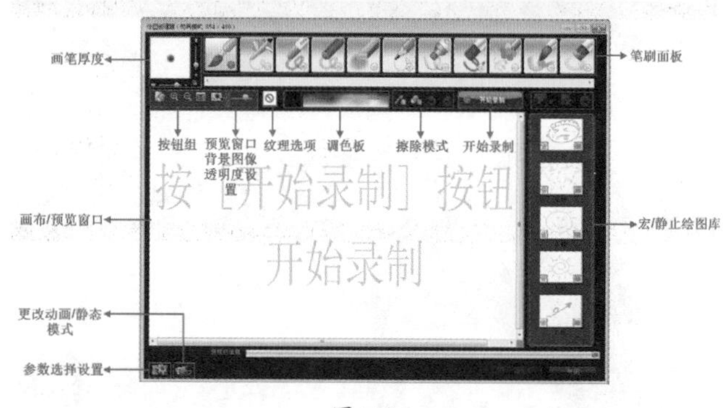

图 5-84

可以在横向和纵向厚度相同的情况下缩放笔刷大小。按住<Alt>键，再拖动滑动条可以等比缩放画笔大小，如图 5-85 所示，分别为画笔原始厚度和更改后的效果。

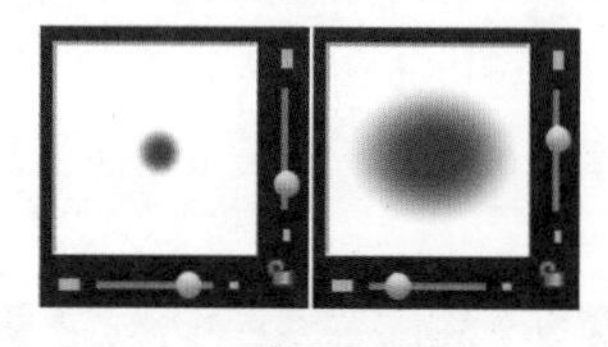

图 5-85

※笔刷面板：在该面板中可以选择不同的笔刷，共包括 11 种画笔。不同的笔刷可以绘制出不同的纹理和质感的笔触，如图 5-86 所示，为画笔、蜡笔和微粒的绘制效果。

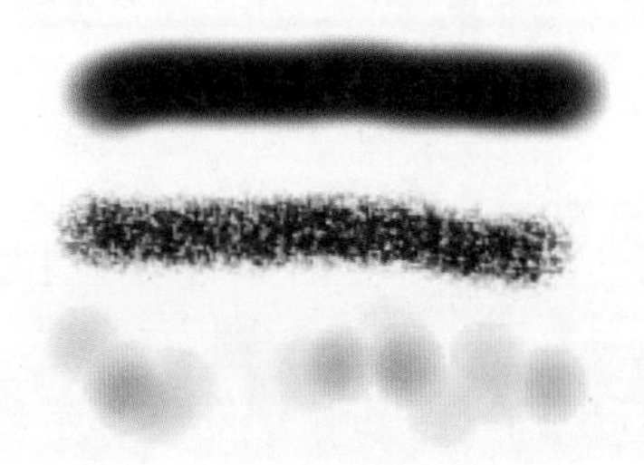

图 5-86

※画布【预览窗口】：在该窗口中可以进行绘制和预览。

※宏 / 静止绘图库：该区域用于存放系统默认条目和在【绘图创建器】中录制的动态或静态条目。

※【清除预览窗口】：单击该按钮，会清除【预览窗口】中绘制的图形。

※【放大】：单击该按钮，可以放大预览区域。

※【缩小】：单击该按钮，可以缩小预览区域。【预览窗口】的原始大小，如图 5-87 所示。【预览窗口】缩小的效果如图 5-88 所示。

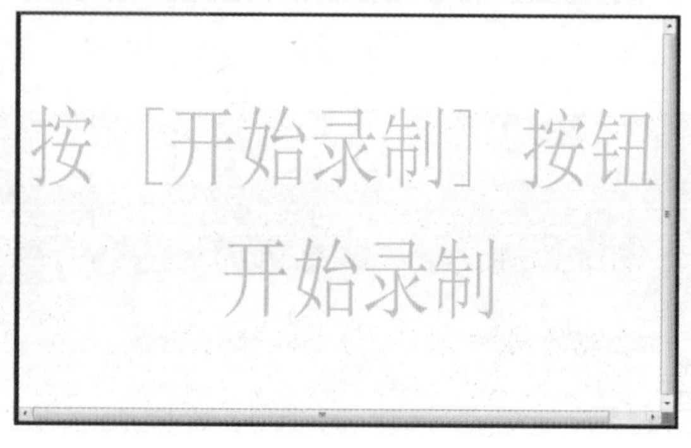

图 5-87

图 5-88

※【实际大小】：单击该按钮，【预览窗口】的画布以实际大小显示。

※【背景图像选项】：单击该按钮弹出【背景图像选项】窗口，在该窗口中可以设置绘图区域的背景图像，如图 5-89 所示。在选择【自定义图像】选项时，可以设置本地的图像为【预览窗口】背景。将导入的图像作为底图，利用笔刷描摹图像可以提高绘制速度和降低难度。

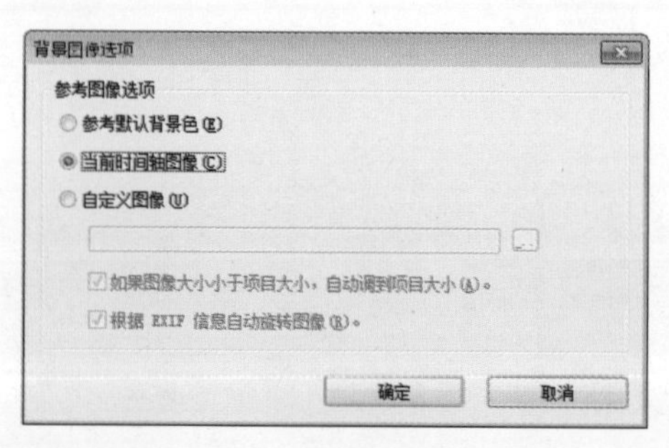

图 5-89

※【预览窗口】背景图像透明度设置：拖动该滑动条可以调整【预览窗口】中背景图像的透明度。在背景图像上

方绘制时，合适的不透明度可以保证绘画得以正常进行，如图 5-90 和图 5-91 所示，分别为不同透明度情况下的对比效果。

图 5-90

图 5-91

※【纹理选项】：单击该选项，在弹出的窗口中可以选择纹理，如图 5-92 所示。然后单击【确定】按钮，会将该纹理图案应用到当前笔刷上，如图 5-93 所示，为画笔应用纹理效果。

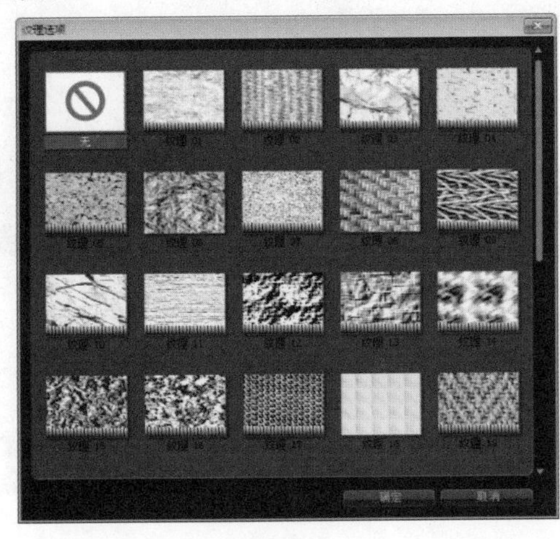

图 5-92

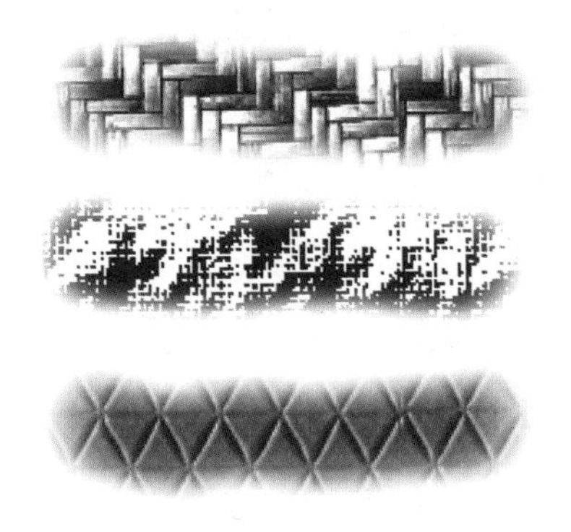

图 5-93

※调色板：在该面板中可以直接选取绘制图形的画笔颜色，也可以单击【色彩选取器】按钮，在弹出的面板中选择不同的颜色，如图 5-94 所示。

图 5-94

※【色彩选取工具】：单击该按钮，可以在周围环境中选择色彩。选择完色彩后，再次单击该按钮则取消应用该工具。

※【擦除模式】：单击该按钮，当前画笔会转换为擦除模式，可以写入或擦除已经绘制的图形。再次单击该按钮则退出擦除模式。

※【撤销】：单击该按钮，可以撤销当前静态和动画模式中的操作。

※【重复】：单击该按钮，可以恢复刚刚撤销的静态和动画模式中的操作。

※【开始录制】：单击该按钮则开始录制绘画过程。绘制完成后，单击【结束录制】按钮，即可将该条目保存到【绘图库】中。在【静态】模式下，该按钮会变为【快照】。

※【播放选中的画廊条目】：单击该按钮，可以播放画廊中指定的画廊条目，如图 5-95 所示。

图 5-95

第 5 章

※【删除选中的画廊条目】：单击该按钮可以删除当前在画廊中选择的条目，但是系统中默认的条目无法删除。

※【更改选择的画廊区间】：选择画廊中的条目，然后单击该按钮。在弹出的【区间】对话框中，可以设置该条目的区间长度，如图 5-96 所示。

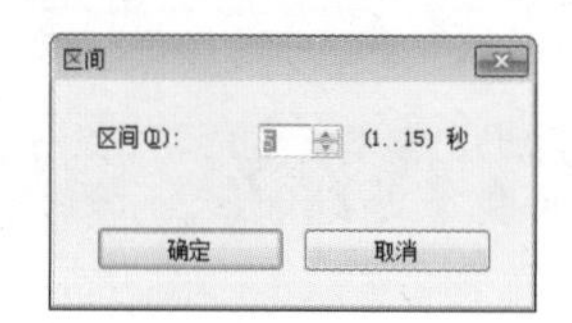

图 5-96

※【参数选择设置】：单击该按钮，或使用快捷键【F6】，在打开的【参数选择】对话框中可以对常规参数进行设置。如图 5-97 所示。

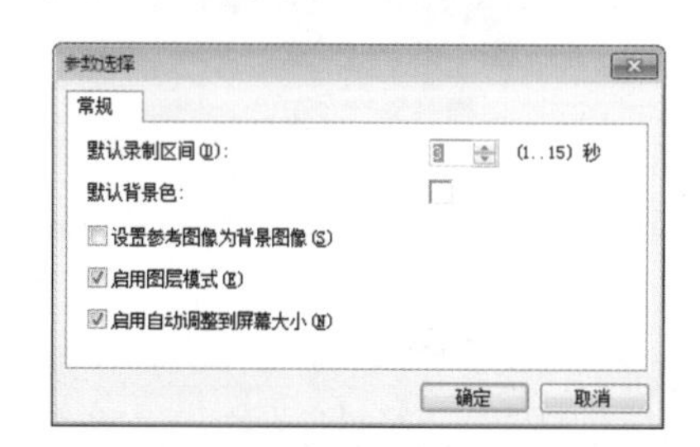

图 5-97

※【更改为“动画”或“静态”模式】：单击该按钮，在弹出的菜单中可以设置【动画模式】或【静态模式】，如图 5-98 所示。当选择【动画模式】时，录制的条目为动态视频；当选择【静态模式】时，录制的条目为静态图像。

图 5-98

5.7 剪辑视频素材

在制作影片过程中，可以将视频素材拖拽到时间轴面板中进行编辑。在会声会影 X6 中，可以通过修整栏、时间轴和区间等方法剪辑和修整视频。

5.7.1

在修整栏中可以通过拖动【修整标记】对素材的长短进行修整，而且【预览窗口】中画面会与当前移动的【修整标记】位置相对应。使用修整栏可以快速地修整视频和剪辑首尾部分。

1. 标记开始点

在时间轴面板中选择视频素材，然后在修整栏中的起始【修整标记】上按住鼠标左键将其拖到合适的位置，释放鼠标左键即可，如图 5-99 所示。

图 5-99

2. 标记结束点

在时间轴面板中选择视频素材，然后在修整栏中的结束【修整标记】上按住鼠标左键将其拖到合适的位置，释放鼠标左键即可，如图 5-100 所示。

图 5-100

进阶实例：通过修整栏剪辑视频

案例文件	进阶实例：通过修整栏剪辑视频 .VSP
视频教学	视频文件 \ 第 5 章 \ 通过修整栏剪辑视频 .flv
难易指数	★★☆☆☆
技术掌握	修整栏、修整标记的应用

案例分析：

本案例就来学习如何在会声会影 X6 中使用修整栏剪辑视频，最终渲染效果如图 5-101 所示。

图 5-101

制作步骤：

（1）打开会声会影 X6 软件，然后在【视频轨】上单击鼠标右键，在弹出的菜单中执行【插入视频】命令。接着在【打开视频文件】窗口中选择【素材 .avi】素材，并单击【打开】按钮，如图 5-102 所示。

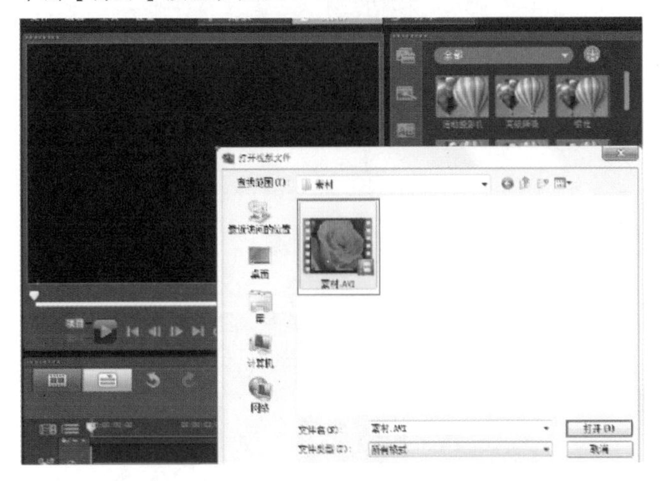

图 5-102

（2）此时的时间轴中出现了【素材 .avi】视频素材文件，如图 5-103 所示。

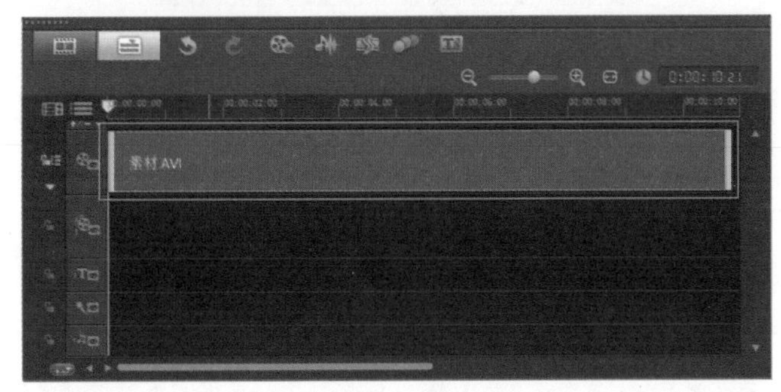

图 5-103

（3）在修整栏中，选择开始位置的【修整标记】，然后按住鼠标左键将其拖到第 2 秒的的位置，如图 5-104 所示。

图 5-104

（4）在修整栏中，选择结束位置的【修整标记】，然后按住鼠标左键将其拖到第 8 秒的位置，如图 5-105 所示。

图 5-105

（5）此时的时间轴中的【素材 .avi】素材文件也已经产生相应的长度变化，如图 5-106 所示。

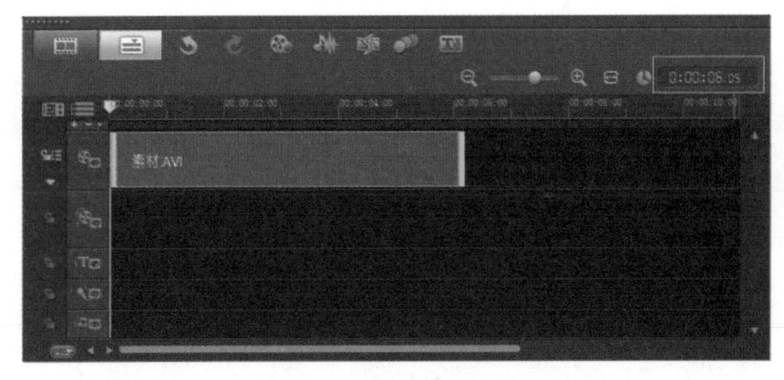

图 5-106

（6）单击【预览窗口】中的【播放】按钮，查看最终效果，如图 5-107 所示。

图 5-107

5.7.2

在时间轴中选择视频素材，然后在【预览窗口】中拖动【滑轨】到指定位置。接着单击按钮✂，即可在【滑轨】指定位置进行剪辑，如图 5-108 所示。

图 5-108

进阶实例：通过剪辑按钮剪辑视频

案例文件	进阶实例：通过剪辑按钮剪辑视频 .VSP
视频教学	视频文件 \ 第 5 章 \ 通过剪辑按钮剪辑视频 .flv
难易指数	★★☆☆☆
技术掌握	剪辑按钮的应用

案例分析：

本案例就来学习如何在会声会影 X6 中使用剪辑按钮剪辑视频，最终渲染效果如图 5-109 所示。

图 5-109

制作步骤：

（1）打开会声会影 X6 软件，然后将素材文件夹内的【素材 .avi】添加到【视频轨】上，如图 5-110 所示。

图 5-110

（2）选择时间轴中的视频素材文件，然后在【预览窗口】中将【滑轨】拖到 00:00:05:11，接着单击【预览窗口】中的按钮✂，在当前位置进行剪辑，如图 5-111 所示。

图 5-111

（3）在【预览窗口】中将【滑轨】拖到 00:00:18:19，接着单击【预览窗口】中的按钮✂，在当前位置进行剪辑，如图 5-112 所示。

图 5-112

（4）选择视频轨上的【素材 .avi】素材文件中间部分，然后按 <Delete> 键删除，即可将此片段从时间轴中删除，如图 5-113 所示。此时的时间轴如图 5-114 所示。

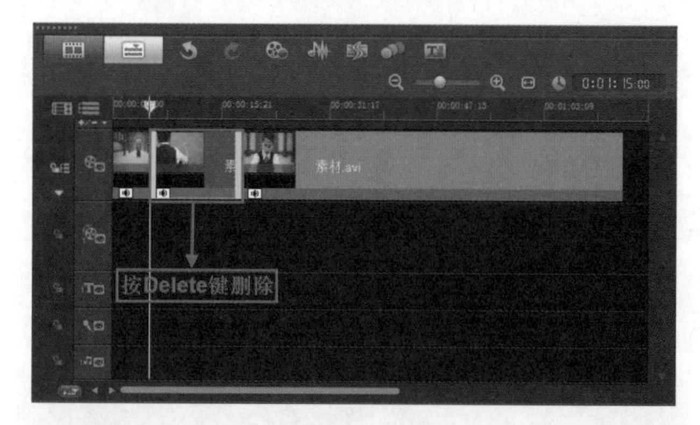

图 5-113

图 5-114

（5）单击【预览窗口】中的【播放】按钮，查看最终影片剪辑效果，如图 5-115 所示。

图 5-115

5.7.3

（1）在时间轴中选择视频素材，然后将擦洗器移动到需要剪辑的起始位置。接着在【修整栏】中单击【开始标记】按钮，如图 5-116 所示。此时在时间轴上方会显示出一条橙色线，如图 5-117 所示。

图 5-116

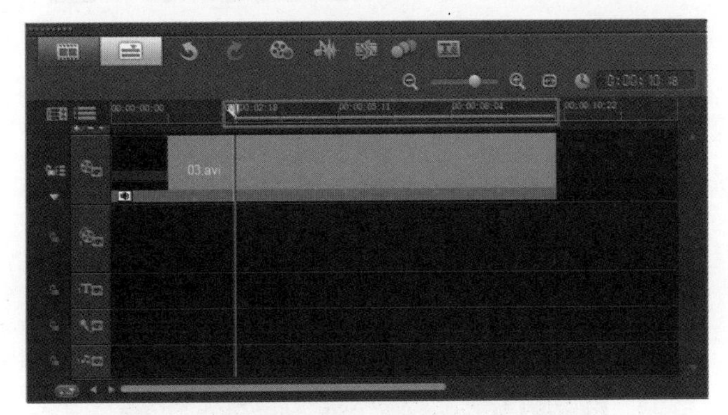

图 5-117

（2）将擦洗器移动到需要剪辑的结束位置，然后在【修整栏】中单击【结束标记】按钮，如图 5-118 所示。此时即可在时间轴中选定保留区域，如图 5-119 所示。

图 5-118

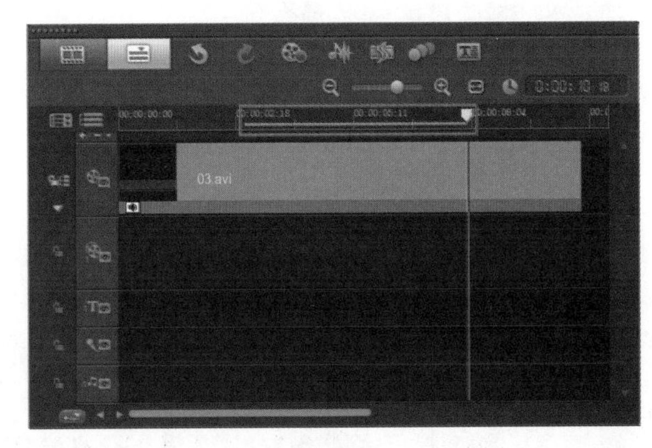

图 5-119

（3）此时单击【预览窗口】中的【播放】按钮，则只播放选定的区域。

求生秘籍——技巧提示：标记素材

在会声会影 X6 中，【开始标记】，快捷键为【F3】；【结束标记】，快捷键为【F4】。

5.7.4

在时间轨上选择视频文件素材，单击【选项】按钮，如图 5-120 所示。然后在【选项】面板中即可修改素材的区间，如图 5-121 所示。

图 5-120

第 5 章

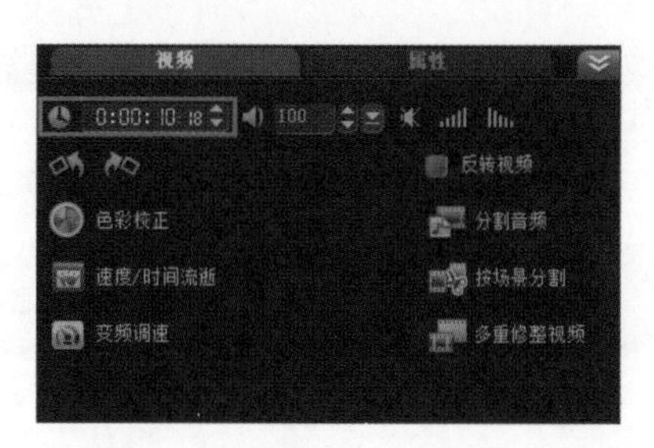

图 5-121

使用区间来剪辑视频可以控制视频的结束时间和时长，但是该方法只能从视频的尾部进行剪辑。若对整个影片有较为严格的播放时间限制，可以通过区间修整的方式来剪辑。

进阶实例：通过区间剪辑视频

案例文件	进阶实例：通过区间剪辑视频 .VSP
视频教学	视频文件 \ 第 5 章 \ 通过区间剪辑视频 .flv
难易指数	★★☆☆☆
技术掌握	使用区间剪辑视频

案例分析：

本案例就来学习如何在会声会影 X6 中使用区间剪辑视频，最终渲染效果如图 5-122 所示。

图 5-122

制作步骤：

（1）打开会声会影 X6 软件，将素材文件夹中的【素材 .avi】添加到【视频轨】上，如图 5-123 所示。

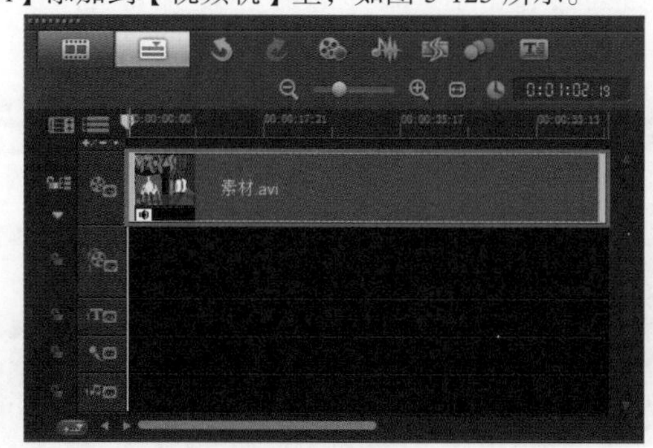

图 5-123

（2）选择时间轴中的【素材 .avi】素材文件，然后在【选项】面板的【视频】选项卡中，设置【视频区间】为【0:00:38:00】，如图 5-124 所示。

图 5-124

（3）此时在时间轴面板中的【素材 .avi】素材文件的长度为 38 秒，如图 5-125 所示。

图 5-125

（4）单击【预览窗口】中的【播放】按钮，查看最终效果，如图 5-126 所示。

图 5-126

5.8 按场景分割视频

在会声会影 X6 中通过【按场景分割视频】命令可以对场景进行自动识别，从而分割出多个视频片段，如图 5-127 所示。

图 5-127

5.8.1

在时间轴中选择视频素材，然后打开【选项】面板中的【视频】/【编辑】选项卡，并单击【按场景分割】选项，如图 5-128 所示。

图 5-128

在弹出的【场景】对话框中会出现默认检测到的一段整体的场景，此时可以对其进行扫描检测场景，并进行剪辑，如图 5-129 所示。

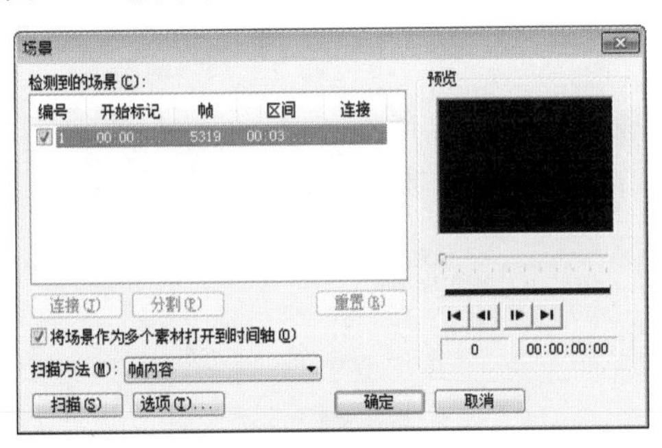

图 5-129

重点参数提醒：

※将场景作为多个素材打开到时间轴：勾选该选项，在检测完场景并单击【确定】按钮后，会按照剪辑的片段出现在时间轴中，而不是一整段的场景视频。

※扫描方法：扫描视频的方法。通常是按照视频帧的内容进行扫描。

※选项：单击【选项】按钮，在弹出的【场景扫描敏感度】对话框中可以调整对进行场景扫描时的敏感程度，如图 5-130 所示。

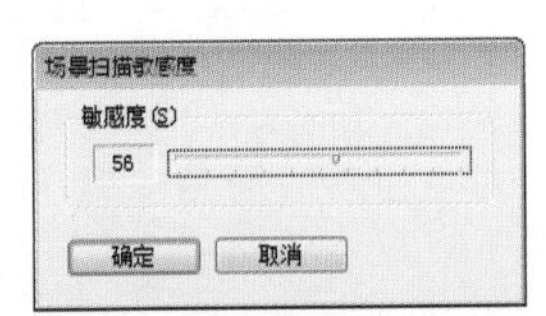

图 5-130

※扫描：单击该按钮，即可对当前的视频开始场景扫描。

※预览：在该预览窗口中可以查看当前扫描的进度，以及对当前选择的片段进行预览，同时还会显示出该段视频的时长。通过下面的按钮可以对视频进行逐帧查看，也可以直接跳转到视频的起始和结束位置。

5.8.2

1. 连接场景视频

扫描出的场景片段在【场景】对话框中会按编号排列，可以将片段连接，选择一个片段，然后单击【连接】按钮，如图 5-131 所示，即可将该片段和上一个片段连接到一起，如图 5-132 所示。

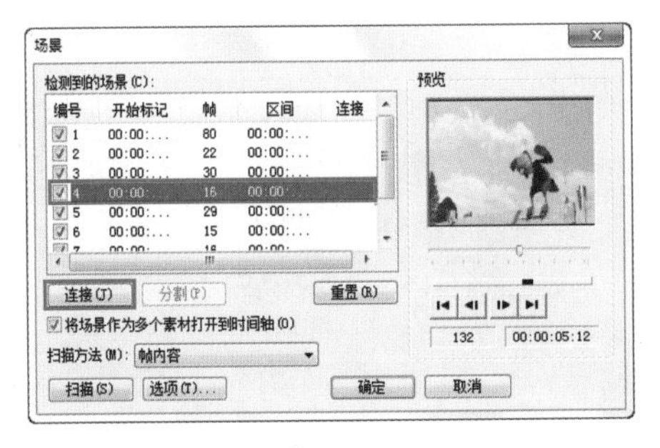

图 5-131

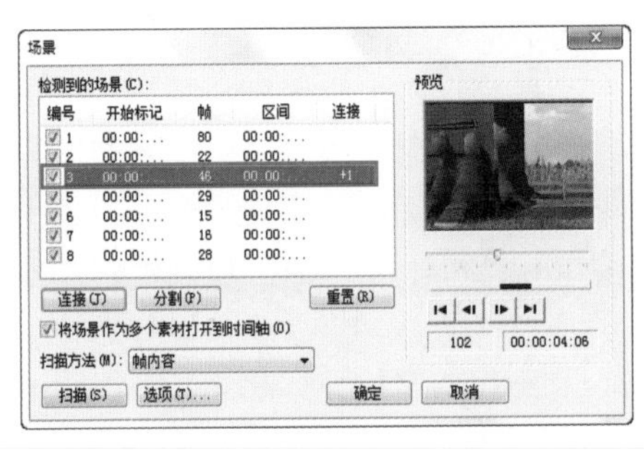

图 5-132

2. 分割场景视频

在【连接】片段过程中，如果片段连接错误，可以选择该片段，然后单击【分割】按钮，如图 5-133 所示。此时连接的片段会恢复到未连接的状态，如图 5-134 所示。

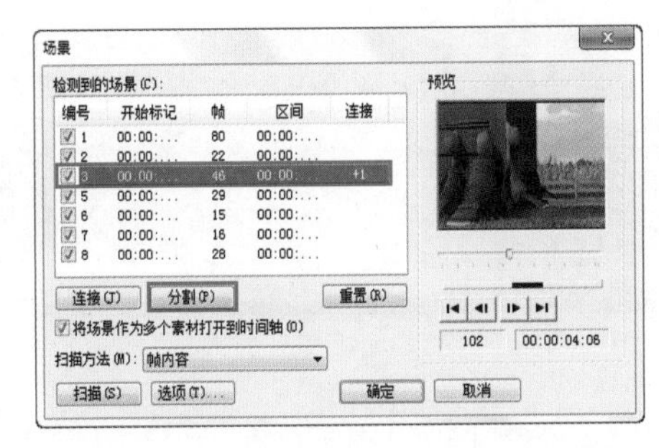

图 5-133

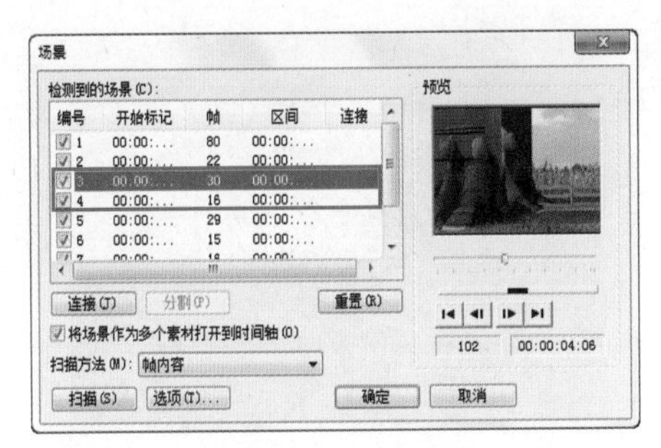

图 5-134

进阶实例：按场景分割视频

案例文件	进阶实例：按场景分割视频 .VSP
视频教学	视频文件 \ 第 5 章 \ 按场景分割视频 .flv
难易指数	★★★★☆
技术掌握	按场景分割视频

案例分析：

本案例就来学习如何在会声会影 X6 中使用按场景分割视频，最终渲染效果如图 5-135 所示。

图 5-135

制作步骤：

（1）打开会声会影 X6 软件，然后在视频轨上单击鼠标右键，在弹出的菜单中选择【插入视频】选项，接着在【打开视频文件】窗口中选择【视频 .avi】素材，并单击【打开】按钮，如图 5-136 所示。

图 5-136

（2）选择视频上的【视频 .avi】素材文件，然后打开【选项】面板的【视频】选项卡，并单击【按场景分割】选项，如图 5-137 所示。

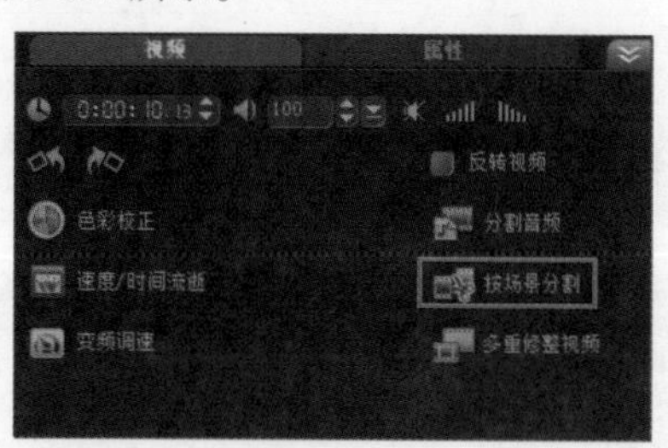

图 5-137

（3）在【场景】对话框中会默认检测到一段场景。然后单击【选项】按钮，在弹出的【场景扫描敏感度】对话框中设置【敏感度】为 40，并单击【确定】按钮，如图 5-138 所示。

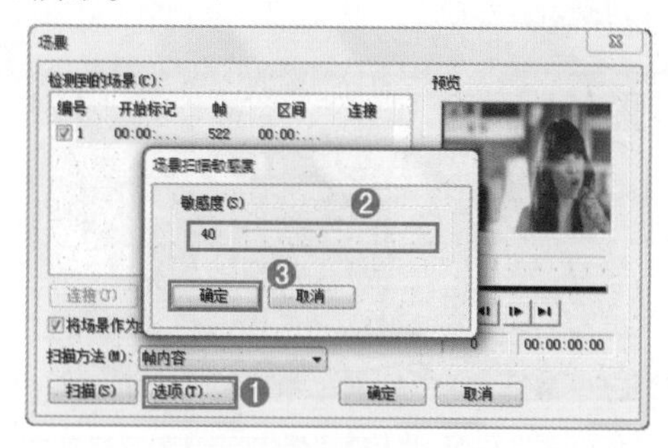

图 5-138

（4）单击【扫描】按钮，此时开始扫描当前视频素材。扫描完成后，可以看到分割出的视频，如图 5-139 所示。

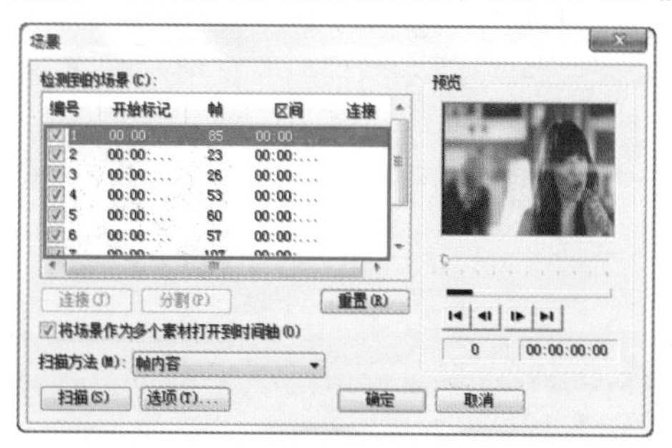

图 5-139

（5）选择编号 4 的片段，然后单击【连接】按钮，如图 5-140 所示。此时即可将该片段和编号 3 的片段连接到一起，如图 5-141 所示。

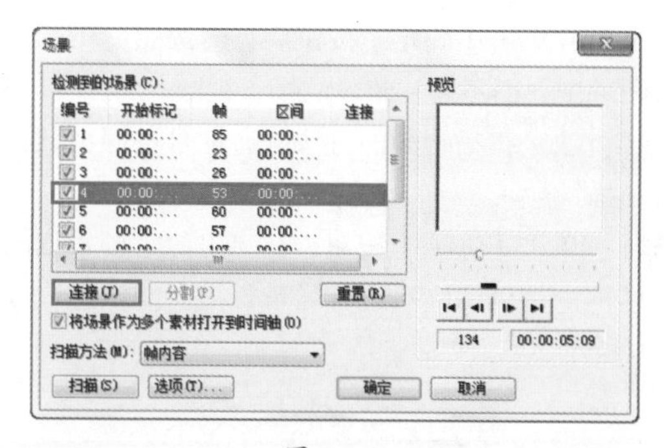

图 5-140

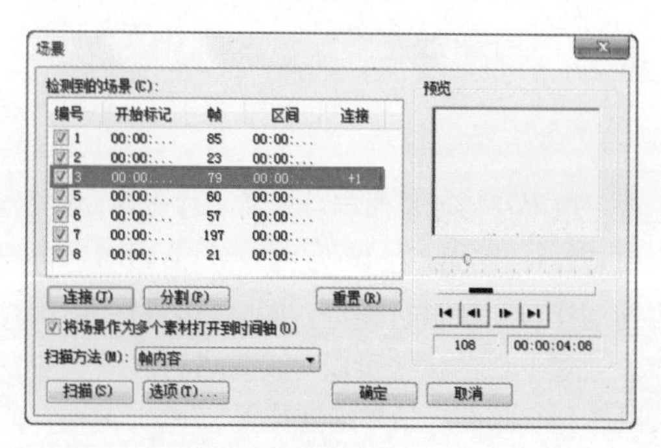

图 5-141

（6）接着选择编号 3 的片段，单击【连接】按钮，如图 5-142 所示。此时即可将该片段和编号 2 的片段连接到一起，并单击【确定】按钮，如图 5-143 所示。

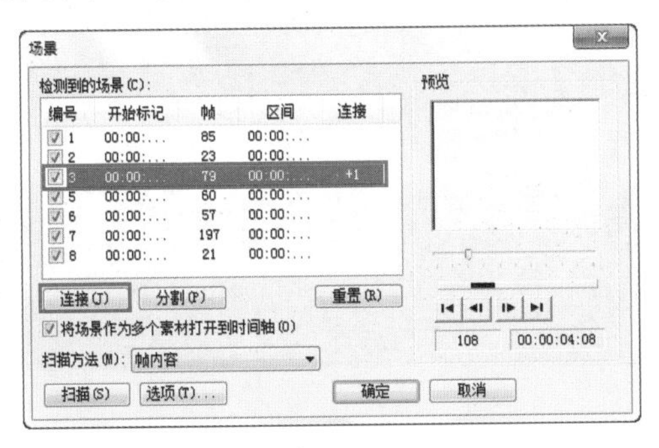

图 5-142

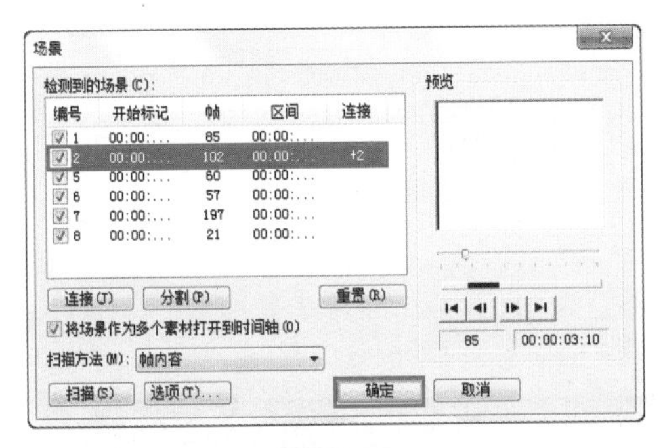

图 5-143

（7）此时，时间轴中的【视频 .avi】素材文件已经按场景分割成多个片段，如图 5-144 所示。

图 5-144

（8）最后，单击【预览窗口】中的【播放】按钮，查看最终效果，如图 5-145 所示。

图 5-145

5.9　多重修整视频

会声会影 X6 中的【多重修整视频】功能可以将一个视频分割成多个片段，并能自定义标记要剪辑保留的素材，使剪辑更精确，更方便。【多重修整视频】按钮，如图 5-146 所示。

图 5-146

多重修整视频

1.【多重修整视频】对话框

在视频轨中双击视频素材，然后在【选项】面板中单击【多重修整视频】按钮，此时会弹出【多重修整视频】对话框，如图 5-147 所示。

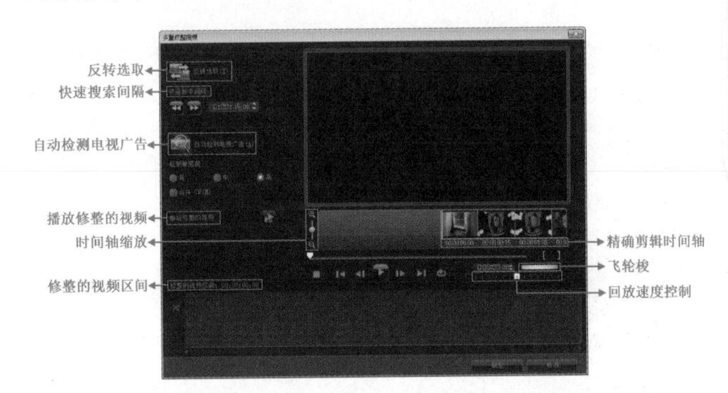

图 5-147

重点参数提醒：

※反转选取：单击该按钮，可以对标记的保留素材片段和标记的删除素材片段进行切换反转。

※快速搜索间隔：可以设置帧之间的固定间隔，并以该值浏览影片。在时间码显示区域可以精确调整时间，按左右方向键可以在分、秒之间进行切换。

※自动检测电视广告：该功能与按场景分割的功能类似，单击该按钮，可以根据场景的变化自动分割素材。

※播放修整的视频：预览播放修整的视频。

※时间轴缩放：上下拖动该滑块，可以按秒将视频素材分割成帧。

※精确剪辑时间轴：逐帧扫描视频素材，可以设置精确的开始标记和结束标记。

※飞梭轮：通过左右滚动可以查看素材的不同部分。

※回放速度控制：控制预览素材的回放速度。

※修整的视频区间：该区域会显示修整后的所有视频区间。

2. 标记视频片段

（1）在时间轴中双击视频素材，然后在【选项】面板的【视频】选项卡中，单击【多重修整视频】选项，如图 5-148 所示。

图 5-148

（2）在【多重修整视频】对话框中，将擦洗器拖动到合适的位置。然后单击【设置开始标记】按钮[，标记该视频片段的起始点，如图 5-149 所示。再将擦洗器拖动到合适的位置，然后单击【设置结束标记】按钮]，标记该视频片段的结束点，此时【修整的视频区间】中出现了两个标记之间的视频片段，接着单击【确定】按钮，如图 5-150 所示。

图 5-149

图 5-150

（3）此时，时间轴中的视频素材文件已经剪辑为标记的视频区间长度，如图 5-151 所示。

图 5-151

进阶实例：多重修整视频

案例文件	进阶实例：多重修整视频 .VSP
视频教学	视频文件 \ 第 5 章 \ 多重修整视频 .flv
难易指数	★★★☆☆
技术掌握	多重修整视频的方法

案例分析：

本案例就来学习如何在会声会影 X6 中进行多重修整视频，最终渲染效果如图 5-152 所示。

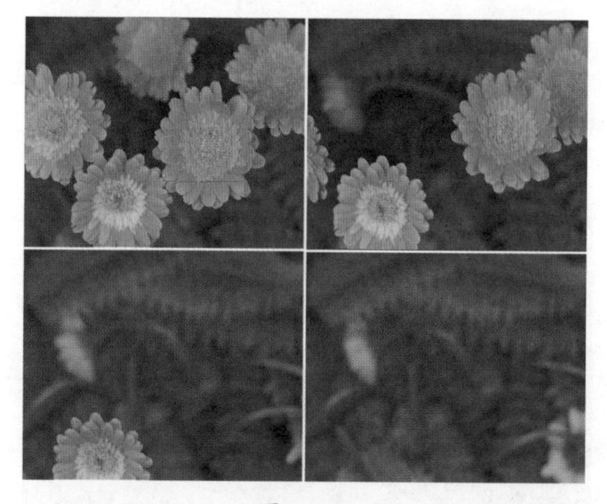

图 5-152

制作步骤：

（1）打开会声会影 X6 软件，然后将素材文件夹中的【视频 .avi】添加到【视频轨】上，如图 5-153 所示。

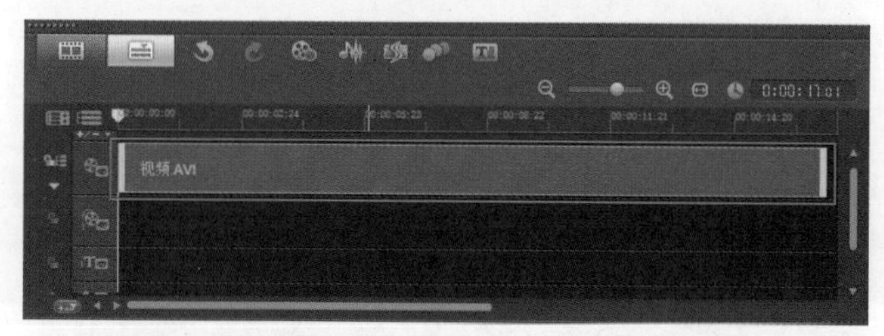

图 5-153

（2）然后在【视频】选项卡中，单击【多重修整视频】选项，如图 5-154 所示。

图 5-154

（3）在弹出的【多重修整视频】对话框中，选择【反转选取】按钮，然后向左拨动【飞轮梭】或直接将擦洗器拖到第 1 秒的位置，接着单击【设置结束标记】按钮]，此时【修整的视频区间】中出现两个标记点之间的视频素材，如图 5-155 所示。

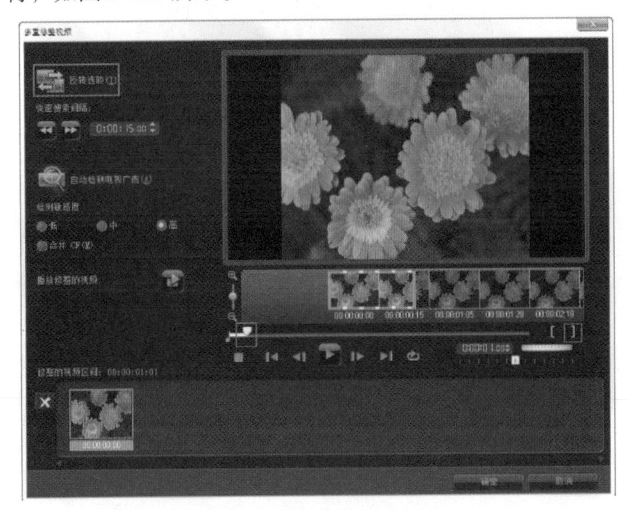

图 5-155

（4）将擦洗器拖到第 4 秒的位置，然后单击【设置开始标记】按钮[，标记开始位置。接着将擦洗器拖到第 7 秒的位置，单击【设置结束标记】按钮]，标记结束位置，如图 5-156 所示。

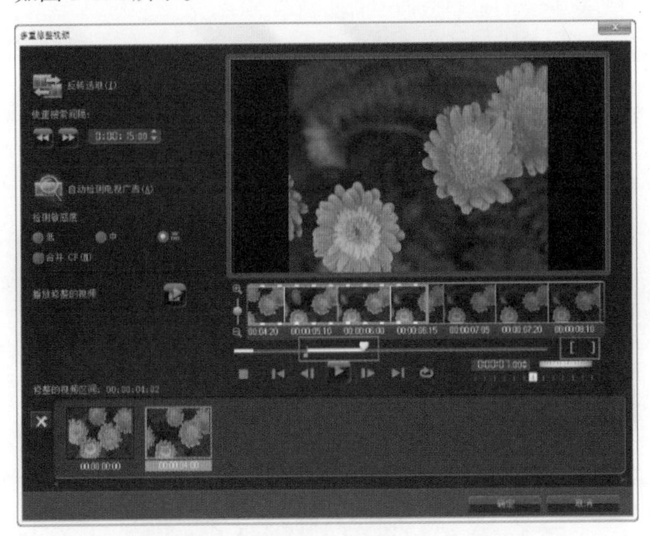

图 5-156

（5）将擦洗器拖到 00:00:15:00 的位置，然后单击【设置开始标记】按钮[，标记开始位置。接着将擦洗器拖到 00:00:15:15 的位置，单击【设置结束标记】按钮]，标记结束位置，最后单击【确定】按钮，如图 5-157 所示。

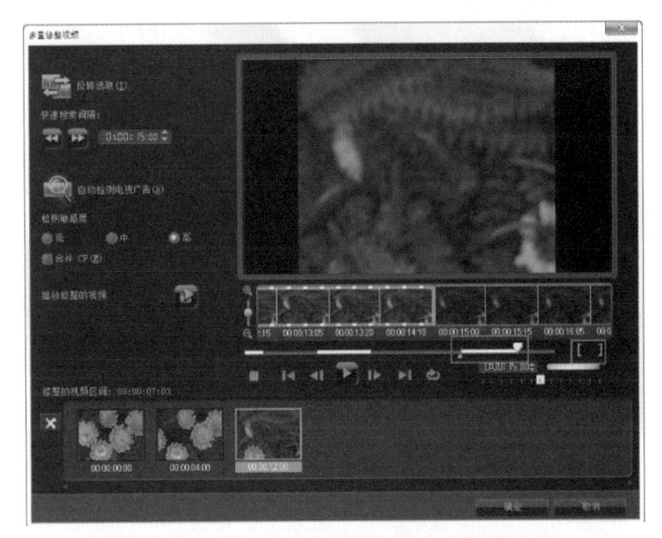

图 5-157

（6）此时视频轨中的【视频 .avi】已经剪辑为 3 段素材文件，如图 5-158 所示。

图 5-158

（7）单击【预览窗口】的【播放】按钮，查看最终效果，如图 5-159 所示。

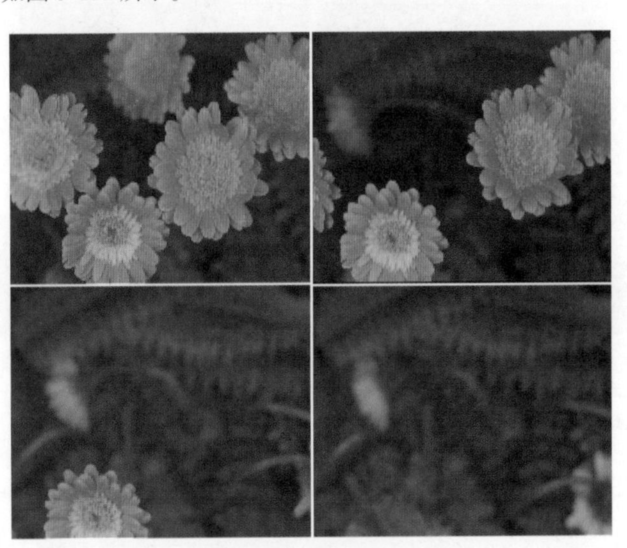

图 5-159

5.10 特殊剪辑技巧

5.10.1

在会声会影 X6 中，使用【反转视频】功能可以将当前选择的视频反转播放，能够制作出类似时光倒流的效果。【选项】面板【视频】选项卡中的【反转视频】选项，如图 5-160 所示。

图 5-160

技术拓展：删除素材

【反转视频】功能只能应用于视频文件，该功能对照片素材无效。

进阶实例：反转视频

案例文件	进阶实例：反转视频 .VSP
视频教学	视频文件 \ 第 5 章 \ 反转视频 .flv
难易指数	★★☆☆☆
技术掌握	反转视频的应用

案例分析：

本案例就来学习如何在会声会影 X6 中反转视频，最终渲染效果如图 5-161 所示。

图 5-161

制作步骤：

（1）打开会声会影 X6，将素材文件夹内的【视频 .avi】添加到【视频轨】上，如图 5-162 所示。

（2）选择【视频轨】中的【视频】素材，然后打开【选项】面板中并勾选【反转视频】选项，如图 5-163 所示。

（3）单击【预览窗口】的【播放】按钮，查看最终效果，如图 5-164 所示。

图 5-162

图 5-163

图 5-164

5.10.2

将擦洗器移动到合适的位置，然后在菜单栏中执行【编辑】/【抓拍快照】命令，即可截取当前画面图像，如图 5-165 所示。被截取的画面会直接储存在【媒体】素材库中，并可以将截取的画面添加到时间轴中使用。

图 5-165

进阶实例：截取视频图像

案例文件	进阶实例：截取视频图像 .VSP
视频教学	视频文件 \ 第 5 章 \ 截取视频图像 .flv
难易指数	★★☆☆☆
技术掌握	抓拍快照的应用

案例分析：

本案例就来学习如何在会声会影 X6 中截取视频图像，最终渲染效果如图 5-166 所示。

图 5-166

制作步骤：

（1）打开会声会影 X6，将素材文件夹内的【素材 .avi】添加到【视频轨】上，如图 5-167 所示。

图 5-167

（2）在【预览窗口】将擦洗器拖动到 00:00:05:15，如图 5-168 所示。接着，在菜单栏中选择【编辑】/【抓拍快照】命令，如图 5-169 所示。

图 5-168

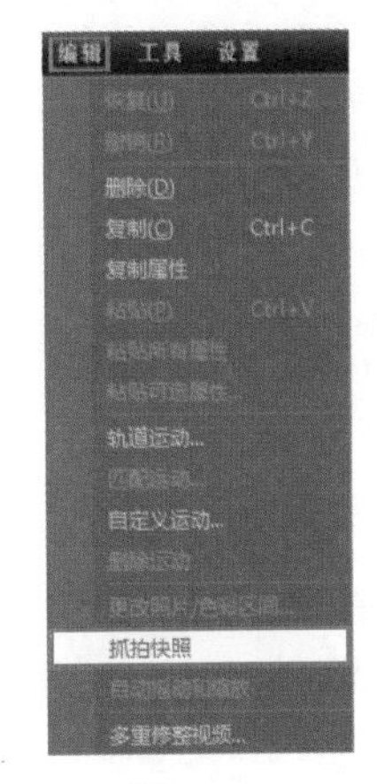

图 5-169

（3）此时画面已经被截图，并储存在【媒体】素材库中，如图 5-170 所示。查看截取出来的图片，如图 5-171 所示。

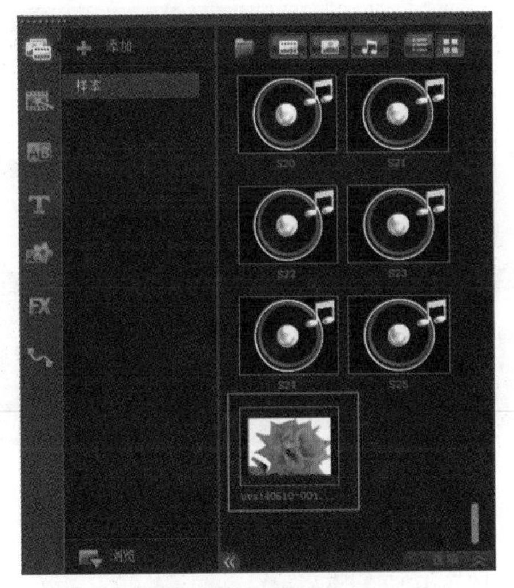

图 5-170

图 5-171

FAQ 常见问题解答：素材路径变化后在视频中截取的静态图像是否会缺失？

截取的静态图像是基于视频素材的，若视频素材的储存路径发生改变和移动，该素材也与会声会影 X6 的链接断开，所以储存在素材库中的静态图像也会缺失。但是，可以对该素材进行重新链接。

5.11 保存视频到素材库

在会声会影 X6 中对视频进行剪辑，并没有将源视频文件真正地剪辑和修整。只有在【分享】步骤中，通过创建视频文件才会去除不需要的部分。为了方便应用和操作，可以将剪辑完成的影片单独保存到素材库中。

将时间轴中需要保存的视频直接粘贴到或拖拽到素材库中，即可保存到素材库中。

方法一：【复制】+【粘贴】

在时间轴中的视频素材上单击鼠标右键，然后在弹出的菜单中选择【复制】选项，如图 5-172 所示。接着在素材库面板的空白处单击鼠标右键，在弹出的菜单中选择【粘贴】选项，即可将该视频素材保存到素材库中，如图 5-173 所示。

图 5-172

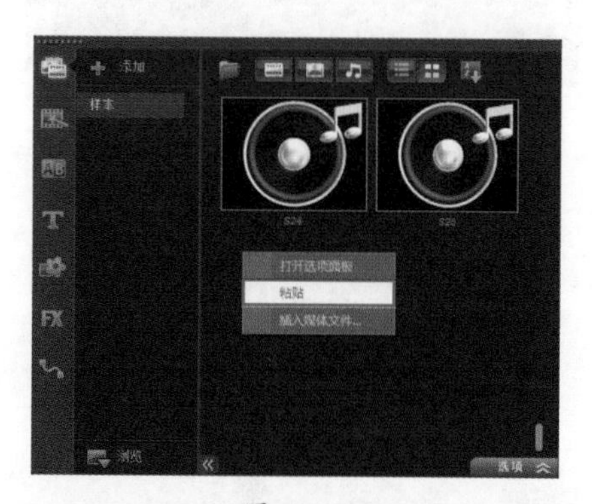

图 5-173

求生秘籍——技巧提示：视频素材与素材库

当视频素材保存到素材库中后，再次启动会声会影 X6 时，该视频素材依然存在于素材库中。但是，源视频素材文件的路径不能发生移动或变化，以防视频素材不能正确链接。若执行【保存修整后的视频】命令，素材库中保存文件的位置是会声会影 X6 的工作文件夹。在素材库中保存的视频素材上单击鼠标右键，然后在弹出的菜单中选择【打开文件夹】选项，即可打开该视频素材所在的文件夹。

方法二：拖拽到素材库

在时间轴中选择视频素材，然后按住鼠标左键将其拖拽到素材库中，即可保存到素材库，如图 5-174 所示。

图 5-174

求生秘籍——技巧提示：删除视频文件

在素材库中保存的视频文件上单击鼠标右键，在弹出的菜单中选择【删除】选项，即可删除该视频文件，如图 5-175 所示。

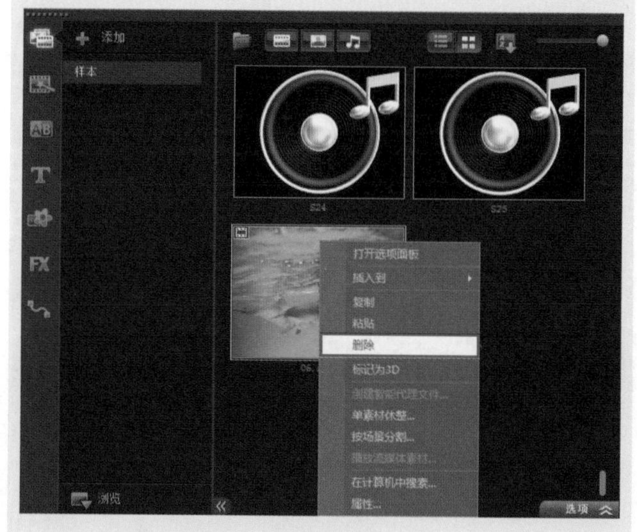

图 5-175

绚丽文字篇

第 6 章　字幕效果

第 6 章　字幕效果

本章内容简介

在制作和编辑影片过程中，有时会需要添加片头、片尾字幕和说明文字等，而会声会影 X6 提供了非常全面的文字功能，包括文字阴影、边框等设置和字幕预设动画。本章主要讲解了添加标题字幕和应用预设标题模板的方法，以及字幕的属性设置等。

本章学习要点

掌握添加标题字幕的方法

学习字幕属性的设置与应用

掌握标题模板的使用方法

掌握标题字幕动画的设置与使用

佳作欣赏

6.1　添加标题字幕

在会声会影 X6 中通过多个标题和单个标题的功能可以创建文字。使用多个标题功能可以将文字放置在画面的任何位置，并可以排列文字的叠放顺序，而单个标题则较为适合制作片头和结尾的字幕。

6.1.1

（1）在【素材库】面板中单击【标题】按钮，此时在【预览窗口】中会出现添加标题的提示文字，如图 6-1 所示。

图 6-1

（2）在【预览窗口】中双击鼠标左键，会出现文本框，如图 6-2 所示。接着在文字框中直接输入文字，输入完成后单击其他位置即可，如图 6-3 所示。

图 6-2

图 6-3

（3）此时，在时间轴的标题轨中已经出现该文字素材，如图 6-4 所示。

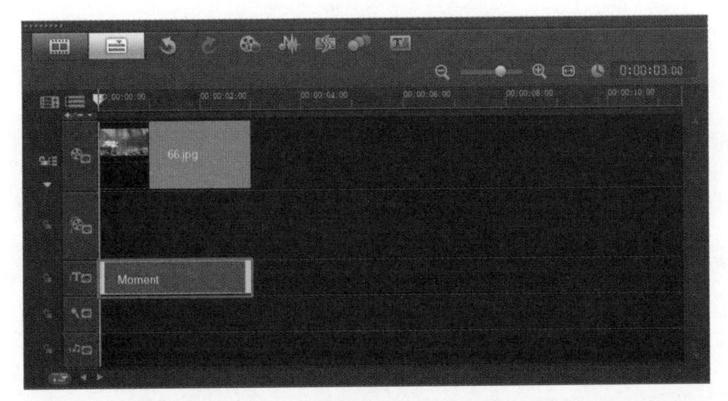

图 6-4

6.1.2

在【素材库】面板单击【标题】按钮，然后在【预览窗口】中双击鼠标左键，并在【选项】面板的【编辑】选项卡中选择【单个标题】选项，如图 6-5 所示。接着在文字框中输入文字，输入完成后单击【预览窗口】的空白处即可，如图 6-6 所示。

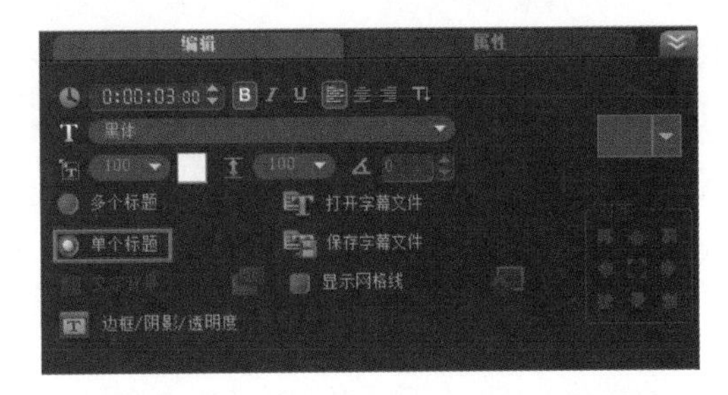

图 6-5

图 6-6

6.1.3

在【素材库】面板中单击【标题】按钮，然后在【预览窗口】中双击鼠标左键，并在【选项】面板的【编辑】选项卡中选择【多个标题】选项，如图 6-7 所示。接着在文字框中输入文字，输入完成后可以再次双击其他位置，继续添加文字，如图 6-8 所示。

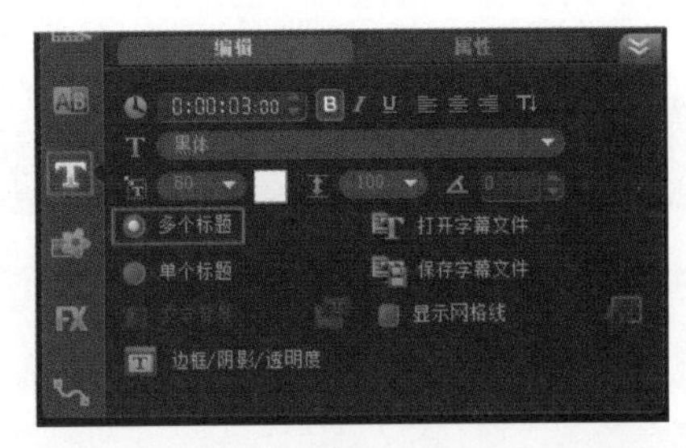

图 6-7

图 6-8

FAQ 常见问题解答：单个标题字幕和多个标题字幕的区别?

使用多个标题字幕功能可以灵活地将文字放在视频帧的任何位置，任意排列顺序。所以，多个字幕标题功能会经常被使用。但在为项目创建片头和结尾字幕时，单个标题非常适用，可以在单个的字幕框中直接输入文字，确定位置即可。

进阶实例：添加文字制作海报效果

案例文件	进阶实例：添加文字制作海报效果 .VSP
视频教学	视频文件 \ 第 6 章 \ 添加文字制作海报效果 .flv
难易指数	★★☆☆☆
技术掌握	添加文字，以及更改文字的大小和位置

案例分析：

本案例就来学习如何在会声会影 X6 中添加文字，最终渲染效果如图 6-9 所示。

图 6-9

思路解析，如图 6-10 所示：

图 6-10

（1）在【预览窗口】中输入文字。

（2）更改文字的大小和位置。

制作步骤：

（1）打开会声会影 X6，将素材文件夹中的【01.jpg】添加到【视频轨】上，如图 6-11 所示。在【预览窗口】中查看此时效果，如图 6-12 所示。

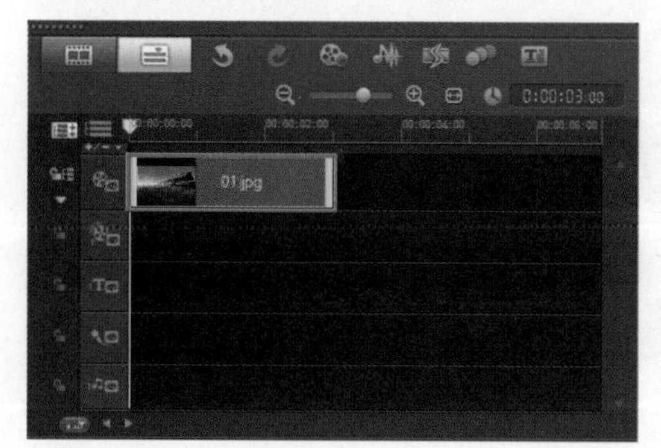

图 6-11

图 6-12

（2）单击【素材库】面板中的【标题】按钮，接着在预览面板输入文字，如图 6-13 所示。在【编辑】选项卡中，单击【粗体】按钮和【斜体】按钮，然后单击字体下拉列表右侧的按钮，在弹出的下拉例表中选择合适的字体，如图 6-14 所示。

图 6-13

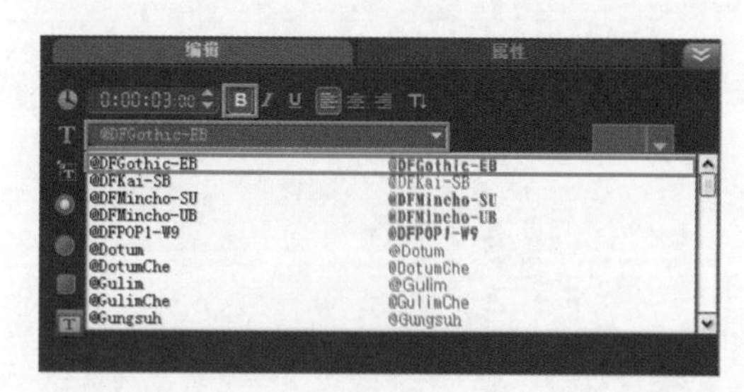

图 6-14

（3）接着设置合适的【字体大小】，设置【色彩】为白色（R：0，G：0，B：0），如图 6-15 所示。此时查看【预览窗口】中的文字效果，如图 6-16 所示。

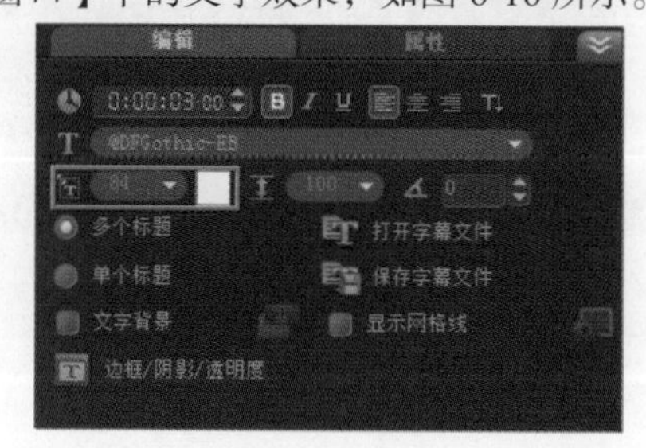

图 6-15

图 6-16

（4）查看最终的文字效果，如图 6-17 所示。

图 6-17

6.1.4

会声会影 X6 中的【多个标题】和【单个标题】字幕可以相互转换。

（1）选择单个标题，然后单击【选项】面板中的【多个标题】选项，此时系统会弹出提示框，提示此操作将无法撤销。单击【是】按钮即可将【单个标题】转换为【多个标题】，如图 6-18 所示。

图 6-18

（2）选择多个标题，然后单击【选项】面板中的【单个标题】选项。此时系统会弹出提示框，单击【是】按钮即可将【多个标题】转换为【单个标题】，如图 6-19 所示。

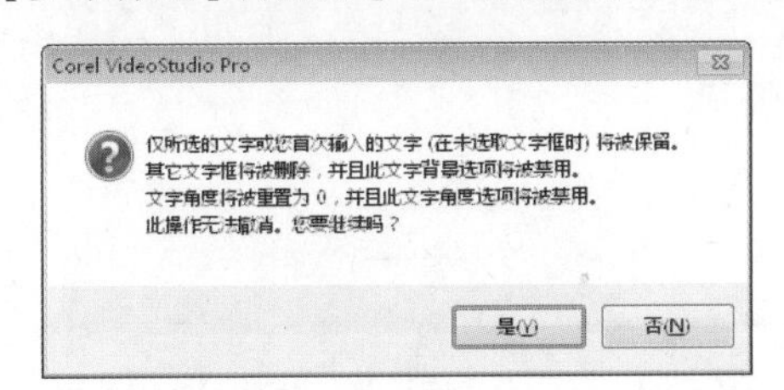

图 6-19

6.2　标题字幕属性

在为项目添加字幕时，为了使字幕更加突出或更加融入画面，可以为标题字幕进行颜色、大小、字体和旋转角度等属性设置。

6.2.1

在【素材库】面板中单击【标题】按钮，然后打开【选项】中的字幕相关面板，如图 6-20 所示。在该面板中可以设置文字的属性。

图 6-20

重点参数提醒：

※【区间】：显示当前字幕的长度区间。

※【粗体】：单击该按钮，可将设置文字为粗体。

※【斜体】：单击该按钮，可将设置文字为斜体。

※【下划线】：单击该按钮，可为文字添加下划线。

※【左对齐】：单击该按钮，文字会以最左的字符为基准对齐。

※【居中】：单击该按钮，文字会在文字范围的中间对齐显示。

※【右对齐】：单击该按钮，文字会以最右的字符为基准对齐。

※【将方向更改为垂直】：单击该按钮，会以垂直的方式显示文字。

※【字体】：在其下拉菜单中可以选择合适的字体。

※【字体大小】：设置文字的大小，范围为 1~200。

※【色彩】：单击色彩块，然后在弹出的色彩框中选择或自定义颜色。

※【行间距】：设置文字行与行之间的距离，范围为 60~999。

※【按角度旋转】：设置文字旋转的角度，范围为 - 359~359。

※【多个标题】：勾选该选项，可以在【预览窗口】中输入制作多个标题字幕。

※【单个标题】：勾选该选项，只能在【预览窗口】中

的文字框中输入一个标题字幕。

※【文字背景】：勾选该选项，可以为字幕文字添加背景。同时会激活【自定义文字背景的属性】按钮，单击该按钮，在其对话框中可以对文字的颜色和透明度等参数进行自定义设置，如图 6-21 所示。

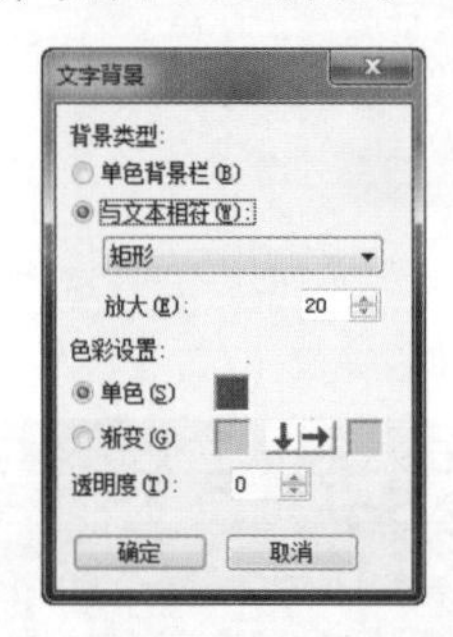

图 6-21

※ 打开字幕文件：单击该按钮，可以在弹出的对话框中选择字幕文件，并打开。

※ 保存字幕文件：单击该按钮，可以将当前的字幕保存为字幕文件，并在弹出的对话框中设置保存路径和名称。

※【显示网格线】：勾选该选项，会在字幕文件上显示网格线，如图 6-22 所示，同时会激活【网格线选项】按钮，在其对话框中可以设置网格线的数量和颜色等参数，如图 6-23 所示。

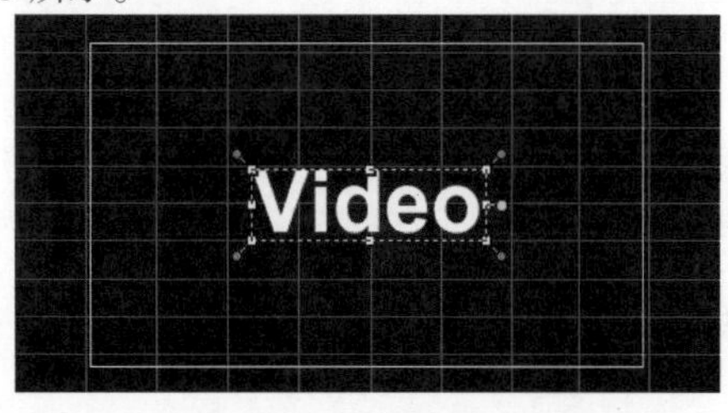

图 6-22

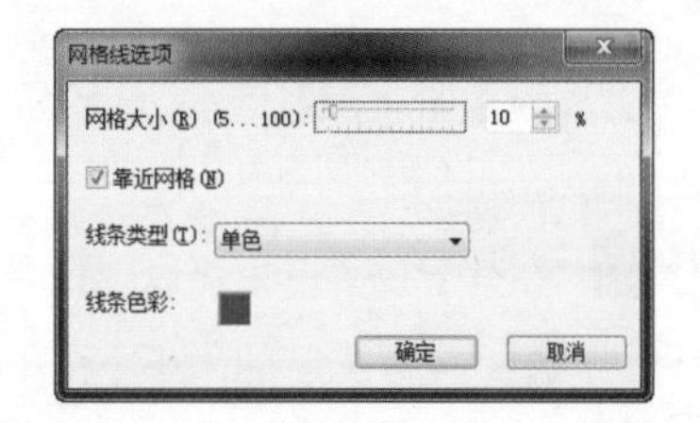

图 6-23

※ 边框/阴影/透明度：单击该按钮，可以在弹出的对话框中为文字设置边框、阴影和透明度效果，如图 6-24 所示。

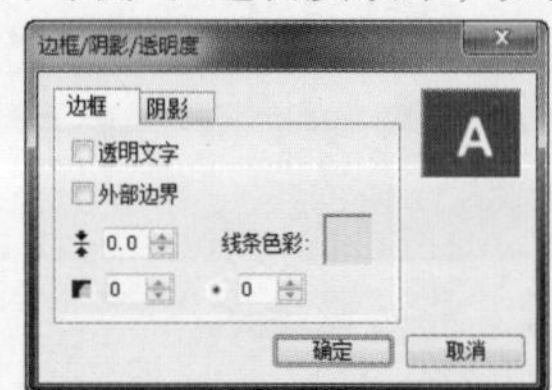

图 6-24

※【字体样式】：在其下拉列表中选择所需字体样式。

※【对齐到左上方】：将选择的字幕文字对齐到【预览窗口】的左上方。

※【对齐到上方中央】：将选择的字幕文字对齐到【预览窗口】的上方中央。

※【对齐到右上方】：将选择的字幕文字对齐到【预览窗口】的右上方。

※【对齐到左边中央】：将选择的字幕文字对齐到【预览窗口】的左边中央。

※【居中】：将选择的字幕文字在【预览窗口】内居中。

※【对齐到右边中央】：将选择的字幕文字对齐到【预览窗口】的右边中央。

※【对齐到左下方】：将选择的字幕文字对齐到【预览窗口】的左下方。

※【对齐到下方中央】：将选择的字幕文字对齐到【预览窗口】的下方中央。

※【对齐到右下方】：将选择的字幕文字对齐到【预览窗口】的右下方。

求生秘籍——技巧提示：更改水平文字为垂直方向

选择水平的标题文字，然后单击【将方向更改为垂直】按钮，即可将文字改为垂直方向。再次单击该按钮，即可恢复水平方向。

6.2.2

（1）在标题轨中选择标题字幕，然后在【预览窗口】中的文字上单击鼠标左键选择，如图 6-25 所示。

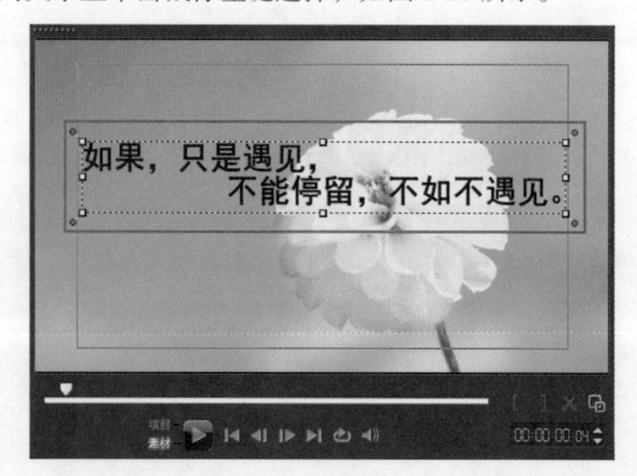

图 6-25

（2）打开【选项】面板中的【编辑】选项卡，然后单击【字体】后面的三角按钮，在弹出的下拉菜单中选择合适的字体，如图 6-26 所示。

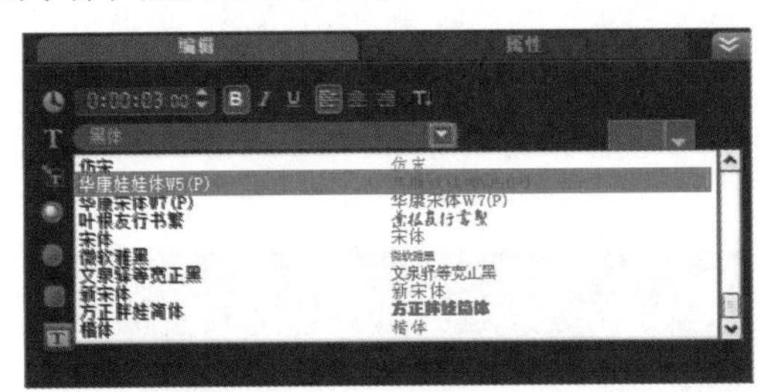

图 6-26

求生秘籍——软件技能：安装字体到计算机中

计算机中储存的大量字体在会声会影 X6 中都可以选择使用，也可以安装新字体。安装字体的方法很简单，只需要在电脑中执行【开始】/【控制面板】/【字体】命令，然后将新字体复制到该位置即可。重新开启会声会影 X6 即可选择使用新添加的字体，如图 6-27 所示。

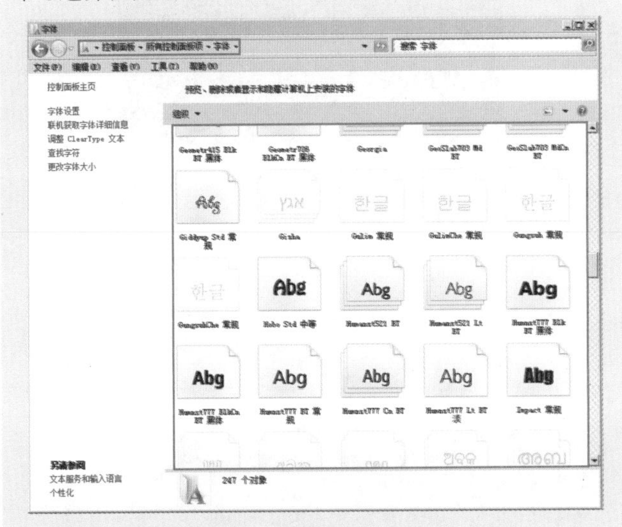

图 6-27

（3）设置完成后，在【预览窗口】中即可查看当前标题字幕的字体效果，如图 6-28 所示。

图 6-28

6.2.3

在【标题轨】中选择标题字幕，然后打开【选项】面板中的【编辑】选项卡，接着在【字体大小】后面的文本框中输入字体大小或者在下拉菜单中直接选择字体大小，如图 6-29 所示。

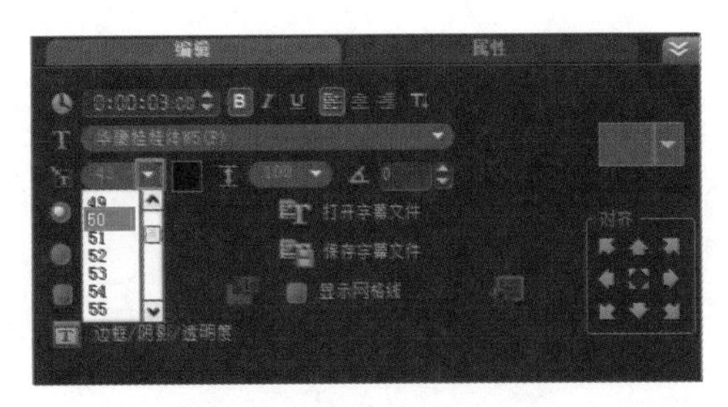

图 6-29

6.2.4

打开【选项】面板中的【编辑】选项卡，然后单击【色彩】颜色块，在弹出的面板中选择合适的颜色，如图 6-30 所示。

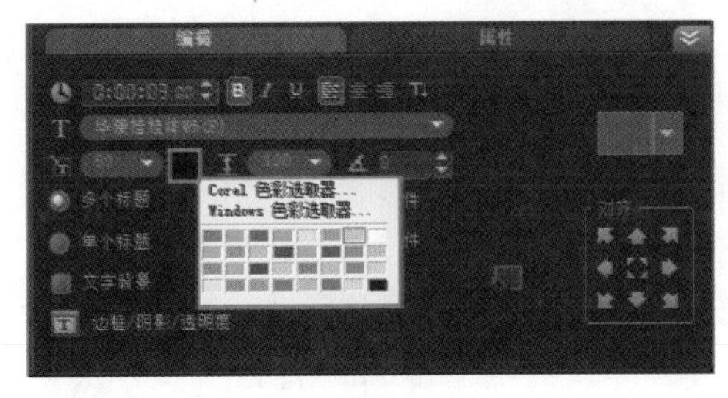

图 6-30

设置完成后，在【预览窗口】中即可查看当前标题字幕的颜色效果，如图 6-31 所示。

图 6-31

进阶实例：更改文字属性制作唯美卡片

案例文件	进阶实例：更改文字属性制作唯美卡片 .VSP
视频教学	视频文件\第 6 章\更改文字属性制作唯美卡片 .flv
难易指数	★★☆☆☆
技术掌握	更改文字字体、文字大小、文字色彩等文字属性

案例分析：

本案例就来学习如何在会声会影 X6 中更改文字的属性来制作唯美卡片效果，最终渲染效果如图 6-32 所示。

图 6-32

思路解析，如图 6-33 所示：

图 6-33

（1）在【预览窗口】中输入文字。

（2）更改文字字体、大小、颜色等基本属性。

制作步骤：

（1）打开会声会影 X6，将素材文件夹中的【01.jpg】添加到【视频轨】上，如图 6-34 所示。在【预览窗口】中查看效果，如图 6-35 所示。

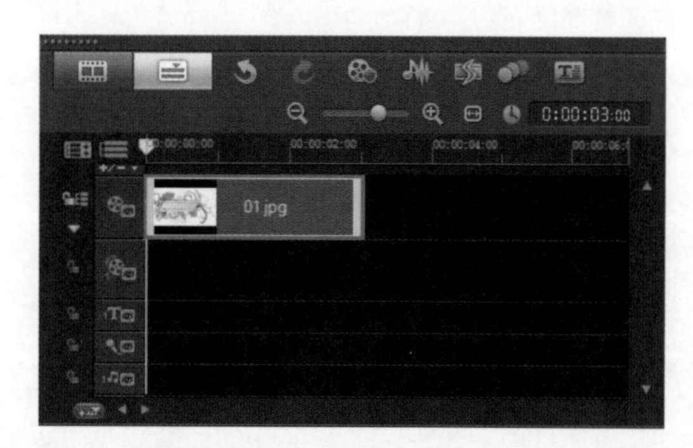

图 6-34

图 6-35

（2）单击【素材库】面板中的【标题】按钮，在【编辑】选项卡中，单击【粗体】按钮和【斜体】按钮。然后单击字体下拉列表右侧的按钮，在弹出的下拉例表中选择合适的字体，设置字体的类型为【Ziggy Zoe】，如图 6-36 所示。接着设置【字体大小】为 63，【色彩】为绿色（R：0，G：105，B：56），如图 6-37 所示。

图 6-36

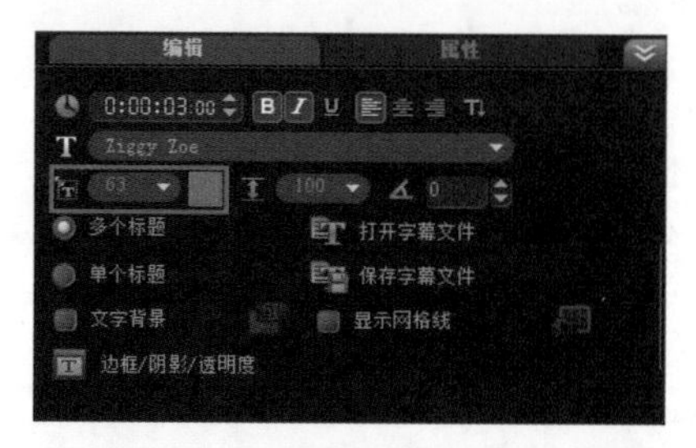

图 6-37

（3）在【预览窗口】中双击鼠标左键，输入文字【The Best Wishes】，如图 6-38 所示。

图 6-38

（4）此时查看【预览窗口】中的最终文字效果，如图 6-39 所示。

图 6-39

6.2.5

在标题轨中选择标题字幕，然后在【预览窗口】中的文字上单击鼠标左键，此时会打开【选项】面板中的【编辑】选项卡，然后在【旋转】后面的文本框中设置旋转角度，如图 6-40 所示。

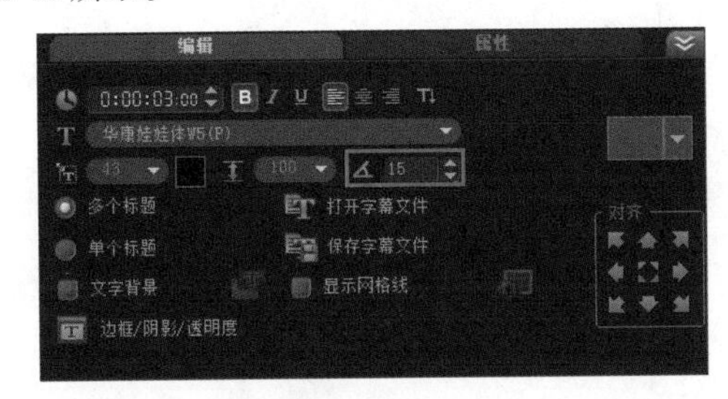

图 6-40

设置完成后，在【预览窗口】中即可查看当前标题字幕的旋转效果，如图 6-41 所示。

图 6-41

求生秘籍——技巧提示：旋转文字的角度

在会声会影 X6 中也可以通过文字变形框改变文字旋转的角度。将光标移动到文字框边缘的粉色的变形点上，如图 6-42 所示。然后按住鼠标左键进行旋转，即可更改字幕角度。

图 6-42

6.2.6

在会声会影 X6 中可以为文字标题设置背景，背景可以为单色或渐变色。

在标题轨中选择标题字幕，然后在【预览窗口】中的文字上单击鼠标左键，打开【选项】面板中的【编辑】选项卡，然后勾选【文字背景】，如图 6-43 所示。此时会弹出对话框，如图 6-44 所示。

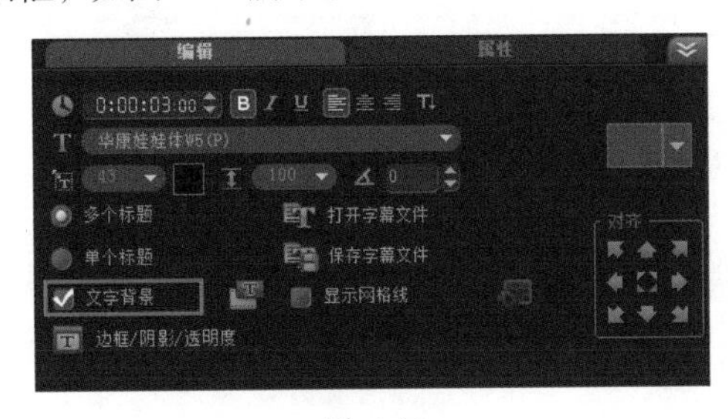

图 6-43

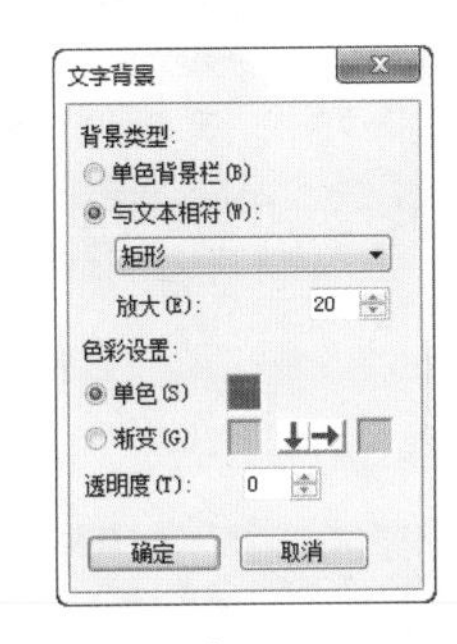

图 6-44

重点参数提醒：

※单色背景栏：选择该项可以在整个屏幕中应用标题背景色。

※与文本相符：选择该项可以在整个文本区域中应用背景色。在其下拉列表中选择彩色背景的形状：椭圆、矩形、曲边矩形和圆角矩形四类，如图 6-45 所示。

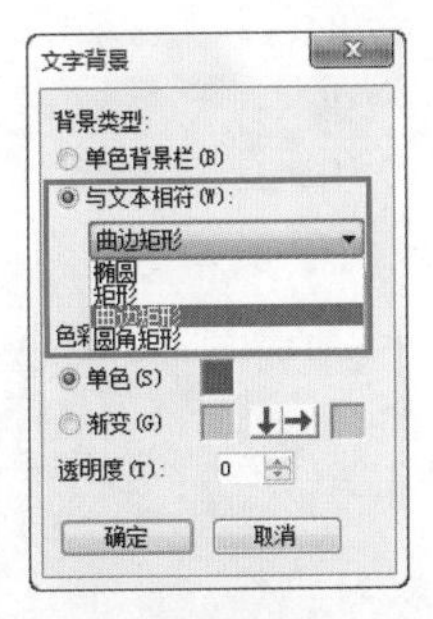

图 6-45

※放大：在【放大】中指定彩色背景的大小，但该功能只能在将【与文本相符】选择为【背景类型】时应用。

※单色：在色彩设置中，选择该项将仅一种色彩应用到标题背景中。

※渐变：选择该项可以将两种不同的色彩添加到背景中，还可以选择【渐变的背景为从上到下的渐变方式】按钮

和【渐变的背景为从左到右的渐变方式】按钮➡两种方式，并可在颜色块中分别设置渐变的色彩。

※透明度：设置背景色的透明度。

进阶实例：设置标题背景效果

案例文件	进阶实例：设置标题背景效果 .VSP
视频教学	视频文件 \ 第 6 章 \ 设置标题背景效果 .flv
难易指数	★★☆☆☆
技术掌握	标题背景、文字动画的应用

案例分析：

本案例就来学习如何在会声会影 X6 中设置文字标题背景，最终渲染效果如图 6-46 所示。

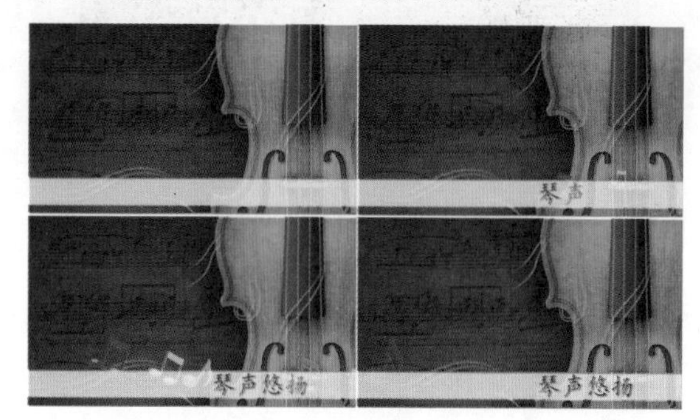

图 6-46

思路解析，如图 6-47 所示：

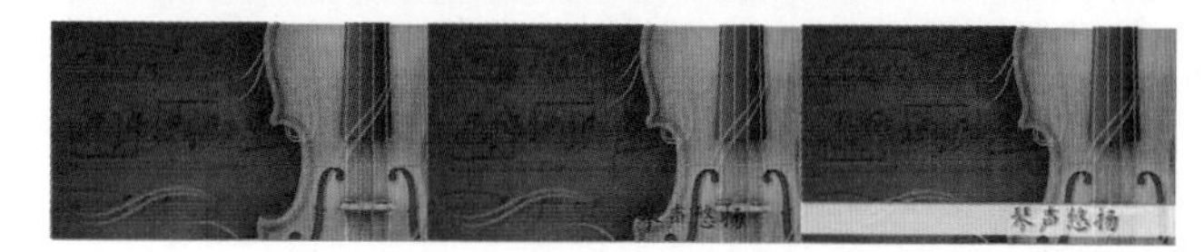

图 6-47

（1）设置文字标题效果。

（2）为文字标题设置动画效果。

制作步骤：

（1）将素材文件夹中【01.jpg】添加到【视频轨】上，如图所示，并设置照片的区间为 4 秒，如图 6-48 所示。

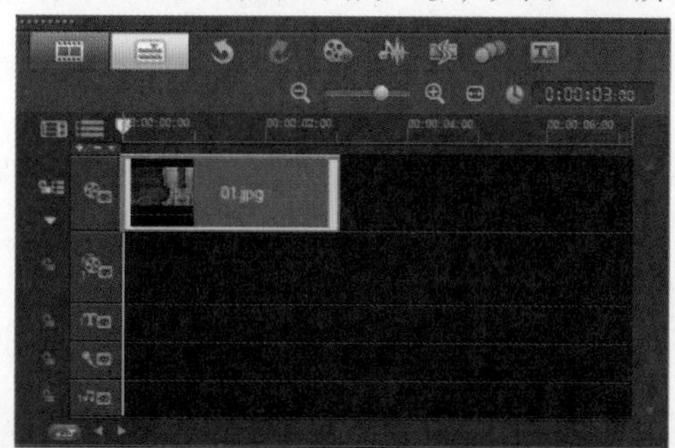

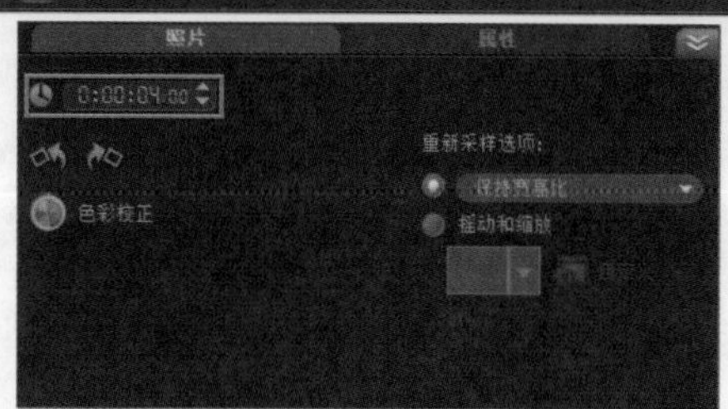

图 6-48

（2）单击素材面板中的【图形】按钮，然后将【画廊】设置为【Flash 动画】，将 Flash 动画【MotionF42】拖动到【覆叠轨 1】上，如图 6-49 所示。

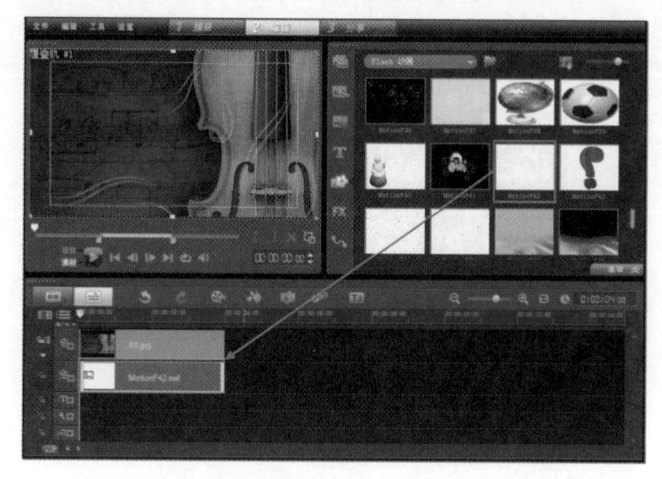

图 6-49

（3）单击【素材库】面板中的【标题】按钮，在【编辑】选项卡中，设置在【区间大小】为 4 秒，单击字体下拉列表右侧的按钮，在弹出的下拉列表中选择合适的字体，设置【字体大小】为 57，【色彩】为黑色（R：0，G：0，B：0），如图 6-50 所示。接着在【预览窗口】输入文字【琴声悠扬】，如图 6-51 所示。

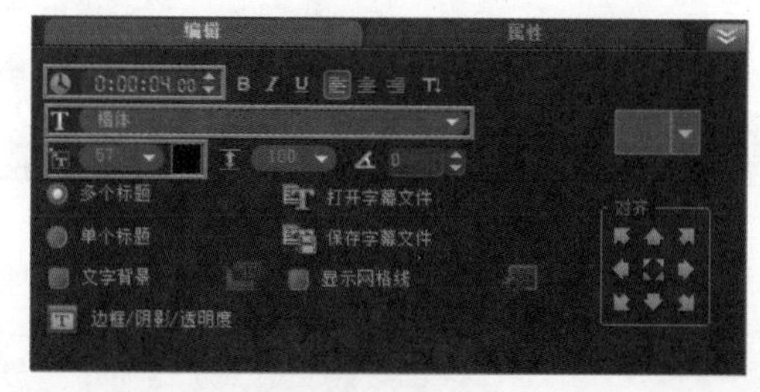

图 6-50

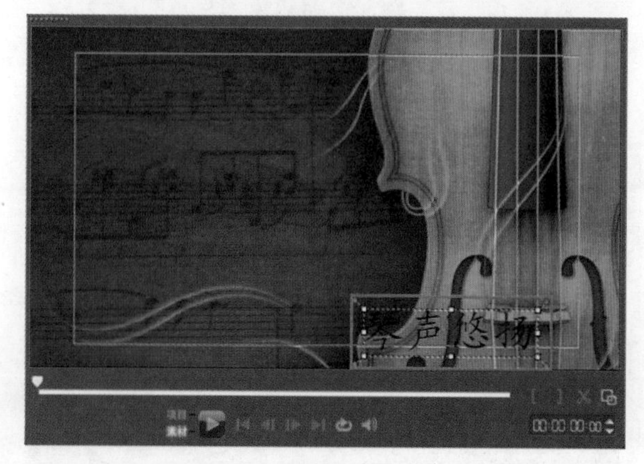

图 6-51

（4）在标题轨中选择标题字幕，然后在【预览窗口】中的文字上单击鼠标左键，打开【选项】面板中的【编辑】选项卡，然后勾选【文字背景】选项，如图 6-52 所示。

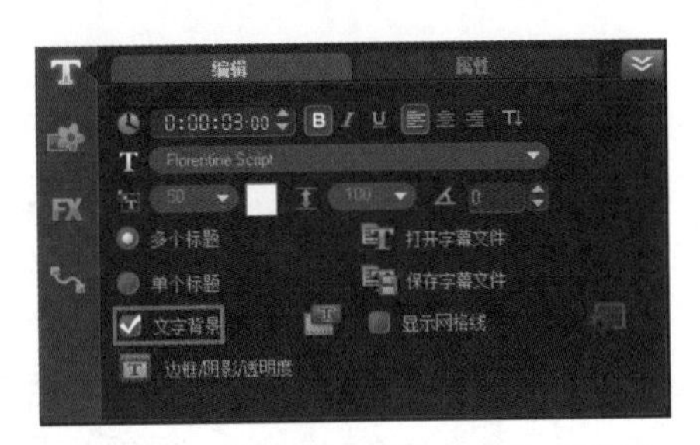

图 6-52

（5）单击【自定义文字背景的属性】按钮，然后在弹出的【文字背景】对话框中选择【背景类型】为【单色背景栏】，选择【色彩设置】下的【单色】，并设置颜色为白色（R：255，G：255，B：255），设置【透明度】为 30，最后单击【确定】按钮，如图 6-53 所示。

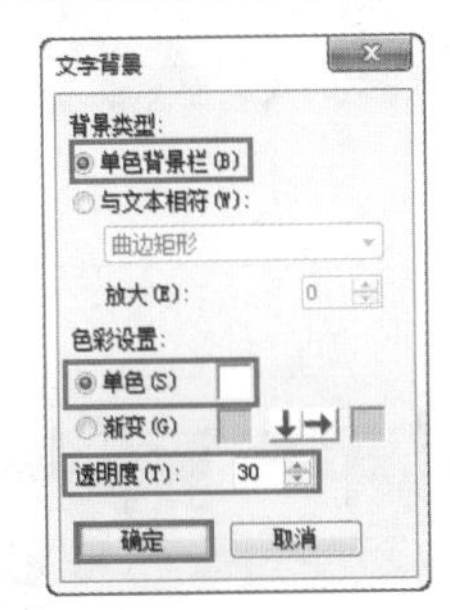

图 6-53

（6）接着在【属相】选项卡中，点击【动画】按钮，勾选【应用】选项，并设置动画类型为【淡化】，选择合适的淡化方式，如图 6-54 所示。

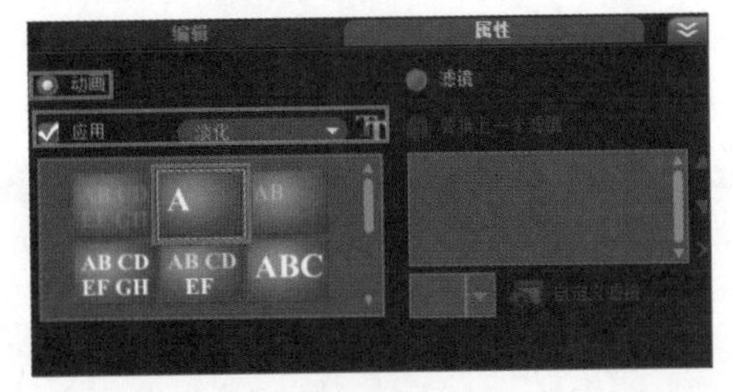

图 6-54

（7）设置完成后，在【预览窗口】中即可查看当前标题字幕的文字背景效果。如图 6-55 所示。

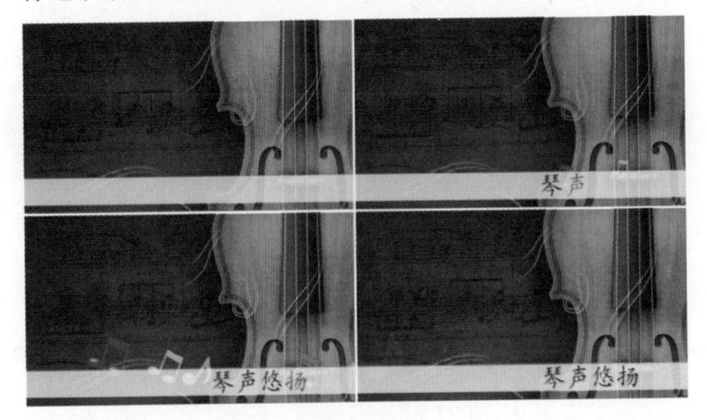

图 6-55

6.2.7

（1）选择【标题轨】中的标题字幕，然后在其【编辑】选项卡中，单击【对齐】下的按钮可以调节标题在【预览窗口】中的位置，如图 6-56 所示。

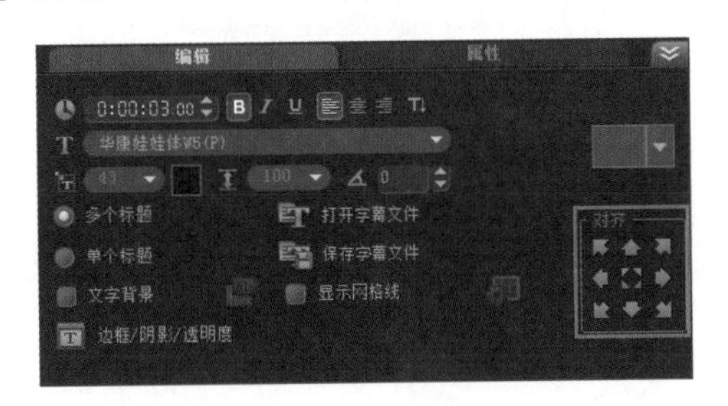

图 6-56

求生秘籍——技巧提示：移动文字的位置

在会声会影 X6 中，通过在【预览窗口】通过移动变形框，可以移动文字的位置，如图 6-57 所示。

图 6-57

6.3　边框 / 阴影 / 透明度

在文字选项板中，通过单击【边框 / 阴影 / 透明度】按钮可以制作文字边框、阴影和透明度效果等。

6.3.1

选择标题字幕，然后在文字选项面板中单击【边框 / 阴影 / 透明度】按钮，如图 6-58 所示。在弹出的的对框中可以为文字设置透明文字、外部边界、边框宽度、线条色彩等相关参数，如图 6-59 所示。

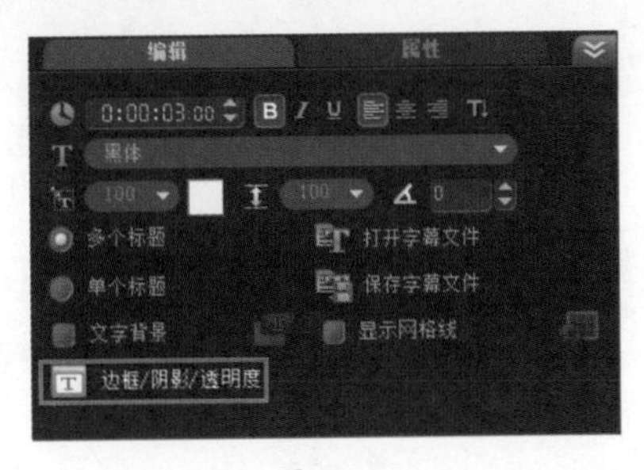

图 6-58

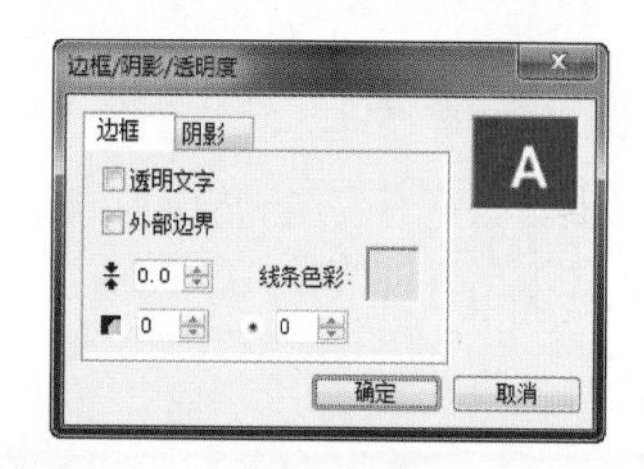

图 6-59

重点参数提醒：

※【透明文字】：勾选该选项，文字会变为镂空透明，并且【边框宽度】最少为 1。【线条色彩】决定着文字的边缘色彩。

※【外部边界】：勾选该选项，可为文字添加外部描边效果。

※【边框宽度】：通过调节该项参数控制文字的外部描边宽度。

※【线条色彩】：设置文字的描边颜色效果。

※【文字透明度】：可以控制文字的透明度，一般数值在 0~99 之间，数值越大，透明度越高；数值越小，透明度越低。

※【柔化边缘】：可以控制文字的边缘柔化程度。

进阶实例：使用文字边框制作镂空文字效果

案例文件	进阶实例：使用文字边框制作镂空文字效果 .VSP
视频教学	视频文件 \ 第 6 章 \ 使用文字边框制作镂空文字效果 .flv
难易指数	★★★☆☆
技术掌握	设置文字边框属性

案例分析：

本案例就来学习如何在会声会影 X6 中设置【边框 / 阴影 / 透明度】属性来制作镂空文字，最终渲染效果如图 6-60 所示。

图 6-60

思路解析，如图 6-61 所示：

（1）在【预览窗口】中输入文字。

（2）设置文字【边框 / 阴影 / 透明度】的相关参数，制作镂空文字效果。

图 6-61

制作步骤：

（1）打开会声会影 X6 软件，然后将相应素材文件夹中的【01.jpg】和【02.png】素材文件分别添加到【视频轨】和【覆叠轨 1】上，如图 6-62 所示。

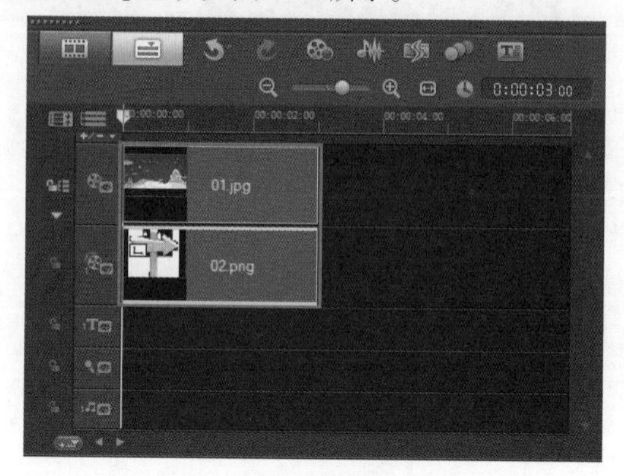

图 6-62

（2）选择【覆叠轨 1】上的【02.png】素材文件，然后在【预览窗口】中适当调整其大小和位置，如图 6-63 所示。

图 6-63

（3）单击【素材库】面板中的【标题】按钮，并在【预览窗口】中双击鼠标左键弹出文本框。然后在【编辑】选项卡中设置合适的【字体】和【字体大小】，设置【按角度旋转】为 2°，如图 6-64 所示。接着在【预览窗口】中的文本框中输入文字，如图 6-65 所示。

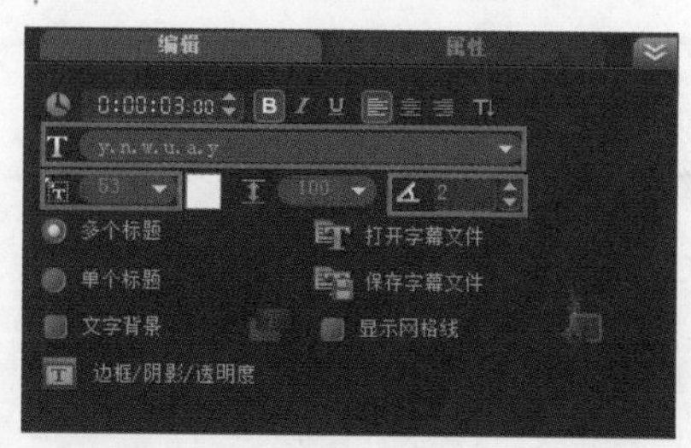

图 6-64

（4）在【预览窗口】中分别选择文字，然后在【编辑】选项卡中单击【边框 / 阴影 / 透明度】按钮，如图 6-66 所示。在弹出的窗口中勾选【透明文字】选项，并设置【边框宽度】为 5,【线条色彩】为黑色（R：0，G：0，B：0），接着单击【确定】按钮，如图 6-67 所示。

图 6-65

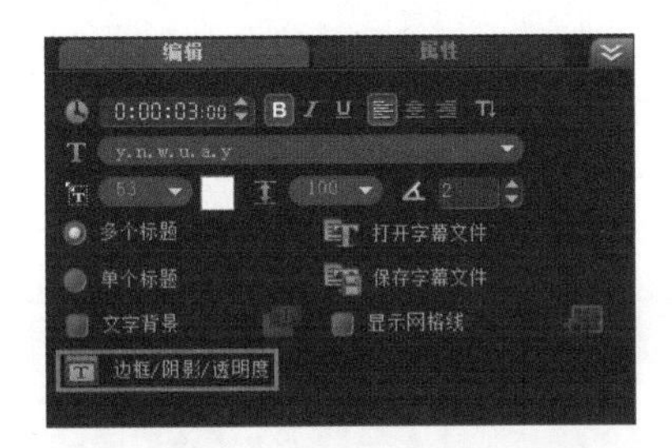

图 6-66

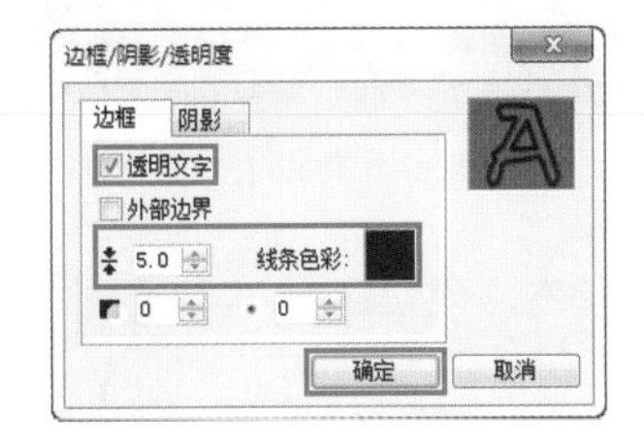

图 6-67

（5）此时查看最终的效果，如图 6-68 所示。

图 6-68

进阶实例：制作描边文字效果

案例文件	进阶实例：制作描边文字效果 .VSP
视频教学	视频文件 \ 第 6 章 \ 制作描边文字效果 .flv
难易指数	★★★☆☆
技术掌握	设置【边框 / 阴影 / 透明度】的相关参数

案例分析：

本案例就来学习如何在绘声绘声中使用文字边框制作描边文字效果，最终渲染效果如图 6-69 所示。

图 6-69

思路解析，如图 6-70 所示：

图 6-70

（1）在【预览窗口】中输入文字。

（2）更改文字的【边框 / 阴影 / 透明度】相关参数。

制作步骤：

（1）打开会声会影 X6 软件，然后将相应素材文件夹中的【01.jpg】和【02.png】素材文件分别添加到【视频轨】和【覆叠轨 1】上，如图 6-71 所示。

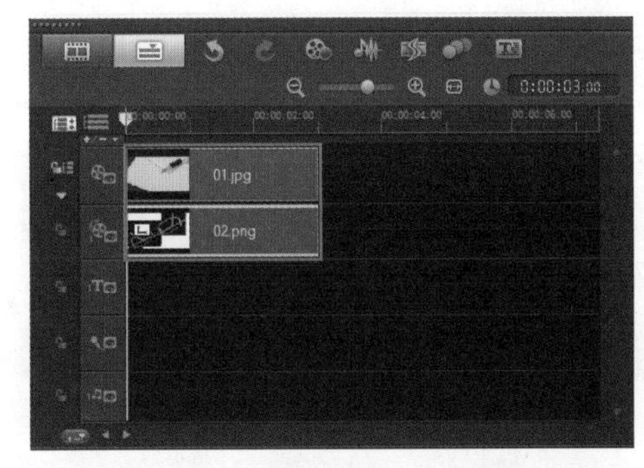

图 6-71

（2）选择【覆叠轨 1】上的【02.png】素材文件，在【预览窗口】中适当调整其大小和位置，如图 6-72 所示。

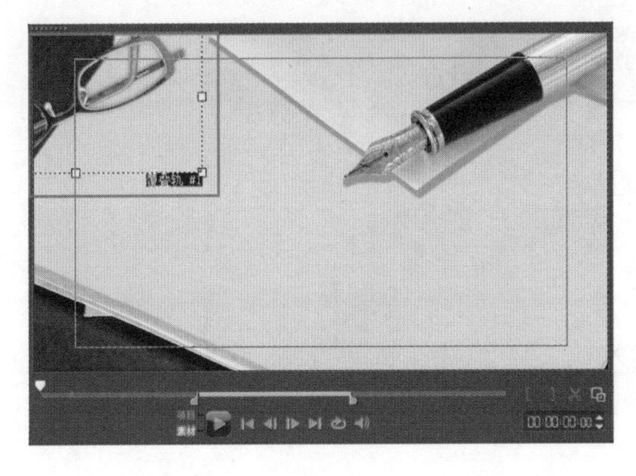

图 6-72

（3）单击【素材库】面板中的【标题】按钮，并在【预览窗口】中双击鼠标左键出现文本框。然后在【编辑】选项卡中设置合适的【字体】和【字体大小】，并设置【色彩】为黄色（R：183，G：119，B：13），设置【按角度旋转】为－27，如图 6-73 所示。接着在【预览窗口】的文本框中输入文字，如图 6-74 所示。

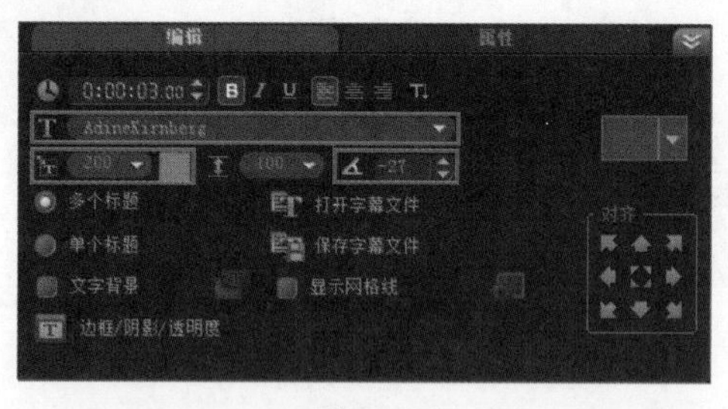

图 6-73

图 6-74

（4）在【预览窗口】中选择文字，然后在【编辑】选项卡中单击【边框/阴影/透明度】按钮，在弹出的窗口中设置【边框宽度】为 3，【线条色彩】为黑色（R：0，G：0，B：0），【文字透明度】为 5，【柔化边缘】为 10，接着单击【确定】按钮，如图 6-75 所示。此时效果，如图 6-76 所示。

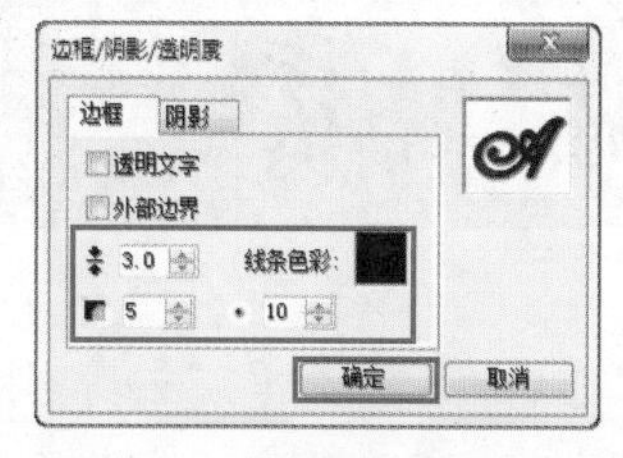

图 6-75

图 6-76

（5）查看最终的效果，如图 6-77 所示。

图 6-77

6.3.2

选择标题字幕，打开文字选项面板，然后单击【边框/阴影/透明度】按钮，如图 6-78 所示。在弹出的的对框的【阴影】选项卡中可以设置文字的阴影。选择【无阴影】按钮，则文字没有阴影，如图 6-79 所示。

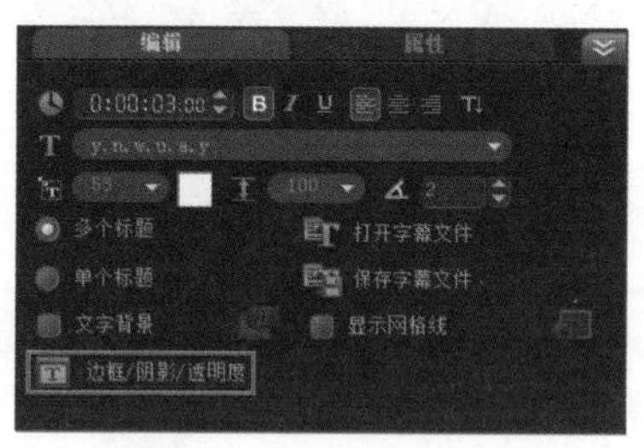

图 6-78

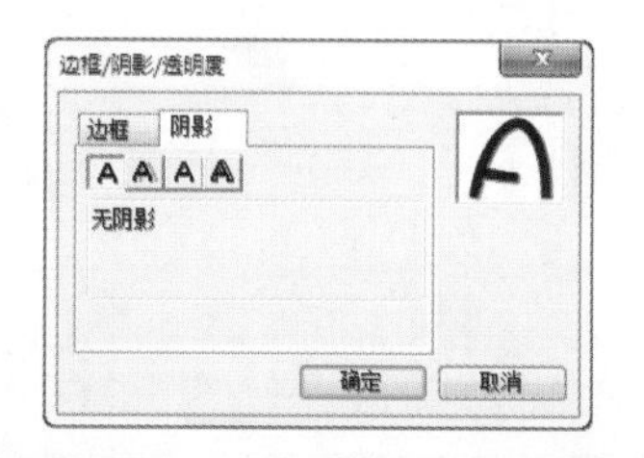

图 6-79

6.3.3

选择标题字幕，打开文字选项面板，单击【边框/阴影/透明度】按钮，在弹出的的对框中可以设置下垂阴影文字效果，如图 6-80 所示。

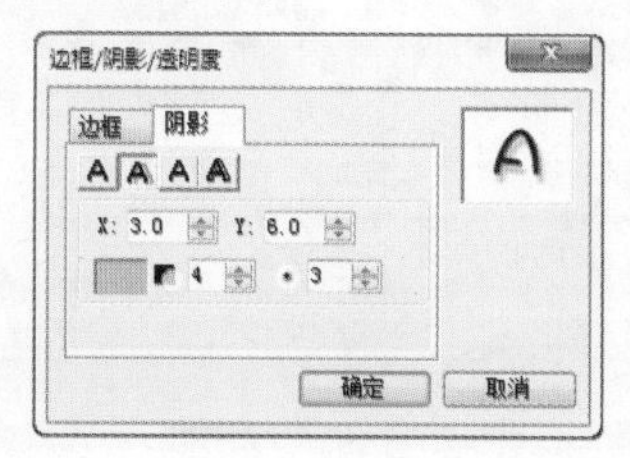

图 6-80

重点参数提醒：

※X：设置 X 轴的数值，调整下垂阴影横向偏移角度。

数值必须介于 – 99.9 和 99.9 之间。

※Y：设置 Y 轴的数值，调整下垂阴影纵向偏移角度。数值必须介于 – 99.9 和 99.9 之间。

※阴影颜色：通过该颜色块，可以调节文字阴影的颜色。

※【下垂阴影透明度】：可以控制阴影的透明度。数值一般在 0~99 之间，数值越大，透明度越高；数值越小，透明度越低。

※【下垂阴影柔化边缘】：为文字设置下垂阴影柔化边缘，数值一般在 0~100 之间。

进阶实例：使用下垂阴影制作阴影文字效果

案例文件	进阶实例：使用下垂阴影制作阴影文字效果 .VSP
视频教学	视频文件 \ 第 6 章 \ 使用下垂阴影制作阴影文字效果 .flv
难易指数	★★☆☆☆
技术掌握	文字下垂阴影的应用

案例分析：

本案例就来学习如何在绘声绘声中制作阴影文字效果，最终渲染效果如图 6-81 所示。

图 6-81

思路解析，如图 6-82 所示：

（1）在【预览窗口】中输入文字。

（2）设置文字下垂阴影的参数。

图 6-82

制作步骤：

（1）打开会声会影 X6 软件，然后将相应素材文件夹中的【01.jpg】、【02.png】和【03.png】素材文件分别添加到【视频轨】、【覆叠轨 1】和【覆叠轨 2】上，如图 6-83 所示。

（2）分别选择【覆叠轨 1】、【覆叠轨 2】上的【02.png】、【03.png】素材文件，然后分别在【预览窗口】中适当调整其大小和位置，如图 6-84 所示。

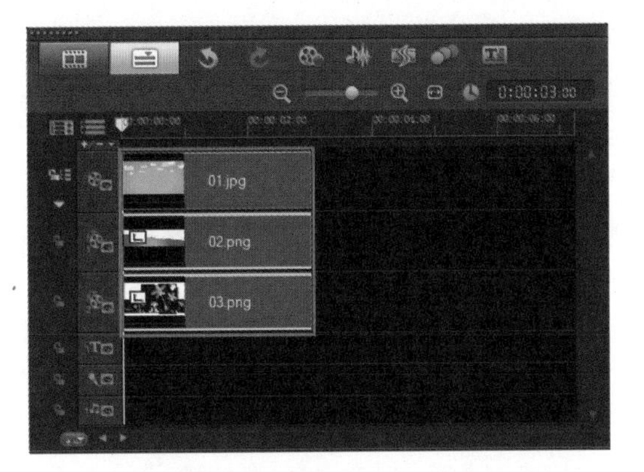

图 6-83

图 6-84

（3）单击【素材库】面板中的【标题】按钮，并在【预览窗口】中双击鼠标左键弹出文本框。然后在【编辑】选项卡中设置合适的【字体】为和【字体大小】，设置【色彩】为白色（R：255，G：255，B：255），如图 6-85 所示。接着在【预览窗口】中的文本框中输入文字，如图 6-86 所示。

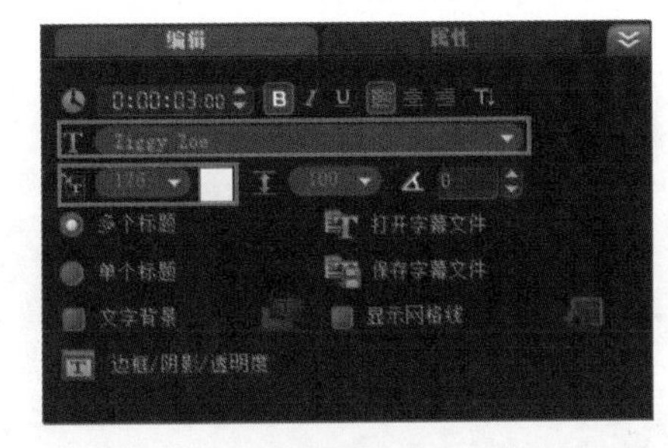

图 6-85

图 6-86

（4）在【预览窗口】中选择文字，然后在【编辑】选项卡中单击【边框 / 阴影 / 透明度】按钮，在弹出的对话框中单击【阴影】按钮，然后单击【下垂阴影】按钮，并设置【X（水平阴影偏移量）】为 – 10，【Y（垂直阴影偏移量）】为 9，并单击【色彩块】设置颜色为黑色（R：0，G：0，B：0），【下垂阴影透明度】为 9，【下垂阴影柔化边缘】为 50，最后单击【确定】按钮，如图 6-87 所示。此时【预览窗口】中的文字效果，如图 6-88 所示。

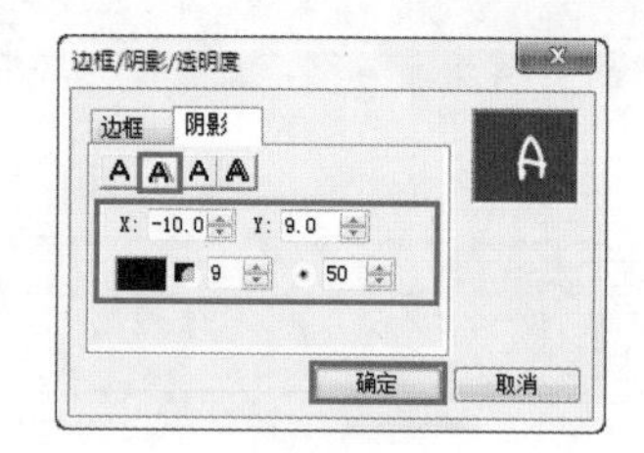

图 6-87

图 6-88

（5）查看最终效果，如图 6-89 所示。

图 6-89

进阶实例：制作彩色文字效果

案例文件	进阶实例：制作彩色文字效果 .VSP
视频教学	视频文件 \ 第 6 章 \ 制作彩色文字效果 .flv
难易指数	★★★★☆
技术掌握	更改文字字体、以及为文字添加下垂阴影效果。

案例分析：

本案例就来学习如何在会声会影 X6 中制作彩色文字效果，最终渲染效果如图 6-90 所示。

图 6-90

思路解析，如图 6-91 所示：

（1）设置文字效果。

（2）更改每个文字的色彩。

图 6-91

制作步骤：

（1）打开会声会影 X6 软件，然后将相应素材文件夹中的【01.jpg】素材文件添加到【视频轨】上，如图 6-92 所示。

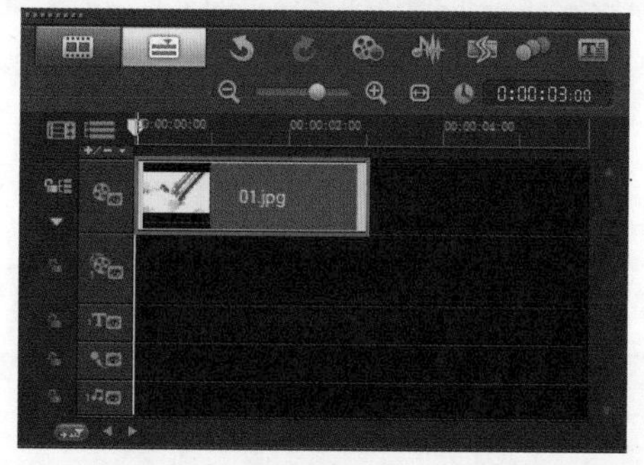

图 6-92

（2）单击【素材库】面板中的【标题】按钮，并在【预览窗口】中双击鼠标左键出现文本框。然后在【编辑】选项卡中设置合适的【字体】和【字体大小】，设置【按角度旋转】为 12，如图 6-93 所示。

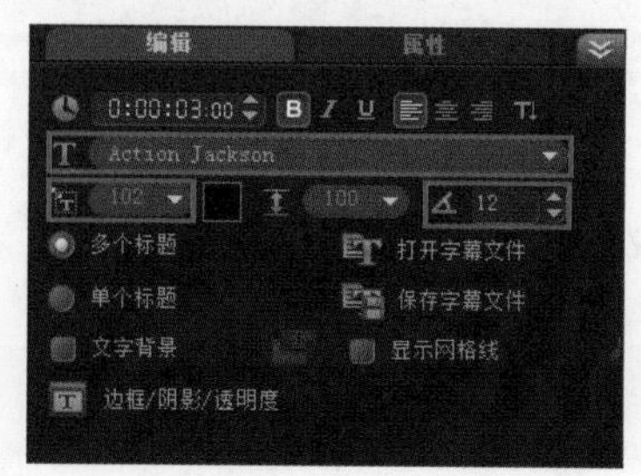

图 6-93

（3）接着在【预览窗口】中的文本框中输入文字，如图 6-94 所示。分别选择每个文字，进行相应的色彩设置，此时在【预览窗口】中的效果，如图 6-95 所示。

图 6-94

图 6-95

（4）在【预览窗口】中选择文字，然后在【编辑】选项卡中单击【边框 / 阴影 / 透明度】按钮，如图 6-96 所示。在弹出的窗口中勾选【外部边界】选项，并设置【边框宽度】为 15，【线条色彩】为白色（R：255，G：255，B：255），【文字透明度】为 8，【柔化边缘】为 5，如图 6-97 所示。

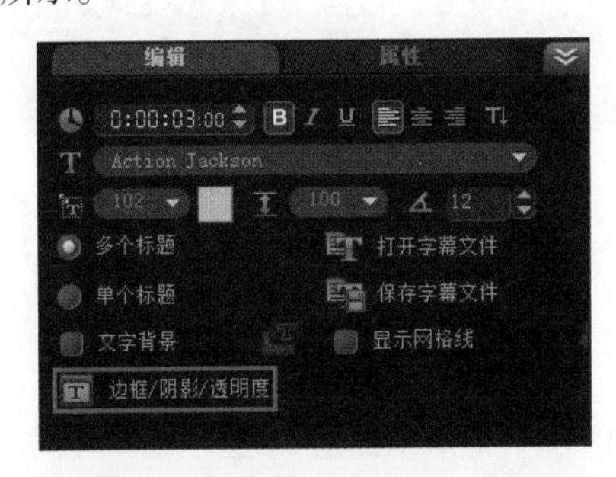

图 6-96

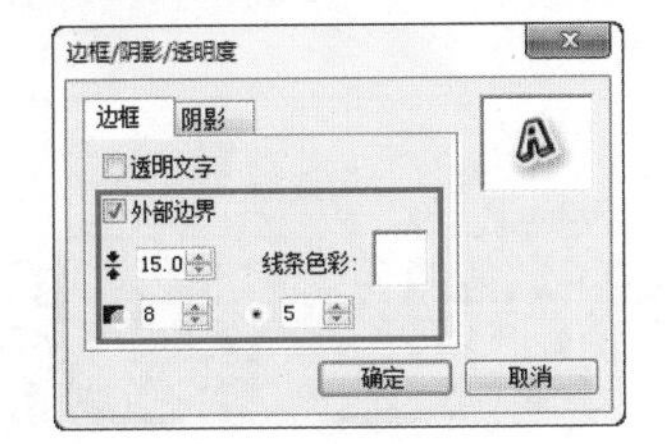

图 6-97

（5）单击【阴影】，然后单击【下垂阴影】按钮，并设置【X（水平阴影偏移量）】为 10.6，【Y（垂直阴影偏移量）】为 15.9，单击【色彩块】设置颜色为黑色（R：0，G：0，B：0），【下垂阴影透明度】为 60，【下垂阴影柔化边缘】为 50，最后单击【确定】按钮，如图 6-98 所示。此时【预览窗口】中文字效果，如图 6-99 所示。

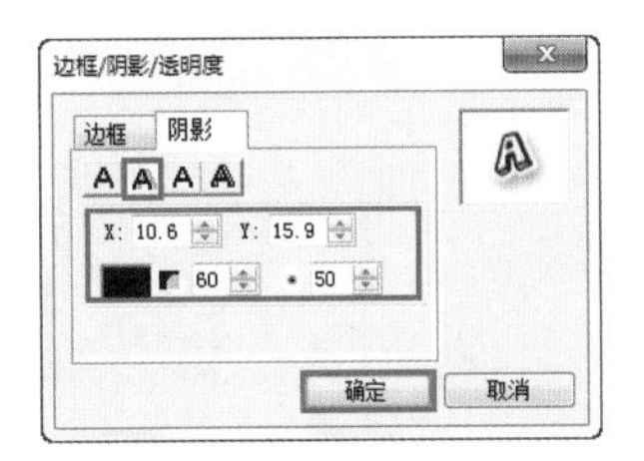

图 6-98

图 6-99

（6）查看最终效果，如图 6-100 所示。

图 6-100

6.3.4

选择标题字幕，打开文字选项面板，单击【边框 / 阴影 / 透明度】按钮，在弹出的的对话框中可以设置光晕阴影文字效果，如图 6-101 所示。

重点参数提醒：

※强度：设置光晕阴影效果的强度，数值一般在 0~20 之间。

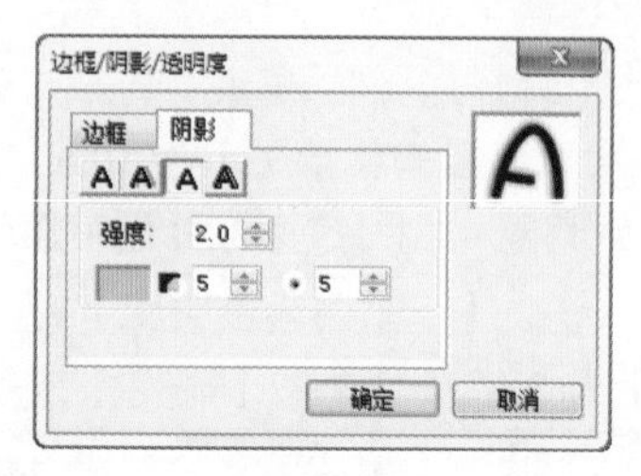

图 6-101

※颜色块：设置文字光晕阴影的色彩。

※【光晕阴影透明度】：为文字设置下垂阴影透明度，数值一般在 0~99 之间。

※【光晕阴影柔化边缘】：为文字设置下垂阴影柔化边缘，数值一般在 0~100 之间。

进阶实例：光晕阴影文字效果

案例文件	进阶实例：光晕阴影文字效果 .VSP
视频教学	视频文件 \ 第 6 章 \ 光晕阴影文字效果 .flv
难易指数	★★★★☆
技术掌握	更改文字字体、为文字添加光晕阴影效果

案例分析：

本案例就来学习如何在会声会影 X6 中光晕阴影文字效果，最终渲染效果如图 6-102 所示。

图 6-102

思路解析，如图 6-103 所示：

（1）在【预览窗口】输入文字。

（2）为文字设置光晕阴影效果。

图 6-103

制作步骤：

（1）打开会声会影 X6 软件，然后将相应素材文件夹中的【01.jpg】素材文件添加到【视频轨】上，如图 6-104 所示。此时【预览窗口】中效果，如图 6-105 所示。

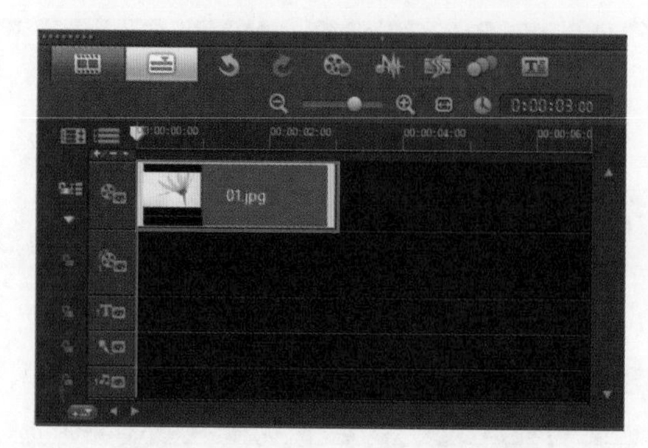

图 6-104

图 6-105

（2）单击【素材库】面板中的【标题】按钮，并在【预览窗口】中双击鼠标左键弹出文本框。然后在【编辑】选项卡中设置合适的【字体】和【字体大小】，并设置【色彩】为浅黄色（R：233，G：244，B：123），如图 6-106 所示。接着在【预览窗口】中的文本框中输入文字，如图 6-107 所示。

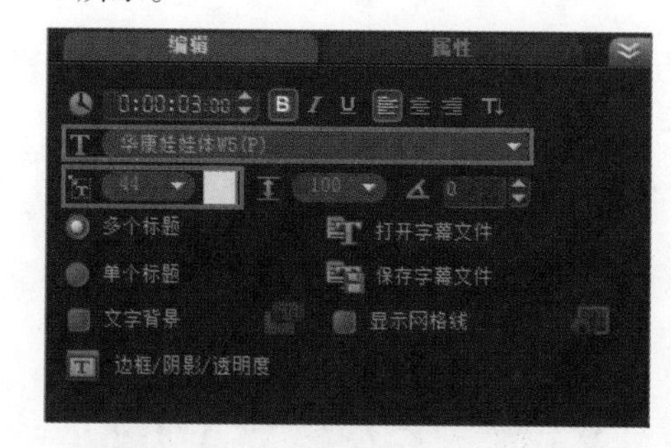

图 6-106

图 6-107

（3）在【预览窗口】中分别选择文字，然后在【编辑】选项卡中单击【边框 / 阴影 / 透明度】按钮，如图 6-108 所示。在【阴影】选项卡中单击【光晕阴影】按钮，并设置【强度】为 5，【色彩】为橙色（R：255，G：144，B：33），【光晕阴影透明度】为 1，【光晕阴影柔化边缘】为 25，最后单击【确定】按钮，如图 6-109 所示。

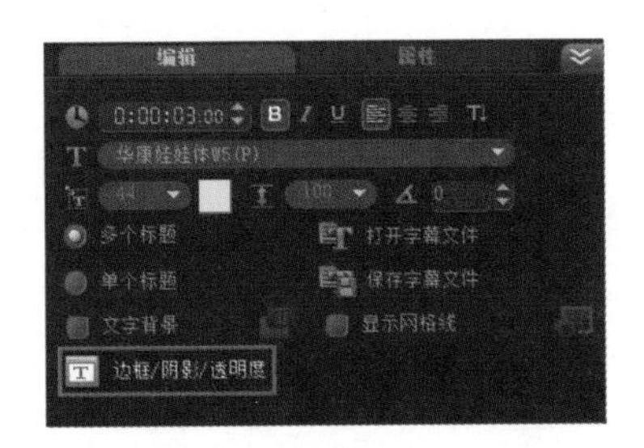

图 6-108

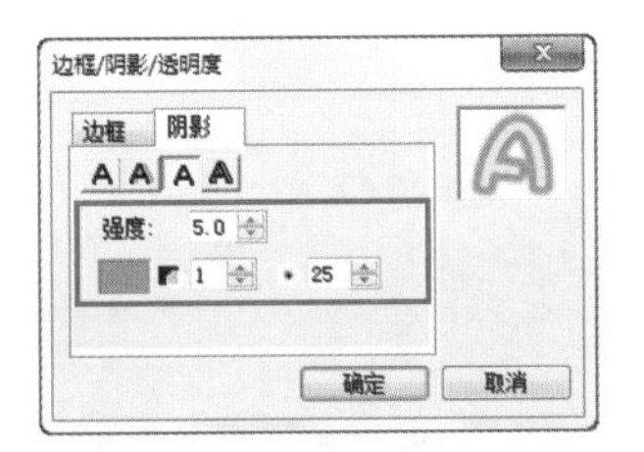

图 6-109

（4）查看最终的效果，如图 6-110 所示。

图 6-110

6.3.5

选择标题字幕，打开文字选项面板，单击【边框 / 阴影 / 透明度】按钮，在弹出的的对框中可以设置突起阴影文字效果，如图 6-111 所示。

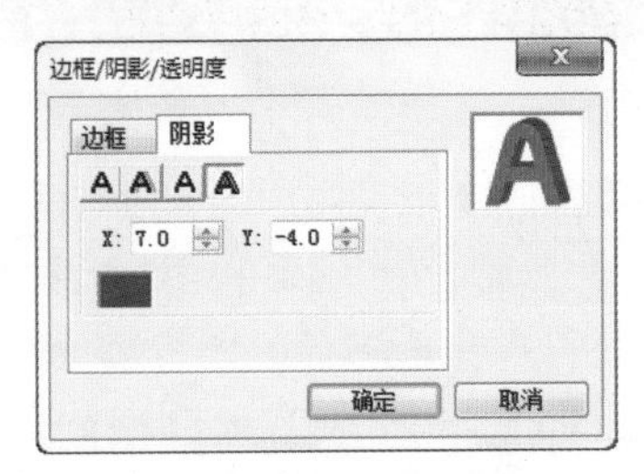

图 6-111

重点参数提醒：

※X：设置突起阴影横向偏移角度。数值必须介于 -99.9 和 99.9 之间。

※Y：设置突起阴影纵向偏移角度。数值必须介于 -99.9 和 99.9 之间。

※颜色块：设置文字下垂阴影的色彩。

进阶实例：使用突起阴影制作立体文字效果

案例文件	进阶实例：使用突起阴影制作立体文字效果 .VSP
视频教学	视频文件 \ 第 6 章 \ 使用突起阴影制作立体文字效果 .flv
难易指数	★★☆☆☆
技术掌握	文字属性的应用

案例分析：

本案例就来学习如何在会声会影 X6 中更改文字属性制作文字立体效果，最终渲染效果如图 6-112 所示。

图 6-112

思路解析，如图 6-113 所示：

（1）输入文字。

（2）制作文字凸起阴影。

图 6-113

制作步骤：

（1）打开会声会影 X6 软件，然后将相应素材文件夹中的【01.jpg】、【02.png】和【03.png】素材文件添加到【视频轨】上，如图 6-114 所示。接着分别选择覆叠轨上的素材文件，在【预览窗口】调整位置和大小，如图 6-115 所示。

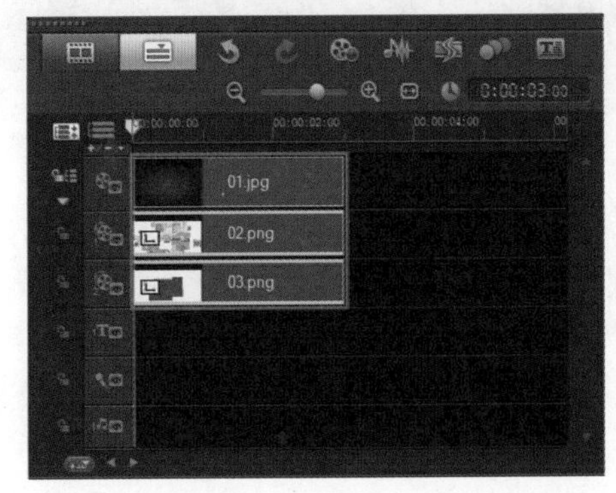

图 6-114

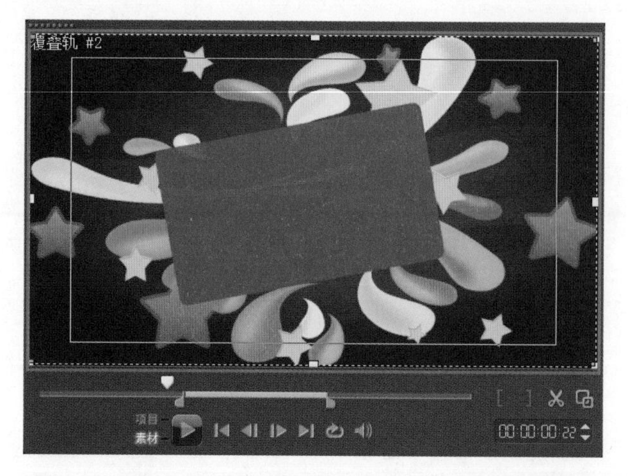

图 6-115

（2）单击【素材库】面板中的【标题】按钮，并在【预览窗口】中双击鼠标左键出现文本框。然后在【编辑】选项卡中设置合适的【字体】和【字体大小】，设置【色彩】为黄色（R：255，G：255，B：0），【按角度旋转】为22，如图 6-116 所示。此时【预览窗口】中的效果，如图 6-117 所示。

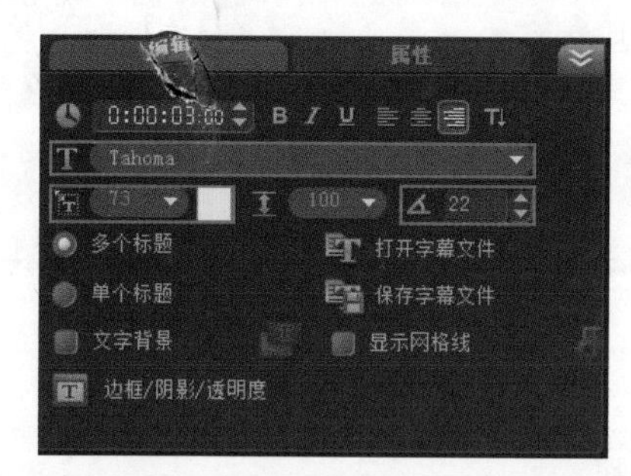

图 6-116

图 6-117

（3）在【编辑】选项卡中单击【边框 / 阴影 / 透明度】按钮，如图 6-118 所示。在【阴影】选项卡中单击【凸起阴影】按钮，并设置【X（水平阴影偏移量）】为 5.6，【Y（垂直阴影偏移量）】为 - 12.8，【凸起阴影色彩】为深黄色（R：183，G：119，B：13），如图 6-119 所示。

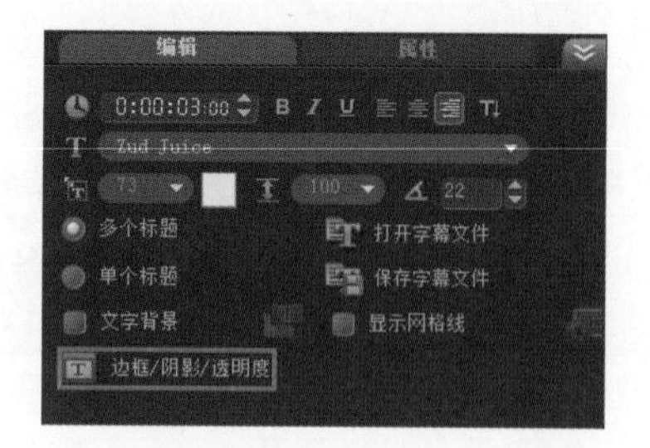

图 6-118

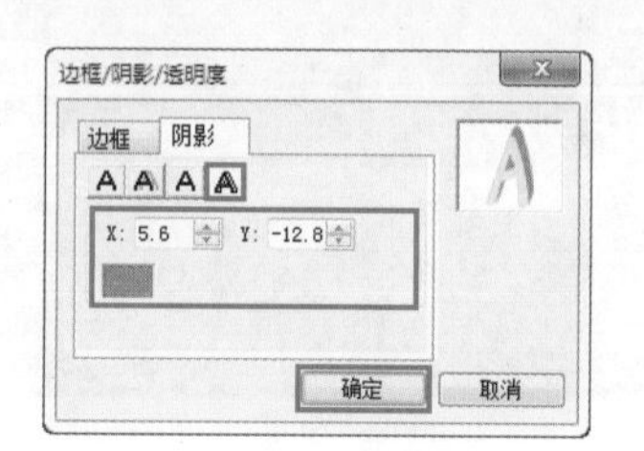

图 6-119

（4）查看最终的效果，如图 6-120 所示。

图 6-120

6.4 使用标题模板

在会声会影 X6 的【标题】素材库中提供了许多预设的标题模板，如图 6-121 所示。可以根据项目需求来使用这些预设标题，并可以适当进行修改。

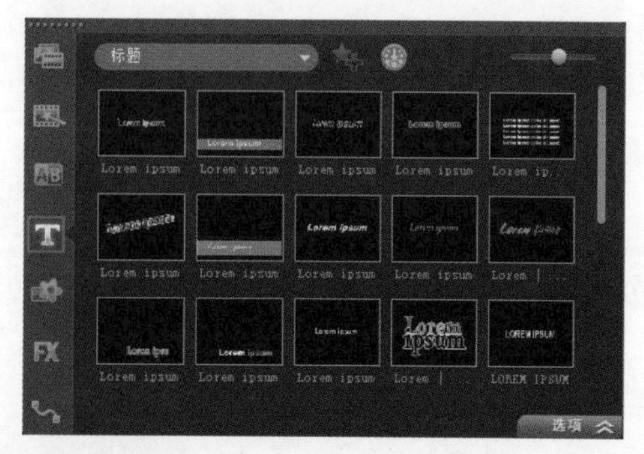

图 6-121

将标题模板添加到时间轴中的方法有两种，一是直接拖拽到标题轨中，二是在右键菜单中选择添加的轨道。

方法一：

在【标题】素材库中的标题模板上按住鼠标左键将其拖拽到时间轴中的标题轨上即可应用，如图 6-122 所示。

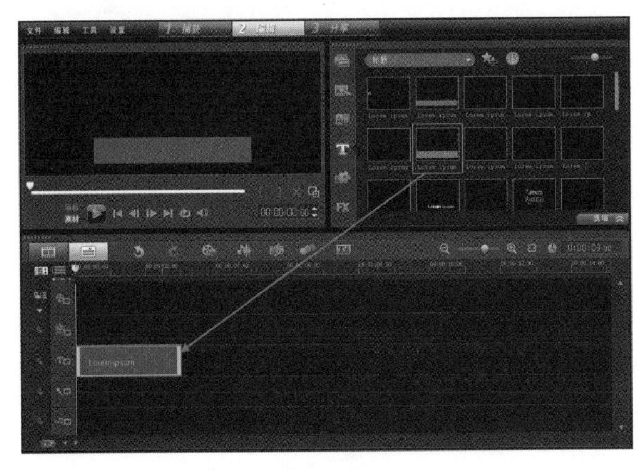

图 6-122

方法二：

在【标题】素材库中的标题模板上单击鼠标右键，然后在弹出的菜单中选择【输入到】选项，接着在出现的子菜单中选择需要插入的轨道，如图 6-123 所示。

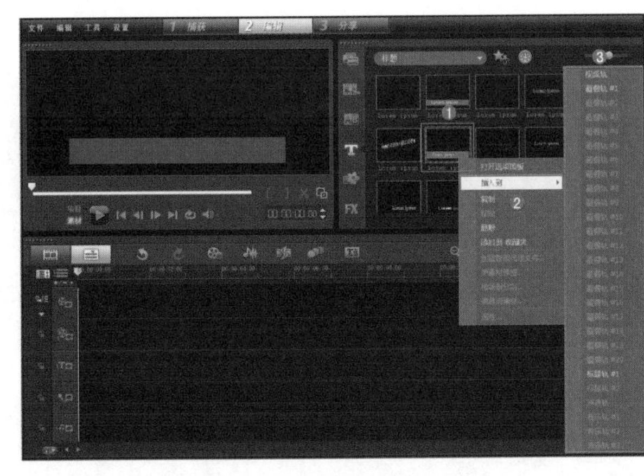

图 6-123

进阶实例：使用文字模板制作电子贺卡

案例文件	进阶实例：使用文字模板制作电子贺卡 .VSP
视频教学	视频文件\第 6 章\使用文字模板制作电子贺卡 .flv
难易指数	★★★★☆
技术掌握	文字模板的应用

案例分析：

本案例就来学习如何在会声会影 X6 中使用文字模板制作电子贺卡效果，最终渲染效果如图 6-124 所示。

图 6-124

思路解析，如图 6-125 所示：

（1）插入文字模板。

（2）更改文字模板效果。

图 6-125

制作步骤：

（1）打开会声会影 X6 软件，将素材文件【01.jpg】添加到【视频轨】上，如图 6-126 所示。然后在【轨道管理器】中适当添加覆叠轨的数量，如图 6-127 所示。

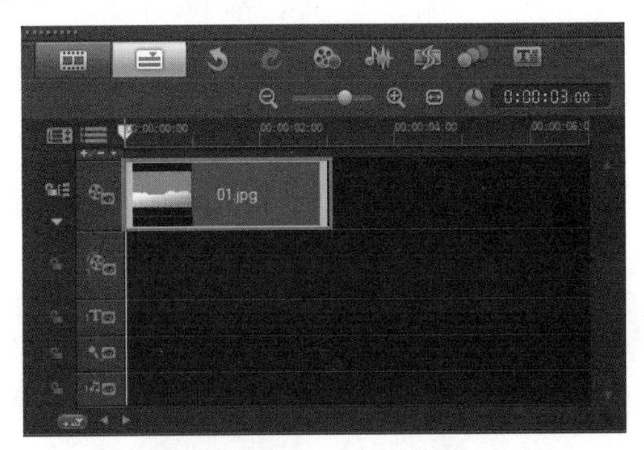

图 6-126

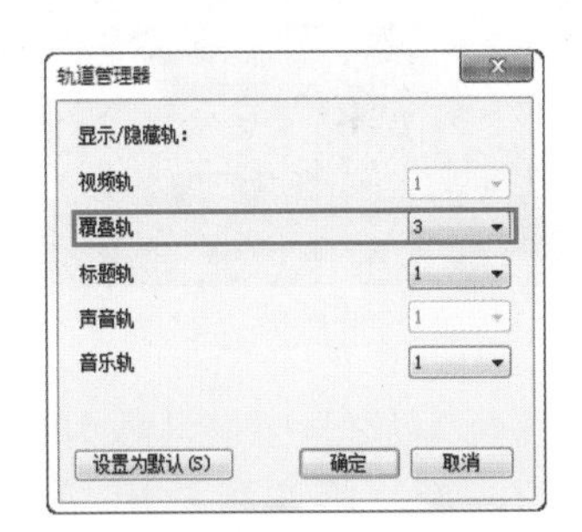

图 6-127

（2）接着将素材文件中【02.png】和【03.png】添加到【覆叠轨 1】和【覆叠轨 2】上，如图 6-128 所示。然后分别在【预览窗口】中调整【02.png】和【03.png】的素材文件的位置，其效果如图 6-129 所示。

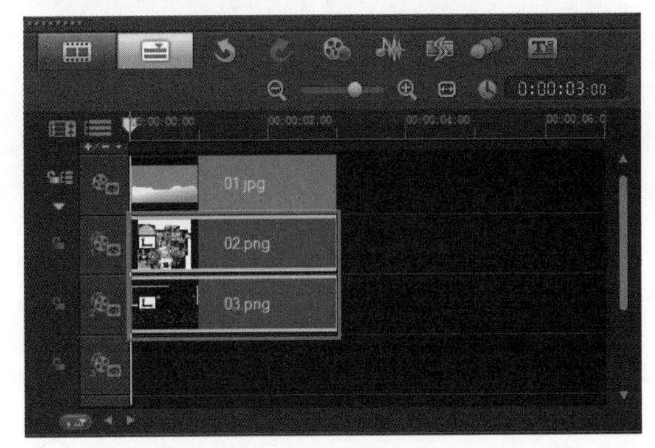

图 6-128

图 6-129

（3）单击【素材库】面板中的【图形】按钮，然后将【画廊】设置为【Flash 动画】，将 Flash 动画【MotionF17】拖拽到【覆叠轨 3】上，如图 6-130 所示。

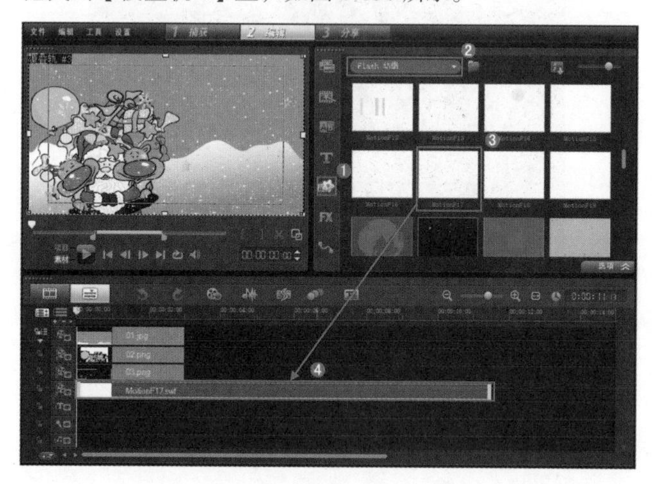

图 6-130

（4）双击【覆叠轨 3】上的素材文件，打开【选项】面板，然后单击【速度 / 时间流逝】按钮，如图 6-131 所示。在弹出的对话框中，设置【新素材区间】为 3 秒，然后单击【确定】按钮，如图 6-132 所示。

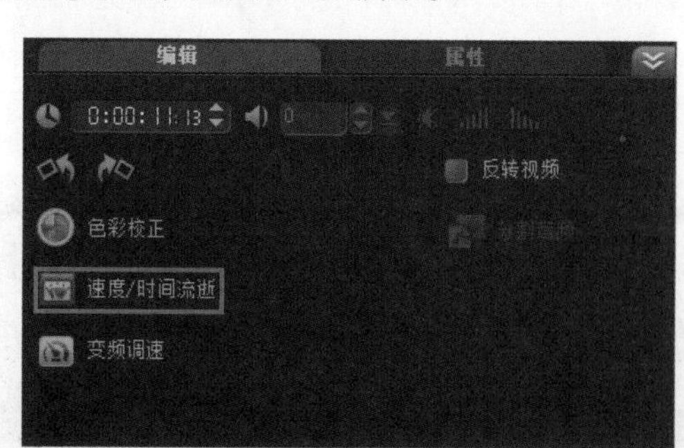

图 6-131

（5）【素材库】面板中的【标题】按钮，切换到标题素材库，如图所示。在【标题】素材库中选择需要的标题模版拖拽到【文字轨 1】上，如图 6-133 所示。在【预览窗口】中选择文字，更改文字为【Merry Christmas/

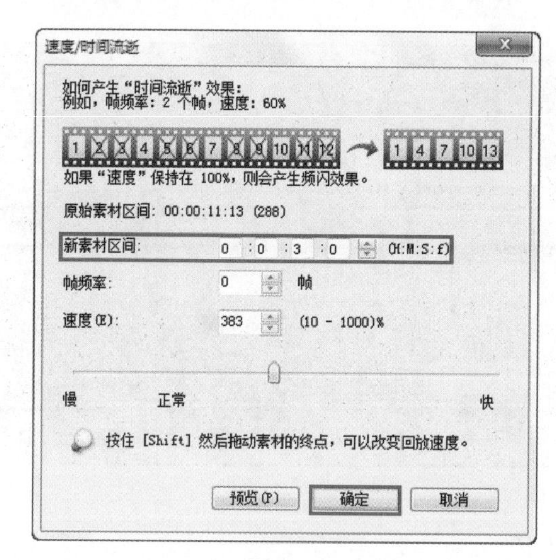

图 6-132

Happy New Year】，分别更改字体的颜色为粉色（R:255，G:142，B:142）和绿色（R:170，G:238，B:92），并在【预览窗口】调整位置，如图 6-134 所示。

图 6-133

图 6-134

（6）单击【预览窗口】中的【播放】按钮，查看最终效果，如图 6-135 所示。

图 6-135

6.5　设置标题区间

会声会影 X6 中的预设素材、图像和文字等都会有默认的区间长度。可以根据影片的时长和片段对相应的字幕修改长度。

（1）在【选项】面板中可以直接设置标题字幕的区间，如图 6-136 所示。区间设置完成后，标题在时间轴中的长度与其他素材相同，如图 6-137 所示。

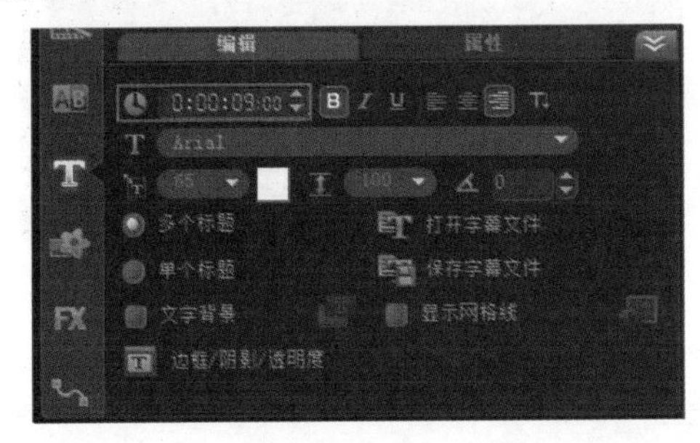

图 6-136

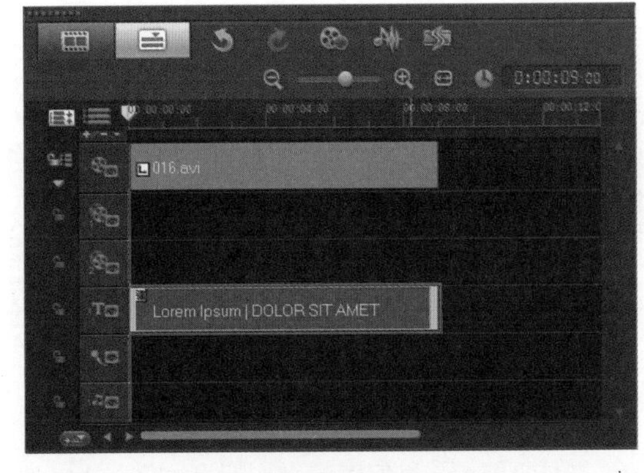

图 6-137

（2）也可以直接在时间轴中调整标题字幕的长度。选择时间轴中的标题字幕，然后将鼠标移动到标题字幕边缘，如图 6-138 所示。接着按住鼠标左键拖动到合适的位置，并释放鼠标左键，即可完成标题字幕长度的调整，如图 6-139 所示。

图 6-138

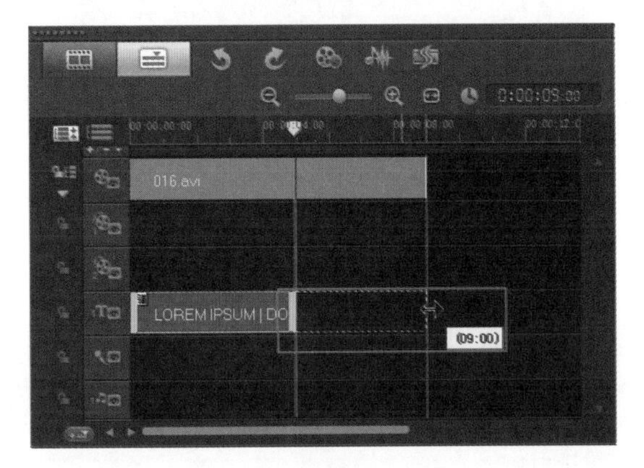

图 6-139

6.6　标题字幕动画

会声会影 X6 中提供了 8 种字幕动画类型，而且每种类型还有相应的预设动画效果，可以直接方便地为文字应用，并可以进行适当的修改。选择标题字幕，然后在【选项】面板的【属性】选项卡中，勾选【动画】下的【应用】选项，即可选择使用预设动画类型，如图 6-140 所示。

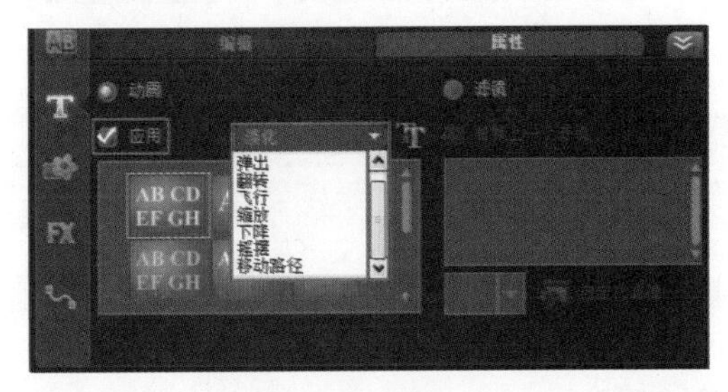

图 6-140

6.6.1

选择标题字幕，然后在【选项】面板的【属性】选项卡中勾选【应用】选项，并设置【动画类型】为【淡化】，此时面板中会出现淡化的相关预设动画，如图 6-141 所示。

单击【自定义动画属性】按钮，会出现【淡化动画】对话框，如图 6-142 所示。

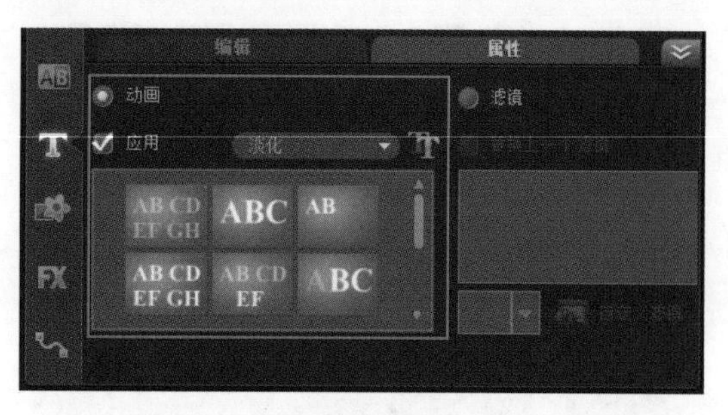

图 6-141

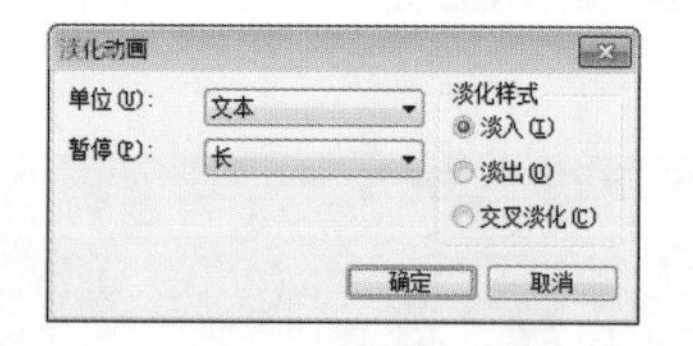

图 6-142

重点参数提醒：

※单位：设置逐渐淡化动画的单位，共包括【字符】、【单词】、【行】和【文本】四种单位类型，如在选择【单词】选项时，即会依次对每个单词进行淡化动画。

※暂停：设置动画在屏幕静止停留的时间，共包括【无暂停】、【短】、【中等】、【长】和【自定义】五种选项。

※淡化样式：可以选择淡化动画的样式，包括【淡入】、【淡出】和【交叉淡化】三种样式。

求生秘籍——技巧提示：设置暂停区间

除了单击【自定义动画属性】按钮设置【暂停】的时间，也可以在【预览窗口】中直接拖动设置【暂停区间】的长短，如图 6-143 所示。

图 6-143

进阶实例：文字淡入效果

案例文件	进阶实例：文字淡入效果 .VSP
视频教学	视频文件 \ 第 6 章 \ 文字淡入效果 .flv
难易指数	★★★☆☆
技术掌握	文字动画的应用

案例分析：

本案例就来学习如何在会声会影 X6 中使用文字动画制作文字淡入效果，最终渲染效果如图 6-144 所示。

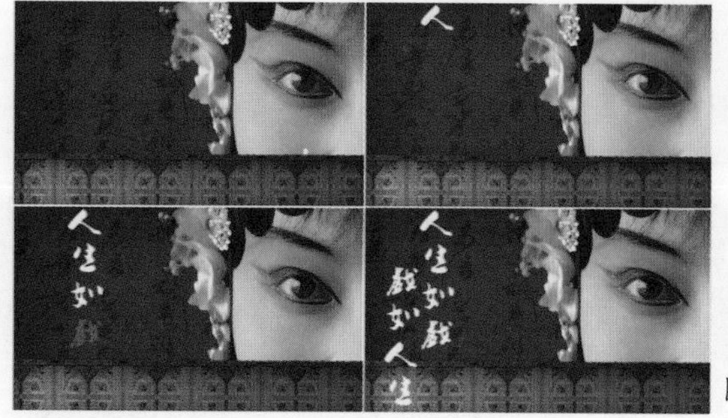

图 6-144

思路解析，如图 6-145 所示：

（1）覆叠效果的应用。

（2）添加文字，设置文字动画效果。

图 6-145

制作步骤：

（1）打开会声会影 X6，将素材文件夹中的【01.jpg】和【02.png】分别添加到【视频轨】和【覆叠轨 1】上，分别设置结束时间为 5 秒，如图 6-146 所示。然后在【预览窗口】中调整【02.png】素材的大小，如图 6-147 所示。

图 6-146

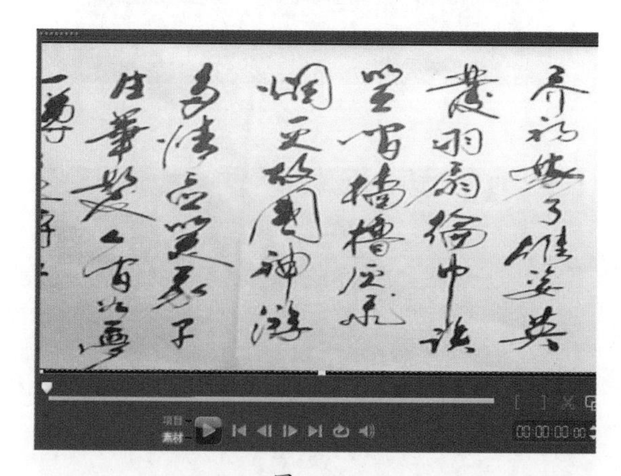

图 6-147

（2）双击【覆叠轨 1】上的【02.png】素材，打开选项面板，单击【遮罩和色度键】按钮，如图 6-148 所示。在弹出的参数面板中设置【透明度】为 68，如图 6-149 所示。

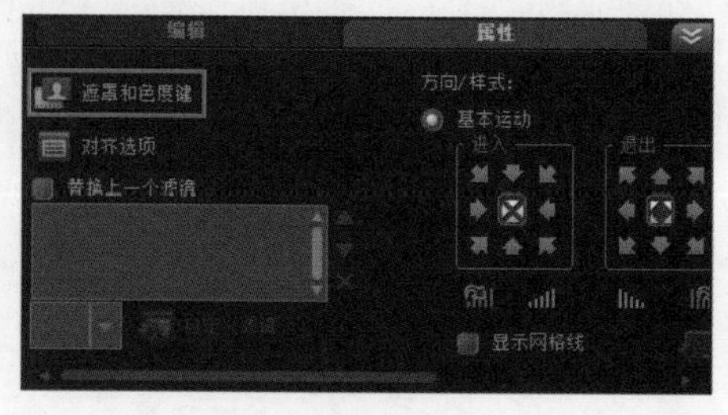

图 6-148

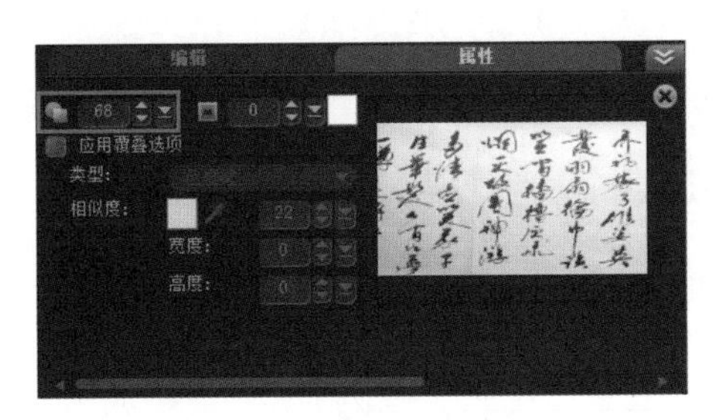
图 6-149

（3）此时【预览窗口】的效果，如图 6-150 所示。接着适当添加【覆叠轨】的数量，如图 6-151 所示。

图 6-150

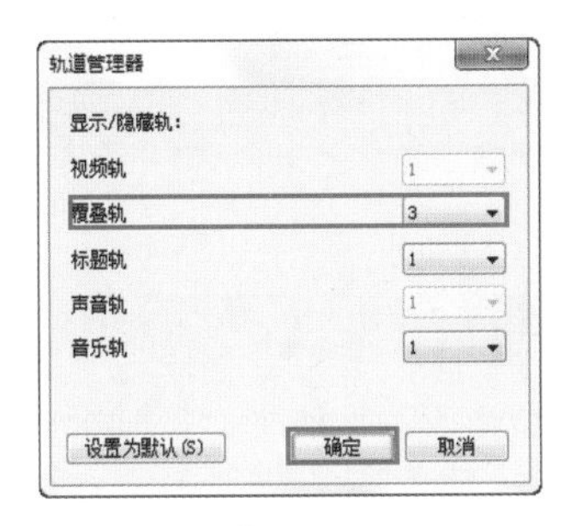

图 6-151

（4）将素材文件夹中的【03.png】和【04.png】分别添加到【覆叠轨 2】和【覆叠轨 3】上，并设置结束时间为 5 秒，如图 6-152 所示。然后分别在【预览窗口】中调整素材的位置和大小，如图 6-153 所示。

图 6-152

图 6-153

（5）单击【素材库】面板中的【标题】按钮，然后在【选项】面板中设置【文字区间】为 5 秒，设置合适的【字体】和【字体大小】，设置【色彩】为白色（R：255，G：255，B：255），设置【方向】为【垂直】，如图 6-154 所示。接着在【预览窗口】双击并输入文字，如图 6-155 所示。

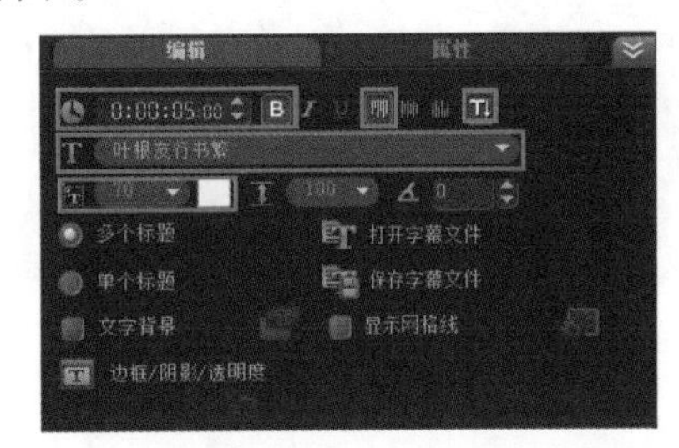
图 6-154

图 6-155

（6）选择标题字幕，打开【选项】面板，勾选【应用】复选框，并设置【动画类型】为【淡化】，在弹出的对话框中选择合适的淡化效果，如图 6-156 所示。

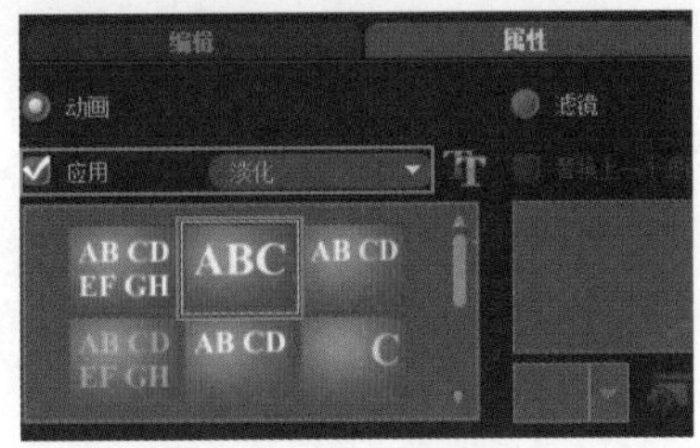
图 6-156

（7）单击【自定义动画属性】按钮，在弹出的【淡化动画】对话框中设置【暂停】为【长】，然后单击【确定】按钮，如图 6-157 所示。

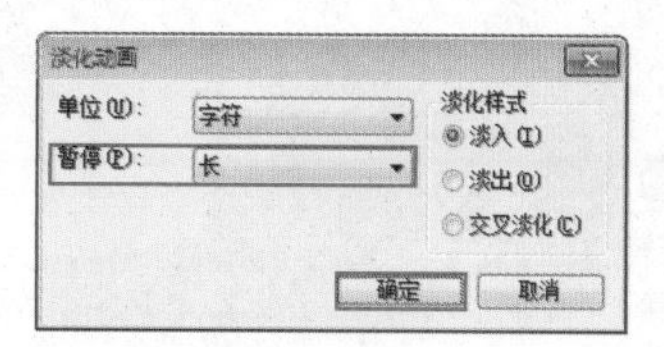

图 6-157

（8）单击【预览窗口】中的【播放】按钮，查看最终效果，如图 6-158 所示。

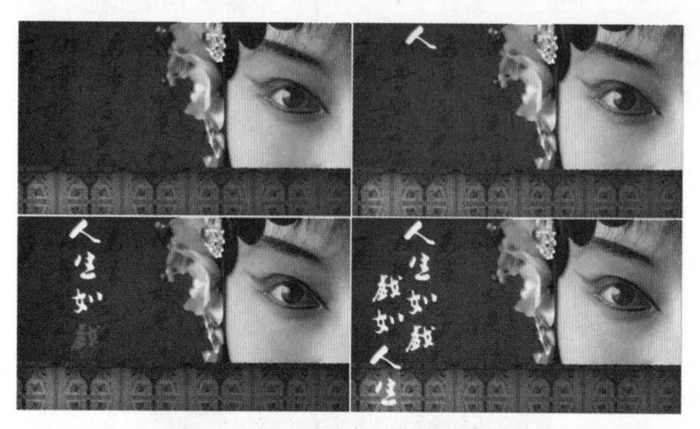

图 6-158

6.6.2

选择标题字幕，然后在【选项】面板的【属性】选项卡中勾选【应用】选项，并设置【动画类型】为【弹出】，此时面板中会出现弹出的相关预设动画，如图 6-159 所示。

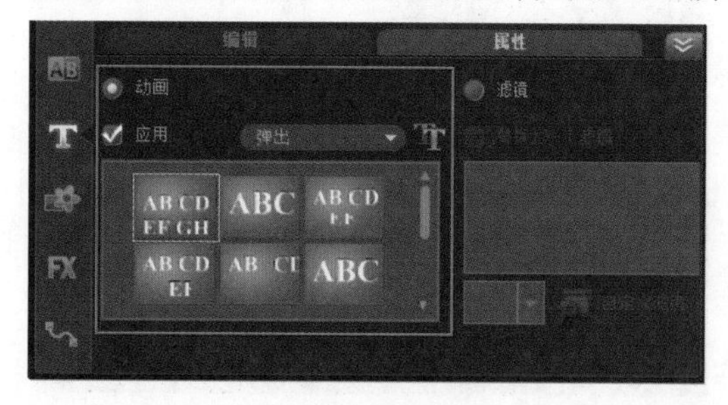

图 6-159

单击【自定义动画属性】按钮，会出现【弹出动画】对话框，如图 6-160 所示。

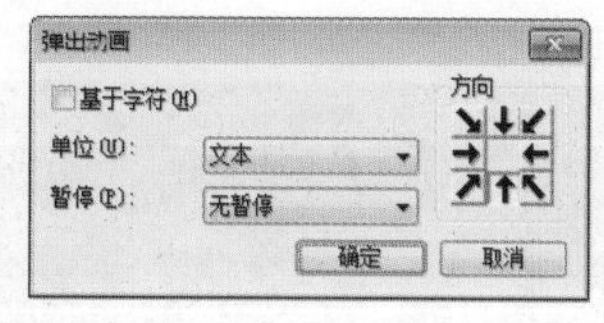

图 6-160

重点参数提醒：

※基于字符：控制动画是否基于字符。

※单位：设置弹出动画的单位。

※暂停：用于设置动画在屏幕静止停留的时间。

※方向：可以选择文字弹出的方向，共包括 8 个方向。

进阶实例：文字弹出效果

案例文件	进阶实例：文字弹出效果 .VSP
视频教学	视频文件 \ 第 6 章 \ 文字弹出效果 .flv
难易指数	★★☆☆☆
技术掌握	文字弹出动画的应用

案例分析：

本案例就来学习如何在会声会影 X6 中制作文字弹出效果，最终渲染效果如图 6-161 所示。

图 6-161

思路解析，如图 6-162 所示：

（1）添加标题字幕。

（2）制作文字弹出动画。

图 6-162

制作步骤：

（1）打开会声会影 X6 软件，然后将相应素材文件夹中的【01.jpg】素材文件添加到【视频轨】上，如图 6-163 所示。此时【预览窗口】中的效果，如图 6-164 所示。

图 6-163

图 6-164

（2）单击【素材库】面板中的【标题】按钮，并在【预览窗口】中双击鼠标左键出现文本框。然后在【编辑】选项卡中设置合适的【字体】、【字体大小】以及【行间距】，设置【色彩】为白色（R：255，G：255，B：255），如图 6-165 所示。此时【预览窗口】中的效果，如图 6-166 所示。

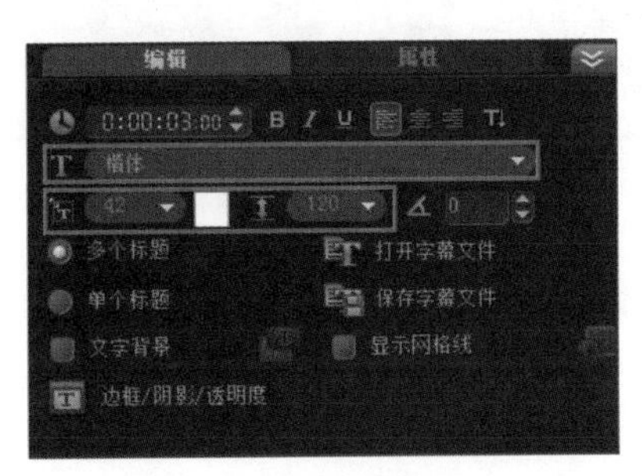

图 6-165

图 6-166

（3）在【编辑】选项卡中单击【边框 / 阴影 / 透明度】按钮，如图 6-167 所示。在【阴影】选项卡中单击【凸起阴影】按钮，并设置【X（水平阴影偏移量）】为 9.3，【Y（垂直阴影偏移量）】为 – 2.2，【凸起阴影色彩】为粉色（R：255，G：127，B：124），单击【确定】按钮，如图 6-168 所示。

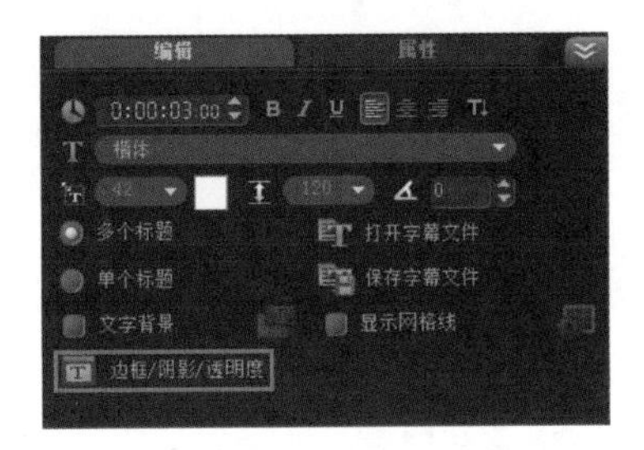

图 6-167

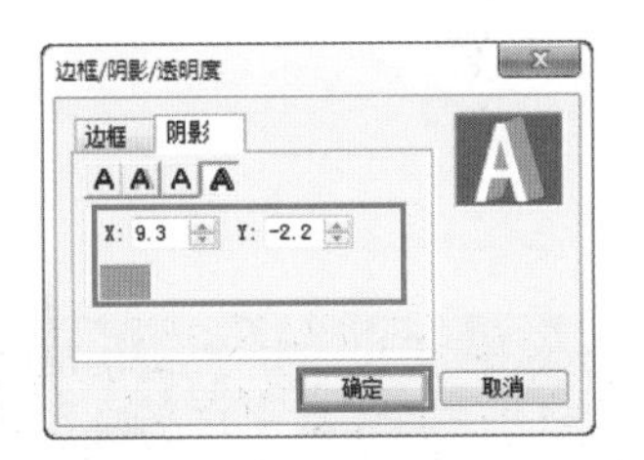

图 6-168

（4）此时，【预览窗口】的效果，如图 6-169 所示。

图 6-169

（5）选择标题字幕，然后在【属性】选项卡中勾选【动画】下的【应用】选项，设置【动画类型】为【飞行】，并选择合适的预设效果，如图 6-170 所示。

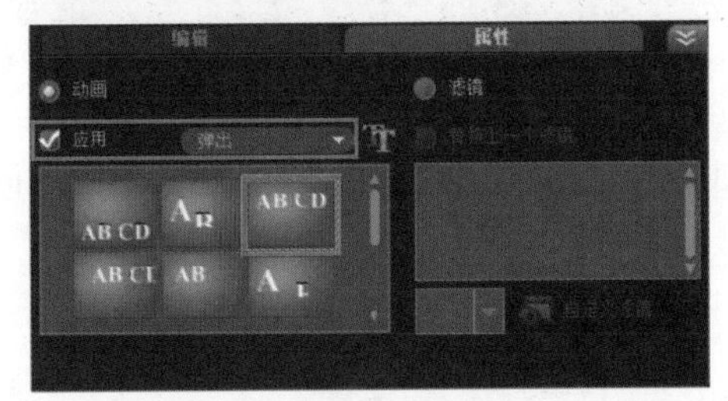

图 6-170

（6）单击【预览窗口】中的【播放】按钮，查看最终效果，如图 6-171 所示。

6.6.3

选择标题字幕，然后在【选项】面板的【属性】选项卡中勾选【应用】选项，并设置【动画类型】为【翻转】，此时面板中会出现翻转的相关预设动画，如图 6-172 所示。

图 6-171

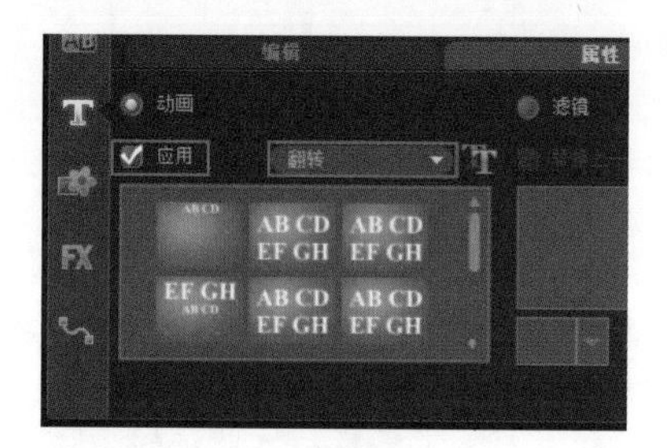

图 6-172

6.6.4

选择标题字幕，然后在【选项】面板的【属性】选项卡中勾选【应用】选项，并设置【动画类型】为【飞行】，此时面板中会出现飞行的相关预设动画，如图 6-173 所示。

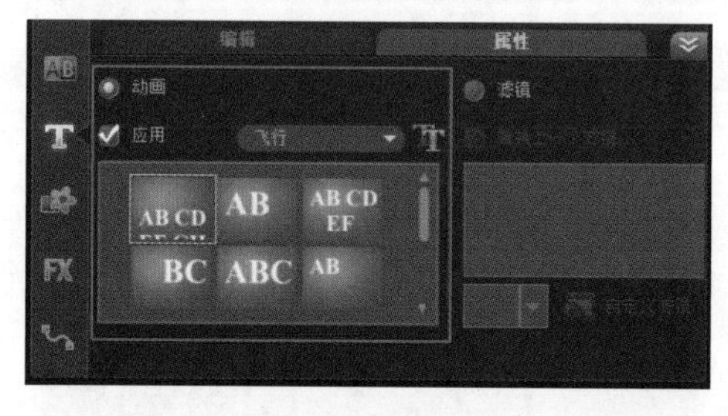

图 6-173

单击【自定义动画属性】按钮，会出现【飞行动画】对话框，如图 6-174 所示。

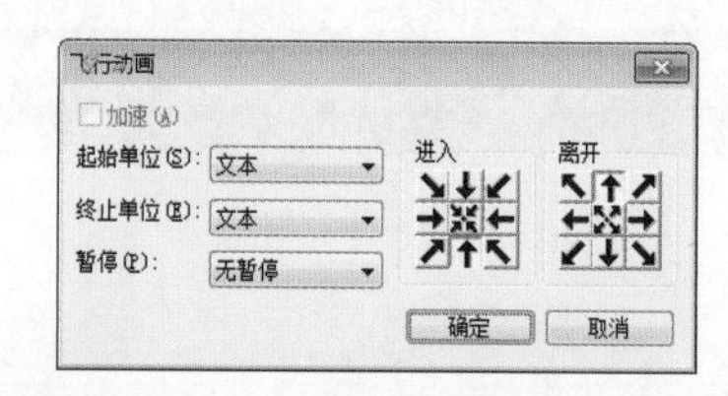

图 6-174

重点参数提醒：

※加速：除了当【起始/终止单位】的类型为【文本】时，都可以勾选该选项，加快该类型的动画速度。

※起始/终止单位：设置动画的起始单位和结束单位，共包括【字符】、【单词】、【行】和【文本】四种类型。

※进入：设置文字飞行进入画面的方向。

※离开：设置文字飞行离开画面的方向。

进阶实例：使用飞行动画制作翻滚字幕效果

案例文件	进阶实例：使用飞行动画制作翻滚字幕效果 .VSP
视频教学	视频文件 \ 第 6 章 \ 使用飞行动画制作翻滚字幕效果 .flv
难易指数	★★☆☆☆
技术掌握	文字飞行动画的应用

案例分析：

本案例就来学习如何在会声会影 X6 中使用飞行动画制作翻滚字幕效果，最终渲染效果如图 6-175 所示。

图 6-175

思路解析，如图 6-176 所示：

（1）制作文字效果。

（2）为文字添加飞行动画效果。

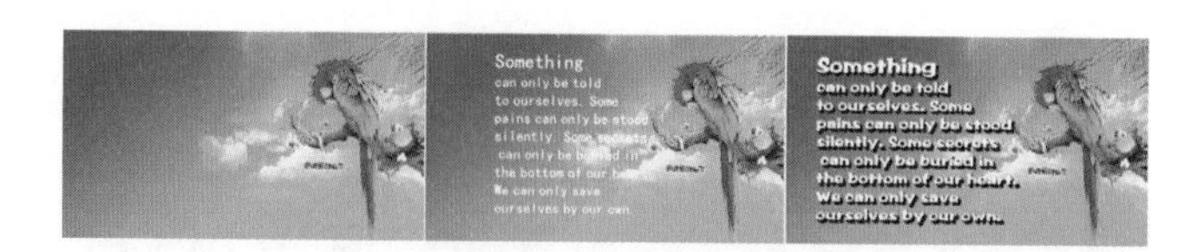

图 6-176

制作步骤：

（1）打开会声会影 X6 软件，然后将素材文件中的【01.jpg】添加到【视频轨】上，并设置结束时间为 5 秒，如图 6-177 所示。此时，在【预览窗口】中的效果，如图 6-178 所示。

图 6-177

图 6-178

（2）单击【素材库】面板中的【标题】按钮，然后在【预览窗口】中双击鼠标左键，并输入文字，如图 6-179 所示。

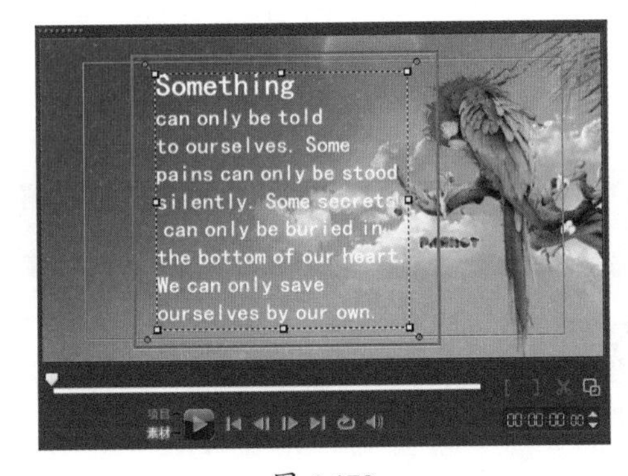

图 6-179

（3）接着在【编辑】选项卡中设置合适的【字体】和【字体大小】，并单击【粗体】按钮与【左对齐】按钮，设置【区间】为 5 秒，【色彩】为白色（R：255，G：255，B：255），如图 6-180 所示。

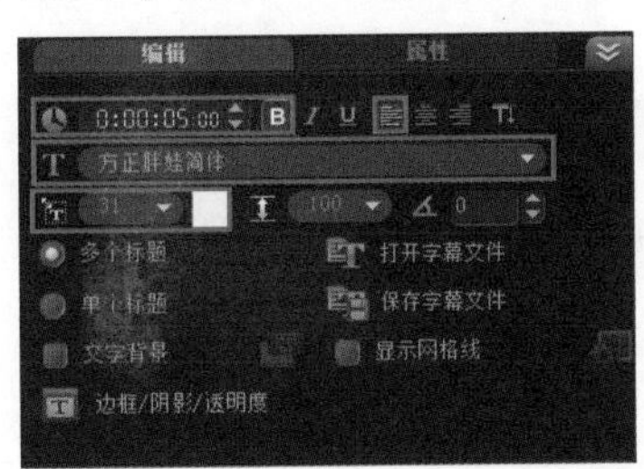

图 6-180

（4）此时在【预览窗口】中适当调整文字的位置，如图 6-181 所示。然后在【编辑】选项卡中单击【边框 / 阴影 / 透明度】按钮，如图 6-182 所示。

（5）在【阴影】选项卡中单击【凸起阴影】按钮，并设置【X（水平阴影偏移量）】为 9.0，【Y（垂直阴影偏移量）】为 10.0，【凸起阴影色彩】为黑色（R：0，G：0，B：0），单击【确定】按钮，如图 6-183 所示。此时，【预览窗口】中的效果，如图 6-184 所示。

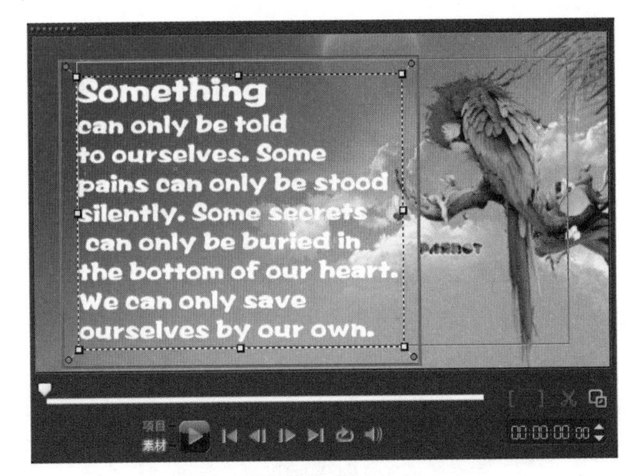

图 6-181

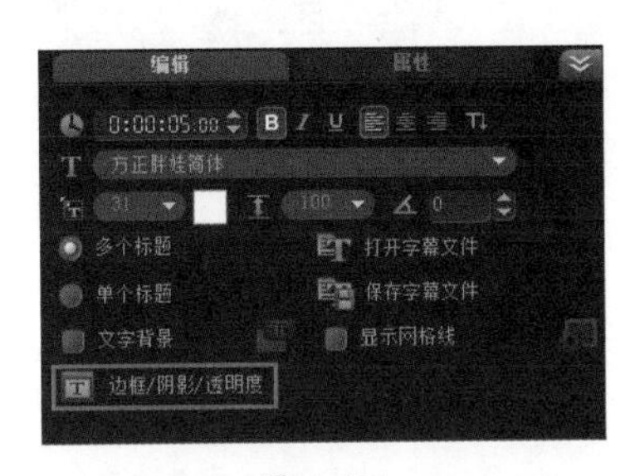

图 6-182

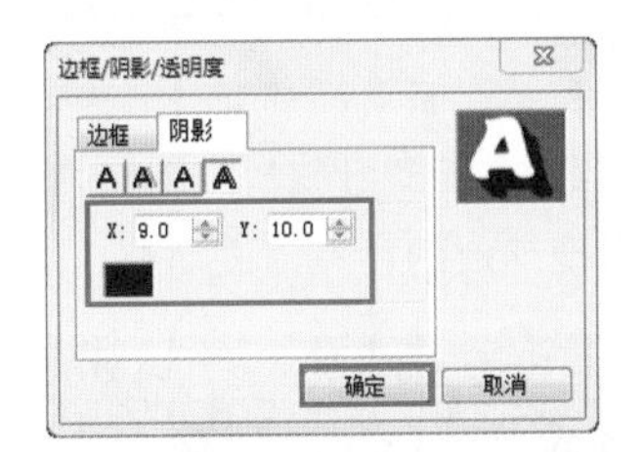

图 6-183

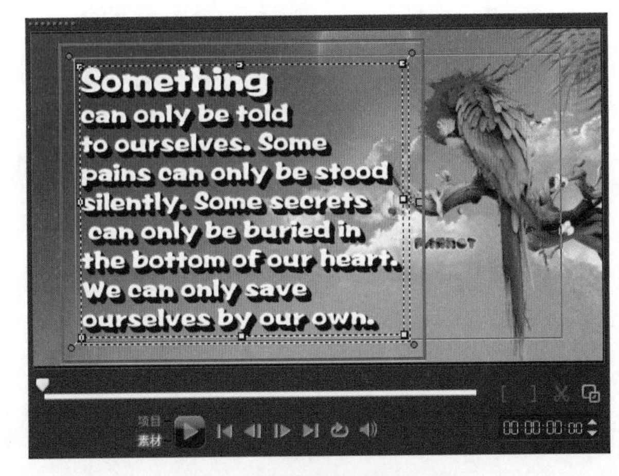

图 6-184

（6）选择标题字幕，然后在【属性】选项卡中勾选【动画】下的【应用】选项，设置【动画类型】为【飞行】，并选择合适的预设效果，如图 6-185 所示。

（7）此时，单击【预览窗口】中的【播放】按钮，查看最终的【滚动字幕】效果，如图 6-186 所示。

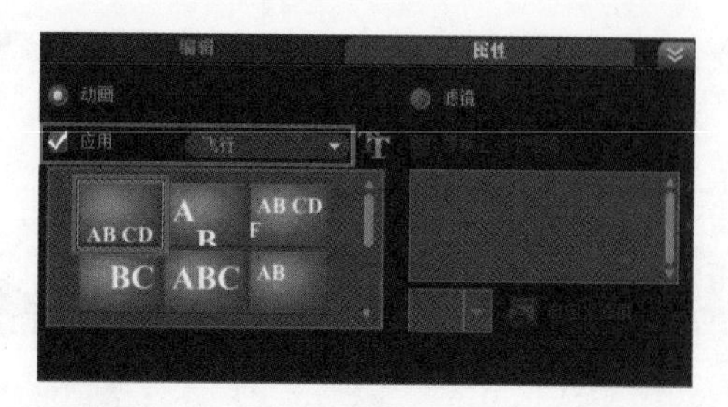

图 6-185

图 6-186

6.6.5

选择标题字幕，然后在【选项】面板的【属性】选项卡中勾选【应用】选项，并设置【动画类型】为【缩放】，此时面板中会出现缩放的相关预设动画，如图 6-187 所示。

图 6-187

单击【自定义动画属性】按钮，会出现【缩放动画】对话框，如图 6-188 所示。

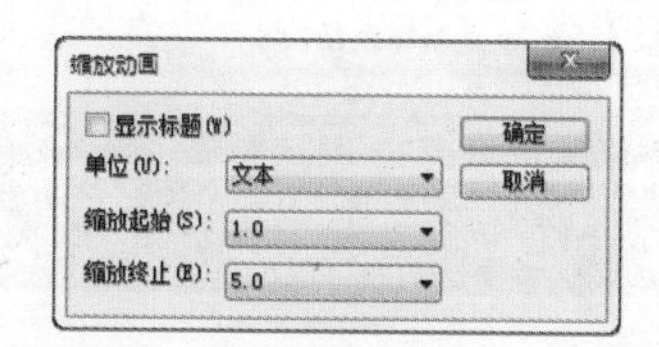

图 6-188

重点参数提醒：

※显示标题：勾选该选项，可以在缩放动画过程中一直显示标题字幕，而不会随着缩放变化而在屏幕中消失。

※单位：设置缩放动画的单位，包括【字符】、【单词】、【行】和【文本】四种单位，如图 6-189 所示。

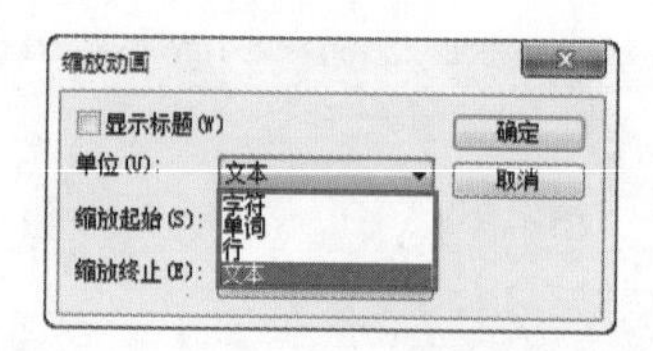

图 6-189

※缩放起始 / 终止：可以在下拉列表中选择缩放的起始和终止的动画程度。

进阶实例：缩放文字效果

案例文件	进阶实例：缩放文字效果 .VSP
视频教学	视频文件 \ 第 6 章 \ 缩放文字效果 .flv
难易指数	★★☆☆☆
技术掌握	文字的缩放动画效果

案例分析：

本案例就来学习如何在会声会影 X6 中使用缩放文字动画效果，最终渲染效果如图 6-190 所示。

图 6-190

思路解析，如图 6-191 所示：

（1）制作文字效果。

（2）为文字添加缩放动画效果。

图 6-191

制作步骤：

（1）打开会声会影 X6 软件，然后在【视频轨】上单击鼠标右键，在弹出的菜单中选择【插入照片】选项。接着在【浏览照片】窗口中选择对应素材文件夹中的【01.jpg】素材，并单击【打开】按钮，如图 6-192 所示。

（2）单击【素材库】面板中的【标题】按钮，然后在【预览窗口】中双击鼠标左键。接着在【选项】面板中设置合适的【字体】和【字体大小】，【色彩】为橙色（R: 255，G: 150，B: 12），并单击【粗体】按钮，如图 6-193 所示。然后在【预览窗口】文本框中输入文字，如图 6-194 所示。

图 6-192

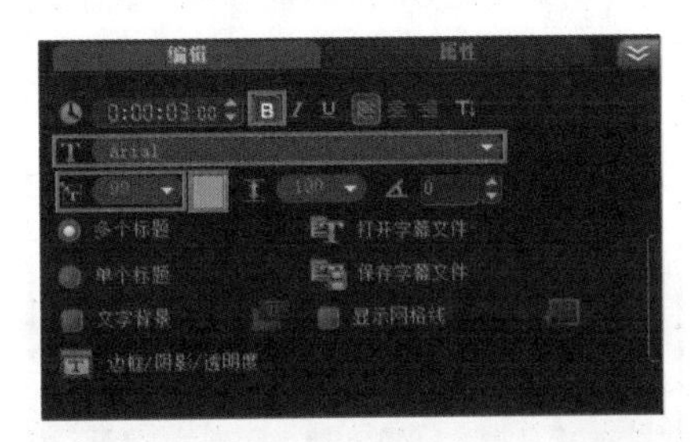

图 6-193

图 6-194

（3）单击【选项】面板中的【边框 / 阴影 / 透明度】按钮，然后设置【边框宽度】为 5，【线条色彩】为白色（R：255，G：255，B：255），【边缘柔化】为 60，接着单击【确定】按钮，如图 6-195 所示。

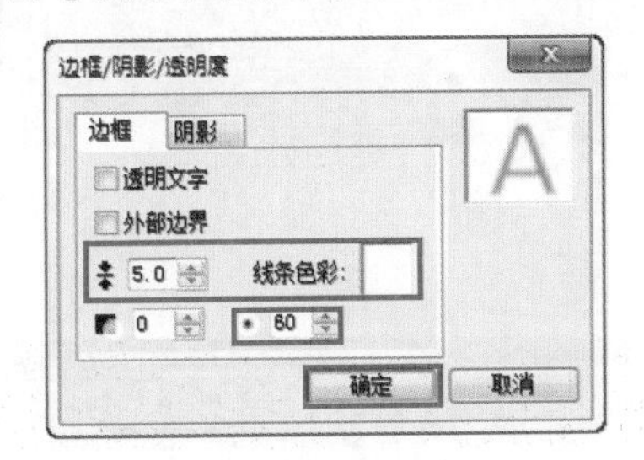

图 6-195

（4）双击视频轨中的标题字幕，然后在【选项】面板的【属性】选项卡中勾选【应用】选项，并设置【动画类型】为【缩放】，接着选择合适的预设动画，如图 6-196 所示。

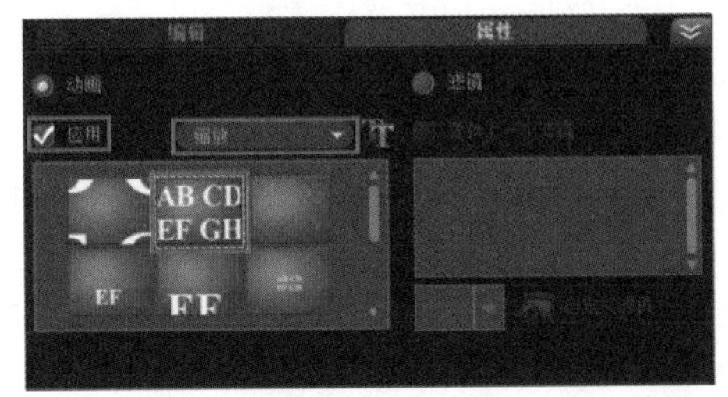

图 6-196

（5）此时，单击【预览窗口】中的【播放】按钮查看最终的【缩放文字】效果，如图 6-197 所示。

图 6-197

6.6.6

选择标题字幕，然后在【选项】面板的【属性】选项卡中勾选【应用】选项，并设置【动画类型】为【下降】，如图 6-198 所示。

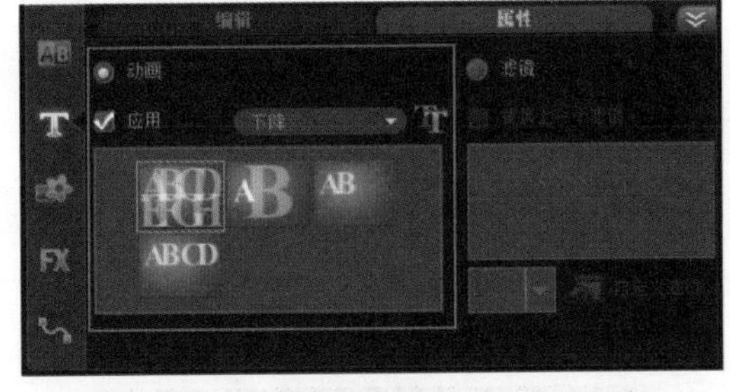

图 6-198

单击【自定义动画属性】按钮，会出现【下降动画】对话框，如图 6-199 所示。

图 6-199

进阶实例：制作文字下降动画效果

案例文件	进阶实例：制作文字下降动画效果
视频教学	视频文件 \ 第 6 章 \ 制作文字下降动画效果 .flv
难易指数	★★☆☆☆
技术掌握	文字路径的应用

案例分析：

本案例就来学习如何在会声会影 X6 中制作文字下降动画效果，最终渲染效果，如图 6-200 所示。

图 6-200

思路解析，如图 6-201 所示：

（1）制作文字效果。

（2）制作文字下降动画。

图 6-201

制作步骤：

（1）打开会声会影 X6，设置【覆叠轨】的数量为 2，如图 6-202 所示。将素材文件夹中的素材文件【01.jpg】、【02.png】和【03.png】分别添加到【视频轨】、【覆叠轨 1】和【覆叠轨 2】上，如图 6-203 所示。

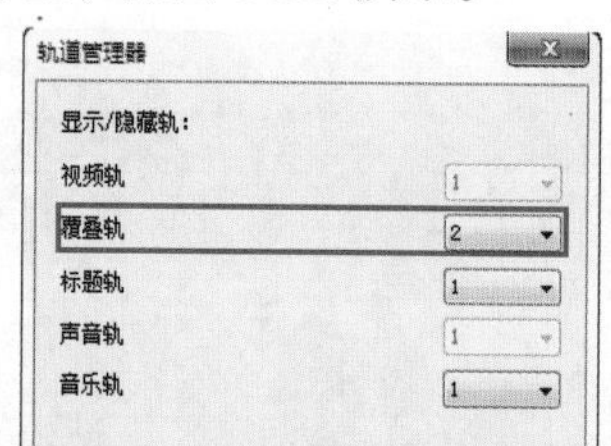

图 6-202

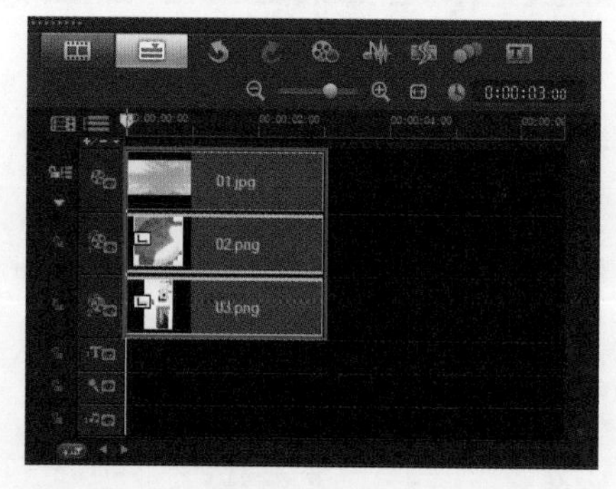

图 6-203

（2）分别选择【02.png】和【03.png】素材文件，在【预览窗口】中分别调整覆叠素材的位置和大小，如图 6-204、图 6-205 所示。

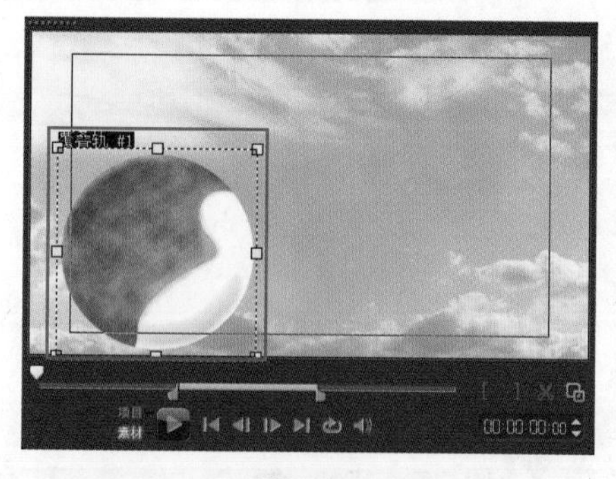

图 6-204

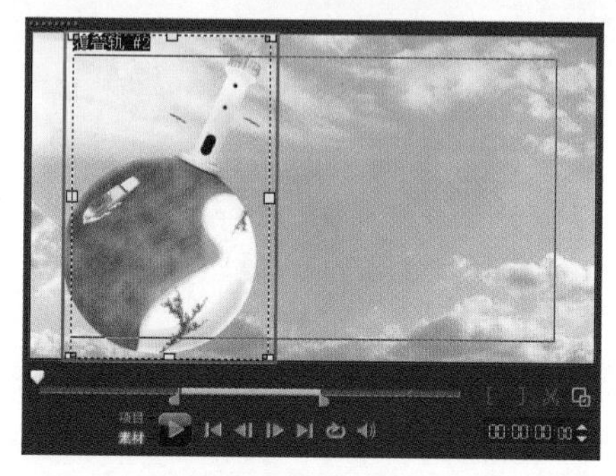

图 6-205

（3）单击【素材库】面板中的【标题】按钮，然后在【预览窗口】中双击鼠标左键。接着在【选项】面板中设置合适的【字体】和【字体大小】，如图 6-206 所示。然后在文本框中输入文字，此时在【预览窗口】中的文字效果，如图 6-207 所示。

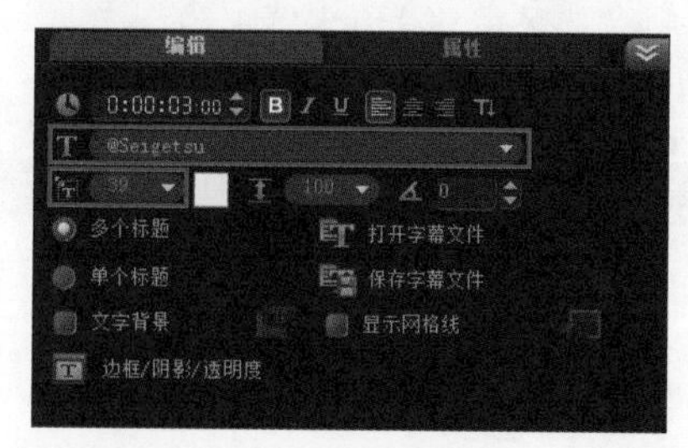

图 6-206

图 6-207

（4）在【预览窗口】中选择部分文字，然后在选项面板中设置字体的颜色为蓝色（R：0，G：0，B：255），如图 6-208 所示。此时【预览窗口】中的效果，如图 6-209 所示。

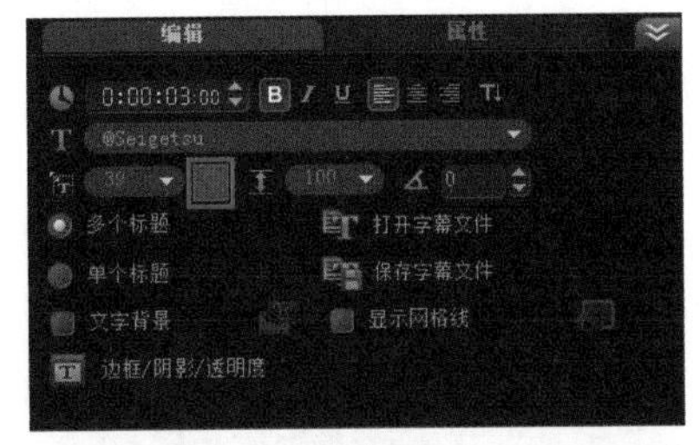

图 6-208

图 6-209

（5）双击视频轨中的标题字幕，然后在【选项】面板的【属性】选项卡中勾选【应用】选项，并设置【动画类型】为【下降】，并选择合适的下降预设动画效果，如图 6-210 所示。

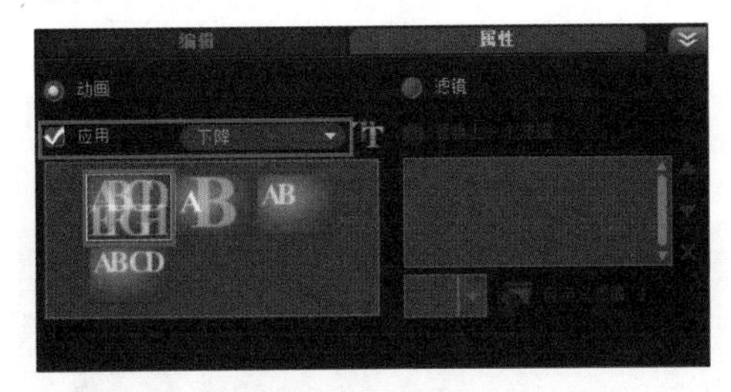

图 6-210

（6）此时，单击【预览窗口】中的【播放】按钮查看最终的效果，如图 6-211 所示。

图 6-211

6.6.7

选择标题字幕，然后在【选项】面板的【属性】选项卡中勾选【应用】选项，并设置【动画类型】为【摇摆】，如图 6-212 所示。

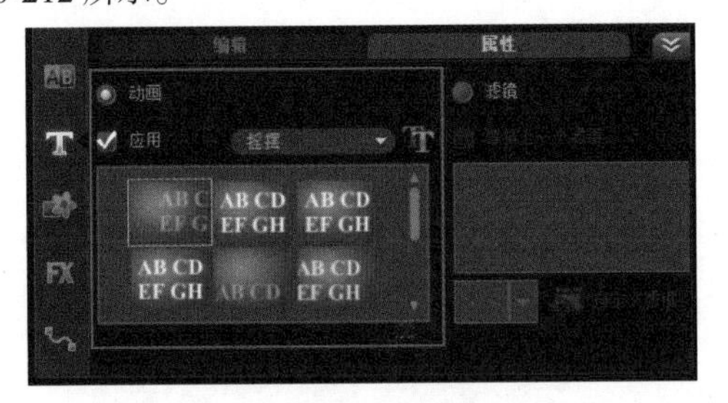

图 6-212

单击【自定义动画属性】按钮，会出现【摇摆动画】对话框，如图 6-213 所示。

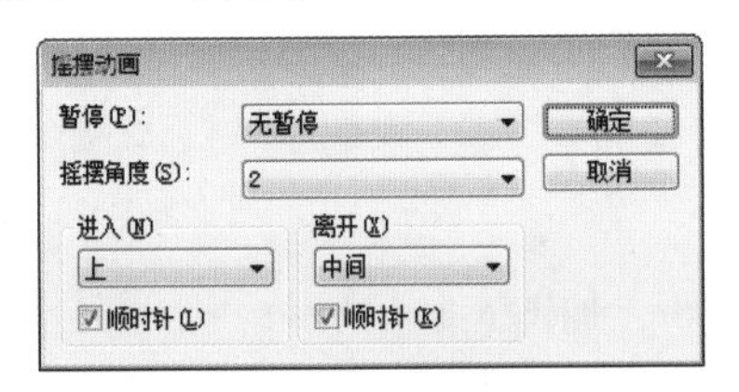

图 6-213

重点参数提醒：

※暂停：设置字幕动画在屏幕静止停留的时间。

※摇摆角度：设置摇摆角度的幅度大小。

※进入：设置字幕进入画面的方向，其中包括【上】、【下】、【左】、【右】和【中间】，如图 6-214 所示。默认为勾选顺时针进入。

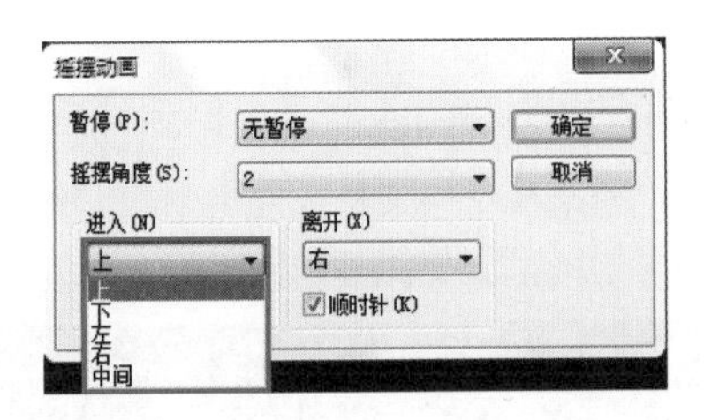

图 6-214

※离开：设置字幕离画面的方向，一般默认勾选顺时针方向进入，如图 6-215 所示。

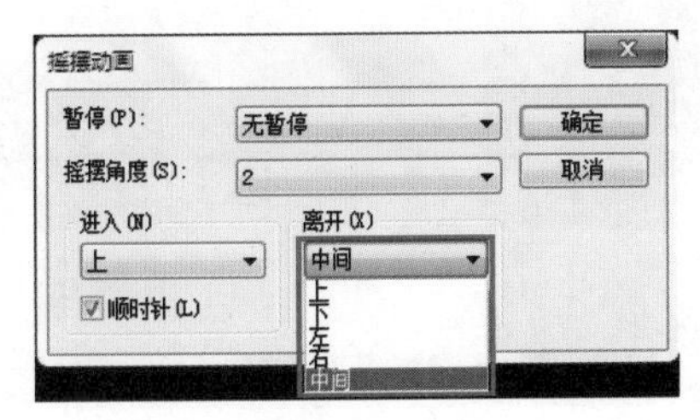

图 6-215

第 6 章

进阶实例：摇摆移动的文字

案例文件	进阶实例：摇摆移动的文字 .VSP
视频教学	视频文件 \ 第 6 章 \ 摇摆移动的文字 .flv
难易指数	★★☆☆☆
技术掌握	摇摆文字的动画效果

案例分析：

本案例就来学习如何在会声会影 X6 中制作摇摆移动的文字，最终渲染效果如图 6-216 所示。

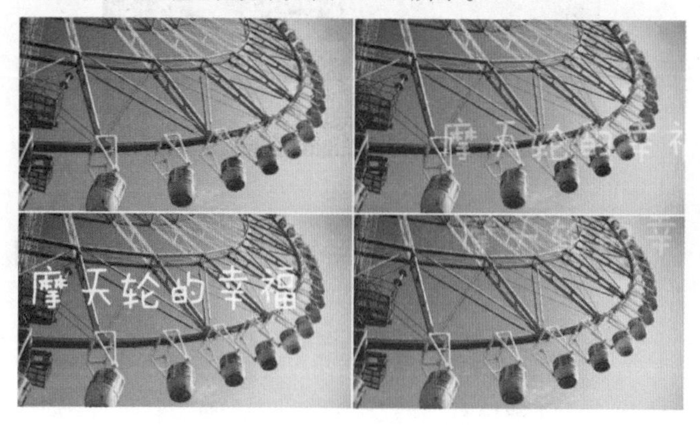

图 6-216

思路解析，如图 6-217 所示：

（1）制作文字效果。

（2）为文字添加摇摆动画效果。

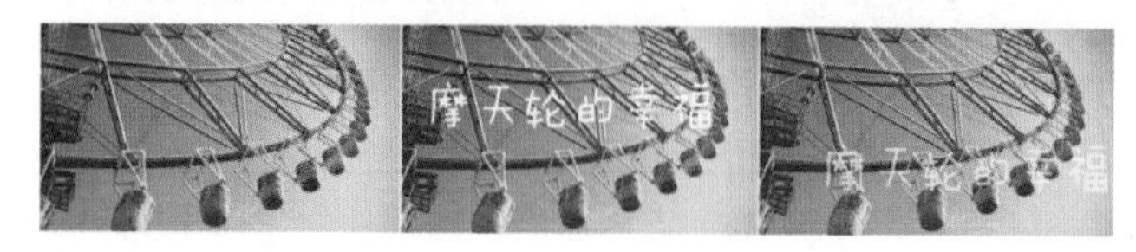

图 6-217

制作步骤：

（1）打开会声会影 X6 软件，然后在视频轨上单击鼠标右键，在弹出的菜单中选择【插入照片】选项。接着在【浏览照片】窗口中选择对应素材文件夹中的【01.jpg】素材，并单击【打开】按钮，如图 6-218 所示。

图 6-218

（2）单击【素材库】面板中的【标题】按钮，然后在【预览窗口】中双击鼠标左键。接着在【选项】面板中设置合适的【字体】和【字体大小】，【色彩】为白色（R：255，G：255，B：255），如图 6-219 所示。在文本框中输入文字，此时在【预览窗口】中的文字效果，如图 6-220 所示。

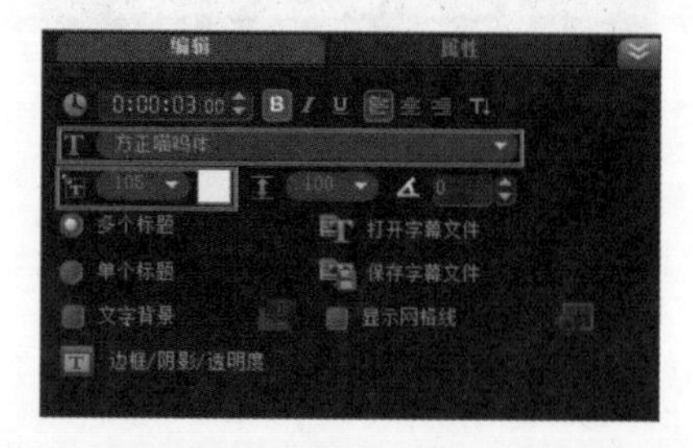

图 6-219

图 6-220

（3）双击视频轨中的标题字幕，然后在【选项】面板的【属性】选项卡中勾选【应用】选项，并设置【动画类型】为【摇摆】，并单击【自定义动画属性】按钮，如图 6-221 所示。在弹出的对话框中，设置【离开（X）】为【右】，并单击【确定】按钮，如图 6-222 所示。

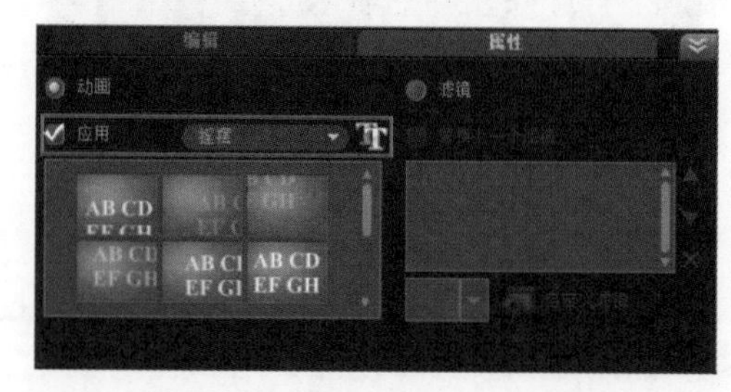

图 6-221

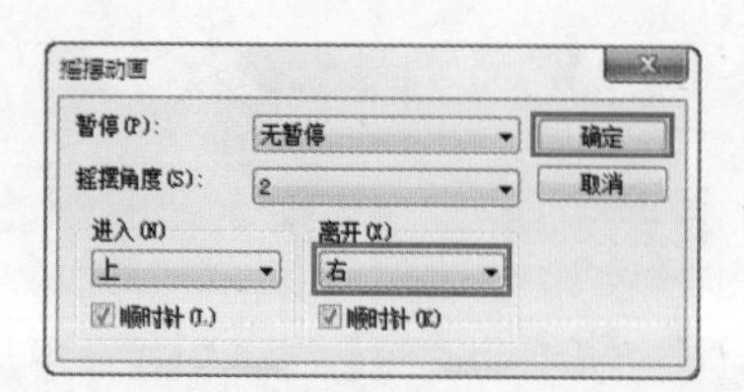

图 6-222

（4）此时，单击【预览窗口】中的【播放】按钮查看最终效果，如图 6-223 所示。

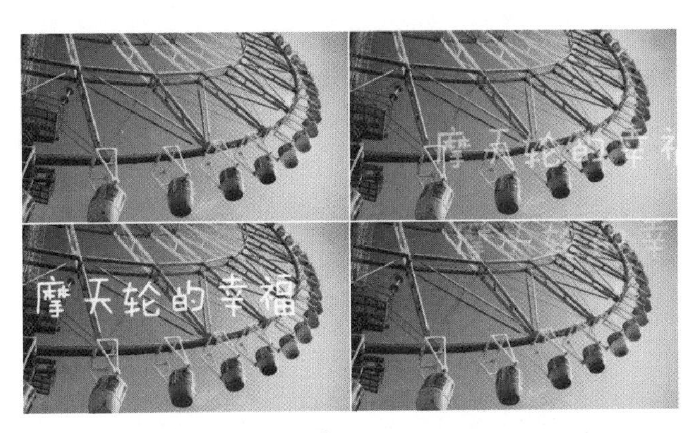

图 6-223

6.6.8

选择标题字幕，然后在【选项】面板的【属性】选项卡中勾选【应用】选项，并设置【动画类型】为【路径】，如图 6-224 所示。

图 6-224

进阶实例：使用移动路径制作数字旋转

案例文件	进阶实例：使用移动路径制作数字旋转 .VSP
视频教学	视频文件\第 6 章\使用移动路径制作数字旋转 .flv
难易指数	★★☆☆☆
技术掌握	添加文字效果、制作移动路径文字的动画效果

案例分析：

本案例就来学习如何在会声会影 X6 中使用移动路径动画制作数字旋转，最终渲染效果如图 6-225 所示。

图 6-225

思路解析，如图 6-226 所示：

（1）制作文字效果。

（2）为文字添加移动路径动画。

图 6-226

制作步骤：

（1）打开会声会影 X6 软件，然后在视频轨上单击鼠标右键，在弹出的菜单中选择【插入照片】选项。接着在【浏览照片】窗口中选择对应素材文件夹中的【01.jpg】素材，并单击【打开】按钮，如图 6-227 所示。

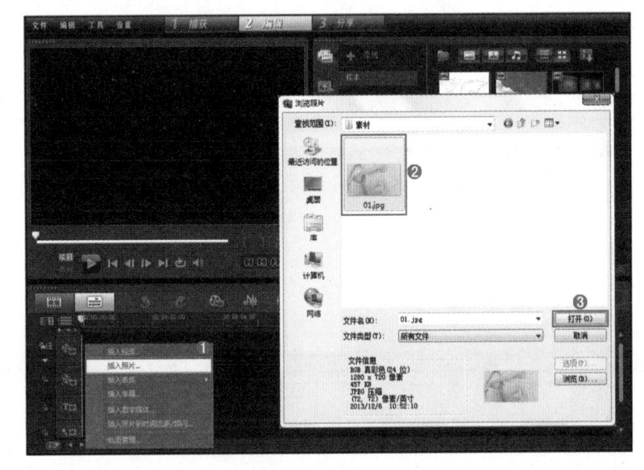

图 6-227

（2）单击【素材库】面板中的【标题】按钮，然后在【预览窗口】中双击鼠标左键。接着在【选项】面板中设置合适的【字体】和【字体大小】，【色彩】为粉色（R：255，G：205，B：172），如图 6-228 所示。然后在文本框中输入文字，此时在【预览窗口】中的文字效果，如图 6-229 所示。

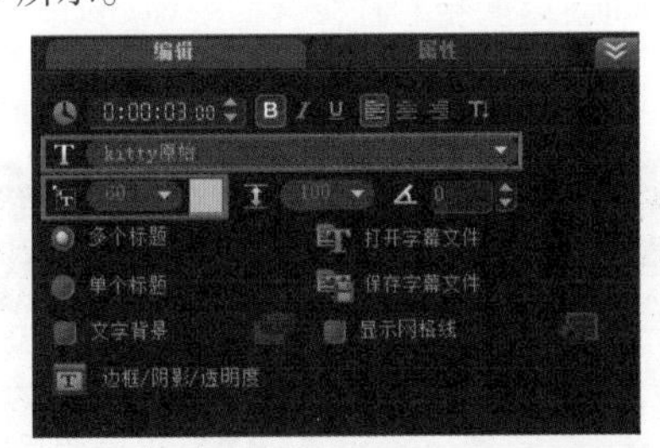

图 6-228

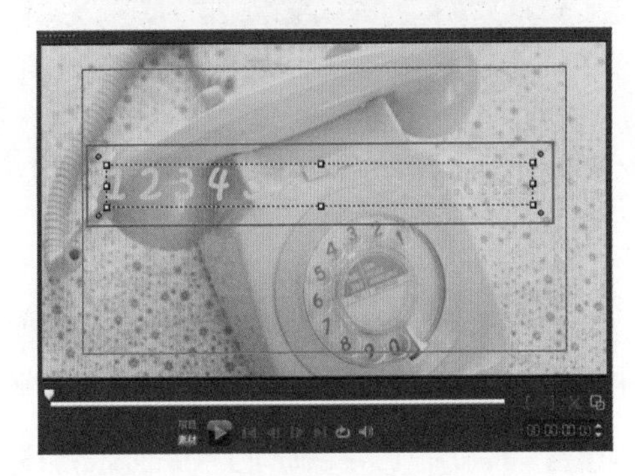

图 6-229

第 6 章

（3）在【预览窗口】中选择文字，单击【选项】面板中的【边框 / 阴影 / 透明度】按钮，然后在弹出的窗口中设置【边框宽度】为 1，【线条色彩】为白色（R：255，G：255，B：255），【文字透明度】为 3，【边缘柔化】为 10，接着单击【确定】按钮，如图 6-230 所示。此时【预览窗口】中的效果，如图 6-231 所示。

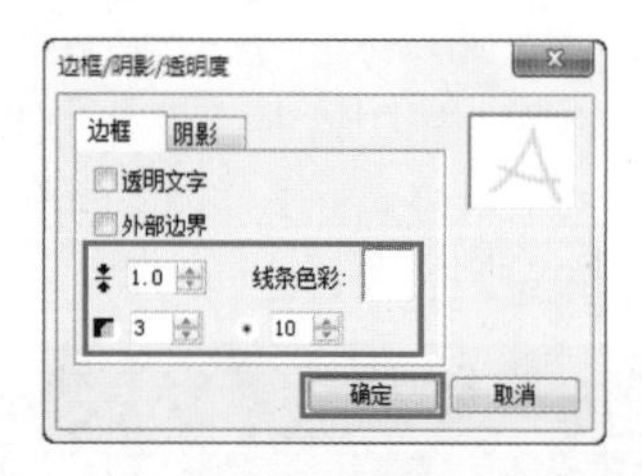

图 6-230

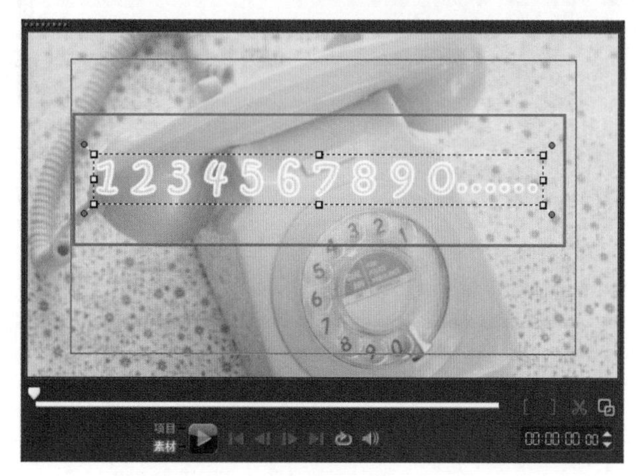

图 6-231

（4）双击视频轨中的标题字幕，然后在【选项】面板的【属性】选项卡中勾选【应用】选项，并设置【动画类型】为【移动路径】。接着选择合适的预设动画，如图 6-232 所示。

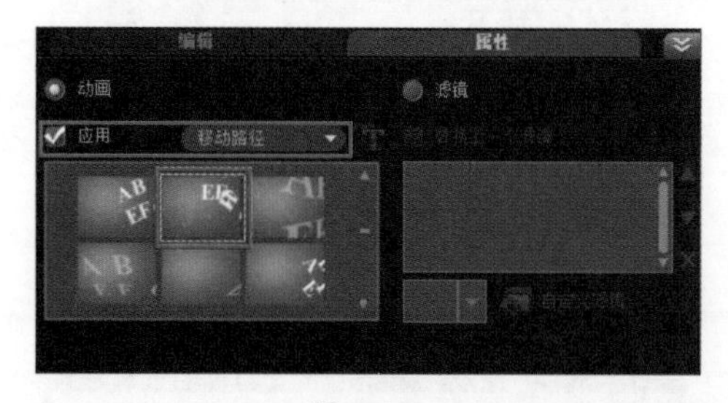

图 6-232

（5）此时，单击【预览窗口】中的【播放】按钮查看最终效果，如图 6-233 所示。

6.6.9

（1）首先在时间轴中添加背景图片素材，然后单击【标题】按钮，接着将【预览窗口】中的擦洗器移动到字幕的起始位置，如图 6-234 所示。

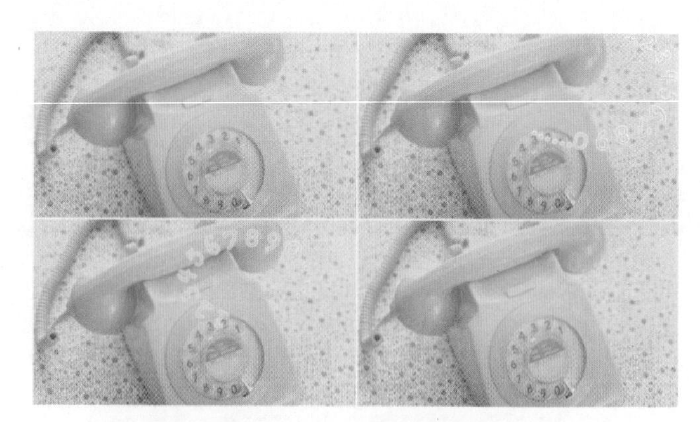

图 6-233

图 6-234

（2）在【预览窗口】中双击鼠标左键进入文字编辑状态，然后输入文字，如图 6-235 所示。

图 6-235

（3）此时在标题轨上的标题字幕的起始时间为第 1 秒的位置，如图 6-236 所示。

6.7 字幕编辑器

字幕编辑器也是会声会影 X6 中的新增功能，通过该功能可以更快捷更方便地制作对应字幕。该功能会通过语音检测技术使字幕部分与音频的断句处相互匹配。字幕编辑器界面，如图 6-237 所示。

图 6-236

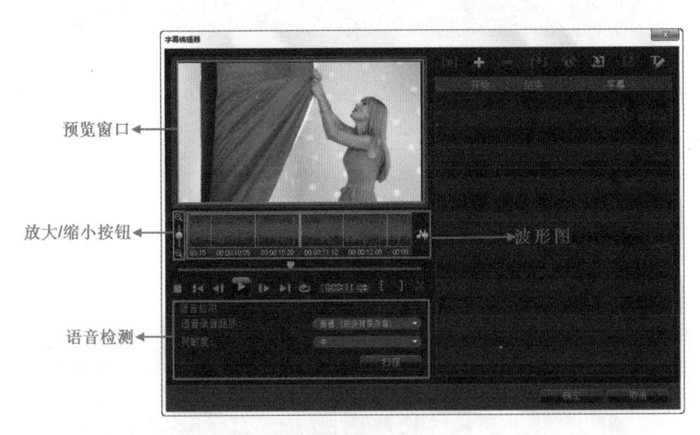

图 6-237

重点参数提醒：

※【预览窗口】：在该窗口中可以预览当前播放的画面，也可以拖动滑轨查看画面。

※【波形图】：单击该按钮可以切换波形图和视频画面，如图 6-238 所示。

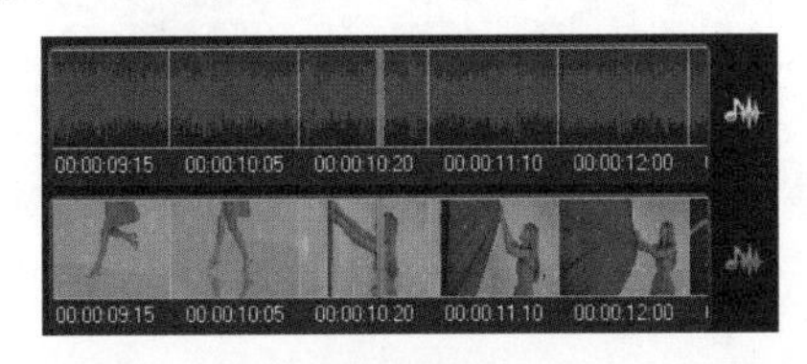

图 6-238

※放大 / 缩小按钮：上下拖动该按钮，可以改变波形或画面的显示长度。

※【停止】：单击该按钮，即可停止正在播放的素材，并回到起始位置。

※【起始点】：单击该按钮，即可跳转到起始点的位置。

※【转到前一帧】：单击该按钮，即可跳转到前一帧的位置。

※【播放】：单击该按钮，即可开始播放视音频素材文件。

※【转到下一帧】：单击该按钮，即可跳转到下一帧的位置。

※【结束点】：单击该按钮，即可跳转到结束点的位置。

※【重复】：单击该按钮，就会重复播放当前素材，再次单击该按钮，则取消重复。

※【入点】：单击该按钮，即可在当前位置标记入点，快捷键为 F3。

※【出点】：单击该按钮，即可在当前位置标记出点，快捷键为 F4。

※【分割】：单击该按钮，即可在滑轨所在位置对素材进行分割。

※语音录音质量：选择音频的质量，其下拉菜单中包含【一般（较多背景噪声）】、【好（较少背景噪声）】和【最好（没有背景噪声）】三个选项。

※灵敏度：设置扫描的灵敏度，在其下拉菜单中包含【低】、【中】和【高】三个选项。

※扫描：单击该按钮，即可开始对素材进行扫描。

※【播放选中的字幕段】：在扫描结束后，选择某一字幕段，然后单击该按钮，即可播放该字幕段和对应的素材，快捷键为【Shift+Space】。

※【添加一个新字幕】：将滑轨拖到没有字幕的位置，单击该按钮，即可在此处添加一个新字幕。

※【删除选择字幕】：选择字幕片段，然后单击该按钮，即可删除该字幕，快捷键为 <Delete>。

※【加入】：选择两个或两个以上字幕片段时，单击该按钮，可以让选择的字幕加入到第一个字幕片段中合并。

※【导入字幕文件】：单击该按钮，可以从外部导入字幕文件。

※【导出字幕文件】：单击该按钮，可以将制作的字幕导出并储存。

※【文本工具】：单击该按钮，即可在弹出的对话框中对文字的【字体】、【字体大小】和【字体颜色】等属性进行设置。

进阶实例：应用字幕编辑器制作 MV 视频

案例文件	进阶实例：应用字幕编辑器制作 MV 视频 .VSP
视频教学	视频文件 \ 第 6 章 \ 应用字幕编辑器制作 MV 视频 .flv
难易指数	★★★★☆
技术掌握	主要掌握字幕编辑器的使用

案例分析：

本案例就来学习如何在会声会影 X6 中应用字幕编辑器制作 MV 视频的方法，最终渲染效果如图 6-239 所示。

图 6-239

思路解析，如图 6-240 所示：

图 6-240

（1）利用字幕编辑器匹配字幕。

（2）设置字幕属性。

制作步骤：

（1）选择时间轴中的视频或音频素材文件，然后单击时间轴上面的【字幕编辑器】按钮，如图 6-241 所示。

图 6-241

（2）在弹出的对话框中根据素材设置【语音录音质量】为【最佳（无背景杂音）】，【灵敏度】设置为【高】，然后单击【扫描】按钮，如图 6-242 所示。在扫描结束后，右侧已经列出根据语音检测结果添加相匹配的字幕，如图 6-243 所示。

图 6-242

图 6-243

（3）接着选择第 2 段字幕，将飞轮梭拖拽到 00:00:03:18 的位置，单击【入点】按钮，如图 6-244 所示。接着选择第 3 段字幕，将飞轮梭拖拽到 00:00:08:11 的位置，单击［入点］按钮，继续将时间拖拽到 00:00:15:02 的位置，单击［出点］按钮，如图 6-245 所示。

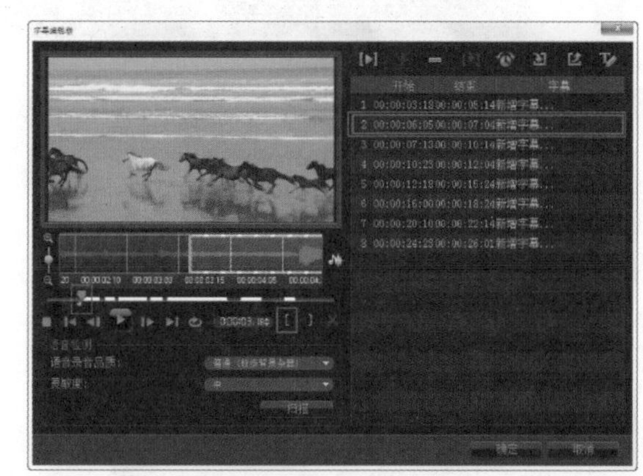

图 6-244

图 6-245

（4）接着选择第 5 段字幕，将飞轮梭拖拽到 00:00:13:20 的位置，单击【入点】按钮，继续将时间拖拽到 00:00:17:09 的位置，单击【出点】按钮，如图 6-246 所示。选择第 7 段字母，将飞轮梭拖拽到 00:00:20:16，单击【入点】按钮[，继续将飞轮梭拖拽到00:00:21:18的位置，单击【出点】按钮]，如图6-247所示。

图 6-246

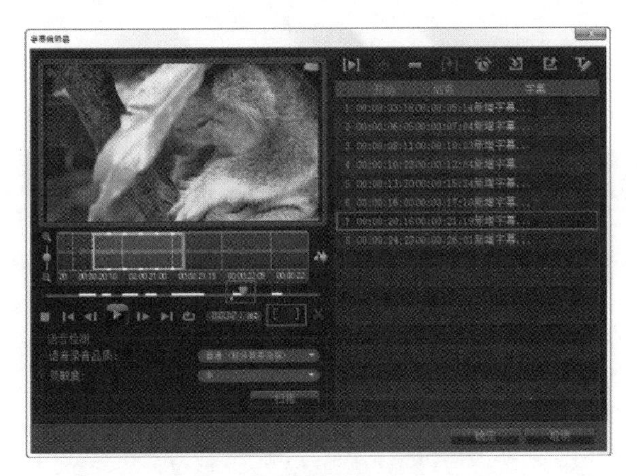

图 6-247

求生秘籍——技巧提示：设置入点和出点

使用【入点】[和【出点】]功能可以对字幕的区间进一步调节。将滑轨拖到需要设置入点或出点的位置，然后单击【入点】[按钮和【出点】]按钮，即可精确设置字幕区间位置，如图6-248所示。

图 6-248

（5）单击字幕上面的【文本选项】按钮，然后在弹出的对话框中设置合适的【字体】和【字体大小】，并单击【确定】按钮即可，如图6-249所示。接着依次双击右侧的【字幕】按钮，在弹出的文本框中输入相应的字幕文字，单击【字幕编辑器】对话框的【确定】按钮，如图6-250所示。

（6）此时在【标题轨】上看到已经按顺序排列好的字幕文件，如图6-251所示。

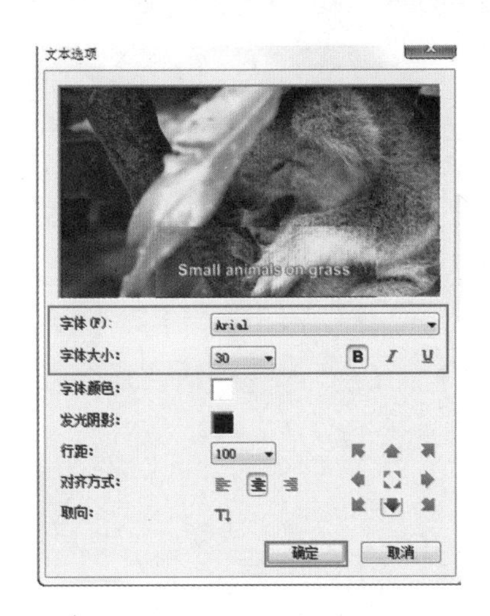

图 6-249

图 6-250

图 6-251

（7）此时，单击【预览窗口】中的【播放】按钮查看最终的MV效果。

精彩特效篇

第7章　覆叠效果
第8章　转场特效
第9章　滤镜特效
第10章　音频滤镜

第 7 章　覆叠效果

本章内容简介

通过会声会影 X6 的多条不同轨道可以将不同的素材图像相互叠加到一起，产生多种画面相结合的效果。本章主要介绍了怎样制作覆叠效果，如何添加素材和调整覆叠效果，以及预设覆叠素材、遮罩和即时项目的使用。

本章学习要点

掌握覆叠素材的基本操作

学习使用预设覆叠素材

掌握遮罩和色度键的使用

了解即时项目的应用

佳作欣赏

7.1　编辑和属性选项卡面板

7.1.1

在【选项】面板的【编辑】选项卡中可以对覆叠轨中的素材进行编辑，包括覆叠轨中素材的区间、声音和色彩校正等，如图 7-1 所示。

图 7-1

重点参数提醒：

※【视频区间】：通过调节时间参数来控制覆叠轨中相应素材的时间长度。直接单击数字，当数字处于闪烁状态时，就可以输入数值，输入完成后在空白处单击或按键盘上的 <Enter> 键即可，也可以单击数字右侧的上下按钮进行微调。

※【素材音量】：可以设置素材的音频音量。可直接输入数值，也可单击数值右侧的按钮进行微调。单击按钮，会弹出音量调节器，通过滑块可以调节音量，如图 7-2 所示。

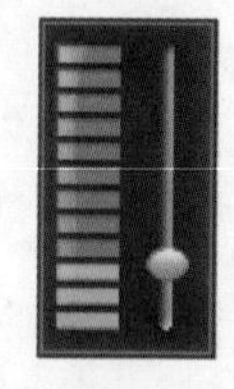

图 7-2

※【静音】：单击该按钮可以将覆叠轨中的素材静音，再次单击该按钮可以取消静音。

※【淡入】：单击该按钮可以使覆叠轨中的素材产生淡入效果。

※【淡出】：单击该按钮可以使覆叠轨中的素材产生淡出效果。

※【将视频逆时针旋转 90°】：单击该按钮可以将当前覆叠轨中的素材文件向逆时针方向旋转 90°。

※【将视频顺时针旋转 90°】：单击该按钮可以将当前覆叠轨中的素材文件向顺时针方向旋转 90°。

※色彩校正：单击该按钮，会弹出关于色调、饱和度、亮度和对比度等参数调节的面板，如图 7-3 所示。

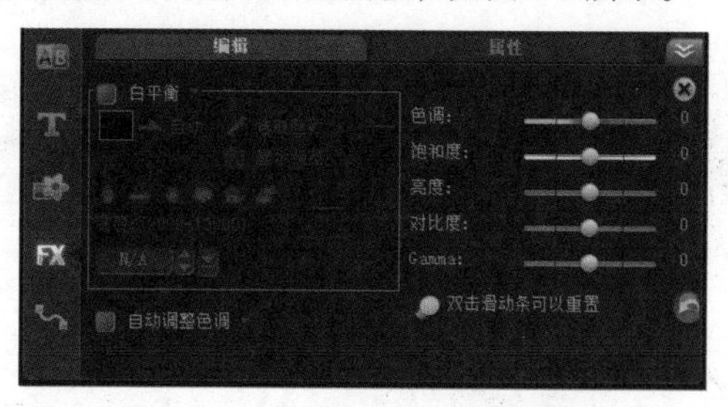

图 7-3

※速度 / 时间流逝：单击该按钮，可以在弹出的对话框中设置素材的播放速度和时间，如图 7-4 所示。

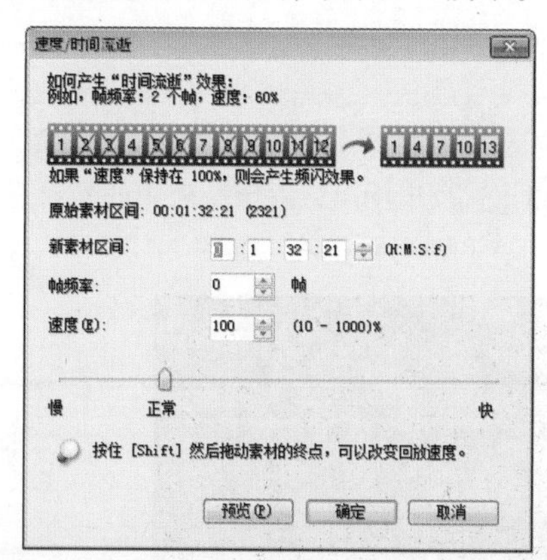

图 7-4

※反转视频：勾选该选项，当前视频素材会反方向放。

※抓拍快照：单击该按钮，会将当前视频图像画面保存为静态图像，并自动添加到【图像】素材库中。

※分割音频：单击该按钮，会将当前选择的视频文件中的音频分离出来，并自动添加到【音频轨】中。

7.1.2

选择素材文件，然后在【选项】面板的【属性】选项卡中对覆叠轨中的素材进行属性编辑，包括进入与退出的运动方向、对齐选项和遮罩等，如图 7-5 所示。

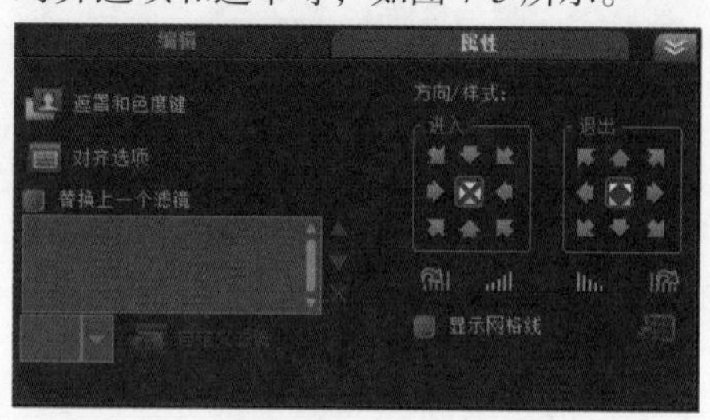

图 7-5

重点参数提醒：

※遮罩和色度键：单击该按钮会弹出遮罩和色度键相关的参数，包括调节透明度和边框大小，以及利用色度键抠除颜色效果等，如图 7-6 所示。

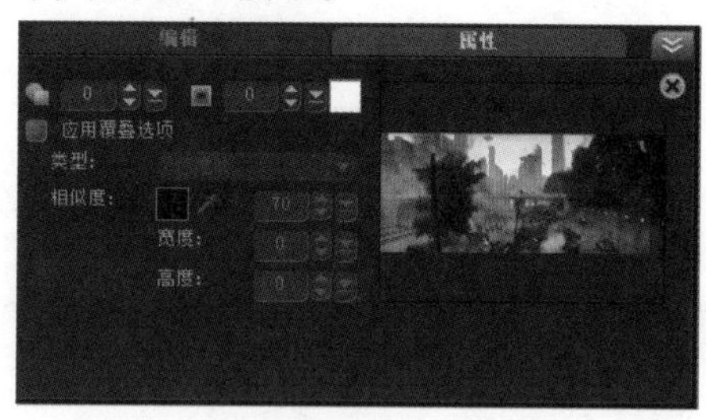

图 7-6

※对齐选项：单击该按钮，在弹出的菜单中可以设置当前素材的对齐位置、宽高比和大小，如图 7-7 所示。

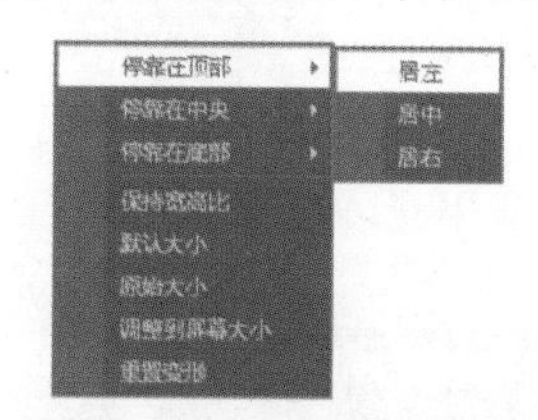

图 7-7

※替换上一个滤镜：勾选该选项，为当前素材添加新的滤镜时会替换以前添加的滤镜效果。若要为素材上添加多个滤镜效果时，需要勾选掉该选项。

※自定义滤镜：单击该按钮，在弹出的对话框中可以对添加的滤镜进行自定义设置。

※方向 / 样式：选择素材的进入和退出的方向，如图 7-8 所示。并可以通过【暂停区间前 / 后旋转】按钮对素材开启进入或退出旋转动画效果。

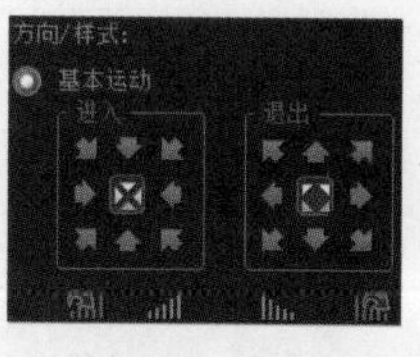

图 7-8

※显示网格线：勾选该选项，会在预览窗口中显示网格线。

7.2　覆叠素材的基本操作

为了制作更加丰富的画面效果，可以添加多个覆叠轨，以增加不同的覆叠素材，而且在覆叠轨中同样可以像视频轨一样修整素材。

7.2.1

直接在将素材按住鼠标左键拖拽到【覆叠轨】中，然后释放鼠标左键即可。覆叠轨中添加的素材文件可以直接在预览窗口中通过变形框来调节大小和宽高比等，更加方便快捷。

1. 将覆叠素材拖拽到覆叠轨上

在素材库中单击【媒体】按钮，然后在素材上按住鼠标左键，将其拖拽到【覆叠轨】上，如图 7-9 所示。

图 7-9

2. 在覆叠轨中直接插入素材

在【覆叠轨】上单击鼠标右键，然后在弹出的菜单栏中选择【插入照片】选项，如图 7-10 所示。此时在弹出的对话框中选择素材，单击【打开】按钮即可，如图 7-11 所示。

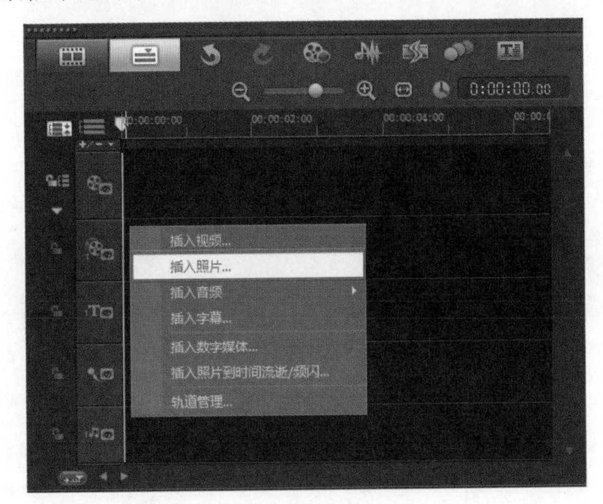

图 7-10

图 7-11

7.2.2

在会声会影 X6 中双击【覆叠轨】上的素材，然后可以在预览窗口中的素材上单击鼠标右键，通过弹出的菜单来调整素材的位置和大小，如图 7-12 所示。

图 7-12

进阶实例：覆叠海报效果

案例文件	进阶实例：覆叠海报效果 .VSP
视频教学	DVD/ 多媒体教学 / 第 7 章 / 进阶实例：覆叠海报效果 .flv
难易指数	★★☆☆☆
技术掌握	覆叠的应用

案例分析：

本案例就来学习如何在会声会影 X6 中使用文字层制作彩色文字，最终渲染效果如图 7-13 所示。

图 7-13

思路解析，如图 7-14 所示：

图 7-14

（1）添加覆叠文件。

（2）调整覆叠文件的大小和位置。

制作步骤：

（1）打开会声会影 X6 软件，在素材面板上，单击【图形】按钮，将白色（245,245,245）背景拖拽到【视频轨】上，如图 7-15 所示。适当添加覆叠轨的数量，如图 7-16 所示。

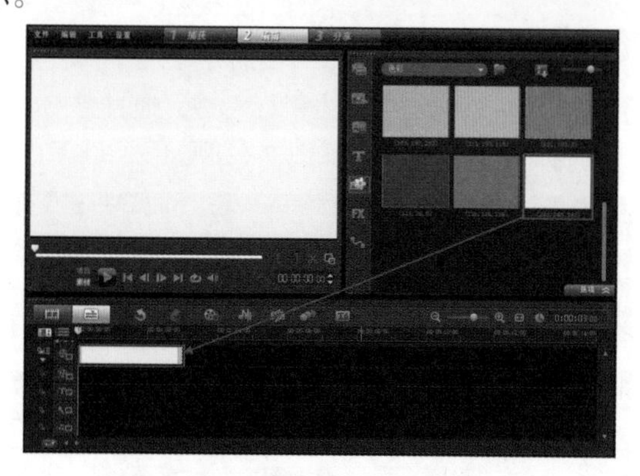

图 7-15

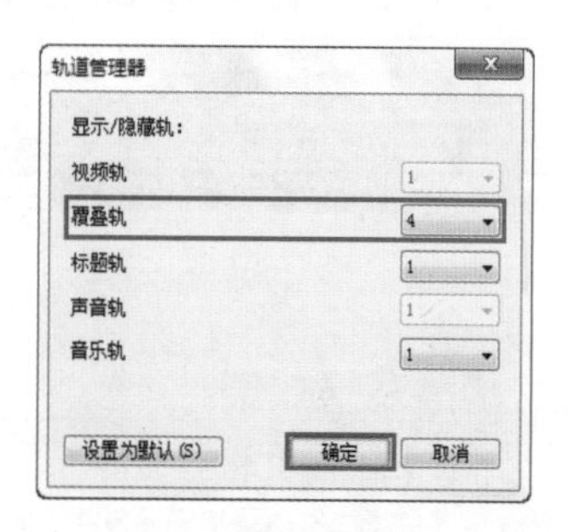

图 7-16

（2）将素材文件夹中【01.png】、【02.png】、【03.png】和【04.png】分别添加到【覆叠轨 1】、【覆叠轨 2】、【覆叠轨 3】和【覆叠轨 4】上，如图 7-17 所示。然后在预览窗口分别调整素材的位置和大小，如图 7-18 所示。

图 7-17

图 7-18

（3）此时，在【预览窗口】中查看最终的【海报】效果，如图 7-19 所示。

图 7-19

进阶实例：使用覆叠制作音乐海报

案例文件	进阶实例：使用覆叠制作音乐海报 .VSP
视频教学	DVD/ 多媒体教学 / 第 7 章 / 进阶实例：使用覆叠制作音乐海报 .flv
难易指数	★★☆☆☆
技术掌握	覆叠的应用、调整覆叠素材的大小和位置

案例分析：

本案例就来学习如何在会声会影 X6 中使用覆叠制作音乐海报效果，最终渲染效果如图 7-20 所示。

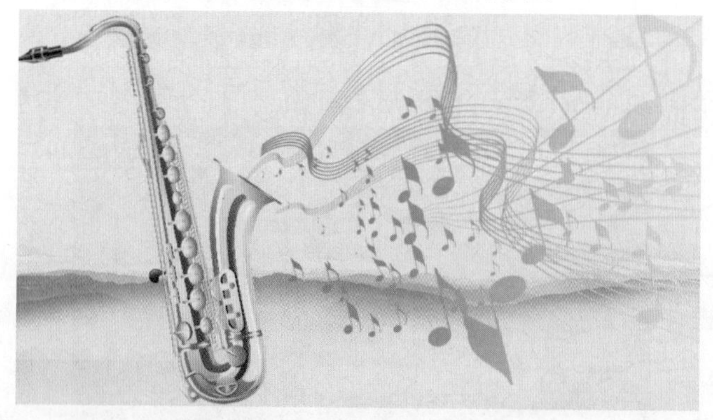

图 7-20

思路解析，如图 7-21 所示：

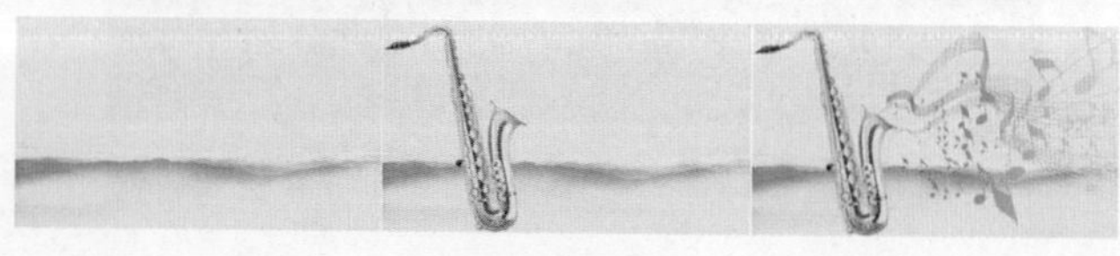

图 7-21

（1）设置覆叠轨的数量。

（2）在预览窗口中调整覆叠素材的位置和大小。

制作步骤：

（1）打开会声会影 X6 软件，将素材文件夹中的【01.jpg】添加到【视频轨】上，如图 7-22 所示。设置【覆叠轨】的数量为 3，单击【确定】按钮，如图 7-23 所示。

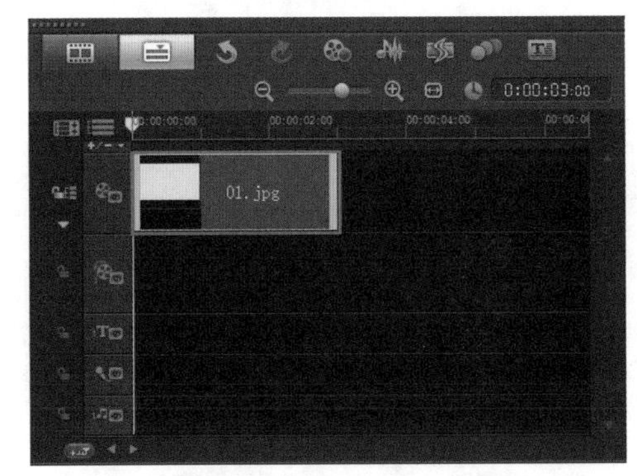

图 7-22

图 7-23

（2）将素材文件夹中【02.png】添加到【覆叠轨 1】上，如图 7-24 所示。然后在【预览窗口】单击鼠标右键，执行【调整到屏幕大小】命令，如图 7-25 所示。

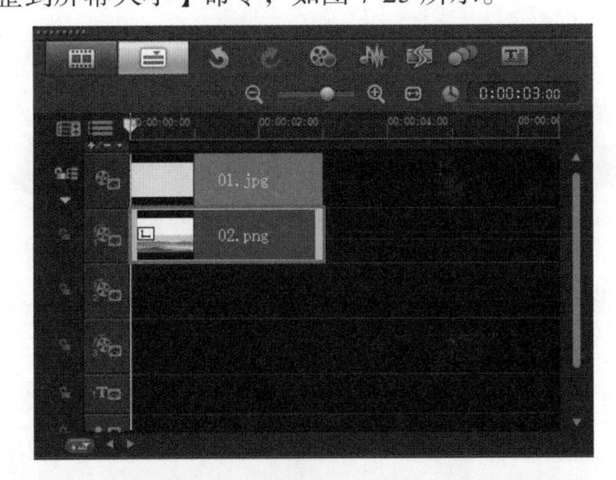

图 7-24

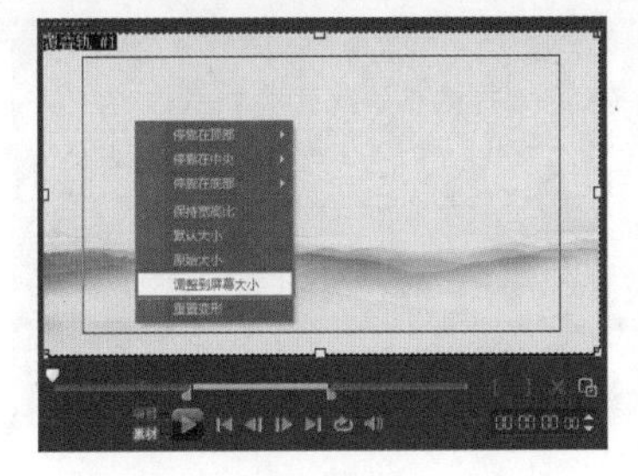

图 7-25

（3）接着将素材文件夹中【03.png】添加到【覆叠轨 2】上，如图 7-26 所示。然后在【预览窗口】调整素材的位置和大小，如图 7-27 所示。

图 7-26

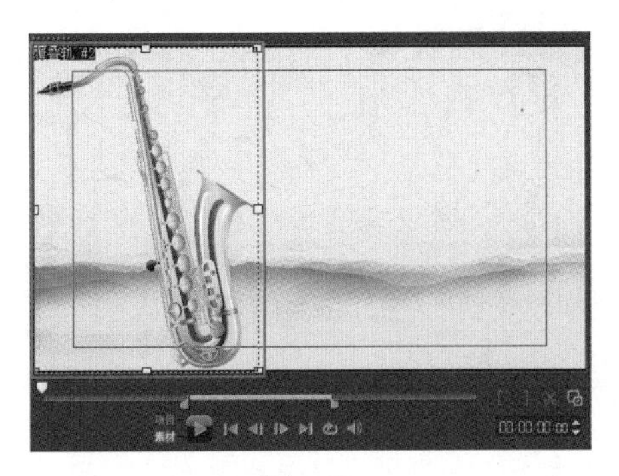

图 7-27

（4）将素材文件夹中【04.png】添加到【覆叠轨 3】上，如图 7-28 所示。然后在【预览窗口】调整素材的位置和大小，如图 7-29 所示。

图 7-28

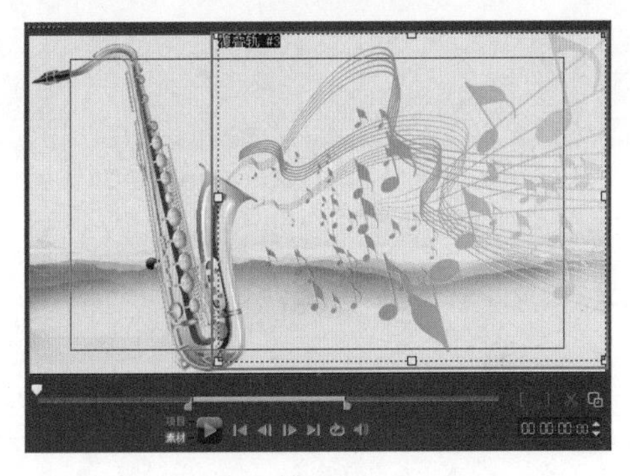

图 7-29

（5）此时，在【预览窗口】中查看最终的音乐海报效果，如图 7-30 所示。

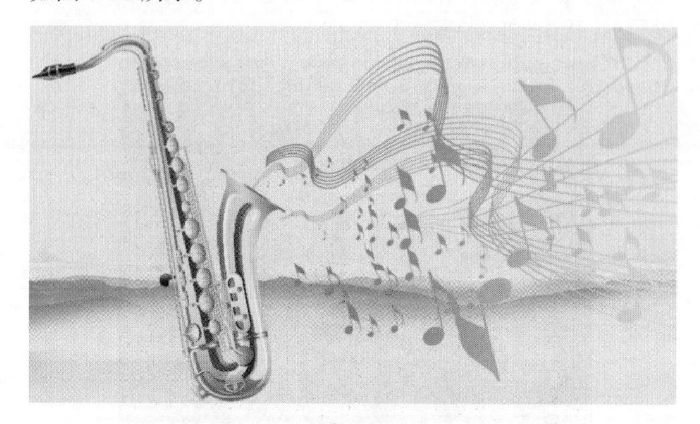

图 7-30

进阶实例：咖啡馆招贴

案例文件	进阶实例：咖啡馆招贴 .VSP
视频教学	DVD/ 多媒体教学 / 第 7 章 / 进阶实例：咖啡馆招贴 .flv
难易指数	★★☆☆☆
技术掌握	添加覆叠素材、调整覆叠素材的位置和大小、制作文字阴影效果

案例分析：

本案例就来学习如何在会声会影 X6 中使用覆叠功能制作咖啡馆招贴，最终渲染效果如图 7-31 所示。

图 7-31

思路解析，如图 7-32 所示：

图 7-32

（1）调整覆叠素材的位置和大小。

（2）为文字添加下垂阴影效果。

制作步骤：

（1）打开会声会影 X6，设置【覆叠轨】的数量为 2，单击【确定】按钮，如图 7-33 所示。接着将素材文件夹中的【01.jpg】、【02.jpg】和【03.jpg】分别添加到【视频轨】、【覆叠轨 1】和【覆叠轨 2】上，如图 7-34 所示。

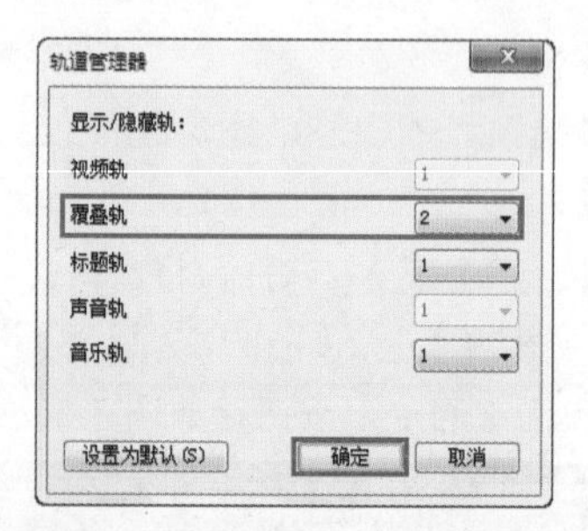

图 7-33

图 7-34

（2）分别在预览窗口中调整素材的位置和大小，如图 7-35 所示。

图 7-35

（3）单击素材库面板中的【标题】按钮，然后在【预览窗口】中双击鼠标左键。接着在【选项】面板中设置合适的【字体】和【字体大小】，【色彩】为棕色（R：64，G：41，B：5），如图 7-36 所示。然后在文本框中输入文字，此时在【预览窗口】中的文字效果，如图 7-37 所示。

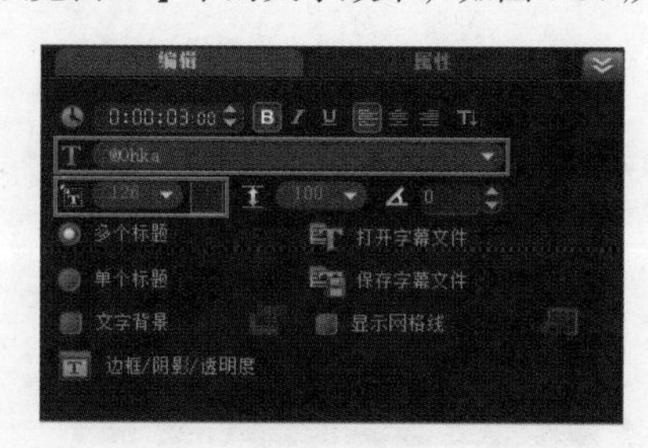

图 7-36

图 7-37

（4）双击【标题轨】上文字，在选项面板中单击【边框 / 阴影 / 透明度】按钮，再单击【下垂阴影】按钮，设置【X】为 10，【Y】为 3，单击颜色块设置下垂阴影颜色为黑色，【下垂阴影透明度】为 3，【下垂阴影柔滑边缘】为 50，单击【确定】按钮，如图 7-38 所示。此时预览窗口中的效果，如图 7-39 所示。

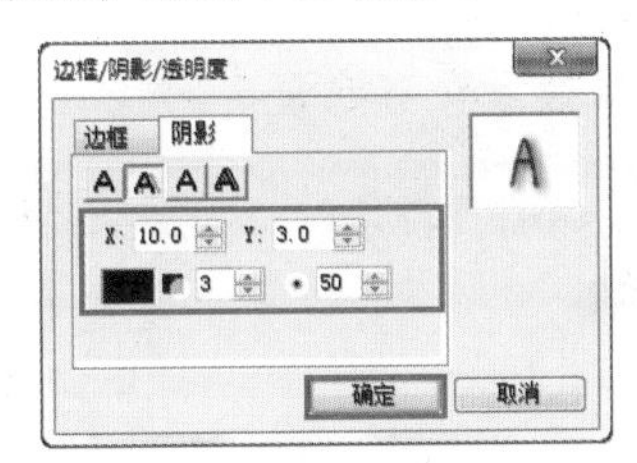

图 7-38

图 7-39

（5）此时，单击【预览窗口】中的【播放】按钮查看最终的效果，如图 7-40 所示。

图 7-40

进阶实例：添加覆叠素材制作宣传画册

案例文件	进阶实例：添加覆叠素材制作宣传画册 .VSP
视频教学	DVD/ 多媒体教学 / 第 9 章 / 进阶实例：添加覆叠素材制作宣传画册 .flv
难易指数	★★★☆☆
技术掌握	添加覆叠素材、添加文字，更改文字的属性

案例分析：

本案例就来学习如何在会声会影 X6 中使用覆叠制作宣传画册，最终渲染效果如图 7-41 所示。

图 7-41

思路解析，如图 7-42 所示：

图 7-42

（1）添加覆叠素材，调整覆叠的素材大小和位置。

（2）添加文字，更改文字的相关属性。

制作步骤：

（1）打开会声会影 X6，将素材文件夹中的【01.jpg】和【02.png】分别添加到【视频轨】和【覆叠轨 1】上，如图 7-43 所示。

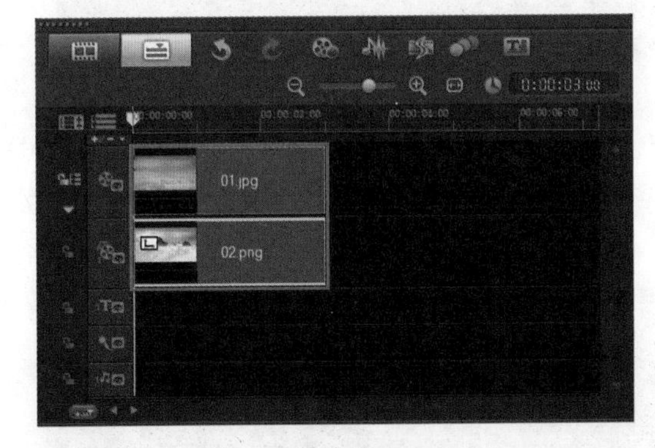

图 7-43

接着在预览窗口中单击鼠标右键，在弹出的菜单栏中执行【调整到屏幕大小】命令，如图 7-44 所示。

（2）单击时间轴上的素材管理器，设置覆叠轨的数量为 3。接着将素材文件夹中的【03.png】添加到【覆叠轨 2】上，如图 7-45 所示。在预览窗口中调整素材的位置和大小，如图 7-46 所示。

第 7 章

图 7-44

图 7-45

图 7-46

（3）将素材文件夹中的【04.png】添加到【覆叠轨 3】上，如图 7-47 所示。在预览窗口中调整素材的位置和大小，如图 7-48 所示。

图 7-47

图 7-48

（4）单击标题按钮，在预览窗口中输入相关文字，如图所示。选中预览窗口中的文字，打开选项面板，设置相关的字体和字体大小，并选择合适的颜色，如图 7-49 所示。此时预览窗口中的效果如图 7-50 所示。

图 7-49

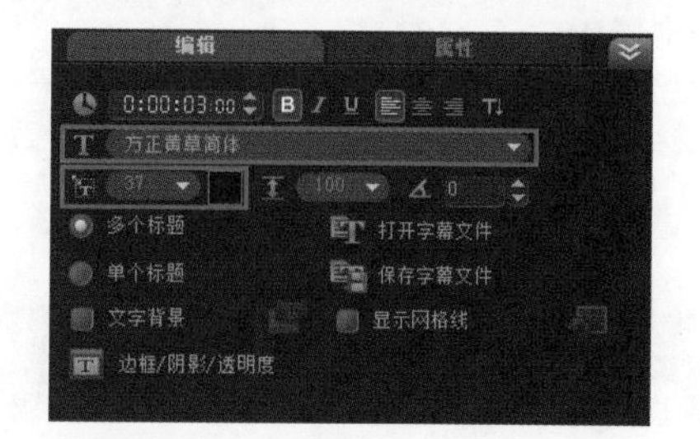

图 7-50

（5）单击预览窗口中的播放按钮，查看最终效果，如图 7-51 所示。

图 7-51

7.2.3

删除覆叠素材非常简单，只需要对【覆叠轨】中的素材文件单击鼠标右键，选择【删除】选项，如图 7-52 所示。当然也可以直接选择素材，并按键盘上的 <Delete> 键进行删除，如图 7-53 所示。

图 7-52

图 7-53

7.2.4

在覆叠素材的【选项】面板的【属性】选项卡中，可以对当前选择的素材进行透明度和边框等属性的设置。

1. 设置覆叠素材的透明度

选择覆叠轨中的素材文件，然后在【选项】面板的【属性】选项卡中单击【遮罩和色度键】按钮，如图 7-54 所示。

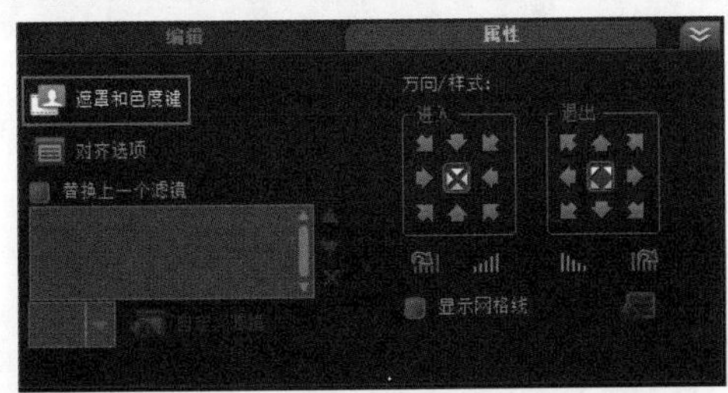

图 7-54

此时在弹出的参数面板中可以设置【透明度】的数值，如图 7-55 所示。数值越大素材的透明度越高，数值越小素材的透明度越低。

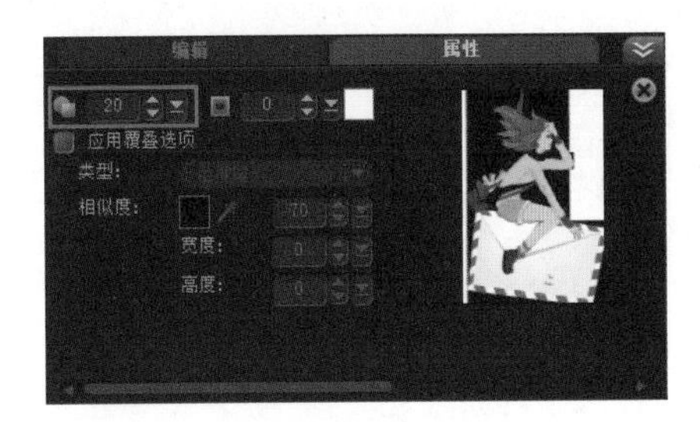

图 7-55

2. 设置覆叠素材的边框

在会声会影 X6 中还可以为覆叠轨中的素材添加边框描边效果。首先在覆叠轨中选择素材，然后单击【选项】面板中的【遮罩和色度键】按钮，接着在弹出的参数面板中设置【边框】的大小数值和颜色，如图 7-56 所示。

图 7-56

7.3　覆叠素材的基本运动

在会声会影 X6 中可以为覆叠素材制作进入和退出的动画效果，从而使覆叠画面效果更加丰富。

7.3.1

选择【覆叠轨】上的素材文件，然后在【属性】选项面板中对【进入】和【退出】的方向进行设置，如图 7-57 所示。

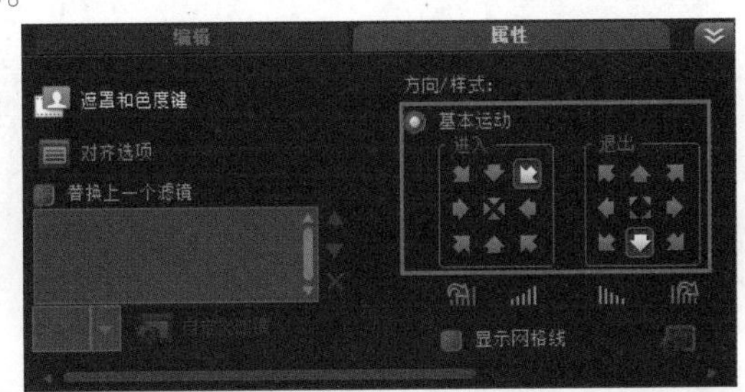

图 7-57

进阶实例：美丽城市

案例文件	进阶实例：美丽城市 .VSP
视频教学	DVD/ 多媒体教学 / 第 7 章 / 进阶实例：美丽城市 .flv
难易指数	★★★☆☆
技术掌握	基本进入方式

案例分析：

本案例就来学习如何在会声会影 X6 中为覆叠轨素材设置基本的进入方式，最终渲染效果如图 7-58 所示。

思路解析，如图 7-59 所示：

（1）添加覆叠素材，调整覆叠素材的大小和位置。

（2）为覆叠素材设置基本进入方式。

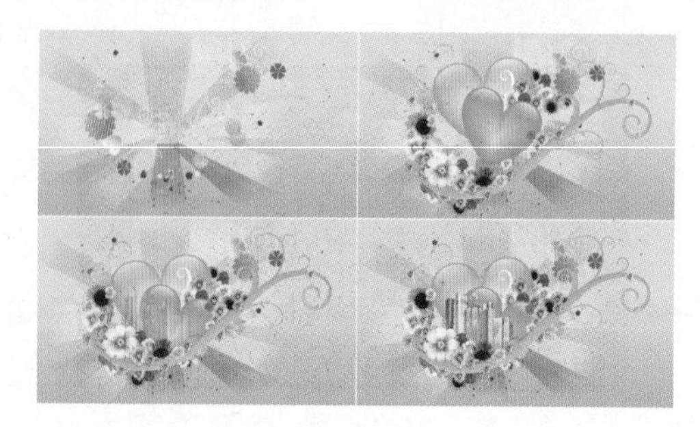

图 7-58

图 7-59

制作步骤：

（1）打开会声会影 X6，将素材文件夹中的【01】和【02】素材添加到【视频轨】上，设置结束时间为第6秒，如图 7-60 所示。在预览窗口中调整覆叠素材的位置和大小，如图 7-61 所示。

（2）单击时间轴上的轨道管理器设置【覆叠轨】的数量为 4，如图 7-62 所示。接着将素材文件夹中的【03.png】添加到【覆叠轨 2】上，并设置结束时间为第 6 秒，如图 7-63 所示。

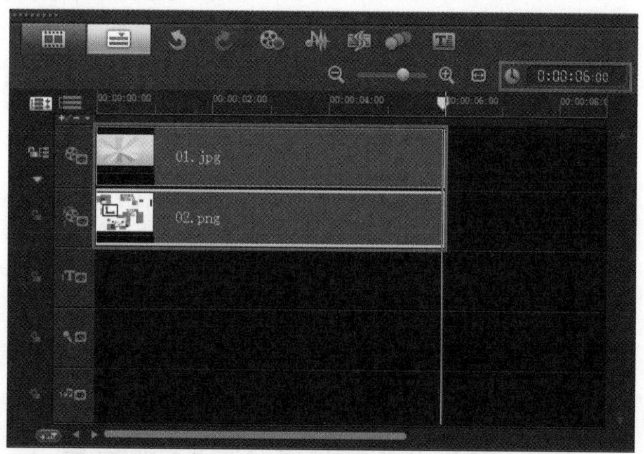

图 7-60

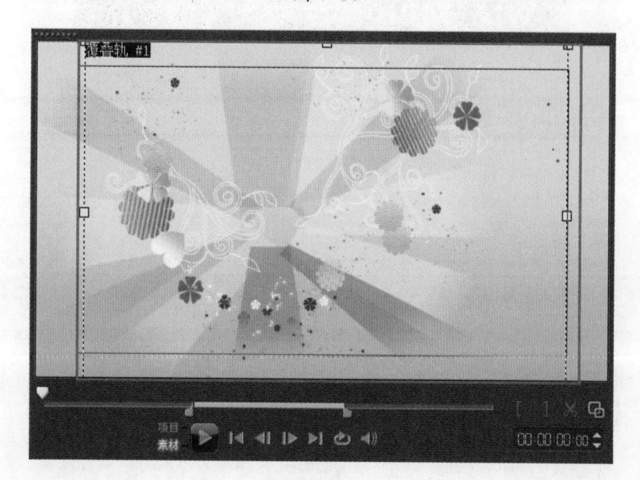

图 7-61

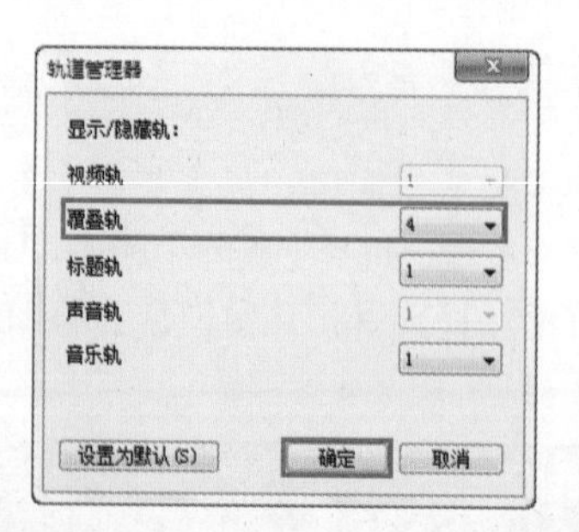

图 7-62

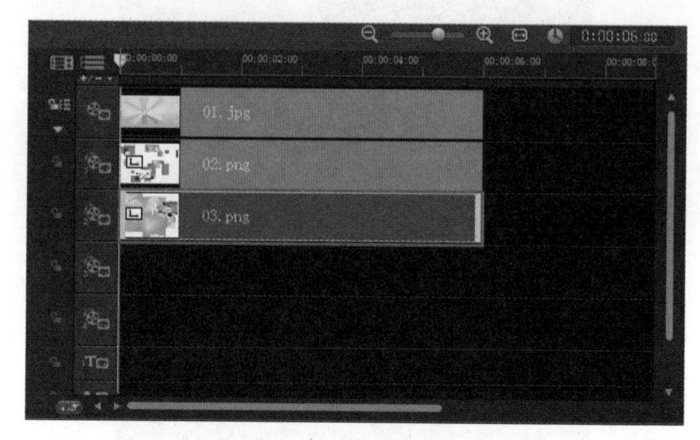

图 7-63

（3）选择【覆叠轨 03】上的素材文件，在预览窗口中调整素材的位置和大小，如图 7-64 所示。接着双击素材文件，打开【选项】面板，设置基本运动的【进入】方式为从上进入，如图 7-65 所示。

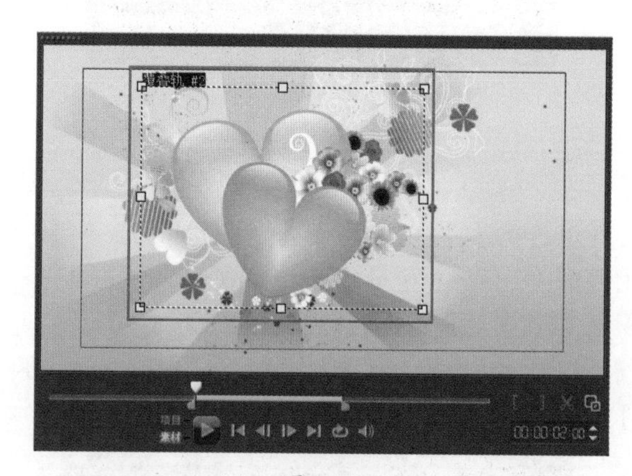

图 7-64

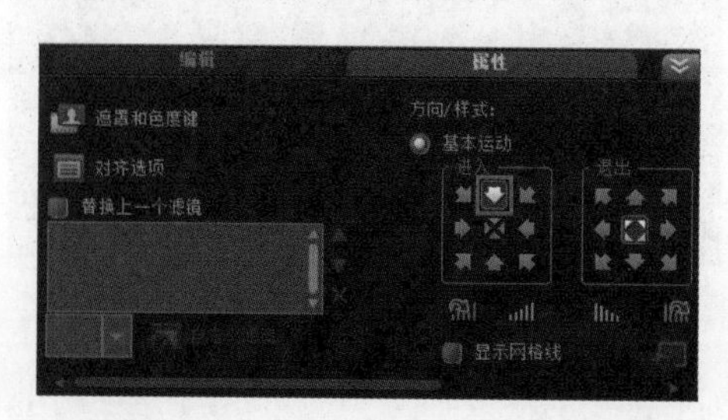

图 7-65

（4）将素材文件夹中的【04.png】添加到【覆叠轨 3】上，设置开始时间为第3秒，结束时间为第6秒，如图 7-66 所示。并在预览窗口中调整素材的位置和大小，如图 7-67 所示。

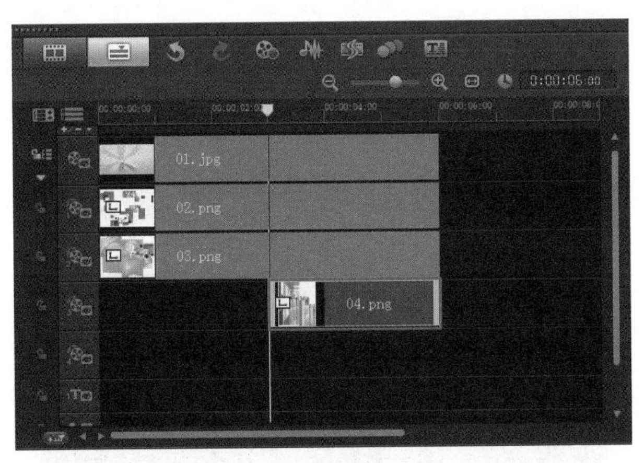

图 7-66

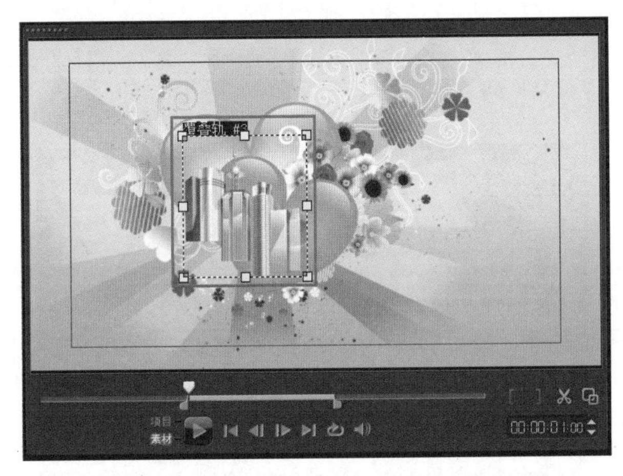

图 7-67

（5）双击【覆叠轨 3】上的【04.png】素材文件，打开属相选项面板，单击淡入按钮，设置素材的淡入动画效果，如图 7-68 所示。

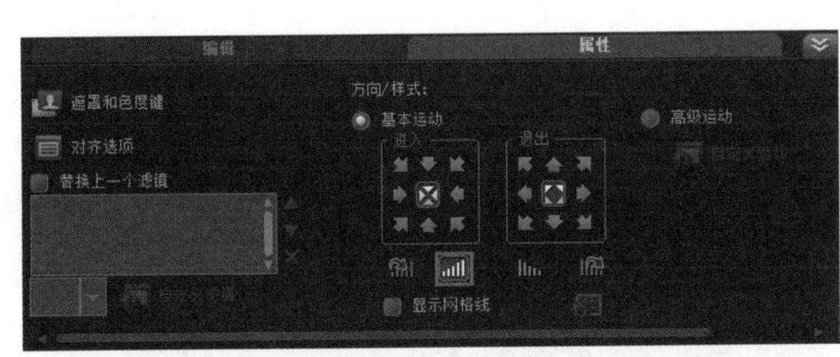

图 7-68

（6）将素材文件夹中的【05.png】添加到【覆叠轨 4】上，并设置结束时间为第 6 秒，如图 7-69 所示。在预览窗口中调整素材的位置和大小，如图 7-70 所示。

（7）双击覆叠轨上的素材文件，打开属相选项面板，设置素材的基本运动，【进入】的方式为从上方进入，如图 7-71 所示。

（8）单击预览窗口中的播放按钮，查看最终的效果，如图 7-72 所示。

图 7-69

图 7-70

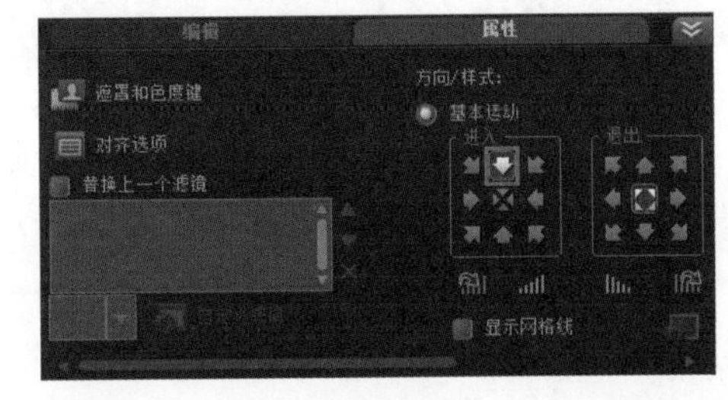

图 7-71

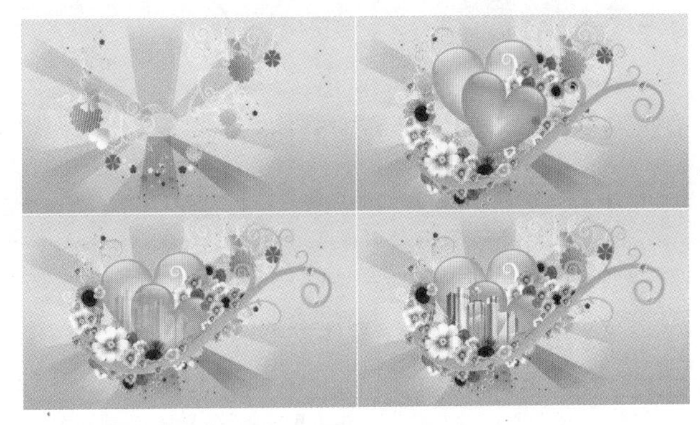

图 7-72

7.3.2

选择【覆叠轨】上的素材文件，然后在【属性】选项面板中通过【暂停区间旋转】按钮可以设置基本运动进入和退出的旋转效果，如图 7-73 所示。

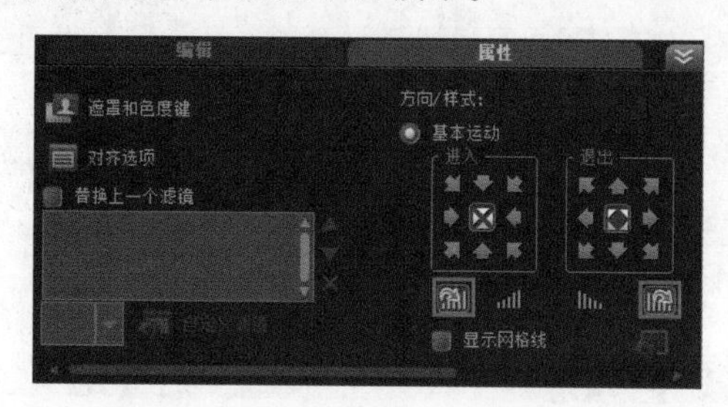

图 7-73

进阶实例：为覆叠素材设置基本动画

案例文件	进阶实例：为覆叠素材设置基本动画 .VSP
视频教学	DVD/ 多媒体教学 / 第 7 章 / 进阶实例：为覆叠素材设置基本动画 .flv
难易指数	★★☆☆☆
技术掌握	覆叠、基本运动的应用

案例分析：

本案例就来学习如何在会声会影 X6 中使用文字层来制作彩色文字，最终渲染效果如图 7-74 所示。

图 7-74

思路解析，如图 7-75 所示：

图 7-75

（1）添加覆叠素材，调整覆叠素材的位置和大小。

（2）为覆叠素材设置基本运动方式。

制作步骤：

（1）打开会声会影 X6 软件，适当添加覆叠轨的数量。将素材文件夹中的【01.jpg】、【02.png】、【03.png】和【04.png】分别添加到【视频轨】、【覆叠轨 1】、【覆叠轨 2】和【覆叠轨 3】上，如图 7-76 所示。

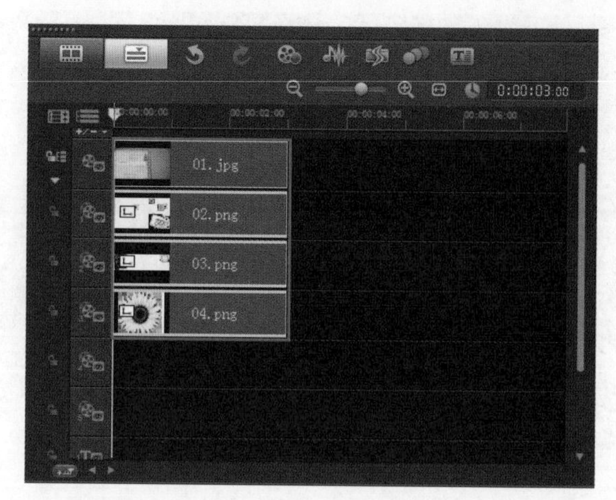

图 7-76

（2）接着在【预览窗口】分别调整素材文件的大小和位置，如图 7-77 所示。

图 7-77

（3）双击【04.png】素材文件，然后在【选项】面板的【属性】选项卡中选择【基本运动】选项，并设置【进入】方式为【从上方进入】，单击【暂停区间前旋转】按钮，接着单击【淡入动画效果】按钮，如图 7-78 所示。

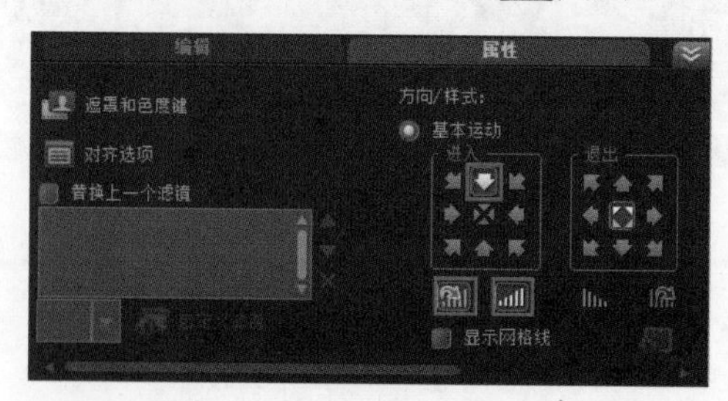

图 7-78

（4）将【覆叠轨 3】上的【04.png】素材文件复制到【覆叠轨 4】上，如图 7-79 所示。

（5）接着在【预览窗口】中调整【覆叠轨 4】的位置和大小，如图 7-80 所示。然后在【选项】面板的【属性】选项卡中选择【基本运动】，并设置【进入】方式为【从左上方进入】，单击【暂停区间前旋转】按钮，如图 7-81 所示。

图 7-79

图 7-80

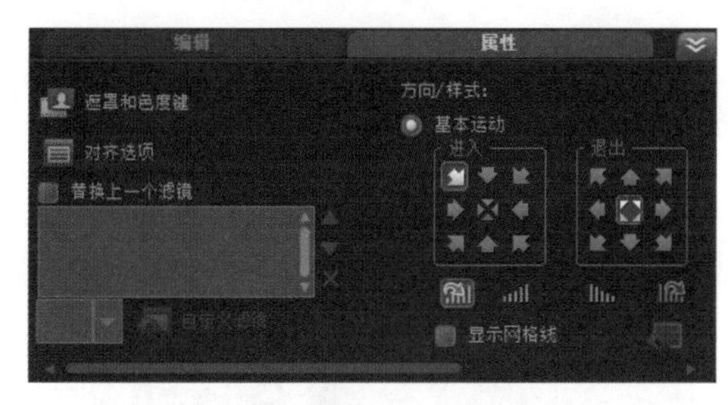

图 7-81

（6）单击【预览窗口】中的【播放】按钮，查看效果，如图 7-82 所示。

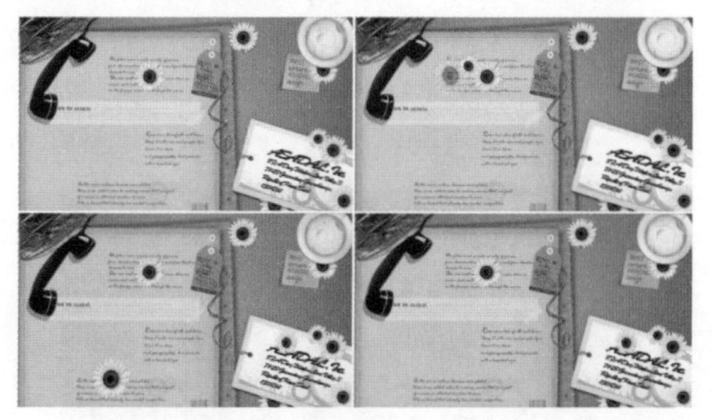

图 7-82

7.3.3

选择【覆叠轨】上的素材文件，然后在【属性】选项面板中可以通过【淡入】和【淡出】按钮制作出覆叠画面淡入淡出效果，如图 7-83 所示。

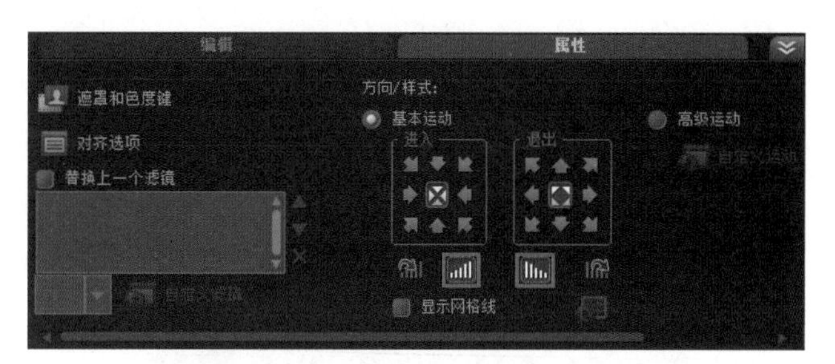

图 7-83

进阶实例：利用覆叠制作淡入动画

案例文件	进阶实例：利用覆叠制作淡入动画 .VSP
视频教学	DVD/ 多媒体教学 / 第 7 章 / 进阶实例：利用覆叠制作淡入动画 .flv
难易指数	★★★☆☆
技术掌握	覆叠的应用、基本运动动画

案例分析：

本案例就来学习如何在会声会影 X6 中使用文字层来制作彩色文字，最终渲染效果如图 7-84 所示。

图 7-84

思路解析，如图 7-85 所示：

图 7-85

（1）添加覆叠图片素材。

（2）为覆叠素材设置基本运动效果。

制作步骤：

（1）打开会声会影 X6 软件，然后分别在【视频轨】和【覆叠轨】中插入【01.jpg】和【01.png】素材文件，并设置结束时间为第 5 秒，如图 7-86 所示。

（2）选择【覆叠轨 1】上的【01.png】素材文件，然后在【预览窗口】中调整素材的位置和大小，并在素材上单击鼠标右键，在弹出的菜单中选择【保持宽高比】，如图 7-87 所示。

（3）接着在【选项】面板的【属性】选项卡中设置【基本运动】，设置【进入】的方式为【从上方进入】按钮，如图 7-88 所示。

第 7 章

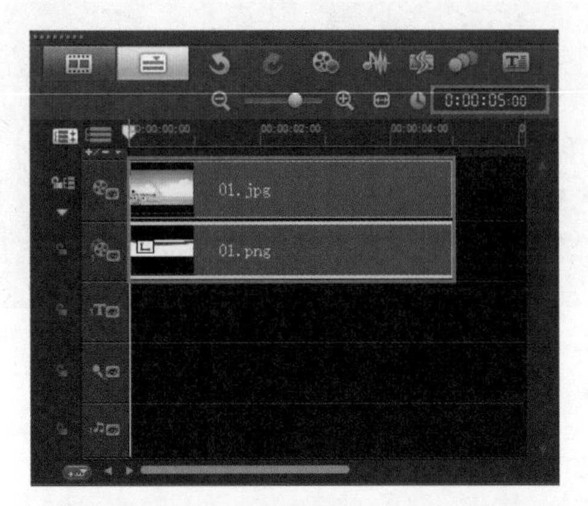

图 7-86

图 7-87

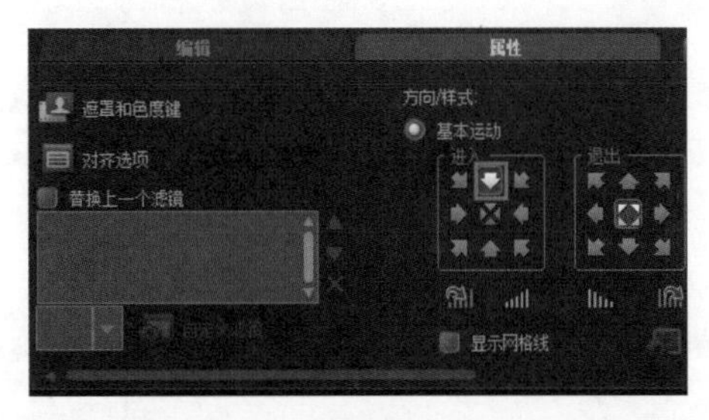

图 7-88

（4）单击时间轴上的【轨道管理器】按钮，然后在弹出的窗口中设置【覆叠轨】为 5，如图 7-89 所示。

图 7-89

（5）将素材文件夹中的【02.jpg】添加到【覆叠轨 2】上，并设置起始时间为第 2 秒，结束时间为第 5 秒，如图 7-90 所示。选择【覆叠轨 2】上的【02.jpg】素材，在【预览窗口】中调整素材的位置和大小，如图 7-91 所示。

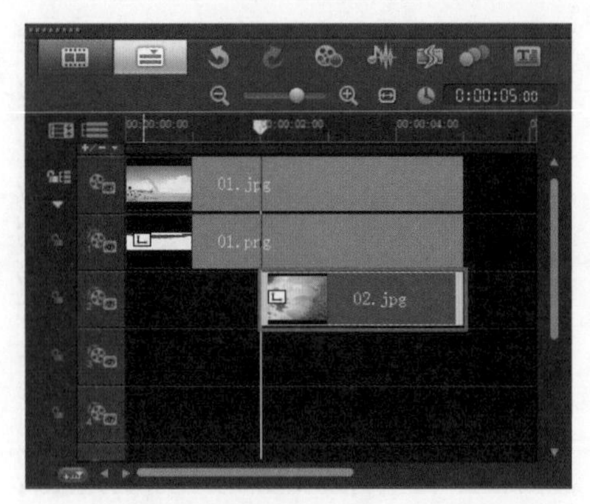

图 7-90

图 7-91

（6）在【选项】面板单击【属性】选项卡，单击【淡入动画效果】按钮，为素材设置淡入动画效果，如图 7-92 所示。

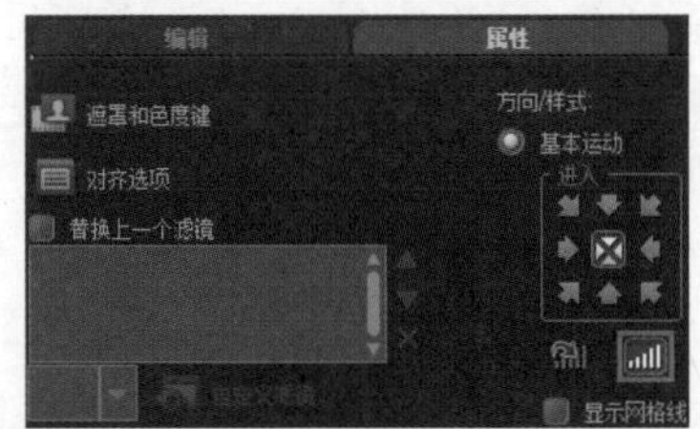

图 7-92

（7）选择素材文件夹中的【03.jpg】、【04.jpg】和【05.jpg】，分别添加到【覆叠轨 3】、【覆叠轨 4】和【覆叠轨 5】上，并设置结束时间为 5 秒，如图 7-93 所示。

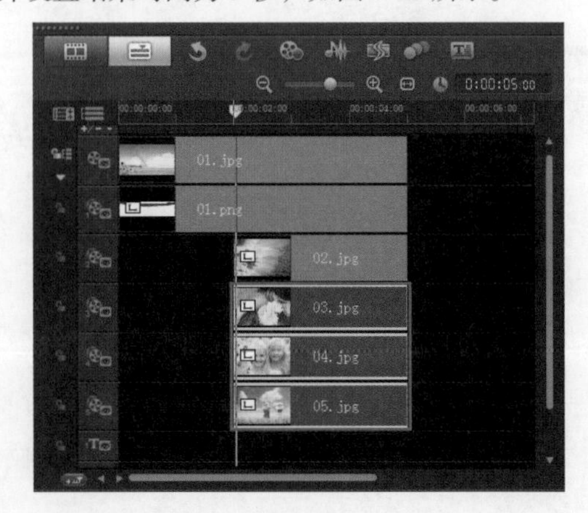

图 7-93

（8）分别在【预览窗口】中调整【03.jpg】、【04.jpg】和【05.jpg】素材的位置和大小，如图 7-94 所示。

图 7-94

（9）分别为【覆叠轨 3】、【覆叠轨 4】上的【04.jpg】和【05.jpg】素材设置淡入动画效果，然后逐次将两个素材文件向后移动 12 帧，如图 7-95 所示。

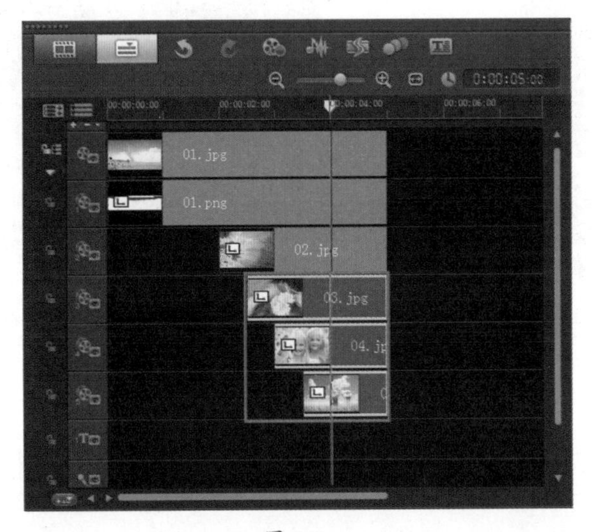

图 7-95

（10）单击【预览窗口】中的【播放】按钮，查看最终效果，如图 7-96 所示。

图 7-96

7.4　使用预设覆叠素材

在【图形】素材库中包括的色彩、对象、边框和 Flash 动画预设素材可以直接拖拽到时间轴中使用。为影片素材或图像添加适当的装饰效果，可以起到点缀画面的作用。

7.4.1

在会声会影 X6 中的【图形】素材库中，提供了多种预设覆叠素材，如图 7-97 所示。将预设色彩添加到【覆叠轨】中，可以制作出与【视频轨】相结合的背景覆叠效果。

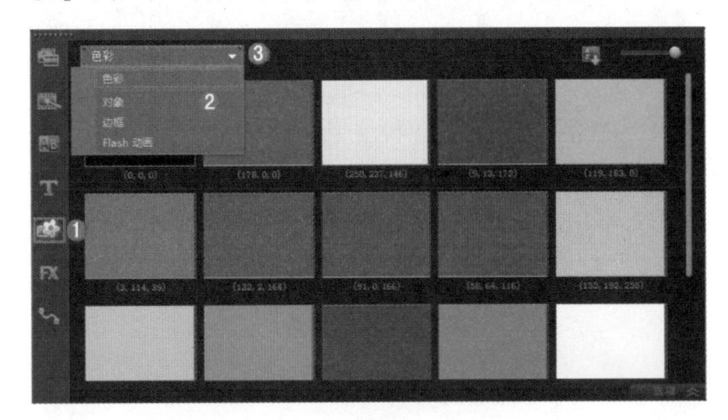

图 7-97

进阶实例：添加色彩制作覆叠效果

案例文件	进阶实例：添加色彩制作覆叠效果 .VSP
视频教学	DVD/ 多媒体教学 / 第 7 章 / 进阶实例：添加色彩制作覆叠效果 .flv
难易指数	★★★☆☆
技术掌握	添加色彩模板、调整覆叠素材位置和大小，更改文字效果

案例分析：

本案例就来学习如何在会声会影 X6 中添加色彩模板制作有魅力的画面效果，最终渲染效果如图 7-98 所示。

图 7-98

思路解析，如图 7-99 所示：

图 7-99

（1）添加色彩制作覆叠效果。

（2）添加文字效果，更改文字的大小和颜色。

制作步骤：

（1）打开会声会影 X6，单击素材面板上的【图形】按钮，将【紫色】拖拽到视频轨上，如图 7-100 所示。

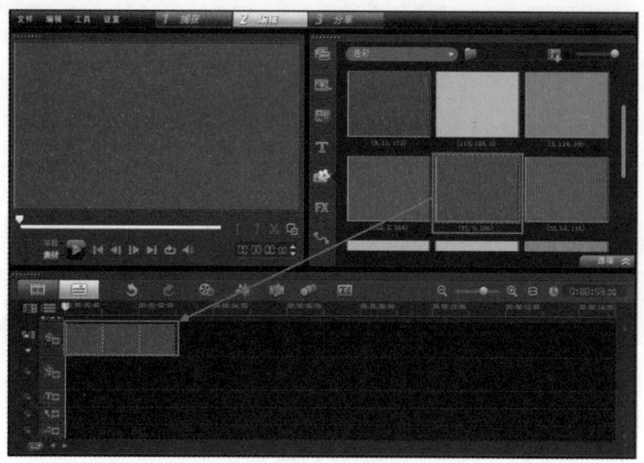

图 7-100

（2）将【白色】拖拽到【覆叠轨 1】上，如图 7-101 所示。接着在【预览窗口】中调整素材的位置和大小，如图 7-102 所示。

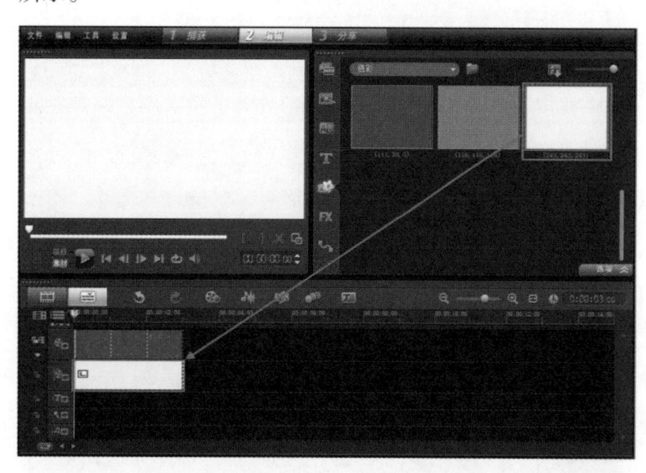

图 7-101

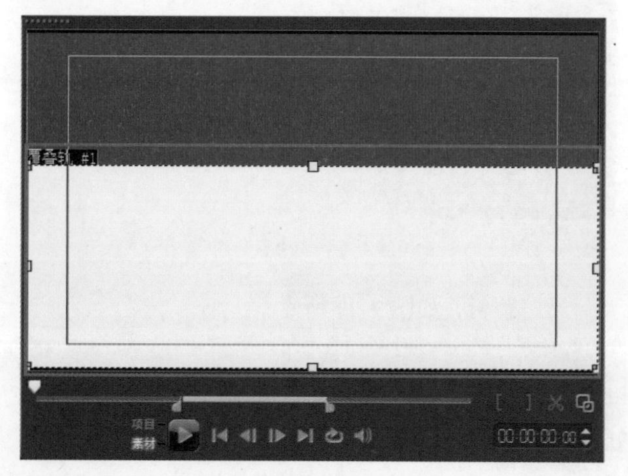

图 7-102

（3）单击时间轴上的【轨道管理器】，设置【覆叠轨】的数量为 4，单击【确定】按钮，如图 7-103 所示。接着将素材文件夹中的【01.png】添加到【覆叠轨 2】上，如图 7-104 所示。

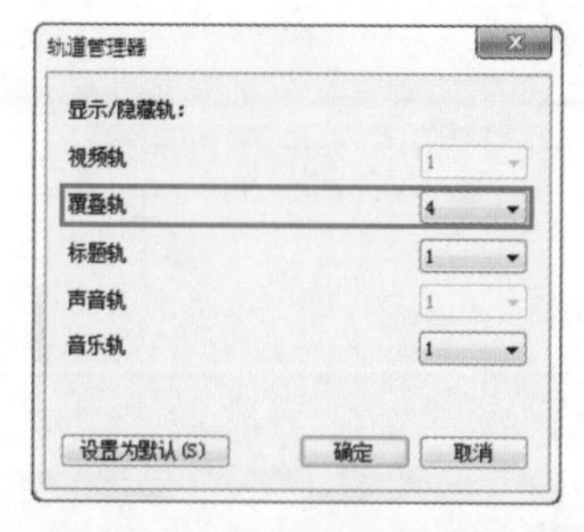

图 7-103

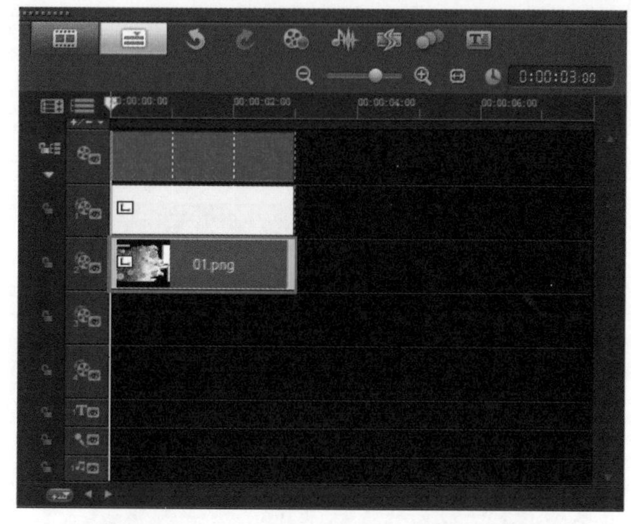

图 7-104

（4）双击【覆叠轨 2】上的素材文件，接着在【预览窗口】中调整素材的位置的大小，如图 7-105 所示。在【预览窗口】中单击鼠标右键在弹出的菜单栏中，选择【保持宽高比】命令，如图 7-106 所示。

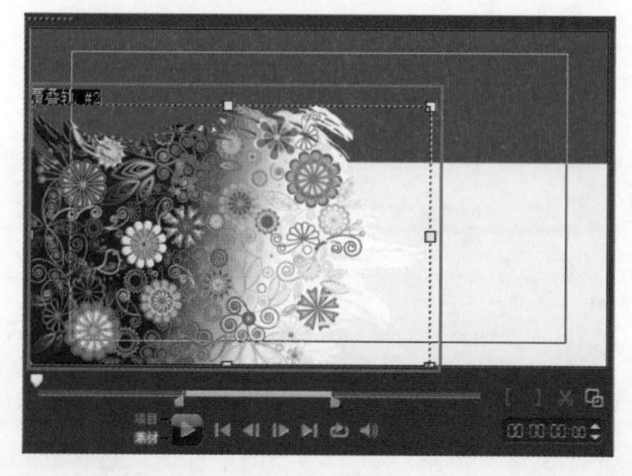

图 7-105

（5）接着将素材文件夹中的【02.png】和【03.png】分别添加到【覆叠轨 3】和【覆叠轨 4】上，如图 7-107 所示。此时在【预览窗口】中调整素材位置和大小，如图 7-108 所示。

图 7-106

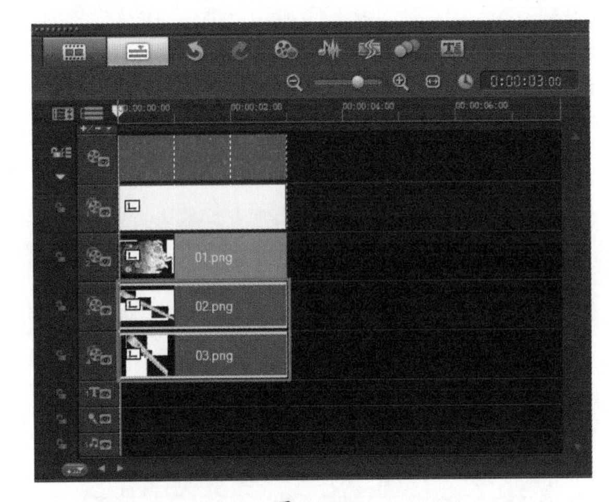

图 7-107

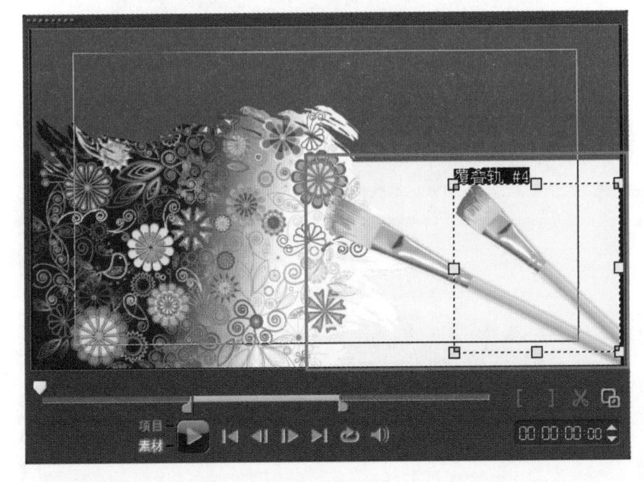

图 7-108

（6）单击【标题】按钮，打开【选项】面板，分别设置文字的大小为 44 和 20，文字颜色分别为粉色（R：255,G：127,B：124）和蓝色（R：0,G：255,B：255），如图 7-109 所示。接着在【预览窗口】中输入相关文字，如图 7-110 所示。

（7）同样的方法，继续创建白色文字。单击预览窗口中的播放按钮，查看最终效果，如图 7-111 所示。

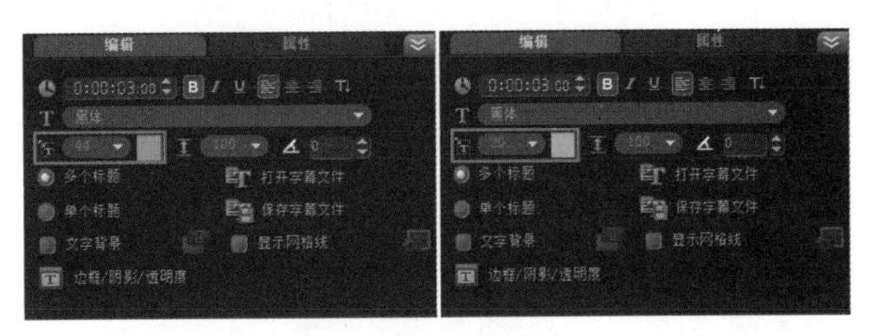

图 7-109

图 7-110

图 7-111

7.4.2

选择【图形】素材库，在【画廊】中设置类型为【对象】，这些对象都为 PNG 格式，如图 7-112 所示。直接拖拽到时间轴的相应轨道中即可使用，也可以在对象上单击鼠标右键，在弹出的菜单中选择添加的轨道，如图 7-113 所示。

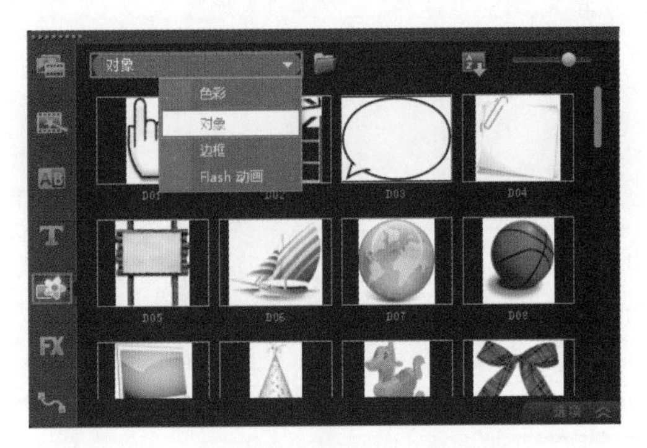

图 7-112

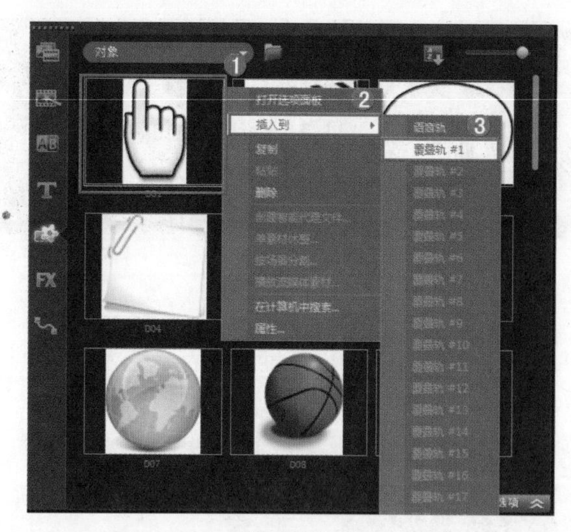

图 7-113

求生秘籍——技巧提示：PNG 格式素材对象无法使用色彩校正

在时间轴中添加的 PNG 格式素材对象，无法应用【选项】面板中的 色彩校正 功能。

7.4.3

将【图形】素材库中的【画廊】设置为【边框】类型，如图 7-114 所示。可以将预设的边框效果添加到覆叠轨中与其他轨道上的素材相互搭配应用。

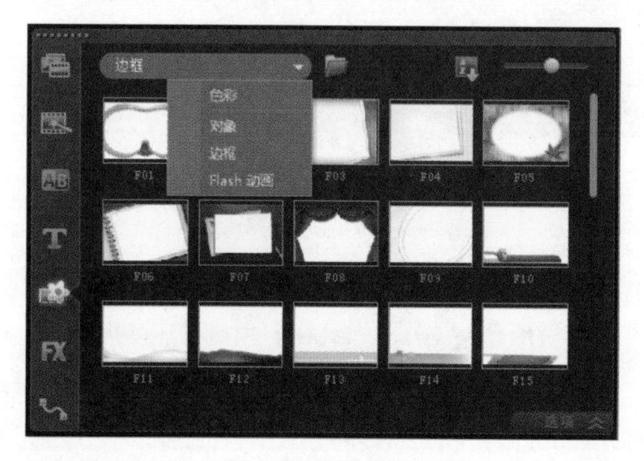

图 7-114

进阶实例：添加边框覆叠效果

案例文件	进阶实例：添加边框覆叠效果 .VSP
视频教学	DVD/ 多媒体教学 / 第 7 章 / 进阶实例：添加边框覆叠效果 .flv
难易指数	★★☆☆☆
技术掌握	覆叠边框的应用、【保持宽高比】命令的应用

案例分析：

本案例就来学习如何在会声会影 X6 中为覆叠轨添加边框素材，最终渲染效果如图 7-115 所示。

思路解析，如图 7-116 所示：

（1）在覆叠轨添加边框素材。

（2）在预览窗口中执行【保持宽高比】命令。

图 7-115

图 7-116

制作步骤：

（1）制作背景打开会声会影 X6 软件，然后在【视频轨】中插入【01.jpg】图像素材，如图 7-117 所示。此时在【预览窗口】中的效果，如图 7-118 所示。

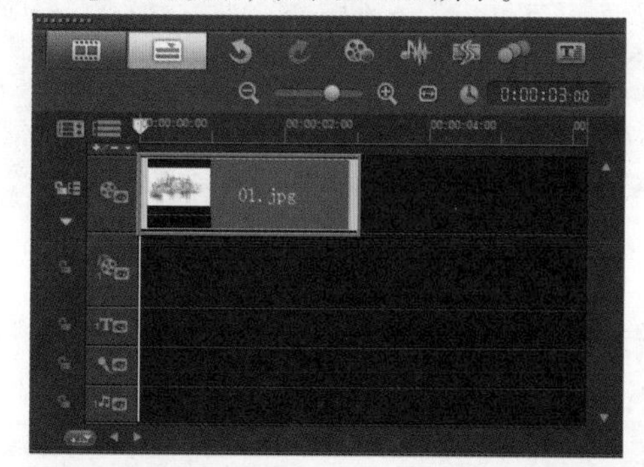

图 7-117

图 7-118

（2）在素材库中单击【图形】按钮，设置【画廊】类型为【边框】，如图 7-119 所示。然后将【F31】素材文件拖拽到【覆叠轨 1】上，如图 7-120 所示。

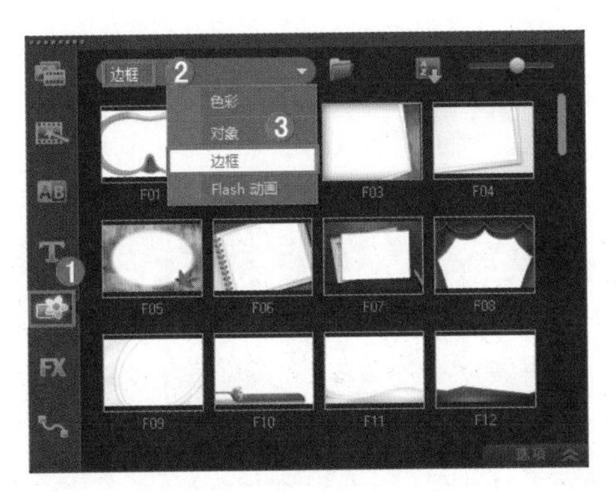

图 7-119

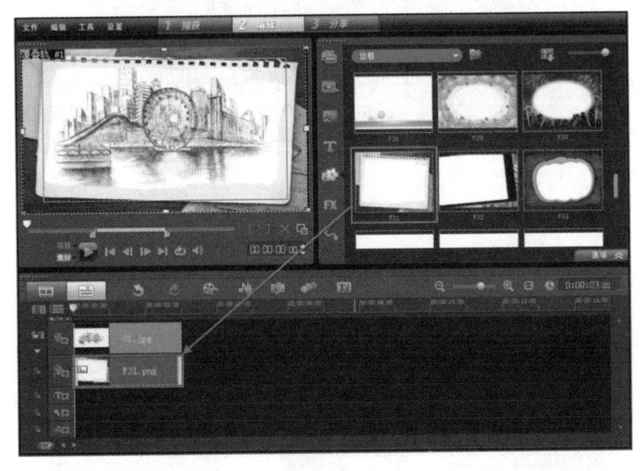

图 7-120

（3）选择【覆叠轨 1】上的素材文件，在【预览窗口】单击鼠标右键，执行【保持宽高比】命令，如图 7-121 所示。

图 7-121

（4）单击【预览窗口】中的【播放】按钮，查看最终效果，如图 7-122 所示。

7.4.4

在【图形】素材库中设置【画廊】类型为【Flash 动画】。可以直接将【素材库】中的【Flash 动画】添加到时间轨中，如图 7-123 所示。也可以在素材上单击鼠标右键，在弹出的菜单中选择添加的轨道，如图 7-124 所示。

图 7-122

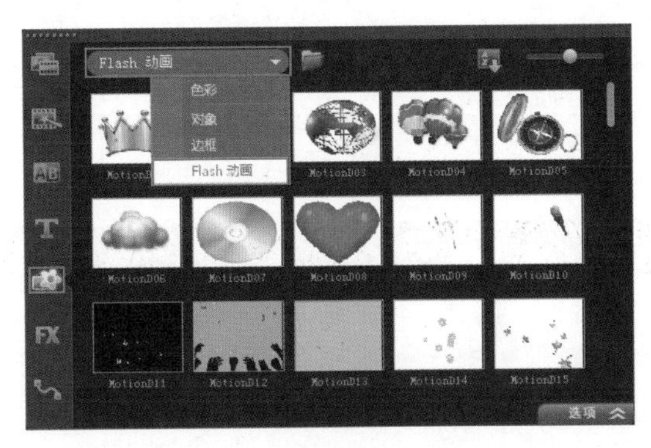

图 7-123

图 7-124

FAQ 常见问题解答：什么是 Flash 动画?

Flash 动画就是利用 Flash 软件创建出来的二维矢量动画，这种格式的影片存储占用空间较小。在使用 Flash 创作出的影片文件格式为 SWF，所以 SWF 文件常常也被称为 Flash 文件。是一种支持矢量和点阵图形的动画文件格式，该格式广泛应用于网页设计，动画制作等领域。

进阶实例：添加 Flash 动画

案例文件	进阶实例：添加 Flash 动画 .VSP
视频教学	DVD/ 多媒体教学 / 第 7 章 / 进阶实例：添加 Flash 动画 .flv
难易指数	★★☆☆☆
技术掌握	添加 Flash 动画、制作文字边框效果，为文字添加合适的动画效果

案例分析：

本案例就来学习如何在会声会影 X6 中使用飞行动画制作翻滚字幕效果，最终渲染效果如图 7-125 所示。

图 7-125

思路解析，如图 7-126 所示：

图 7-126

（1）添加覆叠 flash 动画，调整速度 / 时间流逝的数值。

（2）添加文字，制作文字的动画效果。

制作步骤：

（1）打开会声会影 X6，单击【图形】按钮，将【黑色】添加到【视频轨】，如图 7-127 所示。双击视频轨上的文件，打开【色彩】选项面板，设置【区间】大小为 6 秒，如图 7-128 所示。

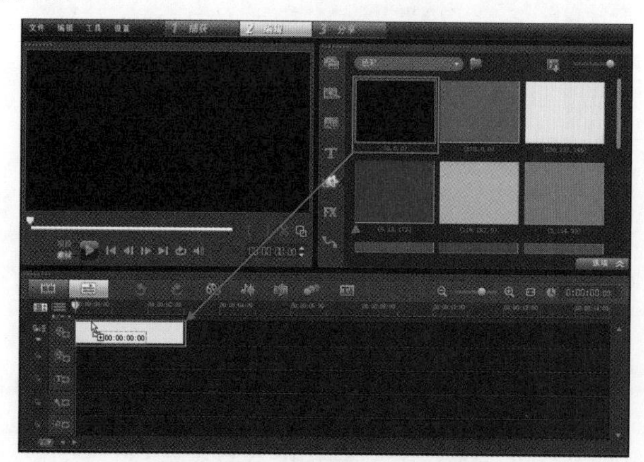

图 7-127

图 7-128

（2）设置覆叠轨的数量为 3。将素材文件夹中的【01.png】和【02png】分别添加到【覆叠轨 1】和【覆叠轨 2】上，并设置结束时间为第 6 秒，如图 7-129 所示。

图 7-129

（3）分别选择【覆叠轨 1】和【覆叠轨 2】上的素材文件，在【预览窗口】中调整素材的大小和位置，如图 7-130 所示。

图 7-130

（4）接着单击素材库面板上的【图形】按钮，设置【画廊】类型为【Flash 动画】，将【MotionF21】拖拽到【覆叠轨 3】上，如图 7-131 所示。

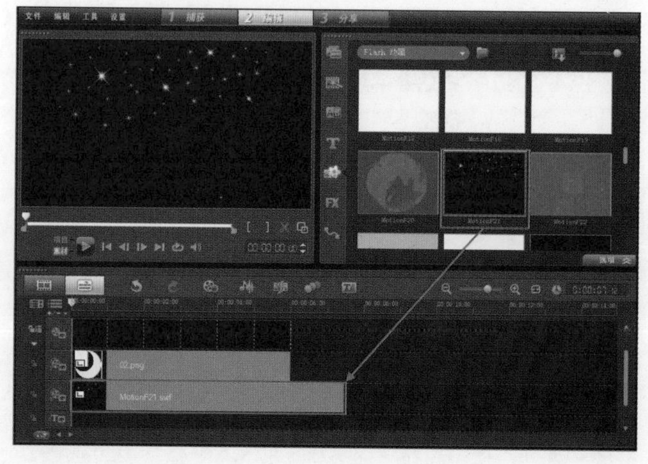

图 7-131

（5）单击鼠标右键，在弹出的菜单栏中选择【速度 / 时间流逝】命令，如图 7-132 所示。在弹出的对话框中设置新素材区间为 6 秒，单击【确定】按钮，如图 7-133 所示。

图 7-132

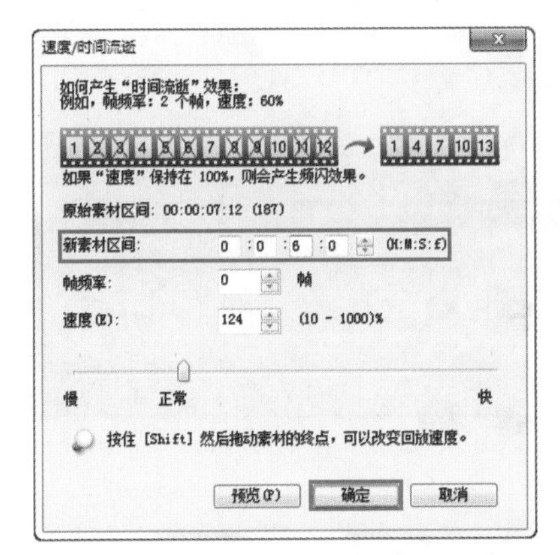

图 7-133

（6）在预览窗口中将擦洗器拖拽到第 3 秒的位置，单击标题按钮，在预览窗口中输入文字，如图 7-134 所示。

图 7-134

（7）选择预览窗口的文字，打开选项面板，设置文字的字体类型和文字大小，单击颜色块设置颜色为橘色（R：247，G：188，B：91），如图 7-135 所示。

（8）单击边框 / 阴影 / 透明度，在弹出的对话框中，设置边框宽度数值为 3，线条色彩为土黄色（R：183，G：119，B：13），文字透明度为 2，如图 7-136 所示。此时预览窗口中的效果，如图 7-137 所示。

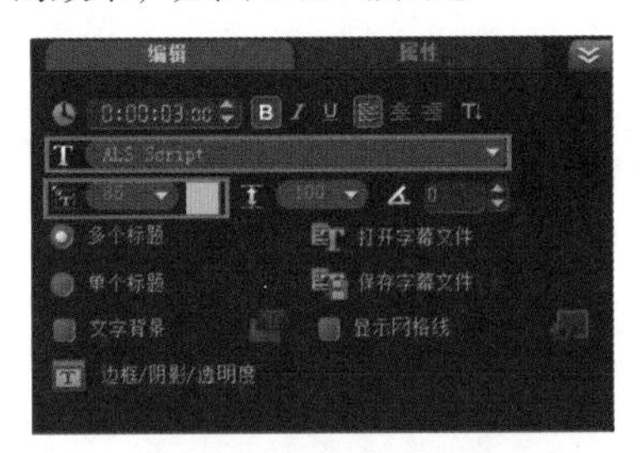

图 7-135

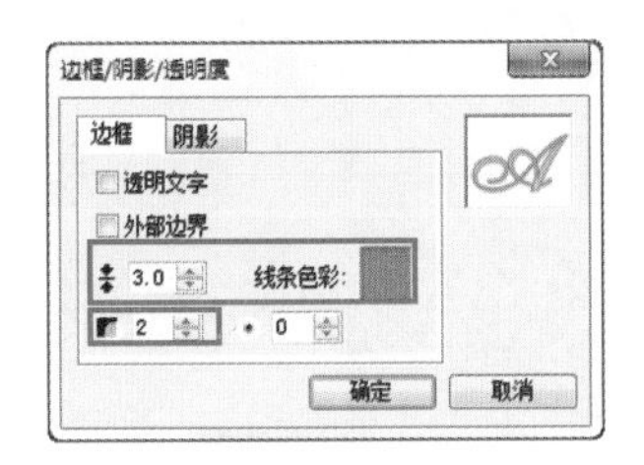

图 7-136

图 7-137

（9）双击文字轨上，打开【属性】面板，勾选【应用】选项，设置动画类型为【弹出】，并选择合适的弹出方式，如图 7-138 所示。

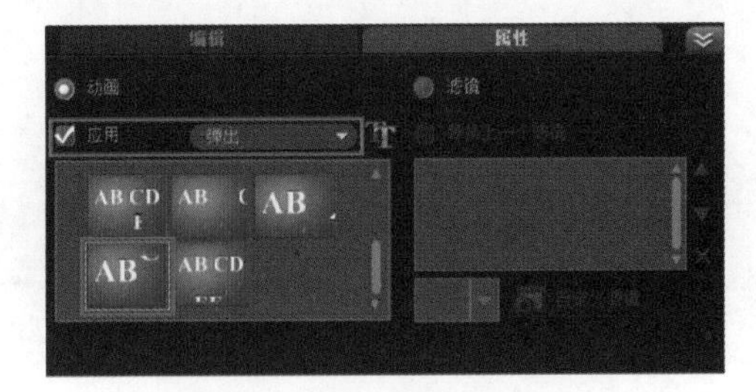

图 7-138

（10）单击预览窗口中的【播放】按钮，查看最终效果。

进阶实例：蝴蝶飞舞

案例文件	进阶实例：蝴蝶飞舞 .VSP
视频教学	DVD/ 多媒体教学 / 第 7 章 / 进阶实例：蝴蝶飞舞 .flv
难易指数	★★★☆☆
技术掌握	添加 Flash 动画，调整速度时间流逝、为文字制作动画效果

案例分析：

本案例就来学习如何在会声会影 X6 中使用 Flash 动画制作蝴蝶飞舞，最终渲染效果如图 7-139 所示。

图 7-139

思路解析，如图 7-140 所示：

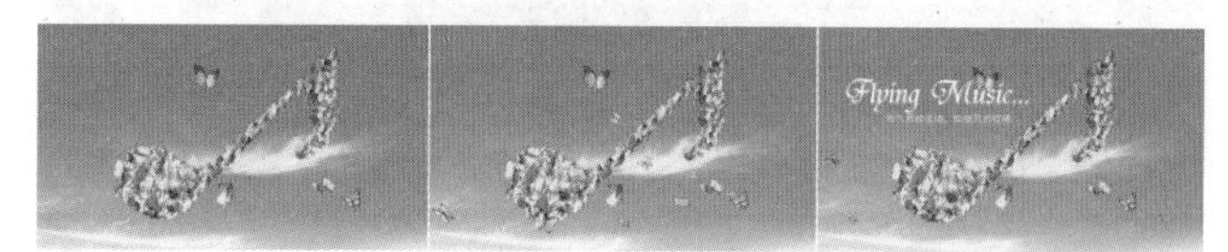

图 7-140

（1）添加 Flash 动画，调整速度时间流逝的数值。

（2）添加文字，制作文字动画效果。

制作步骤：

（1）打开会声会影 X6，将素材文件夹中的【01.jpg】添加到【视频轨】上，设置结束时间为第 9 秒，如图 7-141 所示。此时预览窗口中的效果，如图 7-142 所示。

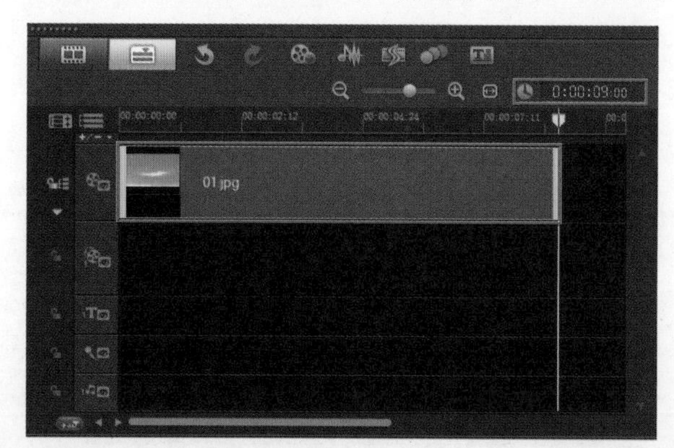

图 7-141

（2）单击时间轴上的素材管理器设置【覆叠轨】的数量为 2。接着将素材文件夹中的【02.png】添加到【覆叠轨 1】上，并设置结束时间为第 9 秒，如图 7-143 所示。然后在【预览窗口】中调整素材的位置和大小，如图 7-144 所示。

图 7-142

图 7-143

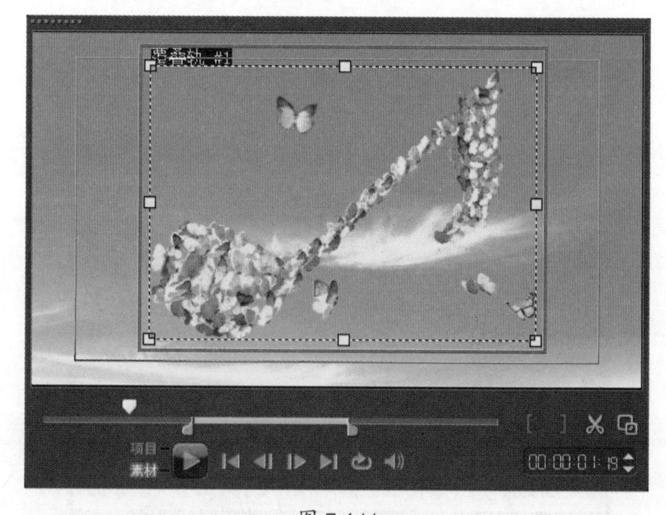

图 7-144

（3）单击素材库面板上的【图形】按钮，切换到【图形】面板，设置【画廊】类型为【Flash 动画】，将【MotionD11】添加到【覆叠轨 2】上，如图 7-145 所示。

（4）选择【覆叠轨 2】上的素材文件，单击鼠标右键，在弹出的菜单栏中选择【速度 / 时间流逝 ...】命令，如图所示。在弹出的对话框中设置【新素材的区间】为 9 秒，单击【确定】按钮，如图 7-146 所示。

图 7-145

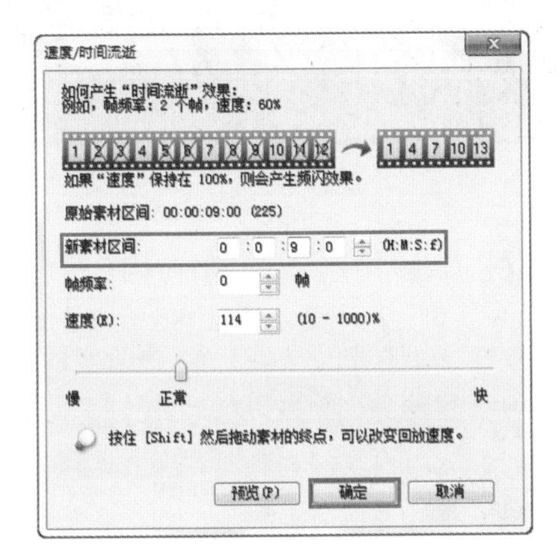

图 7-146

（5）在预览窗口中将擦洗器拖拽到 2 秒的位置，单击标题按钮，双击鼠标左键，在预览窗口中输入【flying music...】，如图 7-147 所示。双击标题轨上的文字，打开选项面板，设置区间大小为 7 秒，设置文字的大小和文字字体的类型，如图 7-148 所示。

图 7-147

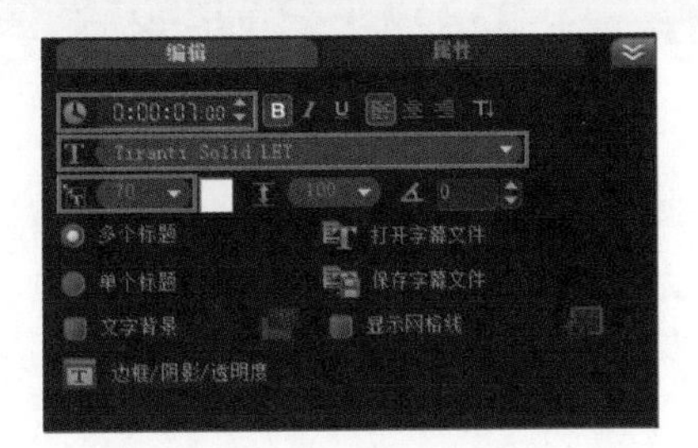

图 7-148

（6）此时预览窗口中的效果如图 7-149 所示。双击标题轨上的文字，在属性面板中设置动画的类型为【淡化】，选择合适的淡化方式，如图 7-150 所示。

图 7-149

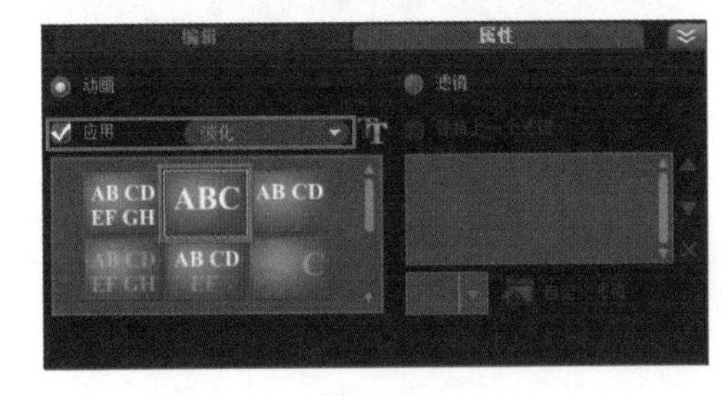

图 7-150

（7）单击时间轴上的轨道管理器按钮，设置标题轨的数量为 2，如图 7-151 所示。接着在预览窗口中，将时间轴拖拽到第 6 秒的位置，在预览窗口中双击输入文字，如图 7-152 所示。

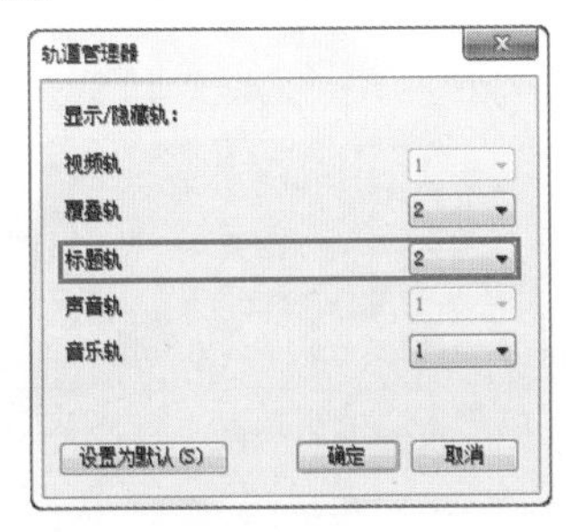

图 7-151

图 7-152

（8）选择预览窗口中的文字，在【编辑】选项面板中设置字体的类型和文字的大小，并设置字体的颜色为白色（R：255,G：255,B：255），如图 7-153 所示。接着在【属性】选项面板中，勾选【应用】选项，设置【动画类型】为【淡化】，并选择合适的淡化的方式，如图 7-154 所示。

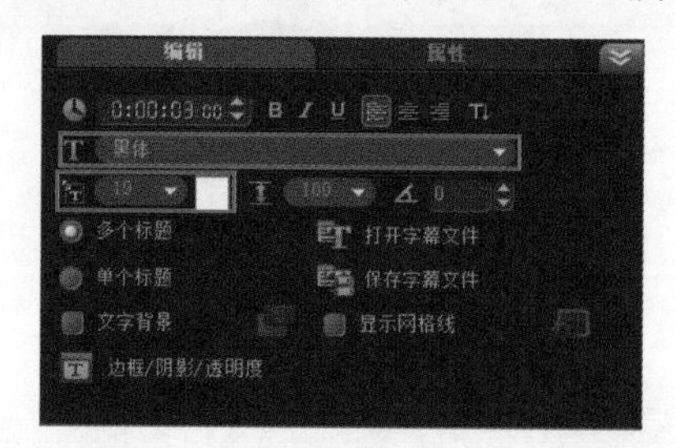

图 7-153

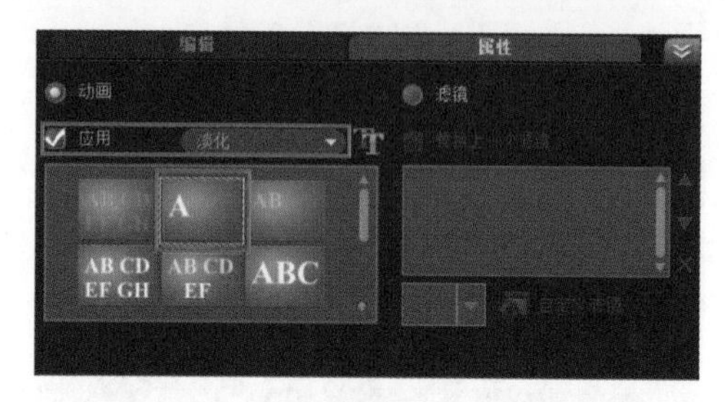

图 7-154

（9）单击预览窗口中的【播放】按钮，查看最终效果，如图 7-155 所示。

图 7-155

7.5 遮罩和色度键的应用

在会声会影 X6 中通过为覆叠素材添加遮罩覆叠，可以非常简单、快速地制作出各种形状的图像画面，增加画面视觉效果。

7.5.1

在【属性】面板中单击【遮罩和色度键】按钮，如图 7-156 所示。然后在弹出的面板中勾选【应用覆叠选项】选项，选择合适的遮罩样式即可为当前选择的素材添加该遮罩，如图 7-157 所示。

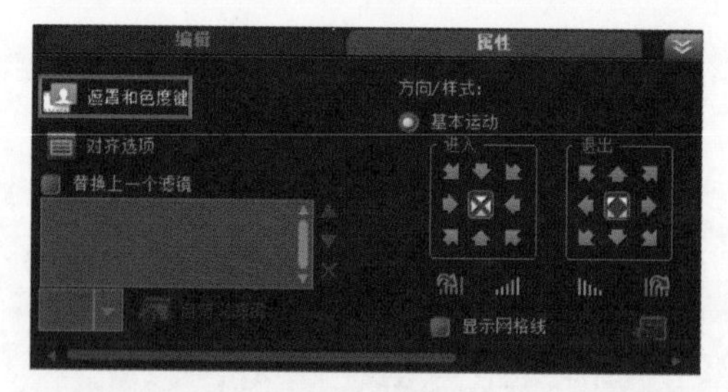

图 7-156

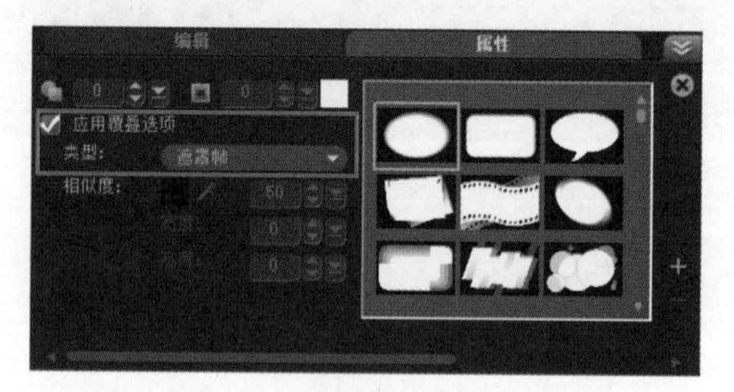

图 7-157

进阶实例：应用遮罩帧制作电影宣传海报

案例文件	进阶实例：应用遮罩帧制作电影宣传海报 .VSP
视频教学	DVD/ 多媒体教学 / 第 7 章 / 进阶实例：应用遮罩帧制作电影宣传海报 .flv
难易指数	★★★☆☆
技术掌握	添加覆叠轨数量、调整覆叠的位置和大小、为覆叠素材添加合适的遮罩帧方式

案例分析：

本案例就来学习如何在会声会影 X6 中应用遮罩帧制作电影宣传海报，最终渲染效果如图 7-158 所示。

图 7-158

思路解析，如图 7-159 所示：

图 7-159

（1）调整覆叠素材的位置和大小。

（2）为覆叠素材设置合适的遮罩帧方式。

制作步骤：

（1）打开会声会影 X6，将素材文件夹中的【01.

jpg】和【02.jpg】添加到【视频轨】中和【覆叠轨 1】上，如图 7-160 所示。

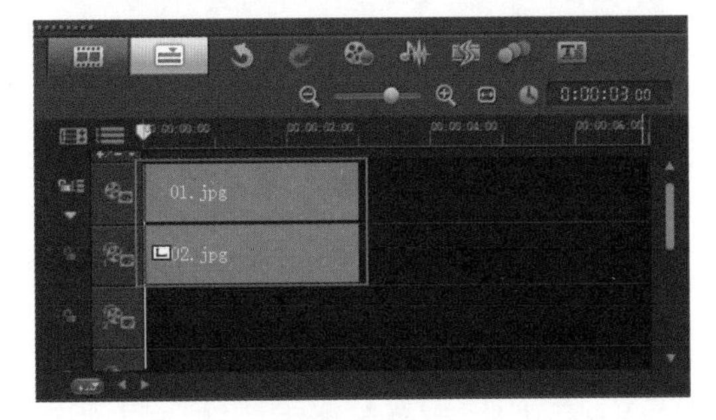

图 7-160

（2）选择【覆叠轨 1】上的【01.jpg】素材文件，然后在【预览窗口】中调整素材的大小和位置，如图 7-161 所示。

图 7-161

（3）双击【覆叠轨 1】上的【02.jpg】素材文件，在其【属性】选项卡中单击【遮罩和色度键】按钮，如图 7-162 所示。在弹出的面板中勾选【应用覆叠选项】，然后设置【类型】为【遮罩帧】，并选择合适的遮罩样式，如图 7-163 所示。

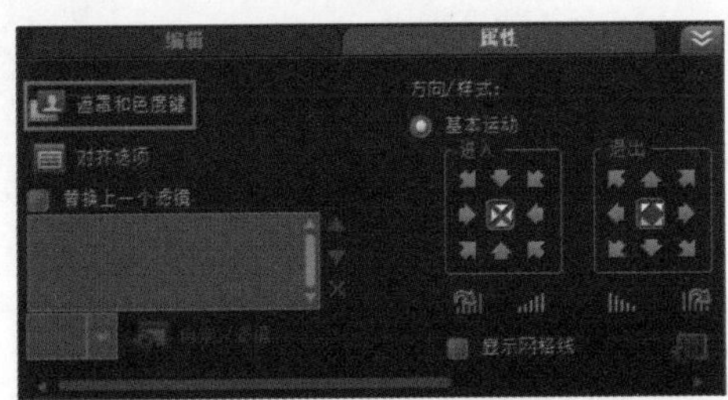

图 7-162

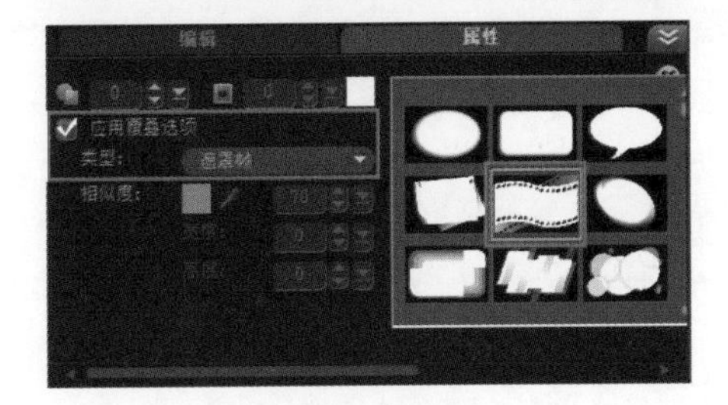

图 7-163

（4）此时在【预览窗口】中查看当前效果，如图 7-164 所示。适当添加覆叠轨的数量，如图 7-165 所示。

图 7-164

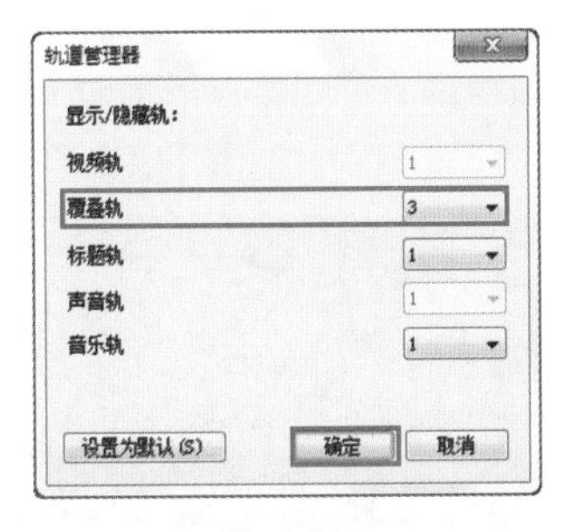

图 7-165

（5）接着将素材文件夹中【03.png】和【04.png】分别添加到【覆叠轨 2】和【覆叠轨 3】上，如图 7-166 所示。并分别调整它们在【预览窗口】的大小和位置，如图 7-167 所示。

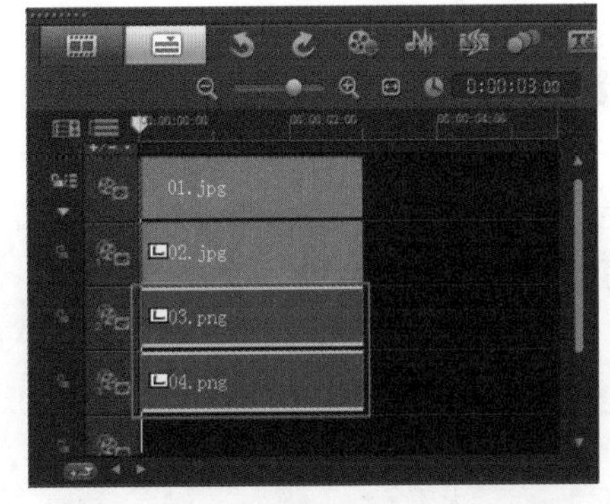

图 7-166

图 7-167

（6）单击【预览窗口】中的【播放】按钮，查看最终效果，如图 7-168 所示。

图 7-168

7.5.2

在会声会影 X6 中，可以添加自定义遮罩帧文件。首先选择【覆叠轨】上的素材文件，然后在【选项】面板的【属性】选项卡中单击【遮罩和色度键】按钮，如图 7-169 所示。

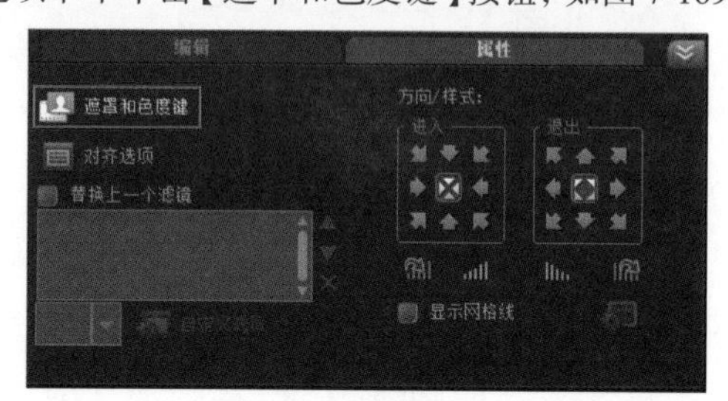

图 7-169

在弹出的面板中勾选【应用覆叠选项】，并设置【类型】为【遮罩帧】。接着单击【添加遮罩项】按钮，如图 7-170 所示。此时在弹出的对话框中选择需要的遮罩，并单击【打开】按钮，如图 7-171 所示。

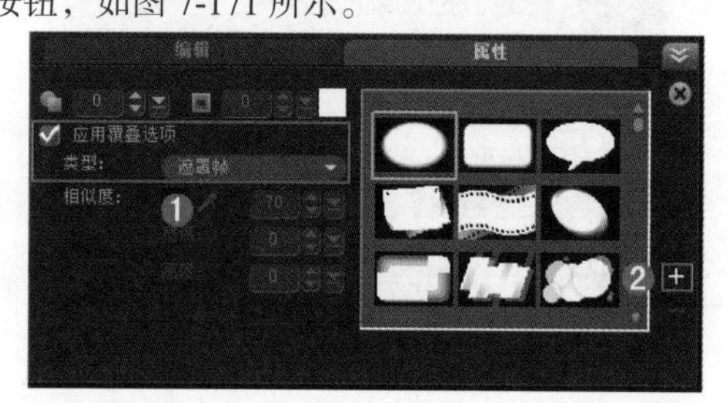

图 7-170

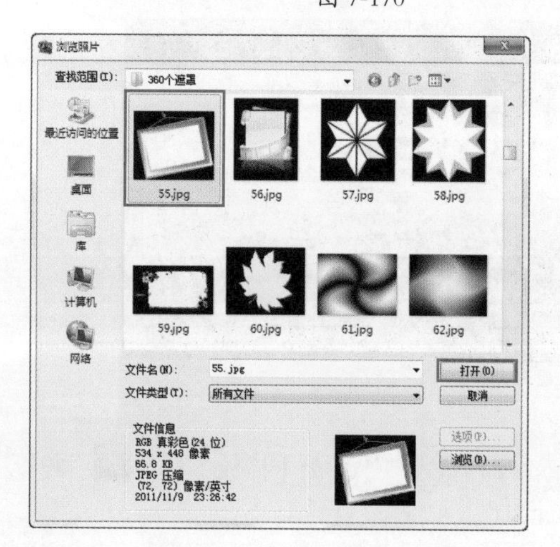

图 7-171

此时自定义遮罩即被成功添加，如图 7-172 所示。

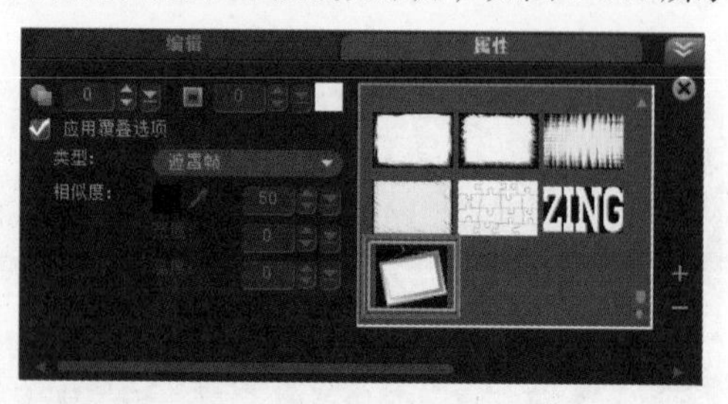

图 7-172

进阶实例：应用自定义遮罩制作时尚杂志封面

案例文件	进阶实例：应用自定义遮罩制作时尚杂志封面 .VSP
视频教学	DVD/ 多媒体教学 / 第 7 章 / 进阶实例：应用自定义遮罩制作时尚杂志封面 .flv
难易指数	★★☆☆☆
技术掌握	调整覆叠素材大小、添加自定义遮罩项

案例分析：

本案例就来学习如何在会声会影 X6 中添加自定义遮罩制作时尚杂志封面，最终渲染效果，如图 7-173 所示。

图 7-173

思路解析，如图 7-174 所示：

图 7-174

（1）调整覆叠图片的大小。

（2）添加自定义遮罩项。

制作步骤：

（1）打开会声会影 X6，将素材文件夹中的【01.jpg】添加到【覆叠轨 1】上，如图 7-175 所示。接着在【预览窗口】单击鼠标右键，执行【调整到屏幕大小】命令，如图 7-176 所示。

（2）双击【覆叠轨 1】上的【01.jpg】素材文件，在其【属性】选项卡中单击【遮罩和色度键】按钮，如图 7-177 所示。

在弹出的面板中勾选【应用覆叠选项】，然后设置【类型】为【遮罩帧】，如图 7-178 所示。

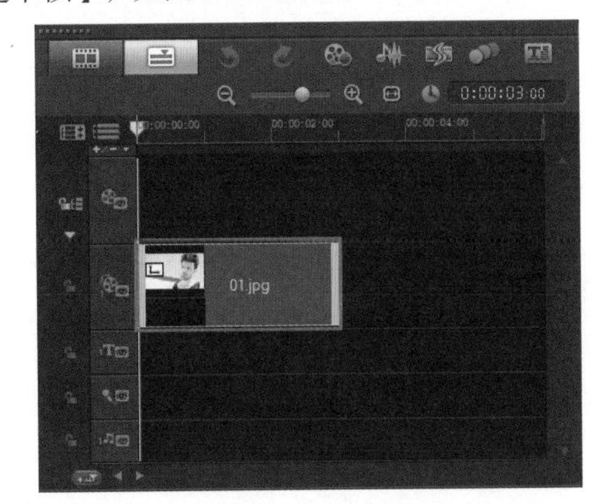

图 7-175

图 7-176

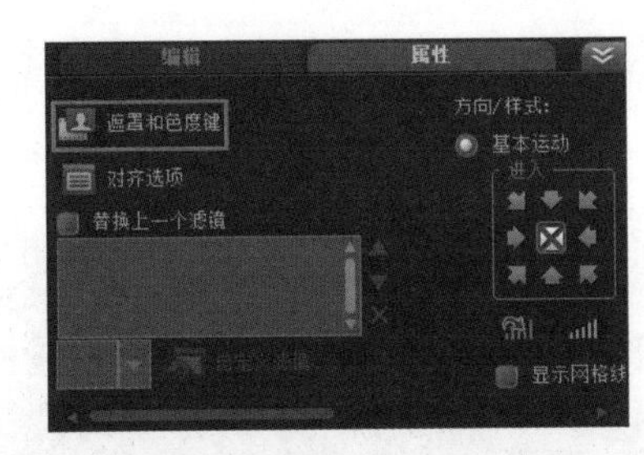

图 7-177

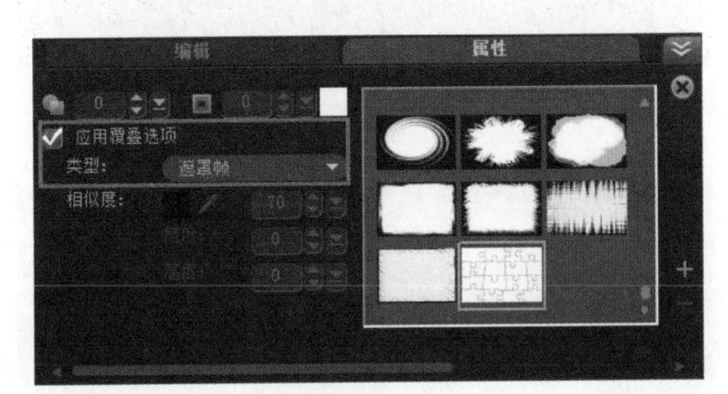

图 7-178

（3）接着单击【添加遮罩项】按钮 ，如图 7-179 所示。在弹出的窗口中选择需要的遮罩项，单击【打开】按钮，如图 7-180 所示。

（4）在【遮罩帧】可以看到添加的遮罩项，如图 7-181 所示。此时预览窗口的效果如图 7-182 所示。

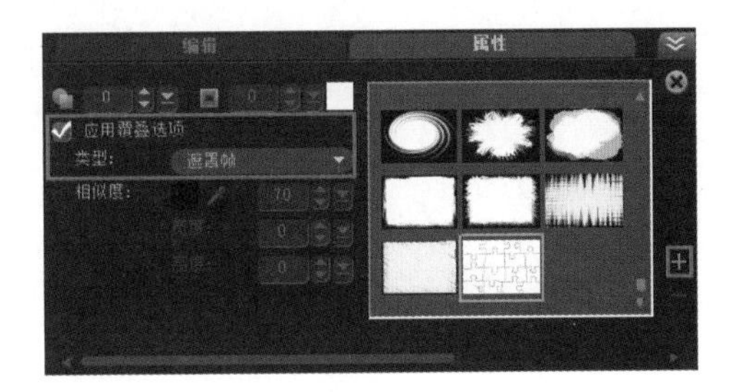

图 7-179

图 7-180

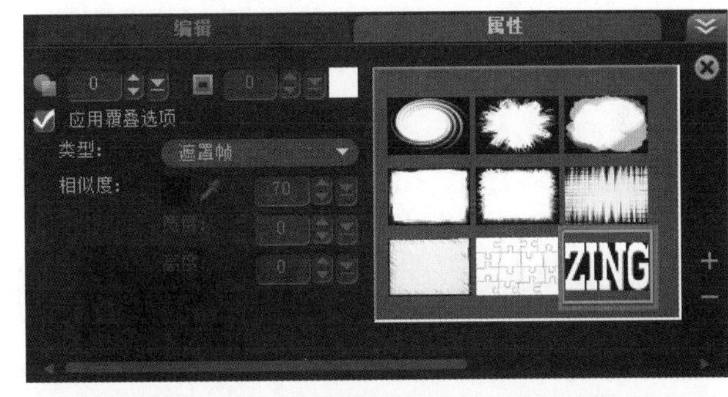

图 7-181

图 7-182

（5）在【预览窗口】查看最终效果，如图 7-173 所示。

第 7 章

FAQ 常见问题解答：什么是位图？

位图图像，是由单个点的像素组成的。所以将位图放大时，就可以看见构成图像的无数个小方块。输出的位图图像质量取决于开始时设置的分辨率。只要拥有足够多的色彩像素，就可以制作出各种丰富多彩的图象，更加真实地还原现实的样子。但是位图在旋转和缩放会容易失真，出现参差不齐的模糊效果。

7.5.3

使用【色度键】，可以将选择的颜色变为透明，并可以调整扩展数值。在【属性】面板中单击【遮罩和色度键】按钮后，在会弹出的面板中勾选【应用覆叠选项】，此时即可设置【色度键】颜色和相似度等参数，如图 7-183 所示。

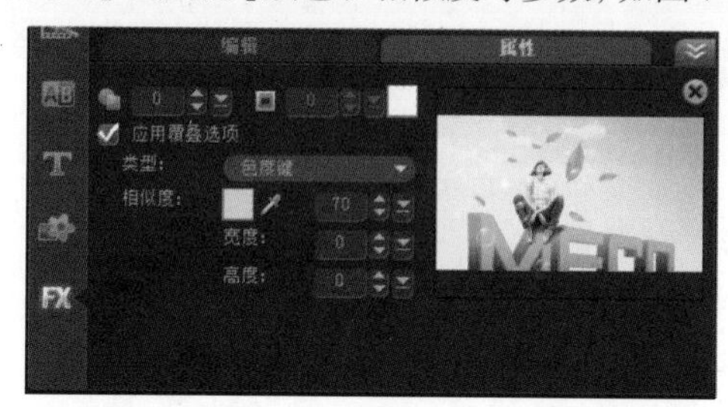

图 7-183

重点参数提醒：

※【透明度】：可以设置当前所选素材的透明度。

※【边框】：为当前所选的素材添加边框，数值越大，边框越宽，范围为 0~10。

※【边框色彩】：单击该色块，可以设置添加边框的颜色。

※应用覆叠选项：勾选该选项，可以为当前所选素材应用遮罩帧和色度键。

※相似度：通过【吸管工具】在预览窗口中吸取颜色，并通过调节数值可以设置遮罩的相似度。

※宽度：设置素材文件的宽度。

※高度：设置素材文件的高度。

求生秘籍——技巧提示：拍摄与抠像的关系

需要抠像的素材在前期进行拍摄时一定要尽量避免人物的穿着和影棚的颜色一致，以及半透明的物体出现，如薄纱等，这些物体的出现会增加抠像的难度。而且一定要确定好拍摄灯光的方向，因为很多时候需要将人物抠像合成到新的场景中，若灯光方向不一致就无法融合画面。

进阶实例：应用色度键制作复古贺卡

案例文件	进阶实例：应用色度键制作复古贺卡 .VSP
视频教学	DVD/ 多媒体教学 / 第 7 章 / 进阶实例：应用色度键制作复古贺卡 .flv
难易指数	★★☆☆☆
技术掌握	覆叠和色度键的应用

案例分析：

本案例就来学习如何在会声会影 X6 中应用色度键制作复古贺卡，最终渲染效果如图 7-184 所示。

图 7-184

思路解析，如图 7-185 所示：

图 7-185

（1）添加覆叠素材，调整覆叠素材的位置和大小。

（2）对覆叠素材应用色度键。

制作步骤：

（1）打开会声会影 X6 软件，然后在【视频轨】中插入【01.jpg】图像素材，如图 7-186 所示。此时在【预览窗口】中效果，如图 7-187 所示。

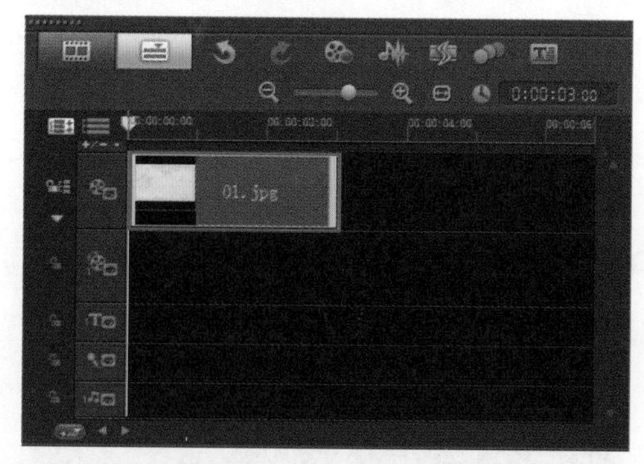

图 7-186

图 7-187

（2）适当添加【覆叠轨】的数量。将素材文件夹中的【02.png】和【03.png】分别添加到【覆叠轨 1】和【覆叠轨 2】上，如图 7-188 所示。接着在预览窗口调整他们的位置和大小，如图 7-189 所示。

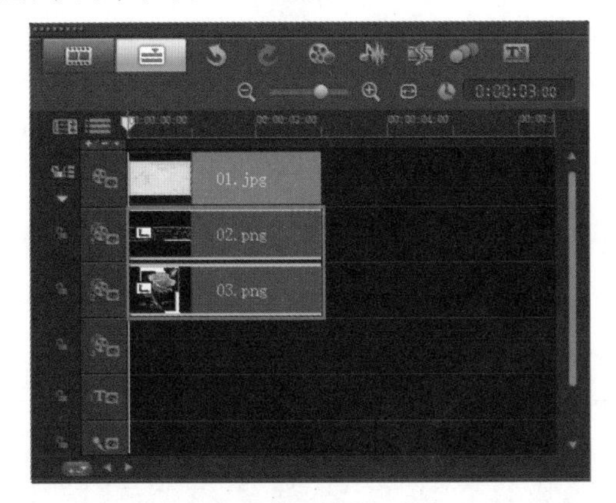

图 7-188

图 7-189

（3）将【04.png】添加【覆叠轨 3】上，如图 7-190 所示。接着双击【04.png】素材，在【属性】选项卡中单击【遮罩和色度键】按钮，如图 7-191 所示。

图 7-190

图 7-191

（4）切换到【遮罩和色度键】面板，勾选【应用覆叠选项】，并选择【类型】为【色度键】，如图 7-192 所示。使用【吸管】按钮，在【预览窗口】中吸取需要抠除的颜色，如图 7-193 所示。

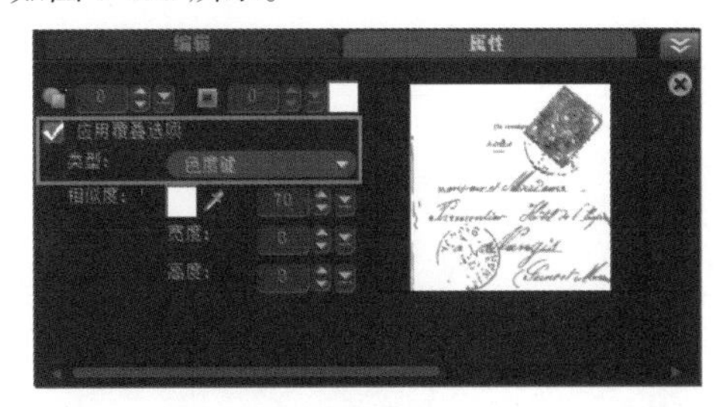

图 7-192

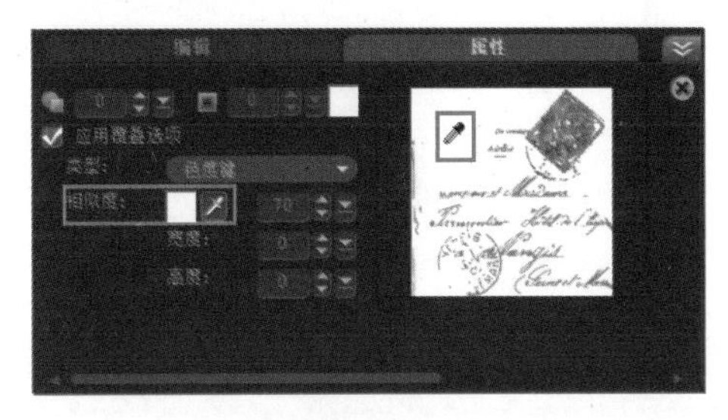

图 7-193

（5）接着在【预览窗口】中的素材上单击鼠标右键，在弹出的菜单中选择【调整到屏幕大小】选项，如图 7-194 所示。

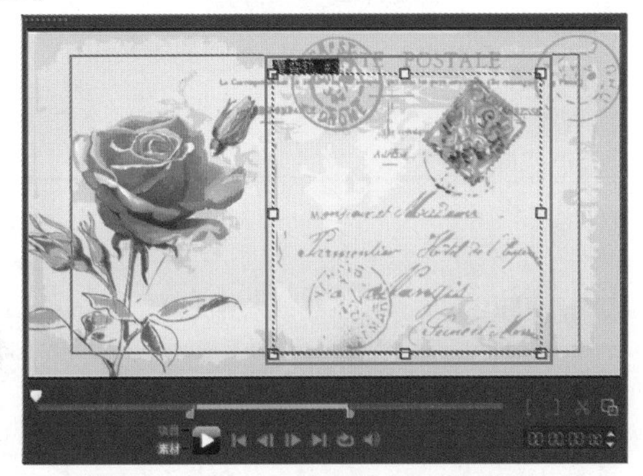

图 7-194

（6）单击【预览窗口】中的【播放】按钮，查看最终效果，如图 7-195 所示。

图 7-195

进阶实例：使用色度键抠除视频背景色

案例文件	进阶实例：使用色度键抠除视频背景色 .VSP
视频教学	DVD/ 多媒体教学 / 第 7 章 / 进阶实例：使用色度键抠除视频背景色 .flv
难易指数	★★★☆☆
技术掌握	色度键的应用、添加文字

案例分析：

本案例就来学习如何在会声会影 X6 中使用抠除背景色，最终渲染效果如图 7-196 所示。

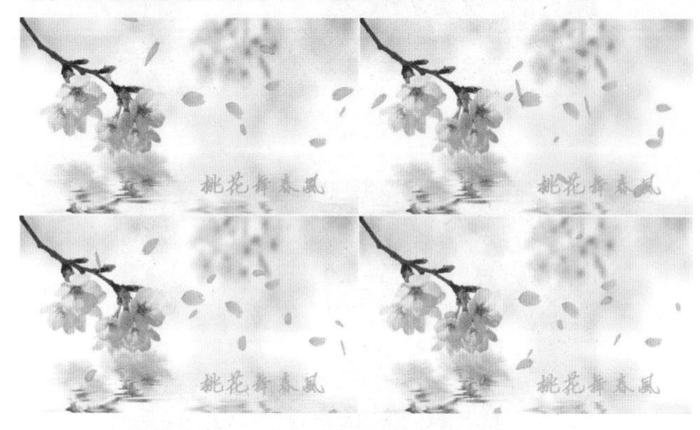

图 7-196

思路解析，如图 7-197 所示：

图 7-197

（1）使用色度键抠除背景色。

（2）添加文字效果。

制作步骤：

（1）打开会声会影 X6，将素材文件夹中的【01.jpg】添加到视频轨上，并设置结束时间为第 9 秒 18 帧的位置，如图 7-198 所示。此时预览窗口中的效果，如图 7-199 所示。

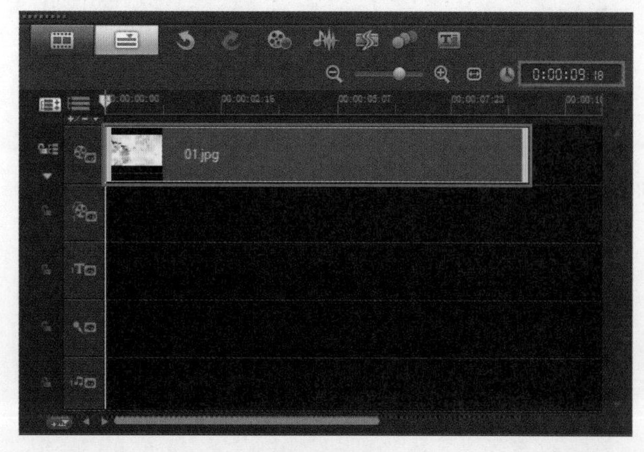

图 7-198

（2）接着将素材文件夹中的【01.avi】拖拽到覆叠轨上，如图 7-200 所示。

图 7-199

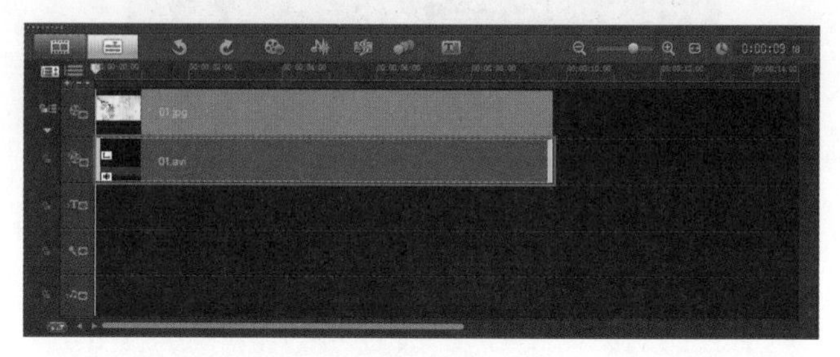

图 7-200

（3）双击【覆叠轨】上的素材文件，打开【属性】面板，单击【遮罩和色度键】按钮，如图 7-201 所示。在弹出的对话框勾选【应用覆叠选项】，设置类型为【色度键】，用吸管吸取黑色的色彩，设置【色彩相似度】为 100，如图 7-202 所示。

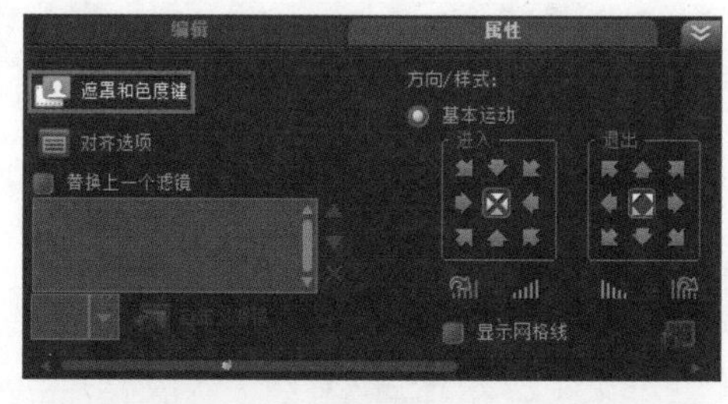

图 7-201

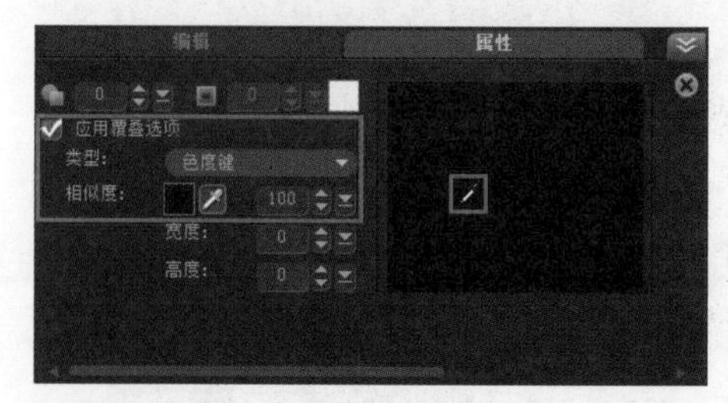

图 7-202

（4）选择覆叠轨上的素材文件，在预览窗口中单击鼠标左键执行【调整到屏幕大小】命令，如图 7-203 所示。此时预览窗口中的效果如图 7-204 所示。

（5）单击素材库面板中的【标题】按钮，然后在【预览窗口】中双击鼠标左键。接着在【选项】面板中设置合适的【字体】和【字体大小】，【色彩】为粉色（R：255，G：147，B：242），如图 7-205 所示。然后在文本框中输入文字，此时在【预览窗口】中的文字效果，如图 7-206 所示。

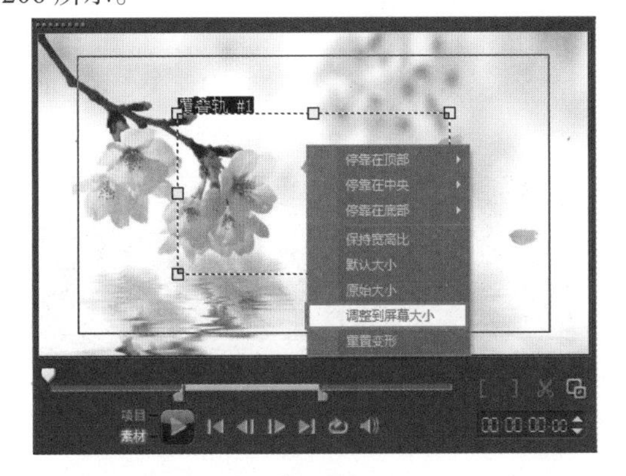

图 7-203

图 7-204

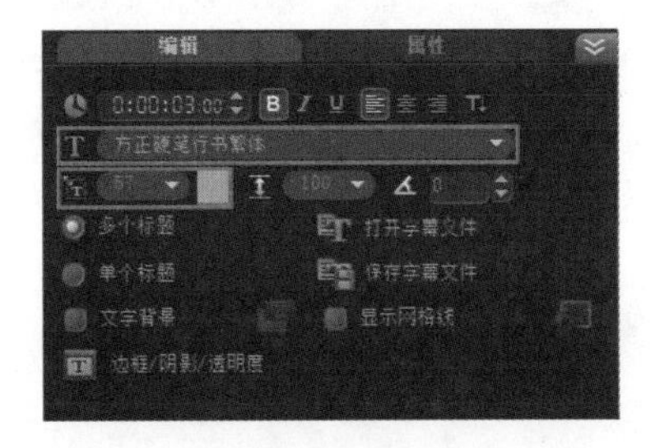

图 7-205

图 7-206

（6）在标题轨的右侧按住鼠标左键，如图 7-207 所示。接着把鼠标拖拽到 00:00:09:18 的位置释放鼠标左键，此时时间轴上的长度，如图 7-208 所示。

图 7-207

图 7-208

（7）此时，单击【预览窗口】中的【播放】按钮查看最终的效果，如图 7-209 所示。

图 7-209

进阶实例：遮罩帧动画

案例文件	进阶实例：遮罩帧动画 .VSP
视频教学	DVD/ 多媒体教学 / 第 7 章 / 进阶实例：遮罩帧动画 .flv
难易指数	★★☆☆☆
技术掌握	遮罩帧的应用

案例分析：

本案例就来学习如何在会声会影 X6 中使用文字层制作彩色文字，最终渲染效果如图 7-210 所示。

思路解析，如图 7-211 所示：

（1）为覆叠素材设置边框效果。

（2）设置覆叠的动画效果。

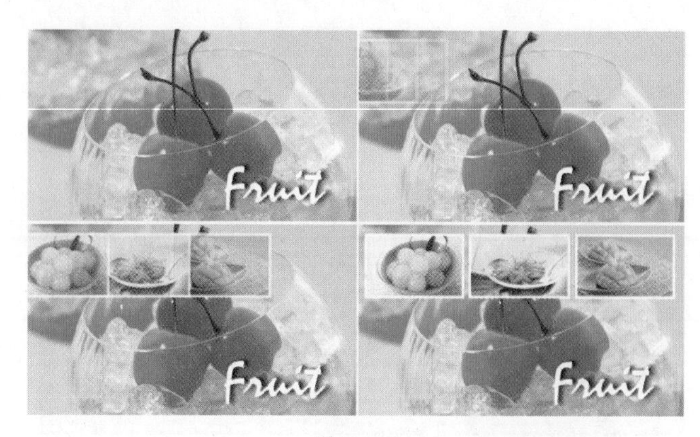

图 7-210

图 7-211

制作步骤：

（1）打开会声会影 X6 软件，将素材文件夹中的【01.jpg】和【02.jpg】分别添加到【视频轨】和【覆叠轨 1】中，如图 7-212 所示。

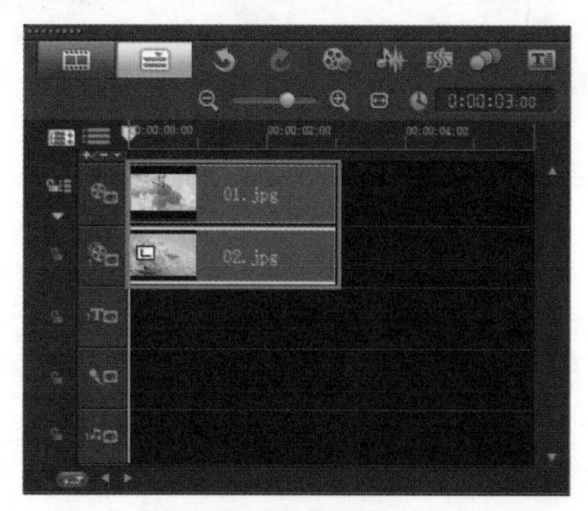

图 7-212

（2）选择【覆叠轨 1】上的【01.jpg】素材文件，然后在【预览窗口】中调整素材的大小和位置，如图 7-213 所示。

图 7-213

（3）双击【覆叠轨 1】上的【02.jpg】素材文件，在其【属性】选项卡中单击【遮罩和色度键】按钮，如图 7-214 所示。在弹出的面板中勾选【应用覆叠选项】，然后设置【边框】为 3，颜色为白色（R：255，G：255，B：255），如图 7-215 所示。

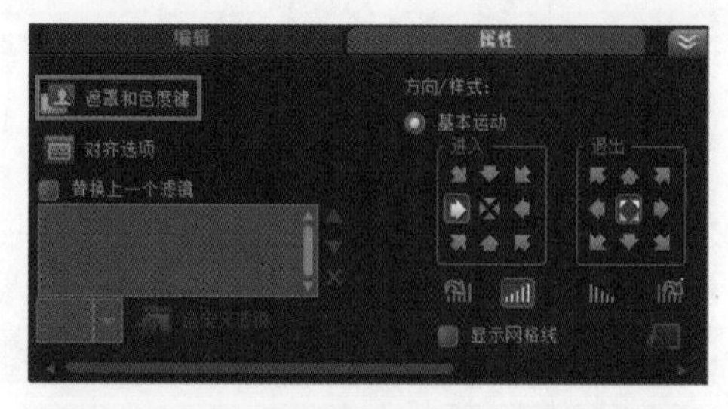

图 7-214

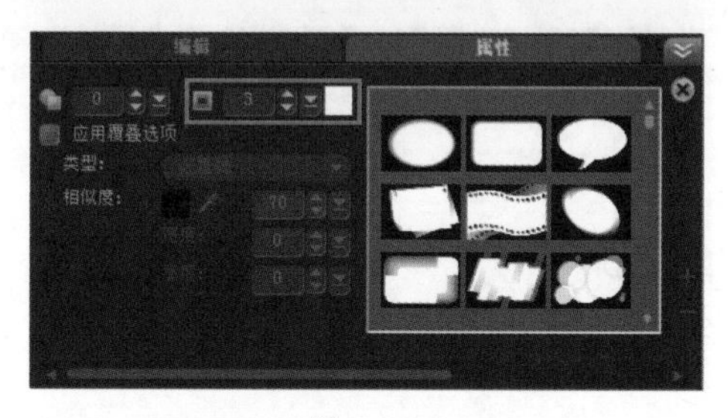

图 7-215

（4）此时在【预览窗口】中查看当前效果，如图 7-216 所示。接着切换到【属性】选项卡，设置【进入】的方式为【左边进入】，并设置淡入动画效果，如图 7-217 所示。

图 7-216

图 7-217

（5）单击【轨道管理器】按钮，然后在弹出的窗口中设置【覆叠轨】为 3，如图 7-218 所示。选择【01.jpg】素材文件，使用快捷键【Ctrl+C】将其复制到【覆叠轨 2】和【覆叠轨 3】上，如图 7-219 所示。

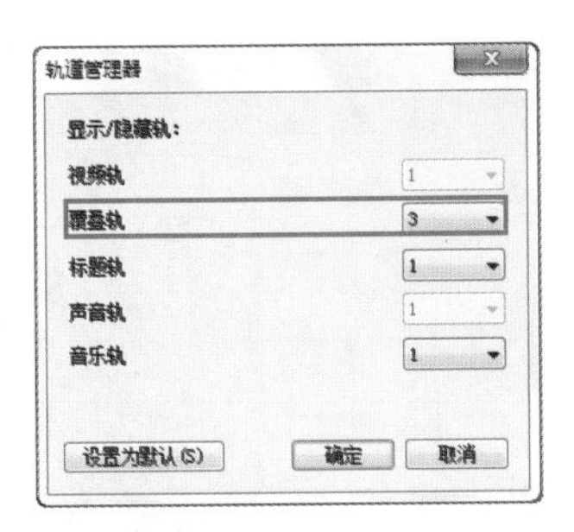

图 7-218

图 7-219

（6）然后分别调整【覆叠轨 2】和【覆叠轨 3】上的【02.jpg】素材文件在【预览窗口】的位置，如图 7-220 所示。

图 7-220

（7）分别在【覆叠轨 2】和【覆叠轨 3】的【01.jpg】素材文件上单击鼠标右键，在弹出的菜单中执行【替换素材】/【照片】命令，并将图片替换为【02.jpg】和【03.jpg】素材文件，如图 7-221 所示。此时【预览窗口】中效果，如图 7-222 所示。

（8）单击素材库面板中的【标题】按钮，然后在【预览窗口】中双击鼠标左键。接着在【选项】面板中设置合适的【字体】，并且设置【字体大小】为 126，【色彩】为白色（R：255G：255B：255），并单击【粗体】B和【左对齐】按钮，如图 7-223 所示。然后在【预览窗口】文本框中输入文字【Fruit】，如图 7-224 所示。

图 7-221

图 7-222

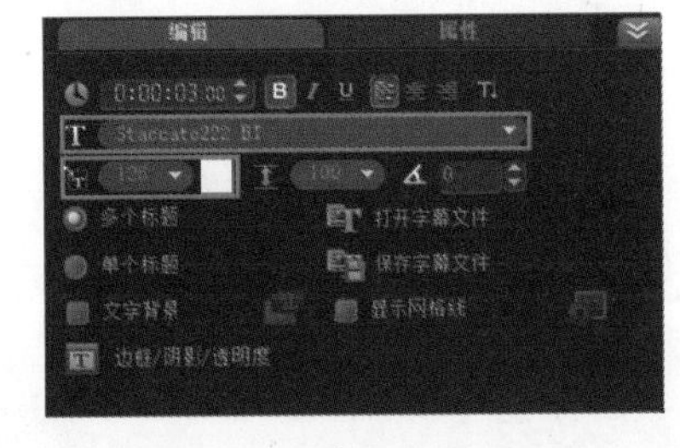

图 7-223

图 7-224

（9）选择文字，单击【选项】面板中的【边框 / 阴影 / 透明度】按钮，然后在弹出的窗口选择【阴影】选项，并选择【下垂阴影】选项，设置【X（水平阴影偏移量）】为 7.0，【Y（垂直阴影偏移量）】为 – 2.0，并单击【色彩块】按钮设置颜色为黑色（R：0，G：0，B：0），【下垂阴影柔滑边缘】为 30，最后单击【确定】按钮，如图 7-225 所示。此时【预览窗口】中文字效果，如图 7-226 所示。

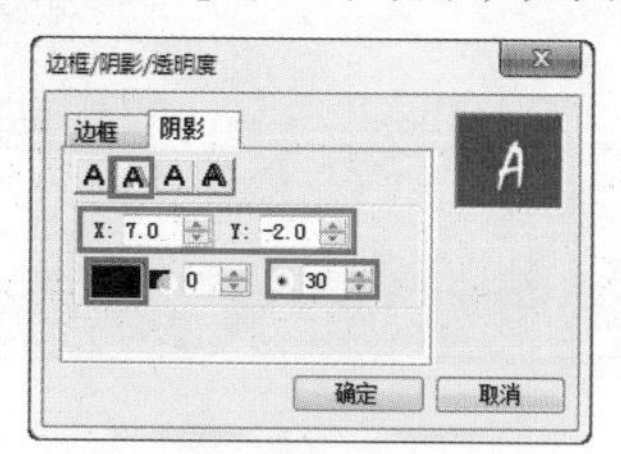

图 7-225

图 7-226

（10）单击【预览窗口】中的【播放】按钮，查看最终效果，如图 7-227 所示。

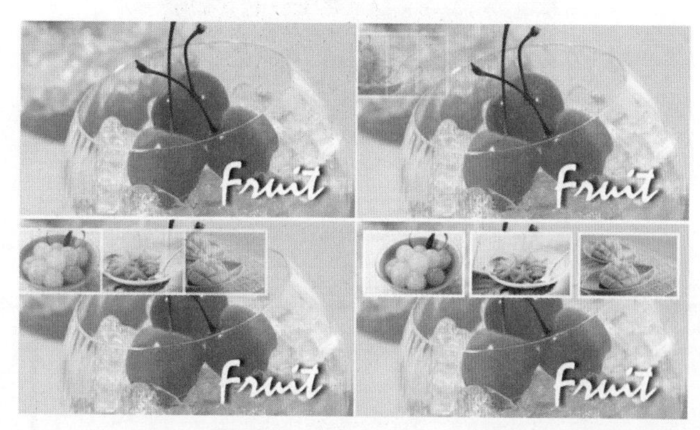

图 7-227

7.6 即时项目

在【即时项目】的素材库中提供了许多可以直接应用的即时项目，如图 7-228 所示。使用即时项目十分方便、简单，节省了大量操作时间，而且可以在即时项目的基础上进行编辑。

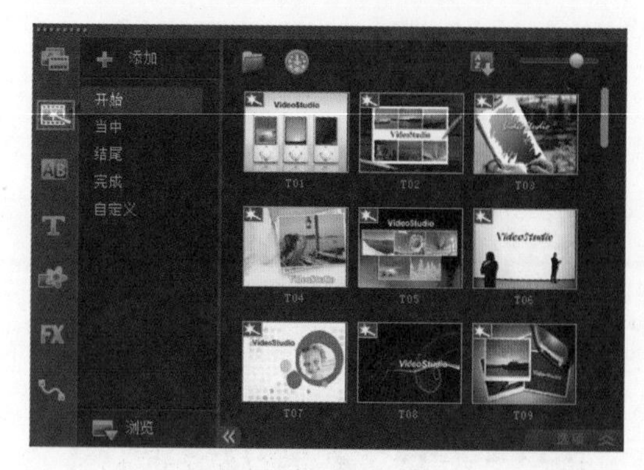

图 7-228

7.6.1

（1）在【即时项目】素材库中的某一项目上按住鼠标左键直接拖拽到时间轴中的指定位置，如图 7-229 所示。然后释放鼠标左键，即可添加到时间轴中，如图 7-230 所示。

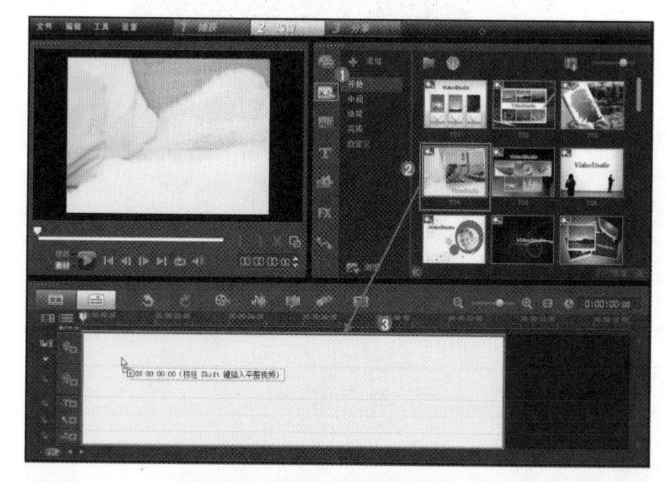

图 7-229

图 7-230

（2）在【即时项目】素材库中的项目上单击鼠标右键，在弹出的菜单栏中选择【添加到开始】或【添加到结尾】选项，如图 7-231 所示。此时即可将素材快速地添加到时间轴的开始或结尾处。

图 7-231

求生秘籍——技巧提示：插入平整的视频

按住键盘上的 <Shift> 键的同时将即时项目拖到时间轴中，可以插入平整视频，即将该项目以合并的模式插入到【视频轨】或【覆叠轨】中，如图 7-232 所示。

图 7-232

7.6.2

（1）添加项目模板后，使用【替换素材】命令可以替换模板中的素材。在需要替换的素材上单击鼠标右键，然后在弹出的菜单中执行【替换素材】/【照片】或【视频】命令，如图 7-233 所示。

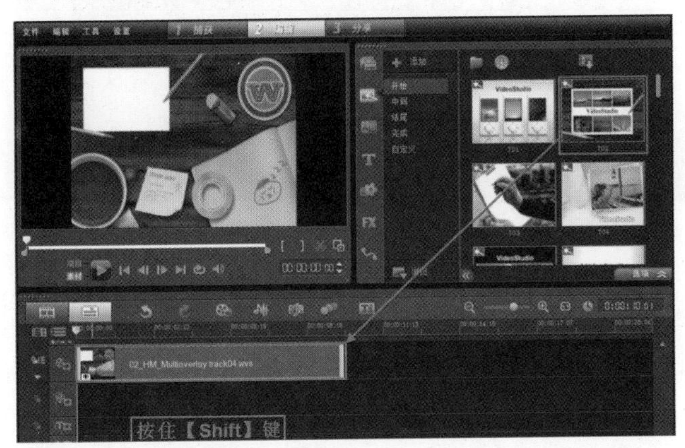

图 7-233

（2）接着在弹出的对话框中选择合适的素材文件，并单击【打开】按钮。此时在时间轴中的该素材文件已经被替换，如图 7-234 所示。

图 7-234

进阶实例：应用即时项目制作幸福相册

案例文件	进阶实例：应用即时项目制作幸福相册 .VSP
视频教学	DVD/ 多媒体教学 / 第 7 章 / 进阶实例：应用即时项目制作幸福相册 .flv
难易指数	★★★☆☆
技术掌握	添加即使项目，替换即使项目的素材文件、更改文字

案例分析：

本案例就来学习如何在会声会影 X6 中应用即时项目制作幸福相册，最终渲染效果如图 7-235 所示。

思路解析，如图 7-236 所示：

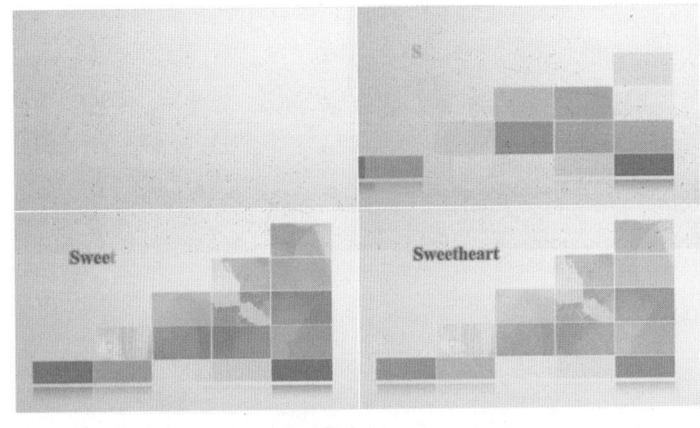

图 7-235

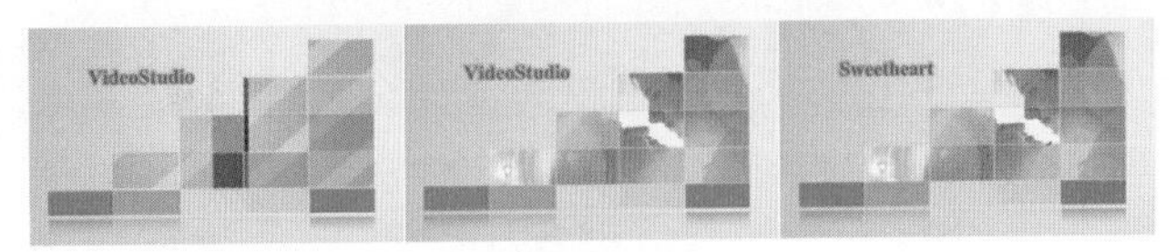

图 7-236

（1）添加即使项目，替换即使项目中的素材文件。

（2）更改文字效果。

制作步骤：

（1）在会声会影 X6 中，单击【即时项目】按钮，将【即使项目】库中的【T11】拖拽到时间轴上，如图 7-237 所示。

图 7-237

（2）选择覆叠轨上素材文件，单击鼠标右键，在弹出的菜单中选择【替换素材】/【照片】命令，如图 7-238 所示。在弹出的对话框中替换【01.jpg】素材文件，单击【打开】按钮，如图 7-239 所示。

图 7-238

（3）此时在【覆叠轨】上素材文件已经被替换，如图 7-240 所示。

（4）双击【文字轨】上的文字，在预览窗口中更改文字为【Sweetheart】，如图 7-241 所示。

（5）单击【预览窗口】中的【播放】按钮，查看最终效果，如图 7-242 所示。

图 7-239

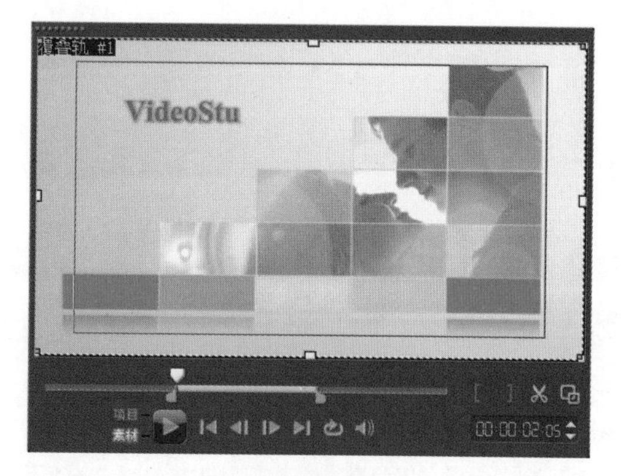

图 7-240

图 7-241

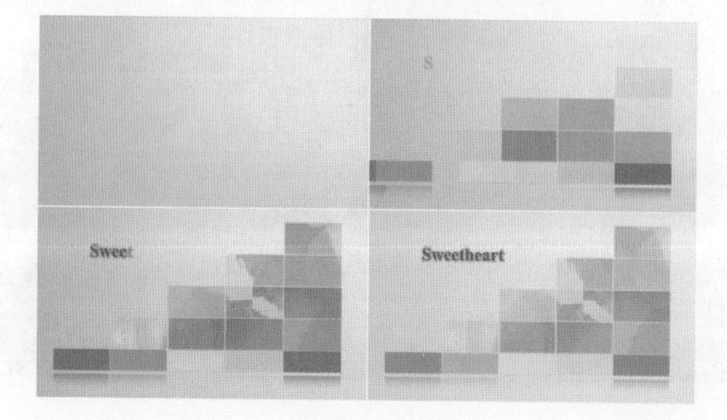

图 7-242

第 8 章　转场效果

本章内容简介

在利用会声会影 X6 制作和编辑影片项目的过程中，除了添加滤镜效果外，镜头与镜头之间、场景和场景之间也可添加各种转场效果，从而使画面的过渡更加圆滑与柔和。本章主要讲解了如何使用转场效果，以及转场效果的自定义参数设置等。

本章学习要点

了解转场的应用领域

掌握转场效果的添加与应用

掌握转场效果的编辑技巧

学习设置自定义转场和添加多个转场的方法

佳作欣赏

8.1　初识转场效果

什么是转场效果

多个镜头串联起来组成了视频段落，而完整的影片就是由很多个段落组成的。段落与段落之间相互切换与过渡即可转场效果。在不同的段落镜头中间添加转场效果，如淡入淡出、旋转画面等，可以使不同的画面之间产生柔和过渡的连贯效果，整体风格也更加突出。

8.2　转场的基本操作

转场效果是一个影片中不可缺少的重要元素，能够使画面平滑的进行切换。为适当的段落之间选择合适的转场效果可以丰富镜头的变化效果。

8.2.1

为影片添加转场效果可以使影片更加丰富和专业化。在会声会影 X6 的转场素材库中，共包含【3D】、【相册】、【取代】、【时钟】、【过滤】、【胶片】、【闪光】、【遮罩】、【NewBlue 样品转场】、【果皮】、【推动】、【卷动】、【旋转】、【滑动】、【伸展】和【擦拭】共 16 种类型的转场，如图 8-1 所示，并且每种转场都带有动态缩略图以供预览。

转场效果应用在单个或两个素材文件之间。将素材库中的转场效果添加到时间轴中的方法有很多种：

1. 拖拽到时间轴

在转场素材库的某一转场效果上按住鼠标左键，将其拖拽到时间轴的单个或两个素材之间，然后释放鼠标左键，即可为时间轴中的素材添加转场效果，如图 8-2 所示。

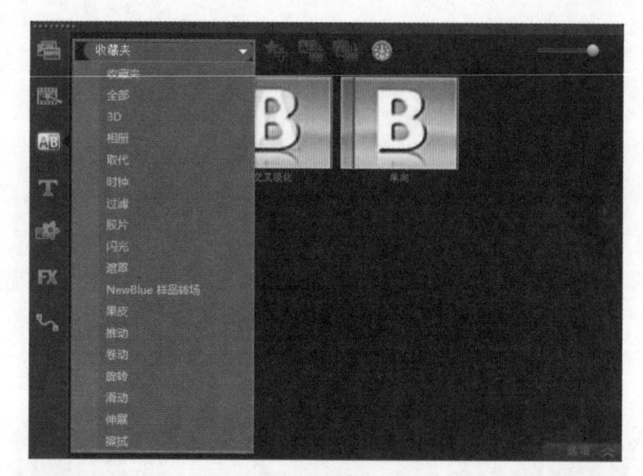

图 8-1

图 8-2

求生秘籍——技巧提示：对一个或两个素材添加转场

在默认情况下，当把转场效果拖拽到两个素材之间时，它会直接添加在素材之间。若想要为两个素材中的某一个素材添加转场效果，则可以在未释放鼠标前，按住键盘上的 <Ctrl> 键，即可将当前转场效果单独应用到某一个素材上。

2. 双击添加转场

在素材库中的某一转场效果上双击鼠标左键，如图 8-3 所示。该转场效果会自动添加到视频轨中前两个素材之间，如图 8-4 所示。再次重复此操作则会添加到下一个素材之间。该方法只能用于【视频轨】中存在两个或两个以上素材的情况。

3. 右键菜单添加转场

在素材库中的转场效果上单击鼠标右键，然后在弹出的菜单中选择【对视频轨应用当前效果】选项，如图 8-5 所示。此时在【视频轨】中的素材文件之间已经添加了该转场效果，如图 8-6 所示。

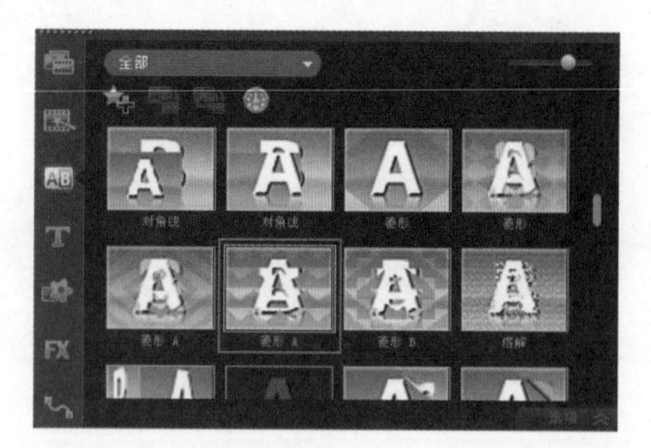

图 8-3

图 8-4

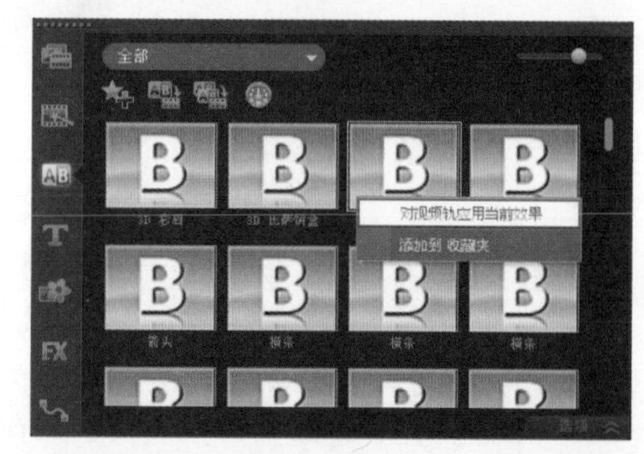

图 8-5

图 8-6

求生秘籍——技巧提示：对视频轨应用当前效果

应用【对视频轨应用当前效果】选项命令与双击该转场进行添加的效果是相同的。

4. 素材重叠添加转场

将时间轴中插入的两个素材进行拖动重叠，如图 8-7 所示。此时重叠的部分会自动添加随机转场效果，如图 8-8 所示。

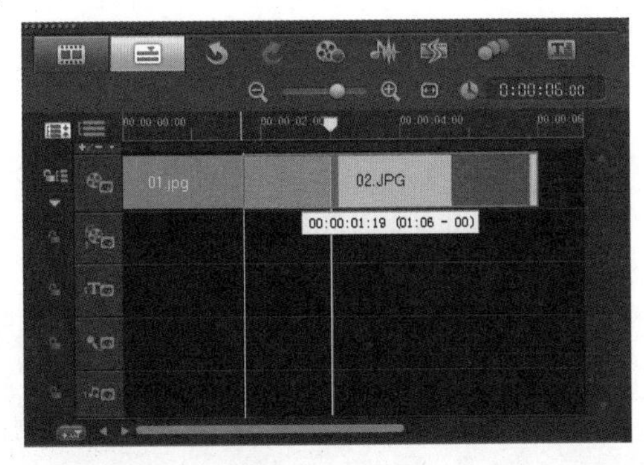

图 8-7

图 8-8

5. 自动添加转场

在菜单栏中执行【设置】/【参数选择】命令，如图 8-9 所示。然后在弹出的【参数选择】对话框中选择【编辑】选项卡，接着勾选【转场效果】下的【自动添加转场效果】选项，并在下面的【默认转场效果】列表中选择自动添加转场类型，如图 8-10 所示。

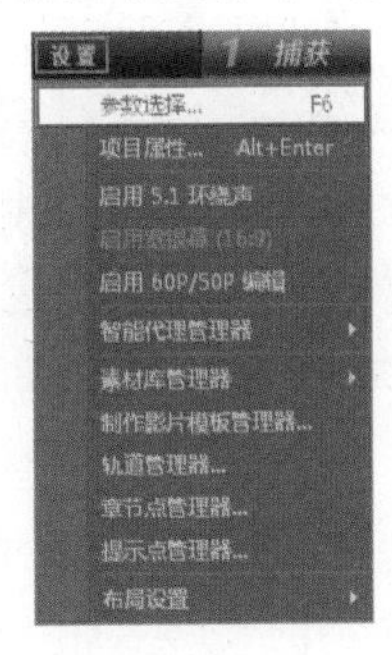

图 8-9

单击【参数选择】对话框中的【确定】按钮，然后在时间轴中添加两个或两个以上的素材文件时，会自动添加转场效果，如图 8-11 所示。

6. 快捷应用转场

当视频轨中有两个或两个以上素材时，在【转场】素材库中选择某一转场效果，然后单击【对视频轨应用当前效果】按钮，如图 8-12 所示。

当前选择的转场效果会快速添加到视频轨中的素材之间，如图 8-13 所示。

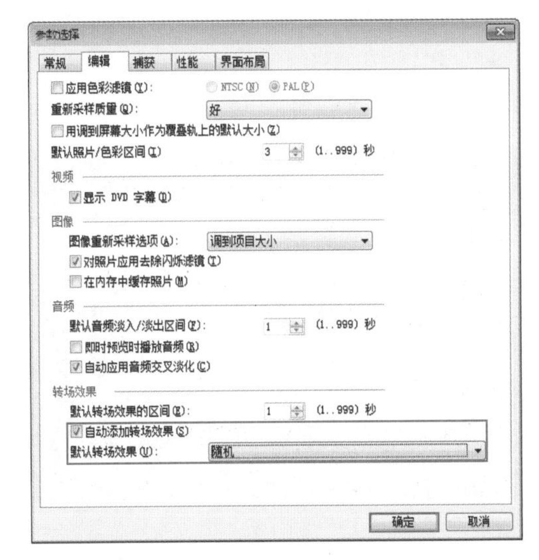

图 8-10

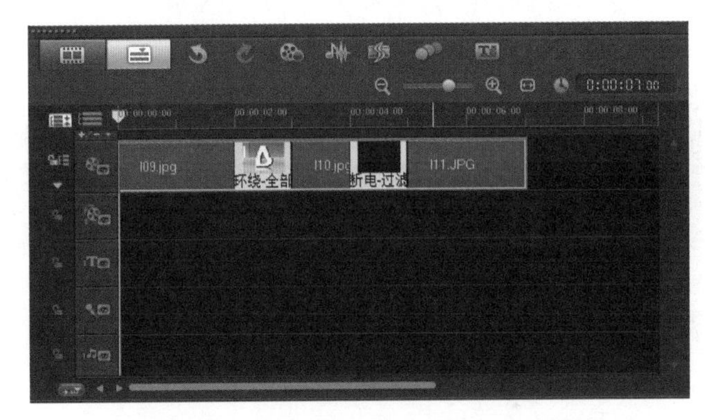

图 8-11

图 8-12

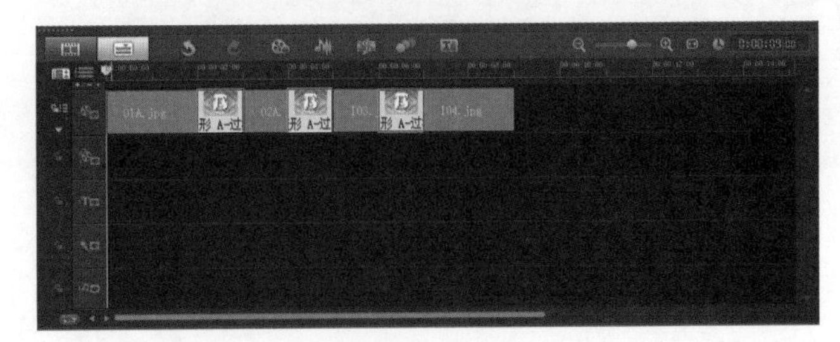

图 8-13

7. 快捷应用随机转场

当视频轨中有两个或两个以上素材时，单击【对视频轨应用随机效果】按钮，如图 8-14 所示。

图 8-14

此时视频轨中的素材之间会随机添加转场效果，如图 8-15 所示。

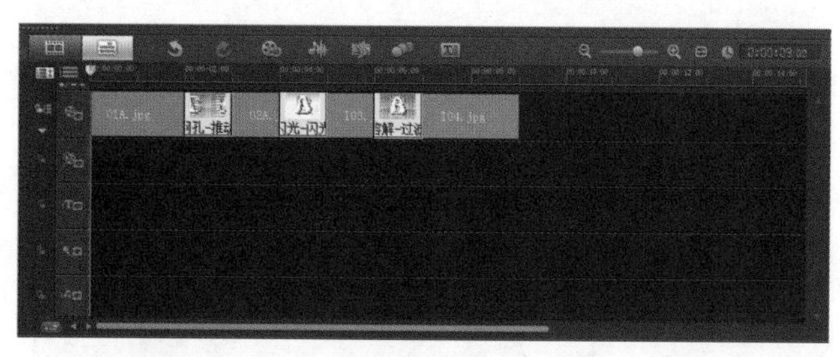

图 8-15

进阶实例：为素材添加转场效果

案例文件	进阶实例：为素材添加转场效果 .VSP
视频教学	视频文件 \ 第 8 章 \ 为素材添加转场效果 .flv
难易指数	★★☆☆☆
技术掌握	百叶窗转场的应用

案例分析：

本案例就来学习如何在会声会影 X6 中为素材添加转场过渡，最终渲染效果如图 8-16 所示。

图 8-16

思路解析，如图 8-17 所示：

（1）添加多个素材文件。

（2）添加转场效果。

图 8-17

制作步骤：

（1）打开会声会影 X6 软件，然后在【视频轨】中插入【01.jpg】和【02.jpg】素材文件，如图 8-18 所示。

（2）在【转场】素材库中将【百叶窗】转场添加到时间轴中的两个素材文件之间，如图 8-19 所示。

图 8-18

图 8-19

（3）此时，单击【预览窗口】中的【播放】按钮查看最终的效果，如图 8-20 所示。

图 8-20

8.2.2

（1）在视频轨中选择某一转场效果，然后按住鼠标左键，可以将其拖拽到【视频轨】中的其他素材文件上，如图 8-21 所示。

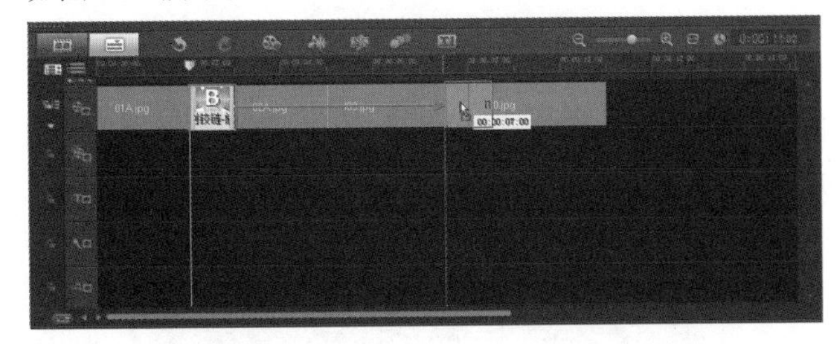

图 8-21

（2）接着释放鼠标左键，此时该转场效果已经被移动到其他素材文件上，如图 8-22 所示。

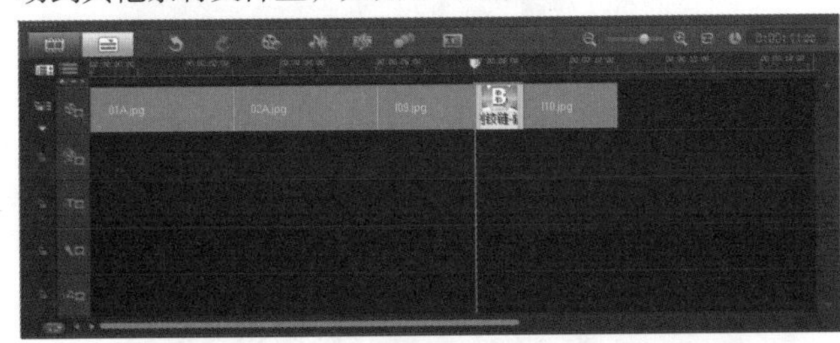

图 8-22

8.2.3

已经添加的转场效果可以直接进行替换。将新的转场效果按住鼠标左键直接拖拽到需要替换的转场上将其覆盖，如图 8-23 所示。接着释放鼠标左键，即可将转场进行替换，如图 8-24 所示。

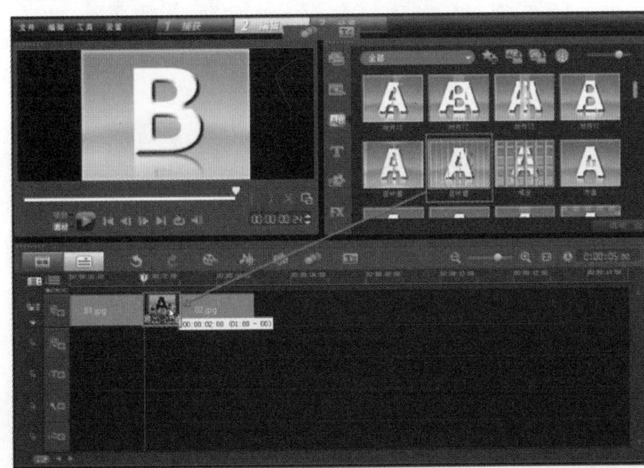

图 8-23

8.2.4

对已经添加转场效果进行删除的方法有很多种：

1. 菜单命令删除

在时间轴中单击选择需要删除的转场效果，然后在菜单栏中执行【编辑】/【删除】命令，如图 8-25 所示。

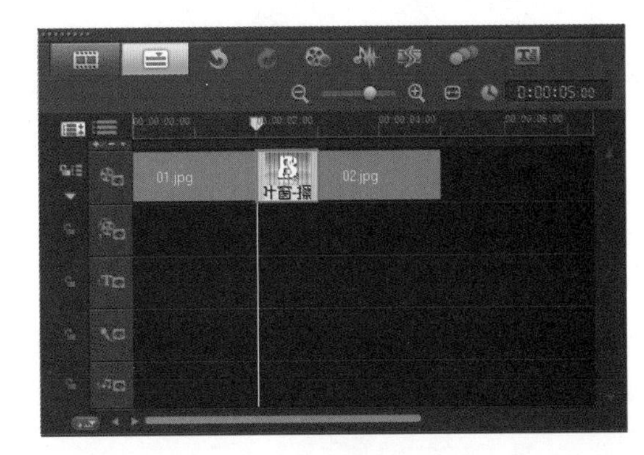

图 8-24

图 8-25

此时时间轴中选择的转场效果已经被删除，如图 8-26 所示。

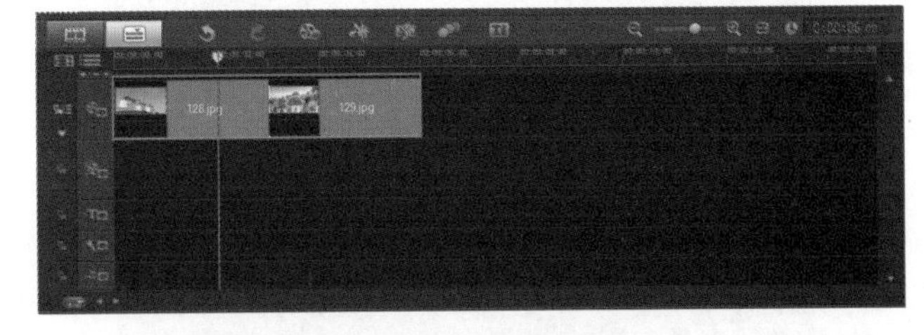

图 8-26

2. 右键菜单删除

在转场效果上单击鼠标右键，然后在弹出的菜单中选择【删除】命令，如图 8-27 所示。此时该转场效果已经被删除，如图 8-28 所示。

图 8-27

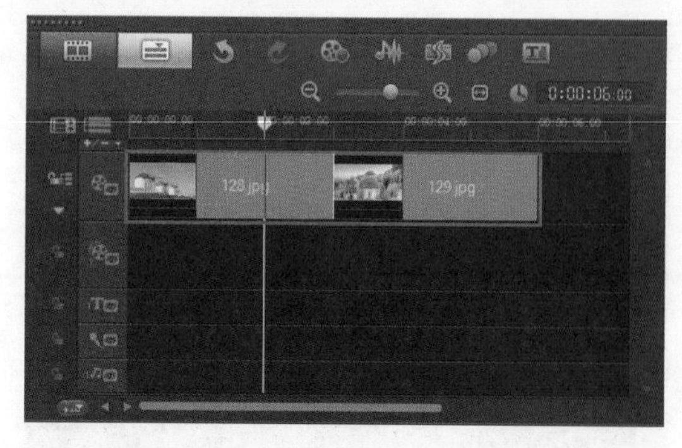

图 8-28

3. 分开素材删除

将鼠标指针移动到需要删除转场效果的素材文件上，然后按住鼠标左键将其拖动分离，如图 8-29 所示。此时在该素材文件上的转场效果会自动删除，如图 8-30 所示。

图 8-29

图 8-30

4. 快捷键删除

在时间轴中选择转场效果，然后按键盘上的 <Delete> 键，即可删除该转场效果，如图 8-31 所示。使用快捷键是操作过程中最常用的方法。

图 8-31

8.2.5

在默认情况下，转场素材库的【收藏夹】类型中只有【溶解】、【交叉淡化】和【单词】三种转场效果，可以将常用的一些转场效果添加到【收藏夹】中。

（1）在转场效果上单击鼠标右键，然后在弹出的菜单中选择【添加到收藏夹】命令，如图 8-32 所示。

图 8-32

（2）此时在【收藏夹】中即可看到新添加进来的转场效果，如图 8-33 所示。

图 8-33

技术拓展：将转场快速添加至收藏夹

选择的转场效果，然后单击【画廊】旁边的【添加到收藏夹】按钮，即可将选择的转场效果快速添加到【收藏夹】中。

8.2.6

在会声会影 X6 中，为素材添加转场效果后，默认的转场效果区间为 1 秒，可以根据项目需求更改其区间长度。

（1）在时间轴中双击需要更改区间的转场效果，然后在【转场】面板中可以修改该转场效果的区间，如图 8-34 所示。

（2）此时在时间轴中的转场效果长度也发生了相应的变化，如图 8-35 所示。

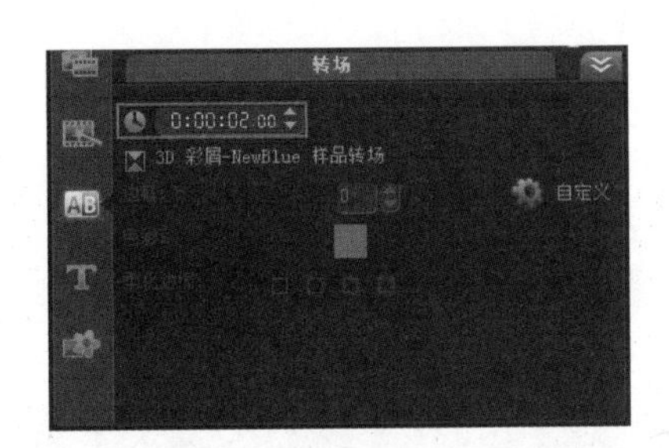

图 8-34

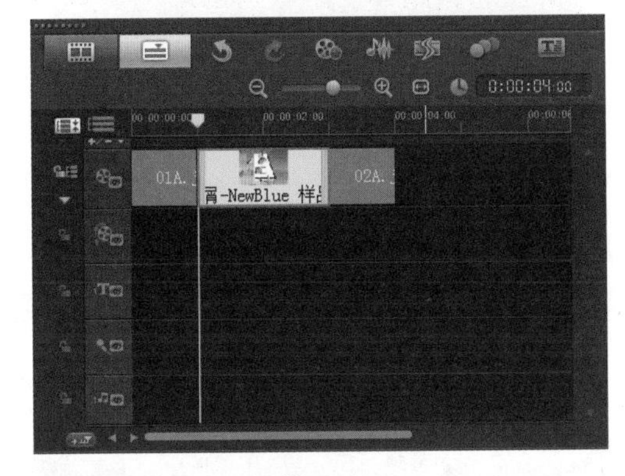

图 8-35

进阶实例：设置转场的区间

案例文件	进阶实例：设置转场的区间 .VSP
视频教学	视频文件 \ 第 8 章 \ 设置转场的区间 .flv
难易指数	★★☆☆☆
技术掌握	添加转场过渡、改变转场区间

案例分析：

本案例就来学习如何在会声会影 X6 中更改转场区间的大小，最终渲染效果如图 8-36 所示。

图 8-36

思路解析，如图 8-37 所示：

图 8-37

（1）添加转场。

（2）设置转场区间。

制作步骤：

（1）打开会声会影 X6 软件，然后在【视频轨】中插入【01.jpg】和【02.jpg】素材文件，如图 8-38 所示。

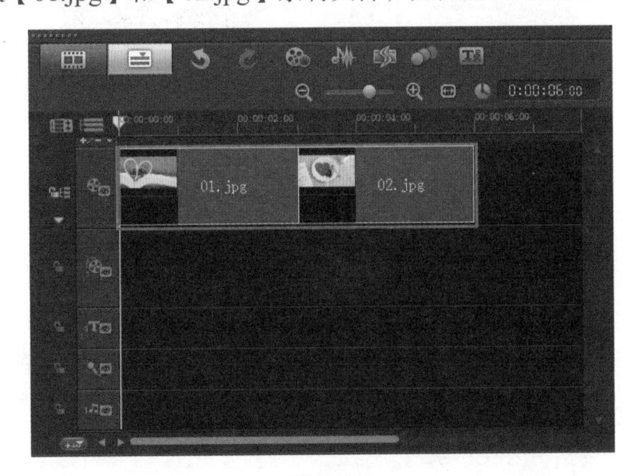

图 8-38

（2）选择【转场】素材库中的【过滤】类型，然后将【菱形】转场添加到时间轴中的两个素材文件之间，如图 8-39 所示。

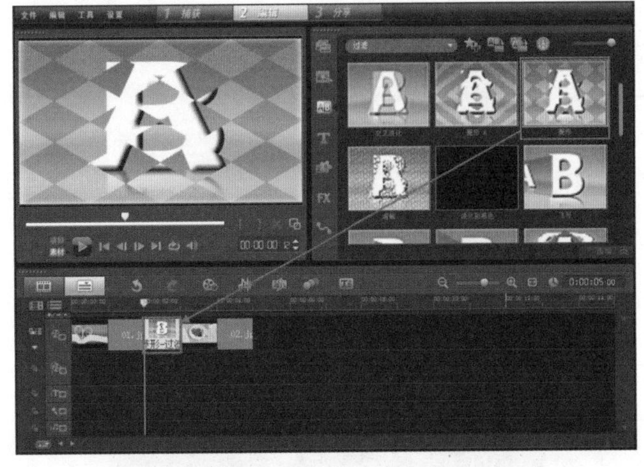

图 8-39

（3）双击【视频轨】上区间的【菱形】转场效果，在【转场】面板中就可以修改转场效果的【区间】为 2 秒，如图 8-40 所示。此时在【视频轨】上的【菱形】转场效果长度也发生了相应的变化，如图 8-41 所示。

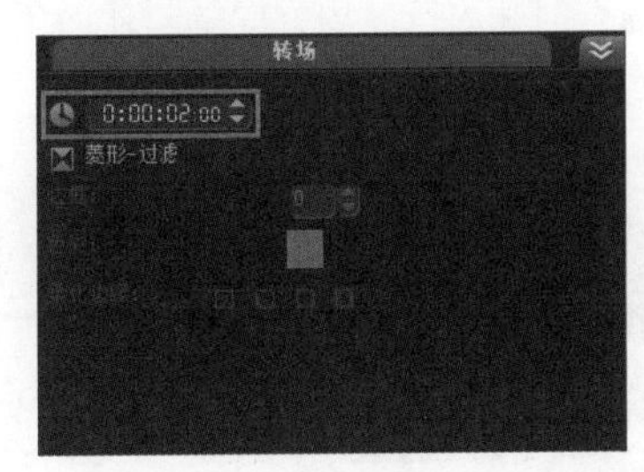

图 8-40

（4）单击【预览窗口】中的【播放】按钮查看最终的效果，如图 8-42 所示。

图 8-41

图 8-42

8.2.7

很多的转场效果都可以设置不同的动画运动方向。双击鼠标左键可以改变【方向】的转场效果，然后在【转场】面板中单击不同的方向按钮，即可更改转场动画的方向，如图 8-43 所示。

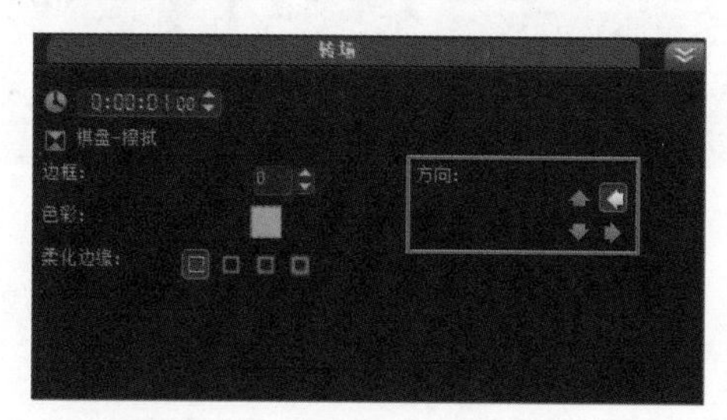

图 8-43

默认转场方向和更改转场方向的对比效果，如图 8-44 所示。

图 8-44

8.2.8

在时间轴中双击鼠标左键可以应用边框效果的转场效果，然后在【转场】面板中可以设置【边框】的大小和【色彩】，如图 8-45 所示。

图 8-45

默认转场效果和更改转场边框大小和颜色效果的对比效果，如图 8-46 所示。

图 8-46

8.2.9

在默认情况下，转场效果的边缘都是锐利的，一部分转场效果可以设置柔化边缘效果。双击可以柔化边缘的转场效果，在弹出的【转场】面板中提供了【无柔化边缘】、【弱柔化边缘】、【中等柔化边缘】和【强柔化边缘】4 种柔化效果，如图 8-47 所示。

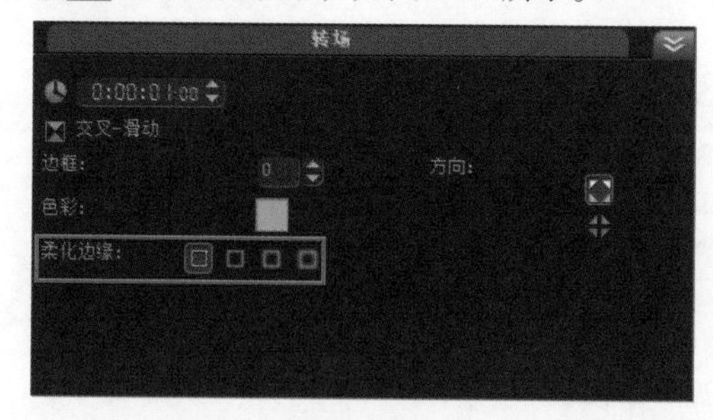

图 8-47

默认转场效果和强柔化边缘效果的对比效果，如图 8-48 所示。

图 8-48

进阶实例：设置转场边缘

案例文件	进阶实例：设置转场边缘 .VSP
视频教学	视频文件 \ 第 8 章 \ 设置转场边缘 .flv
难易指数	★★★☆☆
技术掌握	添加滤镜效果、设置转场边缘效果

案例分析：

本案例就来学习如何在会声会影 X6 中设置转场边缘，最终渲染效果如图 8-49 所示。

图 8-49

思路解析，如图 8-50 所示：

图 8-50

（1）添加添加转场。

（2）设置转场边缘效果。

制作步骤：

（1）打开会声会影 X6 软件，然后在【视频轨】中插入【01.jpg】和【02.jpg】素材文件，如图 8-51 所示。

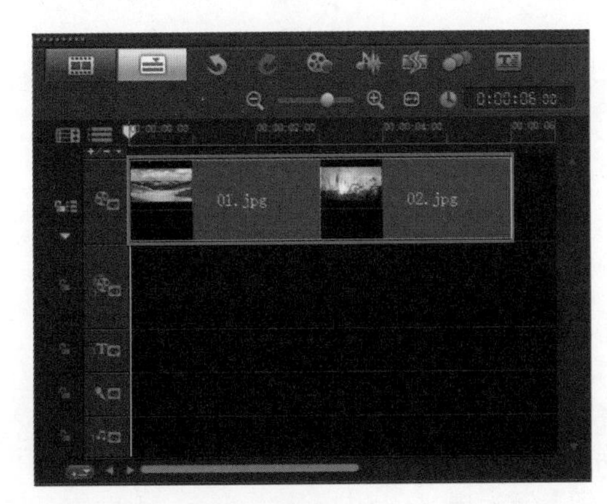

图 8-51

（2）选择【转场】素材库中的【擦拭】类型，然后将【条带】转场添加到时间轴中的两个素材文件之间，如图 8-52 所示。

（3）双击【视频轨】上区间的【条带】转场效果，在【转场】面板中设置【边框】为 1，【色彩】为黑色（R：0，G：0，B：0），如图 8-53 所示。

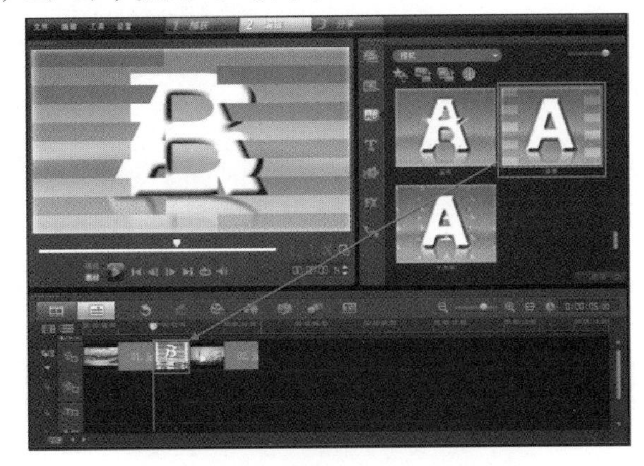

图 8-52

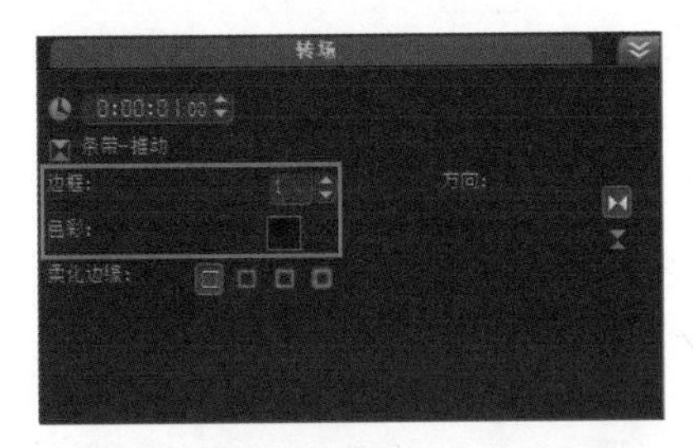

图 8-53

（4）此时，单击【预览窗口】中的【播放】按钮查看最终的效果，如图 8-54 所示。

图 8-54

8.2.10

大部分的转场效果都可以进行自定义设置，在【转场】面板中单击【自定义】按钮，如图 8-55 所示。在弹出的对话框中可以进行自定义参数设置。根据转场效果的不同，自定义面板都不尽相同，如图 8-56 所示为【闪光】类型的【闪光】转场效果的自定义面板。

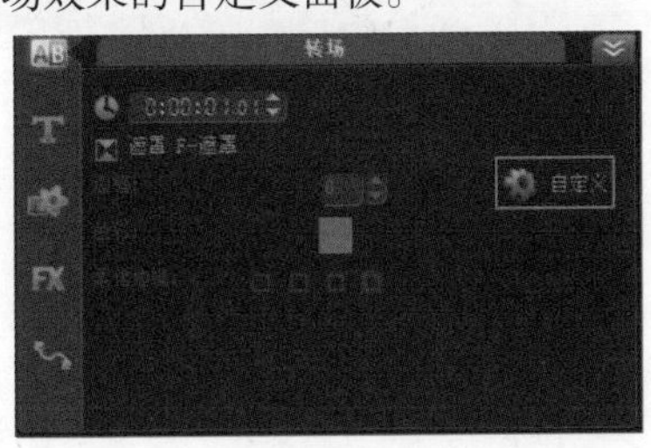

图 8-55

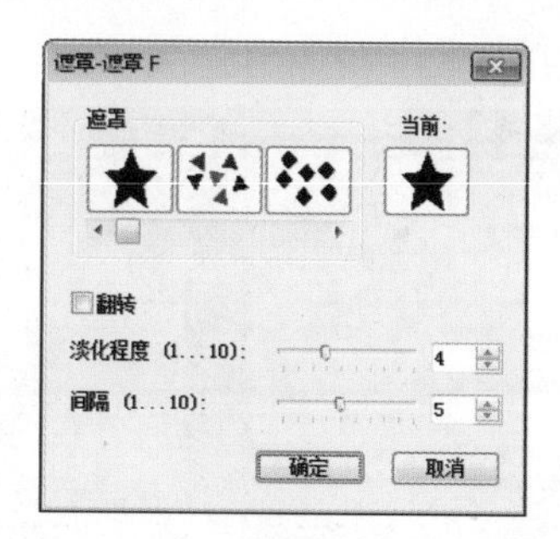

图 8-56

8.3 应用 3D 转场类型

在【转场】素材库中设置【画廊类型】为【3D】。该类型转场中包括【手风琴】、【对开门】、【百叶窗】、【外观】、【飞行木板】、【飞行方块】、【飞行翻转】、【飞行折叠】、【折叠盒】、【门】、【滑动】、【旋转门】、【分割门】、【挤压和漩涡】15 种转场效果，如图 8-57 所示。

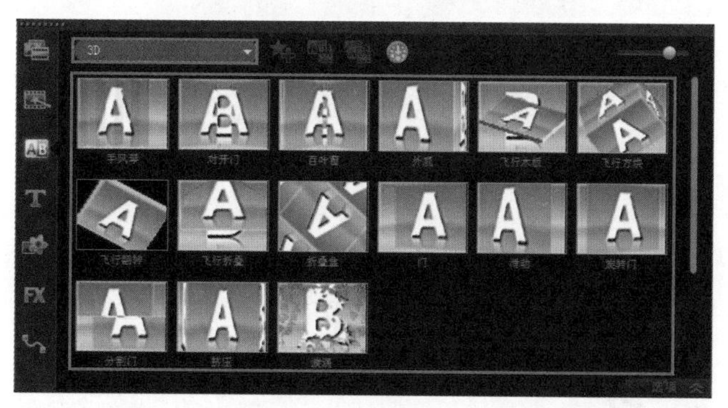

图 8-57

8.3.1

【手风琴】转场效果，会使素材以类似手风琴的方式折叠过渡到下一个画面，如图 8-58 所示。其参数面板，如图 8-59 所示。

图 8-58

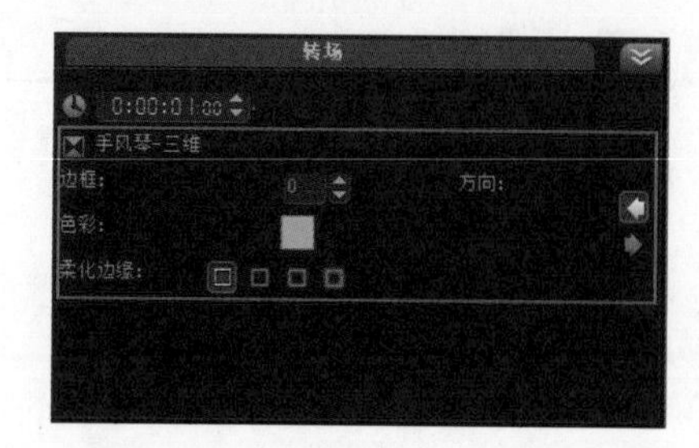

图 8-59

重点参数提醒：

※边框：设置转场的边框宽度。

※色彩：设置转场的边框颜色。

※柔化边缘：设置转场的边缘柔化程度，包括【无柔边缘】、【弱柔化边缘】、【中等柔化边缘】和【强柔化边缘】。

※方向：转场的退场方向，包括【从右到左】和【从左到右】。

8.3.2

应用【对开门】转场效果，会使素材以门的形式从中心位置对折或分开，从而过渡到下一画面，如图 8-60 所示。在其【转场】面板中可以对其方向和边缘柔化等参数进行设置，如图 8-61 所示。

图 8-60

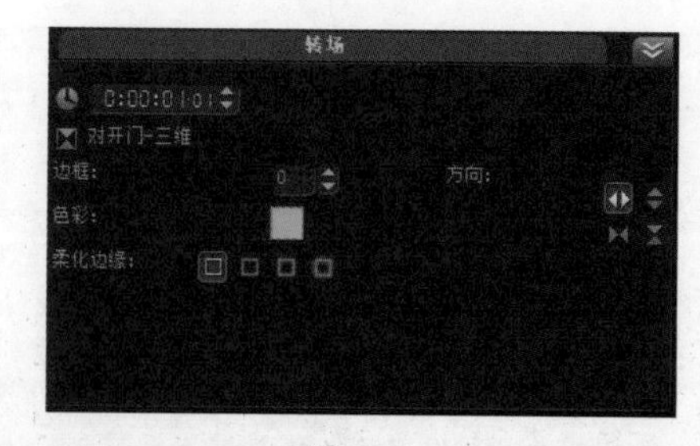

图 8-61

重点参数提醒：

※边框：设置转场的边框宽度。

※色彩：设置转场的边框颜色。

※柔化边缘：设置转场的边缘柔化程度。

※方向：设置对开门的转场方向，包括【打开 - 垂直分割】、【打开 - 水平分割】、【关闭 - 垂直分割】和【关闭 - 水平分割】。

进阶实例：添加对开门转场特效

案例文件	进阶实例：添加对开门转场特效 .VSP
视频教学	视频文件 \ 第 8 章 \ 添加对开门转场特效 .flv
难易指数	★★★★☆
技术掌握	设置素材摇动和缩放的自定义参数、添加对开门转场

案例分析：

本案例就来学习如何在会声会影 X6 中添加对开门转场特效制作开门动画，最终渲染效果如图 8-62 所示。

图 8-62

思路解析，如图 8-63 所示：

图 8-63

（1）插入图片素材。

（2）添加转场特效。

制作步骤：

（1）打开会声会影 X6，将素材文件夹内的【01.jpg】和【02.jpg】添加到【视频轨】上，如图 8-64 所示。

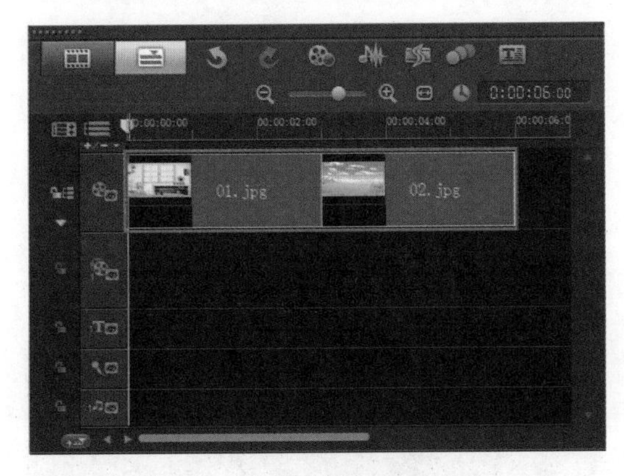

图 8-64

（2）打开素材滤镜库，分别将【视频摇动和缩放】拖拽到【视频轨】中的【01.jpg】和【02.jpg】素材上，如图 8-65 所示。

图 8-65

（3）在弹出的【摇动和缩放】对话框中，设置起始帧【缩放率】为 106%，并调整十字光标的位置，如图 8-66 所示。

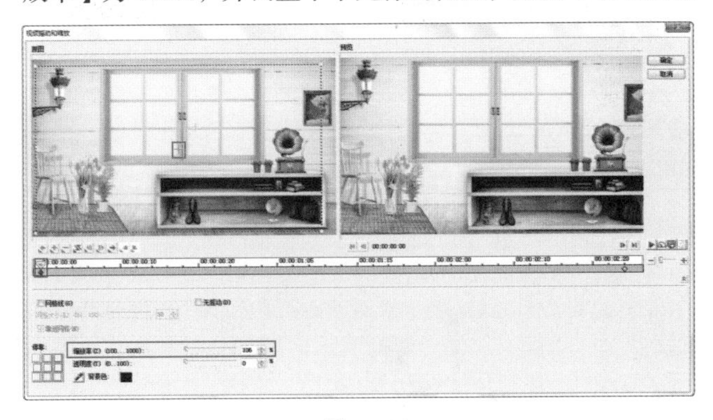

图 8-66

（4）将擦洗器拖到第 11 帧，单击【添加关键帧】按钮，设置【缩放率】为 162%，并调整十字光标的位置，如图 8-67 所示。

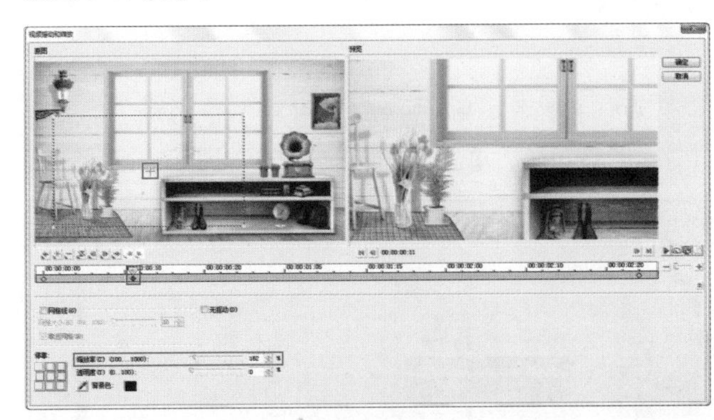

图 8-67

（5）将擦洗器拖动到 00:00:01:00 添加关键帧，设置【缩放率】为 139%，并调整十字光标的位置，如图 8-68 所示。将擦洗器拖动到 00:00:01:12 添加关键帧，设置【缩放率】为 158%，调整十字光标的位置，如图 8-69 所示。

（6）将擦洗器拖动到 00:00:02:00 添加关键帧，设置【缩放率】为 197%，并调整十字光标的位置，如图 8-70 所示。

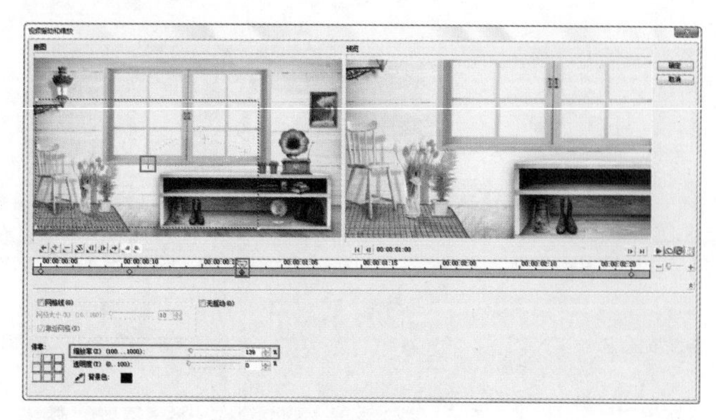

图 8-68

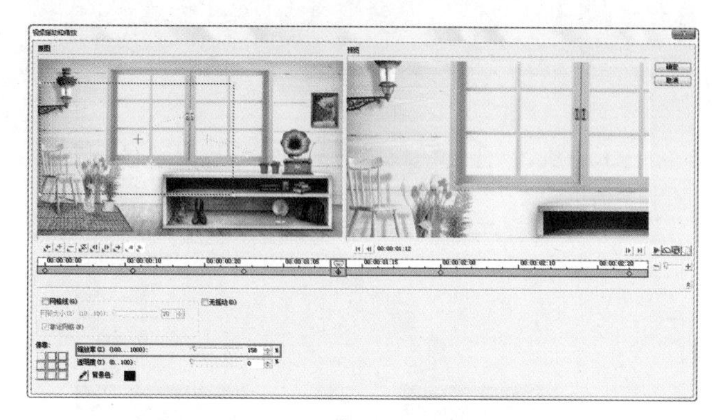

图 8-69

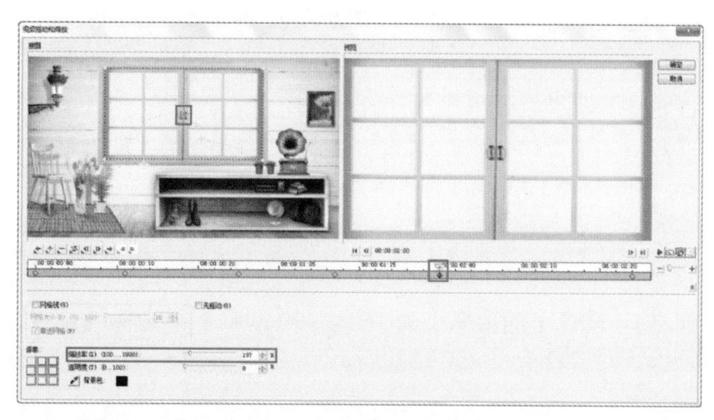

图 8-70

（7）选择结束帧，设置【缩放率】为 197%，并调整十字光标的位置，单击【确定】按钮，如图 8-71 所示。

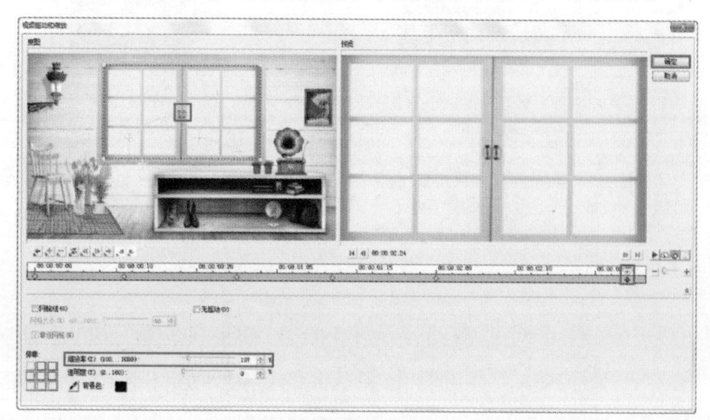

图 8-71

（8）打开【转场】素材库，类型设置为【3D】，将【对开门】拖拽到两个素材文件中间，如图 8-72 所示。

图 8-72

（9）此时单击【预览窗口】中的【播放】按钮，查看最终效果。如图 8-73 所示。

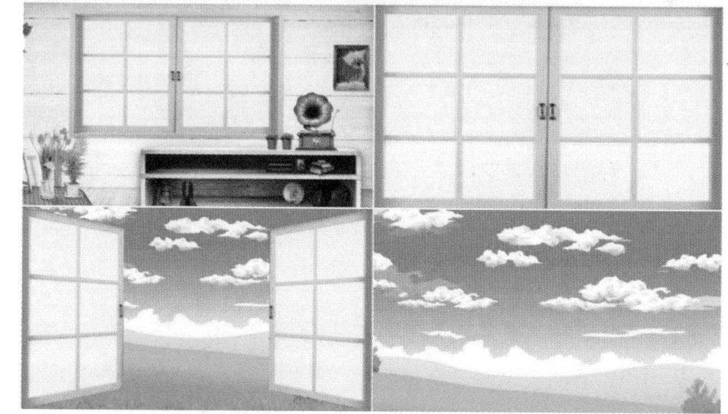

图 8-73

8.3.3

【百叶窗】转场效果，会使素材以旋转叶片的形式进行翻转，然后过渡到下一画面，如图 8-74 所示。其参数面板与对开门转场相同，如图 8-75 所示。

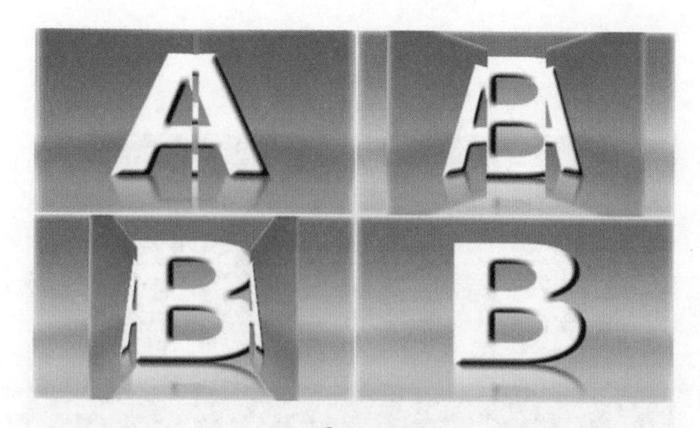

图 8-74

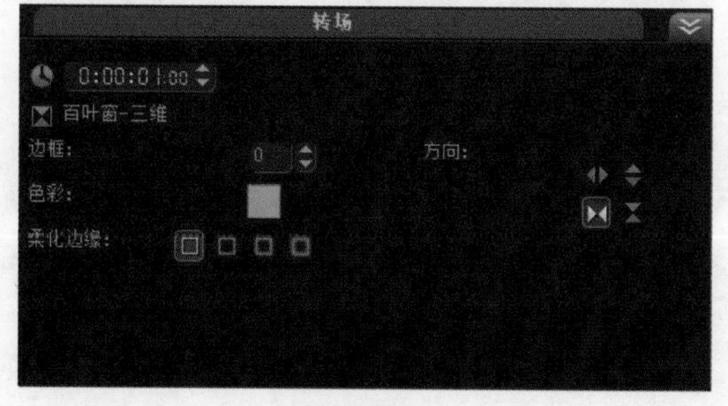

图 8-75

8.3.4

【外观】转场效果，会使素材以三维的状态转动替换，并过渡到下一画面，如图 8-76 所示。其参数面板，如图 8-77 所示。

图 8-76

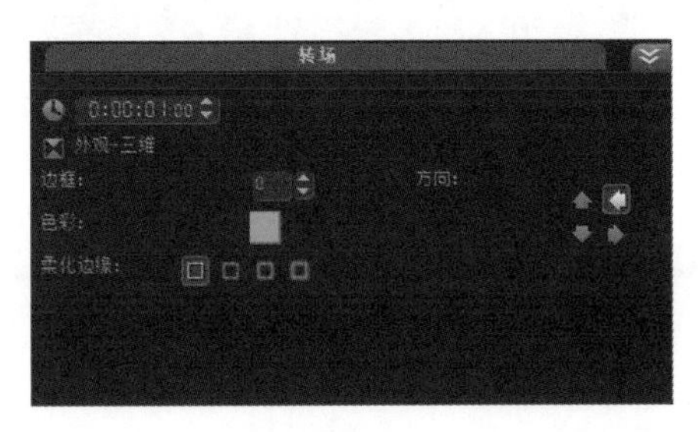

图 8-77

8.3.5

【飞行木板】转场效果，会使素材以类似带厚度的木板的方式在三维空间进行旋转缩放运动，并可以指定消失运动的方向，从而过渡到下一画面，如图 8-78 所示。其参数面板，如图 8-79 所示。

图 8-78

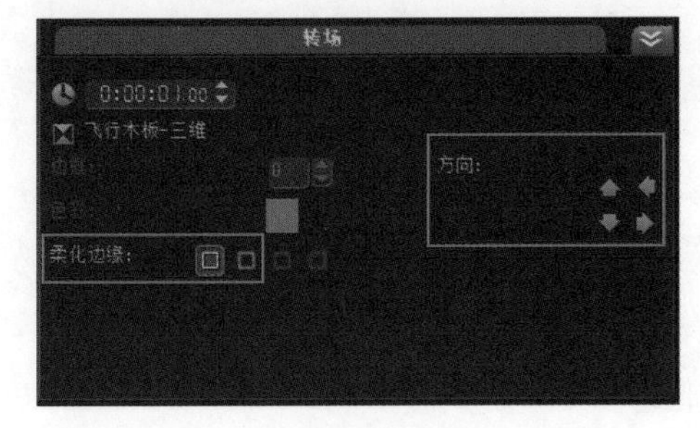

图 8-79

8.3.6

【飞行方块】转场效果会使素材以立体方块的形式在三维空间进行旋转缩放运动，并逐渐消失过渡到下一画面，如图 8-80 所示。在应用该转场特效时，可以在【转场】面板中对其参数进行设置，如图 8-81 所示。

图 8-80

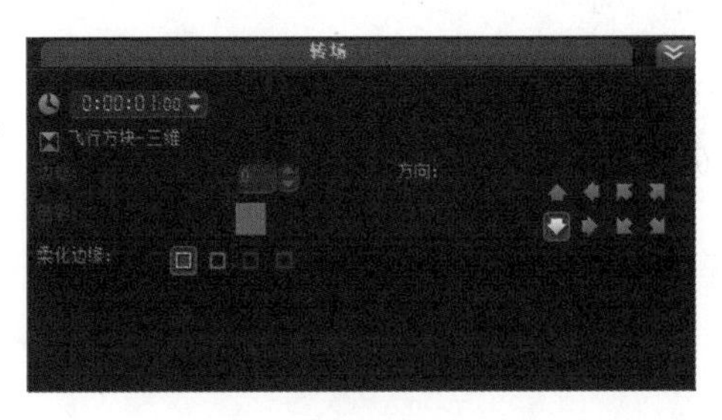

图 8-81

8.3.7

【飞行翻转】转场效果，会使素材以立体的方式翻转，并替换过渡到下一画面，如图 8-82 所示。在应用该转场特效时，可以在【转场】面板中对其参数进行设置，如图 8-83 所示。

图 8-82

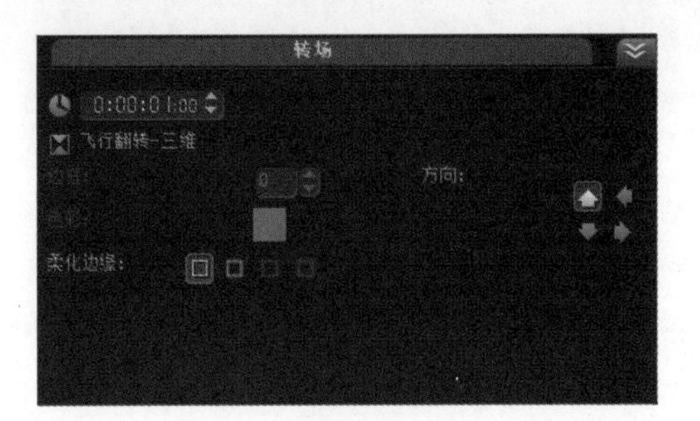

图 8-83

8.3.8

【飞行折叠】转场效果，会使素材模拟纸折飞机的形状以指定的方向滑出画面，从而过渡到下一画面，如图 8-84 所示。在应用该转场特效时，可以在【转场】面板中对其参数进行设置，如图 8-85 所示。

图 8-84

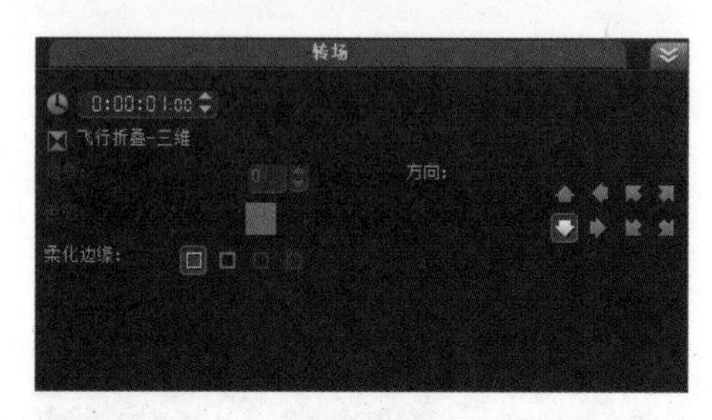

图 8-85

进阶实例：添加飞行折叠转场

案例文件	进阶实例：添加飞行折叠转场 .VSP
视频教学	视频文件 \ 第 8 章 \ 添加飞行折叠转场 .flv
难易指数	★★★☆☆
技术掌握	飞行折叠转场的应用

案例分析：

本案例就来学习如何在会声会影 X6 中应用设置转场边缘效果，最终渲染效果如图 8-86 所示。

图 8-86

思路解析，如图 8-87 所示：

图 8-87

（1）插入图片素材。

（2）添加转场效果。

制作步骤：

（1）打开会声会影 X6 软件，将素材文件中的【01.jpg】、【02.jpg】和【03.jpg】素材文件添加到【视频轨】上，如图 8-88 所示。此时【预览窗口】的效果，如图 8-89 所示。

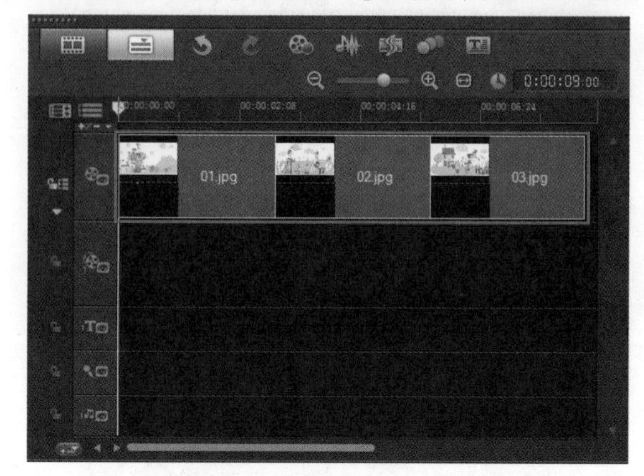

图 8-88

图 8-89

（2）在【转场】素材库的【画廊】中选择【3D】转场类型，然后选择【飞行折叠】转场效果，并将其拖拽到视频轨的素材文件之间，如图 8-90 所示。

图 8-90

（3）此时，单击【预览窗口】中的【播放】按钮查看最终的效果，如图 8-91 所示。

图 8-91

8.3.9

应用【折叠盒】转场效果，会使素材逐渐折叠为一个盒子，并缩放消失过渡到下一画面，如图 8-92 所示。在应用该转场特效时，可以在【转场】面板中对其参数进行设置，如图 8-93 所示。

图 8-92

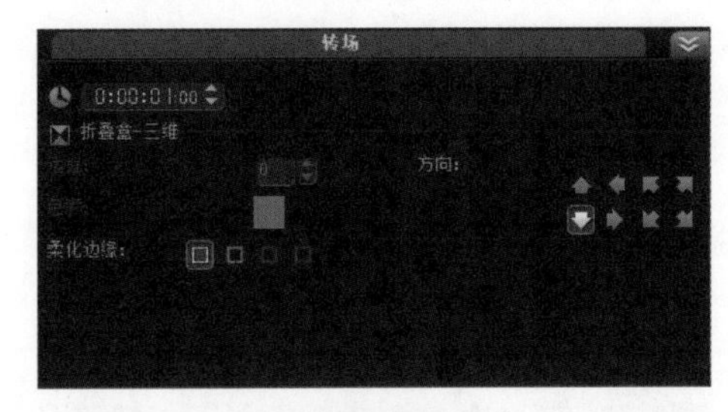

图 8-93

8.3.10

应用【门】转场效果，会使素材以门的方式旋转消失，从而过渡到下一画面，如图 8-94 所示。在应用该转场特效时，可以在【转场】面板中对其参数进行设置，如图 8-95 所示。

图 8-94

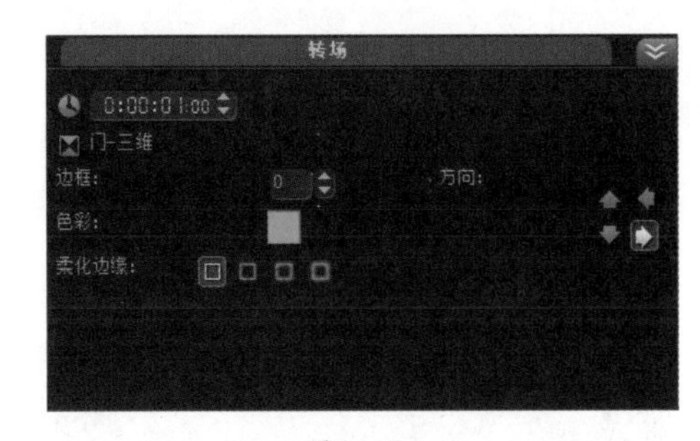

图 8-95

8.3.11

应用【滑动】转场效果，会使素材在三维空间的状态下滑动出画，并过渡到下一画面，其参数面板，如图 8-96 所示。在应用该转场特效时，可以在【转场】面板中对其参数进行设置，如图 8-97 所示。

图 8-96

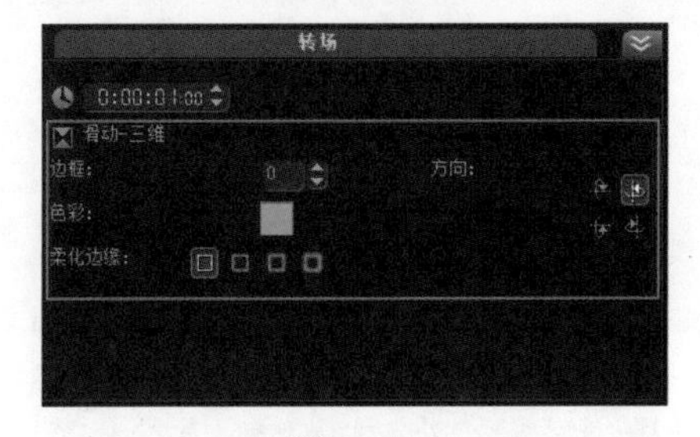

图 8-97

重点参数提醒：

※方向：可以选择素材滑动的方向，包括【转向上方】、【转向左边】、【转向下方】和【转向右边】。

8.3.12

应用【旋转门】转场效果，会使素材以指定的方向旋转至水平状态，并消失过渡到下一画面，如图 8-98 所示。在应用该转场特效时，可以在【转场】面板中对其参数进行设置，如图 8-99 所示。

图 8-98

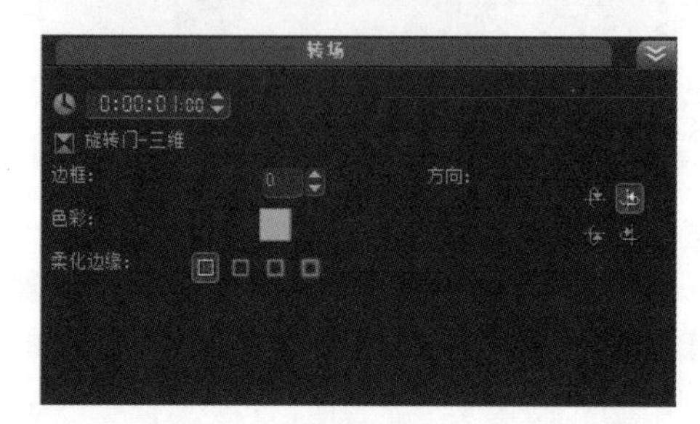

图 8-99

8.3.13

应用【分割门】转场效果，会使素材从中心位置分割，并以门的方式旋转至出画面，从而过渡到下一画面，如图 8-100 所示。在应用该转场特效时，可以在【转场】面板中对其参数进行设置，如图 8-101 所示。

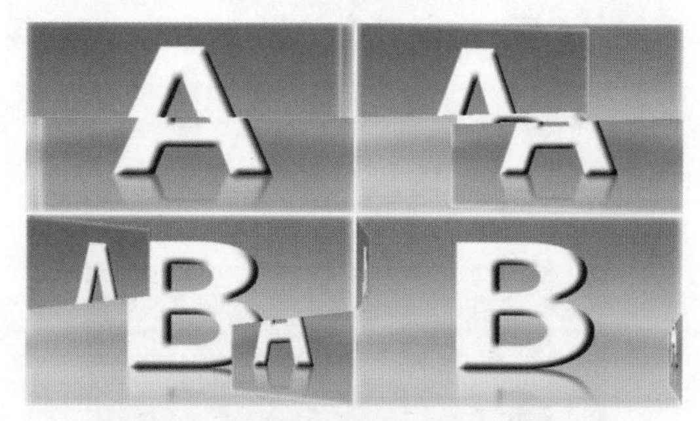

图 8-100

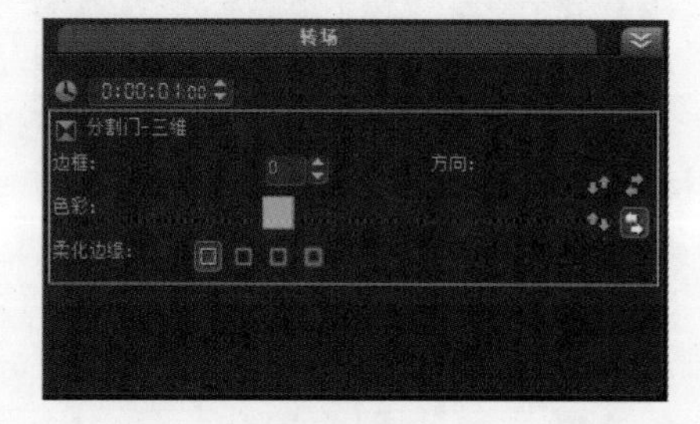

图 8-101

重点参数提醒：

※方向：设置分割门转场的分割方向，包括【垂直对开门】、【水平对开门】、【垂直对开门】和【水平对开门】。

8.3.14

应用【挤压】转场效果，会使素材以中心位置逐渐挤压至消失，从而过渡到下一画面，如图 8-102 所示。其参数面板，如图 8-103 所示。

图 8-102

图 8-103

8.3.15

应用【漩涡】转场效果，会使素材图像以碎裂的小片从中心向四周飞散出画面，从而过渡到下一画面效果，如图 8-104 所示。在应用该转场特效时，单击【自定义】按钮，可以对其各项参数进行设置，如图 8-105 所示。

图 8-104

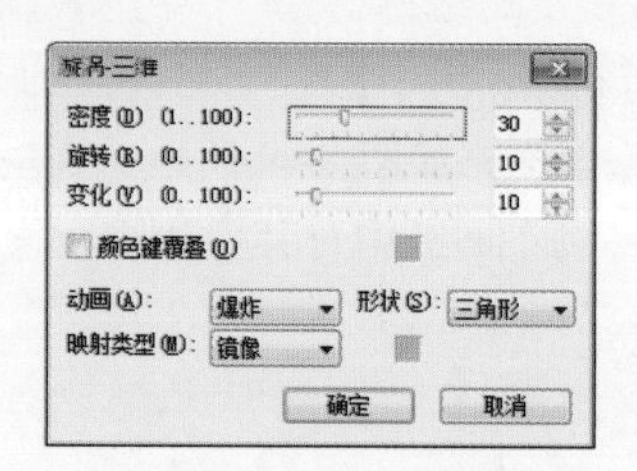

图 8-105

重点参数提醒：

※密度：设置碎片的数量和密度。

※旋转：设置整体碎片的旋转程度，数值越大，旋转程度越大。

※变化：设置碎片的旋转飞散变化程度。

※颜色键覆叠：勾选该选项，可以选取图像颜色和遮罩颜色，以及设置色彩相似度，从而将指定的颜色变为透明。

※动画：设置漩涡的动画方式，包括爆炸、扭曲和上升。

※形状：设置碎片的形状，包括三角形、矩形、球形和点。

※映射类型：设置碎片的映射类型和颜色，包括镜像和自定义。

8.4　应用相册转场类

在【转场】素材库中设置【画廊】的类型为【相册】。该转场类型中仅包含【翻转】一种转场，如图 8-106 所示。

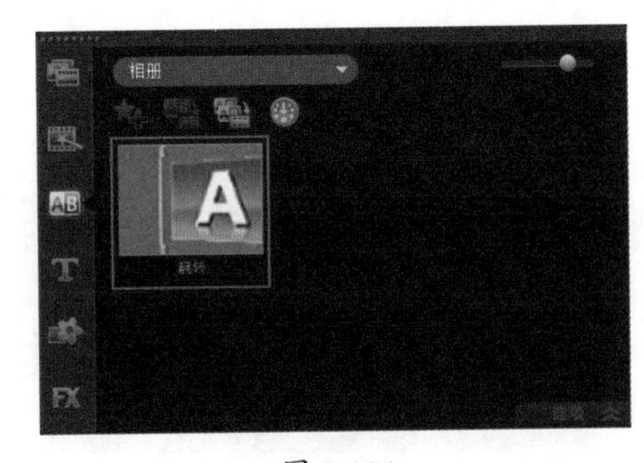

图 8-106

翻转转场

应用【翻转】转场效果，会使素材图像以相册翻页的方式出现，如图 8-107 所示。在应用该转场特效时，单击【自定义】按钮，可以对其各项参数进行设置，如图 8-108 所示。

图 8-107

重点参数提醒：

※预览：在该区域中可以查看当前相册的设置预览效果。

※布局：该转场中的几种预设布局方式。

※大小：可以调整布局中相片显示的大小。

※相册封面模板：选择相册封面的模板。

※自定义相册封面：勾选该选项，在弹出的对话框中可以选择合适的封面素材，并单击【打开】按钮，如图 8-109 所示。此时可以看到自定义封面已经被添加，如图 8-110 所示。

※位置：通过调整【X】、【Y】、【Z】的参数改变相册的位置。

※方向：通过调整【U】、【V】、【W】的参数改变相册的翻转方向。

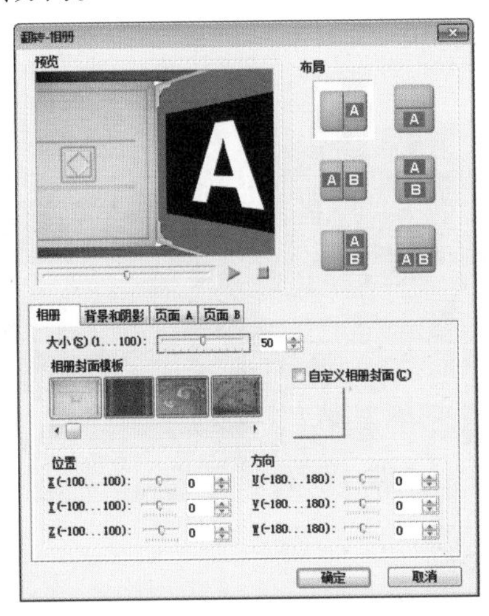

图 8-108

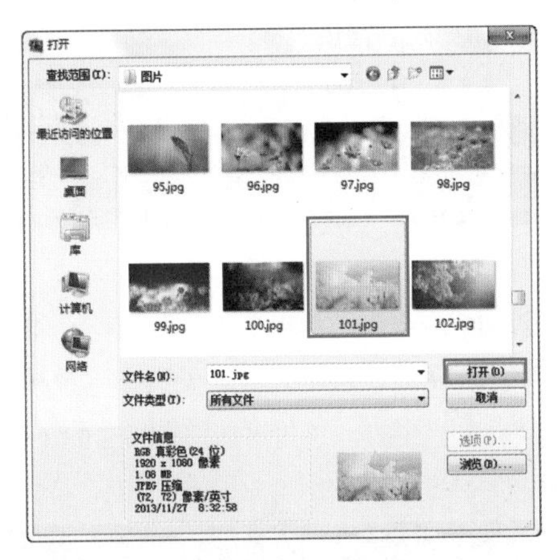

图 8-109

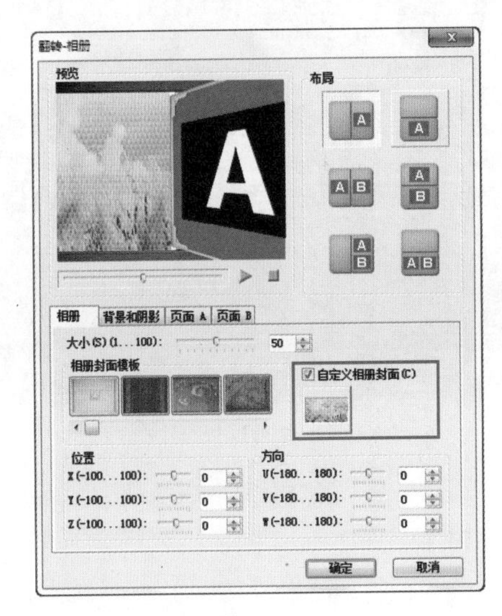

图 8-110

进阶实例：添加相册转场

案例文件	进阶实例：添加相册转场 .VSP
视频教学	视频文件 \ 第 8 章 \ 添加相册转场 .flv
难易指数	★★★★☆
技术掌握	翻转转场的应用、更改翻转的自定义背景

案例分析：

本案例就来学习如何在会声会影 X6 中使用相册转场效果，最终渲染效果如图 8-111 所示。

图 8-111

思路解析，如图 8-112 所示：

（1）添加相册转场效果。

（2）自定义相册背景。

图 8-112

制作步骤：

（1）打开会声会影 X6 软件，然后在【视频轨】中插入【01.jpg】、【02.jpg】、【03.jpg】和【04.jpg】素材文件，如图 8-113 所示。

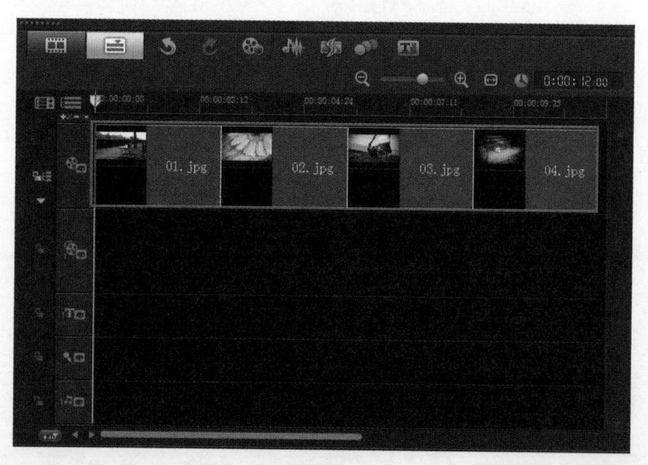

图 8-113

（2）在【转场】素材库的【画廊】中选择【相册】转场类型，然后选择【翻转】转场效果，并将其拖拽到视频轨的【01.jpg】和【02.jpg】素材文件之间，如图 8-114 所示。

图 8-114

（3）双击【视频轨】上的【翻转—相册】转场效果，然后在【选项】的【转场】面板中单击【自定义】按钮，如图 8-115 所示。

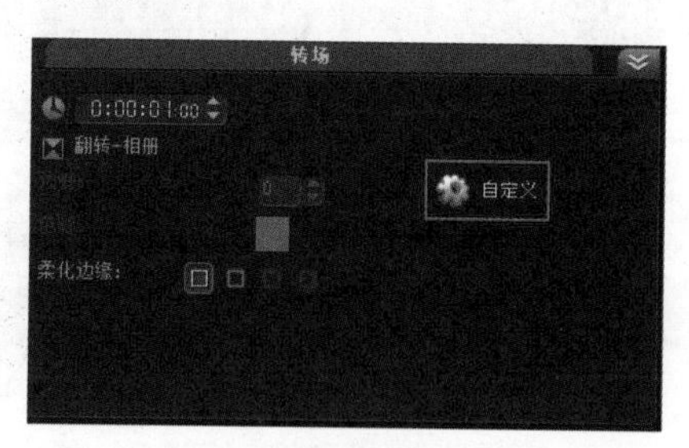

图 8-115

（4）在弹出的【翻转—相册】对话框的【相册】选项卡中设置合适的【布局方式】，并设置【大小】为 25，勾选【自定义相册模板】选项，在弹出的对话框中选择合适的背景图，如图 8-116 所示。

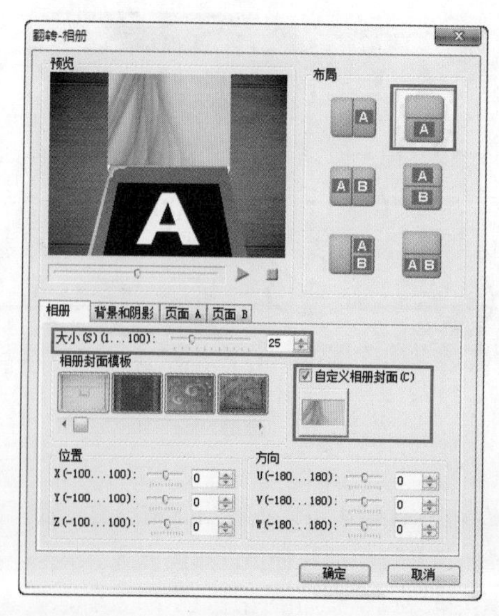

图 8-116

（5）接着在【背景和阴影】选项卡中设置【背景模板】为第四个，最后单击【确定】按钮，如图 8-117 所示。

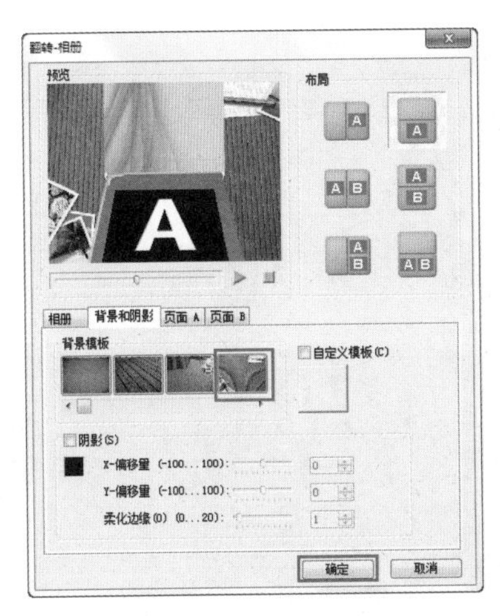

图 8-117

（6）再次为【视频轨】中的【02.jpg】、【03.jpg】和【04.jpg】素材文件之间添加【翻转 - 相册】转场效果，如图 8-118 所示。

图 8-118

（7）双击刚添加的【翻转 - 相册】转场效果，然后在【转场】面板中单击【自定义】按钮。在弹出的【翻转 - 相册】对话框分别设置【布局】和【大小】，其中【大小】设置为为 25，并选择合适的自定义模板，如图 8-119 所示。接着选择合适的背景模板，并单击【确定】按钮，如图 8-120 所示。

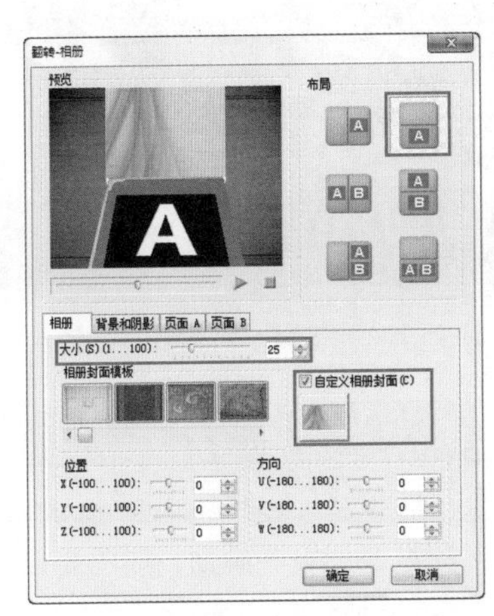

图 8-119

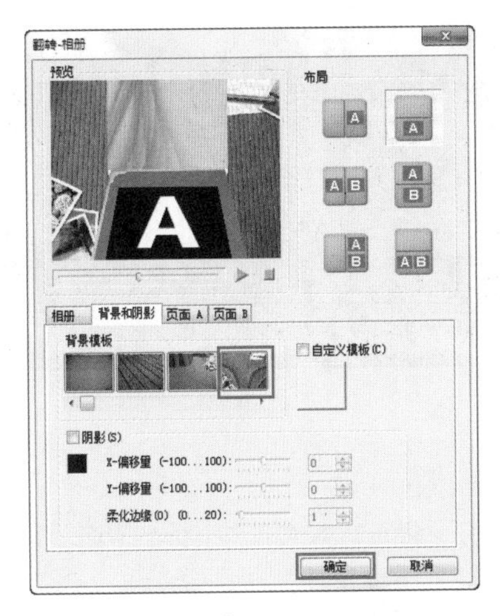

图 8-120

求生秘籍——技巧提示：调整相册的布局

在翻转转场的自定义对话框中，还可以调整相册的布局，使其更适合制作需要的风格效果。

（8）此时，单击【预览窗口】中的【播放】按钮查看最终效果，如图 8-111 所示。

8.5　应用取代转场类型

在【转场】素材库中设置【画廊】类型为【取代】转场。共包括【棋盘】、【对角线】、【盘旋】、【交错】和【墙壁】5 种转场效果，如图 8-121 所示。

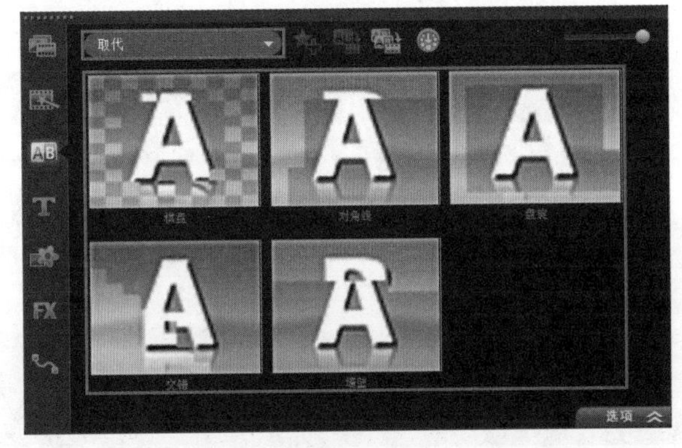

图 8-121

8.5.1

应用【棋盘】转场效果，会使素材画面以棋盘格的方式逐渐替换过渡到下一画面，如图 8-122 所示。其参数面板，如图 8-123 所示。

图 8-122

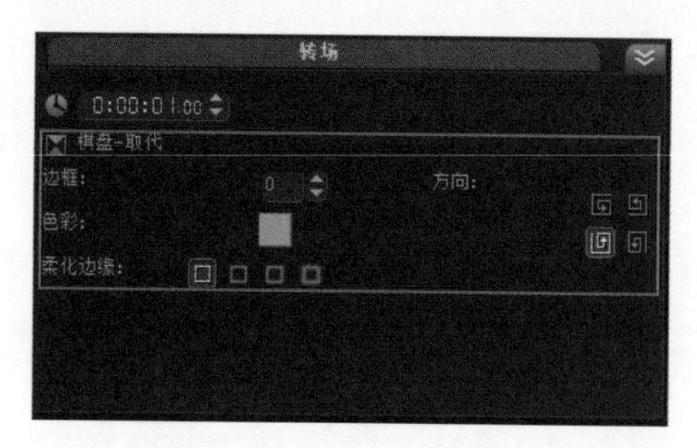

图 8-123

重点参数提醒：

※ 方向：设置棋盘格逐渐开始出现的方向，包括【从右上角开始的逆时针】、【从右下角开始的逆时针】、【从左上角开始的逆时针】和【从左下角开始的逆时针】。

进阶实例：棋盘转场

案例文件	进阶实例：棋盘转场 .VSP
视频教学	视频文件 \ 第 8 章 \ 棋盘转场 .flv
难易指数	★★☆☆☆
技术掌握	棋盘转场的应用

案例分析：

本案例就来学习如何在会声会影 X6 中使用棋盘转场从而过渡到下一画面，最终渲染效果，如图 8-124 所示。

思路解析，如图 8-125 所示：

（1）添加素材。

（2）添加【棋盘】转场。

图 8-124

图 8-125

制作步骤：

（1）打开会声会影 X6 软件，然后在【视频轨】中插入【01.jpg】和【02.jpg】素材文件，如图 8-126 所示。

（2）选择【转场】素材库中的【取代】类型，然后将【棋盘】转场添加到时间轴中的两个素材文件之间，如图 8-127 所示。

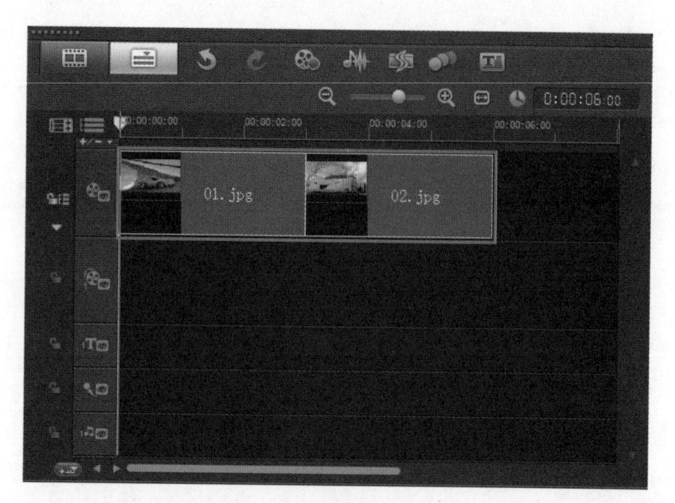

图 8-126

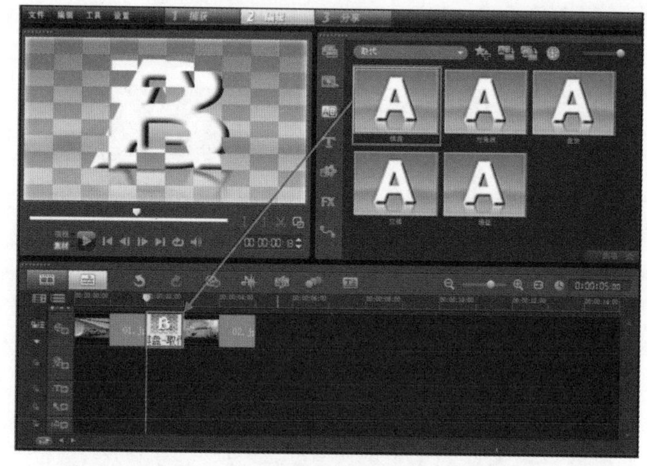

图 8-127

（3）此时，单击【预览窗口】中的【播放】按钮查看最终的效果，如图 8-128 所示。

图 8-128

8.5.2

【对角线】转场效果，会使素材画面以对角线阶梯擦除替换的方式逐渐过渡到下一画面，如图 8-129 所示。其参数面板，如图 8-130 所示。

图 8-129

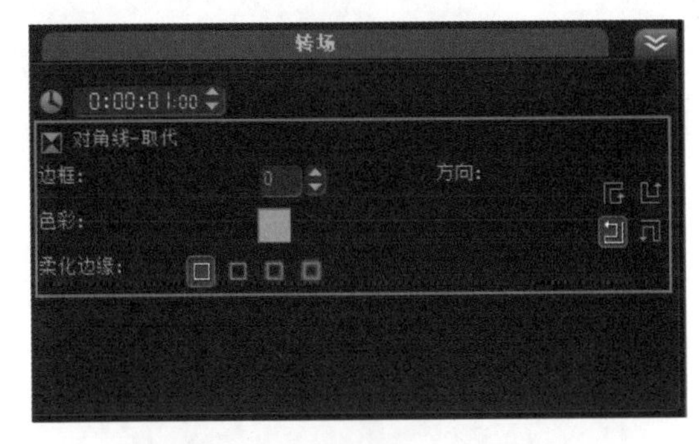

图 8-130

重点参数提醒：

※方向：设置逐渐擦除的开始方向，包括【向右下方】、【向右上方】、【向左上方】和【向左下方】。

8.5.3

【盘旋】转场效果，会使素材画面逐渐向中心盘旋删除替换的方式过渡到下一画面的效果，如图 8-131 所示。其参数面板，如图 8-132 所示。

图 8-131

图 8-132

重点参数提醒：

※方向：设置盘旋转场过渡的方向，包括【从右上角开始逆时针】、【从右下角开始逆时针】、【从右上角开始顺时针】、【从右下角开始顺时针】、【从左上角开始逆时针】、【从左下角开始逆时针】、【从左上角开始顺时针】和【从左下角开始顺时针】。

8.5.4

【交错】转场效果，会使素材图像以阶梯状逐渐擦除的方式替换到下一画面，如图 8-133 所示。其参数面板，如图 8-134 所示。

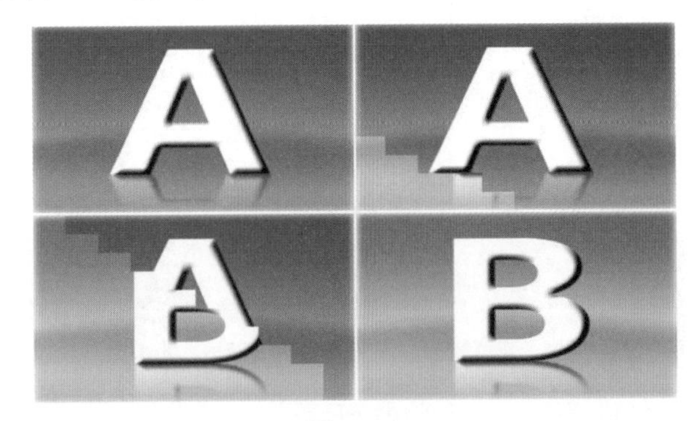

图 8-133

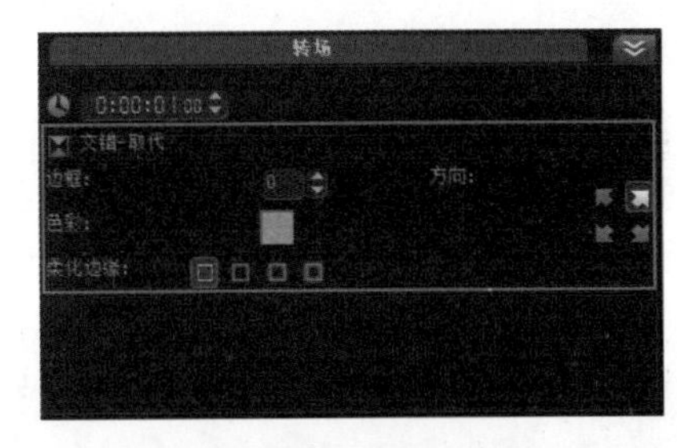

图 8-134

8.5.5

【墙壁】转场效果，会使素材画面以逐条擦除的方式替换过渡到下一画面，如图 8-135 所示。其参数面板，如图 8-136 所示。

图 8-135

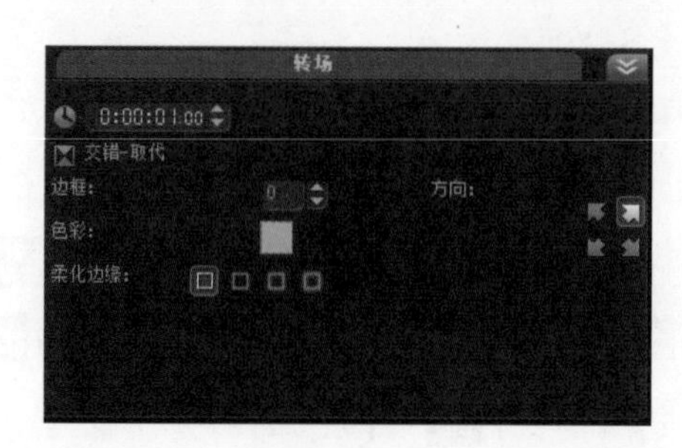

图 8-136

8.6 应用时钟转场类型

在【转场】素材库中设置【画廊】类型为【时钟】转场。该转场类型中包括【居中】、【四分之一】、【单向】、【分割】、【清除】、【转动】和【扭曲】7 种转场效果，如图 8-137 所示。

图 8-137

8.6.1

应用【居中】转场效果，会使素材图像沿中心点按照指定方向旋转擦除画面，从而逐渐过渡到下一个画面，如图 8-138 所示。在【转场】面板中可以调整该转场的边框柔化程度和色彩等，如图 8-139 所示。

图 8-138

图 8-139

8.6.2

【四分之一】转场效果，会使素材画面以某一角为中心，旋转擦除过渡到下一画面，如图 8-140 所示。其参数面板，如图 8-141 所示。

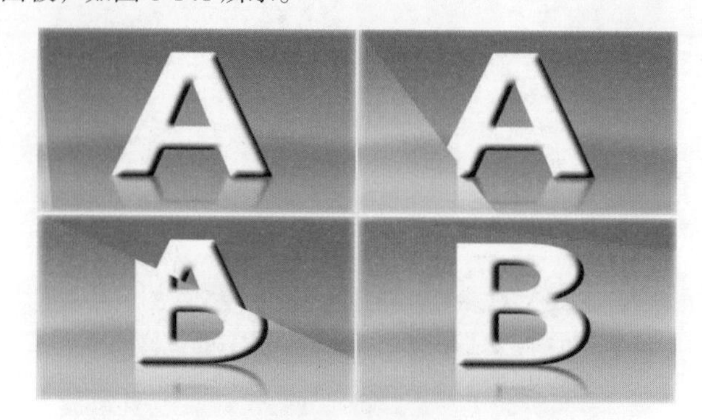

图 8-140

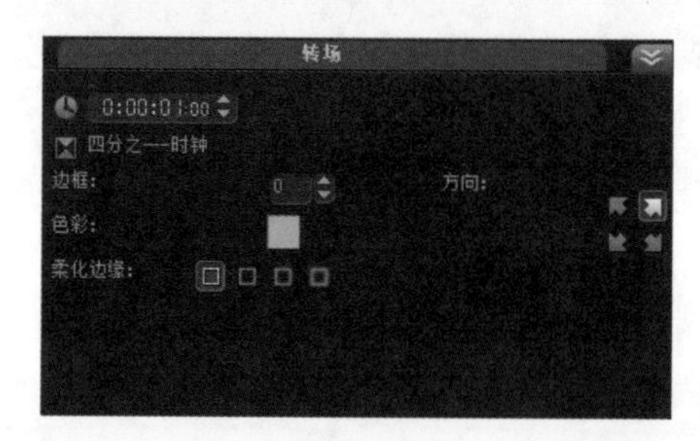

图 8-141

8.6.3

【单向】转场效果，会使素材画面以某一条边的中心点，旋转擦除过渡到下一画面，如图 8-142 所示。其参数面板，如图 8-143 所示。

图 8-142

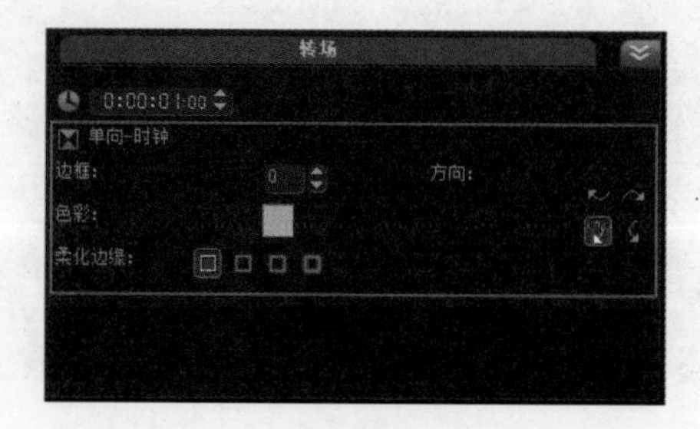

图 8-143

重点参数提醒：

※方向：设置单向旋转擦除的方向，包括【从上方清除】、【从下方清除】、【从左边清除】和【从右边清除】。

8.6.4

【分割】转场效果，会使素材画面沿中心点向两边旋转擦除的从而过渡到下一画面，如图 8-144 所示。其参数面板，如图 8-145 所示。

图 8-144

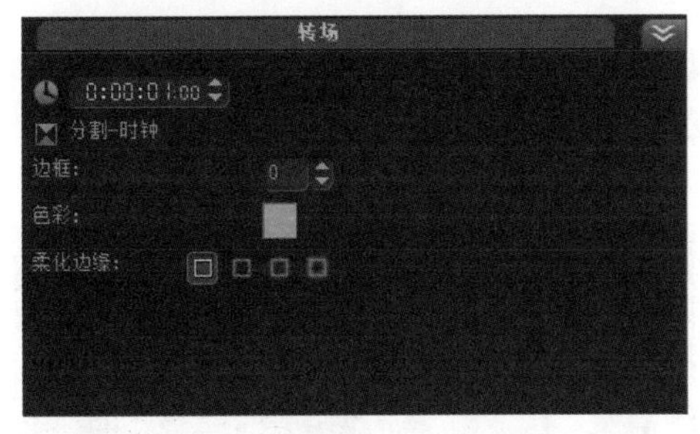

图 8-145

8.6.5

【清除】转场效果，会使素材画面沿中心点，以逆时针或顺时针的方向旋转擦除的从而过渡到下一画面，如图 8-146 所示。其参数面板，如图 8-147 所示。

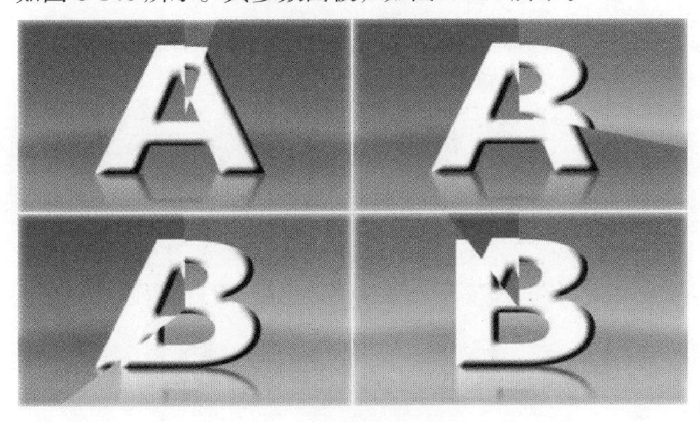

图 8-146

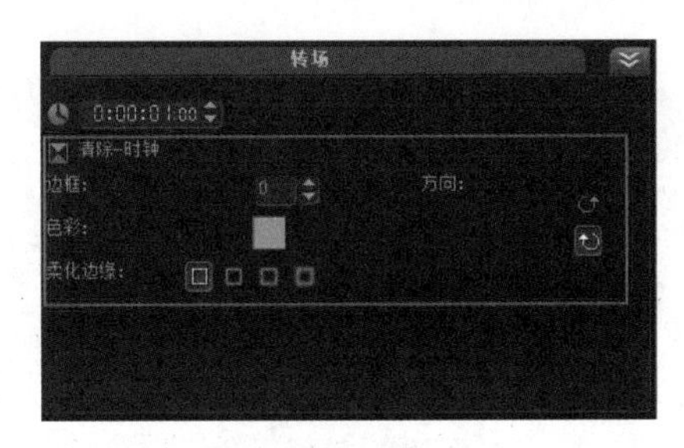

图 8-147

重点参数提醒：

※方向：设置清除转场的旋转擦除方向，包括【逆时针】和【顺时针】。

进阶实例：添加消除转场

案例文件	进阶实例：添加消除转场 .VSP
视频教学	视频文件 \ 第 8 章 \ 添加消除转场 .flv
难易指数	★★☆☆☆
技术掌握	遮罩和消除转场的应用

案例分析：

本案例就来学习如何在会声会影 X6 中使用遮罩和消除转场，最终渲染效果，如图 8-148 所示。

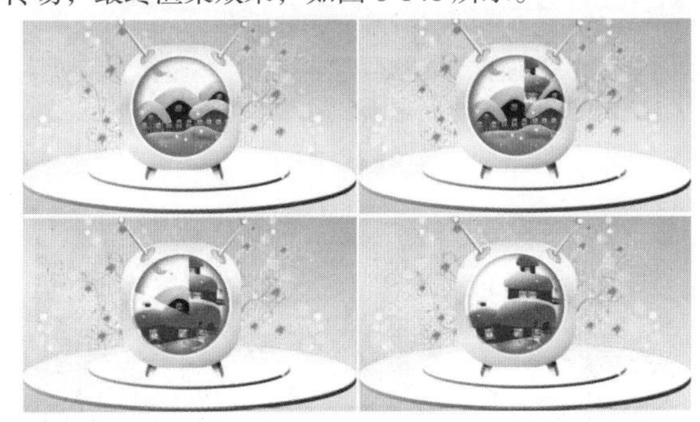

图 8-148

思路解析，如图 8-149 所示：

图 8-149

（1）添加覆叠素材。

（2）添加消除转场。

制作步骤：

（1）打开会声会影 X6 软件，然后在【视频轨】中插入【01.jpg】素材文件，并设置结束时间为第 5 秒，如图 8-150 所示。此时【预览窗口】中的效果，如图 8-151 所示。

（2）接着将素材文件中的【02.jpg】和【03.jpg】添加到覆叠轨上，如图 8-152 所示。单击【覆叠轨】上的素材文件，在【选项】面板中单击【遮罩和色度键】按钮，勾选【应用覆叠选项】，设置【类型】为【遮罩帧】，并选择合适的遮罩方式，如图 8-153 所示。

图 8-150

图 8-151

图 8-152

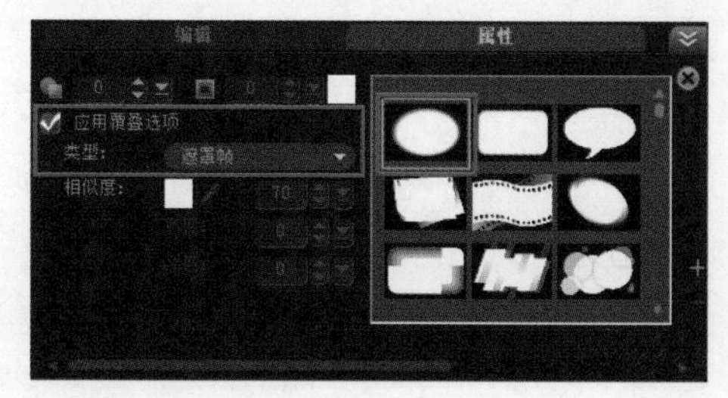

图 8-153

（3）接着分别在【预览窗口】中调整素材的位置和大小，如图 8-154 所示，并单击鼠标右键，执行【保持宽高比】命令，如图 8-155 所示。

图 8-154

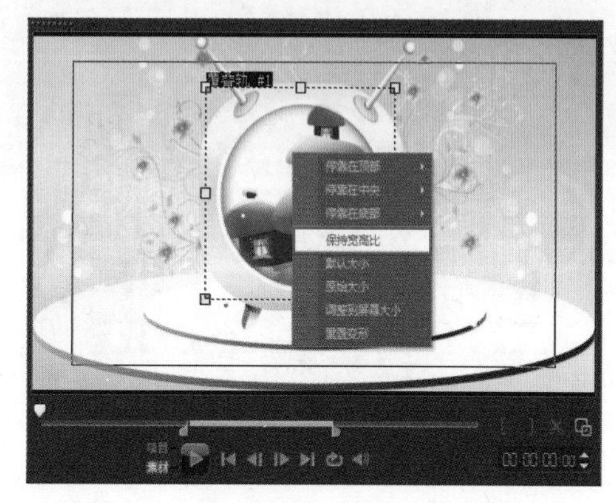

图 8-155

（4）选择【转场】素材库中的【时钟】类型，然后将【消除】转场添加到时间轴中的两个素材文件之间，如图 8-156 所示。

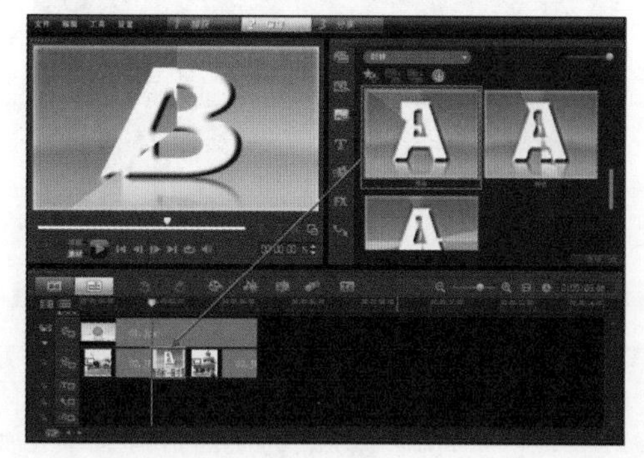

图 8-156

（5）此时，单击【预览窗口】中的【播放】按钮查看最终的效果，如图 8-157 所示。

图 8-157

8.6.6

【转动】转场效果，会使素材画面沿中心点，以逆时针或顺时针方向旋转交叉擦除过渡到下一画面，如图 8-158 所示。其参数面板，如图 8-159 所示。

图 8-158

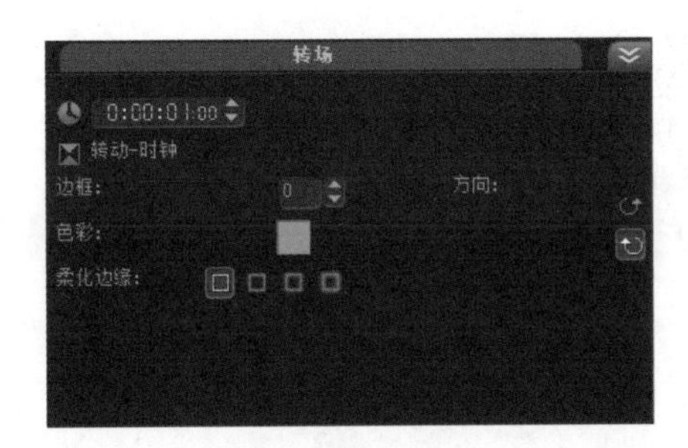

图 8-159

8.6.7

【扭曲】转场效果，会使素材画面沿中心点，以逆时针或顺时针的方向四角旋转擦除过渡到下一画面，如图 8-160 所示。其参数面板，如图 8-161 所示。

图 8-160

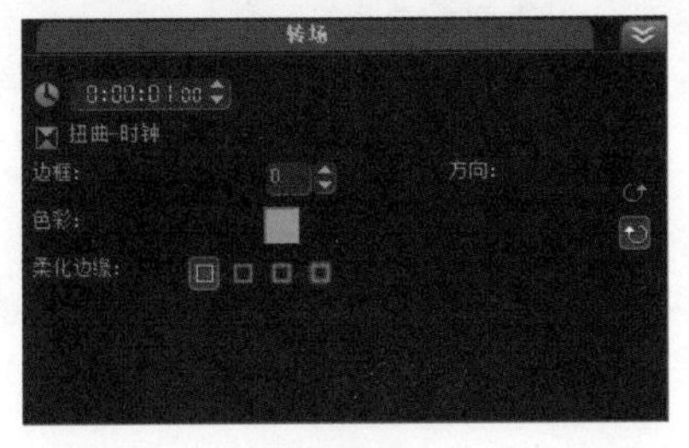

图 8-161

8.7　应用过滤转场类型

在【转场】素材库中设置【画廊】类型为【过滤】。共包括【箭头】、【喷出】、【燃烧】、【交叉淡化】、【菱形 A】、【菱形】、【溶解】、【淡化到黑色】、【飞行】、【漏斗】、【门】、【虹膜】、【镜头】、【遮罩】、【马赛克】、【断电】、【打碎】、【随机】、【打开】和【曲线淡化】20 种转场效果，如图 8-162 所示。

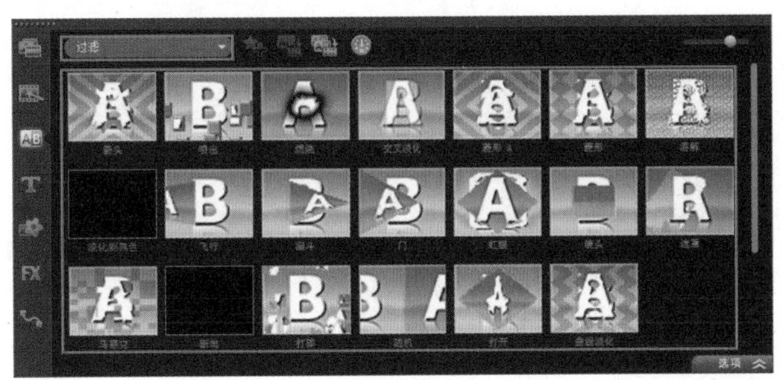

图 8-162

8.7.1

【箭头】转场效果，会使素材画面以箭头条纹的形式逐渐变为透明，从而过渡到下一画面。如图 8-163 所示。

图 8-163

8.7.2

【喷出】转场效果，会使素材画面以相同大小的方格逐渐发散出画，从而过渡到下一画面，如图 8-164 所示。

图 8-164

8.7.3

【燃烧】转场效果，会使素材画面以中心点逐渐扩大燃烧范围从而过渡转场效果，如图 8-165 所示。

图 8-165

进阶实例：添加燃烧转场

案例文件	进阶实例：添加燃烧转场 .VSP
视频教学	视频文件 \ 第 8 章 \ 添加燃烧转场 .flv
难易指数	★★☆☆☆
技术掌握	燃烧转场的应用

案例分析：

本案例就来学习如何在会声会影 X6 中添加燃烧转场，最终渲染效果，如图 8-166 所示。

图 8-166

思路解析，如图 8-167 所示：

（1）添加图片素材。

（2）添加燃烧转场。

图 8-167

制作步骤：

（1）打开会声会影 X6 软件，然后在【视频轨】中插入【01.jpg】和【02.jpg】素材文件，如图 8-168 所示。

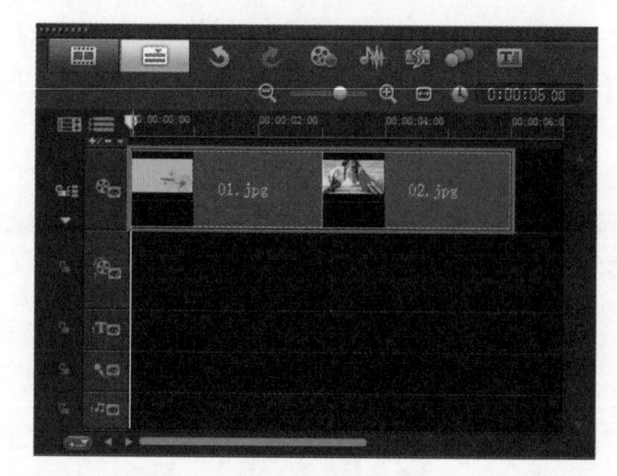

图 8-168

（2）选择【转场】素材库中的【过滤】类型，然后将【燃烧】转场添加到时间轴中的两个素材文件之间，如图 8-169 所示。

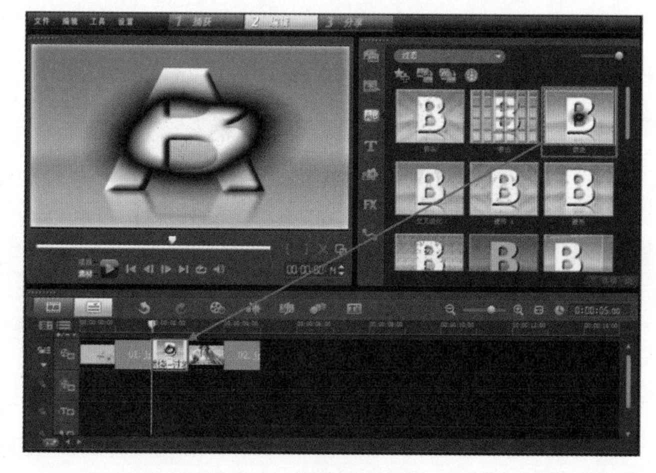

图 8-169

（3）此时，单击【预览窗口】中的【播放】按钮查看最终的效果，如图 8-166 所示。

8.7.4

【交叉淡化】转场效果，会使素材画面逐渐变为透明，从而消失过渡到下一画面，如图 8-170 所示。

图 8-170

8.7.5

【菱形 A】转场效果，会使素材画面以镂空菱形图案的方式逐渐变为透明，从而过渡到下一画面，如图 8-171 所示。

图 8-171

8.7.6

【菱形】转场效果，会使素材画面以多个小菱形的方式逐渐变为透明，从而过渡到下一画面，如图 8-172 所示。

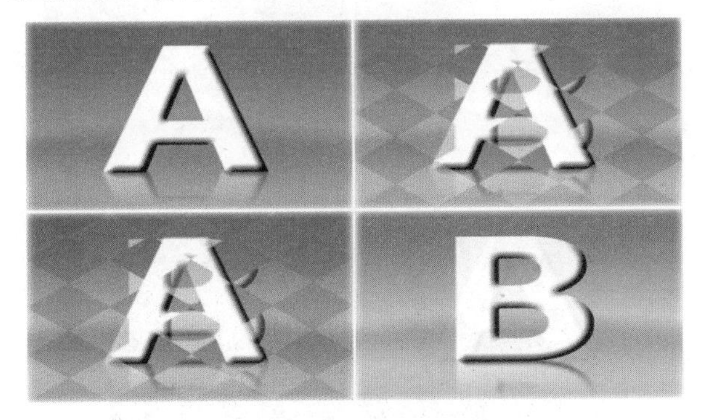

图 8-172

8.7.7

【溶解】转场效果，会使素材画面以像素点的方式逐渐变为透明，从而过渡到下一画面，如图 8-173 所示。

图 8-173

8.7.8

【淡化到黑色】转场效果，会使素材画面的亮度逐渐降低至完全黑色，然后再逐渐提高亮度并出现下一个画面，如图 8-174 所示。

图 8-174

8.7.9

【飞行】转场效果，会使素材画面按照指定方向变形飞出画面，从而过渡到下一画面，如图 8-175 所示。其参数面板，如图 8-176 所示。

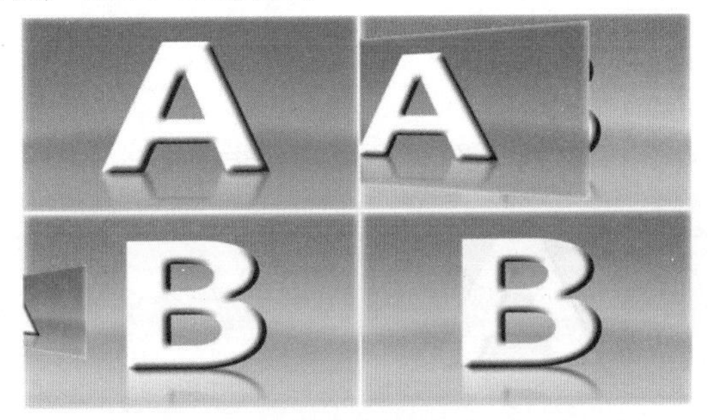

图 8-175

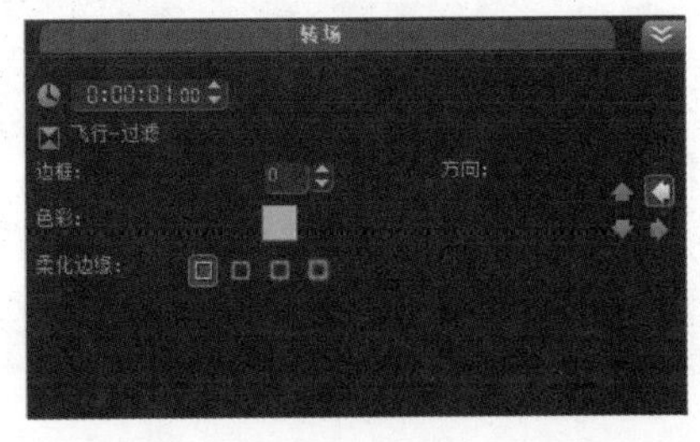

图 8-176

8.7.10

【漏斗】转场效果，会使素材画面沿指定方向以类似漏斗的的形态逐渐缩小出画，从而过渡到下一画面，如图 8-177 所示。其参数面板，如图 8-178 所示。

图 8-177

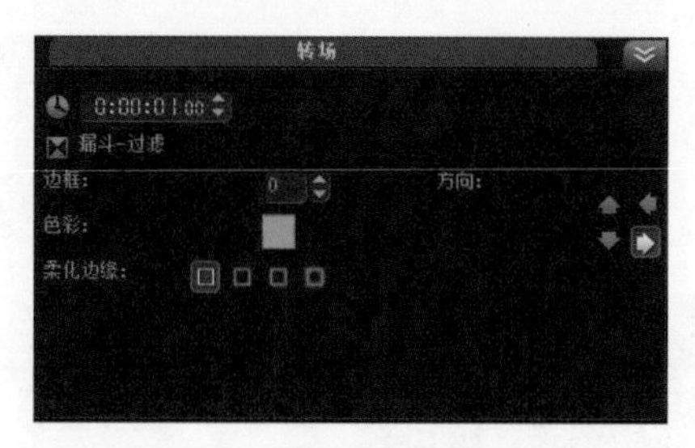

图 8-178

8.7.11

【门】转场效果，会使素材画面的某一条边的两个点合并，然后沿对应的边旋转出画，如图 8-179 所示。其参数面板，如图 8-180 所示。

图 8-179

图 8-180

8.7.12

【虹膜】转场效果，会使素材画面的四个角沿中心分开或合并至中心，并逐渐消失。下一个画面也会跟随产生拉伸变化，如图 8-181 所示。其参数面板，如图 8-182 所示。

图 8-181

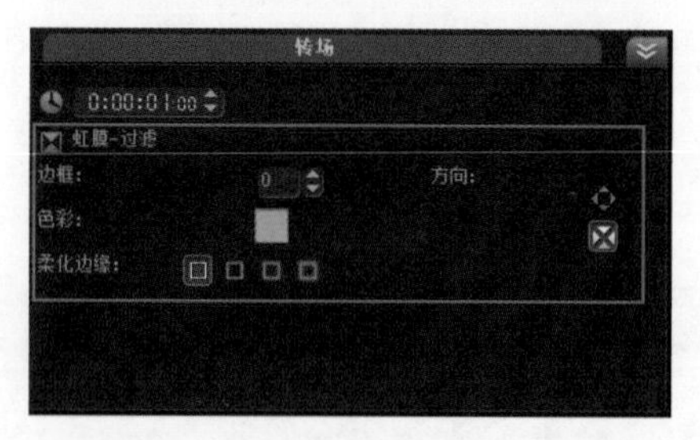

图 8-182

8.7.13

【镜头】转场效果，会使素材画面以中心点平均分为四份，并逐渐收缩到中心点至消失，从而过渡到下一个画面，如图 8-183 所示。其参数面板，如图 8-184 所示。

图 8-183

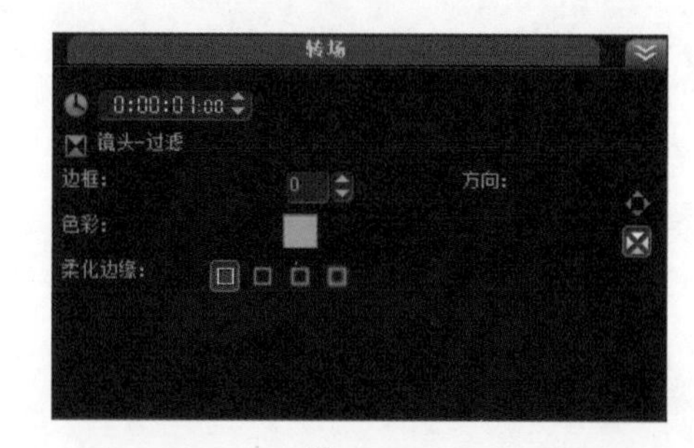

图 8-184

8.7.14

【遮罩】转场效果，会使素材图像以遮罩的样式进行擦除至逐渐消失，从而过渡到下一个画面，如图 8-185 所示。其参数面板，如图 8-186 所示。

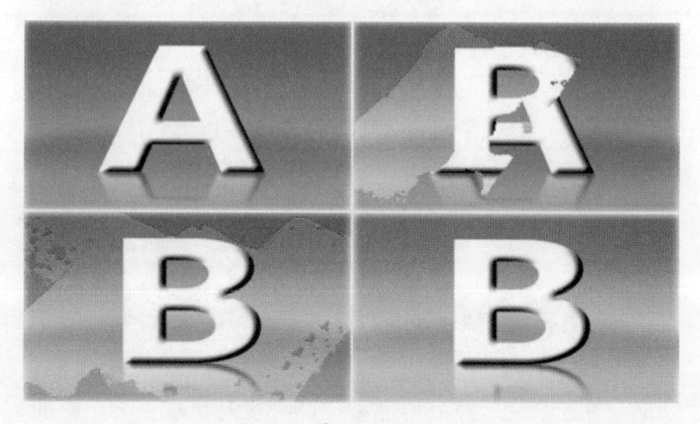

图 8-185

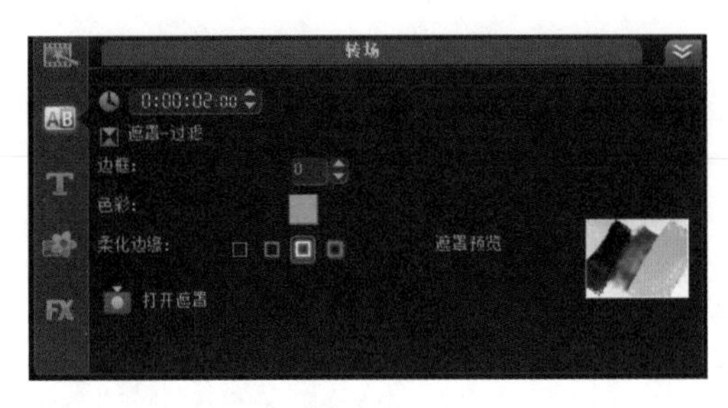

图 8-186

自定义转场遮罩

（1）遮罩转场效果可以自定义遮罩图案。双击已经添加的【遮罩】转场效果，然后在【转场】面板中单击【打开遮罩】按钮，如图 8-187 所示。

图 8-187

（2）在弹出的【打开】对话框中选择作为遮罩的素材文件，然后单击【打开】按钮，如图 8-188 所示。

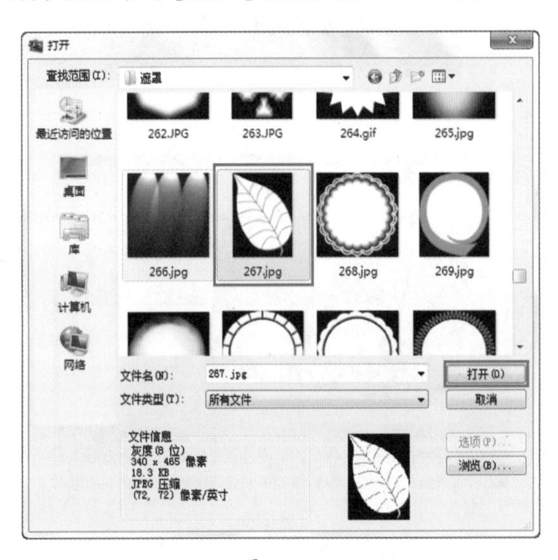

图 8-188

（3）此时，在遮罩预览中可以看到添加的自定义遮罩效果，如图 8-189 所示。

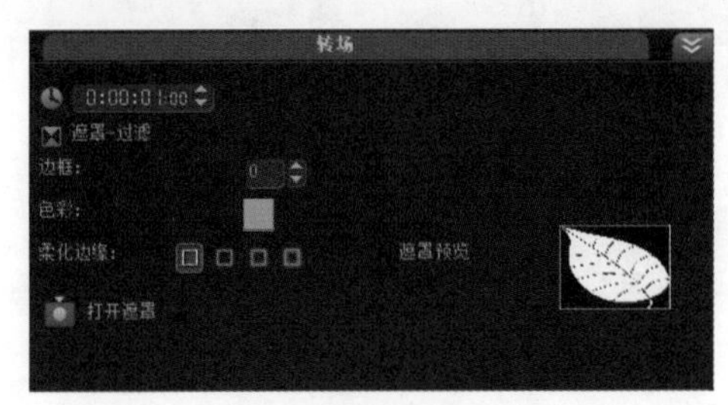

图 8-189

进阶实例：添加遮罩转场

案例文件	进阶实例：添加遮罩转场 .VSP
视频教学	视频文件 \ 第 8 章 \ 添加遮罩转场 .flv
难易指数	★★★★☆
技术掌握	遮罩转场的应用

案例分析：

本案例就来学习如何在会声会影 X6 中遮罩转场的应用，最终渲染效果如图 8-190 所示。

图 8-190

思路解析，如图 8-191 所示：

图 8-191

（1）添加遮罩转场效果。

（2）添加文字模板。

制作步骤：

（1）打开会声会影 X6 软件，将素材文件中的【01.jpg】素材文件添加到【视频轨】上，并设置结束时间为第 5 秒，如图 8-192 所示。此时【预览窗口】的效果，如图 8-193 所示。

图 8-192

（2）将素材文件夹中的【02.jpg】和【03.jpg】文件添加到【覆叠轨】上，如图 8-194 所示。接着分别在【预览窗口】中调整素材的位置和大小，如图 8-195 所示。

图 8-193

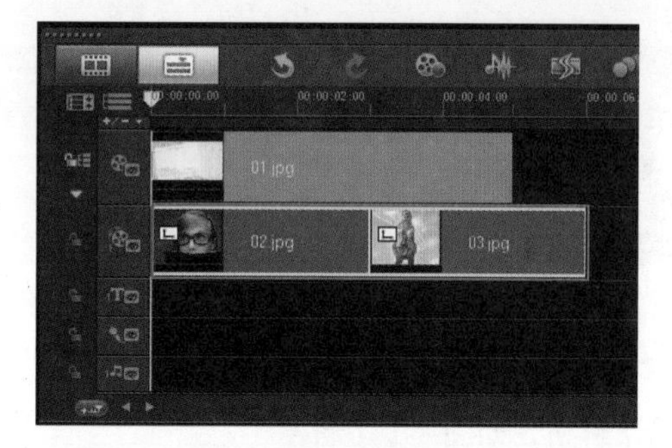

图 8-194

图 8-195

（3）在【转场】素材库的【画廊】中选择【过滤】转场类型，然后选择【遮罩】转场效果，并将其拖拽到视频轨的【02.jpg】和【03.jpg】素材文件之间，如图 8-196 所示。

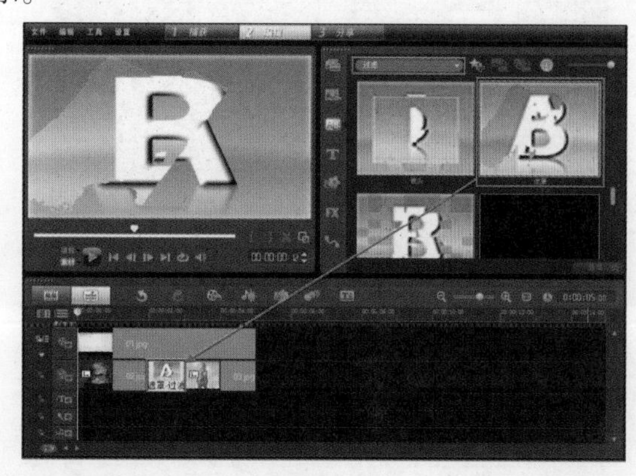

图 8-196

（4）单击素材库面板中的【标题】按钮，选择合适的标题模板拖拽到【文字轨】，如图 8-197 所示。

图 8-197

（5）双击文字轨上文字，在【选项】面板中设置文字的区间为 5 秒，并设置字体的【色彩】为灰色（R：187，G：187，B：187），如图 8-198 所示。然后在【预览窗口】双击并输入合适的文字，如图 8-199 所示。

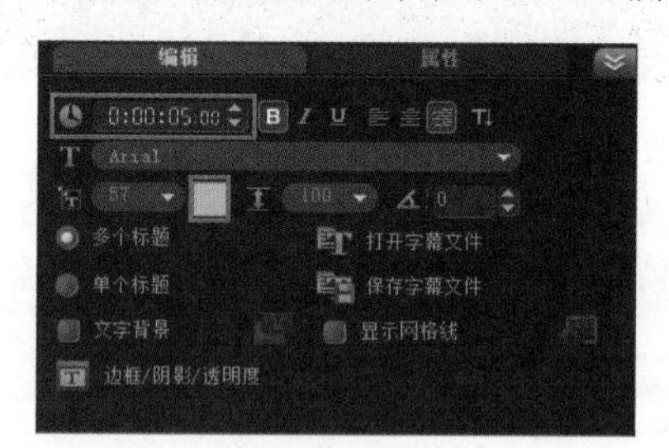

图 8-198

图 8-199

（6）此时，单击【预览窗口】中的【播放】按钮，查看最终的效果，如图 8-200 所示。

图 8-200

进阶实例：添加自定义遮罩转场效果

案例文件	进阶实例：添加自定义遮罩转场效果 .VSP
视频教学	DVD/ 多媒体教学 / 第 8 章 / 进阶实例：添加自定义遮罩转场效果 .flv
难易指数	★★☆☆☆
技术掌握	自定义遮罩转场的方法

案例分析：

本案例就来学习如何在会声会影 X6 中设置自定义遮罩转场效果的方法，最终渲染效果如图 8-201 所示。

图 8-201

思路解析，如图 8-202 所示：

（1）为素材之间添加遮罩转场。

（2）自定义遮罩转场效果。

图 8-202

制作步骤：

（1）打开会声会影 X6，将素材文件夹中的【01.jpg】和【02.jpg】添加到【视频轨】上，如图 8-203 所示。此时【预览窗口】中的效果，如图 8-204 所示。

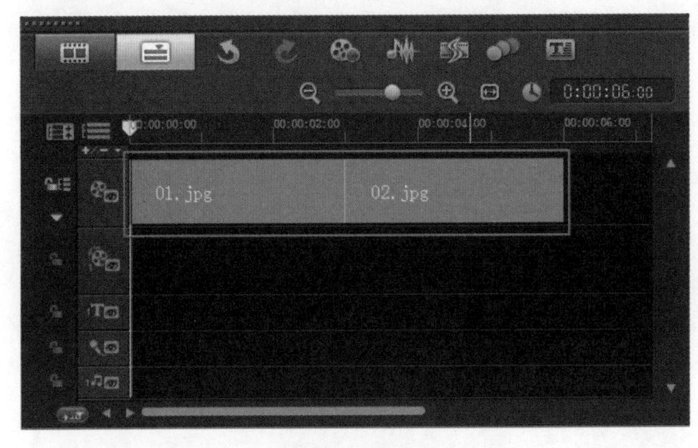

图 8-203

（2）接着单击素材面板中的转场按钮，设置【画廊】类型为【过渡】，将遮罩转场拖拽到【01.jpg】和【02.jpg】素材文件中间，如图 8-205 所示。

图 8-204

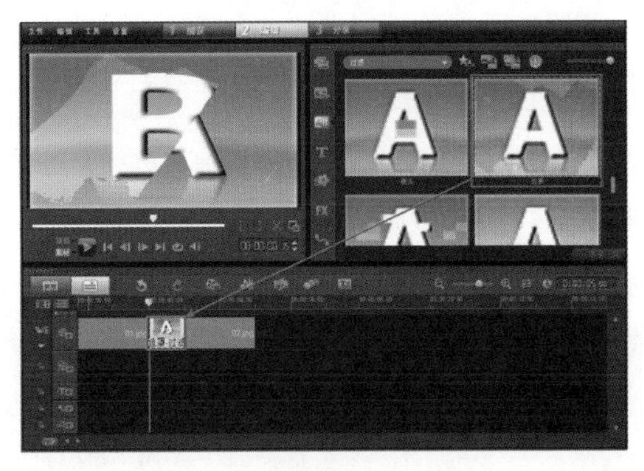

图 8-205

（3）双击添加的转场效果，打开转场选项面板，单击【打开遮罩】按钮，如图 8-206 所示。在弹出的对话框中选择【03.jpg】遮罩素材，并单击【打开】按钮，如图 8-207 所示。

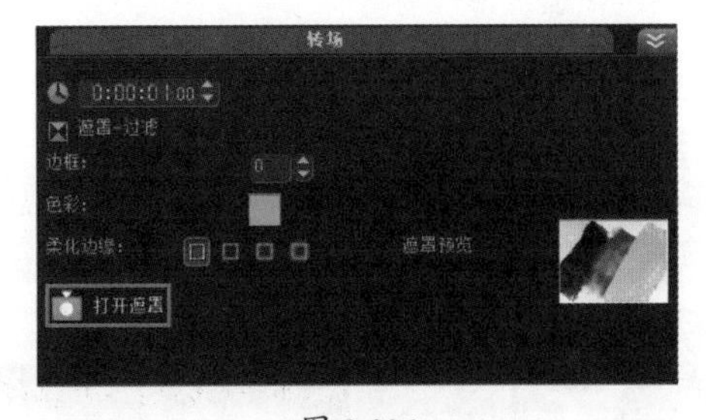

图 8-206

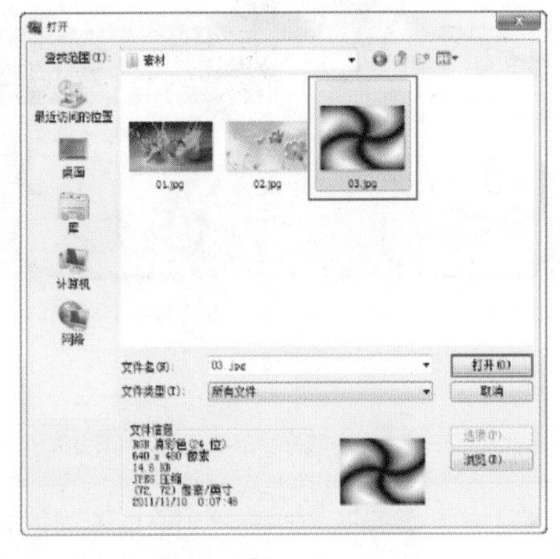

图 8-207

（4）单击【预览窗口】中的【播放】按钮，查看最终的效果，如图 8-208 所示。

图 8-208

8.7.15

【马赛克】转场效果，会使素材画面以马赛克的形状进行随机擦除，从而过渡到下一画面，如图 8-209 所示。

图 8-209

8.7.16

【断电】转场效果，会使素材画面有类似断电的效果，画面会逐渐变黑，然后再以高光的形式过渡到下一画面，如图 8-210 所示。

图 8-210

8.7.17

【打碎】转场效果，会使素材画面以不同形状的四边形碎片分散出画，从而过渡到下一画面，如图 8-211 所示。

图 8-211

8.7.18

【随机】转场效果，会使素材画面按照指定的方向相互交替过渡，如图 8-212 所示。其参数面板，如图 8-213 所示。

图 8-212

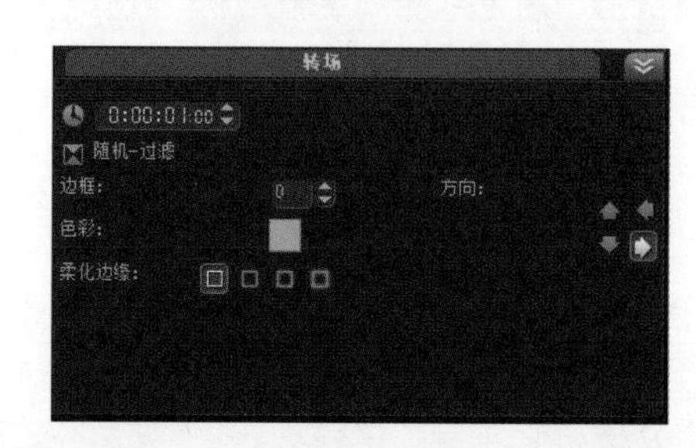

图 8-213

8.7.19

【打开】转场效果，会使素材画面以中心点逐渐收缩或扩展，逐渐过渡到下一画面，如图 8-214 所示。其参数面板，如图 8-215 示。

图 8-214

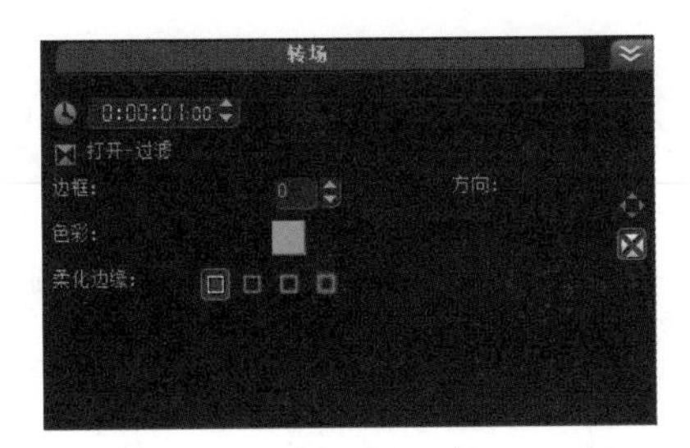

图 8-215

8.7.20

【曲线淡化】转场效果，会使素材画面以波浪曲线图案逐渐变为透明，从而过渡到下一画面，如图 8-216 所示。

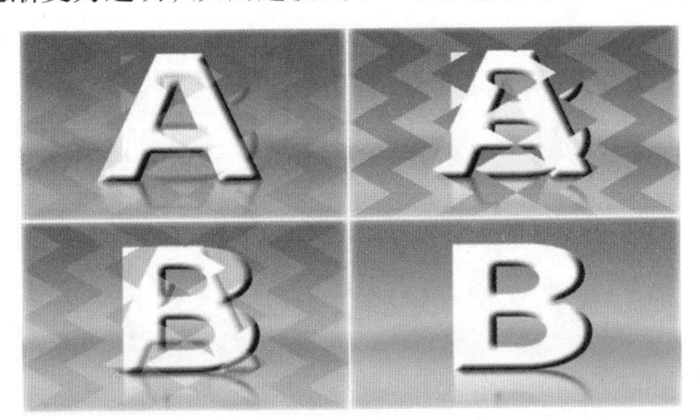

图 8-216

8.8　应用胶片转场类型

在【转场】素材库中设置【画廊】类型为【胶片】，共包括【横条】、【对开门】、【交叉】、【飞去 A】、【飞去 B】、【渐进】、【单向】、【分成两半】、【分割】、【翻页】、【扭曲】、【环绕】和【拉链】13 种转场效果，如图 8-217 所示。

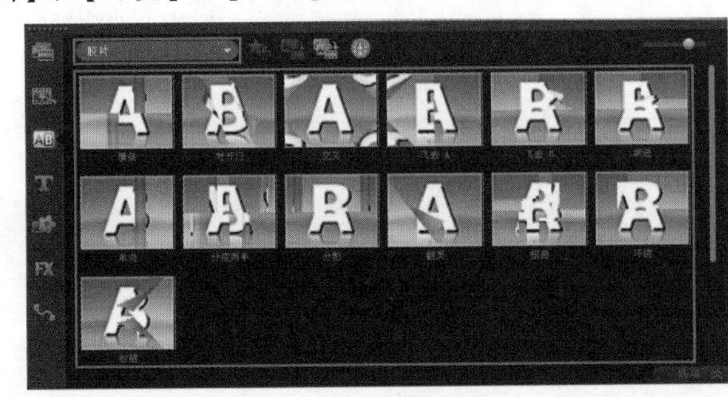

图 8-217

8.8.1

【横条】转场效果，会使素材图像沿中心分割，并滚动出画，从而过渡到下一画面，如图 8-218 所示。其参数面板，如图 8-219 所示。

8.8.2

【对开门】转场效果，会使素材图像沿中心分割，并卷起一角逐渐出画，从而过渡到下一画面，如图 8-220 所示。其参数面板，如图 8-221 所示。

图 8-218

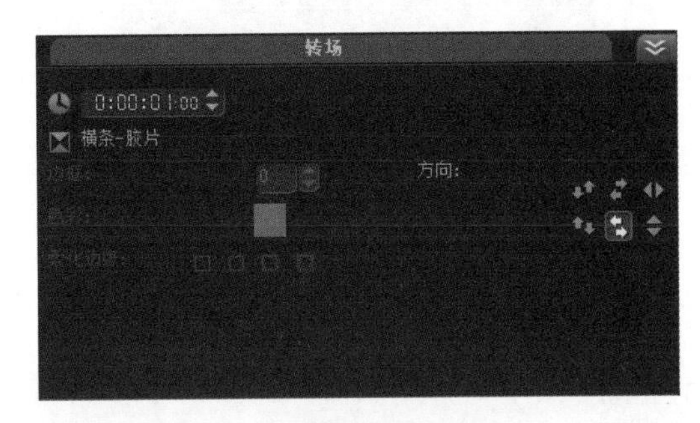

图 8-219

图 8-220

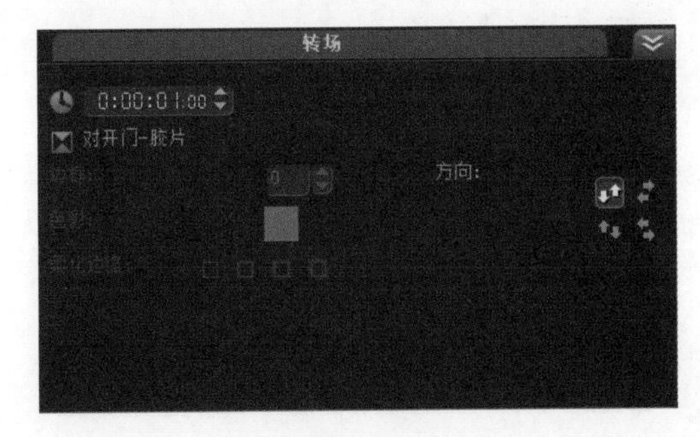

图 8-221

8.8.3

【交叉】转场效果，会使素材图像沿中心分割为四部分，然后以中心位置卷起四个角逐渐出画或入画，从而过渡到下一画面，如图 8-222 所示。其参数面板，如图 8-223 所示。

图 8-222

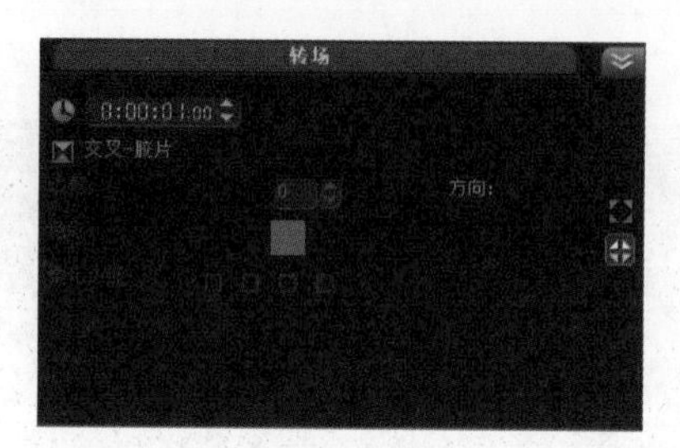

图 8-223

8.8.4

【飞去 A】转场效果，会使素材图像产生按照指定的方向，沿中心部分逐渐卷起四个角出画，从而过渡到下一画面，如图 8-224 所示。其参数面板，如图 8-225 所示。

图 8-224

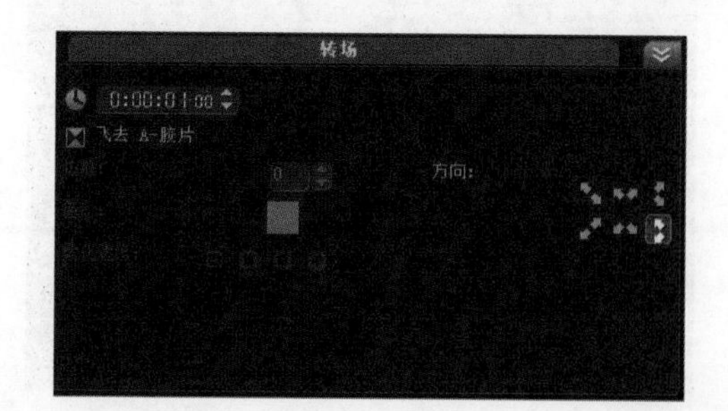

图 8-225

8.8.5

【飞去 B】转场效果，会使素材图像沿中心分割为四部分，然后以中心位置依次卷起四个角逐渐出画或入画，从而过渡到下一画面，如图 8-226 所示。其参数面板，如图 8-227 所示。

图 8-226

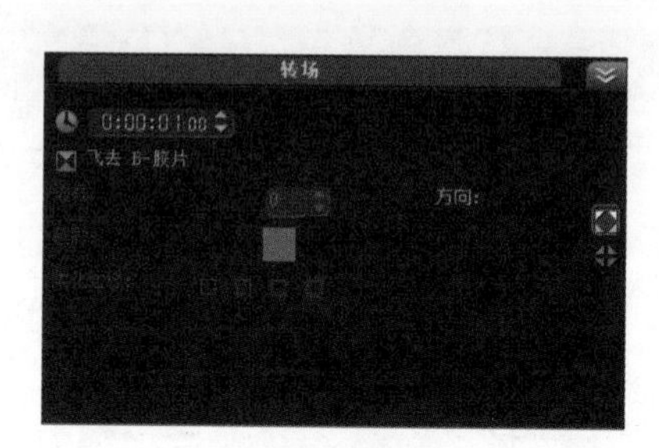

图 8-227

8.8.6

【渐进】转场效果，会使素材图像沿中心分割为四部分，并按照指定的方向依次滚动出画，从而过渡到下一画面，如图 8-228 所示。其参数面板，如图 8-229 所示。

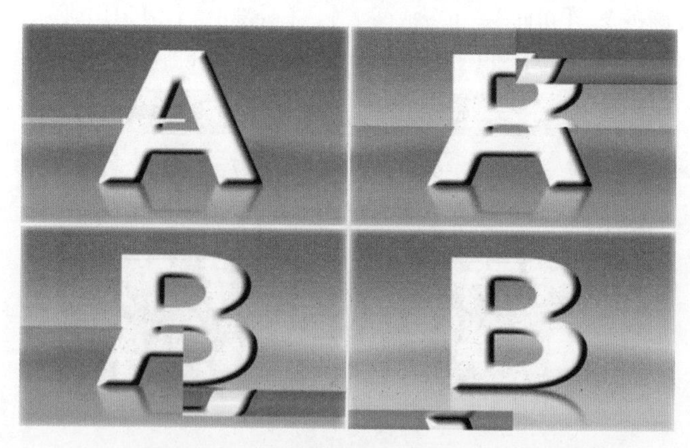

图 8-228

图 8-229

8.8.7

【单向】转场效果，会使素材图像沿指定方向滚动出画，从而过渡到下一画面，如图 8-230 所示。其参数面板，如图 8-231 所示。

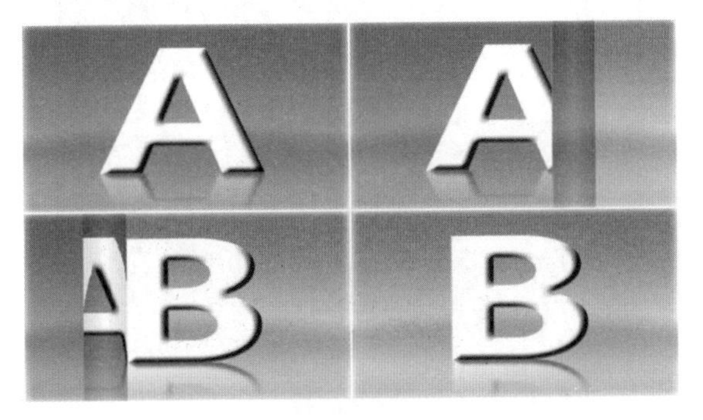

图 8-230

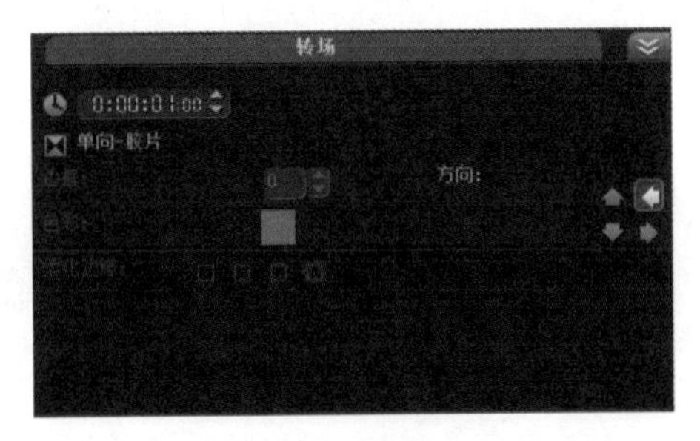

图 8-231

8.8.8

【分成两半】转场效果，会使素材图像产生沿中心分割，然后按照指定方向滚动出画或入画，从而过渡到下一画面，如图 8-232 所示。其参数面板，如图 8-233 所示。

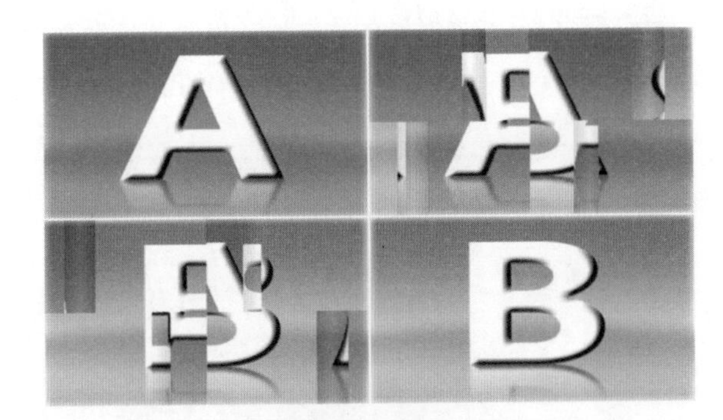

图 8-232

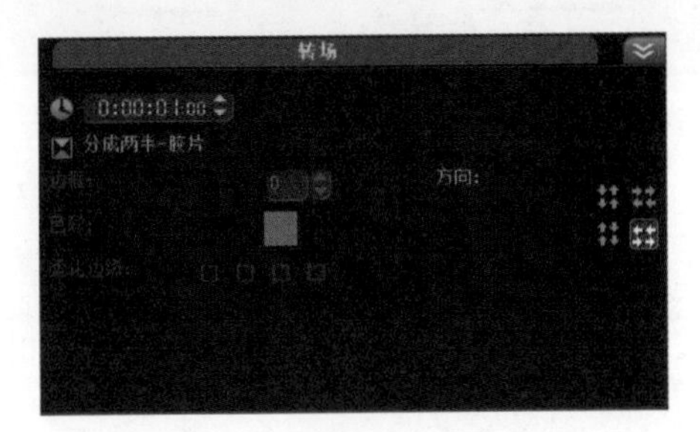

图 8-233

8.8.9

【分割】转场效果，会使素材图像产生沿中心按指定的方向分割，并滚动出画，从而过渡到下一画面，如图 8-234 所示。其参数面板，如图 8-235 所示。

图 8-234

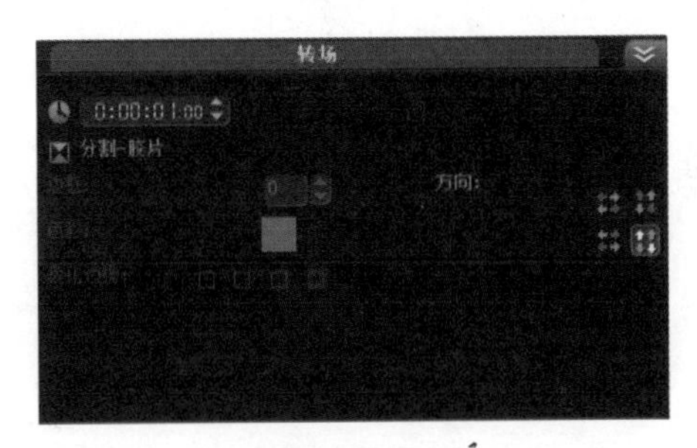

图 8-235

8.8.10

【翻页】转场效果，会使素材图像以类似纸张翻页的效果卷起至出画，从而过渡到下一画面，如图 8-236 所示。其参数面板，如图 8-237 所示。

图 8-236

图 8-237

FAQ 常见问题解答：胶片转场效果常应用于哪些素材上面？

胶片转场效果系列常常应用于照片海报和文件纸张类素材上面，可以方便地制作出纸张、卷轴翻转或剥落的视觉效果。

进阶实例：日历翻页效果

案例文件	进阶实例：日历翻页效果 .VSP
视频教学	DVD/ 多媒体教学 / 第 8 章 / 进阶实例：日历翻页效果 .flv
难易指数	★★☆☆☆
技术掌握	翻页转场应用

案例分析：

本案例就来学习如何在会声会影 X6 中使用翻页转场制作日历翻页效果，最终渲染效果如图 8-238 所示。

图 8-238

思路解析，如图 8-239 所示：

（1）导入多个图片素材。

（2）为素材添加翻页转场效果。

图 8-239

制作步骤：

（1）打开会声会影 X6 软件，然后在【视频轨】中插入【01.jpg】、【02.jpg】、【03.jpg】和【04.jpg】素材文件，如图 8-240 所示。

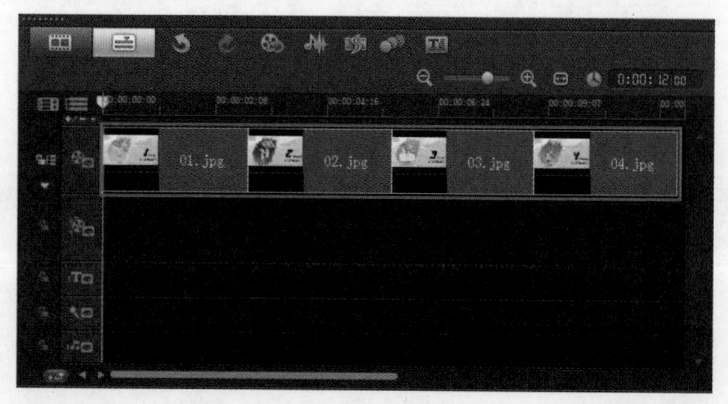

图 8-240

（2）选择【转场】素材库中的【胶片】类型，然后将【翻页】转场添加到时间轴中的三个素材文件之间，如图 8-241 所示。

图 8-241

（3）此时，单击【预览窗口】中的【播放】按钮，查看最终的效果，如图 8-242 所示。

图 8-242

8.8.11

【扭曲】转场效果，会使素材画面沿中心分割为四部分，并按照顺时针或逆时针的方向滚动出画，从而过渡到下一画面，如图 8-243 所示。其参数面板，如图 8-244 所示。

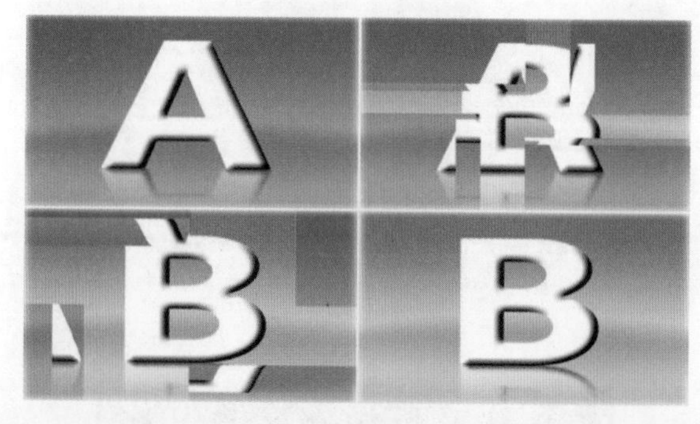

图 8-243

8.8.12

【环绕】转场效果，会使素材图像沿中心分为两部分，并以相反方向滚动出画，从而过渡到下一画面，如图 8-245 所示。其参数面板，如图 8-246 所示。

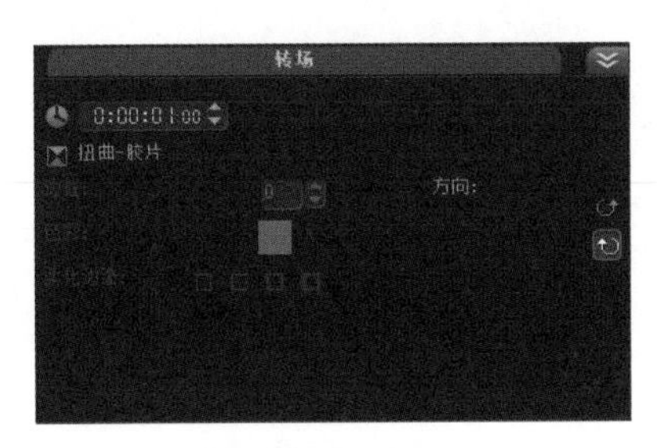

图 8-244

图 8-245

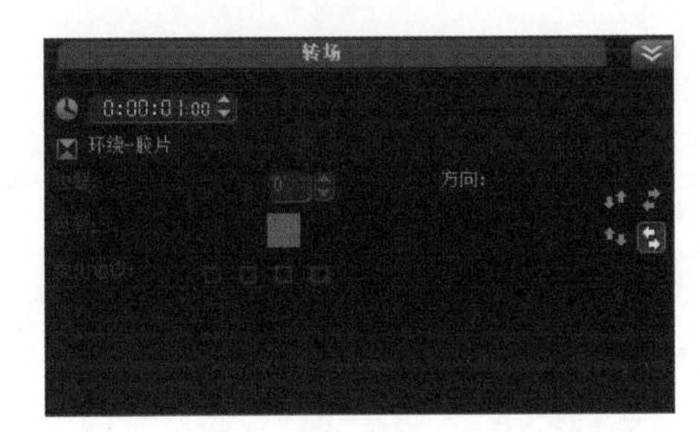

图 8-246

8.8.13

【拉链】转场效果，会使素材图像产生类似拉链拉开的效果，且分开的两部分会沿一角卷起至出画，从而过渡到下一画面，如图 8-247 所示。其参数面板，如图 8-248 所示。

图 8-247

8.9　应用闪光转场类型

在【闪光】转场类型中只有【闪光】一种转场效果，如图 8-249 所示。

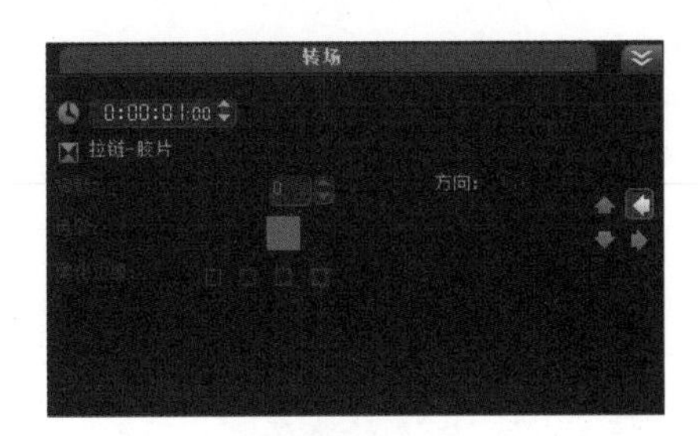

图 8-248

图 8-249

闪光转场

【闪光】转场效果，会使素材图像以闪光的方式逐渐变亮，然后在最亮的时候产生透明度变化，使画面发生转场过渡，如图 8-250 所示。其自定义参数面板，如图 8-251 所示。

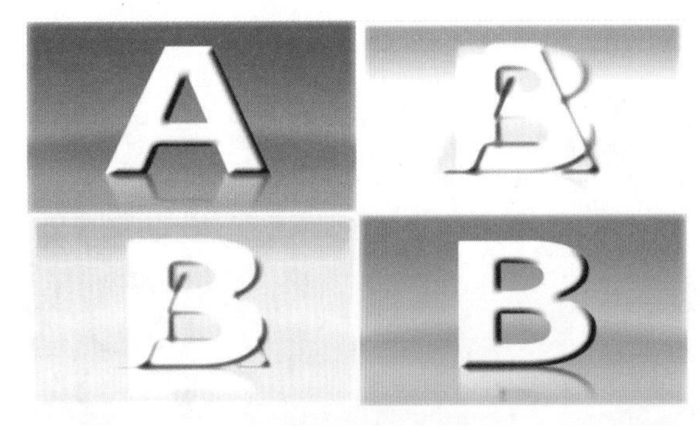

图 8-250

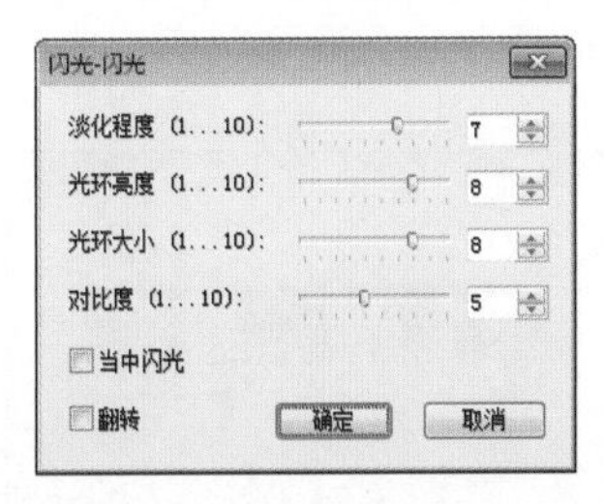

图 8-251

重点参数提醒：

※淡化程度：设置闪光转场时淡化的程度。

※光环亮度：设置闪光转场的光亮程度。

※光环大小：设置闪光转场的发光大小。

※对比度：设置闪光转场时的亮度画面对比度效果。

※当中闪光：勾选该选项，在闪光转场时会添加闪光效果。

※翻转：勾选该选项，可以翻转闪光过渡的素材先后顺序。

8.10 应用遮罩转场类型

在【转场】素材库中设置【画廊】类型为【遮罩】。包括【遮罩 A】至【遮罩 F】共 6 种转场效果，如图 8-252 所示。

图 8-252

8.10.1

遮罩 A 转场效果，会使素材图像以光线流动的方式逐渐擦除，如图 8-253 所示。其自定义参数面板，如图 8-254 所示。

图 8-253

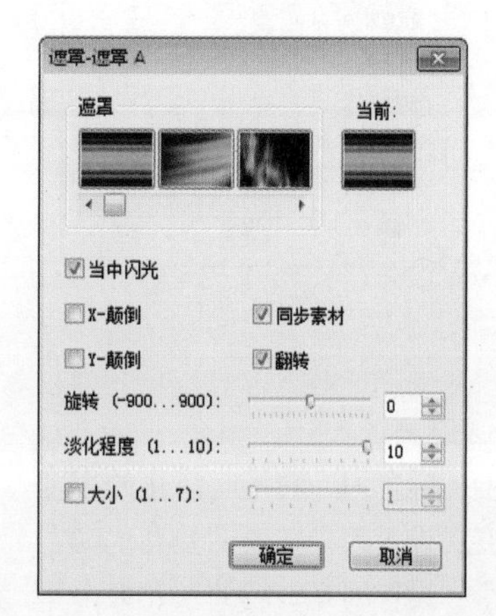

图 8-254

重点参数提醒：

※遮罩：选择转场的遮罩图案效果。

※当前：当前所选择的遮罩图案效果。

※当中闪光：勾选该选项，会在转场过程中添加闪光效果。

※X- 颠倒：勾选该选项，可以在转场路径动画时，X 轴方向产生颠倒效果。

※Y- 颠倒：勾选该选项，可以在转场路径动画时，Y 轴方向产生颠倒效果。

※同步素材：勾选该选项，转场过渡的素材会跟随遮罩的大小发生大小变化。

※翻转：勾选该选项，可以翻转过渡的素材先后顺序。

※旋转：设置转场过程中的旋转程度。

※淡化程度：设置转场时的遮罩淡化程度。

※大小：设置遮罩图案的大小。

8.10.2

【遮罩 B】转场效果，会以素材图像为遮罩依据，产生发光羽化逐渐替换过渡到下一画面，如图 8-255 所示。其自定义参数面板，如图 8-256 所示。

图 8-255

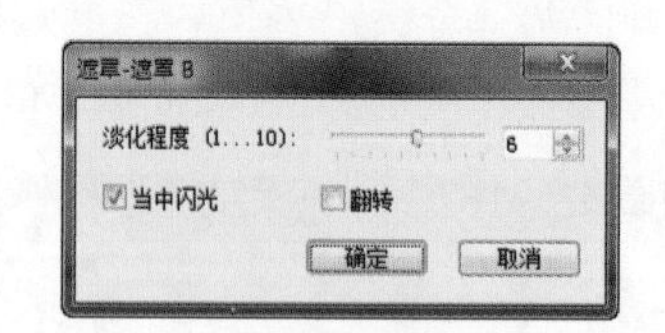

图 8-256

重点参数提醒：

※淡化程度：设置转场时的遮罩淡化程度。

※当中闪光：勾选该选项，会在转场过程中添加闪光效果。

※翻转：勾选该选项，可以翻转过渡的素材先后顺序。

8.10.3

【遮罩 C】转场效果，会使素材图像以指定的多个遮罩图案逐渐变化至消失，如图 8-257 所示。其自定义参数面板，如图 8-258 所示。

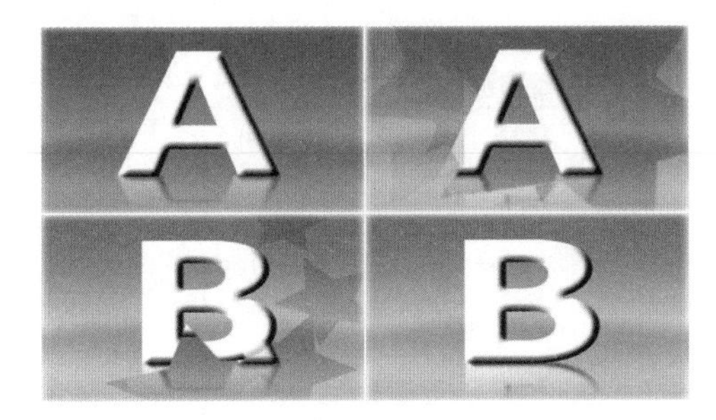

图 8-257

图 8-258

重点参数提醒：

※路径：设置转场动画的路径效果，包括波动、弹跳、对焦、飞向上方、飞向右边、滑动、缩小和漩涡路径效果。

※间隔：设置遮罩图案在转场动画时的相互距离。

8.10.4

【遮罩 D】转场效果，会使素材图像以指定的遮罩图案逐渐变化至消失，如图 8-259 所示。其自定义参数面板，如图 8-260 所示。

图 8-259

图 8-260

8.10.5

【遮罩 E】转场效果，会使素材图像以遮罩扫除的效果逐渐擦除，从而过渡到下一画面，如图 8-261 所示。其自定义参数面板，如图 8-262 所示。

图 8-261

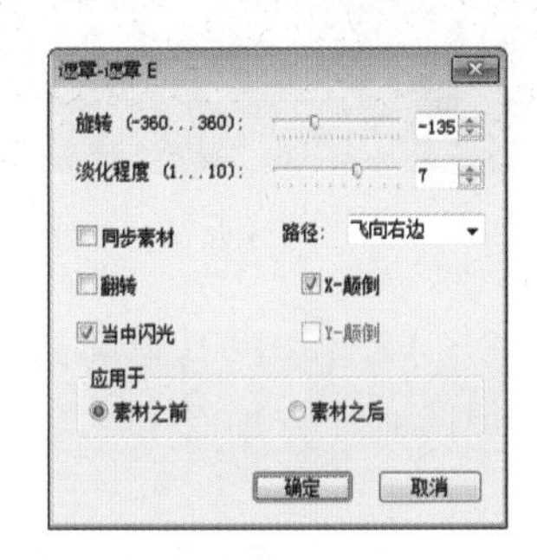

图 8-262

重点参数提醒：

※应用于：选择该转场应用与素材之前或素材之后。

进阶实例：添加遮罩 E 转场

案例文件	进阶实例：添加遮罩 E 转场 .VSP
视频教学	视频文件 \ 第 8 章 \ 添加遮罩转场 .flv
难易指数	★★☆☆☆
技术掌握	遮罩转场的应用

案例分析：

本案例就来学习如何在会声会影 X6 中使用遮罩 E 转场的方法，最终渲染效果，如图 8-263 所示。

思路解析，如图 8-264 所示：

图 8-263

图 8-264

第 8 章

（1）添加遮罩 E 转场。

（2）调整转场的自定义参数。

制作步骤：

（1）打开会声会影 X6 软件，然后在【视频轨】中插入【01.jpg】和【02.jpg】素材文件，如图 8-265 所示。

图 8-265

（2）选择【转场】素材库中的【遮罩】类型，然后将【遮罩 E】转场添加到时间轴中的两个素材文件之间，如图 8-266 所示。

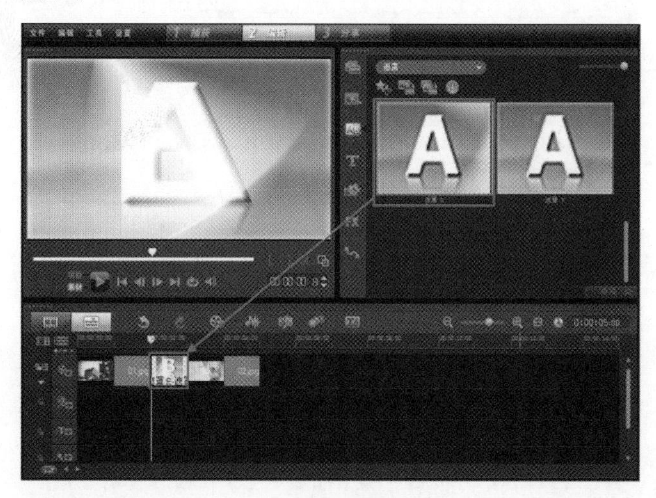

图 8-266

（3）双击【视频轨】上的【遮罩 E】转场效果，在【转场】面板中单击【自定义】按钮，如图 8-267 所示。接着在弹出的对话框中设置【旋转】为 210，【路径】为【飞向上方】，并单击【确定】按钮，如图 8-268 所示。

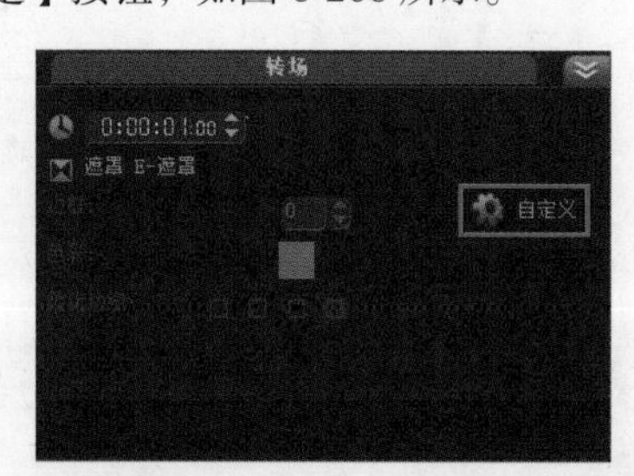

图 8-267

图 8-268

（4）此时，单击【预览窗口】中的【播放】按钮，查看最终的效果，如图 8-269 所示。

图 8-269

8.10.6

【遮罩 F】转场效果，会使素材图像以指定的遮罩图案的缩放过渡，如图 8-270 所示。其自定义参数面板，如图 8-271 所示。

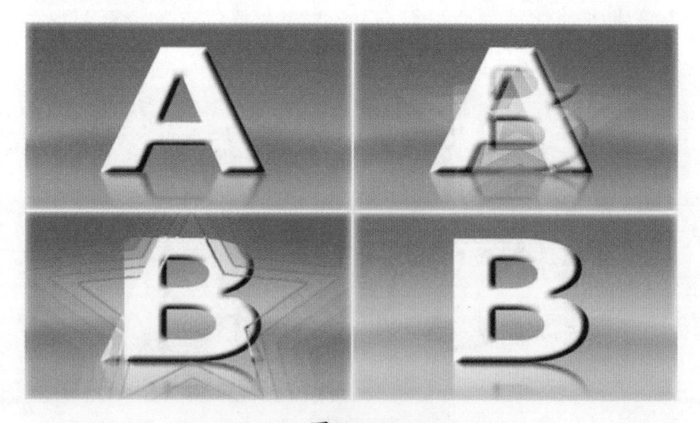

图 8-270

图 8-271

8.11　应用 NewBlue 样品转场类型

在【转场】素材库中设置【画廊】类型为【NewBlue 样品转场】，共包括【3D 彩屑】、【3D 比萨饼盒】、【色彩融化】、【拼图】和【涂抹】5 种转场效果，如图 8-272 所示。

图 8-272

8.11.1

【3D 彩屑】转场效果，会使素材图像碎裂为矩形小片，然后从画面一端沿某一角度向另外一端飞散出画，如图 8-273 所示。其自定义参数面板，如图 8-274 所示。

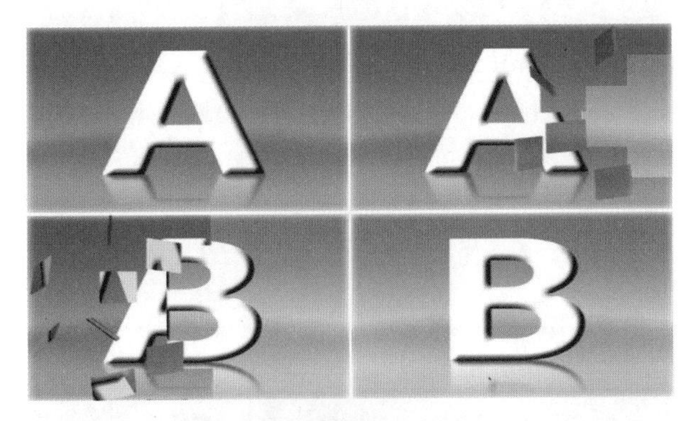

图 8-273

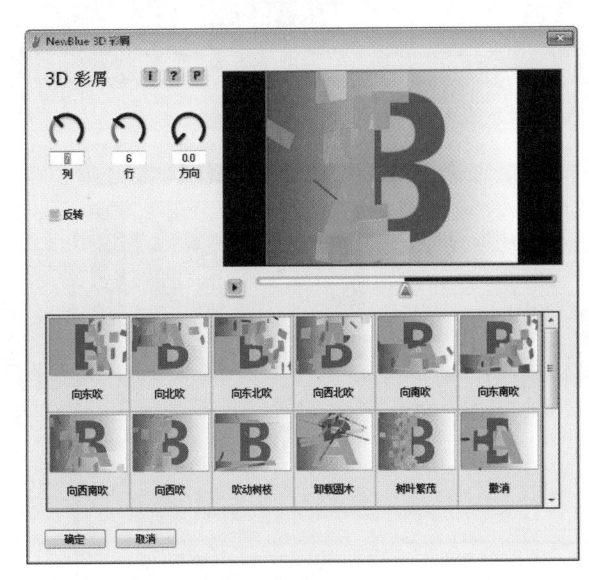

图 8-274

重点参数提醒：

※列：设置彩屑碎片分割的列数。

※行：设置彩屑碎片分割的行数。

※方向：设置彩屑碎片的翻转方向。

※反转：勾选该选项，可以反转素材转场的前后顺序。

8.11.2

【3D 比萨饼盒】转场效果，会使素材画面三维的盒状转动替换，从而过渡到下一画面，如图 8-275 所示。其自定义参数面板，如图 8-276 所示。

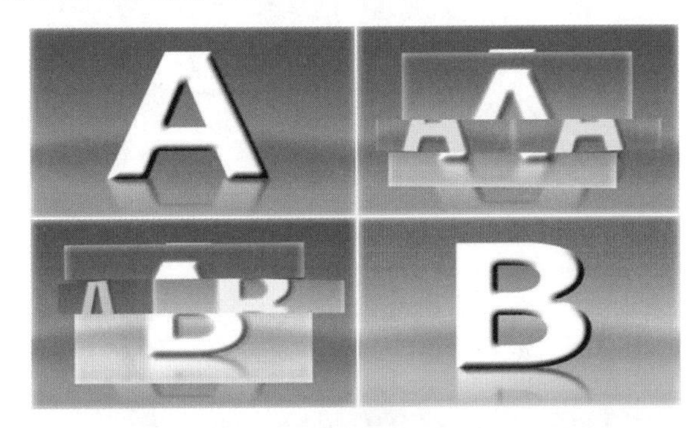

图 8-275

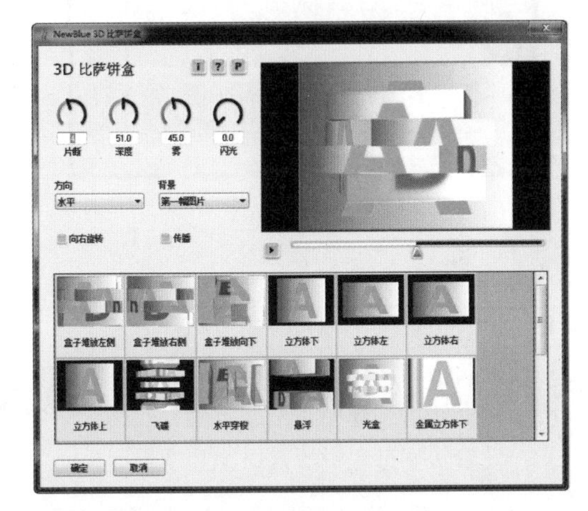

图 8-276

重点参数提醒：

※片断：设置素材变为 3D 盒状的数量。

※深度：设置镜头画面效果的深度。

※雾：设置素材表面的雾化程度。

※闪光：设置素材 3D 盒状表面闪光程度。

※方向：设置 3D 盒状动画的方向，包括水平和垂直两个方向。

※背景：设置转场时的背景素材，可以选择第一幅图片、第二幅图片或透明。

※向右旋转：勾选该选项，可以使 3D 盒状的素材向右旋转。

※传播：勾选该选项，可以使在转场过程中的多个 3D 盒为分离的状态。

8.11.3

【色彩融化】转场效果，会使素材画面以类似融化的效果逐渐产生透明度变化。从而过渡到下一画面，如图 8-277 所示。其自定义参数面板，如图 8-278 所示。

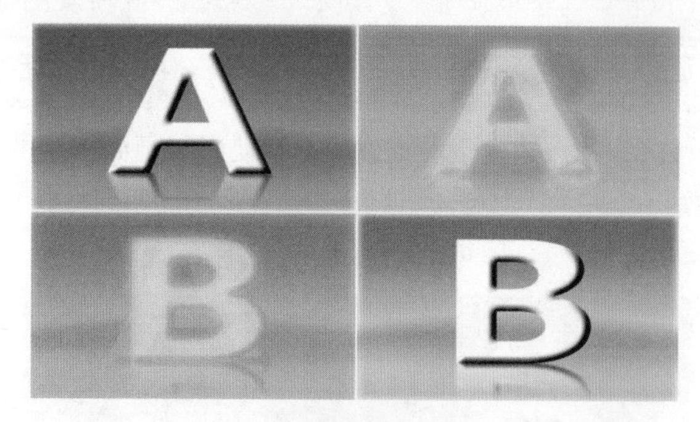

图 8-277

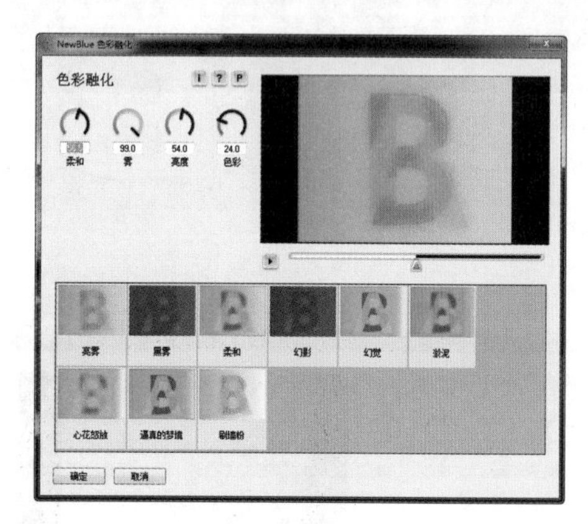

图 8-278

重点参数提醒：

※柔和：设置色彩融化过程中的柔和程度。

※雾：设置转场的素材表面雾化效果的程度。

※亮度：设置转场过程中的亮度效果。

※色彩：设置转场过程中的素材饱和度程度。

8.11.4

【拼图】转场效果，会使素材产生的画面逐渐发生颜色块状变化，并逐渐拼出下一画面，如图 8-279 所示。其自定义参数面板，如图 8-280 所示。

图 8-279

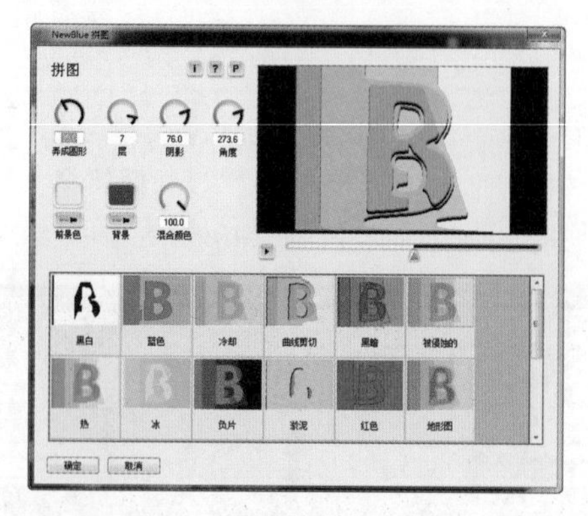

图 8-280

重点参数提醒：

※弄成圆形：设置素材的色块边缘的呈圆形程度。

※层：设置素材的色块的层数。

※阴影：设置色块层之间的阴影程度。

※角度：设置色块层的所在角度。

※前景色：设置素材转场的前景色。

※背景：设置素材转场飞背景色。

※混合颜色：设置前景色和背景色的混合程度。

8.11.5

【涂抹】转场效果，会使素材画面以指定的方向和角度模糊运动出画，从而过渡到下一画面，如图 8-281 所示。其自定义参数面板，如图 8-282 所示。

图 8-281

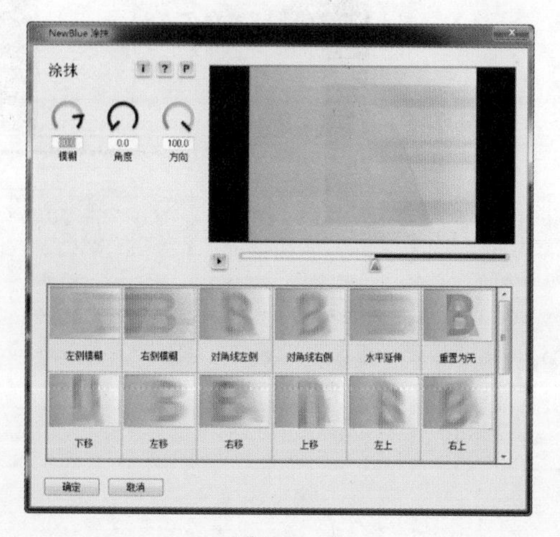

图 8-282

重点参数提醒：

※ 模糊：设置转场模糊程度。

※ 角度：设置转场模糊角度。

※ 方向：设置转场过程中的素材涂抹方向。

8.12　应用果皮转场类型

在【转场】素材库中设置【画廊】类型为【果皮】，共包括【对开门】、【交叉】、【飞去 A】、【飞去 B】、【翻页】和【拉链】6 种转场效果，如图 8-283 所示。

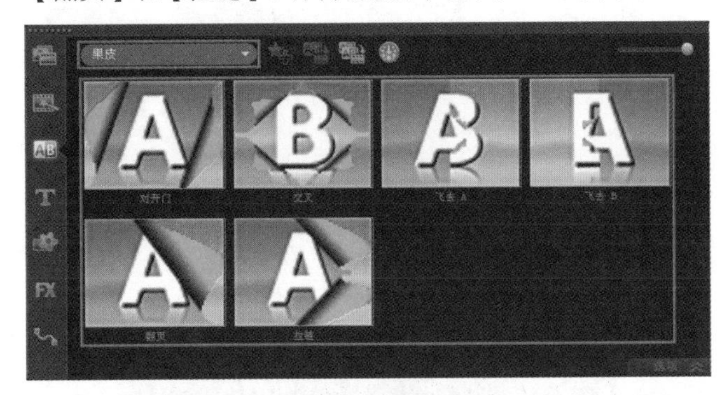

图 8-283

8.12.1

果皮类型中的【对开门】转场效果，会使素材画面以中心分割，并按照指定的方向卷起至出画，从而过渡到下一画面，如图 8-284 所示。其参数面板，如图 8-285 所示。

图 8-284

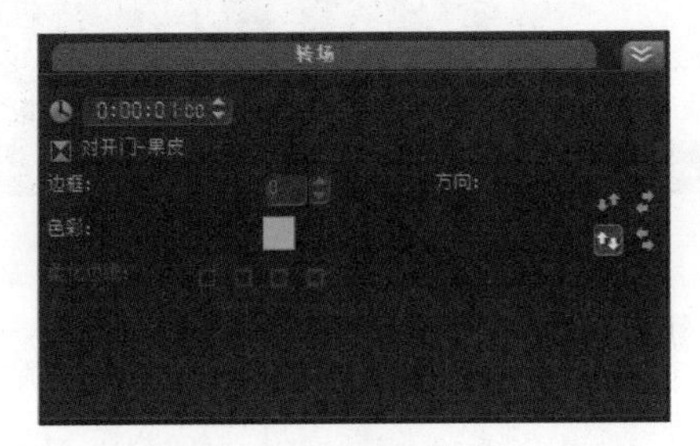

图 8-285

重点参数提醒：

※ 色彩：设置转场过程中卷起素材的背景颜色。

※ 方向：设置素材转场的卷起方向。

8.12.2

果皮类型中的【交叉】转场效果，会使素材图像以画面中心平均分为四部分进行翻卷出画，如图 8-286 所示。其参数面板，如图 8-287 所示。

图 8-286

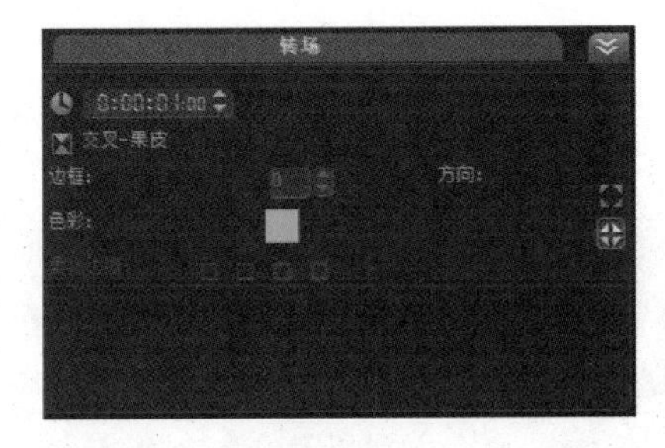

图 8-287

8.12.3

果皮类型中的【飞去 A】转场效果，会使素材图像按照指定的方向，沿中心部分卷起四个角出画，从而过渡到下一画面，如图 8-288 所示。其参数面板，如图 8-289 所示。

图 8-288

图 8-289

8.12.4

果皮类型中的【飞去 B】转场效果，会使素材图像沿中心分割为四部分，然后以中心位置依次卷起四个角逐渐出画或入画，从而过渡到下一画面，如图 8-290 所示。其参数面板，如图 8-291 所示。

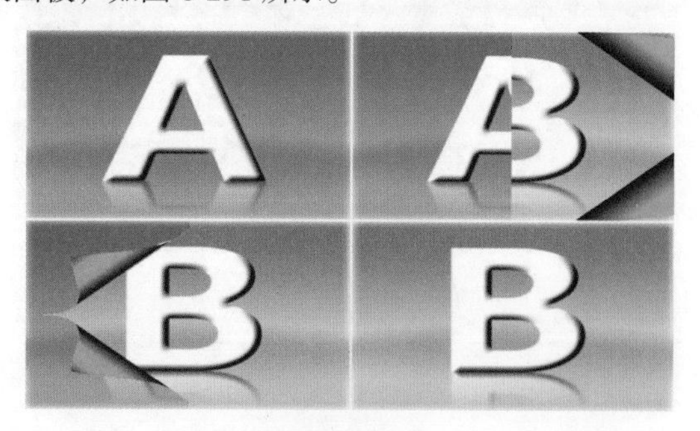

图 8-290

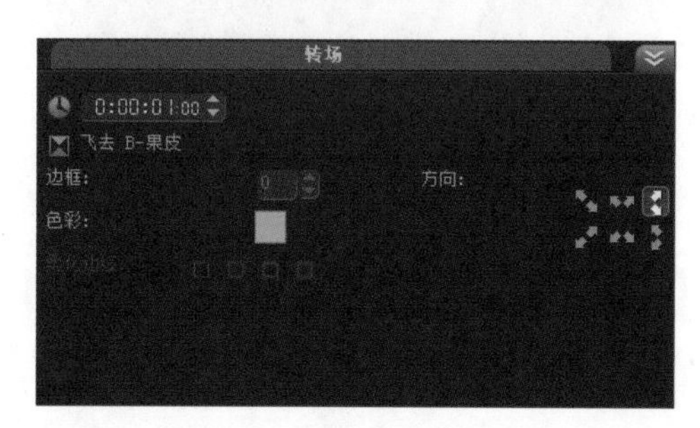

图 8-291

8.12.5

果皮类型中的【翻页】转场效果，会使素材图像以某一角进行翻页，从而过渡到下一画面，如图 8-292 所示。其参数面板，如图 8-293 所示。

图 8-292

图 8-293

8.12.6

果皮类型中的【拉链】转场效果，会使素材图像产生类似拉链拉开的效果，且分开的两部分会沿一角卷起至出画，从而过渡到下一画面，如图 8-294 所示。其参数面板，如图 8-295 所示。

图 8-294

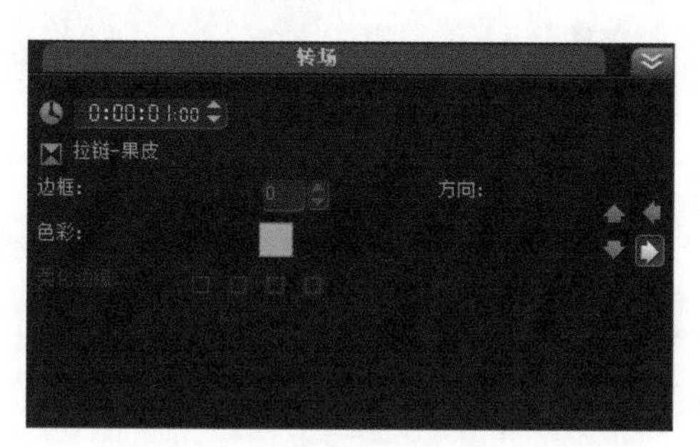

图 8-295

8.13 应用推动转场类型

在【转场】素材库中设置【画廊】类型为【推动】。共包括【横条】、【网孔】、【跑动】和【停止】、【单向】以及【条带】5 种转场效果，如图 8-296 所示。

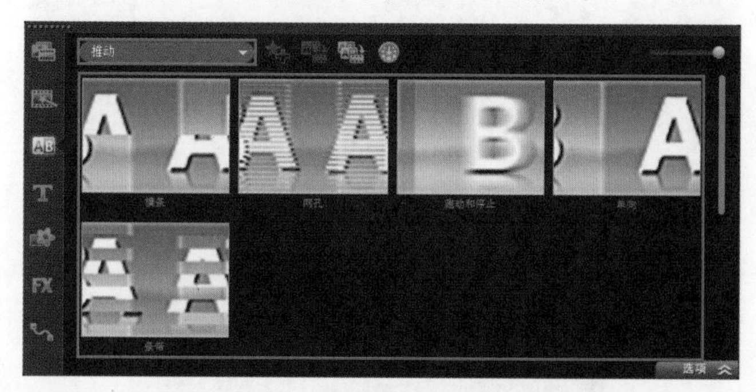

图 8-296

8.13.1

【横条】转场效果，会使素材画面沿中心位置分割，并按水平或垂直方向移动出画，从而过渡到下一画面，如图 8-297 所示。参数面板，如图 8-298 所示。

图 8-297

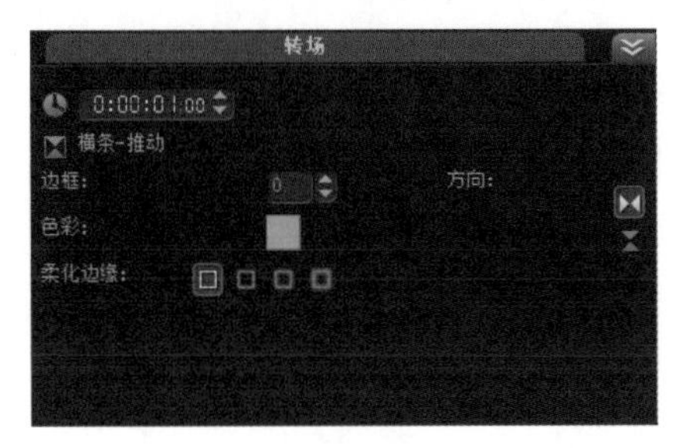

图 8-298

8.13.2

【网孔】转场效果，会使素材图像以多重横条的方式相互重叠交叉产生过渡动画效果，如图 8-299 所示。其参数面板，如图 8-300 所示。

图 8-299

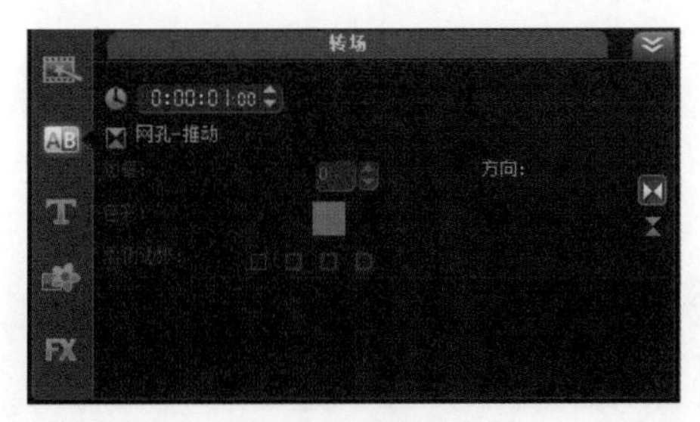

图 8-300

8.13.3

【跑动和停止】转场效果，会使素材产生按指定的方向，并以抖动的方式进入画面，如图 8-301 所示。参数面板，如图 8-302 所示。

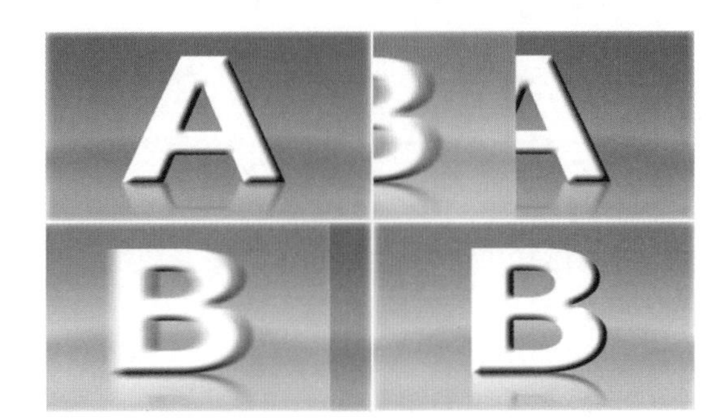

图 8-301

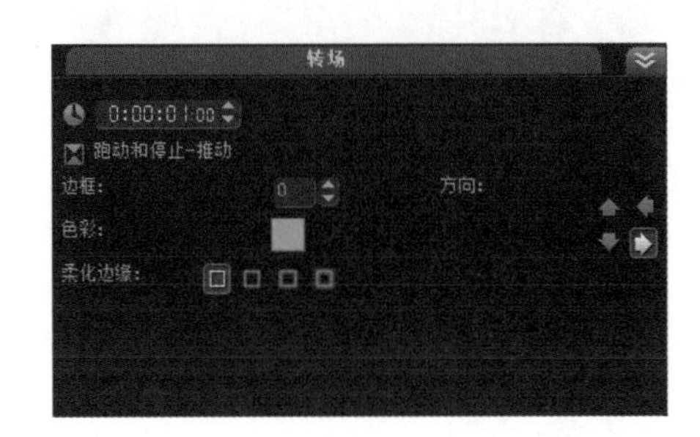

图 8-302

8.13.4

【单向】转场效果，会使素材按指定方向推动出画，从而过渡到下一画面，如图 8-303 所示。参数面板，如图 8-304 所示。

图 8-303

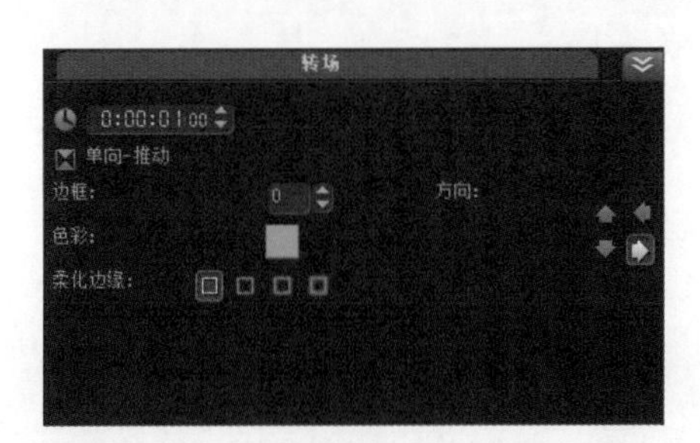

图 8-304

8.13.5

【条带】转场效果，会使素材画面以带状沿水平或垂直方向相互推动出画或入画，如图 8-305 所示。参数面板，如图 8-306 所示。

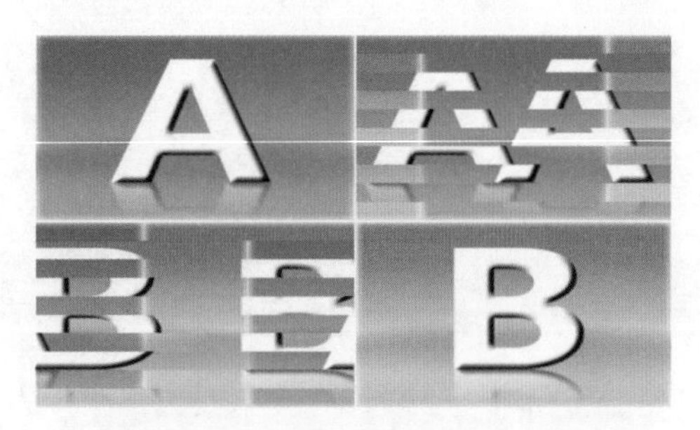

图 8-305

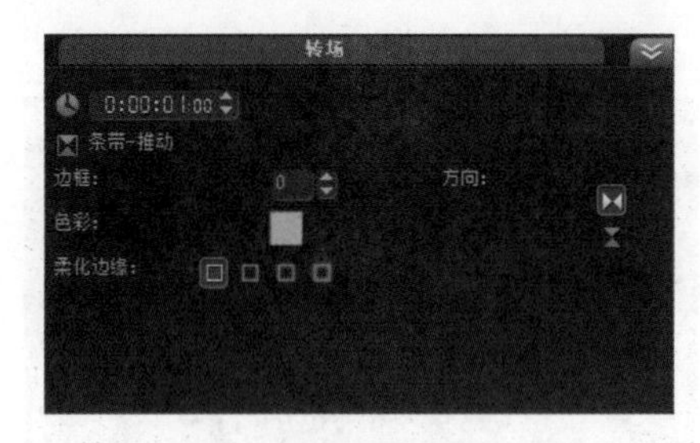

图 8-306

8.14 应用卷动转场类型

在【转场】素材库中设置【画廊】类型为【卷动】，共包括【横条】、【渐进】、【单向】、【分成两半】、【分割】、【扭曲】和【环绕】7 种转场效果，如图 8-307 所示。

图 8-307

求生秘籍——技巧提示：卷动类型的转场

【卷动】类型的转场效果与【胶片】转场效果基本相同，只不过【卷动】类型转场可以设置素材背面颜色。

单向转场

【卷动】类型中的【单向】转场效果，会使素材图像沿某一方向卷出画面，如图 8-308 所示。参数面板，如图 8-309 所示。

图 8-308

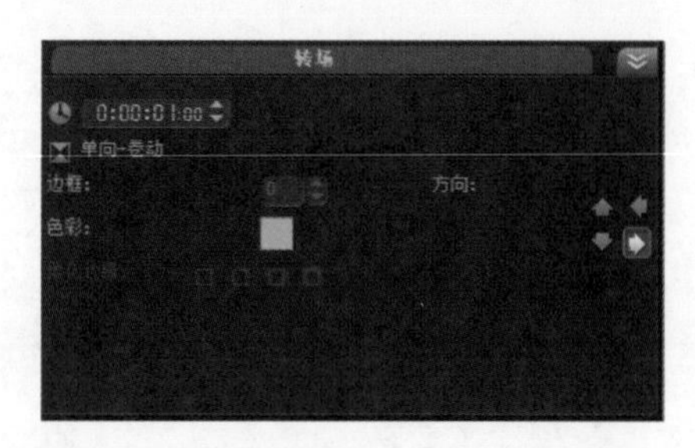

图 8-309

进阶实例：添加单向转场

案例文件	进阶实例：添加单向转场 .VSP
视频教学	视频文件 \ 第 8 章 \ 添加单向转场 .flv
难易指数	★★★★☆
技术掌握	擦拭转场的应用

案例分析：

本案例就来学习如何在会声会影 X6 中添加单向转场，最终渲染效果，如图 8-310 所示。

图 8-310

思路解析，如图 8-311 所示：

图 8-311

（1）插入图片素材。

（2）添加单向转场。

制作步骤：

（1）打开会声会影 X6，将素材文件夹中的素材【01.jpg】和【02.jpg】添加到【视频轨】上，如图 8-312 所示。在【预览窗口】中可以查看此时效果，如图 8-313 所示。

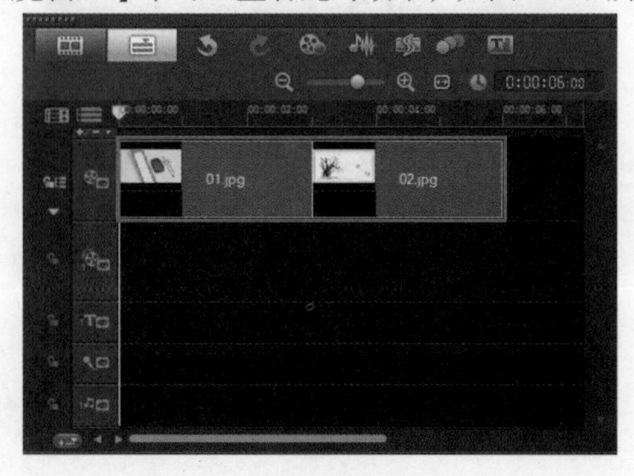

图 8-312

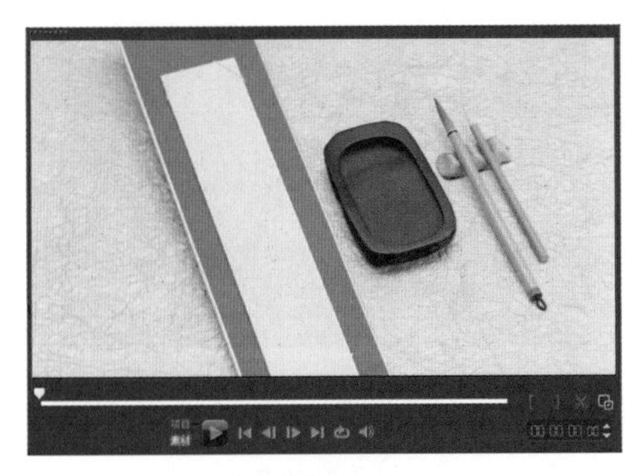

图 8-313

（2）在【转场】素材库的【画廊】中选择【卷动】转场类型，然后选择【单向】转场效果，并将其拖拽到视频轨的素材文件之间，如图 8-314 所示。

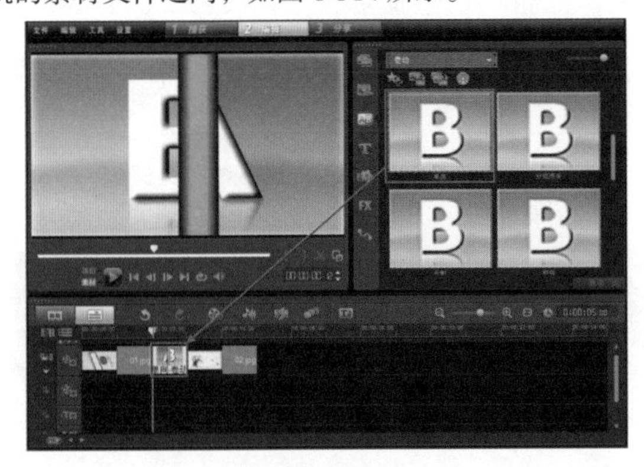

图 8-314

（3）双击添加的【单向】转场特效，打开【转场】选项面板，设置色彩为浅灰色（R：235，G：235，B：235），如图 8-315 所示。

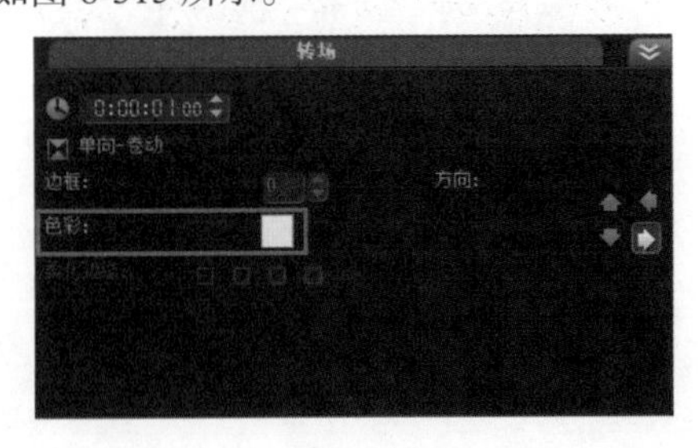

图 8-315

（4）将擦洗器拖到第 3 秒位置，单击素材库上的【标题】按钮，在【预览窗口】中输入文字，如图 8-316 所示。

图 8-316

（5）选择【预览窗口】的文字，打开选项面板，设置文字【区间】为 2 秒，设置合适的【字体】和【大小】，设置色彩为黑色（R：0，G：0,B：0），并单击【居中】按钮和【将方向更改为垂直】按钮，如图 8-317 所示。

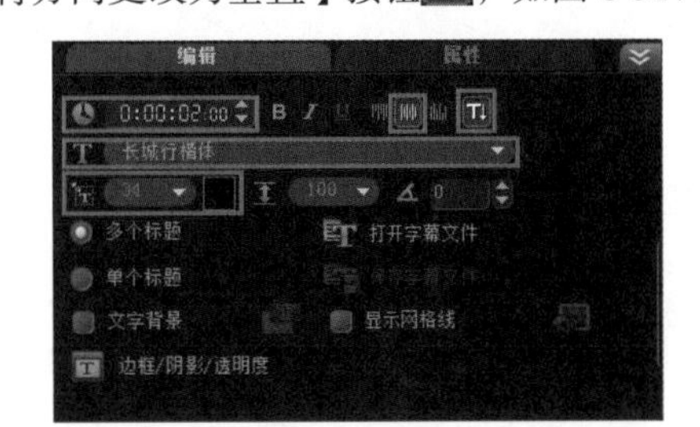

图 8-317

（6）此时【预览窗口】的中的文字效果，如图 8-318 所示。然后在【预览窗口】中调整文字的位置，如图 8-319 所示。

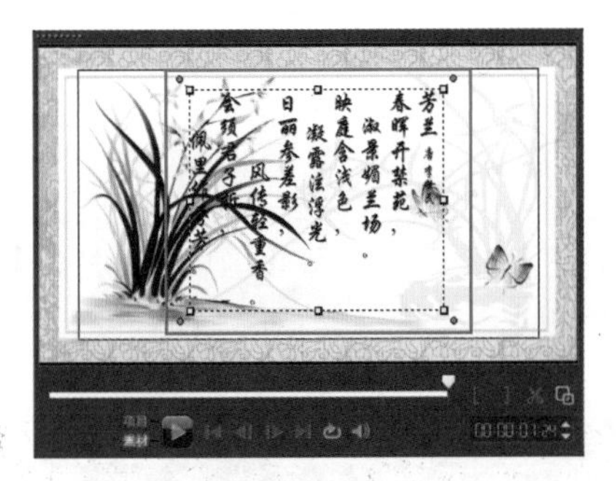

图 8-318

图 8-319

（7）在属性面板中勾选【动画】选项，设置【应用】的动画为【淡入】动画，并选择合适的淡入方式，如图 8-320 所示。单击【自定义动画属性】按钮，在弹出的对话框中设置【单位】为【字符】，并单击【确定】按钮，如图 8-321 所示。

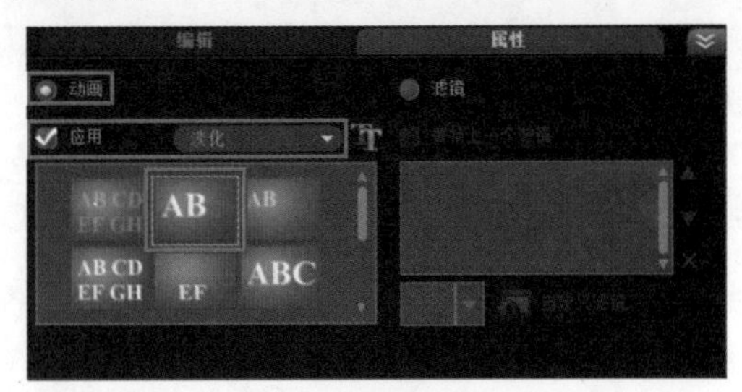

图 8-320

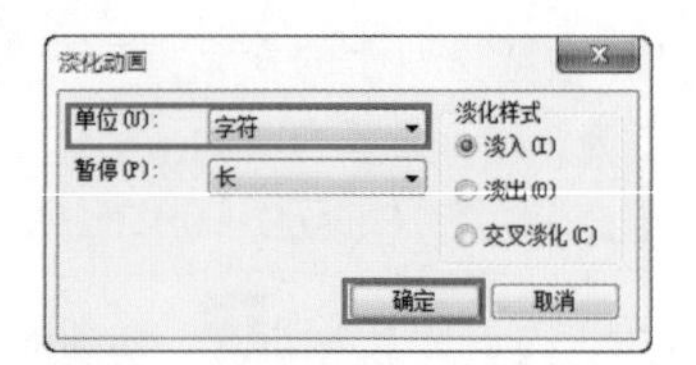

图 8-321

（8）此时，单击【预览窗口】中的【播放】按钮查看最终的效果，如图 8-322 所示。

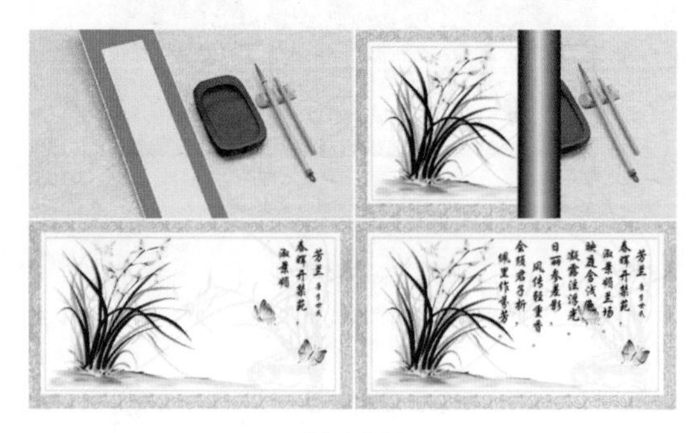

图 8-322

8.15 应用旋转的转场类型

在【转场】素材库中设置【画廊】类型为【旋转】，共包括【响板】、【铰链】、【旋转】和【分割铰链】4 种转场效果，如图 8-323 所示。

图 8-323

8.15.1

【响板】转场效果，会使素材图像以四边的某一中间点做旋转分开运动，直至消失在画面中，如图 8-324 所示。其参数面板，如图 8-325 所示。

图 8-324

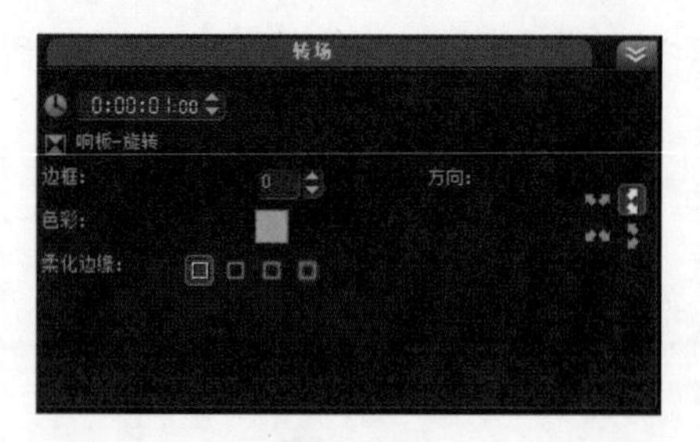

图 8-325

8.15.2

【铰链】转场效果，会使素材以指定方向的某一角直接旋转出画，从而过渡到下一画面，如图 8-326 所示。其参数面板，如图 8-327 所示。

图 8-326

图 8-327

8.15.3

【旋转】转场效果，会以素材为中心点，沿顺时针或逆时针方向旋转渐缩小至消失，从而过渡到下一画面，如图 8-328 所示。其参数面板，如图 8-329 所示。

图 8-328

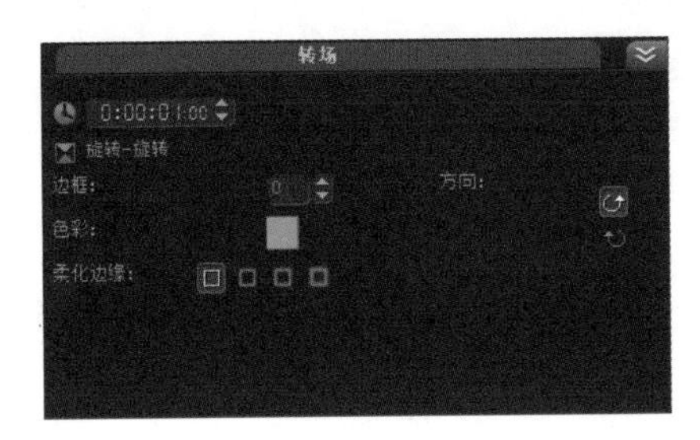

图 8-329

8.15.4

【分割铰链】转场效果，会使素材以中心位置分割为四部分，并直接旋转入画或出画，从而过渡到下一画面，如图 8-330 所示。其参数面板，如图 8-331 所示。

图 8-330

图 8-331

8.16　应用滑动转场类型

在【转场】素材库中设置【画廊】类型为【滑动】。共包括【对开门】、【横条】、【交叉】、【对角线】、【网孔】、【单向】和【条带】7 种转场效果，如图 8-332 所示。

图 8-332

8.16.1

【对开门】转场效果，会使素材图像沿中心向外滑动分离，从而过渡到下一画面，如图 8-333 所示。其参数面板，如图 8-334 所示。

图 8-333

图 8-334

8.16.2

【横条】转场效果，会使素材以中心位置，按照指定方向分割为两部分滑动出画，从而过渡到下一画面，如图 8-335 所示。其参数面板，如图 8-336 所示。

图 8-335

图 8-336

8.16.3

【交叉】转场效果，会使素材图像沿中心分为四部分，然后以入画或出画的方式进行过渡，如图 8-337 所示。其参数面板，如图 8-338 所示。

图 8-337

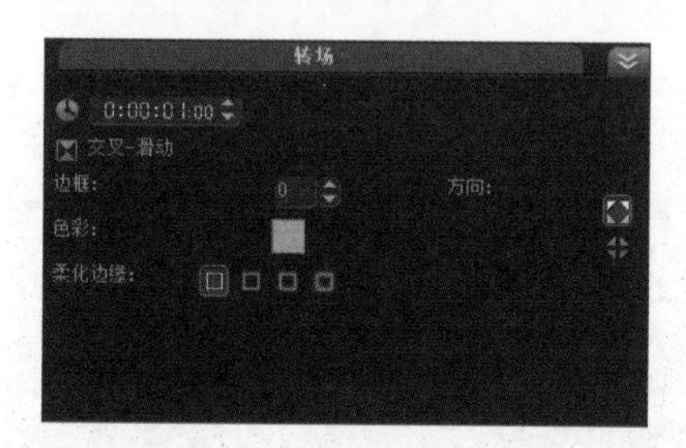

图 8-338

8.16.4

【对角线】转场效果，会使素材以指定的对角线方向滑动出画，从而过渡到下一画面，如图 8-339 所示。其参数面板，如图 8-340 所示。

图 8-339

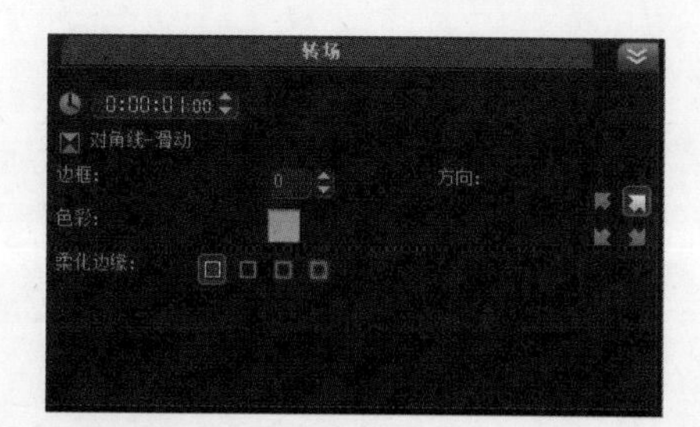

图 8-340

进阶实例：添加对角线转场

案例文件	进阶实例：添加对角线转场 .VSP
视频教学	视频文件 \ 第 8 章 \ 添加对角线转场 .flv
难易指数	★★★☆☆
技术掌握	擦拭转场的应用

案例分析：

本案例就来学习如何在会声会影 X6 中使用对角线转场，最终渲染效果，如图 8-341 所示。

图 8-341

思路解析，如图 8-342 所示：

图 8-342

（1）添加对角线转场。

（2）调整边框宽度和颜色。

制作步骤：

（1）打开会声会影 X6 软件，将素材文件中的【01.jpg】、【02.jpg】和【03.jpg】素材文件添加到【视频轨】上，如图 8-343 所示。此时【预览窗口】的效果，如图 8-344 所示。

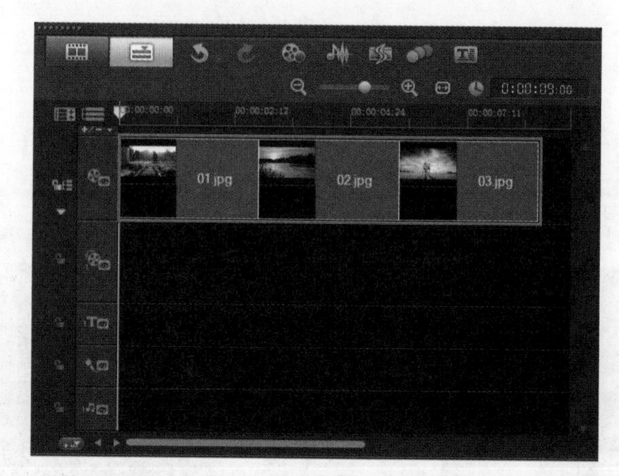

图 8-343

（2）在【转场】素材库的【画廊】中选择【滑动】转场类型，然后选择【对角线】转场效果，并将其拖拽到【视频轨】上的素材文件之间，如图 8-345 所示。

图 8-344

图 8-345

（3）分别双击添加的转场特效，打开【转场】选项面板，设置【边框】为 4，色彩为白色（R：255，G：255，B：255），并设置【方向】为【从右下到左上】按钮，如图 8-346 所示。

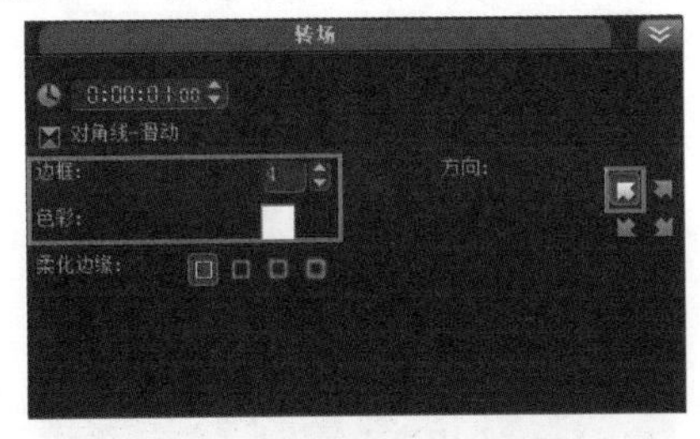

图 8-346

（4）此时，单击【预览窗口】中的【播放】按钮查看最终的效果，如图 8-347 所示。

图 8-347

8.16.5

【网孔】转场效果，会使素材画面以多重横条的方式相互重叠交叉，并逐渐滑动出画，从而过渡到下一画面，如图 8-348 所示。其参数面板，如图 8-349 所示。

图 8-348

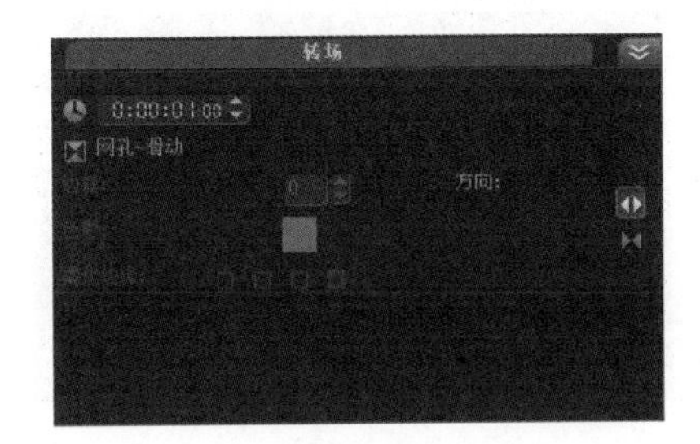

图 8-349

8.16.6

【单向】转场效果，会使素材产生以指定方向直接进入画面，从而过渡转场效果，如图 8-350 所示。其参数面板，如图 8-351 所示。

图 8-350

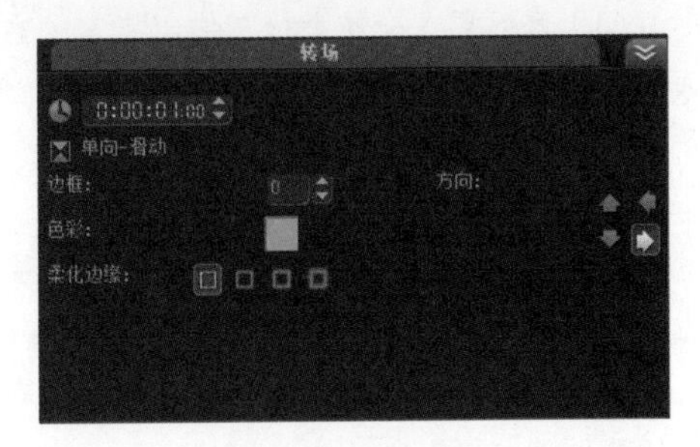

图 8-351

8.16.7

【条带】转场效果，会使素材画面以条带状按照指定方向直接滑动出画，从而过渡到下一画面，如图 8-352 所示。其参数面板，如图 8-353 所示。

图 8-352

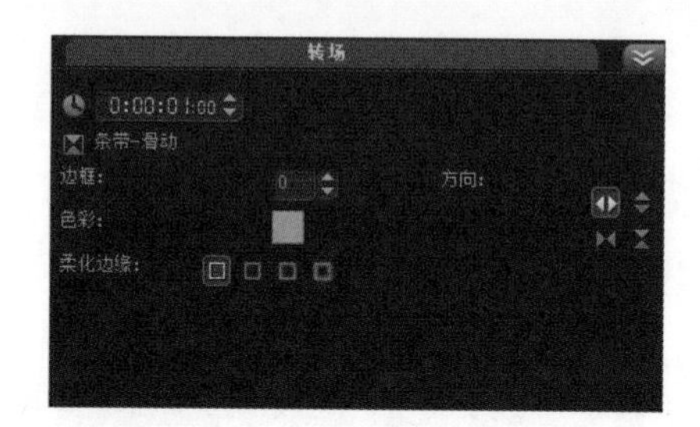

图 8-353

8.17 应用伸展转场类型

在【转场】素材库中设置【画廊】类型为【伸展】，共包括【开门】、【方盒】、【交叉缩放】、【对角线】和【单向】5 种转场效果，如图 8-354 所示。

图 8-354

8.17.1

【对开门】场效果，会使素材图像以指定的方向沿中心向内或向外对开门效果，并在转场过程中产生拉伸效果，如图 8-355 所示。其参数面板，如图 8-356 所示。

8.17.2

【方盒】转场效果，会使素材画面逐渐缩小并出画，或者另一个素材逐渐变大并替换画面，如图 8-357 所示。其参数面板，如图 8-358 所示。

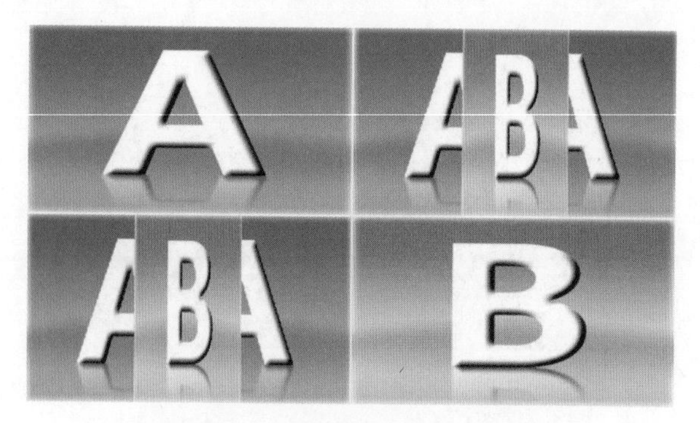

图 8-355

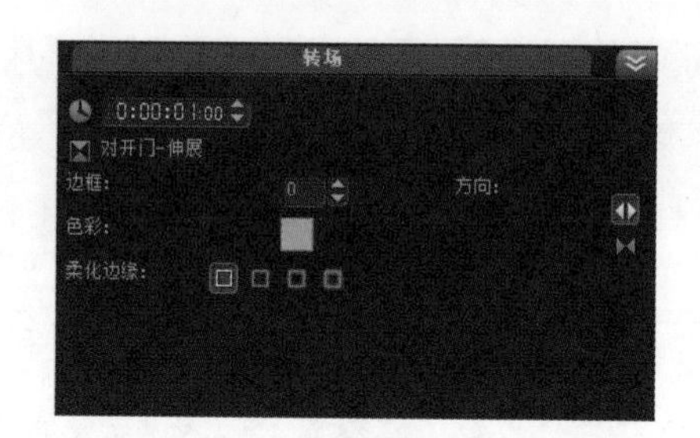

图 8-356

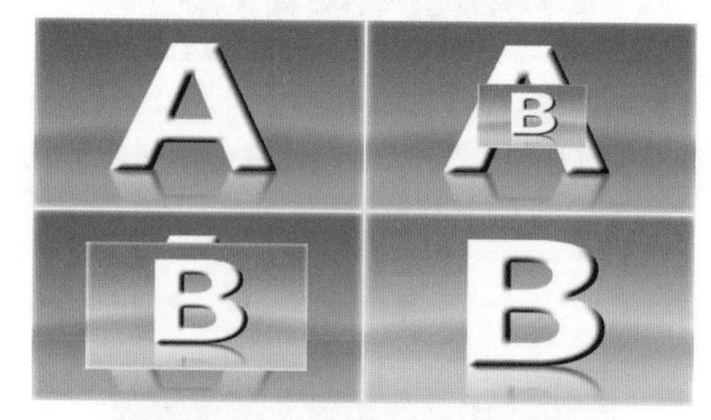

图 8-357

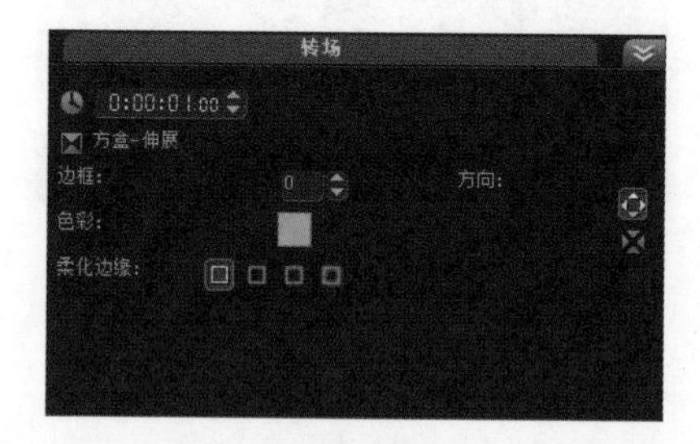

图 8-358

8.17.3

【交叉缩放】转场效果，会使素材图像产生逐渐放大和缩小的运动，使两个画面在运动过程中自然交替过渡，如图 8-359 所示。

8.17.4

【对角线】转场效果，会使素材画面以指定的对角线位置逐渐拉伸变大，从而过渡到下一画面，如图 8-360 所示。其参数面板，如图 8-361 所示。

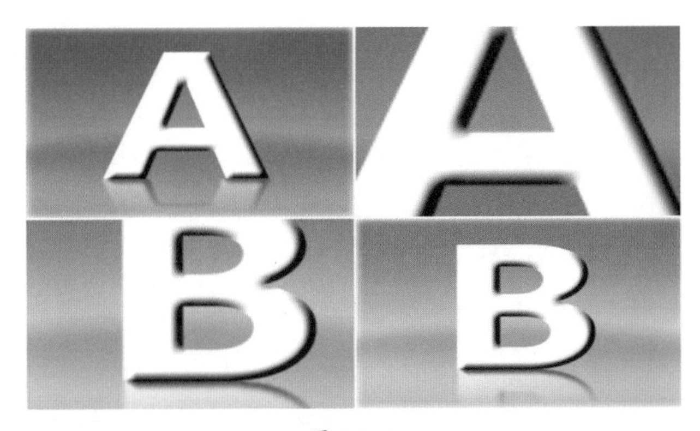

图 8-359

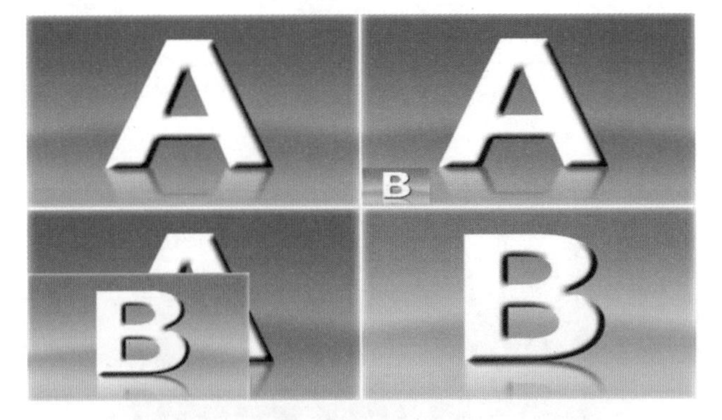

图 8-360

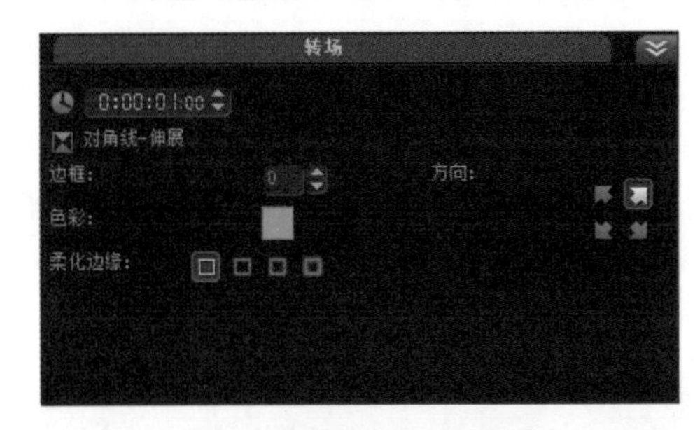

图 8-361

8.17.5

【单向】转场效果会使素材以指定的方向直接进入画面，并以伸展的方式替换另一个素材画面，如图 8-362 所示。其参数面板，如图 8-363 所示。

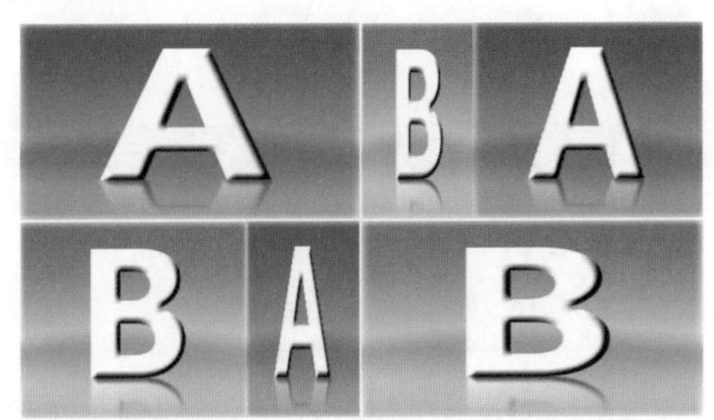

图 8-362

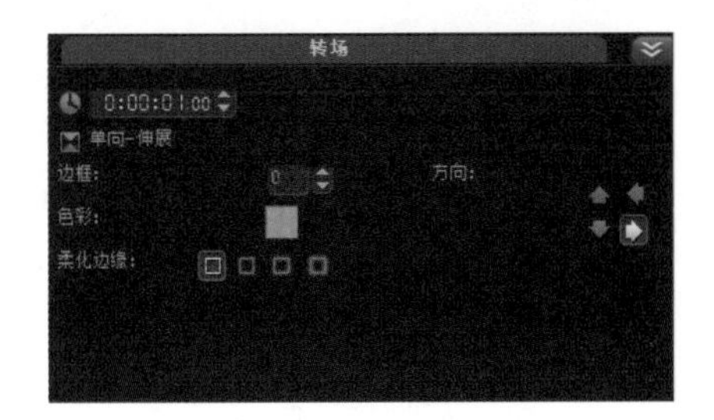

图 8-363

8.18　应用擦拭转场类型

在【转场】素材库中设置【画廊】类型为【擦拭】，包括【箭头】、【对开门】、【横条】、【百叶窗】、【方盒】、【棋盘】、【圆形】、【交叉】、【对角线】、【菱形 A】、【菱形 B】、【菱形】、【流动】、【网孔】、【泥泞】、【单向】、【星形】、【条带】和【之字形】19 种转场效果，如图 8-364 所示。

图 8-364

8.18.1

【箭头】转场效果，会使素材画面以箭头的方式逐渐擦除，从而过渡到下一画面，如图 8-365 所示。其参数面板，如图 8-366 所示。

图 8-365

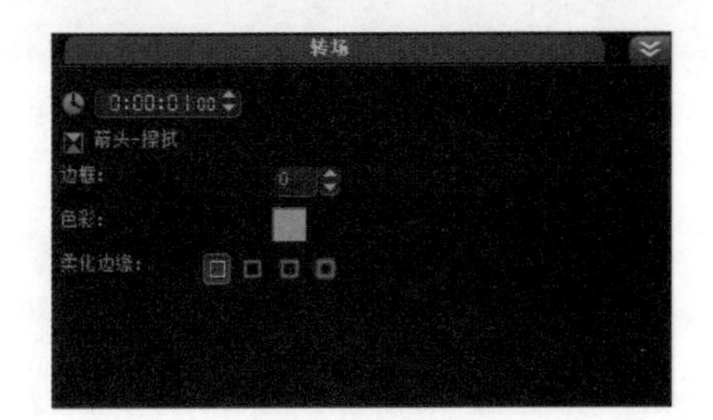

图 8-366

8.18.2

【对开门】转场效果，会使素材画面以指定的方向，沿中心位置向内或向外进行擦除，从而过渡到下一画面，如图 8-367 所示。其参数面板，如图 8-368 所示。

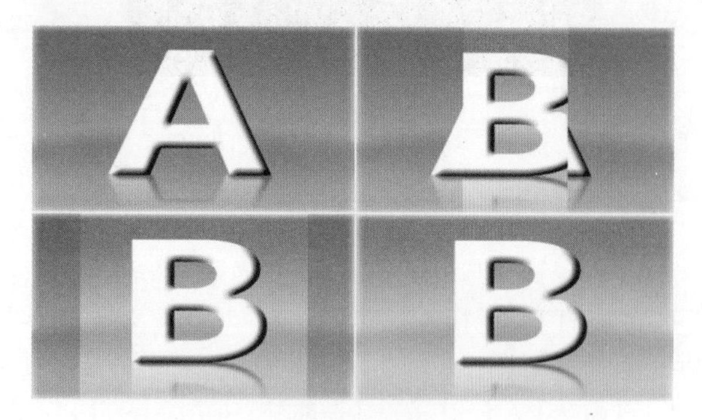

图 8-367

图 8-368

8.18.3

【横条】转场效果，会使素材画面沿中心位置分为两部分，然后以垂直或水平的方式逐渐擦除，从而过渡到下一画面，如图 8-369 所示。其参数面板，如图 8-370 所示。

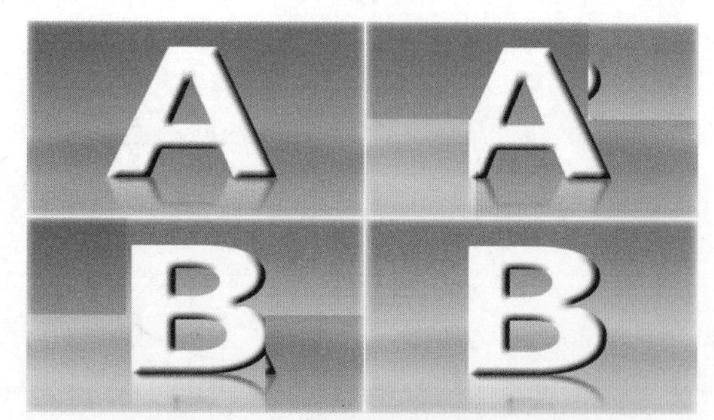

图 8-369

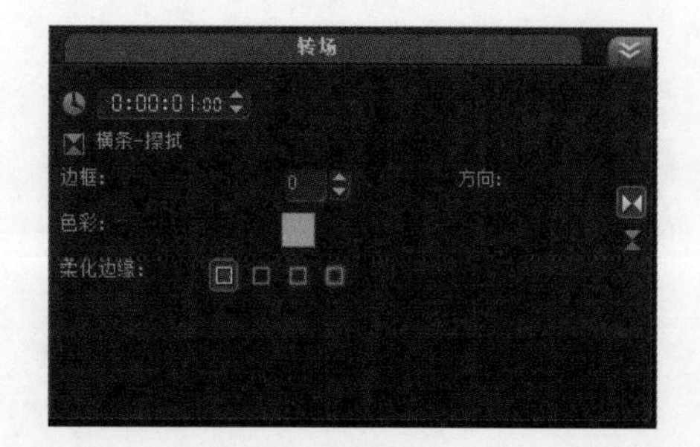

图 8-370

8.18.4

【百叶窗】场效果，会使素材画面以类似百叶窗的条状逐渐进行擦除过渡的效果，如图 8-371 所示。其参数面板，如图 8-372 所示。

图 8-371

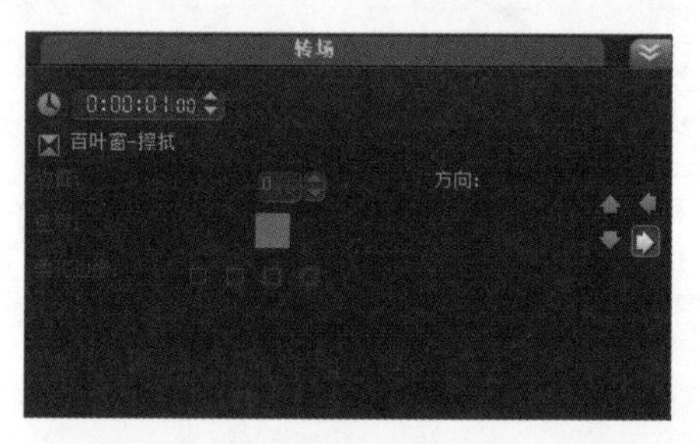

图 8-372

8.18.5

【方盒】转场效果，会使素材画面逐渐擦除缩小至消失，或者另一个素材逐渐变大并擦除画面，如图 8-373 所示。其参数面板，如图 8-374 所示。

图 8-373

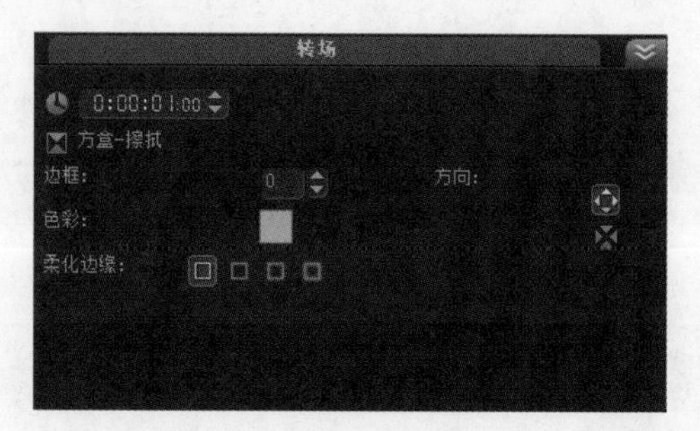

图 8-374

8.18.6

【棋盘】转场效果，会使素材画面以棋盘格方式按照指定方向逐渐进行擦除，从而过渡到下一画面，如图 8-375 所示。其参数面板，如图 8-376 所示。

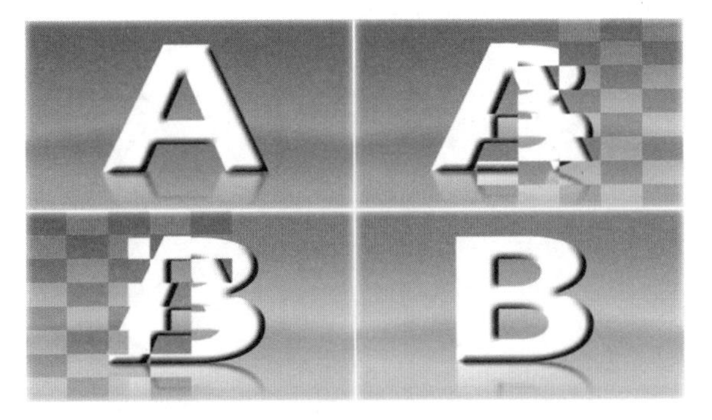

图 8-375

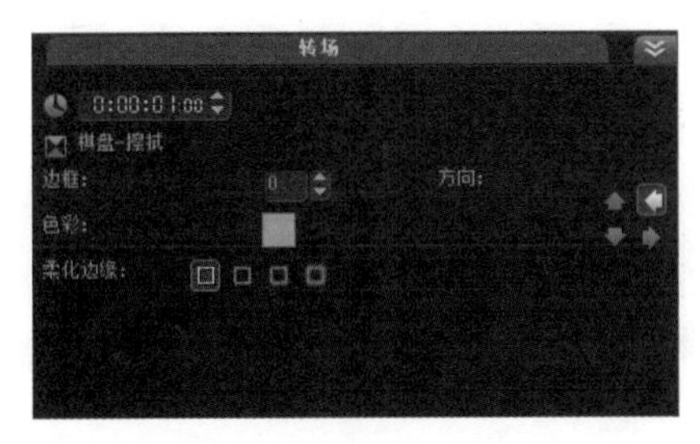

图 8-376

8.18.7

【圆形】转场效果，会使素材画面以圆形向外扩大或向内缩小，从而逐渐填充整个画面，如图 8-377 所示。其参数面板，如图 8-378 所示。

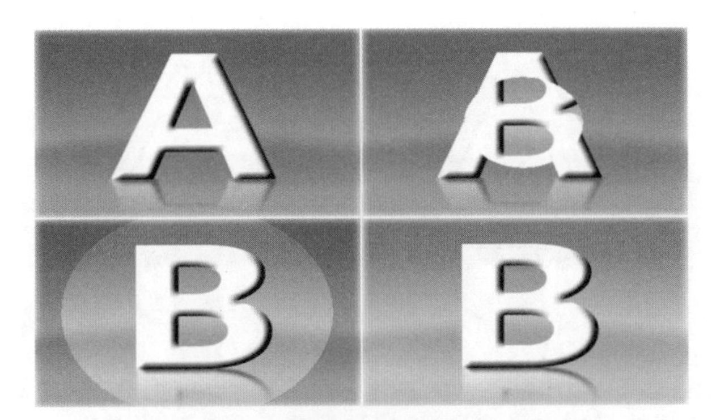

图 8-377

图 8-378

8.18.8

【交叉】转场效果，会使素材图像沿中心分为四部分，然后以入画或出画的方式进行擦除，如图 8-379 所示。其参数面板，如图 8-380 所示。

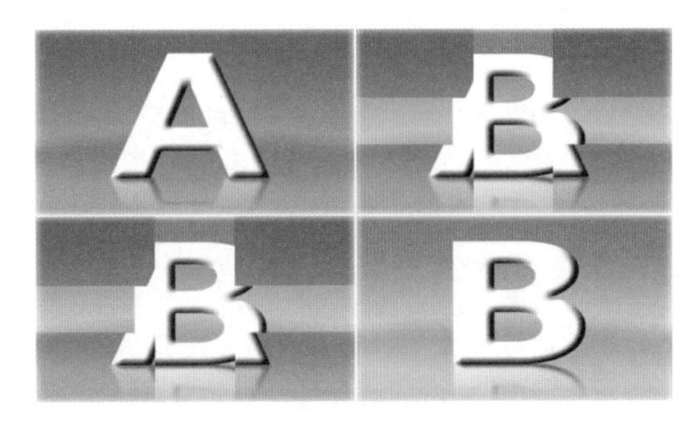

图 8-379

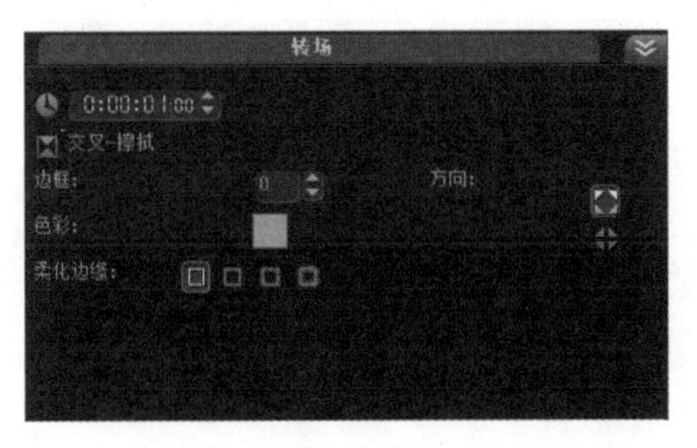

图 8-380

8.18.9

【对角线】转场效果，会使素材沿指定的对角线方向移动，并逐渐擦除画面，从而过渡到下一画面，如图 8-381 所示。其参数面板，如图 8-382 所示。

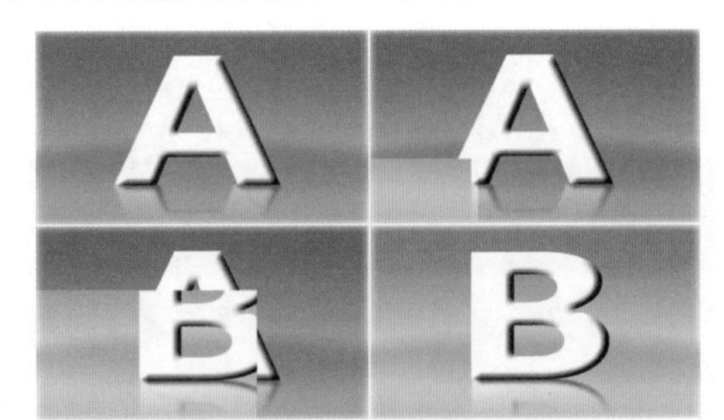

图 8-381

图 8-382

8.18.10

【菱形 A】转场效果，会使素材画面以多个小菱形的形状逐渐擦除画面，从而过渡到下一画面，如图 8-383 所示。其参数面板，如图 8-384 所示。

图 8-383

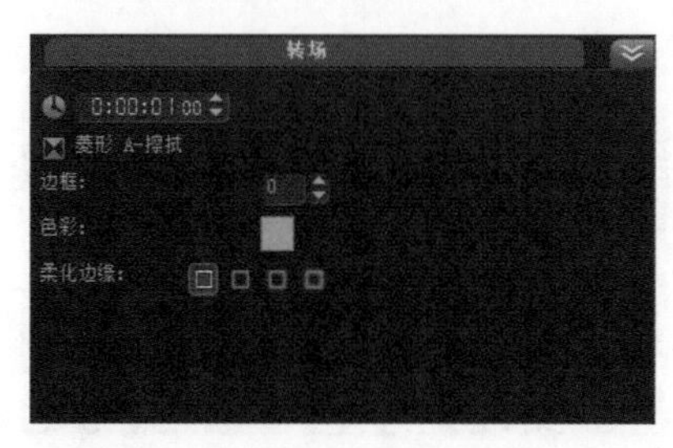

图 8-384

8.18.11

【菱形 B】转场效果，会使素材画面以嵌套的镂空菱形逐渐擦除画面，从而过渡到下一画面，如图 8-385 所示。其参数面板，如图 8-386 所示。

图 8-385

图 8-386

8.18.12

【菱形】转场效果，会使素材画面以菱形向外扩大或向内缩小，并逐渐填充整个画面，如图 8-387 所示。其参数面板，如图 8-388 所示。

图 8-387

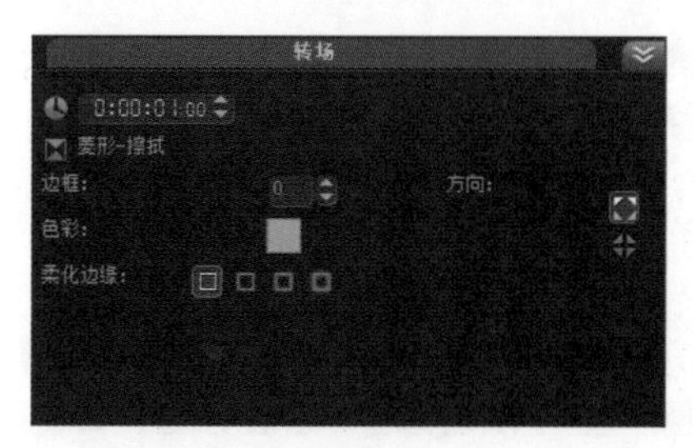

图 8-388

8.18.13

【流动】转场效果，会使另一个素材画面以类似液体垂直向下流动效果逐渐覆盖当前画面，如图 8-389 所示。其参数面板，如图 8-390 所示。

图 8-389

图 8-390

8.18.14

【网孔】转场效果，会使素材画面以多重横条的方式相互重叠交叉，并逐渐擦除画面，从而过渡到下一画面，如图 8-391 所示。其参数面板，如图 8-392 所示。

图 8-391

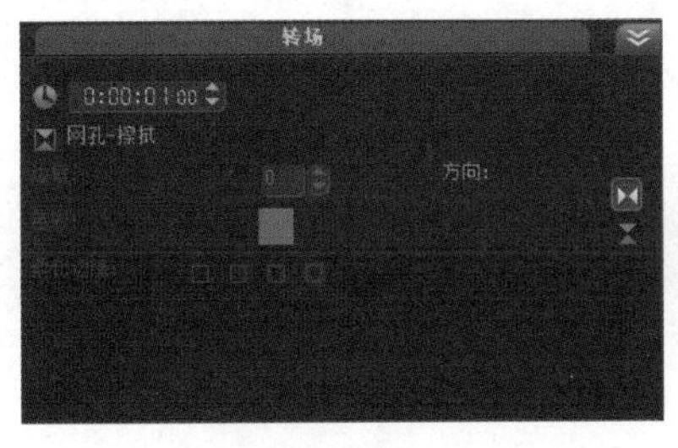

图 8-392

8.18.15

【泥泞】转场效果，会使素材画面以不规则形状向外扩大或向内缩小，并逐渐填充整个画面，如图 8-393 所示。其参数面板，如图 8-394 所示。

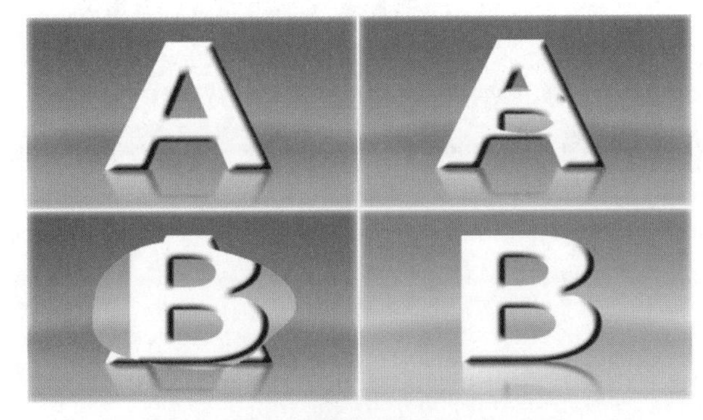

图 8-393

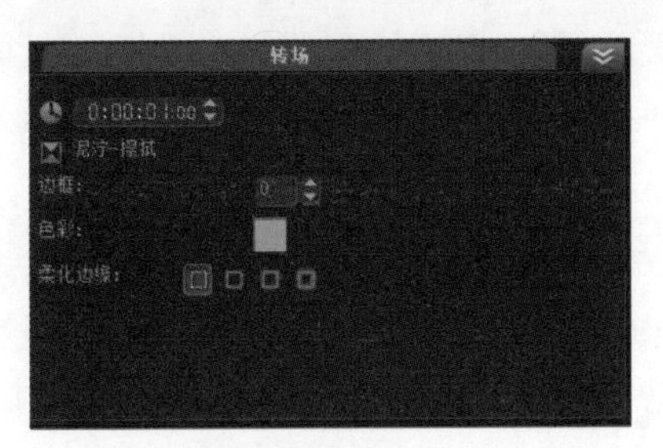

图 8-394

8.18.16

【单向】转场效果，会使素材以指定的方向直接进入画面，并逐渐擦除另一个素材画面，如图 8-395 所示。其参数面板，如图 8-396 所示。

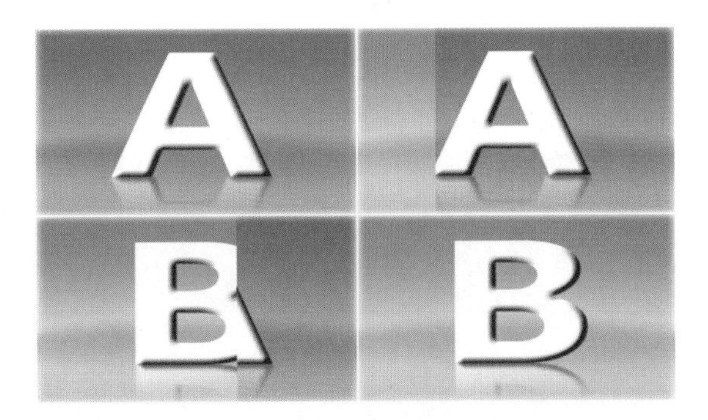

图 8-395

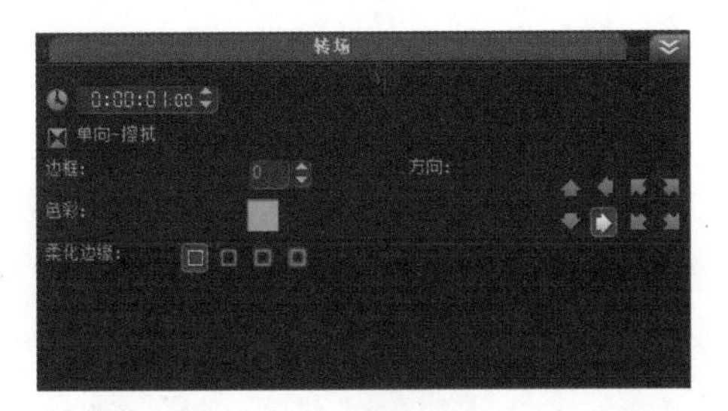

图 8-396

8.18.17

【星形】转场效果，会使素材画面以五角星的形状向外扩大或向内缩小，并逐渐填充整个画面，如图 8-397 所示。其参数面板，如图 8-398 所示。

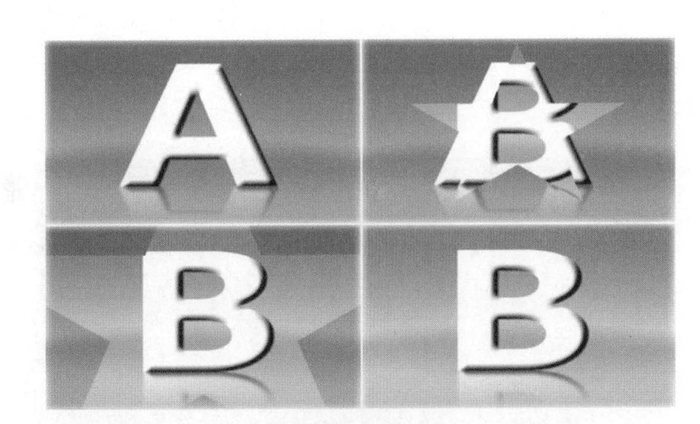

图 8-397

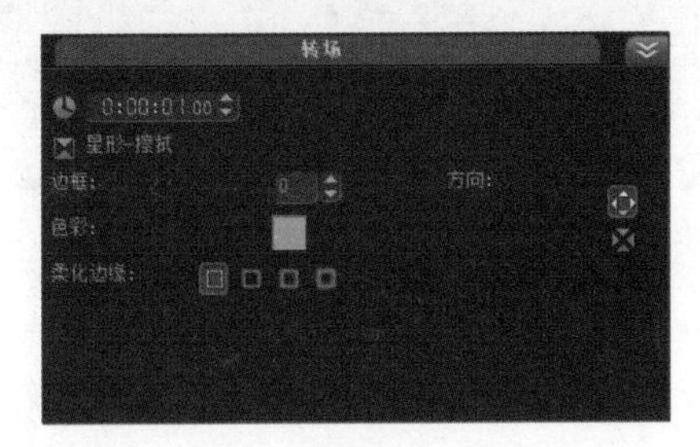

图 8-398

进阶实例：添加星形转场

案例文件	进阶实例：添加星形转场 .VSP
视频教学	视频文件 \ 第 8 章 \ 添加星形转场 .flv
难易指数	★★☆☆☆
技术掌握	擦拭转场的应用

案例分析：

本案例就来学习如何在会声会影 X6 中使用星形转场，最终渲染效果如图 8-399 所示。

图 8-399

思路解析，如图 8-400 所示：

图 8-400

（1）插入图片素材。

（2）添加转场效果。

制作步骤：

（1）打开会声会影 X6 软件，将素材文件中的【01.jpg】、【02.jpg】和【03.jpg】素材文件添加到【视频轨】上，如图 8-401 所示。此时【预览窗口】的效果，如图 8-402 所示。

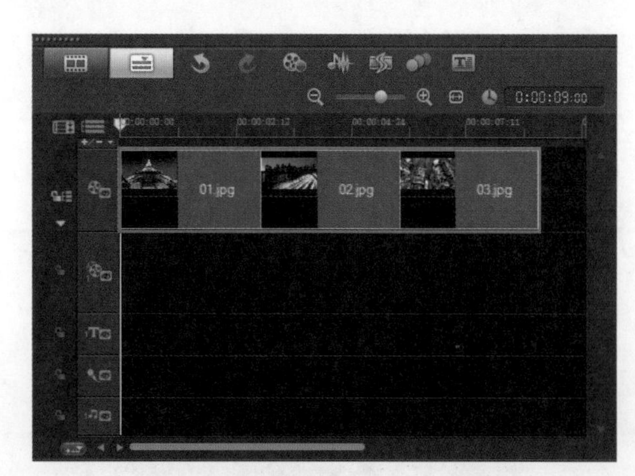

图 8-401

（2）在【转场】素材库的【画廊】中选择【擦拭】类型，然后选择【星形】转场效果，并将其拖拽到视频轨的素材文件之间，如图 8-403 所示。

图 8-402

图 8-403

（3）此时，单击【预览窗口】中的【播放】按钮查看最终的效果，如图 8-404 所示。

图 8-404

8.18.18

【条带】转场效果，会使素材以画面条带状按照指定方向逐渐擦除画面，从而过渡到下一画面，如图 8-405 所示。其参数面板，如图 8-406 所示。

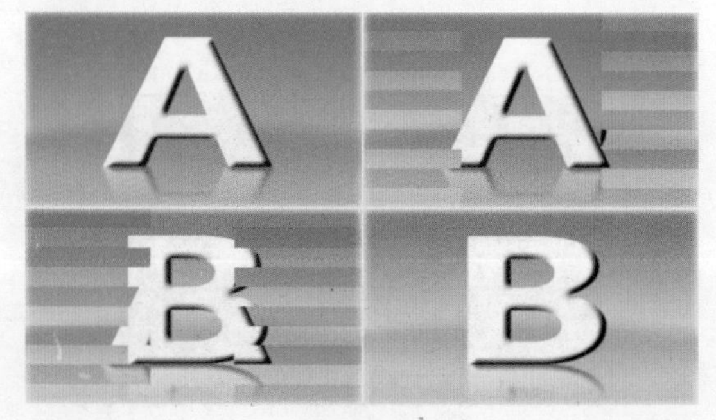

图 8-405

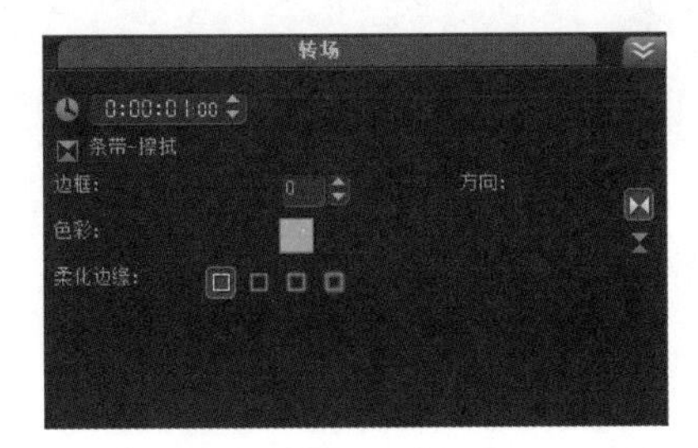

图 8-406

8.18.19

【之字形】转场效果，会使素材画面以之字形的弯曲镂空画面逐渐擦除画面，如图 8-407 所示。其参数面板，如图 8-408 所示。

图 8-407

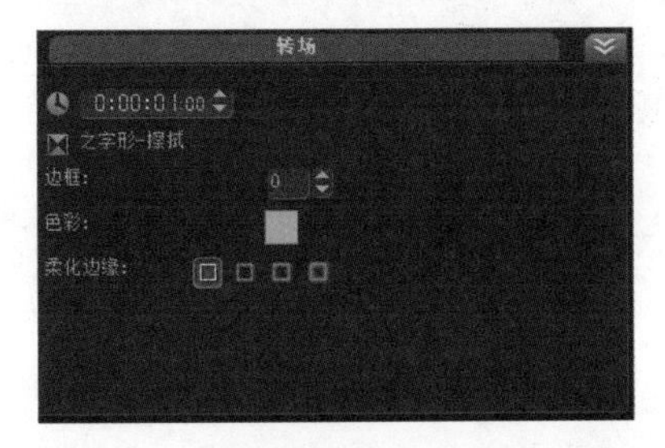

图 8-408

第 9 章　滤镜效果

本章内容简介

在使用会声会影 X6 制作影片项目时，可以通过添加各种滤镜的方式制作多种不同的画面效果，渲染气氛。本章主要讲解了滤镜的应用和使用技巧，以及滤镜的分类和自定义滤镜设置。熟练掌握滤镜相关知识是十分必要的。

本章学习要点

了解滤镜效果

掌握滤镜使用方法和技巧

掌握滤镜的自定义设置方法

学习预设滤镜的应用

佳作欣赏

9.1 初识滤镜效果

9.1.1

滤镜主要用于图像上，从而制作出多种特殊效果。多种滤镜效果可以相互结合添加使用，最终得到较为综合的画面效果。在合适的素材上使用合适的滤镜需要熟练了解各个滤镜的效果特征和操作方法，进而搭配创新的素材可以制作出非常精彩的效果。而且滤镜的使用方法简单、功能强大、样式繁多，还可以节省许多额外的影片素材制作时间和操作。

9.1.2

在视频轨中插入【01.jpg】图像素材，如图 9-1 所示。此时在【预览窗口】中的效果，如图 9-2 所示。

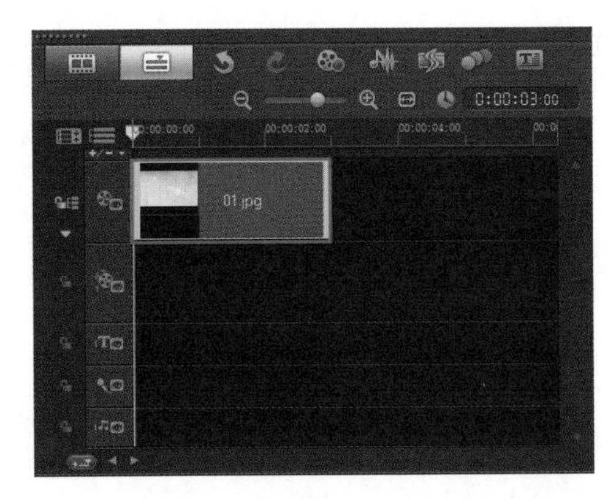

图 9-1

图 9-2

在【滤镜】素材库中找到需要添加的滤镜效果，并按住鼠标左键将其拖拽到时间轴中的【01.jpg】素材文件上，如图 9-3 所示。

图 9-3

此时选择【01.jpg】素材文件，在其【属性】选项卡选择添加的滤镜，并单击【预览效果】右侧的按钮▾，在弹出的下拉列表中可以选择该滤镜的预设效果，如图 9-4 所示。

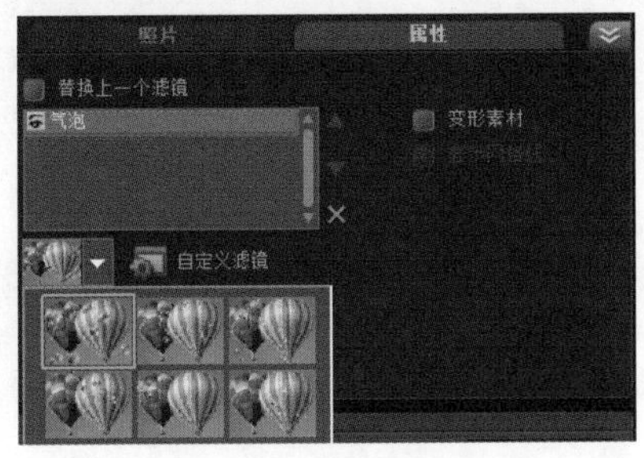

图 9-4

9.2 视频滤镜的基本操作

在会声会影 X6 中可以为素材添加多个滤镜效果，并能够对滤镜进行替换和删除操作，而且可以对添加的素材进行相关自定义参数设置。

9.2.1

在【滤镜】FX素材库的【画廊】中选择需要添加的滤镜类型，如图 9-5 所示。

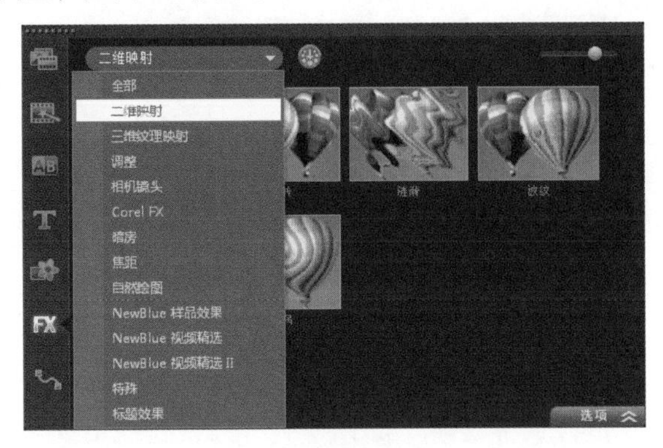

图 9-5

在需要添加的滤镜上按住鼠标左键拖拽到时间轨的素材文件上，然后释放鼠标左键，即可为该素材添加滤镜效果，如图 9-6 所示。

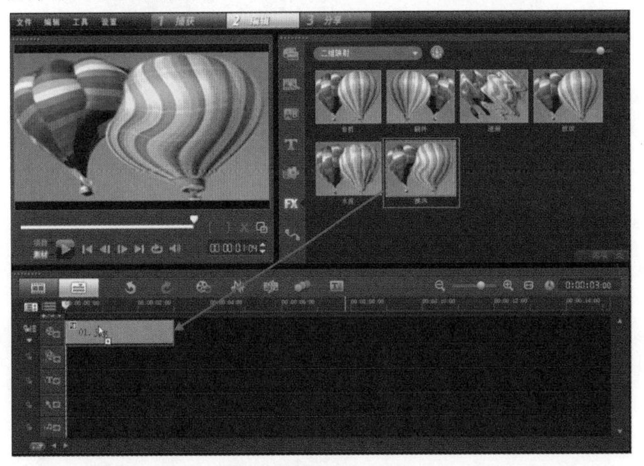

图 9-6

进阶实例：添加光晕镜头滤镜

案例文件	进阶实例：添加光晕镜头滤镜 .VSP
视频教学	视频文件 \ 第 9 章 \ 添加光晕镜头滤镜 .flv
难易指数	★★☆☆☆
技术掌握	光晕镜头的应用

案例分析：

本案例就来学习如何在会声会影 X6 中使用光晕镜头滤镜，最终渲染效果如图 9-7 所示。

思路解析，如图 9-8 所示：

（1）插入图片素材。

（2）添加光晕镜头滤镜。

图 9-7

图 9-8

制作步骤：

（1）打开会声会影 X6 软件，然后在【视频轨】中插入【01.jpg】图像素材，如图 9-9 所示。此时在【预览窗口】中的效果，如图 9-10 所示。

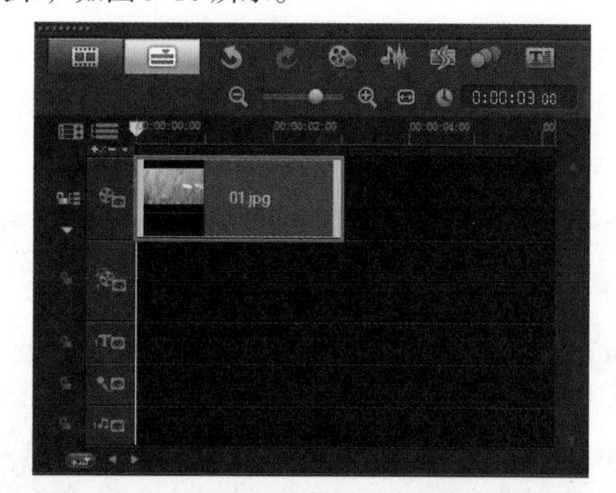

图 9-9

图 9-10

（2）在【素材库】面板中单击【滤镜】按钮FX，将【滤镜类型】设置为【相机镜头】，如图 9-11 所示。

（3）将【镜头光晕】滤镜拖拽到时间轴的【01.jpg】素材文件上，如图 9-12 所示。

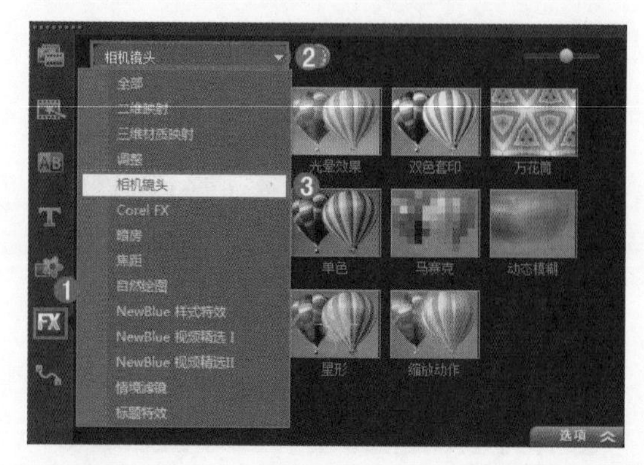

图 9-11

图 9-12

（4）在【选项】面板的【属性】选项卡中，即可查看当前添加的滤镜效果，如图 9-13 所示。

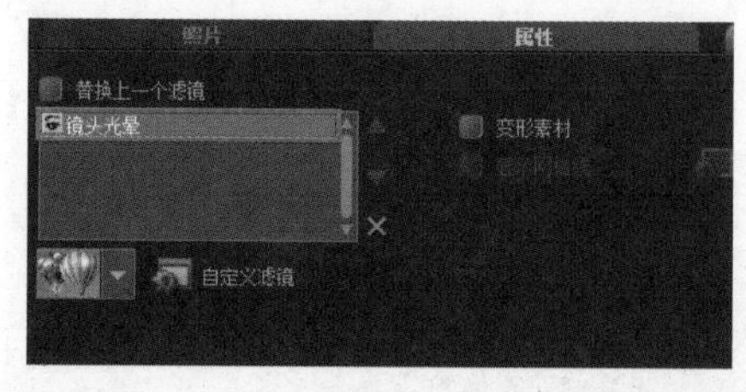

图 9-13

（5）此时单击【预览窗口】中的【播放】按钮，查看最终效果，如图 9-14 所示。

图 9-14

9.2.2

在一个素材文件上添加多个视频滤镜的方法与添加单个滤镜的方法一样，但一定要勾选掉【替换上一个滤镜】选项。添加多个滤镜后再调整自定义滤镜参数，可以制作出更具吸引力的画面效果。

9.2.3

单击选择要删除的滤镜，然后单击【删除滤镜】按钮 ☒ 即可将其删除，如图 9-15 所示。

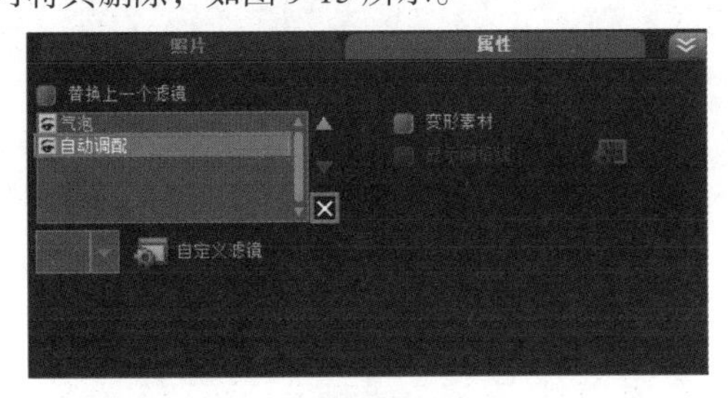

图 9-15

9.2.4

（1）选择已经添加滤镜的素材文件，然后在【属性】选项卡中勾选【替换上一个滤镜】选项，如图 9-16 所示。

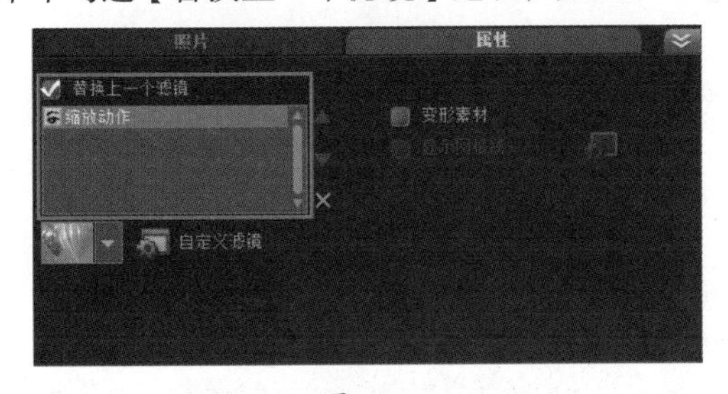

图 9-16

（2）将新的滤镜效果拖拽到时间轴中已经添加特效的素材文件上，如图 9-17 所示。

图 9-17

（3）此时在该素材文件的【属性】选项卡中，新的滤镜已经替换了原来的滤镜，如图 9-18 所示。

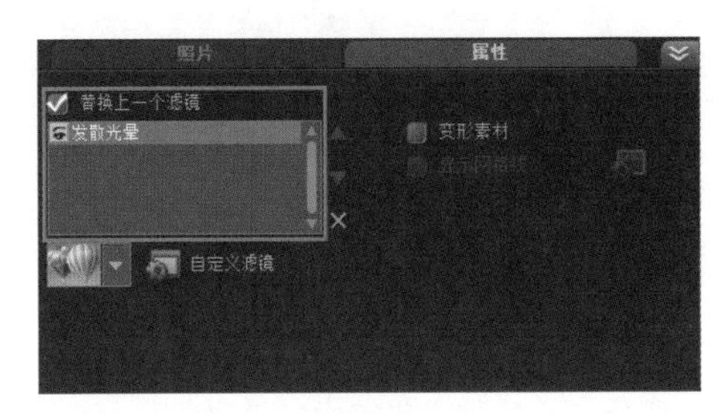

图 9-18

求生秘籍——技巧提示：勾选替换上一个滤镜

在为当前项目里的素材文件替换过视频滤镜后，最好勾选掉【替换上一个滤镜】选项，方便以后在会声会影 X6 中制作其他素材或项目，如图 9-19 所示。

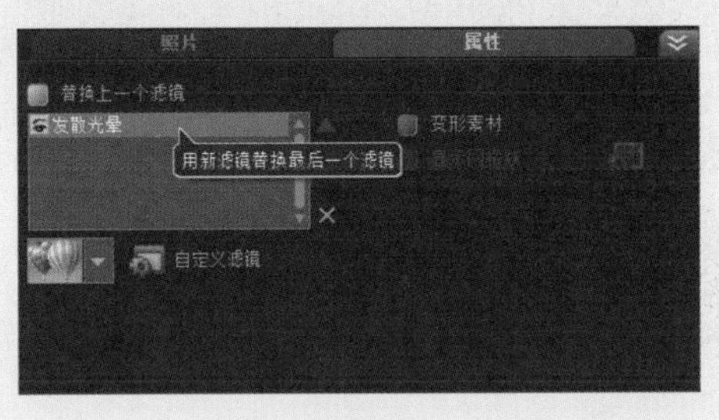

图 9-19

9.2.5

在为素材添加滤镜效果后，一些滤镜效果可以进行自定义参数设置。在该素材的【属性】选项卡中选择添加的滤镜，然后单击下面的【自定义滤镜】按钮，如图 9-20 所示。在弹出的对话框中就可以对滤镜进行自定义参数设置，如图 9-21 所示。

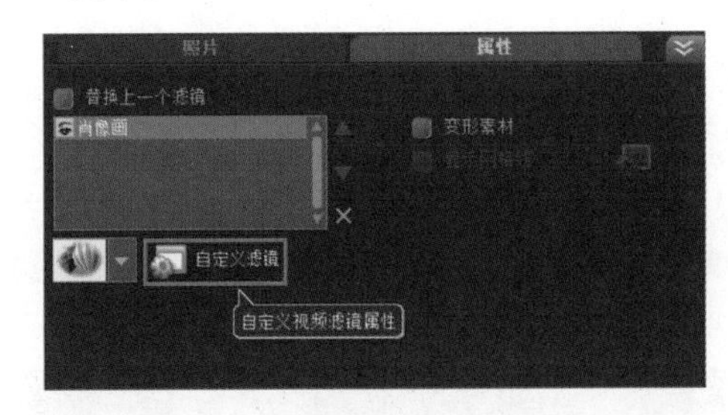

图 9-20

图 9-21

进阶实例：添加多个滤镜制作雷雨交加

案例文件	进阶实例：添加多个滤镜制作雷雨交加 .VSP
视频教学	视频文件\第 9 章\添加多个滤镜制作雷雨交加 .flv
难易指数	★★★★☆
技术掌握	色彩校正、添加雨点和闪电滤镜、调整滤镜的自定义参数

案例分析：

本案例就来学习如何在会声会影 X6 中添加雨点和闪电滤镜制作雷雨交加，最终渲染效果，如图 9-22 所示。

图 9-22

思路解析，如图 9-23 所示：

图 9-23

（1）使用色彩校正，改变图片色彩。

（2）添加【雨点】、【闪电】滤镜，并更改滤镜自定义参数。

制作步骤：

（1）打开会声会影 X6，将素材文件中的【01.jpg】添加到【视频轨】上，如图 9-24 所示。此时【预览窗口】中的效果，如图 9-25 所示。

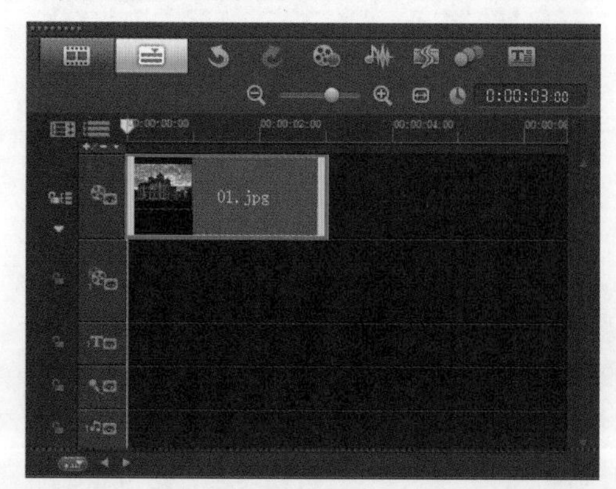

图 9-24

（2）双击【视频轨】上的【01.jpg】素材文件，然后打开【项目】面板中的【照片】选项卡，选择【色彩校正】功能。在出现的参数面板中调整【饱和度】为 – 31，如图 9-26 所示。此时【预览窗口】中的效果，如图 9-27 所示。

图 9-25

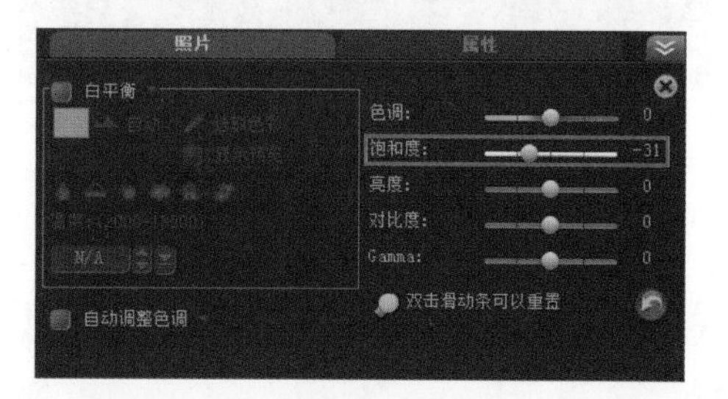

图 9-26

图 9-27

（3）在【素材库】面板中单击【滤镜】按钮FX，将【滤镜类型】设置为【特殊】，选择【闪电】滤镜并拖拽到【视频轨】的【01.jpg】素材文件上，如图 9-28 所示。双击【视频轨】上的【01.jpg】素材文件，打开【选项】面板，单击效果预设右侧的按钮，在弹出的预览列表中选择适合的预设效果，如图 9-29 所示。

（4）单击【自定义滤镜】按钮，在弹出的【闪电】对话框中勾选【随机闪电】复选框，设置【区间】为 3 秒，【间隔】为 1 秒，如图 9-30 所示。单击【高级】选项卡，设置闪电色彩为紫色（R：77，G：82，B：153），【长度（L）】为 55，如图 9-31 所示。

图 9-28

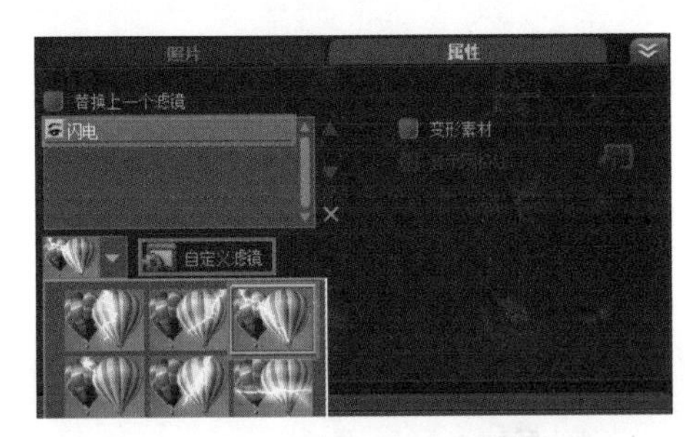

图 9-29

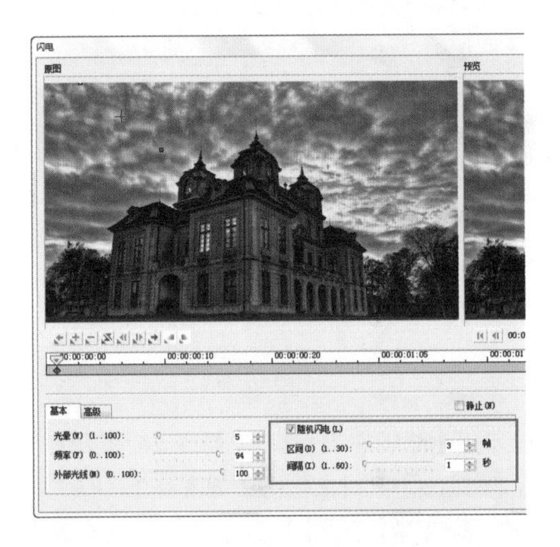

图 9-30

图 9-31

（5）拖动擦洗器，在第 8 帧的位置，单击【添加】按钮，添加关键帧，并单击【高级】选项卡，设置闪电色彩为紫色（R：77，G：82，B：153），【幅度】为 33，【阻光度（0）】为 54，【长度（L）】为 55，如图 9-32 所示。在第 22 帧的位置添加关键帧，设置闪电色彩为紫色（R：77，G：82，B：153），【幅度】为 43，【阻光度（0）】为 100，【长度（L）】为 23，如图 9-33 所示。

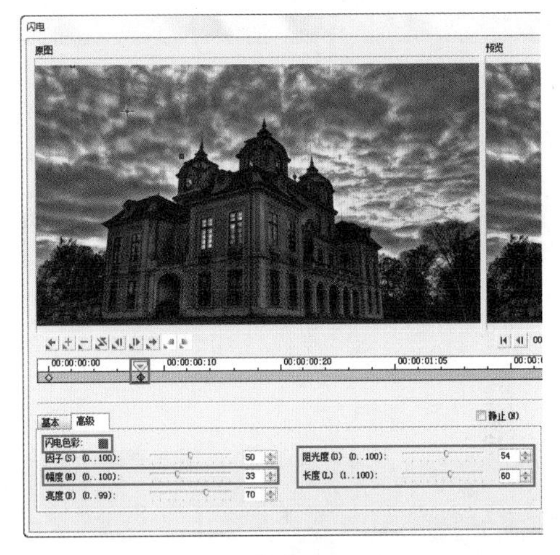

图 9-32

图 9-33

（6）在第 1 秒 07 帧添加关键帧，单击【高级】选项卡，设置【闪电色彩】为浅灰色（R：187,G：190,B：255），【幅度】为 60，【阻光度（0）】为 11，【长度（L）】为 23，如图 9-34 所示。在第 1 秒 18 帧添加关键帧，设置闪电色彩为蓝色（R：73，G：85，B：126），【幅度】为 60，【阻光度（0）】为 11，【长度（L）】为 23，如图 9-35 所示。

（7）在第 2 秒 04 帧添加关键帧，单击【高级】选项卡，设置【闪电色彩】为蓝色（R：73，G：85，B：126），【幅度】为 60，【阻光度（0）】为 11，【长度（L）】为 24，如图 9-36 所示。在第 2 秒 18 帧添加关键帧，设置【闪电色彩】为浅灰色（R：203,G：206,B：218），【幅度】为 59，【阻光度（0）】为 40，【长度（L）】为 15，如图 9-37 所示。

图 9-34

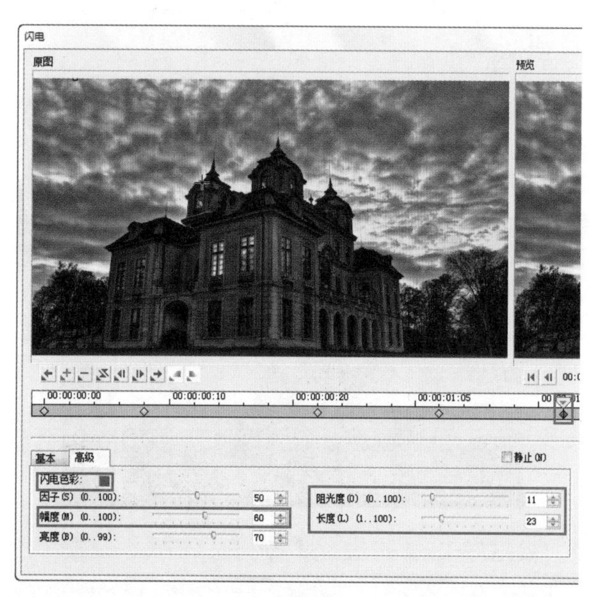

图 9-35

图 9-36

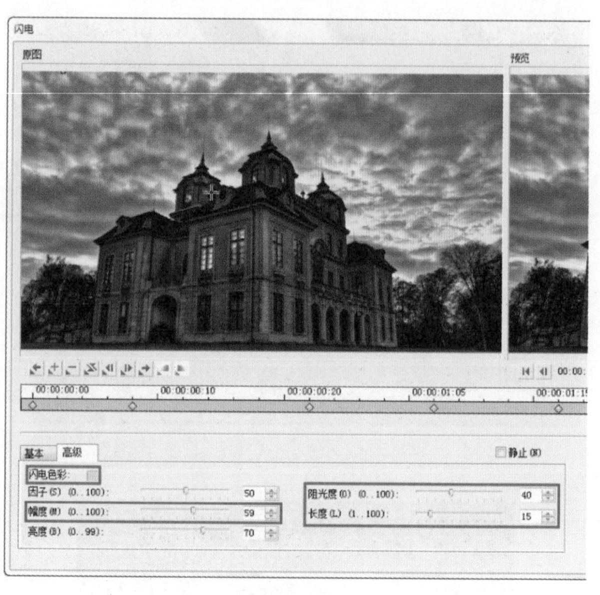

图 9-37

（8）选择结束帧，设置【闪电色彩】为白色（R：255,G：255,B：255），【幅度】为 57，【阻光度（O）】为 20，【长度（L）】为 17，单击【确定】按钮，如图 9-38 所示。

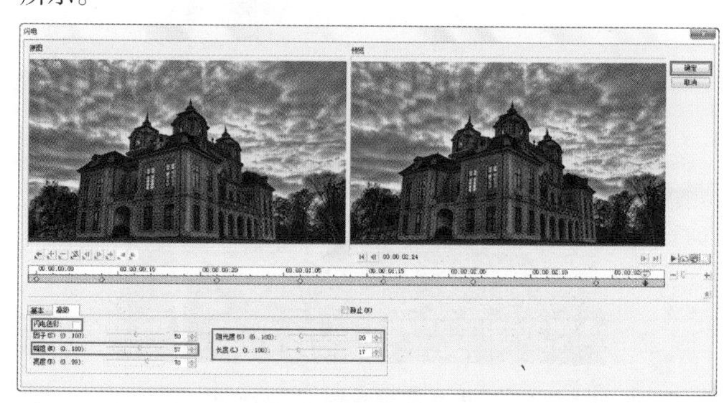

图 9-38

（9）打开【滤镜库】，选择【雨点】滤镜并拖拽到【视频轨】的【01.jpg】素材文件上，如图 9-39 所示。

（10）双击素材打开【选项】面板，单击效果预设右侧的按钮，在弹出的预览列表中选择适合的预设效果，如图 9-40 所示。

图 9-39

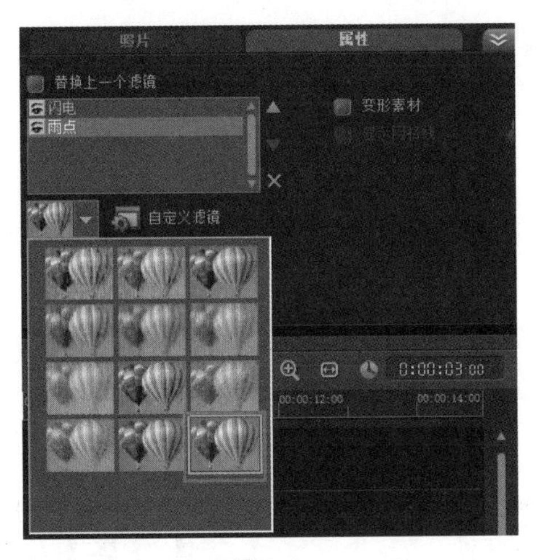

图 9-40

（11）单击【预览窗口】中的【播放】按钮，查看最终效果，如图 9-41 所示。

图 9-41

9.2.6

素材上添加的一些滤镜还包含预设滤镜模式。在为素材添加包含预设效果的特效后，单击【预览效果】右侧的按钮，在弹出的下拉列表中可以选择相应的预设效果，如图 9-42 所示。

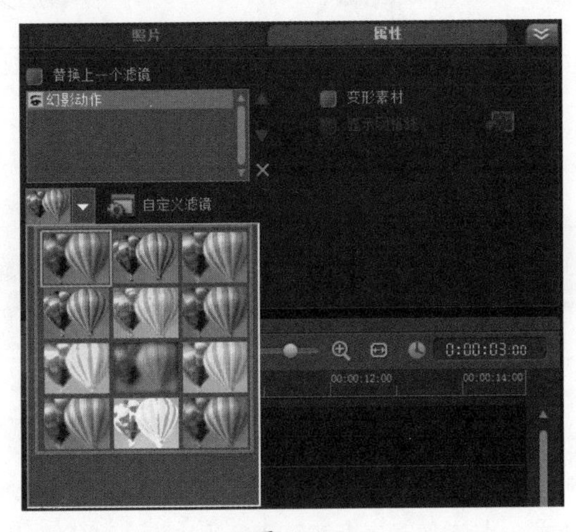

图 9-42

进阶实例：添加预设滤镜效果

案例文件	进阶实例：添加预设滤镜效果 .VSP
视频教学	视频文件 \ 第 9 章 \ 添加预设滤镜效果 .flv
难易指数	★★☆☆☆
技术掌握	预设滤镜效果的应用

案例分析：

本案例就来学习如何在会声会影 X6 中使用预设滤镜效果，最终渲染效果如图 9-43 所示。

图 9-43

思路解析，如图 9-44 所示：

图 9-44

（1）为素材添加滤镜效果。

（2）添加标题文字。

制作步骤：

（1）打开会声会影 X6 软件，然后在【视频轨】中插入【01.jpg】图像素材，如图 9-45 所示。此时【预览窗口】中的效果，如图 9-46 所示。

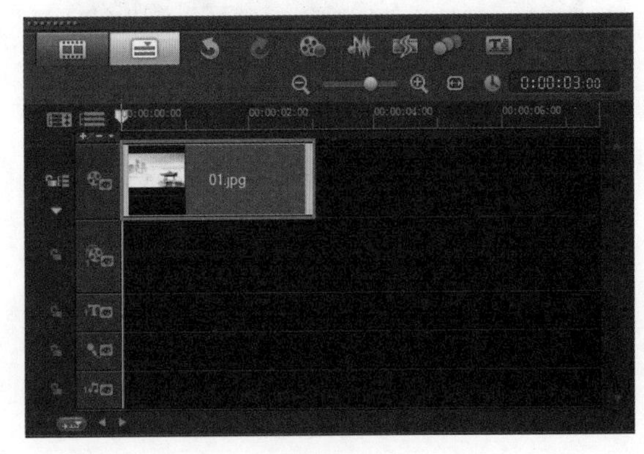

图 9-45

（2）在【素材库】面板中单击【滤镜】按钮，将【滤镜类型】设置为【特殊】。接着将【云彩】滤镜拖拽到时间轴【01.jpg】素材文件上，如图 9-47 所示。

图 9-46

图 9-47

（3）在【选项】面板的【属性】选项卡中，即可查看当前添加的滤镜效果，在【预设滤镜】列表中选择合适的滤镜效果，如图 9-48 所示。

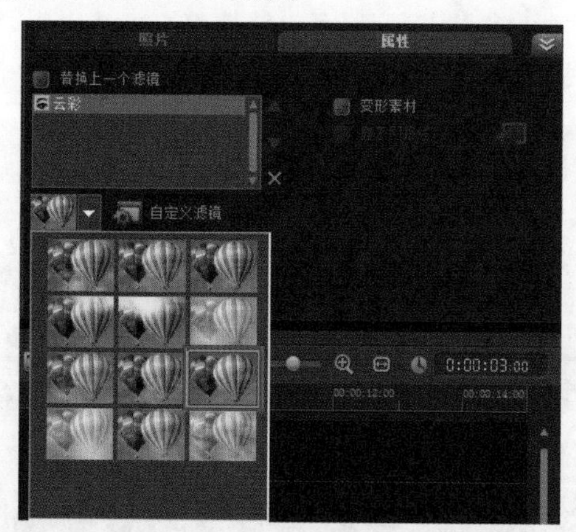

图 9-48

（4）单击【素材库】面板中的【标题】按钮，然后在【预览窗口】中双击鼠标左键。接着在【选项】面板中设置合适的【字体】和【字体大小】，设置【色彩】为黑色（R：0，G：0，B：0），并单击【上对齐】按钮和【将方向更改为垂直】按钮，如图 9-49 所示。然后在【预览窗口】的文本框中输入文字，并适当调整位置，如图 9-50 所示。

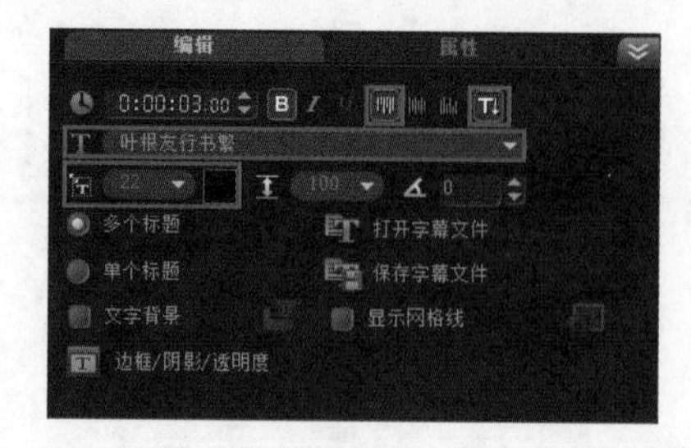

图 9-49

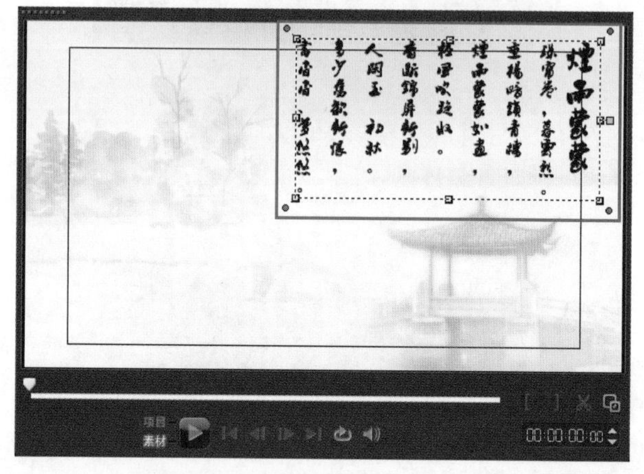

图 9-50

（5）单击【预览窗口】中的【播放】按钮，查看最终效果，如图 9-51 所示。

图 9-51

9.3 滤镜素材库

在【滤镜】素材库中的【画廊】中可以选择滤镜的类型，如图 9-52 所示。根据分类可以方便快捷的查找需要的滤镜效果。

9.3.1

在会声会影 X6 中，二维映射下的滤镜包括：【修剪】、【翻转】、【涟漪】、【波纹】、【水流】和【漩涡】，如图 9-53 所示。

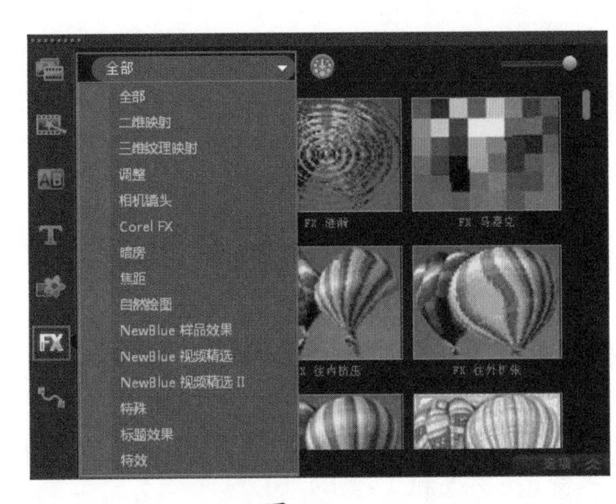

图 9-52

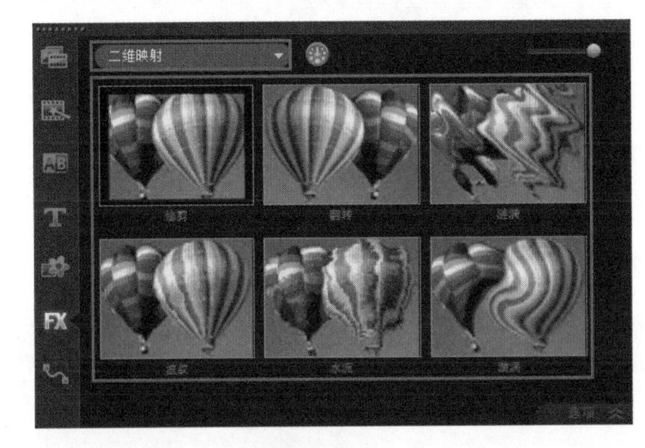

图 9-53

进阶实例：添加修剪滤镜

案例文件	进阶实例：添加修剪滤镜 .VSP
视频教学	视频文件 \ 第 9 章 \ 添加修剪滤镜 .flv
难易指数	★★★☆☆
技术掌握	色彩校正和修剪滤镜的应用

案例分析：

本案例就来学习如何在会声会影 X6 中添加修剪滤镜，最终渲染效果，如图 9-54 所示。

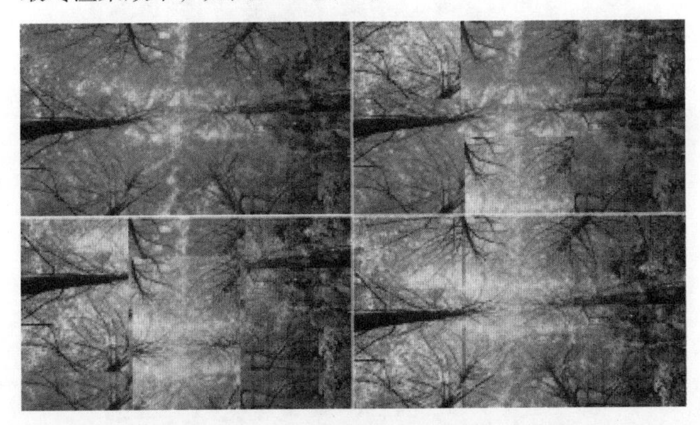

图 9-54

思路解析，如图 9-55 所示：

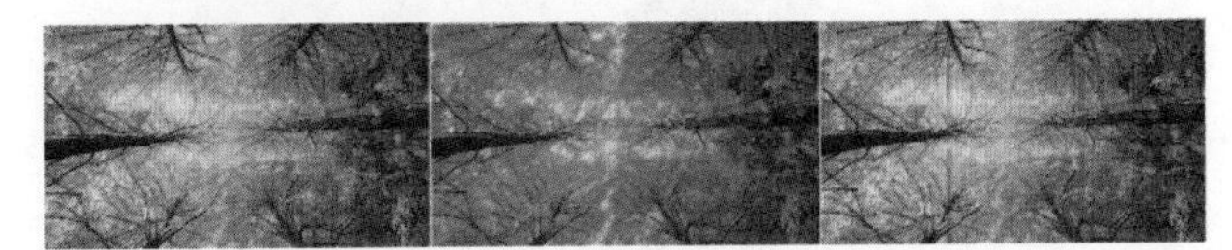

图 9-55

（1）色彩校正调整色彩饱和度。

（2）添加修剪滤镜。

制作步骤：

（1）打开会声会影 X6 软件，然后在【视频轨】中插入【01.jpg】图像素材，如图 9-56 所示。双击【视频轨】上的【01.jpg】素材文件，然后打开【项目】面板中的【照片】选项卡，选择【色彩校正】功能，如图 9-57 所示。

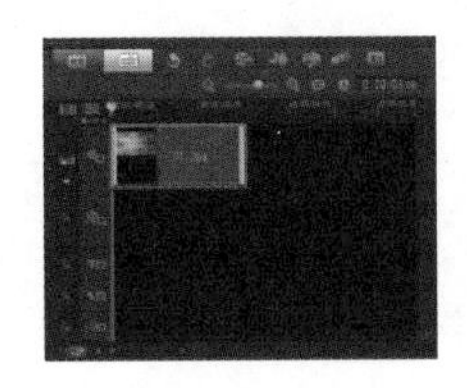

图 9-56

图 9-57

（2）在出现的参数面板中调整【饱和度】为 – 100，如图 9-58 所示。此时【预览窗口】中的效果，如图 9-59 所示。

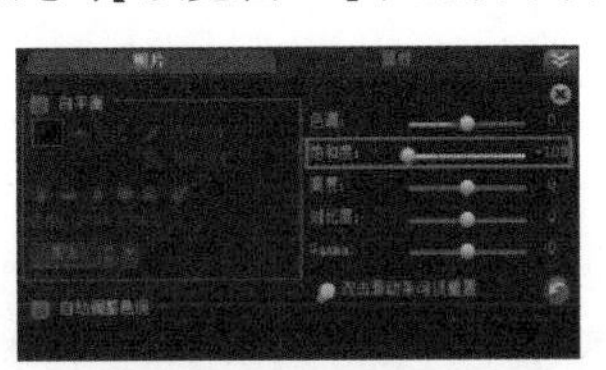

图 9-58

图 9-59

（3）适当添加覆叠轨的数量，将素材【01.jpg】添加到覆叠轨上，如图 9-60 所示。接着在预览窗口单击鼠标右键，执行【调整到屏幕大小】命令，如图 9-61 所示。

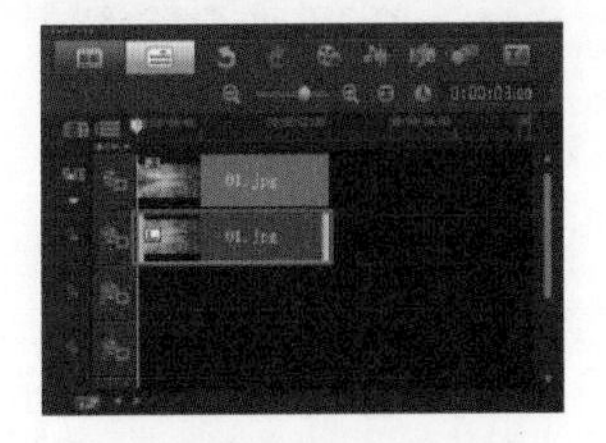

图 9-60

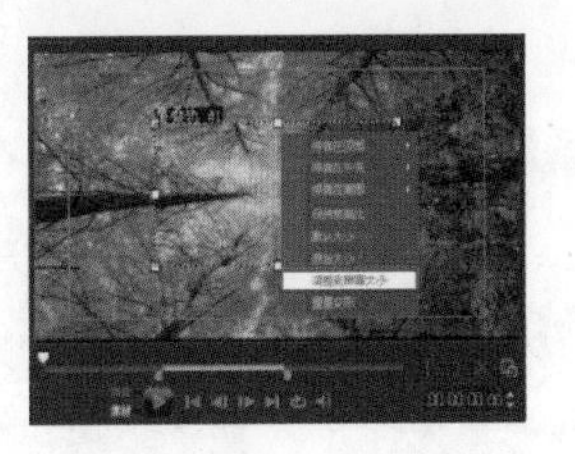

图 9-61

（4）在【滤镜素材库】中选择【修剪】滤镜并拖拽到【覆叠轨 1】的【01.jpg】素材文件上，如图 9-62 所示。双击【覆叠轨 1】上素材，在【选项】面板的【属性】选项卡中，单击【自定义滤镜】按钮，如图 9-63 所示。

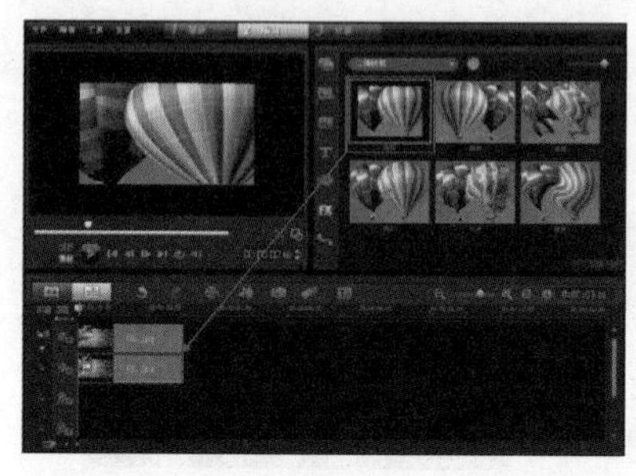

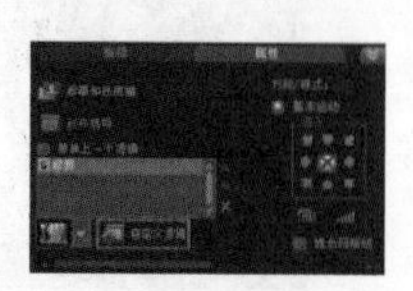

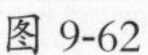

图 9-62　　图 9-63

（5）在弹出的【修剪】对话框中设置【宽度】为 33%，【高度】为 100%，并调整十字光标的位置，接着单击【确定】按钮，如图 9-64 所示。在【选项】面板的【属性】选项卡中，设置【进入】方式为【从上方进入】，如图 9-65 所示。

图 9-64

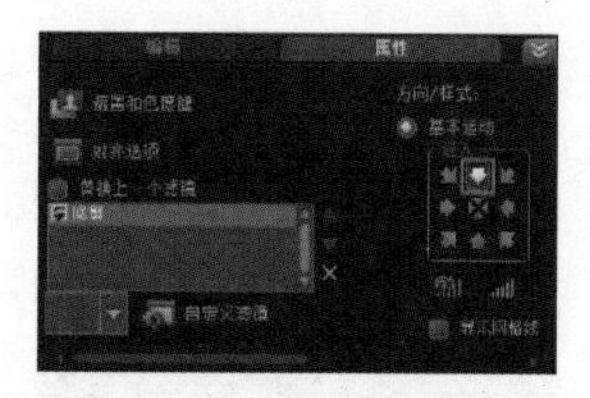

图 9-65

（6）在【选项】面板的【属性】选项卡中，单击【遮罩和色度键】按钮，如图 9-66 所示。在弹出的对话框中，勾选【应用覆叠选项】，设置【类型】为【色度键】，【相似度】为黑色（R：0，G：0，B：0），【相似度】数值为 0，如图 9-67 所示。

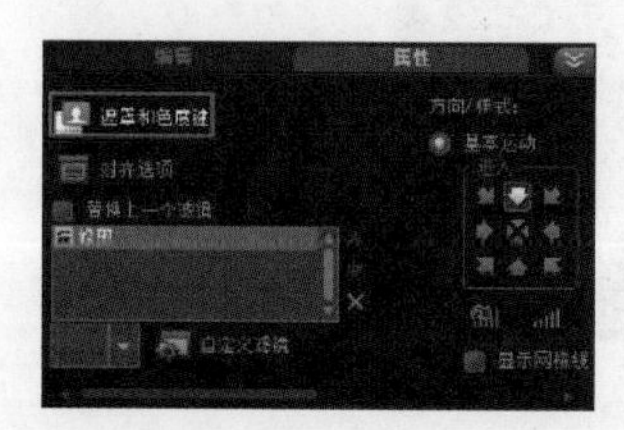

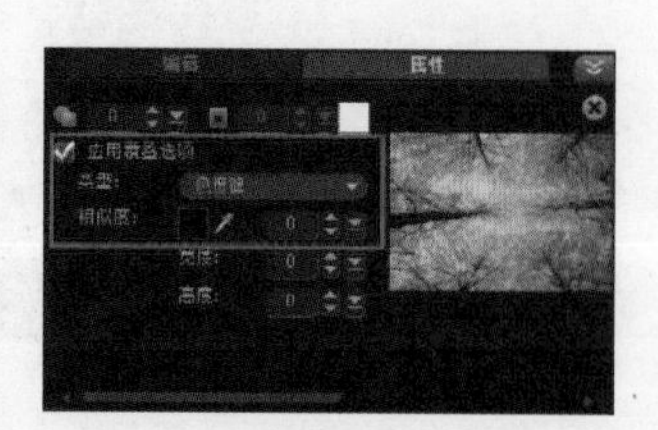

图 9-66　　图 9-67

（7）选择【覆叠轨 1】上的【01.jpg】素材文件，使用快捷键【Ctrl+C】复制到【覆叠轨 2】和【覆叠轨 3】上，如图 9-68 所示。

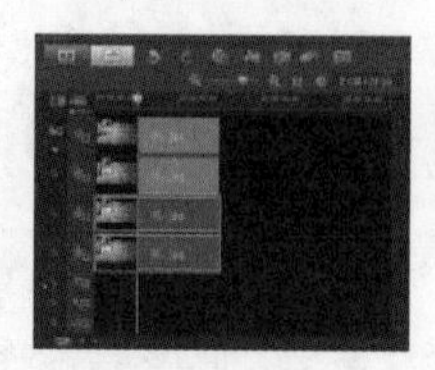

图 9-68

（8）双击【覆叠轨 2】上的【01.jpg】素材文件，在【选项】面板的【属性】选项卡中，单击【自定义滤镜】按钮，在【裁剪】对话框中调整十字光标的位置，单击【确定】按钮，如图 9-69 所示。并设置【进入】方式为【从下边进入】。

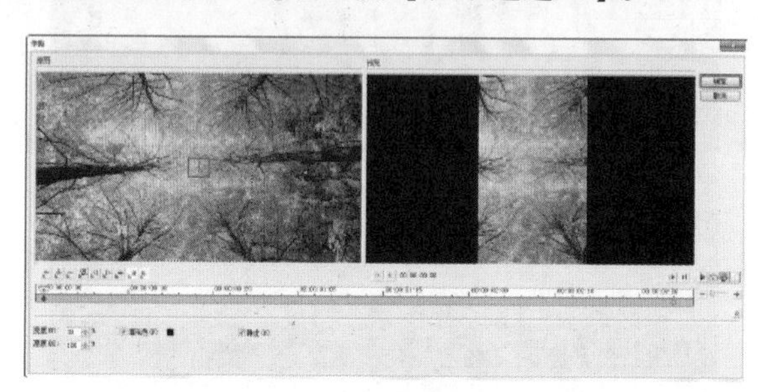

图 9-69

（9）双击【覆叠轨 3】上的【01.jpg】素材文件，在【选项】面板的【属性】选项卡中，单击【自定义滤镜】按钮，在【裁剪】对话框中调整十字光标的位置，单击【确定】按钮，如图 9-70 所示。

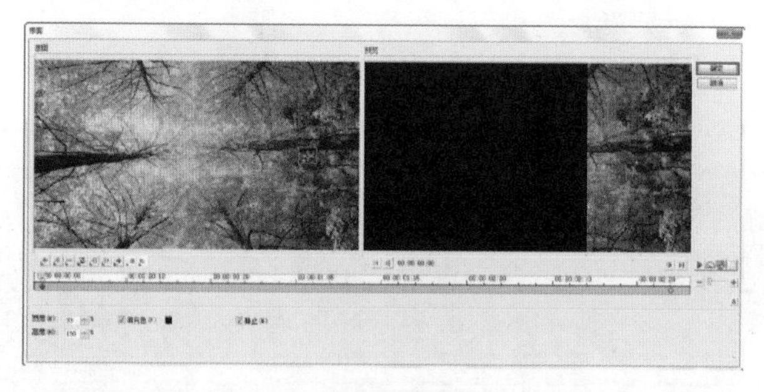

图 9-70

（10）此时单击【预览窗口】中的【播放】按钮▶，查看最终效果，如图 9-71 所示。

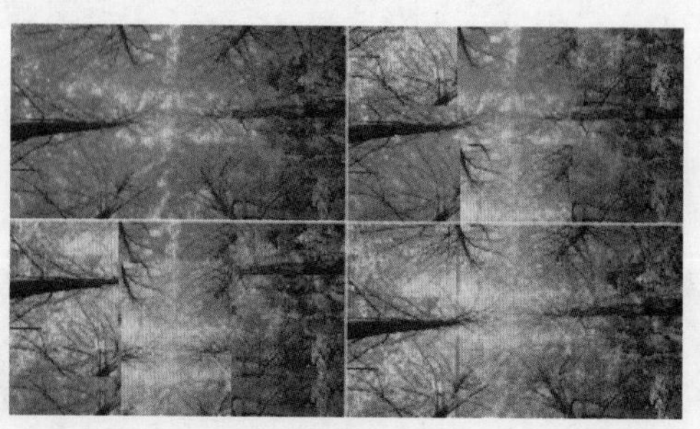

图 9-71

9.3.2

在会声会影 X6 中，三维材质映射下的滤镜包括：【鱼眼】、【往内挤压】和【往外扩张】，如图 9-72 所示。

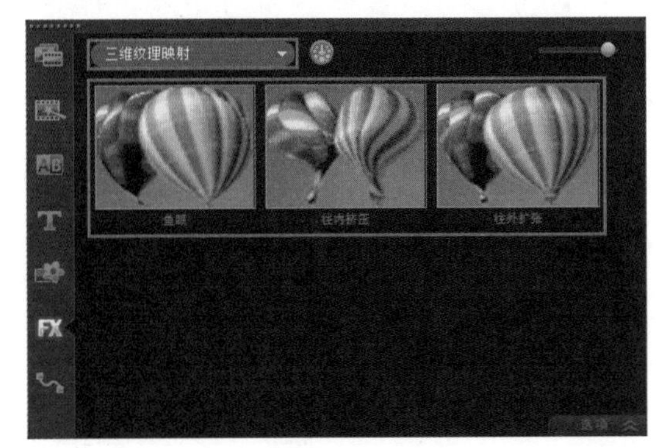

图 9-72

9.3.3

在会声会影 X6 中，调整下的滤镜包括：【高级降噪】、【抵消摇动】、【去除马赛克】、【降噪】、【去除雪花】、【改善光线】和【视频摇动和缩放】，共 7 种滤镜效果，如图 9-73 所示。

图 9-73

9.3.4

在会声会影 X6 中，相机镜头下的滤镜包括：【色彩偏移】、【光芒】、【发散光晕】、【双色调】、【万花筒】、【镜头闪光】、【镜像】、【单色】、【马赛克】、【动态模糊】、【老电影】、【旋转】、【星形】和【缩放动作】，共 14 种滤镜效果，如图 9-74 所示。

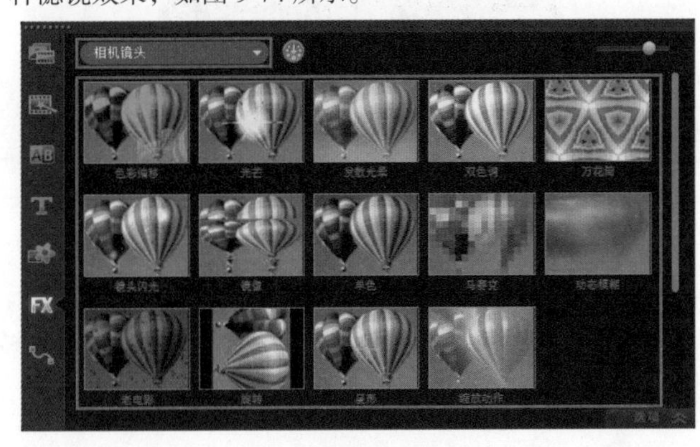

图 9-74

9.3.5

在会声会影 X6 中，Corel FX 下的滤镜包括：【FX 单色】、【FX 马赛克】、【FX 往内挤压】、【FX 往外扩张】、【FX 涟漪】、【FX 速写】和【FX 漩涡】，如图 9-75 所示。

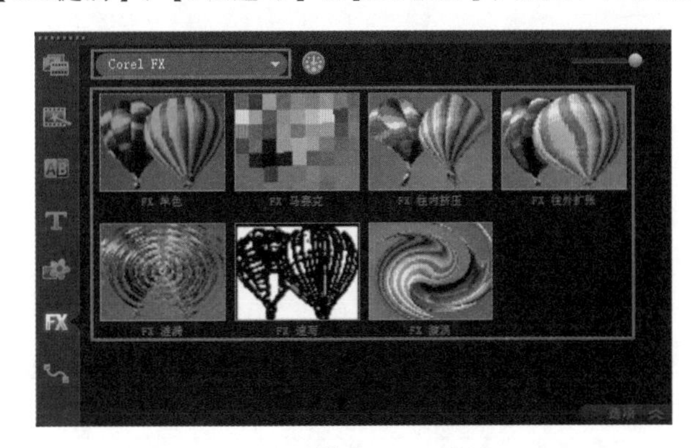

图 9-75

9.3.6

在会声会影 X6 中，暗房下的滤镜包括：【自动曝光】、【自动调配】、【亮度和对比度】、【色彩平衡】、【浮雕】、【色调和饱和度】、【反转】、【光线】和【肖像画】9 种效果，如图 9-76 所示。

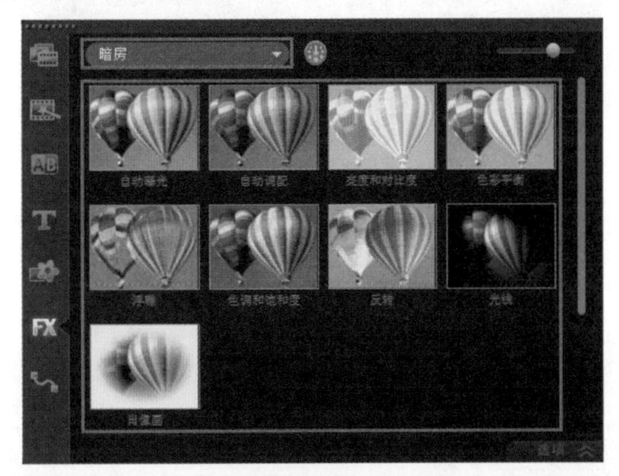

图 9-76

进阶实例：改变照片的亮度和对比度

案例文件	进阶实例：改变照片的亮度和对比度 .VSP
视频教学	视频文件 \ 第 9 章 \ 改变照片的亮度和对比度 .flv
难易指数	★★☆☆☆
技术掌握	亮度和对比度滤镜的应用

案例分析：

本案例就来学习如何在会声会影 X6 中应用亮度和对比度滤镜，最终渲染效果，如图 9-77 所示。

思路解析，如图 9-78 所示：

（1）添加亮度和对比度滤镜。

（2）选择合适的预设滤镜效果。

制作步骤：

（1）打开会声会影 X6 软件，然后在【视频轨】中插入【01.jpg】图像素材，如图 9-79 所示。此时【预览窗口】中的效果，如图 9-80 所示。

图 9-77

图 9-78

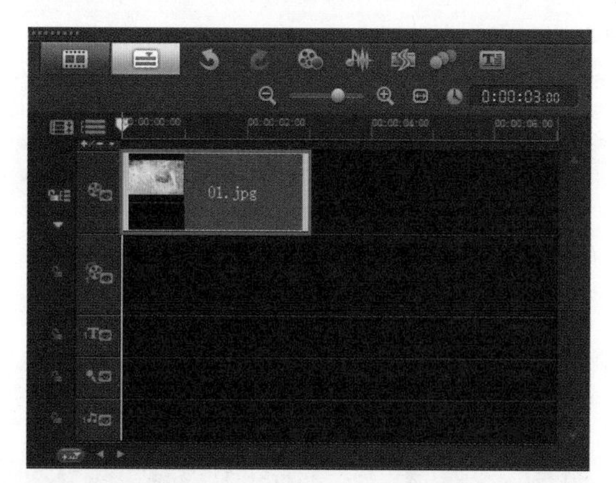

图 9-79

图 9-80

（2）在【素材库】面板中单击【滤镜】按钮FX，将【滤镜类型】设置为【暗房】，如图 9-81 所示。接着将【亮度和对比度】滤镜拖拽到时间轴【01.jpg】素材文件上，如图 9-82 所示。

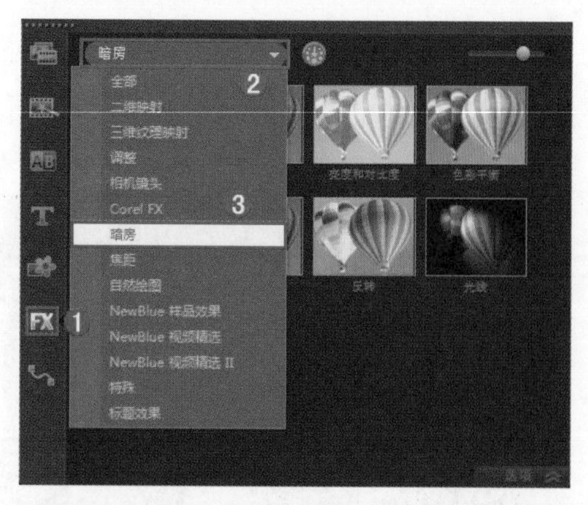

图 9-81

图 9-82

（3）在【选项】面板的【属性】选项卡中，即可查看当前添加的滤镜效果，如图 9-83 所示。在预设滤镜效果中，选择合适的滤镜效果，如图 9-84 所示。

图 9-83

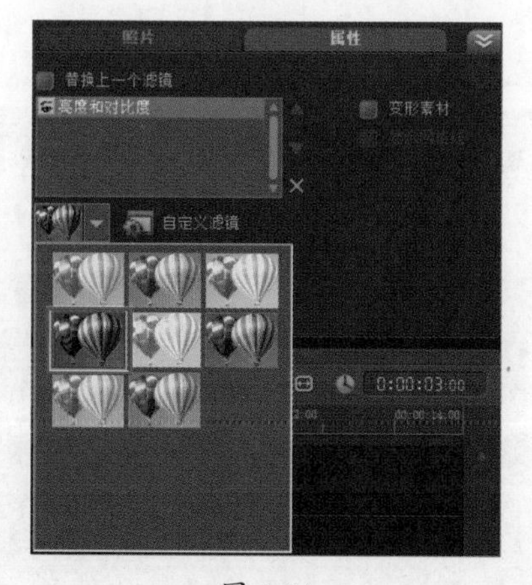

图 9-84

（4）此时在【预览窗口】中查看最终效果，如图 9-85 所示。

图 9-85

进阶实例：光线移动效果

案例文件	进阶实例：光线移动效果 .VSP
视频教学	视频文件 \ 第 9 章 \ 光线移动效果 .flv
难易指数	★★★☆☆
技术掌握	添加光线滤镜、设置光线滤镜的自定义参数

案例分析：

本案例就来学习如何在会声会影 X6 中添加光线滤镜，制作光线移动动画效果，最终渲染效果，如图 9-86 所示。

图 9-86

思路解析，如图 9-87 所示：

图 9-87

（1）添加光线滤镜。

（2）设置光线滤镜的自定义参数。

制作步骤：

（1）打开会声会影 X6，将素材文件中的【01.jpg】添加到【视频轨】上，如图 9-88 所示。此时【预览窗口】中的效果，如图 9-89 所示。

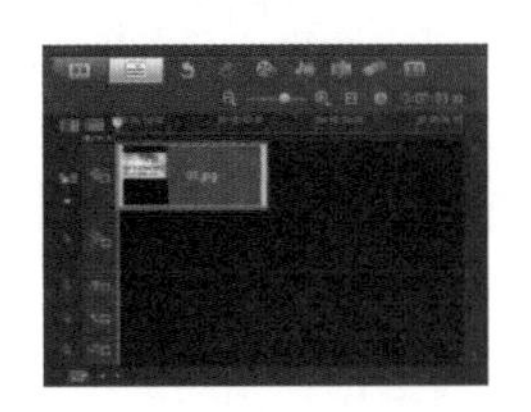

图 9-88

图 9-89

（2）在【素材库】面板中单击【滤镜】按钮FX，设置类型为【暗房】，选择【光线】滤镜并拖拽到【覆叠轨】的【01.jpg】素材文件上，如图 9-90 所示。双击【视频轨】上的【01.jpg】素材文件，打开【选项】面板，选择合适的预设效果，如图 9-91 所示。

图 9-90

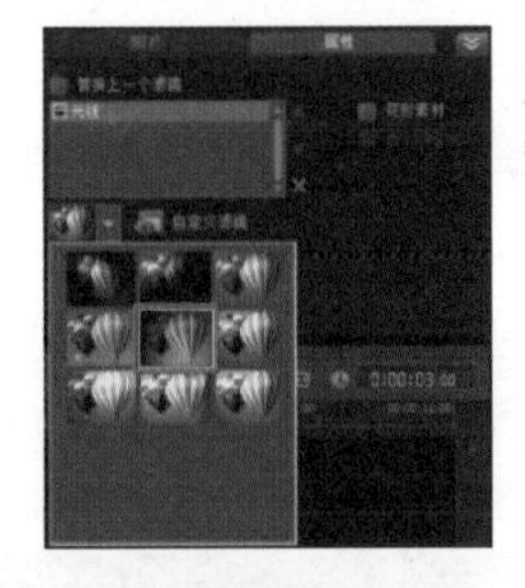

图 9-91

（3）此时单击【预览窗口】中的【播放】按钮▶，查看最终效果，如图 9-92 所示。

图 9-92

进阶实例：添加色调饱和度制作色调变化

案例文件	进阶实例：添加色调饱和度制作色调变化 .VSP
视频教学	视频文件 \ 第 9 章 \ 添加色调饱和度制作色调变化 .flv
难易指数	★★★☆☆
技术掌握	色调和饱和度滤镜的应用

案例分析：

本案例就来学习如何在会声会影 X6 中添加色调饱和度滤镜制作色调变化，最终渲染效果，如图 9-93 所示。

图 9-93

思路解析，如图 9-94 所示：

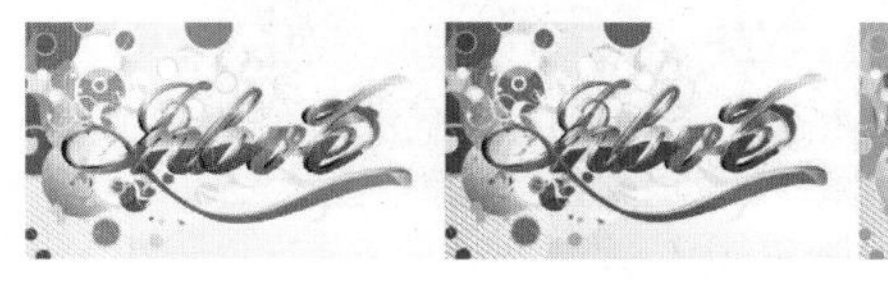

图 9-94

（1）添加色调和饱和度滤镜。

（2）调整色调饱和度色彩的自定义参数。

制作步骤：

（1）打开会声会影 X6 软件，然后在【视频轨】中插入【01.jpg】图像素材，如图 9-95 所示。此时【预览窗口】中的效果，如图 9-96 所示。

图 9-95

（2）在【素材库】面板中单击（滤镜）按钮FX，将【滤镜类型】设置为【暗房】，接着将【色调和饱和度】滤镜拖拽到【视频轨】的【01.jpg】素材文件上，如图 9-97 所示。在【选项】面板的【属性】选项卡中，单击【自定义滤镜】按钮，如图 9-98 所示。

图 9-96

图 9-97

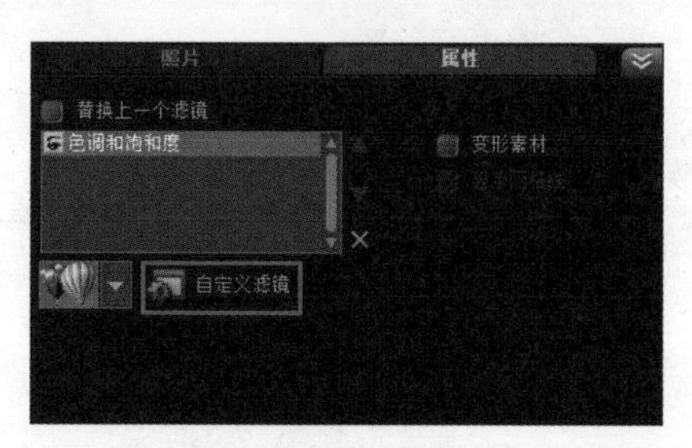

图 9-98

（3）在弹出的对话框中，将擦洗器移动到结束帧，设置【色调（U）】为 – 170，【饱和度（S）】为 50，单击【确定】按钮，如图 9-99 所示。

图 9-99

（4）此时单击【预览窗口】中的【播放】按钮▶，查看最终效果，如图 9-100 所示。

图 9-100

技术拓展：快速调整色调

可以直接在【选项】面板的【色彩校正】选项中进行调节色调和亮度等。但是，不能制作关键帧动画效果。

9.3.7

在会声会影 X6 中，焦距下的滤镜包括：【平均】、【模糊】和【锐化】3 种滤镜效果，如图 9-101 所示。

图 9-101

9.3.8

在会声会影 X6 中，自然绘图下的滤镜包括：【自动草绘】、【炭笔】、【彩色笔】、【漫画】、【油画】、【旋转草绘】和【水彩】，共 7 种滤镜效果，如图 9-102 所示。

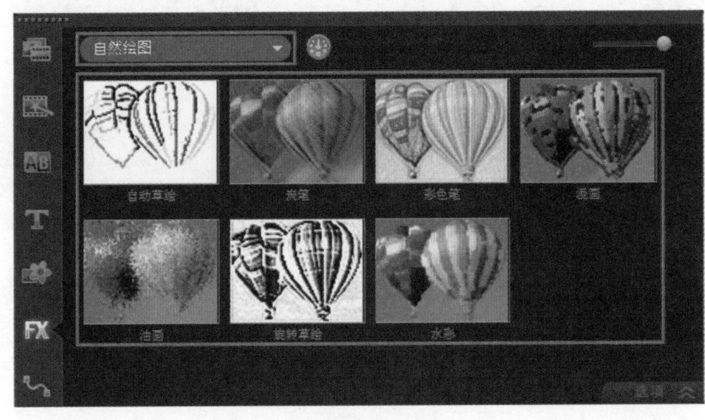

图 9-102

求生秘籍——技巧提示：添加滤镜前可以先调色

在应用色彩相关滤镜前可以先对画面颜色进行色彩校正，从而在添加视频滤镜后更好地突出色彩和边缘。

进阶实例：自动草绘效果

案例文件	进阶实例：自动草绘效果 .VSP
视频教学	视频文件 \ 第 9 章 \ 自动草绘效果 .flv
难易指数	★★☆☆☆
技术掌握	自动草绘滤镜应用

案例分析：

本案例就来学习如何在会声会影 X6 中使用自动草绘滤镜，最终渲染效果，如图 9-103 所示。

图 9-103

思路解析，如图 9-104 所示：

图 9-104

（1）添加自动草绘滤镜。

（2）设置自动草绘滤镜的自定义参数。

制作步骤：

（1）打开会声会影 X6 软件，然后在【视频轨】中插入【01.jpg】图像素材，如图 9-105 所示。此时【预览窗口】中的效果，如图 9-106 所示。

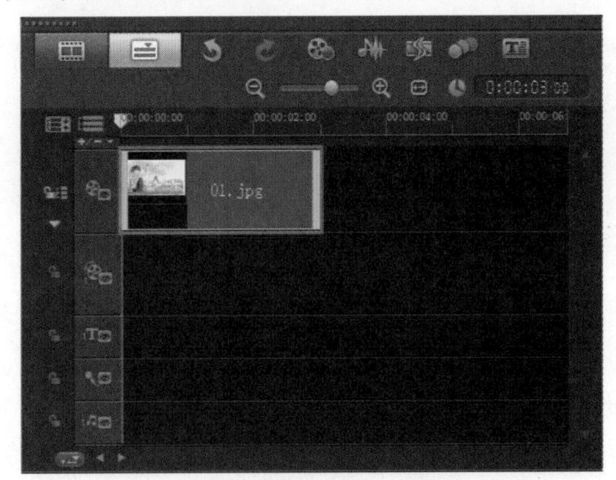

图 9-105

图 9-106

（2）在【素材库】面板中单击【滤镜】按钮，将【滤镜类型】设置为【自然绘图】，接着将【自动草绘】滤镜拖拽到时间轴的【01.jpg】素材文件上，如图 9-107 所示。

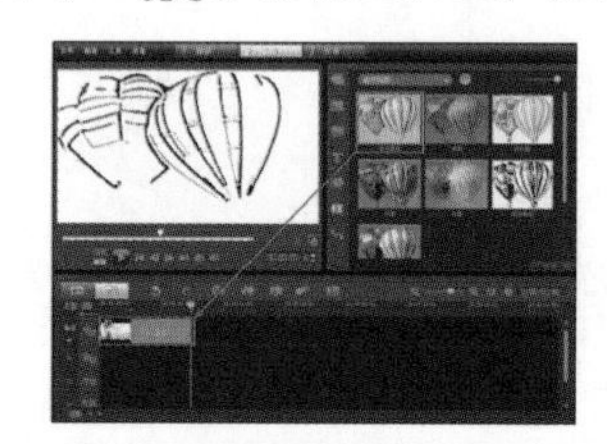

图 9-107

（3）在【选项】面板的【属性】选项卡中，单击【自定义滤镜】按钮，如图 9-108 所示。在弹出的对话框中，勾选【显示钢笔】选项，单击【确定】按钮，如图 9-109 所示。

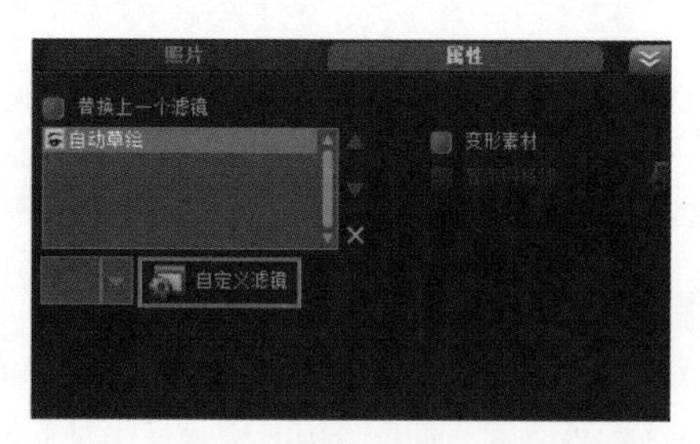

图 9-108

图 9-109

（4）此时单击【预览窗口】中的【播放】按钮，查看最终效果，如图 9-110 所示。

图 9-110

进阶实例：制作水彩画效果

案例文件	进阶实例：制作水彩画效果 .VSP
视频教学	视频文件 \ 第 9 章 \ 制作水彩画效果 .flv
难易指数	★★☆☆☆
技术掌握	水彩滤镜的应用

案例分析：

本案例就来学习如何在会声会影 X6 中使用水彩滤镜制作水彩画效果，最终渲染效果，如图 9-111 所示。

图 9-111

思路解析，如图 9-112 所示：

图 9-112

（1）添加覆叠素材。

（2）添加合适的水彩滤镜效果。

制作步骤：

（1）打开会声会影 X6 软件，然后在【视频轨】中插入【01.jpg】图像素材，如图 9-113 所示。此时【预览窗口】中的效果，如图 9-114 所示。

（2）在【素材库】面板中单击【滤镜】按钮，将【滤镜类型】设置为【自然绘图】，接着将【水彩】滤镜拖拽到时间轴中【01.jpg】素材文件上，如图 9-115 所示。

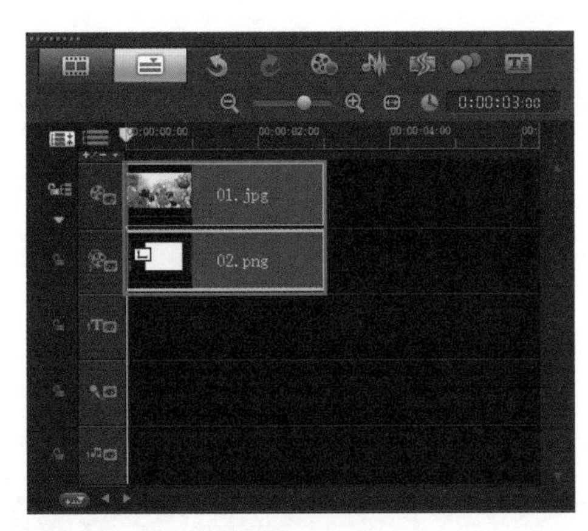

图 9-113

图 9-114

图 9-115

（3）在【选项】面板的【属性】选项卡中，即可查看当前添加的滤镜效果，在预设滤镜效果中，选择合适的滤镜效果，如图 9-116 所示。

（4）此时单击【预览窗口】中的【播放】按钮▶，查看最终效果，如图 9-117 所示。

9.3.9

在会声会影 X6 中，NewBlue 样品效果下的滤镜包括：【活动摄影机】、【喷枪】、【修剪边界】、【细节增强】和【水彩】，如图 9-118 所示。

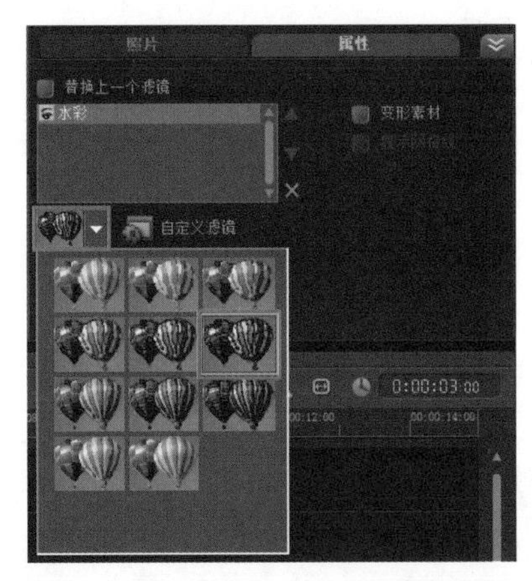

图 9-116

图 9-117

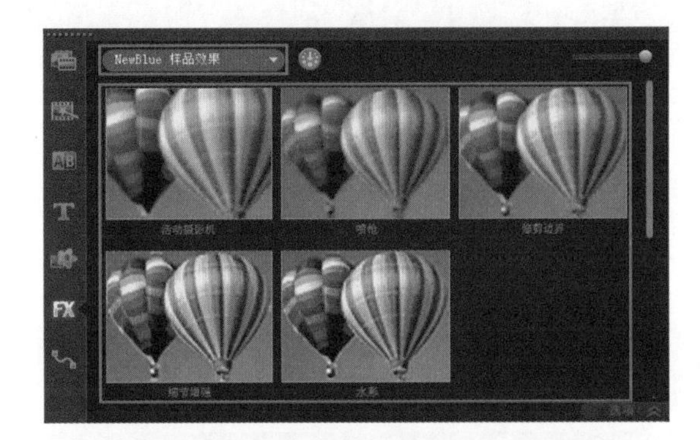

图 9-118

9.3.10

在会声会影 X6 中，NewBlue 视频精选下的滤镜包括：【彩色定影液】、【修剪边界】、【闪光清除】、【像素器】、【锐化】、【虚焦】、【染色】、【磨皮润色】和【视频最佳化】，共 9 种滤镜效果，如图 9-119 所示。

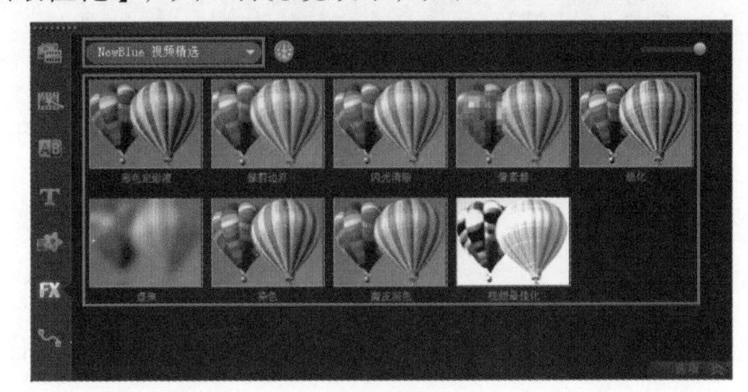

图 9-119

进阶实例：添加像素器滤镜制作局部虚化

案例文件	进阶实例：添加像素器滤镜制作局部虚化 .VSP
视频教学	视频文件 \ 第 9 章 \ 添加像素器滤镜制作局部虚化 .flv
难易指数	★★★☆☆
技术掌握	像素器滤镜的应用

案例分析：

本案例就来学习如何在会声会影 X6 中添加像素器滤镜制作局部虚化，最终渲染效果，如图 9-120 所示。

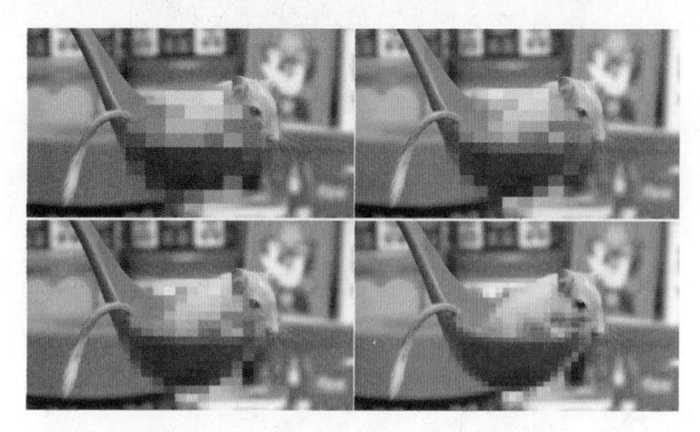

图 9-120

思路解析，如图 9-121 所示：

图 9-121

（1）添加像素器滤镜。

（2）调整自定义参数。

制作步骤：

（1）打开会声会影 X6 软件，然后在【视频轨】中插入【01.jpg】图像素材，如图 9-122 所示。此时【预览窗口】中的效果，如图 9-123 所示。

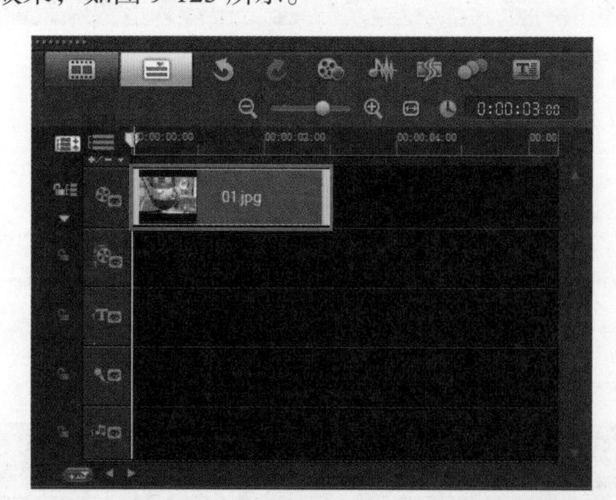

图 9-122

（2）在【素材库】面板中单击【滤镜】按钮FX，将【滤镜类型】设置为【NewBlue 视频精选】，接着将【像素器】滤镜拖拽到【视频轨】的【01.jpg】素材文件上，如图 9-124 所示。

图 9-123

图 9-124

（3）在【选项】面板的【属性】选项卡中，单击【自定义滤镜】按钮，如图 9-125 所示。

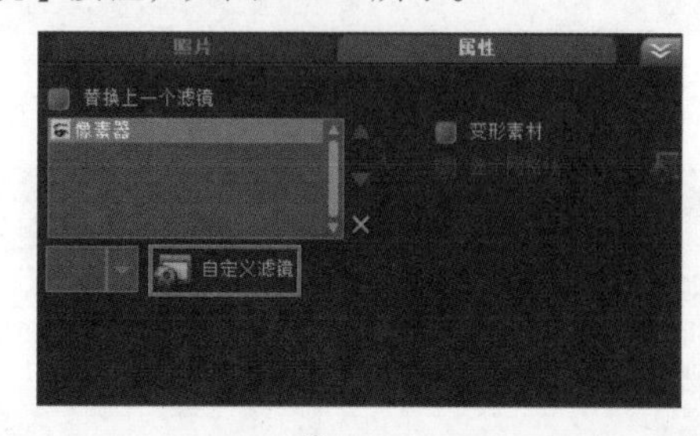

图 9-125

（4）在弹出的对话框中，选择起始帧，设置起始帧的【X】为 2.3，【Y】为 – 25.6，【块大小】为 51，如图 9-126 所示。接着选择结束帧，设置结束帧的【X】为 2.3，【Y】为 – 25.6，【块大小】为 17，单击【确定】按钮，如图 9-127 所示。

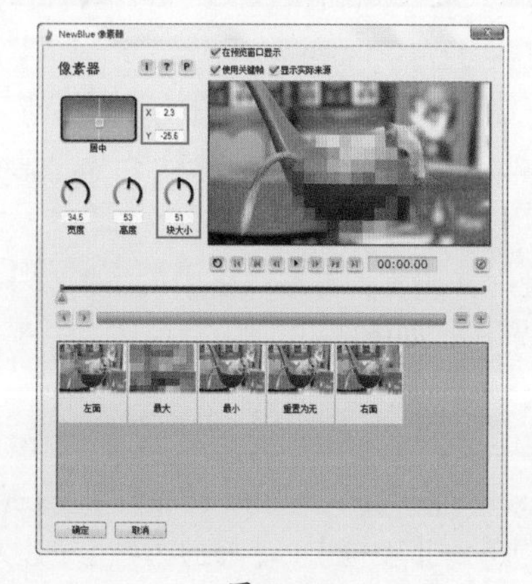

图 9-126

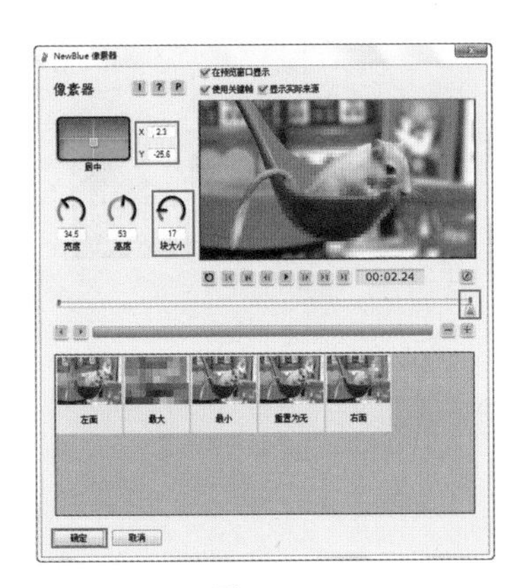

图 9-127

（5）此时单击【预览窗口】中的【播放】按钮，查看最终效果，如图 9-128 所示。

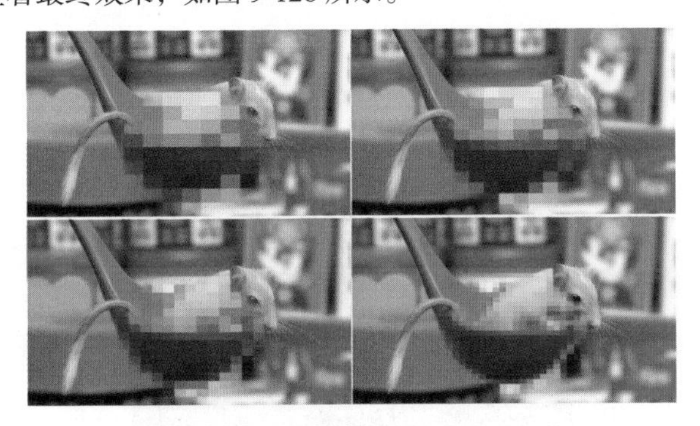

图 9-128

进阶实例：添加磨皮润色改善人物肤质

案例文件	进阶实例：添加磨皮润色改善人物肤质 .VSP
视频教学	视频文件\第 9 章\添加磨皮润色改善人物肤质 .flv
难易指数	★★★★☆
技术掌握	磨皮润色的应用

案例分析：

本案就来学习如何在会声会影 X6 中添加磨皮润色改善人物肤质，最终渲染效果，如图 9-129 所示。

图 9-129

思路解析，如图 9-130 所示：

图 9-130

（1）对覆叠轨素材应用色度键。

（2）添加磨皮润色滤镜。

制作步骤：

（1）打开会声会影 X6 软件，然后在【视频轨】中插入【01.jpg】图像素材，如图 9-131 所示。接着双击【01.jpg】，在【属性】选项卡中单击【遮罩和色度】按钮，如图 9-132 所示。

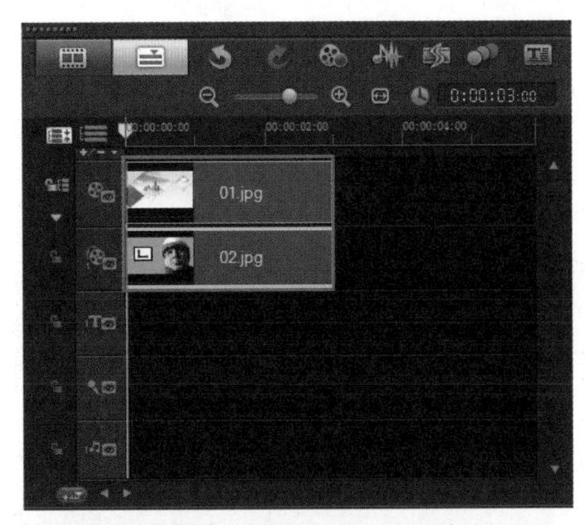

图 9-131

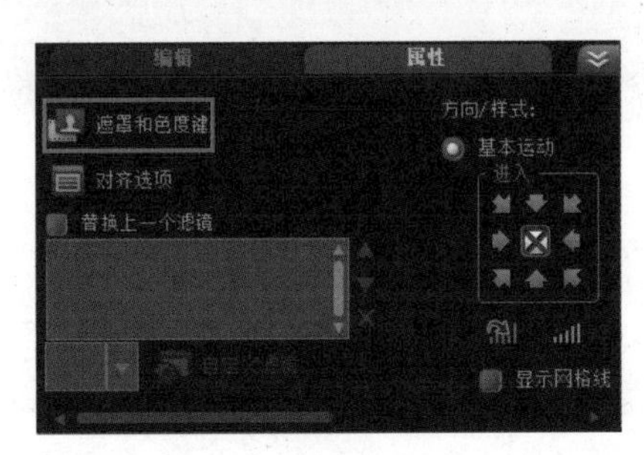

图 9-132

（2）在出现的参数面板中勾选【应用覆叠选项】，并设置【类型】为【色度键】。使用【吸管】工具在【预览窗口】中吸取需要抠除的颜色，如图 9-133 所示。

图 9-133

（3）选择覆叠轨上的【02.jpg】素材文件，在【预览窗口】中单击鼠标右键，执行【调整到屏幕大小】命令，如图 9-134 所示。

（4）在【素材库】面板中单击【滤镜】按钮，将【滤镜类型】设置为【NewBlue 视频精选】，接着将【磨皮润色】滤镜拖拽到【覆叠轨】的【02.jpg】素材文件上，如图 9-135

所示。在【选项】面板的【属性】选项卡中，单击【自定义滤镜】按钮，如图 9-136 所示。

图 9-134

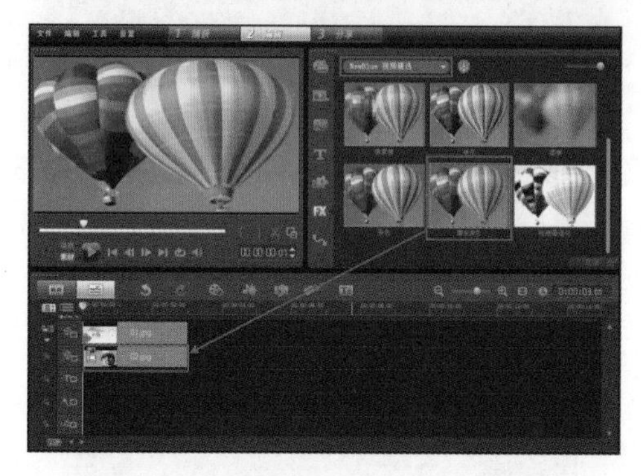

图 9-135

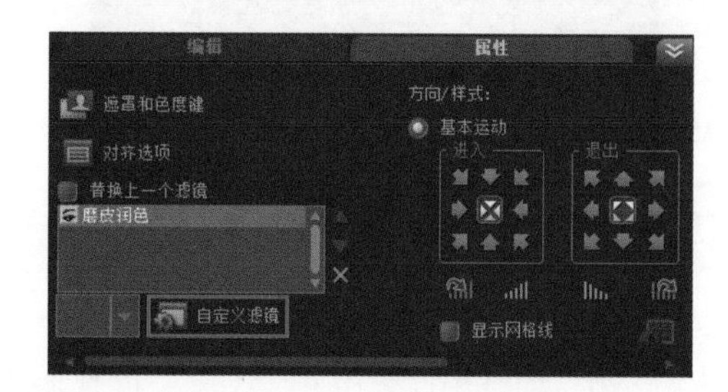

图 9-136

（5）在弹出的对话框中，选择起始帧，设置【平滑】为 75，如图 9-137 所示。接着选择【结束帧】同样设置【平滑】为 75，并单击【确定】按钮，如图 9-138 所示。

图 9-137

图 9-138

（6）单击【素材库】面板中的【标题】按钮 ，然后在【预览窗口】中双击鼠标左键。接着在【选项】面板中设置合适的【字体】和【字体大小】，【色彩】为黑色（R：0，G：0，B：0），如图 9-139 所示。然后在【预览窗口】文本框中输入文字，如图 9-140 所示。

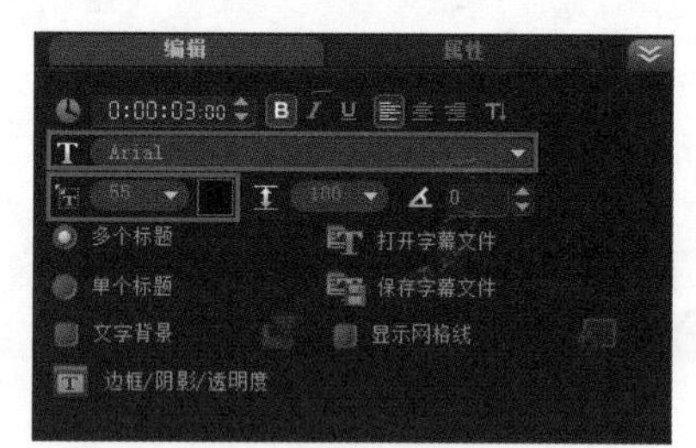

图 9-139

图 9-140

（7）此时在【预览窗口】中查看最终效果，如图 9-141 所示。

图 9-141

9.3.11

NewBlue 视频精选 Ⅱ 下的滤镜只包括【画中画】滤镜效果，如图 9-142 所示。

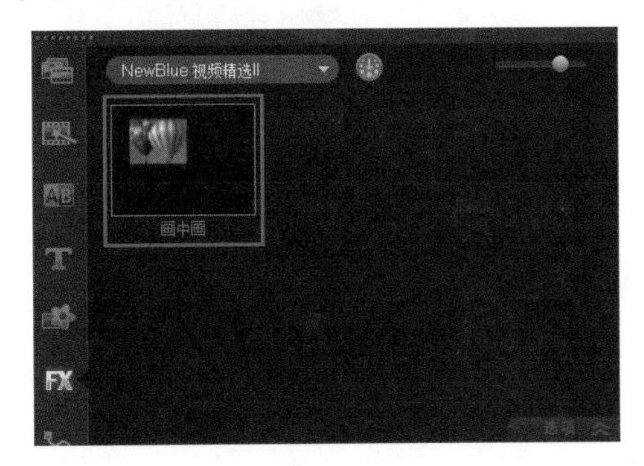

图 9-142

进阶实例：添加画中画滤镜

案例文件	进阶实例：添加画中画滤镜 .VSP
视频教学	视频文件 \ 第 9 章 \ 添加画中画滤镜 .flv
难易指数	★★★★☆
技术掌握	画中画滤镜的应用

案例分析：

本案例就来学习如何在会声会影 X6 中使用画中画滤镜效果，最终渲染效果，如图 9-143 所示。

图 9-143

思路解析，如图 9-144 所示：

图 9-144

（1）添加覆叠素材。

（2）添加画中画滤镜。

制作步骤：

（1）打开会声会影 X6 软件，将素材文件夹中【01.jpg】和【02.png】分别添加到【视频轨】和【覆叠轨 1】上，并设置结束时间为第 4 秒，如图 9-145 所示。选择【覆叠轨 1】上的【02.png】素材文件，在【预览窗口】中调整素材的位置和大小，如图 9-146 所示。

图 9-145

图 9-146

（2）适当添加覆叠轨的数量，如图 9-147 所示。接着将素材文件中的【03.jpg】添加到【覆叠轨 2】上，设置起始时间为第 1 秒，结束时间为第 4 秒，如图 9-148 所示。

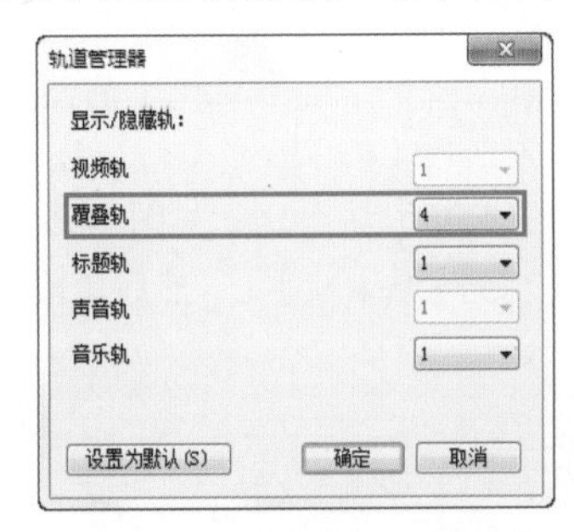

图 9-147

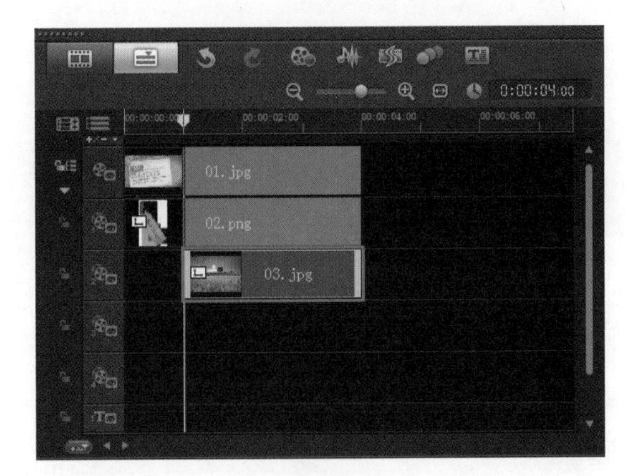

图 9-148

（3）在【素材库】面板中单击（滤镜）按钮FX，将【滤镜类型】设置为【NewBlue 视频精选 II】，接着将【画中画】滤镜拖拽到【覆叠轨 2】的【03.jpg】素材文件上，如图 9-149 所示。在【选项】面板的【属性】选项卡中，单击【自定义滤镜】按钮，如图 9-150 所示。

图 9-149

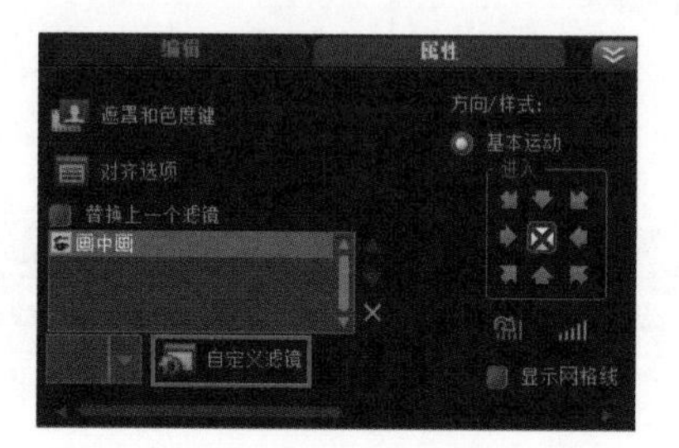

图 9-150

（4）在弹出的对话框中，选择【起始帧】，并设置【X】为 51.2，【Y】为 53.5，【大小】为 25.0，【旋转 Z】为 8.9，接着设置【边框】的【宽度】为 40，【阻光度】为 100.0，色彩为白色（R：255，G：255，B：255），设置【阴影】的【阻光度】为 100.0，如图 9-151 所示。将【起始帧】的参数复制到【结束帧】上，然后单击【确定】按钮，如图 9-152 所示。

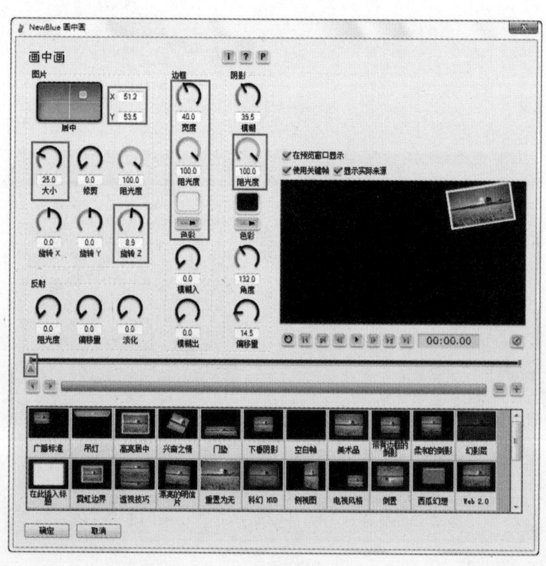

图 9-151

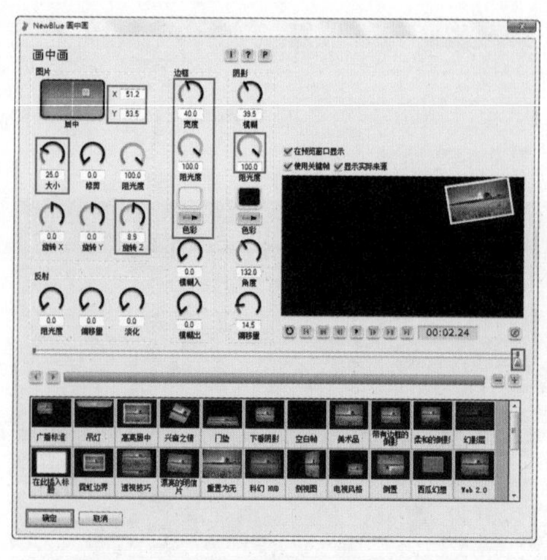

图 9-152

（5）选择【03.jpg】素材文件，如图 9-153 所示。使用快捷键【Ctrl+C】复制到【覆叠轨 3】和【覆叠轨 4】上，如图 9-154 所示。

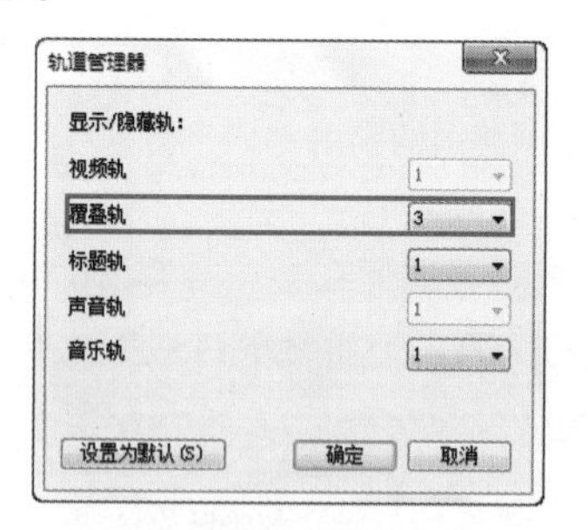

图 9-153

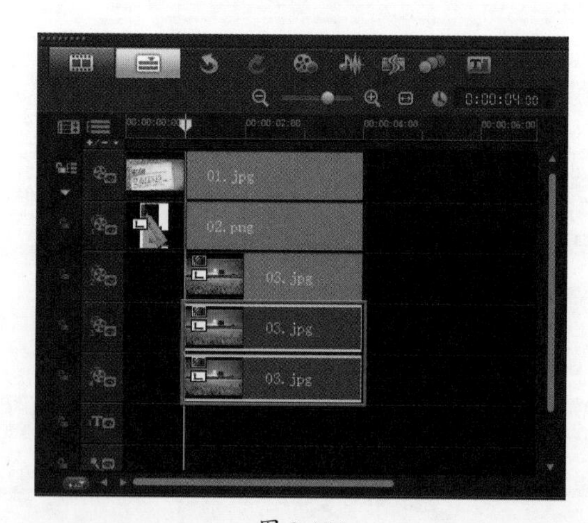

图 9-154

（6）分别在【画中画】中调整【覆叠轨 3】和【覆叠轨 4】的【03.jpg】素材位置，此时【预览窗口】中的效果，如图 9-155 所示。在时间轴中逐次将两个素材文件向后移动 12 帧，如图 9-156 所示。

（7）分别在【覆叠轨 3】和【覆叠轨 4】的【03.jpg】素材文件上单击鼠标右键，在弹出的菜单中执行【替换素材】/【照片】命令，并将图片替换为【04.jpg】和【05.jpg】素材文件，如图 9-157 所示。此时【预览窗口】中的效果，如图 9-158 所示。

图 9-155

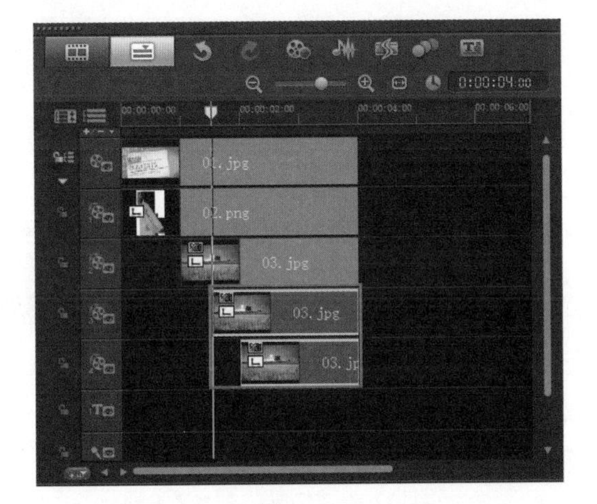

图 9-156

图 9-157

图 9-158

（8）此时单击【预览窗口】中的【播放】按钮，查看最终效果，如图 9-159 所示。

图 9-159

9.3.12

在会声会影 X6 中，特殊滤镜下的滤镜包括：【气泡】、【云雾】、【幻影动作】、【闪电】、【雨点】、【频闪动作】和【微风】，共 7 种效果，如图 9-160 所示。

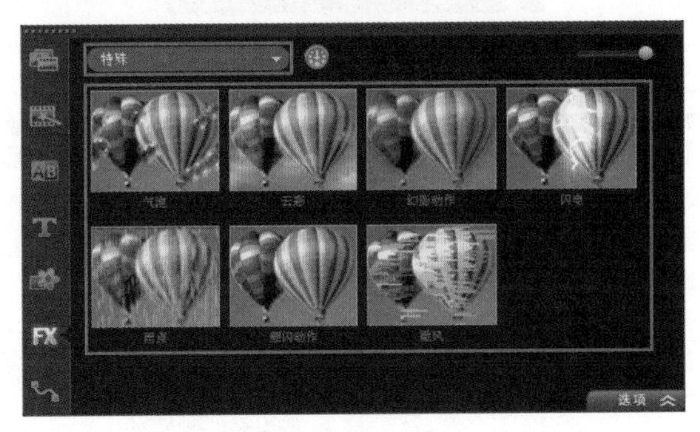

图 9-160

进阶实例：添加幻影动作

案例文件	进阶实例：添加幻影动作 .VSP
视频教学	视频文件 \ 第 9 章 \ 添加幻影动作 .flv
难易指数	★★★☆☆
技术掌握	幻影动作滤镜应用

案例分析：

本案例就来学习如何在会声会影 X6 中使用幻影动作滤镜，最终渲染效果如图 9-161 所示。

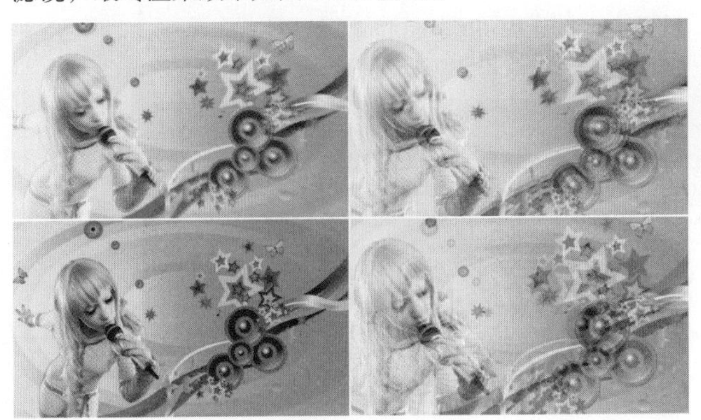

图 9-161

第 9 章

思路解析，如图 9-162 所示：

图 9-162

（1）添加幻影滤镜。

（2）设置预设滤镜效果。

制作步骤：

（1）打开会声会影 X6，将素材文件中的【01.jpg】添加到【视频轨】上，如图 9-163 所示。此时【预览窗口】中的效果，如图 9-164 所示。

图 9-163

图 9-164

（2）在【素材库】面板中单击【滤镜】按钮FX，设置【类型】为【特殊】，将【幻影动作】滤镜拖拽到【覆叠轨】的【01.jpg】素材文件上，如图 9-165 所示。双击【视频轨】上的【01.jpg】素材文件，打开【选项】面板，选择合适的预设效果，如图 9-166 所示。

图 9-165

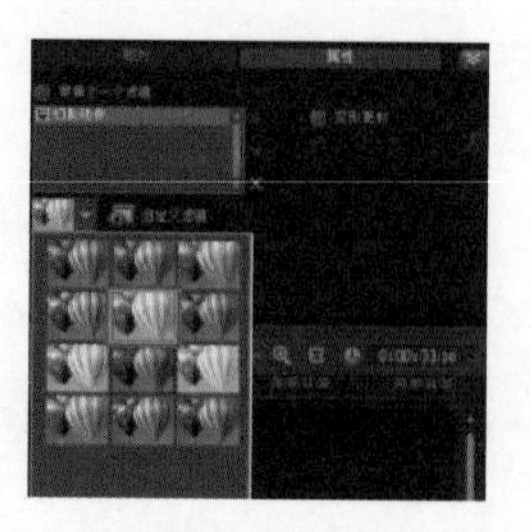

图 9-166

（3）此时单击【预览窗口】中的【播放】按钮▶，查看最终效果，如图 9-167 所示。

图 9-167

进阶实例：添加雨点滤镜制作雪花纷飞

案例文件	进阶实例：添加雨点滤镜制作雪花纷飞 .VSP
视频教学	视频文件\第9章\添加雨点滤镜制作雪花纷飞滤镜.flv
难易指数	★★☆☆☆
技术掌握	雨点滤镜应用

案例分析：

本案例就来学习如何在会声会影 X6 中利用雨点滤镜制作雪花纷飞，最终渲染效果，如图 9-168 所示。

图 9-168

思路解析，如图 9-169 所示：

图 9-169

（1）制作背景。

（2）添加雨点滤镜。

制作步骤：

（1）打开会声会影 X6 软件，然后在【视频轨】中插入【01.jpg】素材文件，如图 9-170 所示。此时在【预览窗口】中的效果，如图 9-171 所示。

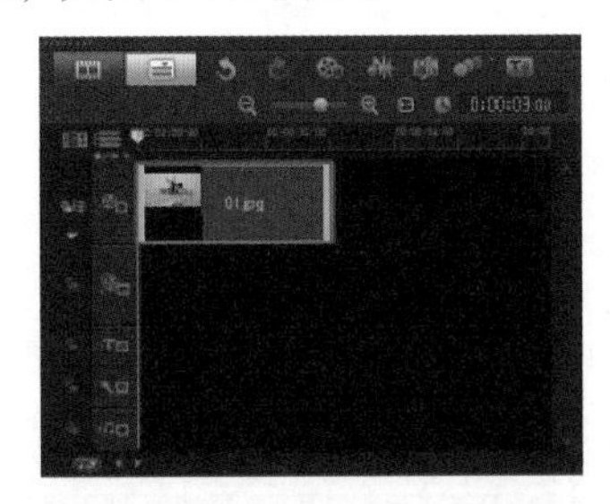

图 9-170

图 9-171

（2）双击【视频轨】上的【01.jpg】素材文件，然后打开【项目】面板中的【照片】选项卡，选择【色彩校正】选项，如图 9-172 所示。在出现的参数面板中勾选【显示预览】选项，然后使用【选取色彩】工具吸取需要校正的色彩，如图 9-173 所示。

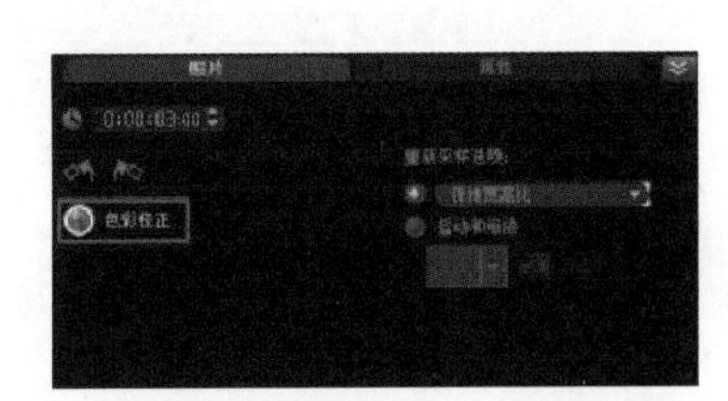

图 9-172

图 9-173

（3）在【素材库】面板中单击【滤镜】按钮，设置【类型】为【特殊】，将【雨点】滤镜拖拽到【01.jpg】素材文件上，如图 9-174 所示。双击【视频轨】上的【01.jpg】素材文件，打开【选项】面板，单击【自定义滤镜】按钮，如图 9-175 所示。

图 9-174

图 9-175

（4）在弹出的对话框中选择【起始帧】，设置【密度】为 796，【长度】为 3，【宽度】为 49，【背景模糊】为 5，如图 9-176 所示。

图 9-176

（5）选择结束帧，对【基本】选项卡中的参数进行设置，设置【密度】为 2228，【长度】为 6，【宽度】为 45，【背景模糊】为 15；设置【颗粒属性】中的【主体】为 54，【阻光度】为 63，最后单击【确定】按钮，如图 9-177 所示。

图 9-177

（6）此时单击【预览窗口】中的【播放】按钮，查看最终效果，如图 9-178 所示。

图 9-178

9.3.13

在标题效果类别中包含多种类型的滤镜效果，可以方便为素材文件添加滤镜效果，如图 9-179 所示。

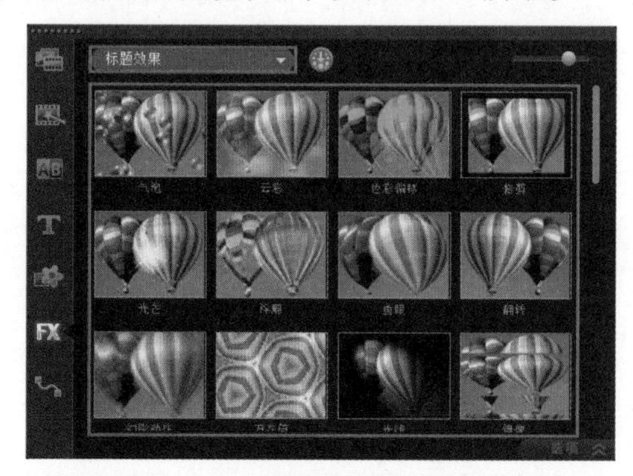

图 9-179

进阶实例：为文字添加标题滤镜

案例文件	进阶实例：为文字添加标题滤镜 .VSP
视频教学	视频文件 \ 第 9 章 \ 为文字添加标题滤镜 .flv
难易指数	★★★☆☆
技术掌握	浮雕滤镜和标题文字的应用

案例分析：

本案例就来学习如何在会声会影 X6 中使用浮雕文字标题滤镜，最终渲染效果，如图 9-180 所示。

图 9-180

思路解析，如图 9-181 所示：

图 9-181

（1）添加素材与文字。

（2）为文字添加浮雕滤镜。

制作步骤：

（1）打开会声会影 X6，将素材文件夹中的【01.jpg】添加到【视频轨】上，如图 9-182 所示。此时，在【预览窗口】中的效果，如图 9-183 所示。

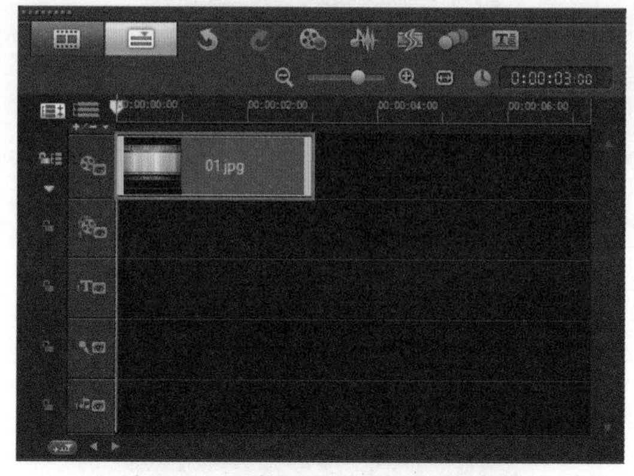

图 9-182

图 9-183

（2）单击【素材库】面板中的【标题】按钮，然后在【选项】面板中设置合适的【字体】和【字体大小】，设置【色彩】为黑色（R：0，G：0，B：0），如图 9-184 所示。接着在【预览窗口】双击并输入文字，如图 9-185 所示。

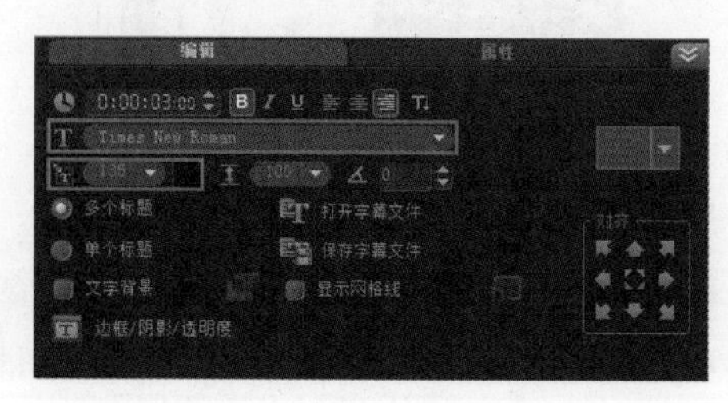

图 9-184

（3）在【编辑】选项卡中单击【边框 / 阴影 / 透明度】按钮，如图 9-186 所示。在弹出的窗口中选择【阴影】选项卡，然后单击【光晕阴影】按钮，并设置【强度】

图 9-185

为 7.0，【光晕阴影色彩】为白色（R：255，G：255，B：255），【光晕阴影透明度】为 11，【光晕阴影柔化边缘】为 11，单击【确定】按钮，如图 9-187 所示。

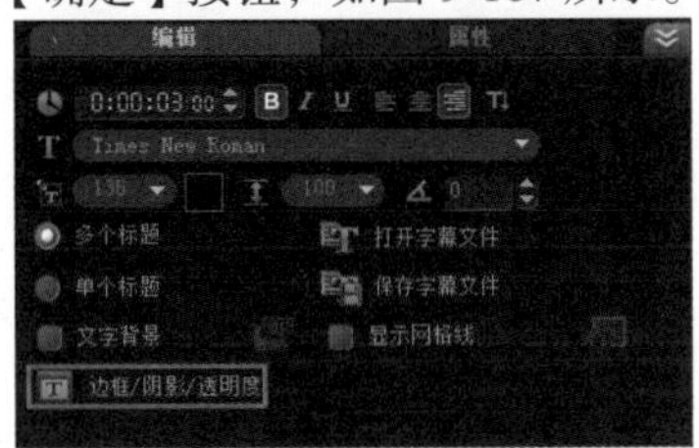

图 9-186

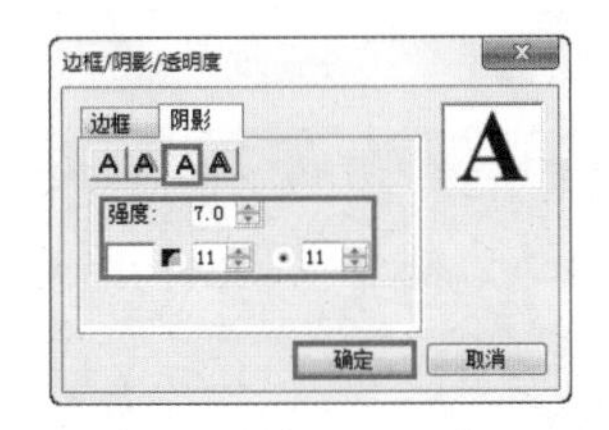

图 9-187

（4）此时，查看【预览窗口】中的文字效果，如图 9-188 所示。

图 9-188

（5）在【素材库】面板上单击【滤镜】按钮FX，将【画廊】类型设置为【标题效果】，接着将【浮雕】效果拖拽到【标题轨】的标题上，如图 9-189 所示。

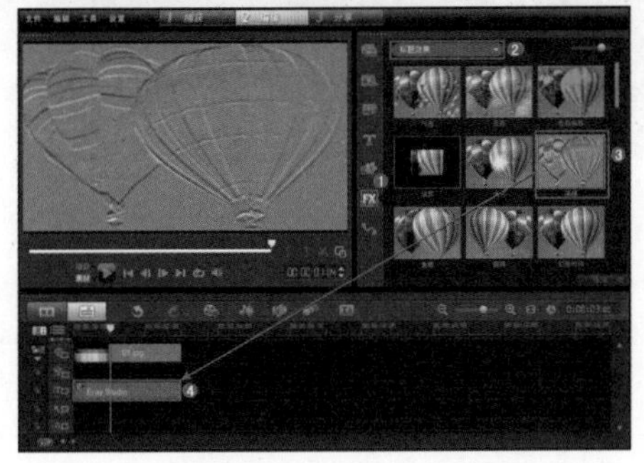

图 9-189

（6）双击【标题轨】上的文字，打开【属性】面板，单击【自定义滤镜】按钮，如图 9-190 所示。在弹出的对话框中，选择【起始帧】选项，并单击设置【光线方向】按钮，设置【覆盖色彩】为灰色（R：176，G：176，B：176），【深度】为 2，如图 9-191 所示。

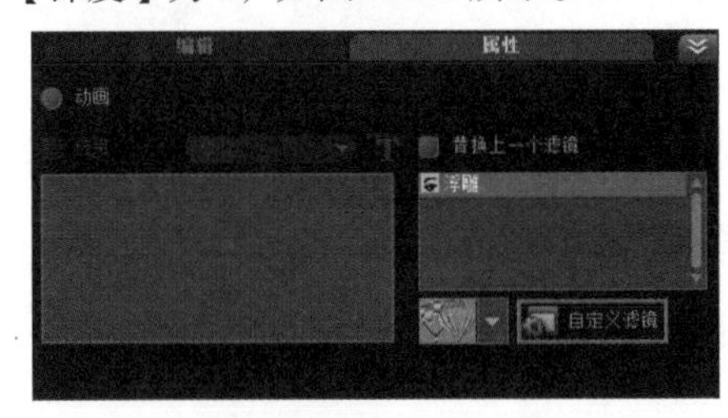

图 9-190

图 9-191

（7）选择【起始帧】复制到【结束帧】，并单击【确定】按钮，如图 9-192 所示。

图 9-192

（8）此时在【预览窗口】中查看最终效果，如图 9-193 所示。

图 9-193

第 9 章

第 10 章　音频滤镜

本章内容简介

影片中的音乐可以突出主题、突出情感，也是最容易忽视的部分。在会声会影 X6 中可以应用多种音频滤镜，让音频更有魅力。

本章学习要点

学习音频的基础操作方法

掌握如何编辑音频

掌握混音器和音频素材库的使用

掌握音频滤镜的应用与技巧

10.1　音频基础

在会声会影 X6 的【媒体】素材库中包含许多软件自带的音频素材，可以直接将音频素材放置到音频轨道上，并进行编辑操作。

10.1.1

在会声会影 X6 中，选择【媒体】素材库，可以看到三种类型的媒体素材。单击【视频】、【照片】素材文件按钮可以隐藏【视频】、【照片】素材，从而单独显示【音频】素材，如图 10-1 所示。

图 10-1

10.1.2

在会声会影 X6 的时间轴中包含了【声音轨】和【音乐轨】两种音频轨道，如图 10-2 所示。

图 10-2

在时间轴面板中单击【轨道管理器】按钮，如图 10-3 所示。然后在弹出的对话框中设置【音乐轨】的数量，接着单击【确定】按钮即可，如图 10-4 所示。

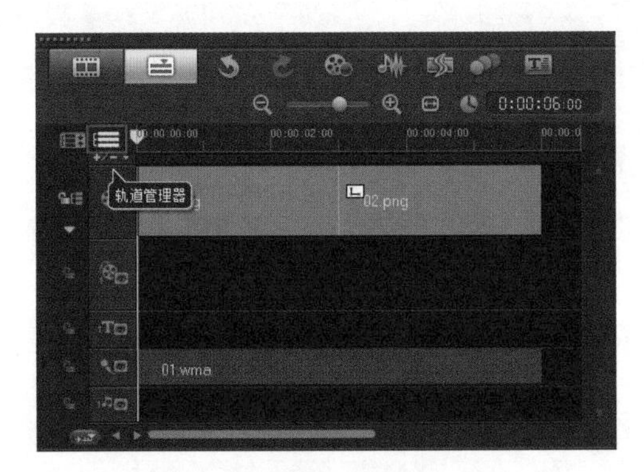

图 10-3

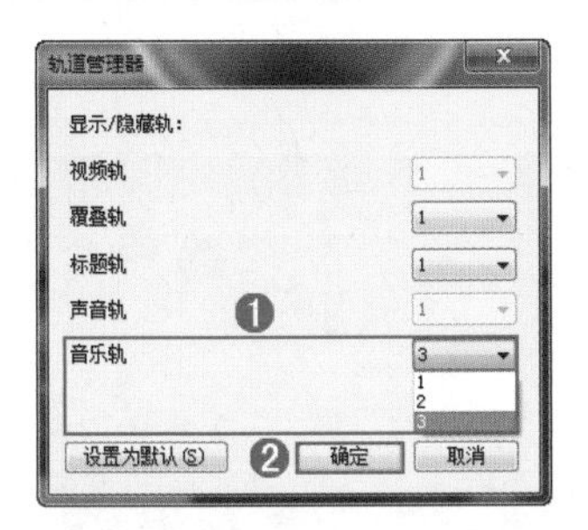

图 10-4

10.2 添加和删除音频

在使用会声会影 X6 编辑影片时，可以将音频素材文件添加到时间轴中的【声音轨】和【音乐轨】上。即可为当前影片素材添加音乐效果。

10.2.1

在【媒体】素材库中的音频素材上按住鼠标左键拖拽到声音轨即可，如图 10-5 所示。

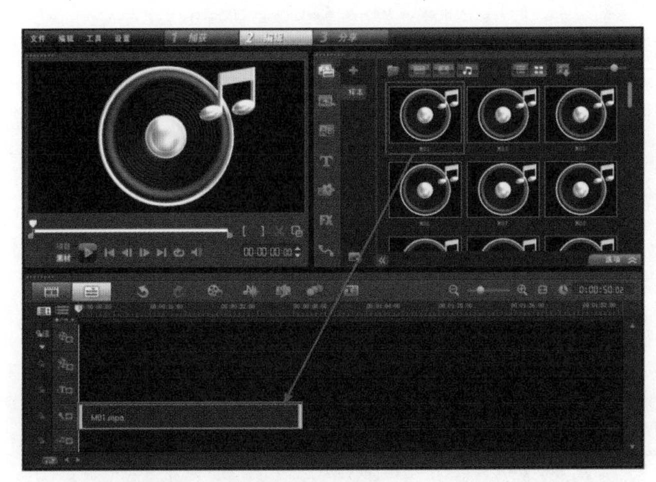

图 10-5

也可以在素材库中的音频素材上单击鼠标右键，然后在弹出的快捷菜单中选择【插入到】/【声音轨】或【音乐轨】命令，即可将指定的音频文件插入轨道中，如图 10-6 所示。

图 10-6

进阶实例：添加预设音频文件

案例文件	进阶实例：添加预设音频效果 .VSP
视频教学	DVD/ 多媒体教学 / 第 10 章 / 进阶实例：添加预设音频文件 .flv
难易指数	★★★★☆
技术掌握	添加 Flash 动画、更改素材时间、添加音频文件

案例分析：

本案例就来学习如何在会声会影 X6 中添加预设音频文件效果，最终渲染效果，如图 10-7 所示。

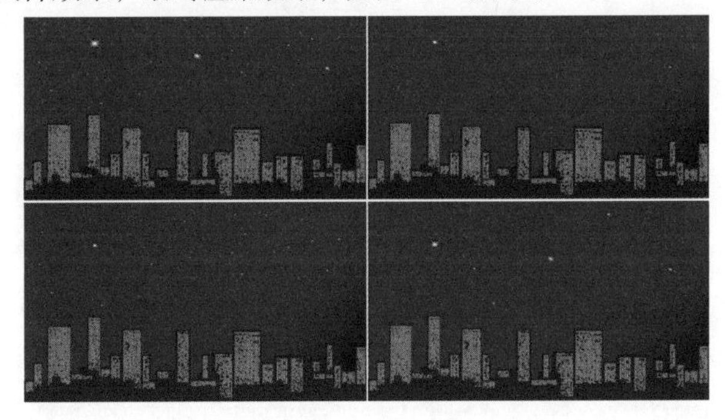

图 10-7

思路解析，如图 10-8 所示：

图 10-8

（1）添加 Flash 素材文件，更改素材区间。

（2）添加素材库中的音频文件，更改音频区间。

制作步骤：

（1）打开会声会影 X6，将素材文件夹中的【01.jpg】添加到视频轨上，并设置结束时间为第 7 秒，如图 10-9 所示。设置覆叠轨的数量 2，单击确定按钮，如图 10-10 所示。

（2）单击【素材库】面板上的【图形】按钮，设置【画廊】类型为【Flash 动画】，接着将【MotionF21】拖拽到【覆叠轨 1】上，如图 10-11 所示。双击【覆叠轨 1】上的素材文件，打开【编辑】面板，设置【区间】为 7 秒，如图 10-12 所示。

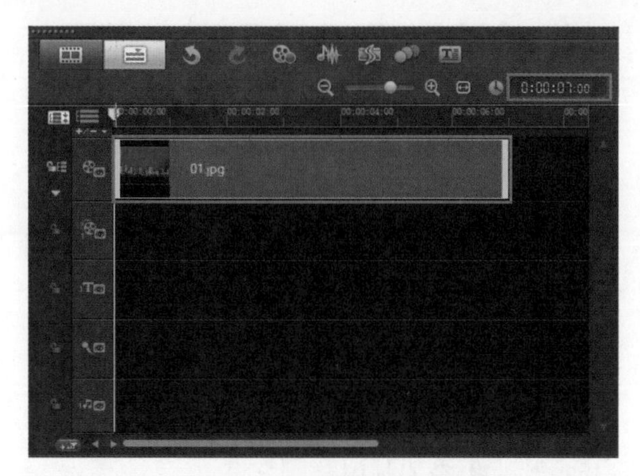

图 10-9

图 10-10

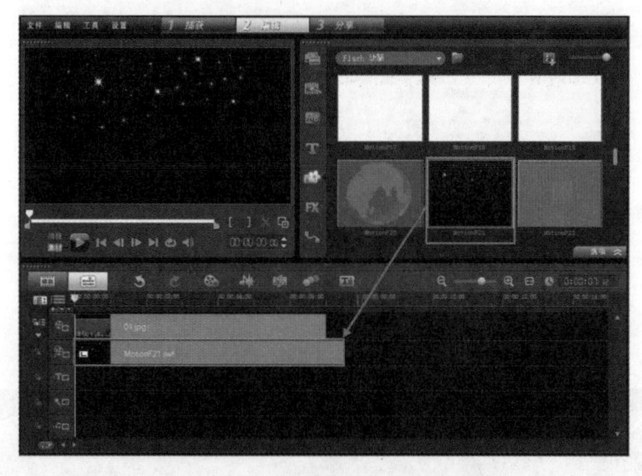

图 10-11

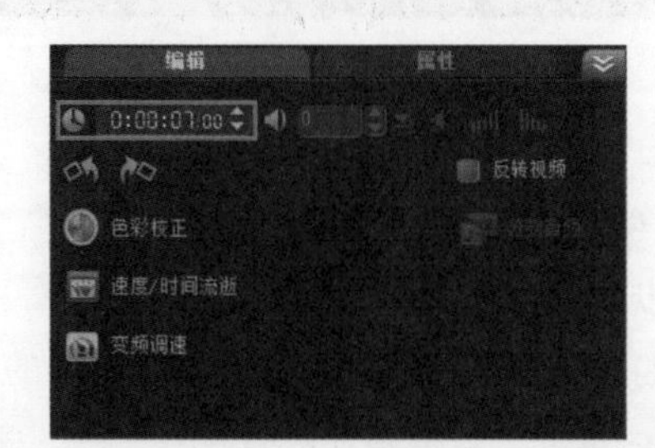

图 10-12

（3）接着将【MotionF25】拖拽到【覆叠轨 2】上，如图 10-13 所示。

（4）双击【覆叠轨 1】上的素材文件，打开【编辑】面板，单击【速度 / 时间流逝】按钮，如图 10-14 所示。在弹出的对话框中，设置【新素材区间】为 7 秒，并单击【确定】按钮，如图 10-15 所示。

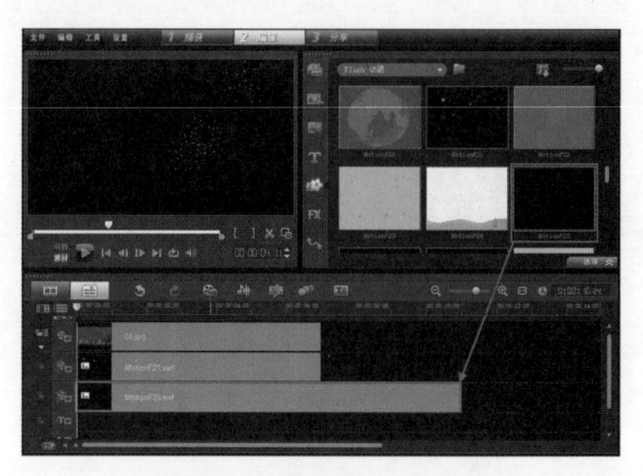

图 10-13

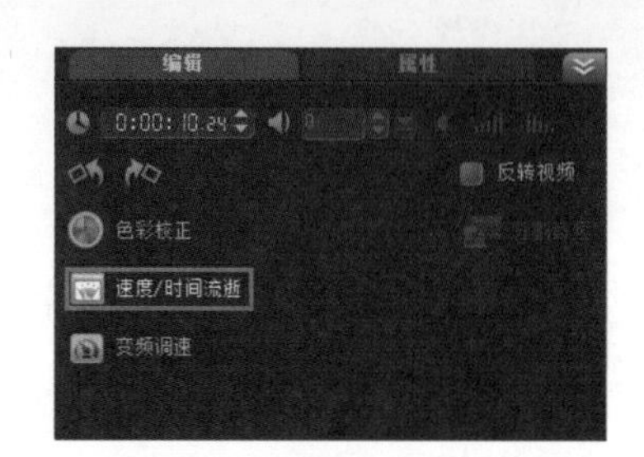

图 10-14

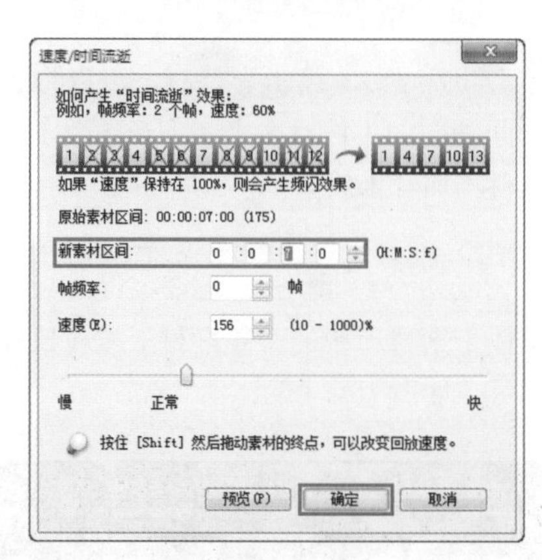

图 10-15

（5）单击媒体素材库，将音频文件双击声音轨上的音频文件【S12.mpa】拖拽到【声音轨】上，如图 10-16 所示。双击【声音轨】上的音频文件，打开【音乐和声音】，设置音频的【区间】为 7 秒，如图 10-17 所示。

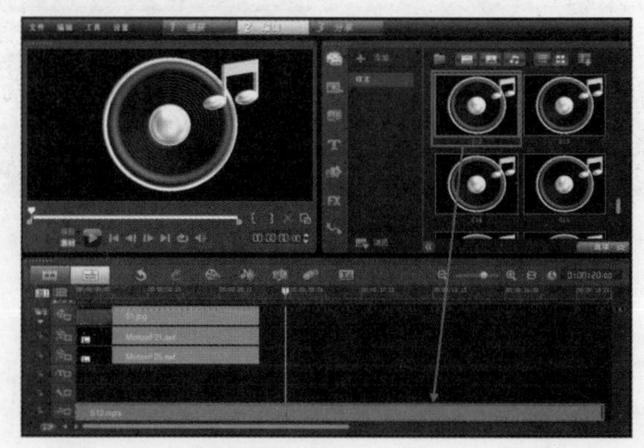

图 10-16

图 10-17

（6）此时，单击【预览窗口】中的【播放】按钮查看最终效果，如图 10-18 所示。

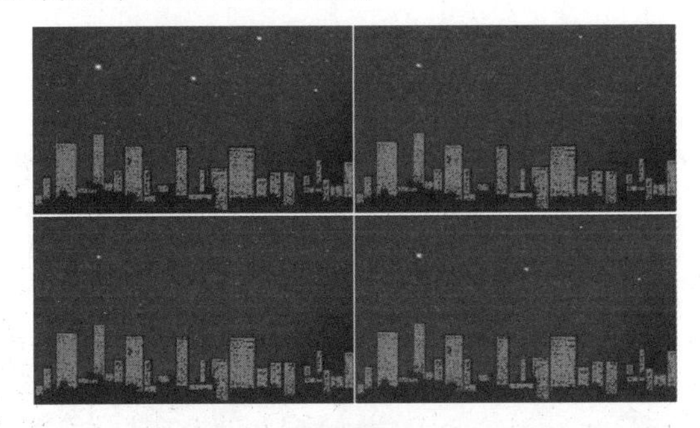

图 10-18

10.2.2

在素材库中单击【导入媒体文件】按钮，如图 10-19 所示。然后在弹出【浏览媒体文件】对话框中选择计算机中已经储存的音频文件，接着单击【打开】按钮即可，如图 10-20 所示。

图 10-19

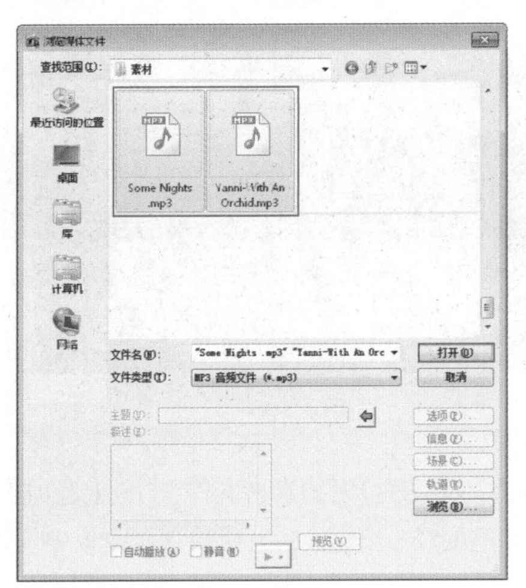

图 10-20

此时素材库中已经出现了导入的音频文件，如图 10-21 所示。

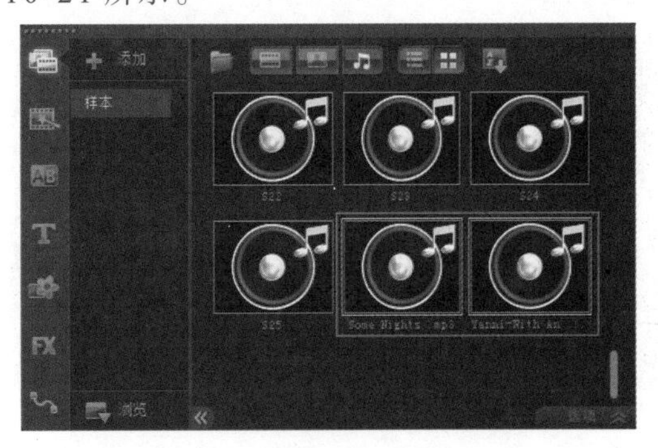

图 10-21

10.2.3

（1）在使用会声会影 X6 编辑影片时，可以从计算机中导入音频素材文件到时间轴的【声音轨】或【音乐轨】中进行编辑制作。

（2）在会声会影 X6 的声音轨上单击鼠标右键，然后在弹出的菜单中选择【插入音频】/【到声音轨】命令，如图 10-22 所示。

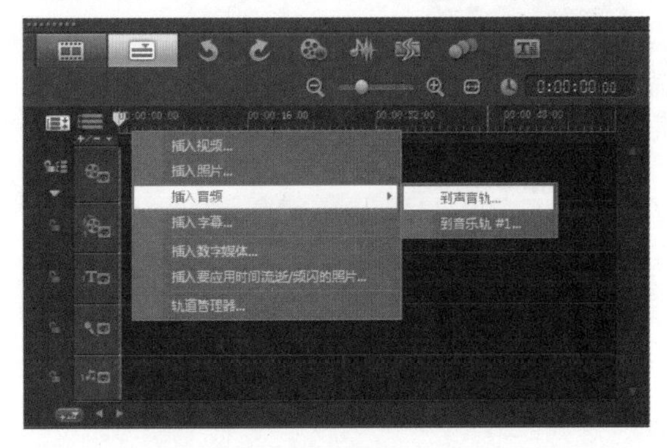

图 10-22

（3）在弹出的【打开音频文件】对话框中选择需要添加的音频文件，并单击【打开】按钮，如图 10-23 所示。

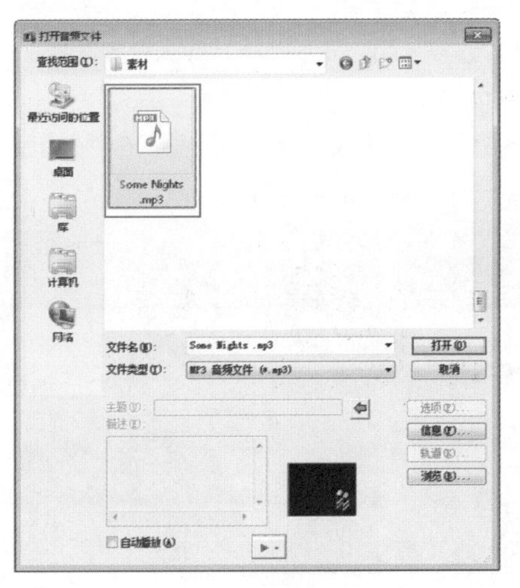

图 10-23

第 10 章

（4）此时，该音频素材文件已经出现在项目时间轴的【声音轨】上，如图 10-24 所示。

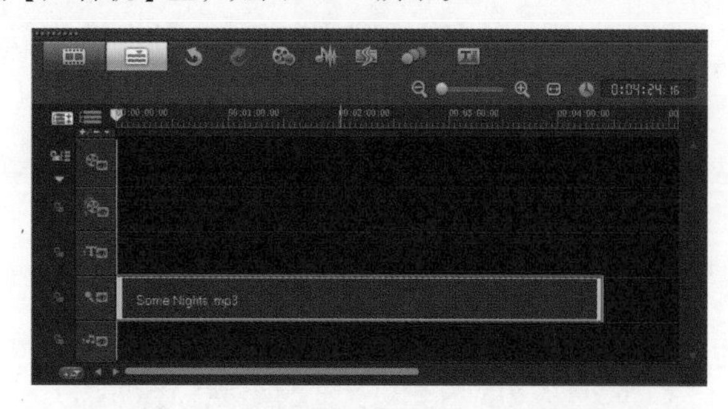

图 10-24

求生秘籍——技巧提示：导入音频的方法

除了上面的简便导入音频文件方法外，还可以通过菜单栏导入音频素材文件。在菜单栏中执行【文件】/【将媒体文件插入到时间轴】/【插入音频】或【到声音轨】命令即可，如图 10-25 所示。

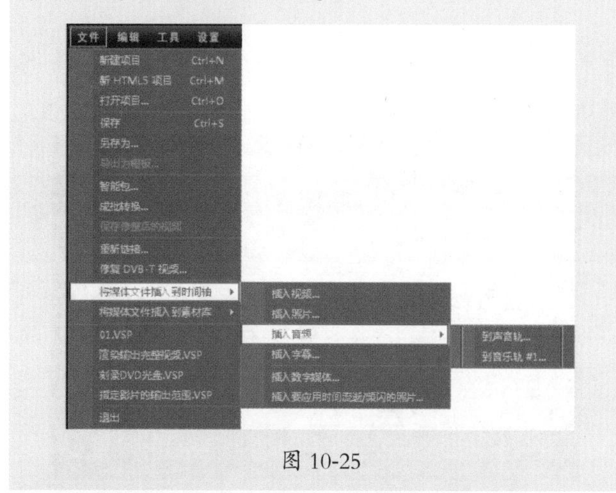

图 10-25

进阶实例：导入音频文件制作音乐相册

案例文件	进阶实例：导入音频文件制作音乐相册 .VSP
视频教学	DVD/ 多媒体教学 / 第 10 章 / 进阶实例：导入音频文件制作音乐相册 .flv
难易指数	★★★☆☆
技术掌握	遮罩应用、转场动画、导入音频文件

案例分析：

本案例就来学习如何在会声会影 X6 中制作音乐相册，最终渲染效果，如图 10-26 所示。

图 10-26

思路解析，如图 10-27 所示：

图 10-27

（1）为照片设置合适的遮罩方式，添加转场过渡。

（2）导入合适的音频文件。

制作步骤：

（1）打开会声会影 X6，将素材文件夹中的【背景 .jpg】添加到视频轨上，并设置结束时间为第 21 秒的位置，如图 10-28 所示。

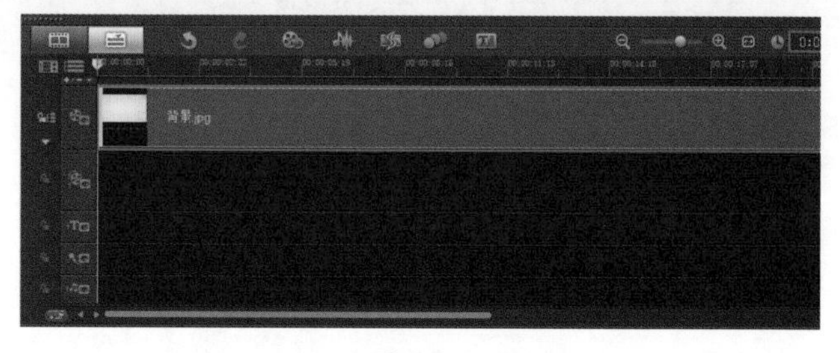

图 10-28

（2）将素材文件夹中的【01.jpg】、【02.jpg】、【03.jpg】和【04.jpg】添加到【覆叠轨】上，如图 10-29 所示。分别设置他们照片的【区间大小】为 6 秒，如图 10-30 所示。

图 10-29

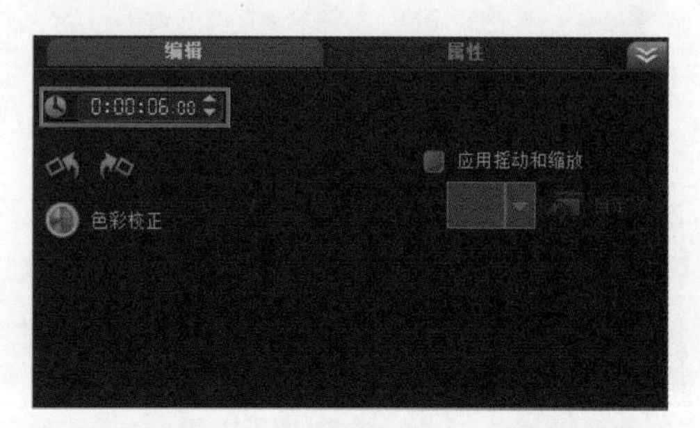

图 10-30

（3）双击【覆叠轨】上的素材文件，打开【选项】面板，单击【遮罩和色度键】按钮，在出现的参数面板中勾选【应用覆叠选项】选项，设置【类型】为【遮罩帧】，分别为图片素材选择合适的遮罩方式，如图 10-31 所示。接着选择【覆叠轨】上的素材文件，在【预览窗口】中单击鼠标右键执行【调整到屏幕大小】命令，如图 10-32 所示。

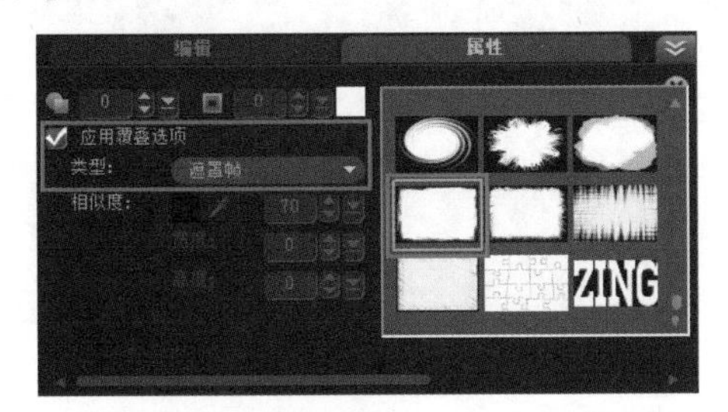

图 10-31

图 10-32

（4）单击【素材库】上的【转场】按钮，设置【画廊】类型为【全部】，将【遮罩 E】、【马赛克】和【遮罩】转场特效添加到素材之间，如图 10-33 所示。

图 10-33

（5）在声音轨上单击鼠标右键，在弹出的菜单中执行【插入音频】/【语音轨】命令，在弹出的对话框中选择【01.mp3】选项，单击【打开】按钮，如图 10-34 所示。

图 10-34

（6）此时，单击【预览窗口】中的【播放】按钮查看最终效果，如图 10-35 所示。

图 10-35

10.2.4

会声会影 X6 自带的【自动音乐】中包含许多风格的音乐素材，方便选择使用，而自动音乐最主要的功能就是无论怎样改变音频素材的长度，都可以智能地进行收尾。

（1）在项目时间轴上单击【自动音乐】按钮，如图 10-36 所示。此时在【选项】面板中就会显示【自动音乐】的相关参数，如图 10-37 所示。

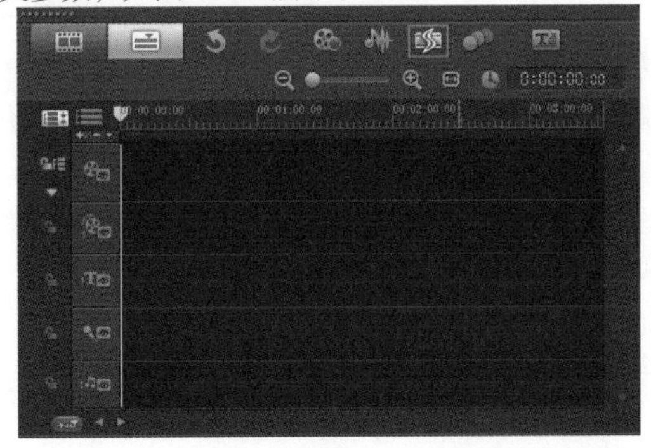

图 10-36

图 10-37

（2）在【范围】的下拉列表中选择【SmartSound Store】选项，如图 10-38 所示。然后在【音乐】下拉列表中可以选择所需要的音乐，如图 10-39 所示。

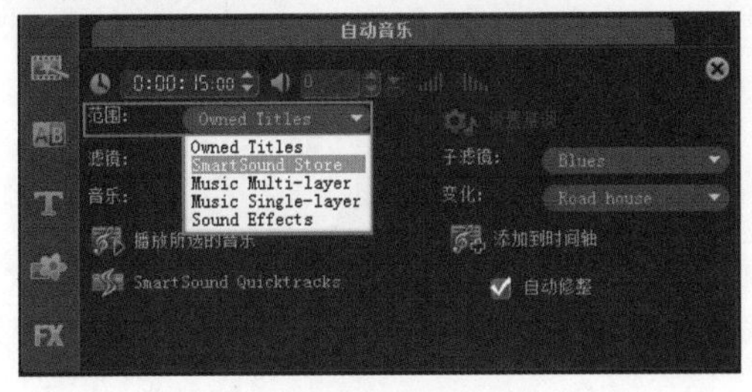

图 10-38

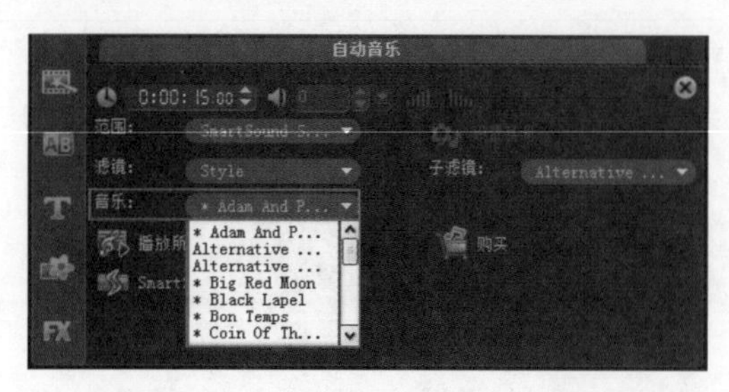

图 10-39

（3）在该面板中可以选择选择不同的音乐类型，并单击面板中的【播放所选的音乐】按钮试听该音乐，如图 10-40 所示。

图 10-40

10.2.5

在会声会影 X6 中，可以将素材库中不用的音频文件删除，以方便查找和应用其他音频文件。

（1）首先在素材库中的音频文件上单击鼠标右键，然后在弹出的菜单中选择【删除】命令，如图 10-41 所示。此时会弹出是否删除此略图的对话框，单击【确定】按钮即可，如图 10-42 所示。

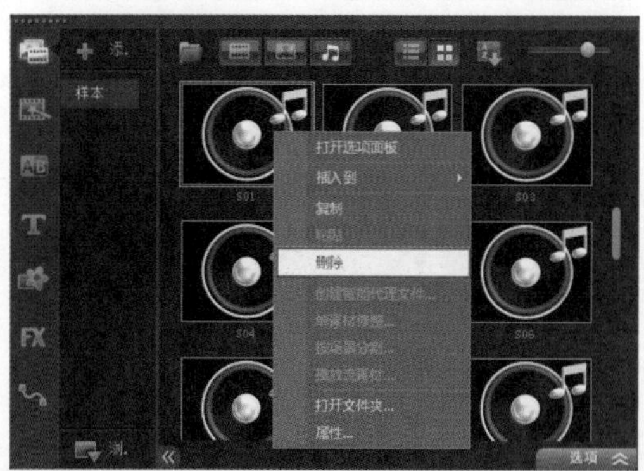

图 10-41

图 10-42

（2）此时素材库中的该音频文件已经被删除，如图 10-43 所示。

图 10-43

进阶实例：替换视频中的音频

案例文件	进阶实例：替换视频中的音频 .VSP
视频教学	DVD/ 多媒体教学 / 第 10 章 / 进阶实例：替换视频中的音频 .flv
难易指数	★★☆☆☆
技术掌握	分割音频功能的应用

案例分析：

本案例就来学习如何在会声会影 X6 中替换视频中的音频，最终渲染效果，如图 10-44 所示。

图 10-44

思路解析，如图 10-45 所示：

图 10-45

（1）分割音频。

（2）删除原音频，导入新音频。

制作步骤：

（1）打开会声会影 X6 软件，然后将素材文件夹内的【视频 .avi】添加到【视频轨】上，如图 10-46 所示。

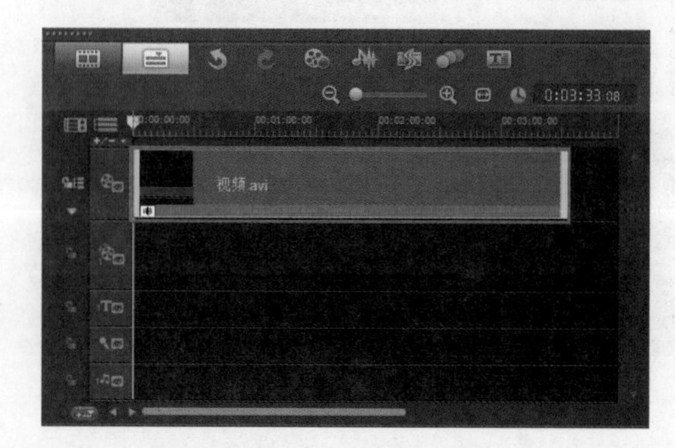

图 10-46

（2）双击【视频轨】上的【视频 .avi】素材文件，然后在【视频】选项卡中单击【分割音频】按钮，如图 10-47 所示。

图 10-47

（3）选择【声音轨】上分割出来的【视频 .avi】的音频文件，按 <Delete> 键删除，如图 10-48 所示。

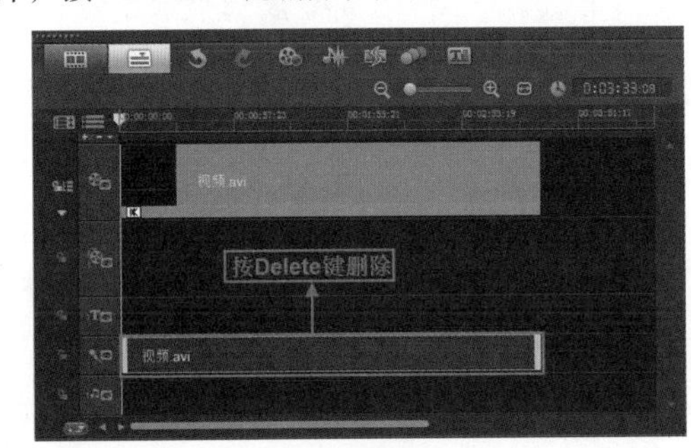

图 10-48

（4）在【声音轨】中插入【配乐 .mp3】音频素材文件，如图 10-49 所示。

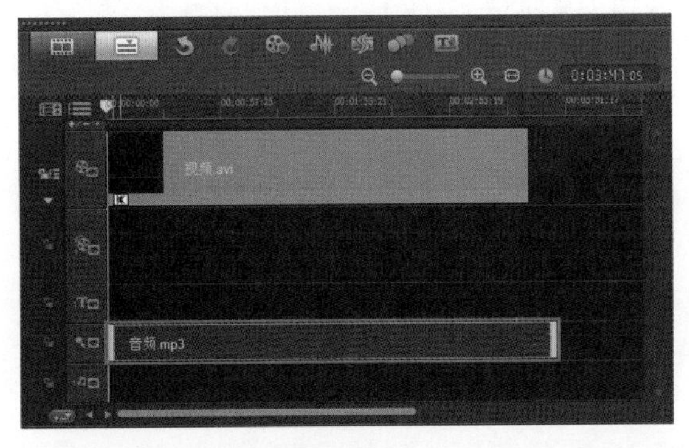

图 10-49

（5）此时，单击【预览窗口】中的【播放】按钮查看最终【替换视频音乐】效果，如图 10-50 所示。

图 10-50

技术拓展：软件技能

双击视频文件，然后在【视频】选项卡中单击【静音】按钮，可以取消静音或设置静音，如图 10-51 所示。

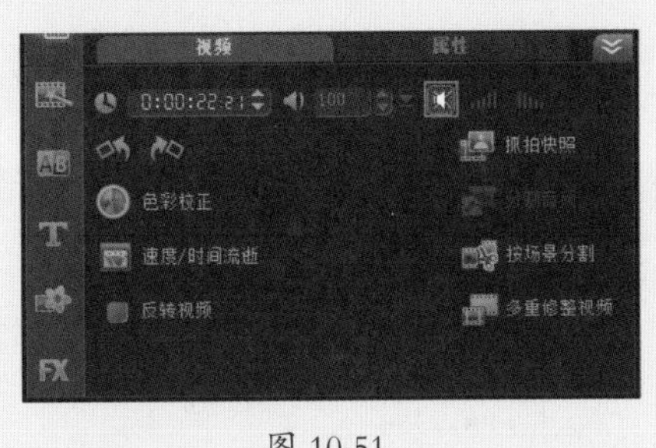

图 10-51

10.3　音频滤镜

在使用会声会影 X6 中，可以对时间轴中的音频素材添加各种音频滤镜效果，从而制作出特殊的音频效果。

首先双击选择时间轴中的音频素材文件，然后在【音乐和声音】面板中单击【音频滤镜】按钮，如图 10-52 所示。此时在弹出的【音频滤镜】对话框中可以选择需要使用的音频滤镜，接着单击【添加】按钮即可，如图 10-53 所示。

图 10-52

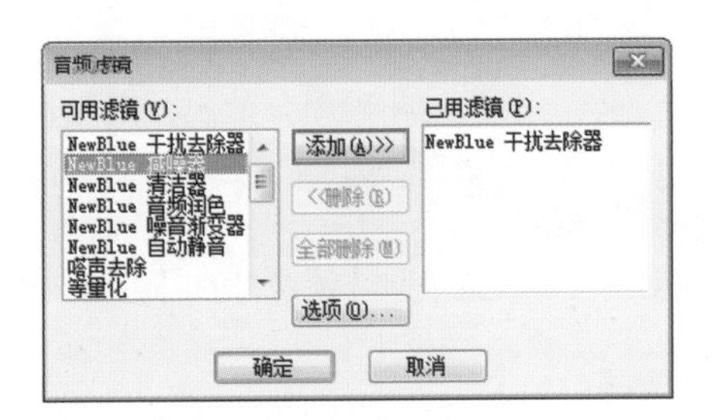

图 10-53

重点参数提醒：

※可用滤镜：在图 10-53 中，该列表显示了所有的音频滤镜，单击即可选择。

※添加：在【可用滤镜】的列表中选择了滤镜后，单击该按钮，即可将指定的滤镜应用到当前选择的音频素材文件上。

※已用滤镜：在该列表中显示了所有已应用的音频滤镜。

※删除：选择需要删除的音频滤镜，然后单击该按钮即可删除。

※全部删除：单击该按钮，即可删除所有已添加的音频滤镜。

※选项：选择某一音频滤镜，然后单击该按钮，即可在弹出的对话框中自定义该滤镜参数。

10.3.1

使用【放大】音频滤镜，可以将当前的音频素材音量放大。其自定义参数面板如图 10-54 所示。

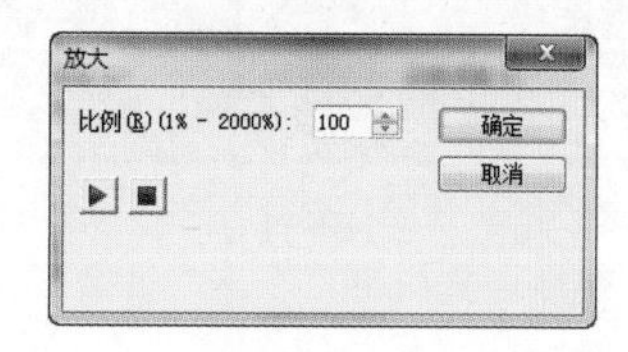

图 10-54

重点参数提醒：

※比例：可以控制素材音量的放大比例范围是1%~2000%。

※【播放】：单击该按钮，可以对当前素材效果进行试听。

※【停止】：单击该按钮，即可停止试听。

10.3.2

使用【嗒声去除】音频滤镜，可以将音频素材中嗒声进行清除。其自定义参数面板，如图 10-55 所示。

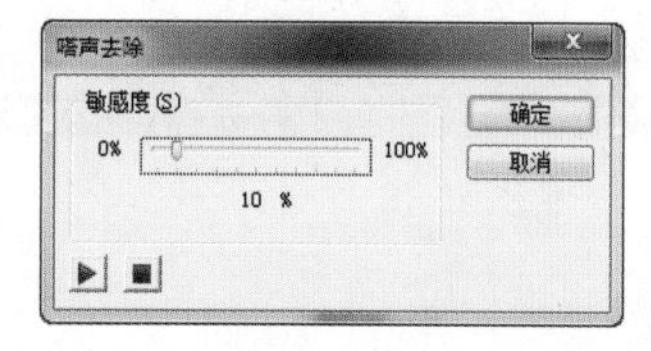

图 10-55

重点参数提醒：

※敏感度：可以设置去除音频素材的嗒声的扫描细致程度。

10.3.3

使用【回声】音频滤镜，可以令音频素材在一定间隔时间内进行重复，模拟回声的效果。其自定义参数面板，如图 10-56 所示。

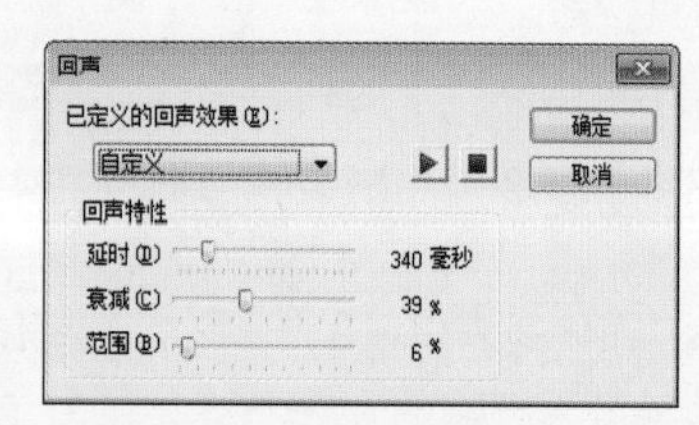

图 10-56

重点参数提醒：

※已定义的回声效果：可以设置已经定义好的回声效果，也可以自定义设置回声效果。已定义的回音效果包括长回音、长重复、共鸣和体育场。

※延时：设置回声的延迟重复时间。

※衰减：设置回声的音量衰减百分比程度。

※范围：设置回声的范围百分比程度。

10.3.4

使用【嘶声降低】音频滤镜，可以将一些音频素材中带有的嘶声清除。其自定义参数面板，如图 10-57 所示。

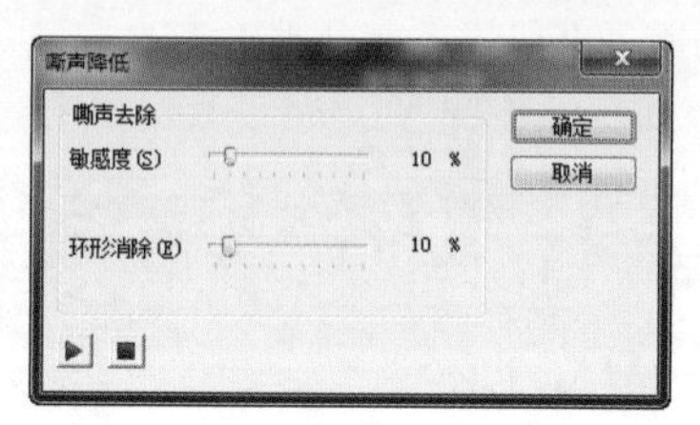

图 10-57

重点参数提醒：

※敏感度：通过调整该项参数，可以设置去除音频素材的嘶声过程中，扫描的程度。

※环形消除：对嘶声进行消除的百分比程度。

10.3.5

使用【长回音】音频滤镜，可以直接为音频素材添加已经设定好的长回音效果。该滤镜没有参数，如图 10-58 所示。

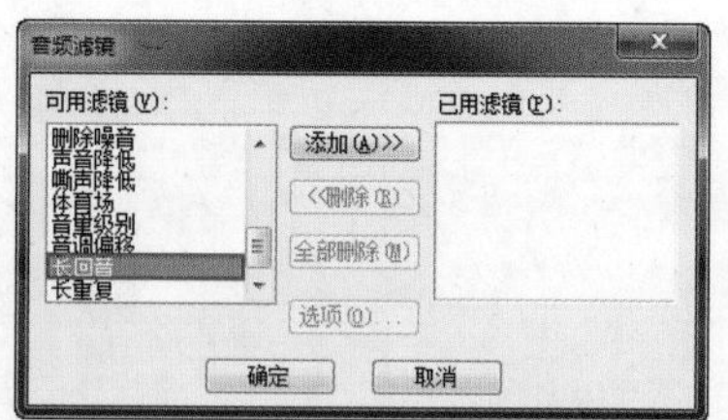

图 10-58

10.3.6

使用【长重复】音频滤镜，可以为音频素材添加已经设定好的重复声音效果。该滤镜没有参数，如图 10-59 所示。

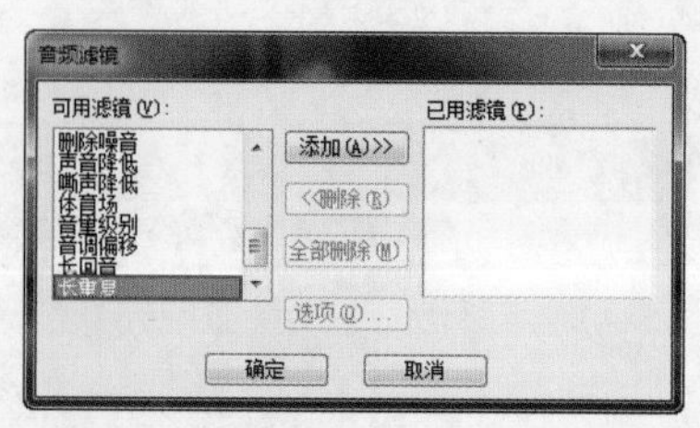

图 10-59

10.3.7

使用【NewBlue 干扰去除器】音频滤镜，可以将音频素材中的干扰声去除。其自定义参数面板，如图 10-60 所示。

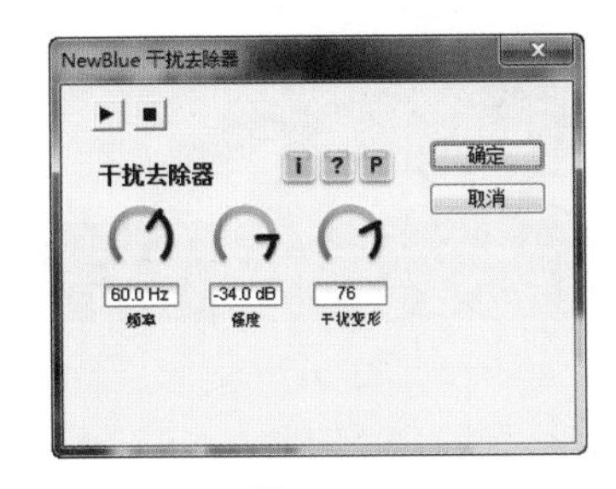

图 10-60

重点参数提醒：

※频率：设置去除干扰的频率。

※强度：设置去除干扰的强度。

※干扰变形：设置去除干扰时，对干扰效果进行变形的程度。

10.3.8

使用【NewBlue 减噪器】音频滤镜，可以将音频素材中的噪声进行降低。其自定义参数面板，如图 10-61 所示。

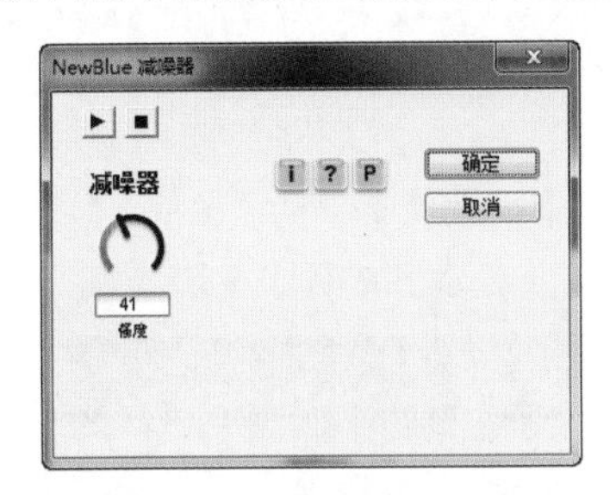

图 10-61

10.3.9

使用【NewBlue 清洁器】音频滤镜，可以将音频素材中的噪声和干扰降低。其自定义参数面板，如图 10-62 所示。

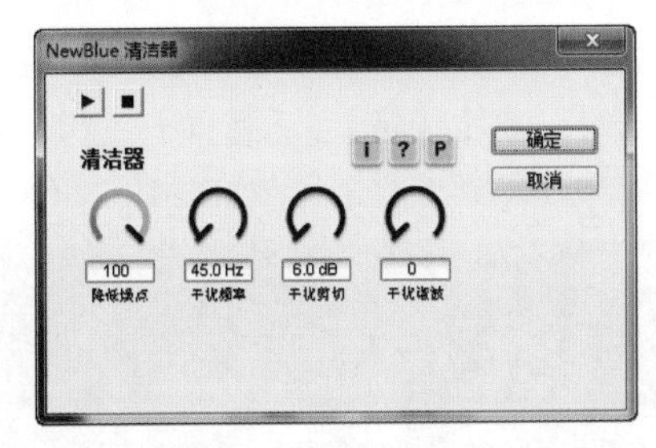

图 10-62

重点参数提醒：

※降低噪音：降低音频素材中的噪点程度。

※干扰频率：音频素材中需要干扰的频率。

※干扰剪切：音频素材中对干扰进行剪切的程度。

※干扰滤波：设置音频素材的干扰滤波程度。

10.3.10

添加【音频润色】音频滤镜，可以对音频素材进行润饰，使其音色更加完善。其自定义参数面板，如图 10-63 所示。

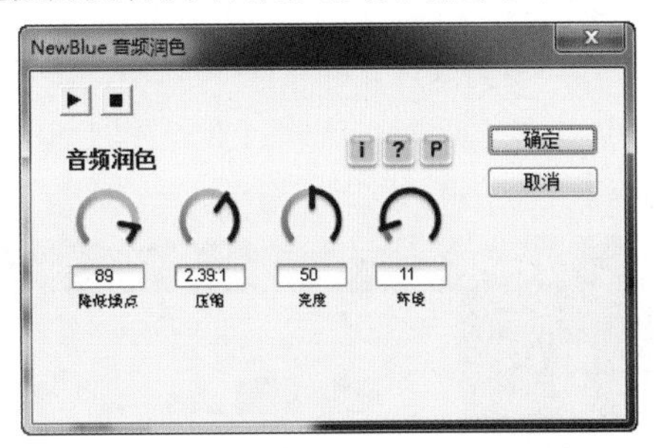

图 10-63

重点参数提醒：

※压缩：设置对音频的压缩程度。

※亮度：设置音频的亮度。

※环境：设置音频素材的环境效果。

进阶实例：添加音频润色滤镜

案例文件	进阶实例：添加音频润色滤镜 .VSP
视频教学	DVD/ 多媒体教学 / 第 10 章 / 进阶实例：添加音频润色滤镜 .flv
难易指数	★★★☆☆
技术掌握	遮罩、转场、音频润色滤镜的应用

案例分析：

本案例就来学习如何在会声会影 X6 中使用音频润色滤镜，最终渲染效果，如图 10-64 所示。

思路解析，如图 10-65 所示：

图 10-64

图 10-65

（1）为照片设置合适的遮罩方式，添加转场过渡。

（2）导入合适的音频文件。

制作步骤：

1. 制作视频背景

（1）打开会声会影 X6，在【视频轨】上单击鼠标右键，执行【插入照片到时间流逝 / 频闪 ...】命令，在弹出的对话框中选择素材文件，如图 10-66 所示。在弹出的【时间流逝 / 频闪】的对话框中，设置【帧持续时间】为 4 帧，单击【确定】按钮，如图 10-67 所示。

图 10-66

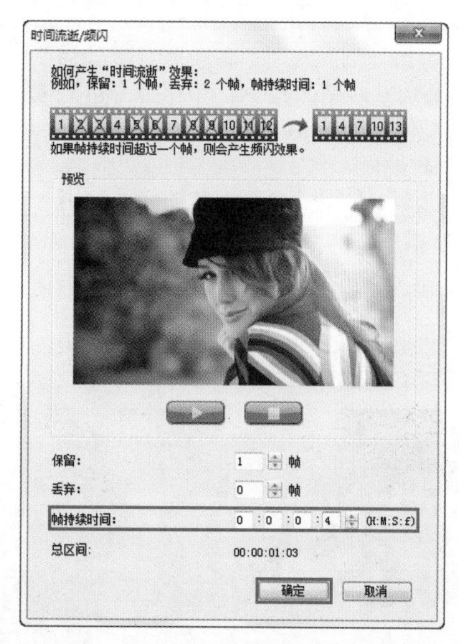

图 10-67

（2）此时可以在【视频轨】上看到插入的频闪照片，如图 10-68 所示。【预览窗口】中的效果，如图 10-69 所示。

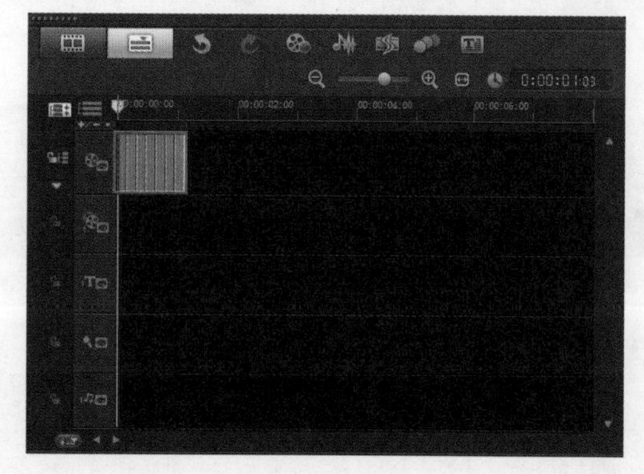

图 10-68

图 10-69

（3）将素材文件夹中的【01.jpg】、【02.jpg】、【03.jpg】、【04.jpg】和【05.jpg】添加到【视频轨】上，如图 10-70 所示。

图 10-70

（4）双击【视频轨】上的【01.jpg】素材文件，打开选项面板，单击【摇动和缩放】按钮，如图 10-71 所示。

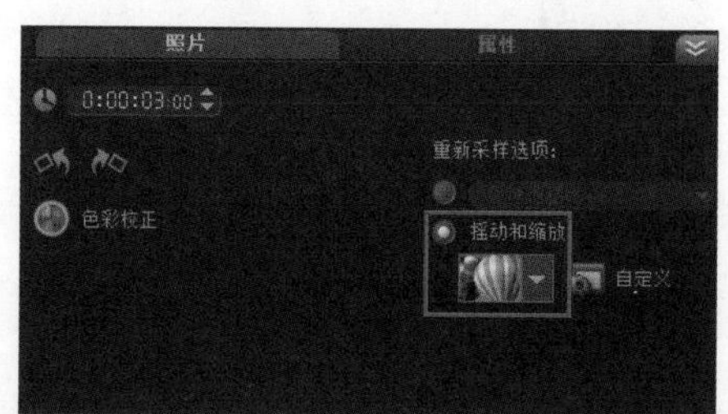

图 10-71

（5）单击【素材库】上的【转场】按钮，设置【画廊】类型为【全部】，将【漩涡】、【遮罩】、【漏斗】和【遮罩 F】转场特效添加到素材之间，如图 10-72 所示。

图 10-72

（6）单击【素材库】上的【图形】按钮，接着将白色（R：245，G：245，B：245）拖拽到【覆叠轨】上，并设置开始时间为 00:00:01:04，结束时间为 00:00:12:03，如图 10-73 所示。

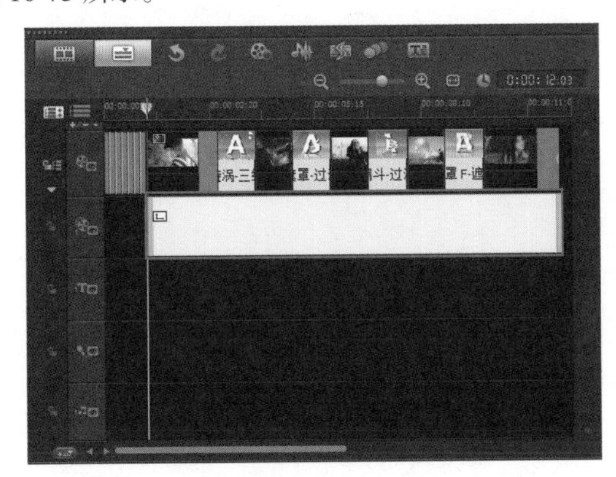

图 10-73

（7）双击【覆叠轨】上的素材文件，打开【选项】面板，单击【遮罩和色度键】按钮，在弹出的参数面板中设置【透明度】为 58，如图 10-74 所示。接着在【预览窗口】中单击鼠标右键，执行【调整到屏幕大小】命令，如图 10-75 所示。

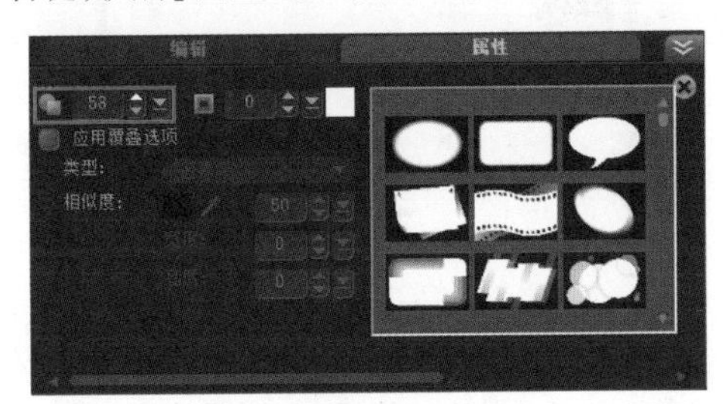

图 10-74

图 10-75

2. 添加音频滤镜

（1）将素材文件夹中的【配乐.MP3】添加到音乐轨上，如图 10-76 所示。

（2）在【预览窗口】中，将时间线拖拽到 00:00:12:03 的位置，单击【剪辑音频文件】按钮，如图 10-77 所示。选择剪辑剩余部分的音频文件按 <Delete> 键删除，如图 10-78 所示。

图 10-76

图 10-77

图 10-78

（3）双击声音轨上的音频文件，打开【音乐和声音】面板，单击【音频滤镜】按钮，如图 10-79 所示。在弹出的对话框中选择【New Blue 音频润色】滤镜，并单击【添加】按钮，如图 10-80 所示。

图 10-79

（4）单击【选项】按钮，在弹出的窗口中设置【降低噪点】为 6，【压缩】为 1.14:1，单击【确定】按钮，如图 10-81 所示。

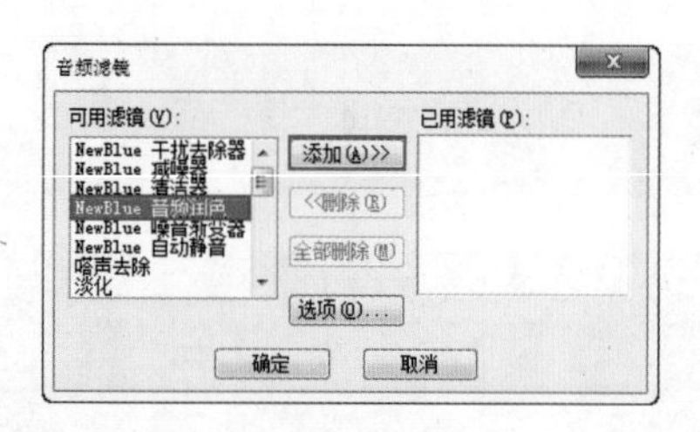

图 10-80

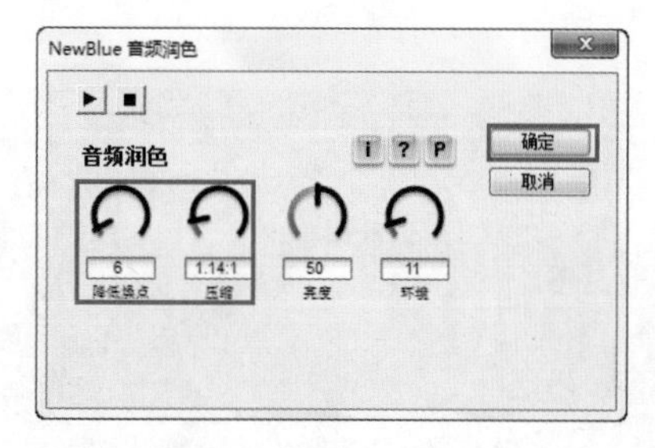

图 10-81

（5）此时，单击【预览窗口】中的【播放】按钮查看最终效果，如图 10-82 所示。

图 10-82

10.3.11

使用【NewBlue 噪声渐变器】音频滤镜，可以对音频素材的噪声进行过渡和淡化。其自定义参数面板，如图 10-83 所示。

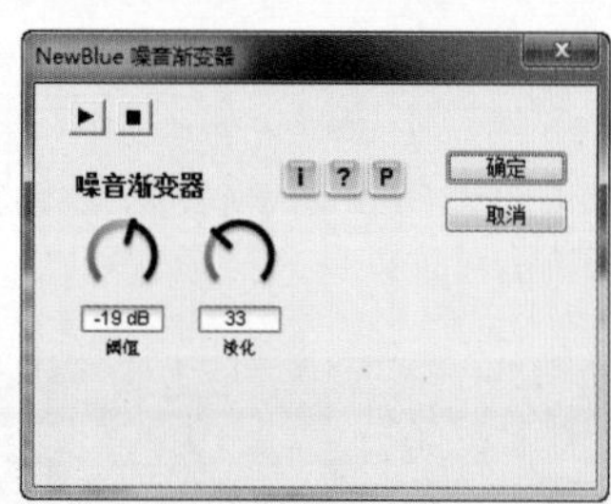

图 10-83

重点参数提醒：

※阈值：阈值界限下的声音将被过滤掉，如果阈值设置过高，声音将会不连续。

※淡化：设置音频素材中噪声的淡化程度。

10.3.12

添加【NewBlue 自动静音】音频滤镜，可以自动对音频素材进行静音处理。其自定义参数面板，如图 10-84 所示。

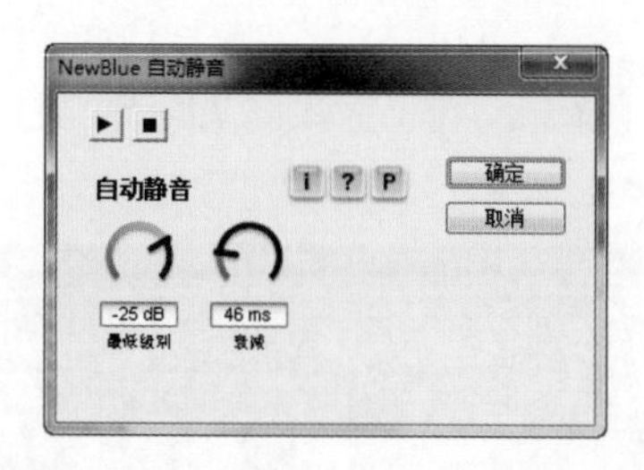

图 10-84

重点参数提醒：

※最低级别：设置音频素材自动静音时的最低级别。

※衰减：设置音频素材的音量衰减程度。

10.3.13

使用【等量化】音频滤镜，可以对音频素材声音进行等量化。该滤镜没有参数，如图 10-85 所示。

图 10-85

10.3.14

使用【音调偏移】音频滤镜，可以将原有的音频素材的声调进行高低调整。其自定义参数面板，如图 10-86 所示。

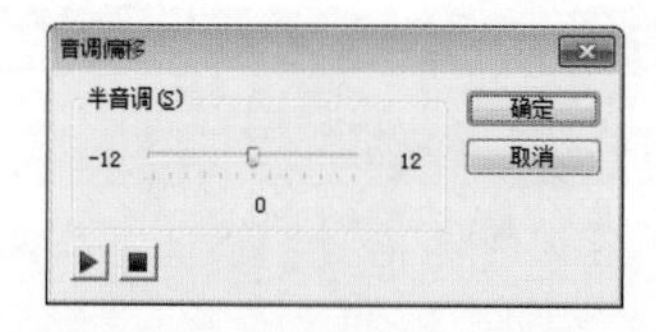

图 10-86

重点参数提醒：

※半音调：设置音调偏移的参数。

10.3.15

使用【删除噪声】音频滤镜，可以对音频素材的噪声部分进行过滤删除。其自定义参数面板，如图 10-87 所示。

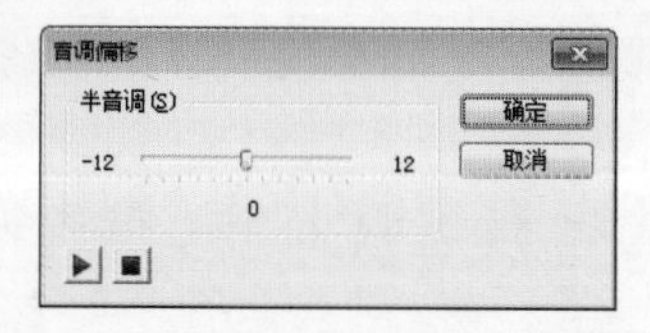

图 10-87

重点参数提醒：

※阈值：设置的该阈值界限下的声音将被过滤掉。同样，如果阈值设置过高，声音则会不连续。

10.3.16

使用【共鸣】音频滤镜，可以为音频素材添加已经设定好的声音共鸣效果。该滤镜没有参数，如图 10-88 所示。

图 10-88

10.3.17

使用【混响】音频滤镜，可以对音频素材进行回馈和强度的混音设置。其自定义参数面板，如图 10-89 所示。

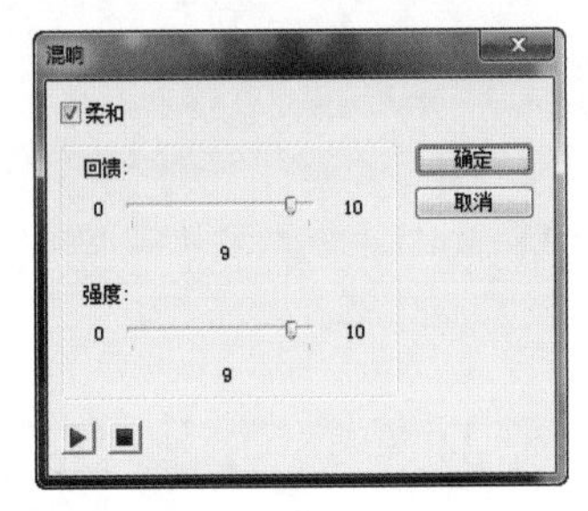

图 10-89

重点参数提醒：

※柔和：勾选该选项，可以使混音效果更加柔和。

※回馈：设置音频的回馈程度。

※强度：设置音频混响的强度。

10.3.18

使用【体育场】音频滤镜，可以为音频素材添加类似体育场环境的声音效果。该滤镜没有参数，如图 10-90 所示。

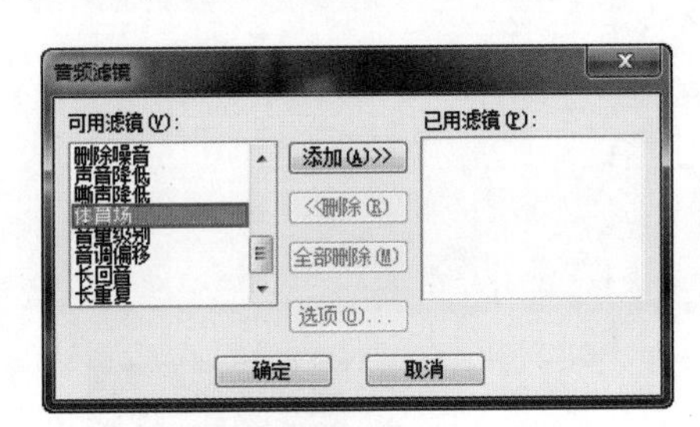

图 10-90

10.3.19

使用【声音降低】音频滤镜，可以对音频素材的声音降低程度进行设置。其自定义参数面板，如图 10-91 所示。

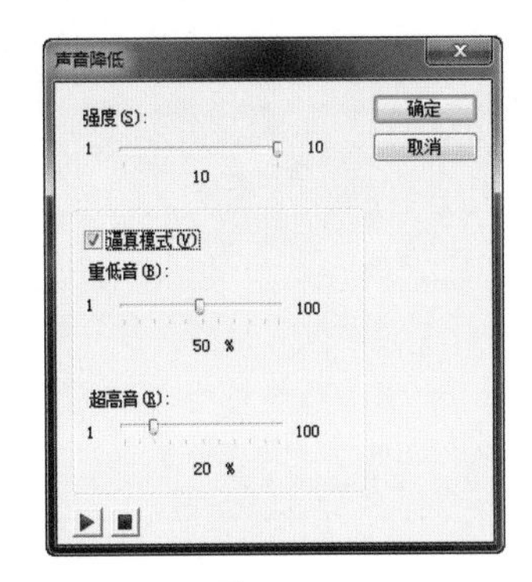

图 10-91

重点参数提醒：

※强度：设置音频素材的声音强度。

※逼真模式：勾选该选项，可以设置更加逼真的声音效果。

※重低音：设置音频素材的重低音程度。

※超高音：设置音频素材的超高音程度。

10.3.20

使用【音量级别】音频滤镜，可以调整音频素材的音量级别。其自定义参数面板，如图 10-92 所示。

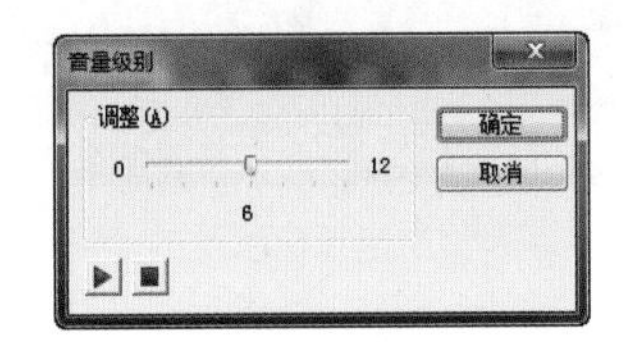

图 10-92

重点参数提醒：

※调整：设置音频素材的音量级别。

进阶实例：添加多个音频滤镜制作悠扬音乐

案例文件	进阶实例：添加多个音频滤镜制作悠扬音乐 .VSP
视频教学	DVD/ 多媒体教学 / 第 10 章 / 进阶实例：添加多个音频滤镜制作悠扬音乐 .flv
难易指数	★★★★☆
技术掌握	画中画滤镜、基本动画、音频滤镜的应用

案例分析：

本案例就来学习如何在会声会影 X6 中设置音频的淡入淡出效果，最终渲染效果，如图 10-93 所示。

图 10-93

思路解析，如图 10-94 所示：

图 10-94

（1）为素材添加画中画滤镜。

（2）为音频添加多个音频滤镜。

制作步骤：

1. 制作画中画动画效果

（1）打开会声会影 X6，将素材文件夹中的【01.jpg】和【02.jpg】添加到【视频轨】和【覆叠轨 1】上，并分别设置结束时间为 15 秒，如图 10-95 所示。

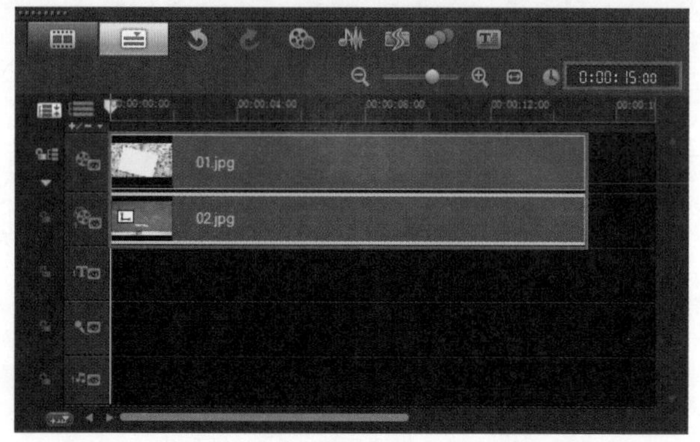

图 10-95

（2）选择【覆叠轨 1】上的【02.jpg】的素材文件，在【预览窗口】中调整素材的位置和大小，如图 10-96 所示。

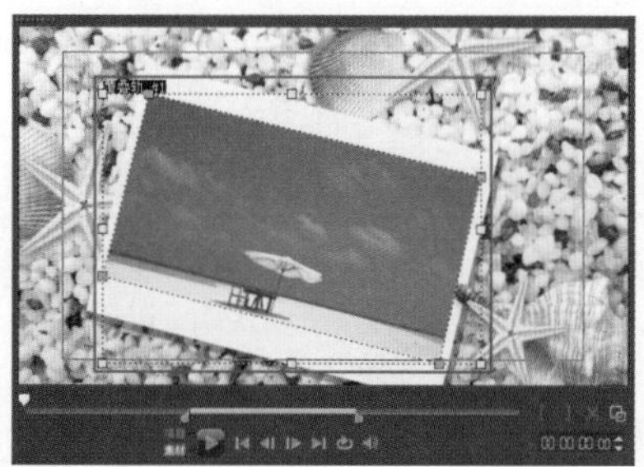

图 10-96

（3）设置【覆叠轨】的数量为 4，如图 10-97 所示。接着将素材文件夹中的【03.jpg】拖拽到【覆叠轨 2】上，设置开始时间为第 2 秒，结束时间为第 15 秒，如图 10-98 所示。

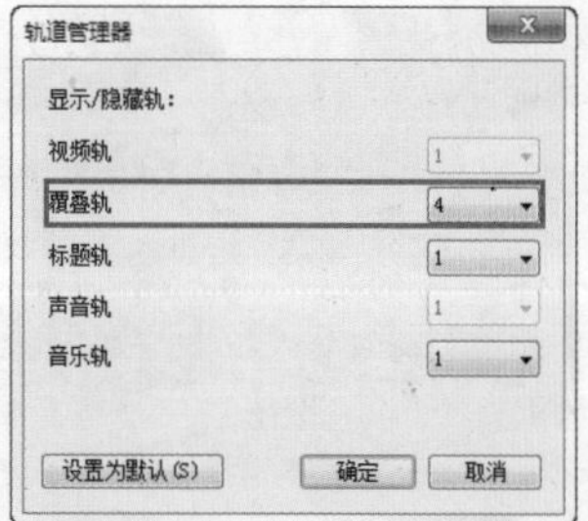

图 10-97

图 10-98

（4）在【素材库】面板中单击【滤镜】按钮FX，设置【滤镜】类型为【New Blue 视频精选】，接着将【画中画】滤镜拖拽到【覆叠轨 2】的【03.jpg】素材文件上，如图 10-99 所示。在【选项】面板的【属性】选项卡中，单击【自定义滤镜】按钮，如图 10-100 所示。

图 10-99

图 10-100

（5）在弹出的对话框中，选择起始帧，并设置【X】为 51.2，【Y】为 53.5，【大小】为 16.0，【旋转 Z】为 17.7，接着设置【边框】的【宽度】为 40，【阻光度】为 100，【色彩】为白色（R：255，G：255，B：255），【阴影】的【阻光度】为 100，如图 10-101 所示。复制【起始帧】的参数到【结束帧】，单击【确定】按钮，如图 10-102 所示。

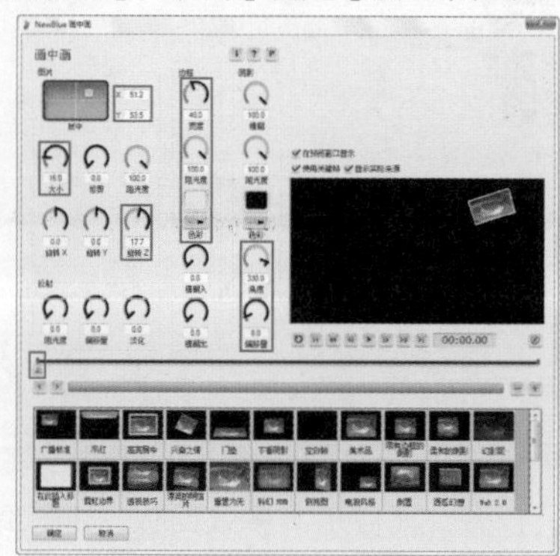

图 10-101

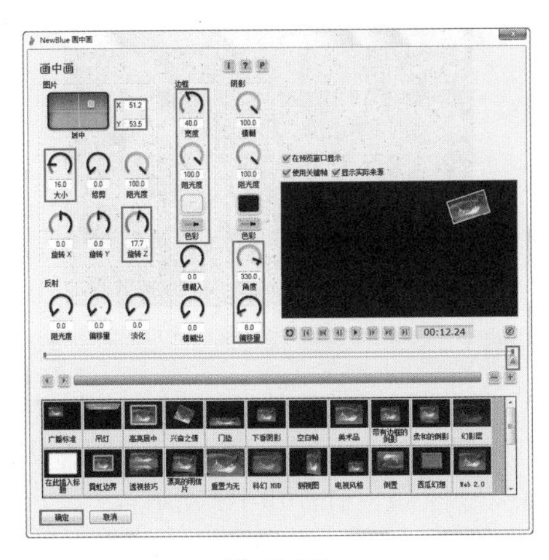

图 10-102

（6）接着在【选项】面板的【属性】选项卡中设置【基本运动】的【进入】的方式为【从右上方进入】，如图 10-103 所示。

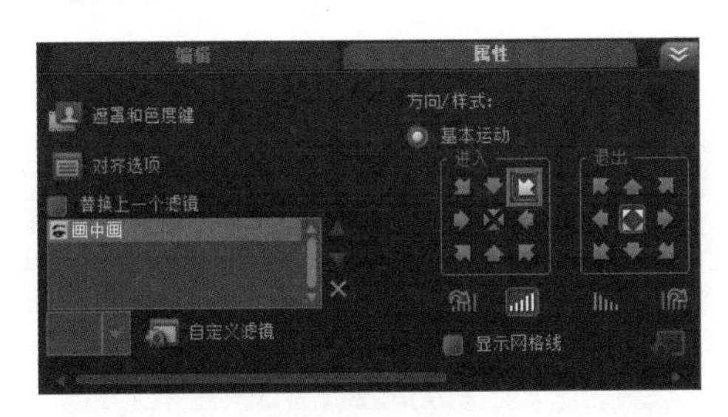

图 10-103

（7）选择【03.jpg】素材文件，使用快捷键【Ctrl+C】复制到【覆叠轨 3】和【覆叠轨 4】上，如图 10-104 所示。

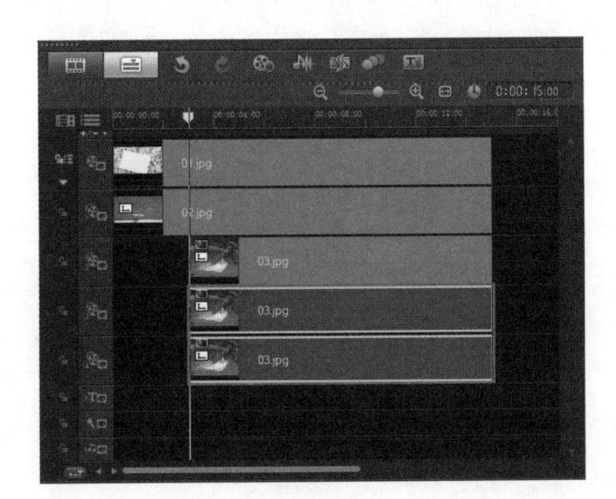

图 10-104

（8）分别在【画中画】中调整【03.jpg】素材的位置，此时【预览窗口】中的效果，如图 10-105 所示。逐次将【覆叠轨 3】和【覆叠轨 4】上的两个素材文件向后移动 2 秒，如图 10-106 所示。

（9）分别在【覆叠轨 3】和【覆叠轨 4】的【03.jpg】素材文件上单击鼠标右键，在弹出的菜单中执行【替换素材】/【照片】命令，并将图片替换为【04.jpg】和【05.jpg】素材文件，如图 10-107 所示。此时【预览窗口】中效果，如图 10-108 所示。

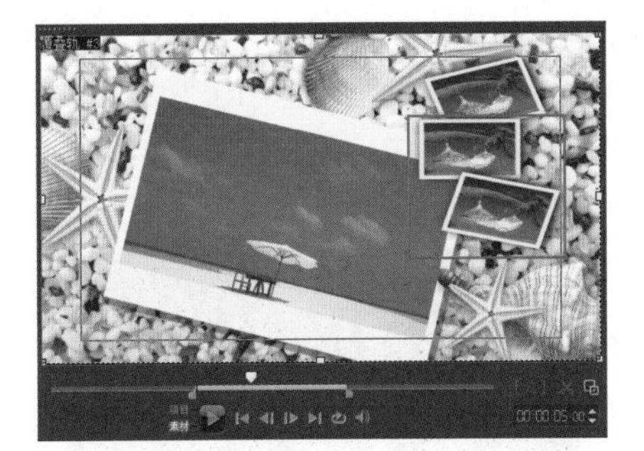

图 10-105

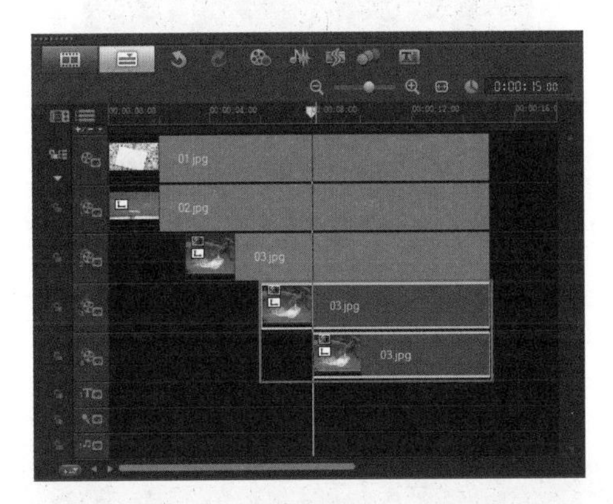

图 10-106

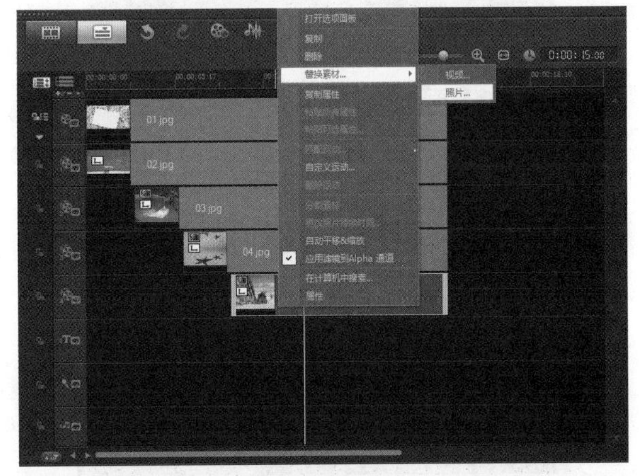

图 10-107

图 10-108

2. 制作文字动画效果

（1）单击【素材库】面板中的【标题】按钮，然后在【预览窗口】中双击鼠标左键。接着在【选项】面板中设置【区间】为 5 秒，并设置合适的【字体】和【字体大小】，设置【色彩】为黑色（R：0，G：0，B：0），如图 10-109 所示。然后在【预览窗口】文本框中输入文字，如图 10-110 所示。

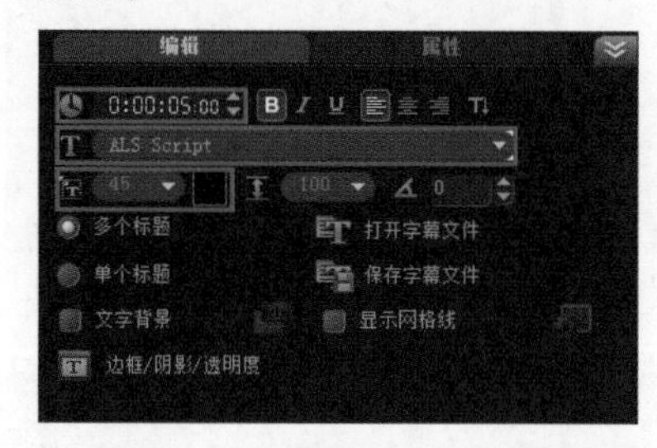

图 10-109

图 10-110

（2）双击【标题轨】上文字，打开【属性】面板，设置应用动画类型为【淡化】，并选择合适的淡化预设方式，如图 10-111 所示。

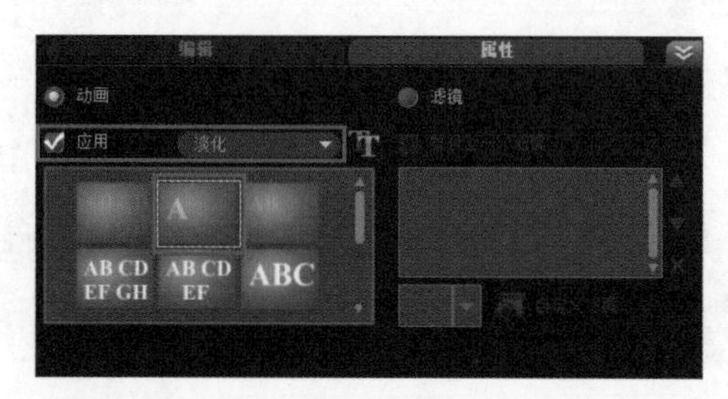

图 10-111

3. 添加音频滤镜效果

（1）将素材文件夹中的【配乐 .MP3】拖拽到【声音轨】上，如图 10-112 所示。双击【声音轨】上的【配乐 .mp3】音频素材，打开【音乐和声音】选项面板，单击【音频滤镜】按钮，如图 10-113 所示。

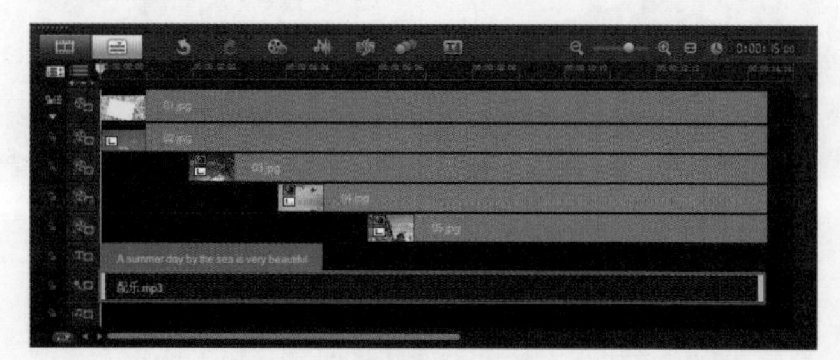

图 10-112

图 10-113

（2）在弹出的对话框中选择【放大】滤镜，并单击【添加】按钮，如图 10-114 所示。此时在【已用滤镜】中可以查看添加的音频滤镜，如图 10-115 所示。

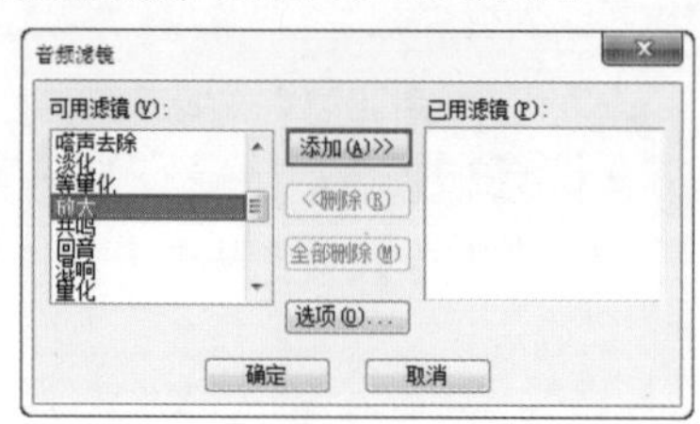

图 10-114

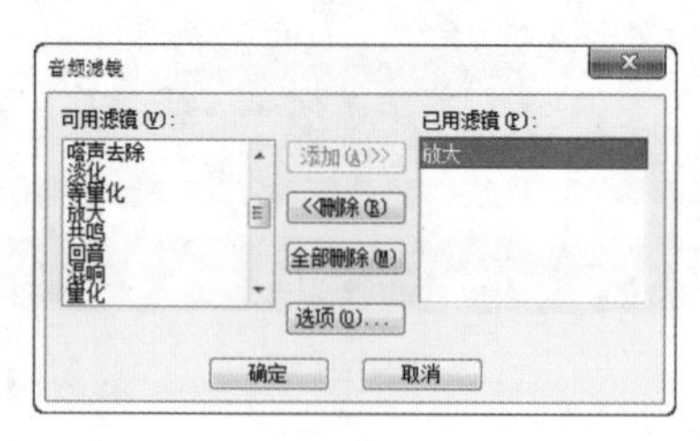

图 10-115

（3）用同样方法添加【NewBlue 音频润色】和【嗒声去除】音频滤镜，并单击【确定】按钮，如图 10-116 所示。

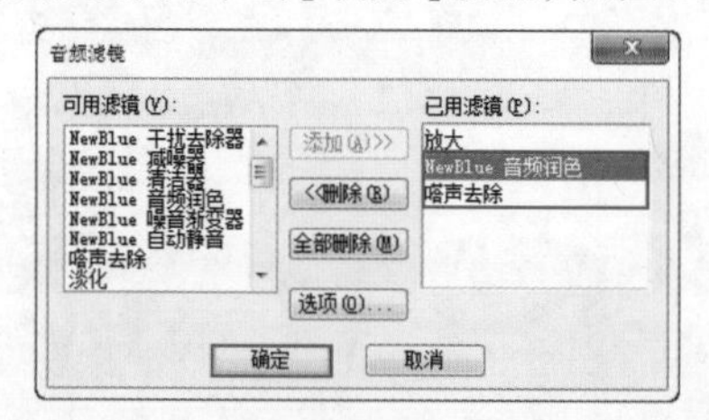

图 10-116

（4）此时，单击【预览窗口】中的【播放】按钮查看最终效果，如图 10-117 所示。

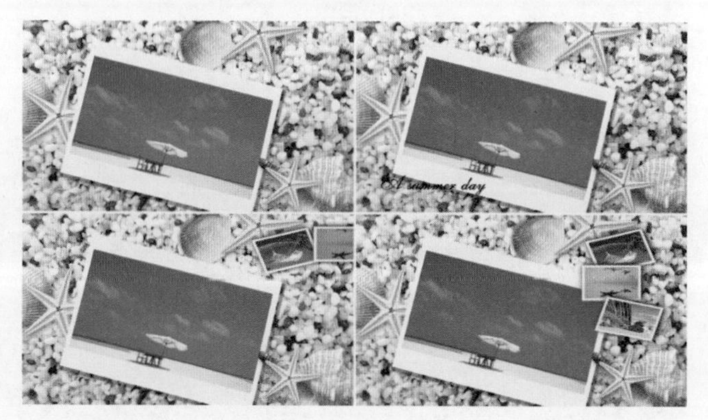

图 10-117

10.4　编辑音频

在会声会影 X6 中，可以根据当前制作的项目对添加到声音轨中的音频文件进行编辑。

首先，双击选择时间轴中的音频素材文件，然后在弹出的【音乐和声音】面板中进行设置，如图 10-118 所示。

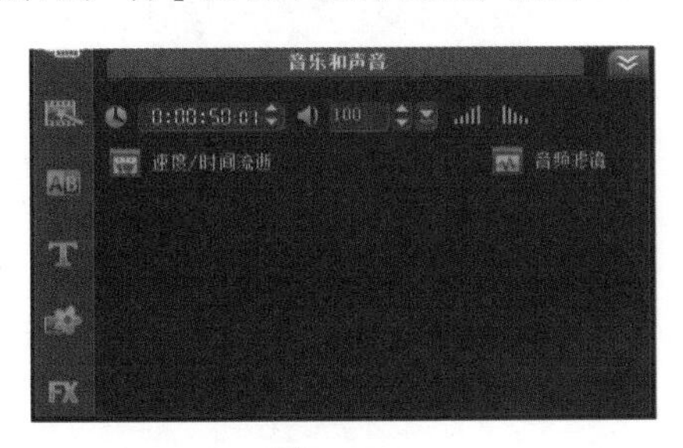

图 10-118

重点参数提醒：

※【区间】0:00:50:01：当前音频素材文件的时间长度。

※【素材音量】100：可以通过设置数值来控制音频素材的音量，也可以通过▲和▼按钮来对参数进行微调。单击按钮，会弹出音量调节器，可通过滑块来调节音量数值，如图 10-119 所示。

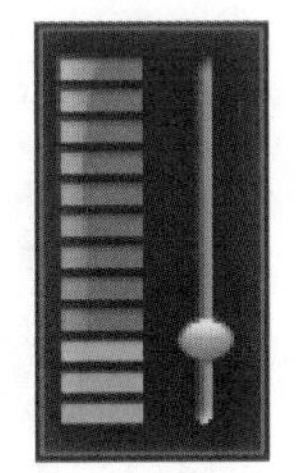

图 10-119

※【淡入】：使音频起始位置产生音量逐渐从无到有的过渡效果。

※【淡出】：使音频结束位置产生音量逐渐从有到无的过渡效果。

※速度/时间流逝：单击该按钮，可以在弹出的对话框中调节素材的播放速度和区间长度，如图 10-120 所示。

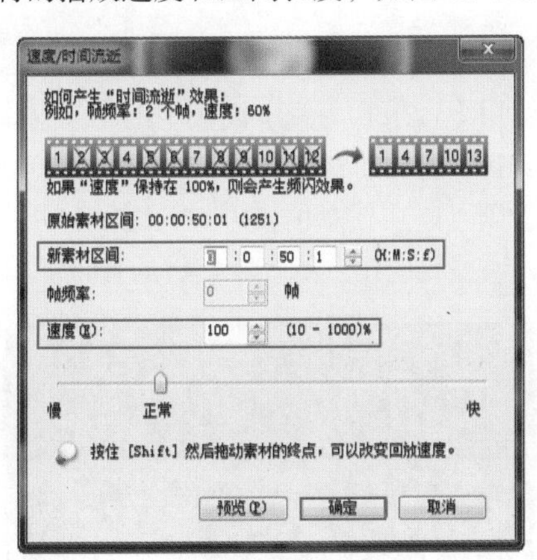

图 10-120

※音频滤镜：单击该按钮，可以在弹出对话框中为当前选择的音频素材文件添加各种音频滤镜效果，如图 10-121 所示。

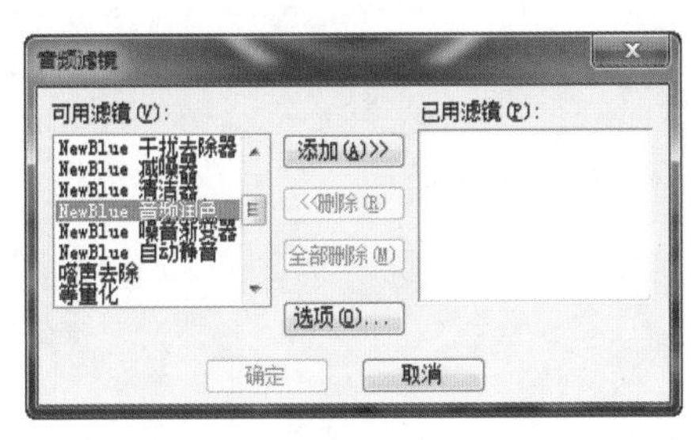

图 10-121

10.4.1

在会声会影 X6 中，如果插入的音频素材时间过长，可以通过调整【音乐和声音】面板中的【区间】来控制其长度，即为修改区间。

1. 通过修整栏调整素材区间

选择音频素材文件，然后在【预览窗口】中调整起始位置的【修整标记】，以确定音频的起始位置，如图 10-122 所示。

图 10-122

2. 通过调整区间面板

双击【声音轨】中的音频素材文件，然后在【音乐和声音】面板中设置【区间】为【0:00:25:10】，如图 10-123 所示。

图 10-123

在区间设置完成后，【预览窗口】中结束位置的修整标记也随之产生了位置变化，两个标记之间的部分即为保留下的素材，如图 10-124 所示。

此时在时间轴的【音乐轨】上的音频素材文件最终修整区间效果，如图 10-125 所示。

图 10-124

图 10-125

求生秘籍——技巧提示：设置音频的区间长度

音频文件的区间长度，可以在【音乐和声音】面板中设置，也可以直接在时间轴中按住鼠标左键在素材边缘拖动调节素材长度设置。

10.4.2

在会声会影 X6 中，单击【速度 / 时间流逝】按钮，并更改相应参数，即可为音频的播放速度设置变快或变慢的效果。

首先选择需要调整速度的音频素材文件，如图 10-126 所示。然后在【音乐和声音】面板中单击【速度 / 时间流逝】按钮，如图 10-127 所示。

图 10-126

在弹出的对话框中调整【速度】或者【新素材区间】的参数，然后单击【确定】按钮，如图 10-128 所示。此时，该音频素材文件的播放速度发生了变化，与此同时，其素材长度也相应发生了变化，如图 10-129 所示。

图 10-127

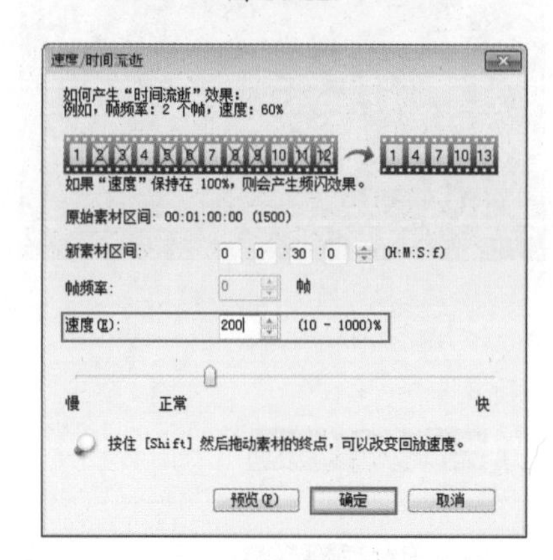

图 10-128

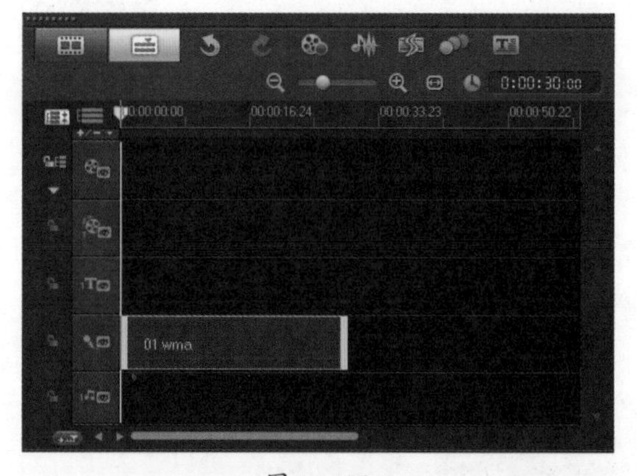

图 10-129

10.4.3

可以使用【音乐和声音】面板中的【素材音量】选项来调节当前音频素材的整体音量，如图 10-130 所示。使用音量调节线则可以在任意位置添加关键帧，并且上下拖动关键帧即可调整相应位置的音频素材的音量。

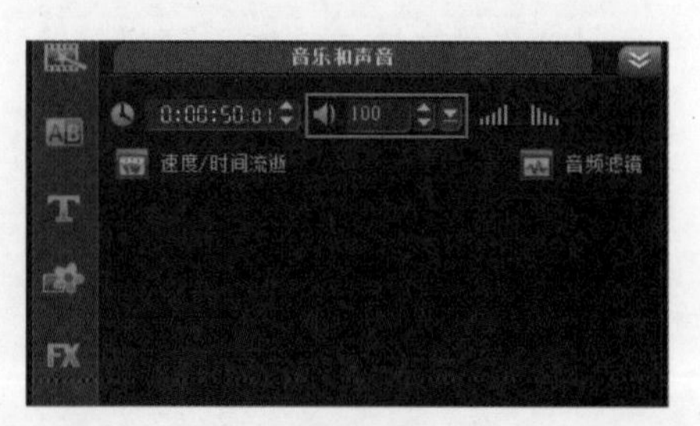

图 10-130

（1）选择时间轴中的音频素材文件，然后单击时间轴上面的【混音器】按钮，如图 10-131 所示。此时，在时间轴中的音频素材文件会显示出音量调节线，如图 10-132 所示。

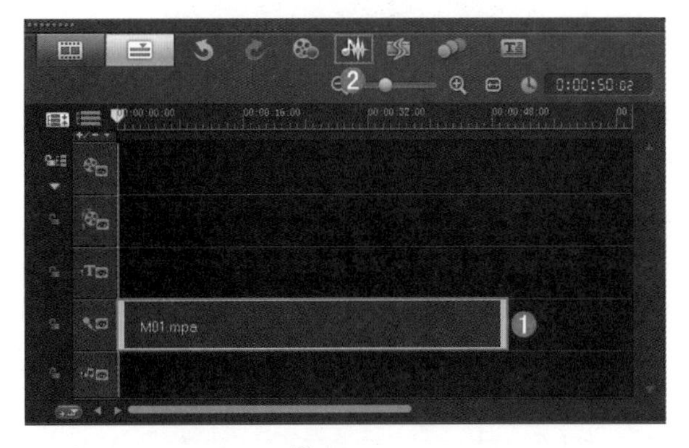

图 10-131

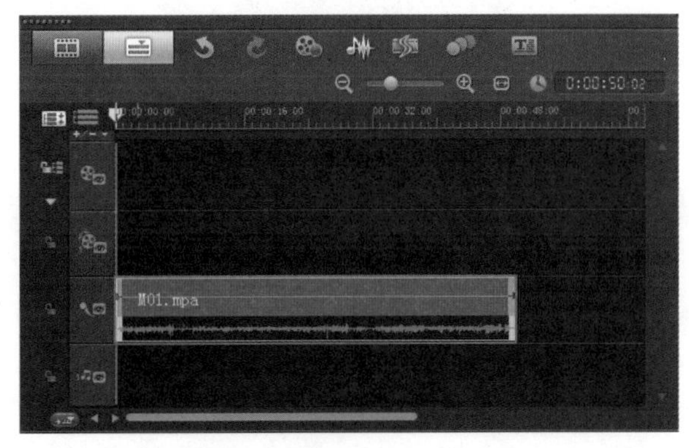

图 10-132

（2）在音量调节线上单击鼠标左键，即可在此处添加关键帧，如图 10-133 所示。然后在关键帧上按住鼠标左键上下拖动，即可调整该位置音频素材的音量，如图 10-134 所示。

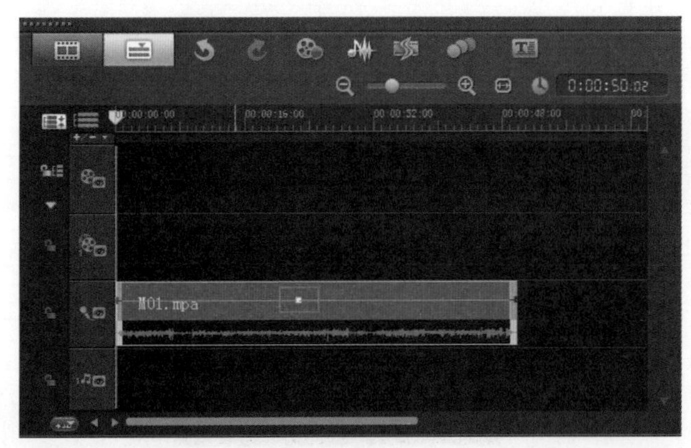

图 10-133

求生秘籍——技巧提示：添加和删除关键帧

可以添加多个关键帧，如图 10-135 所示。若想删除某个关键帧，可以在该关键帧上按住鼠标左键，将其拖拽出【声音轨】即可，如图 10-136 所示。

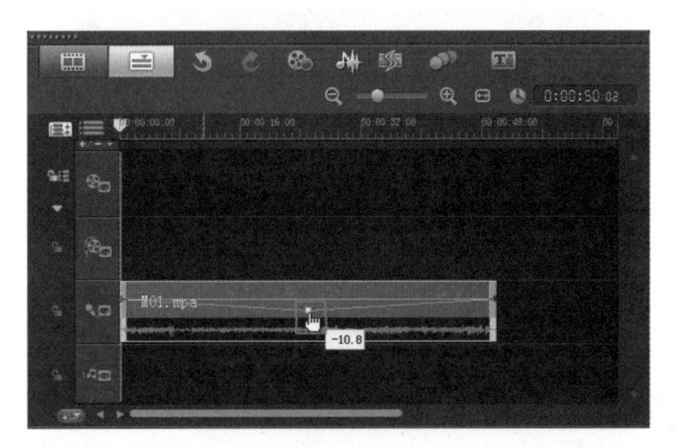

图 10-134

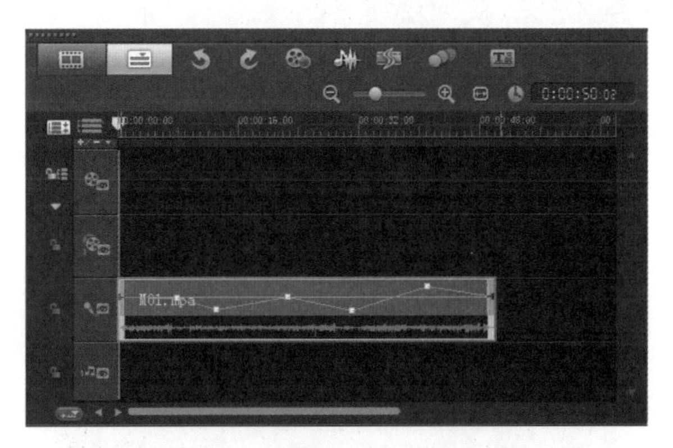

图 10-135

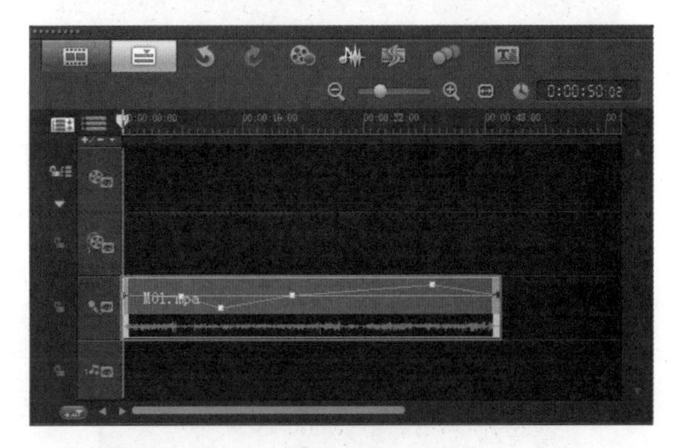

图 10-136

进阶实例：调整音频中的音量

案例文件	进阶实例：调整音频中音量的 .VSP
视频教学	视频文件 \ 第 11 章 \ 调整音频中的音量 .flv
难易指数	★★★★☆
技术掌握	设置图片的摇动和缩放效果、添加 Flash 素材文件、添加音频、调整音频音量

案例分析：

本案例就来学习如何在会声会影 X6 中调整音频的音量，最终渲染效果，如图 10-137 所示。

思路解析，如图 10-138 所示：

（1）设置图片的摇动和缩放。

（2）添加 Flash 素材和音频文件，并调整音频音量。

图 10-137

图 10-138

制作步骤：

（1）打开会声会影 X6，将素材文件夹中的【01.jpg】添加到【视频轨】上，设置结束时间为第 7 秒，如图 10-139 所示。

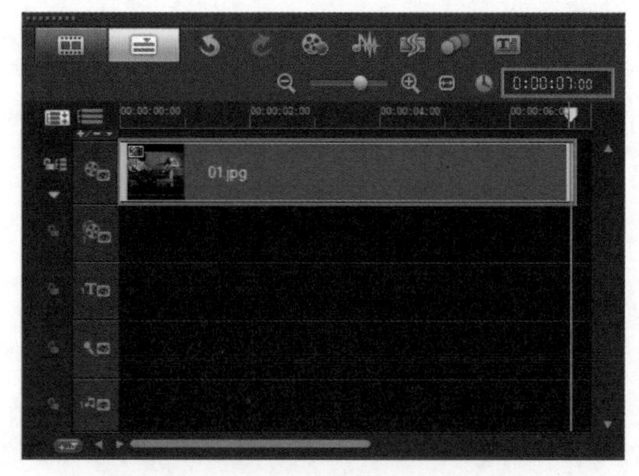

图 10-139

（2）双击【视频轨】上的素材文件，打开【选项】面板，选择【摇动和缩放】选项，如图 10-140 所示。

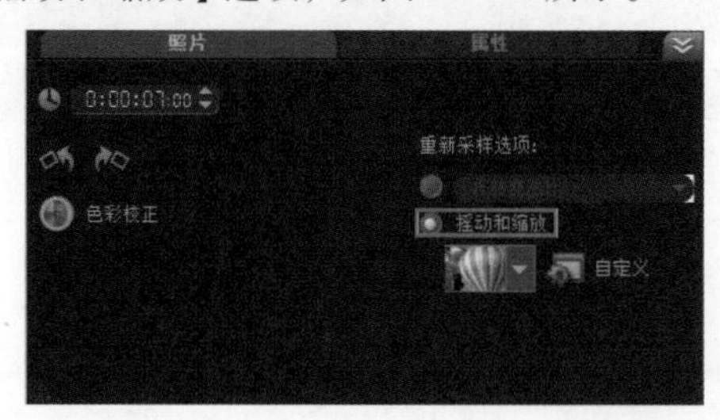

图 10-140

（3）单击【自定义】按钮，在弹出的对话框中选择【起始帧】，设置【缩放率】为 221%，并移动十字光标的位置，如图 10-141 所示。将擦洗器拖拽到第 2 秒的位置，添加关键帧，设置关键帧的的【缩放率】为 196%，并调整十字光标的位置，如图 10-142 所示。

（4）在第 3 秒的位置添加关键帧，设置关键帧的的【缩放率】为 222%，并调整十字光标的位置，如图 10-143 所示。在第 5 秒的位置添加关键帧，设置关键帧的的【缩放率】为 180%，并调整十字光标的位置，如图 10-144 所示。

图 10-141

图 10-142

图 10-143

图 10-144

（5）在第 6 秒的位置添加关键帧，设置关键帧的【缩放率】为 226%，并调整十字光标的位置，如图 10-145 所示。

图 10-145

（6）在结束帧的位置设置【关键帧】的【缩放率】为 100%，并调整十字光标的位置，单击【确定】按钮，如图 10-146 所示。

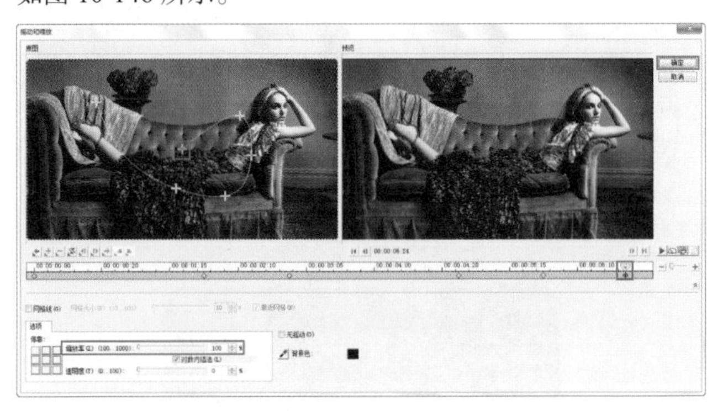

图 10-146

（7）单击【素材库】面板上的【图形】按钮，设置【画廊】类型为【Flash 动画】，接着将【MotionF10】拖拽到【覆叠轨 1】上，如图 10-147 所示。双击【覆叠轨 1】上的素材文件，打开【编辑】面板，设置【区间】为 7 秒，如图 10-148 所示。

图 10-147

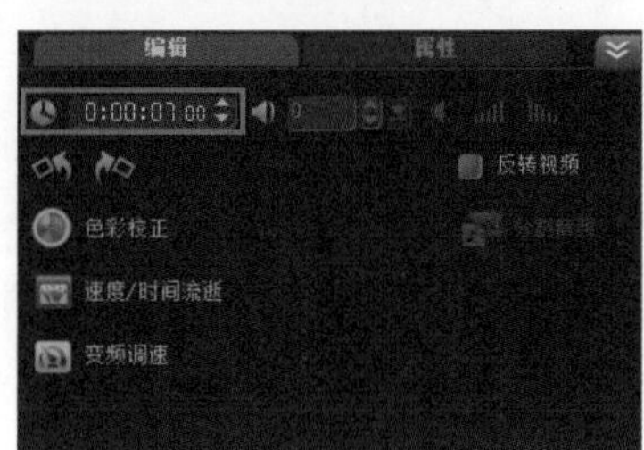

图 10-148

（8）将素材文件夹中的的【配乐.mp3】添加到【声音轨】上，如图 10-149 所示。双击声音轨上的音频文件，打开【音乐和声音】面板，单击【素材音量】选项来调节当前音频素材的整体音量，如图 10-150 所示。

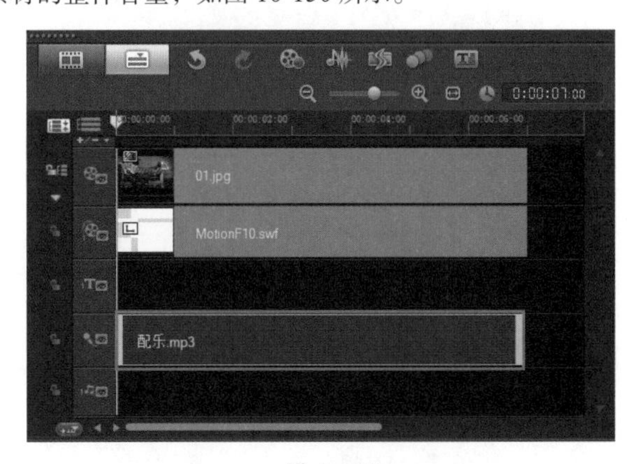

图 10-149

图 10-150

（9）此时，单击【预览窗口】中的【播放】按钮查看最终效果，如图 10-151 所示。

图 10-151

10.4.4

在会声会影 X6 中，通过单击【淡入】和【淡出】按钮，可以为素材添加淡入淡出效果。双击声音轨或音乐轨上的音频素材文件，打开【音乐和声音】的选项面板，单击 [淡入] 和 [淡出] 按钮，如图 10-152 所示。

进阶实例：设置音频的淡入淡出效果

案例文件	进阶实例：设置音频的淡入淡出效果 .VSP
视频教学	视频文件 \ 第 11 章 \ 设置音频的淡入淡出效果 .flv
难易指数	★★☆☆☆
技术掌握	转场动画应用、设置音频淡入淡出

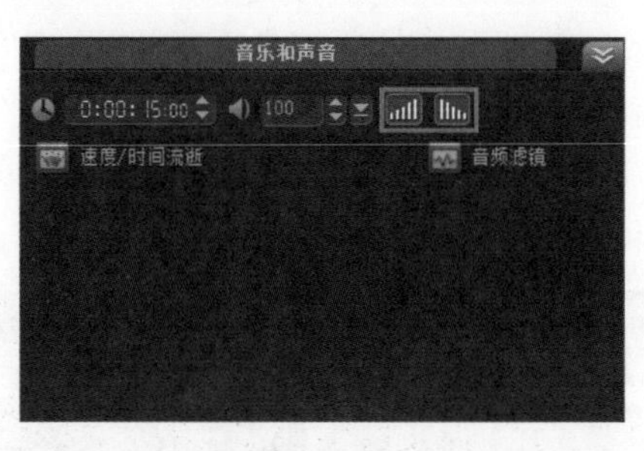

图 10-152

案例分析：

本案例就来学习如何在会声会影 X6 中设置音频的淡入淡出效果，最终渲染效果，如图 10-153 所示。

图 10-153

思路解析，如图 10-154 所示：

图 10-154

（1）添加照片转场效果。

（2）设置音频淡入淡出效果。

制作步骤：

（1）将素材文件夹中的【01.jpg】、【02.jpg】、【03.jpg】、【04.jpg】、【05.jpg】和【06.jpg】添加到【视频轨】上，如图 10-155 所示。

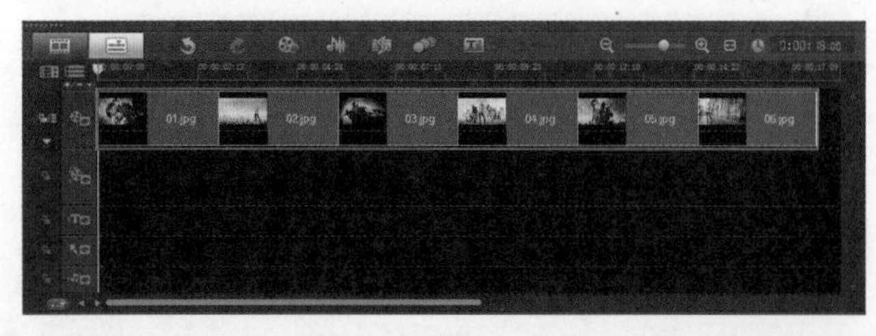

图 10-155

（2）单击【素材库】上的【转场】按钮，设置【画廊】类型为【全部】，将【遮罩】、【3D 比萨饼盒】、【遮罩 F】、【棋盘】和【飞行盒】转场特效添加到素材之间，如图 10-156 所示。

图 10-156

（3）将素材文件夹中的【01.MP3】添加到【声音轨】上，如图 10-157 所示。双击声音轨上的音频文件，打开【音乐和声音】面板，单击【淡入】和【淡出】按钮，如图 10-158 所示。

图 10-157

图 10-158

（4）此时单击【预览窗口】中的【播放】按钮，查看最终效果，如图 10-159 所示。

图 10-159

10.5 重命名音频文件

在【媒体】素材库中包含许多音频素材，其中包括配乐和音效等。可以对音频素材库进行设置，如重命名等。因为会声会影 X6 中自带的音频文件都是按序号排列的，为了方便区分一些音频文件，可以对部分音频文件进行重命名。

1. 对素材库中素材文件重命名

首先在素材库选择需要重命名音频文件，然后单击该音频文件下的名称部分，会激活重命名模式，如图 10-160 所示。

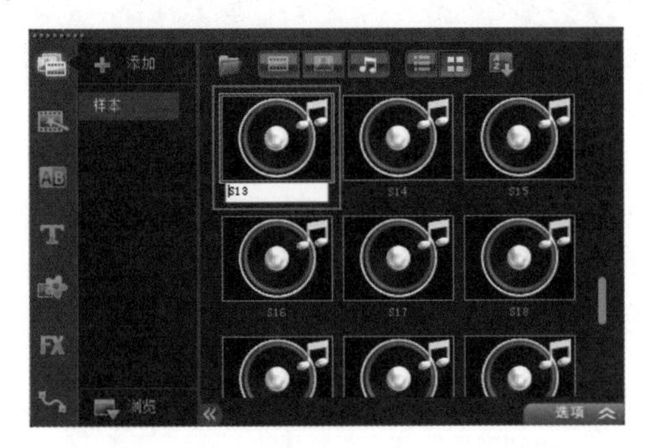

图 10-160

此时对音频素材文件进行重命名后，单击键盘上的 <Enter> 键即可，也可以在其他空白位置处单击鼠标左键，如图 10-161 所示。

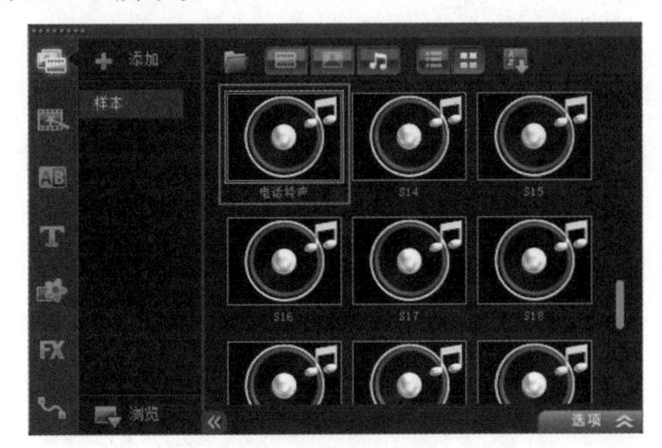

图 10-161

2. 对素材库的原始文件重命名

除了可以在素材库中对素材文件进行重命名外，也可以将源文件进行重命名。

首先在素材库中需要重命名的音频素材文件上单击鼠标右键，然后在弹出的菜单中选择【打开文件夹】命令，如图 10-162 所示。接着在弹出源文件窗口中，对需要更改的素材文件进行重命名，如图 10-163 所示。

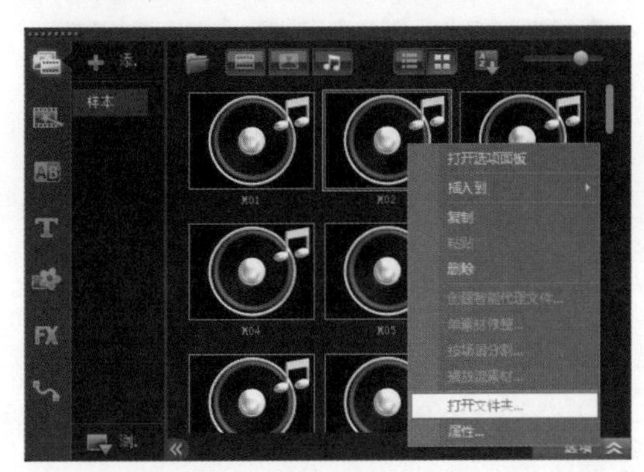

图 10-162

图 10-163

此时素材库中的该素材文件需要重新链接，如图 10-164 所示。

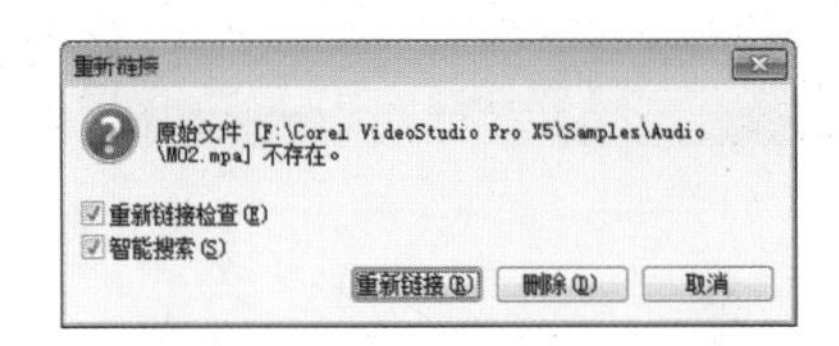

图 10-164

10.6 混音器的使用

通过【混音器】可以实时动态的调整音频素材文件的音量，如图 10-165 所示。也就是可以在播放影片的同时，对音频素材文件中的音量进行调整，使音频效果更加自然融合，操作更加方便。

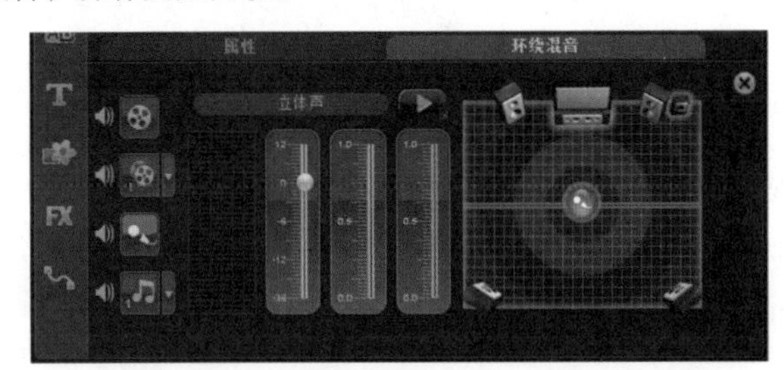

图 10-165

重点参数提醒：

※【视频轨】：选择该按钮，可以调节视频轨上素材的音量等。

※【覆叠轨】：选择该按钮，可以调节覆叠轨上素材的音量等，在其下拉菜单中可以选择覆叠轨。

※【声音轨】：选择该按钮，可以调节音频轨上素材的音量等。

※【音乐轨】：选择该按钮，可以调节音乐轨上素材的音量等。

※【播放】：单击该按钮，即可对素材进行播放，再次单击，即可停止播放。

10.6.1

在使用混音器前，要选择相应的音频轨道。首先在项目时间轴中选择需要编辑的音频素材文件，如图 10-166 所示。然后单击项目时间轴上面的【混音器】按钮，便会弹出【环绕混音】参数面板，如图 10-167 所示。

图 10-166

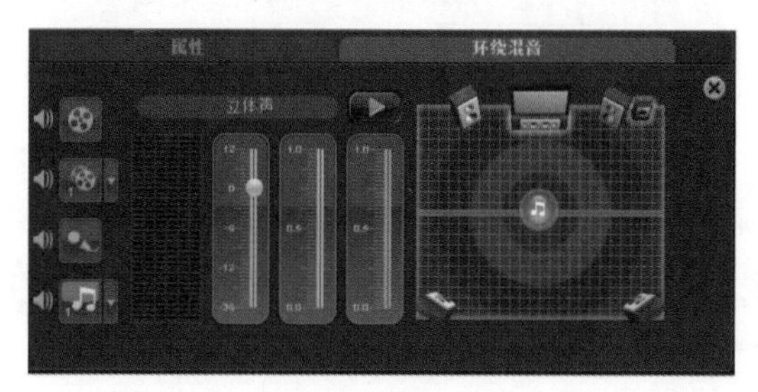

图 10-167

10.6.2

在使用会声会影编辑多个音频时，为了方便操作，可以将其他轨道上的音频素材文件暂时设置为静音。

首先，在时间轴中选择需要设置为静音的音频素材文件，然后单击时间轴面板上面的【混音器】按钮，如图 10-168 所示。接着在弹出的【环绕混音】面板中单击轨道左侧的【启用 / 禁用预览】按钮，使其变为图标时，即表示当前音频轨已静音，如图 10-169 所示。

图 10-168

10.6.3

在对影片进行制作的过程中，为了使背景音乐与当

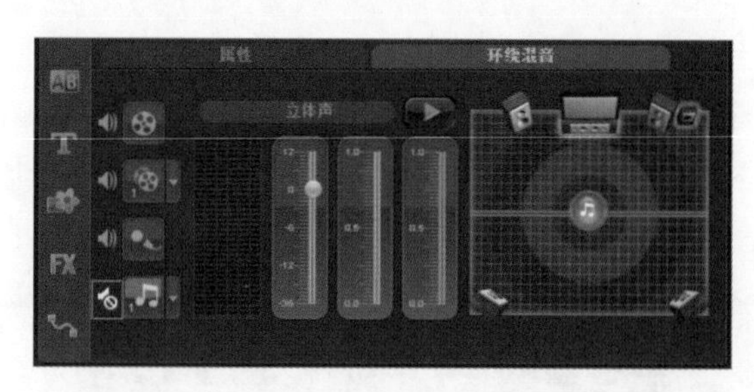

图 10-169

前画面更加融合，可以在播放影片的同时对轨道上的音频音量进行调节。

（1）首先，在【环绕混音】面板中单击选择音频所在轨道，如图 10-170 所示。然后单击面板中的【播放】按钮，即可试听当前音频，同时在混音器中也会出现音量的高低变化，如图 10-171 所示。

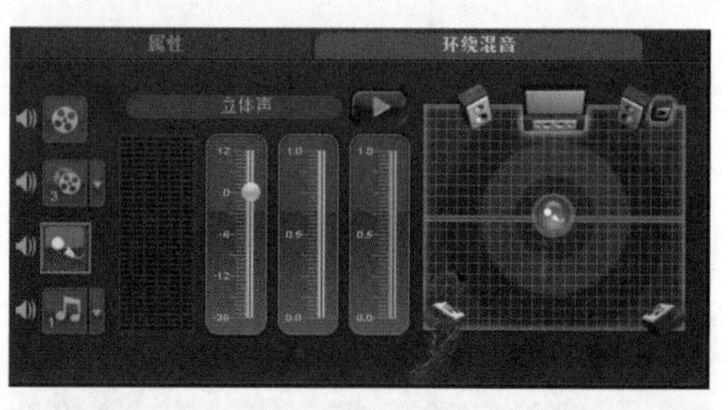

图 10-170

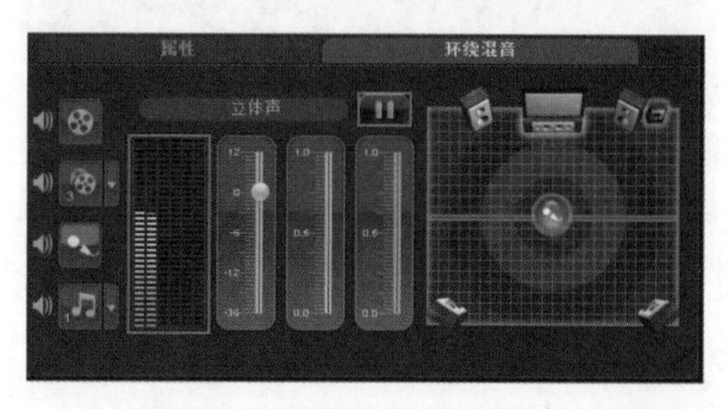

图 10-171

（2）单击【环绕混音】面板中的【播放】按钮，然后在影片播放的同时上下拖动【音量】按钮，即可调节音量大小，如图 10-172 所示。此时该轨道的音频素材文件的音量调节线也随之发生变化，如图 10-173 所示。

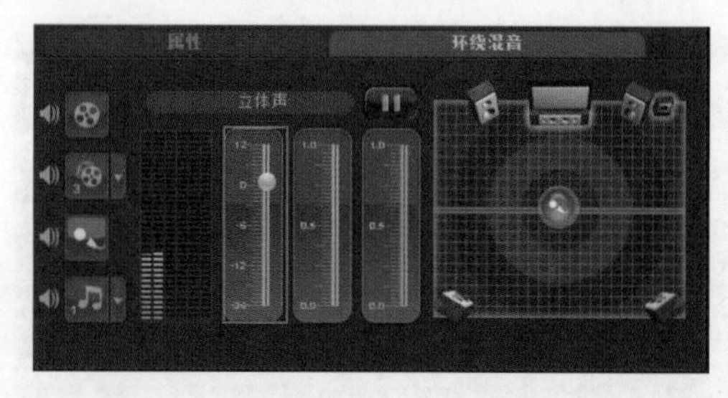

图 10-172

10.6.4

在调节音量过程中，若调节的效果不理想时，可以将音频恢复到最初的状态。在项目时间轴中需要恢复到初始

图 10-173

状态的音频素材上单击鼠标右键，然后在弹出的菜单中选择【重置音量】选项，如图 10-174 所示。此时，该音频素材文件的音量已经恢复到初始状态，如图 10-175 所示。

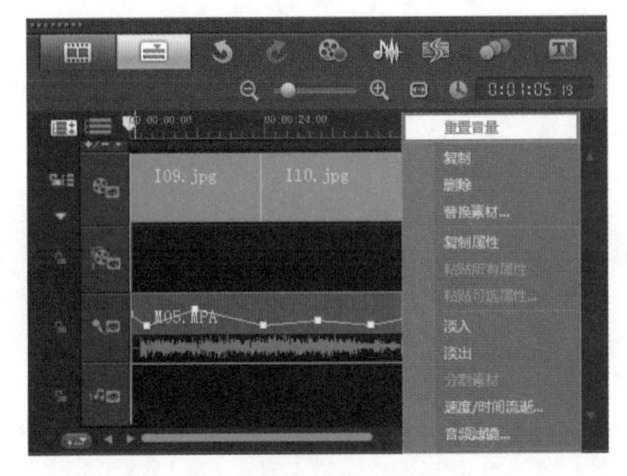

图 10-174

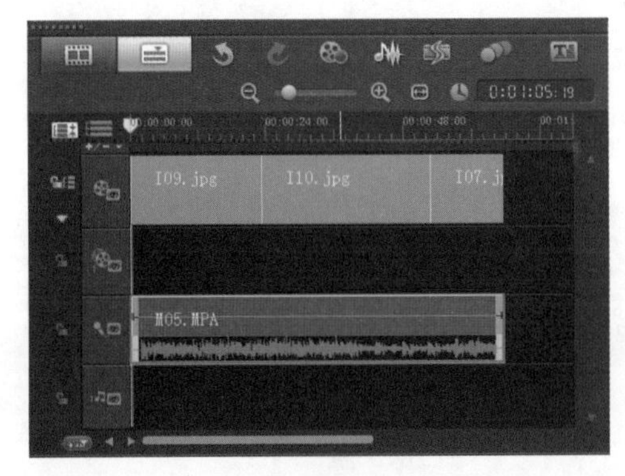

图 10-175

10.6.5

通过【混音器】可以调节音频素材的左右声道。在【环绕混音】选项面板中拖动圆形按钮，即可调节当前音频的左右声道音量大小，如图 10-176 所示。当按钮向左拖动时，则当前音频的左声道音量较强；当按钮向右拖动时，则右声道音量比较强。

10.6.6

通过【混音器】可以在音频素材播放的同时，实时根据项目需求对调整音频的左右声道音量进行调节。

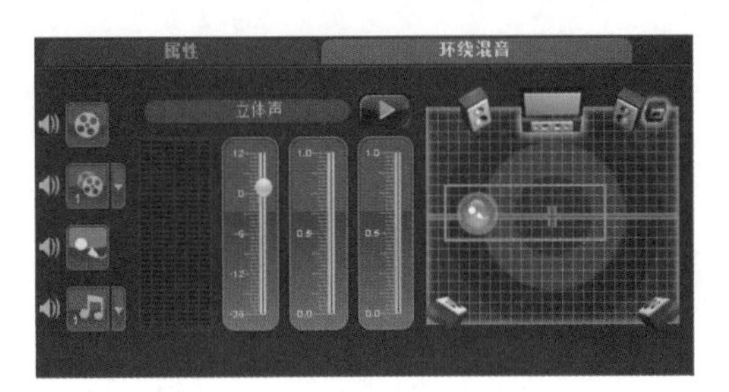

图 10-176

选择时间轴中的音频素材文件，然后单击时间轴上面的【混合器】按钮，如图 10-177 所示。

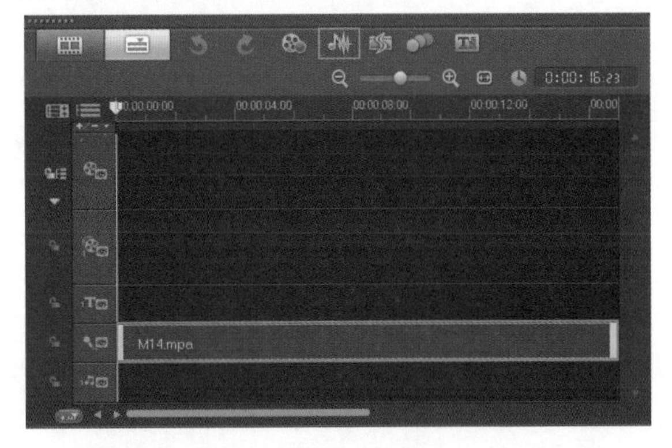

图 10-177

在【环绕混音】面板中单击【播放】按钮，然后在音频素材播放过程中，拖动圆形按钮，即可实时调节音频素材的左右声道的音量变化，如图 10-178 所示。

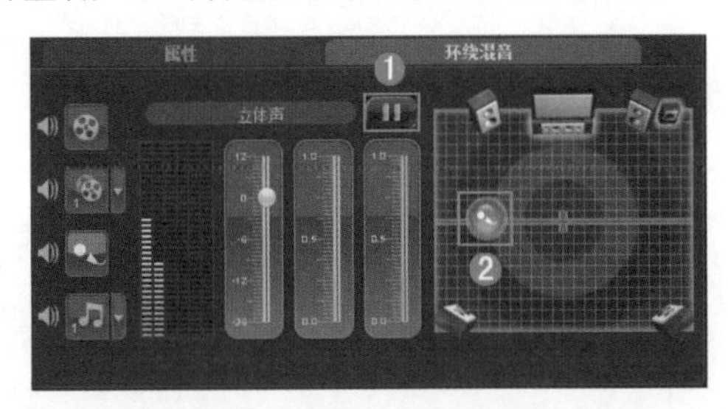

图 10-178

此时在时间轴中的音频素材文件上，会出现刚才调节左右声道音量的关键帧，如图 10-179 所示。

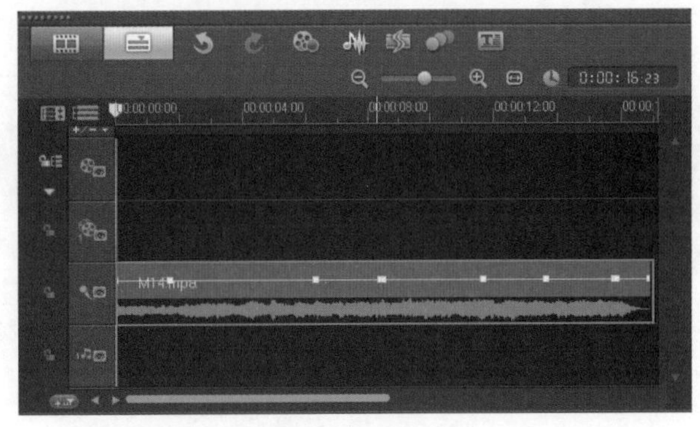

图 10-179

趣味动画篇

第 11 章　路径动画与跟踪动画

第 11 章　路径动画与跟踪动画

本章内容简介

本章主要介绍了会声会影 X6 软件中新添加了路径动画效果和跟踪运动效果。通过学习添加路径和自定义运动效果技巧，制作素材运动动画效果，以及通过学习跟踪运动功的技巧和方法，制作视频跟踪动画效果，并为视频设置文字或图像匹配运动的动画效果。

本章学习要点

了解什么是路径与跟踪

学习路径的应用方法

掌握制作自定义路径的方法

学习跟踪运动的使用方法

掌握跟踪匹配的应用

佳作欣赏

11.1　管理路径素材库

路径就是指个体在时空间活动时的连续轨迹。在会声会影 X6 中，最新添加了路径功能，可以令应用该功能的素材按照设定的路径来进行运动。

11.1.1

（1）在会声会影 X6 中，单击【素材库】面板中的【路径】按钮，切换到【路径】素材库，然后单击【导入路径】按钮，如图 11-1 所示。

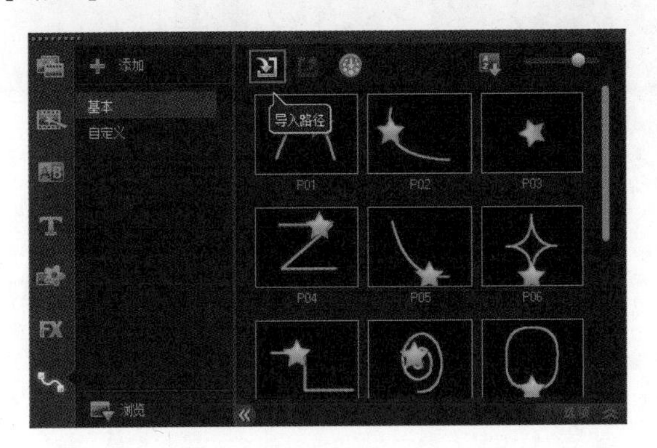

图 11-1

（2）在弹出的【浏览】对话框中，找到并选择需要导入的会声会影路径样式文件，然后单击【打开】按钮，如图 11-2 所示。

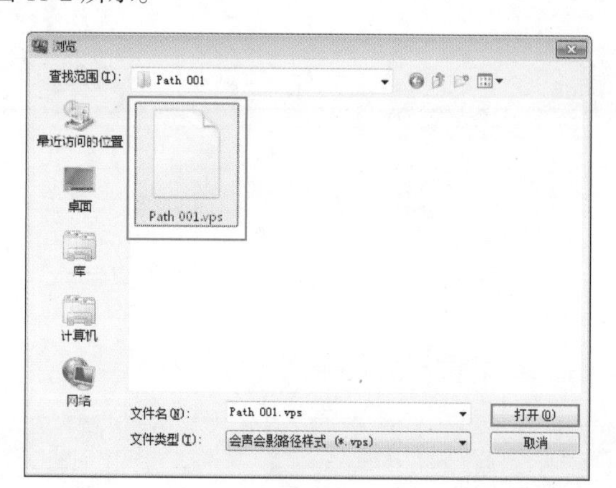

图 11-2

（3）此时，在【路径】素材库中出现了导入的新路径，如图 11-3 所示。

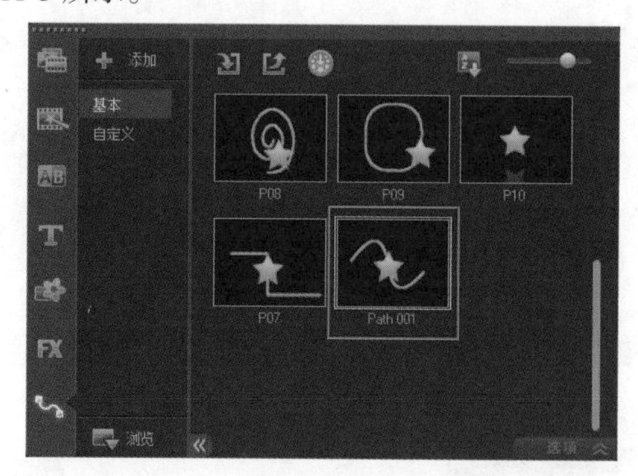

图 11-3

11.1.2

（1）单击【路径】按钮切换到【路径】素材库，然后选择需要导出的路径效果，接着单击【导出路径】按钮，如图 11-4 所示。

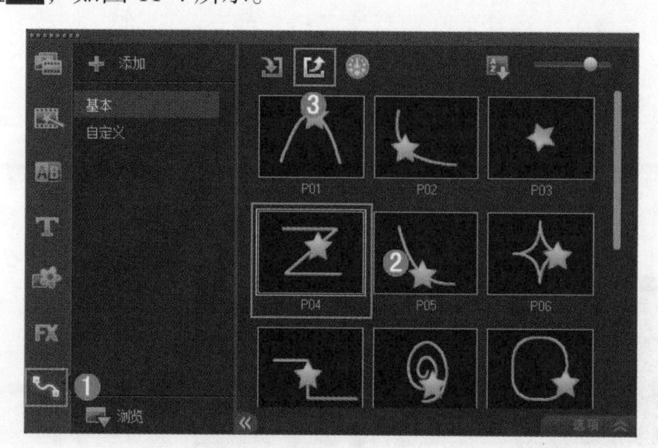

图 11-4

（2）在弹出的【导出路径】对话框中，设置【文件夹的路径】和【文件夹名称】，然后单击【确定】按钮，即可导出路径，如图 11-5 所示。

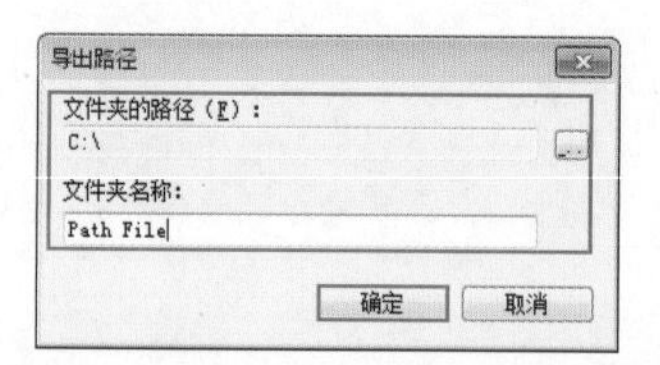

图 11-5

（3）此时，可以在设置的文件夹路径下找到导出的路径文件，如图 11-6 所示。

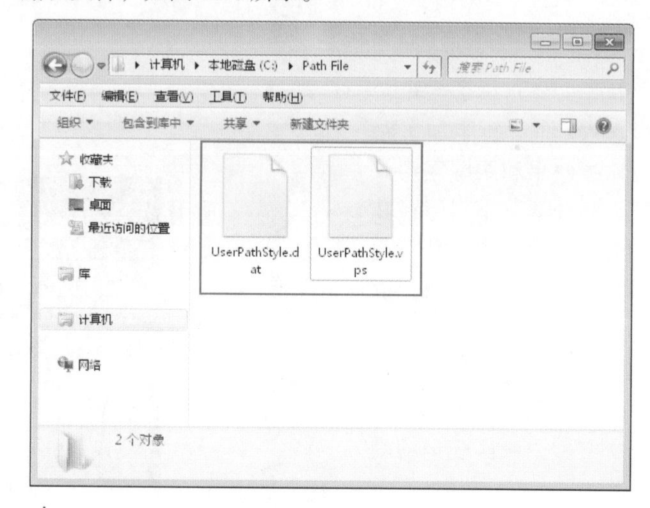

图 11-6

11.1.3

在【路径】素材库中，可以在路径的右键菜单中对路径效果进行复制、粘贴和删除，方便对路径进行整理和使用，如图 11-7 所示。

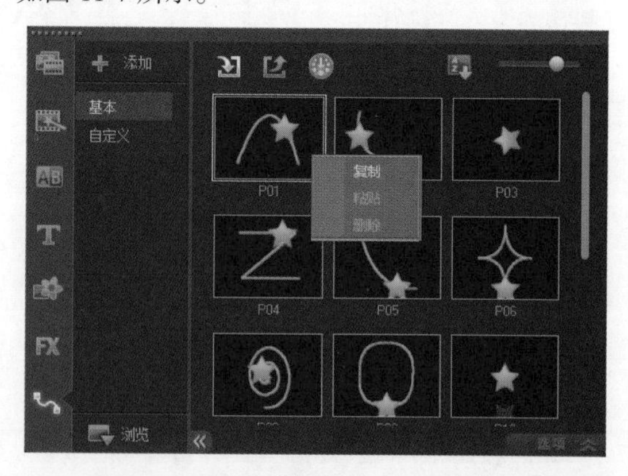

图 11-7

1. 复制和粘贴路经

（1）在【路径】素材库中选择一个或多个路经，然后上面单击鼠标右键，在弹出的菜单中选择【复制】选项，如图 11-8 所示。

（2）在【路径】素材库的空白处单击鼠标右键，在弹出的菜单中选择【粘贴】选项，如图 11-9 所示。

（3）此时，在【路径】素材库的最后会出现刚刚复制的路径效果，如图 11-10 所示。

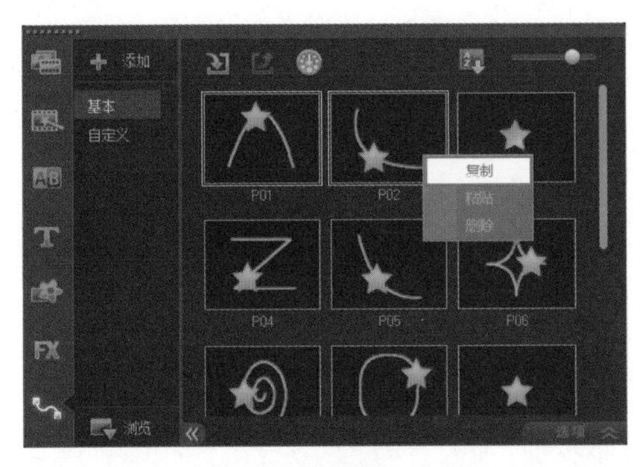

图 11-8

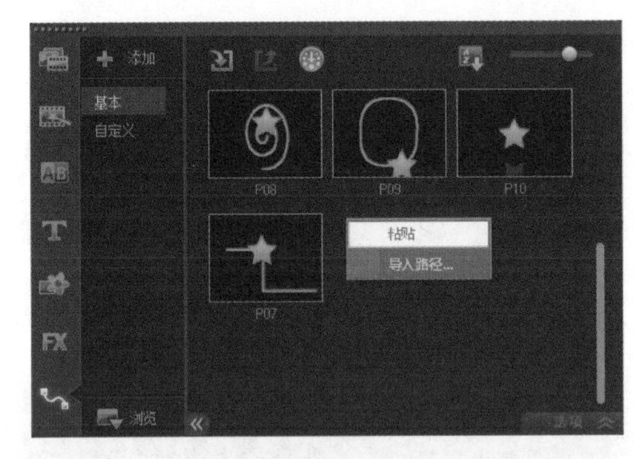

图 11-9

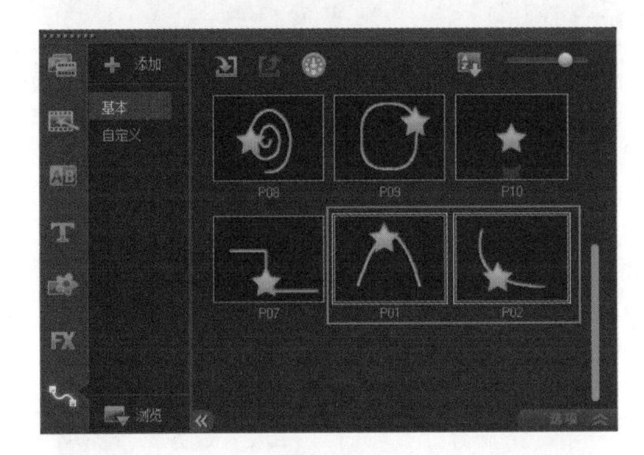

图 11-10

2. 删除路径

（1）在【路径】素材库中选择一个或多个路经，然后上面单击鼠标右键，在弹出的菜单中选择【删除】选项，如图 11-11 所示。

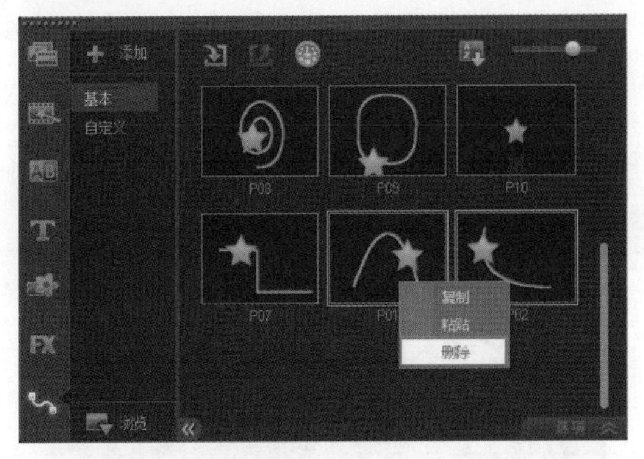

图 11-11

（2）此时，会弹出提示是否要删除此略图的对话框，单击【是】按钮即可，如图 11-12 所示。这时在【路径】素材库中被选择的路径效果已经被删除，如图 11-13 所示。

图 11-12

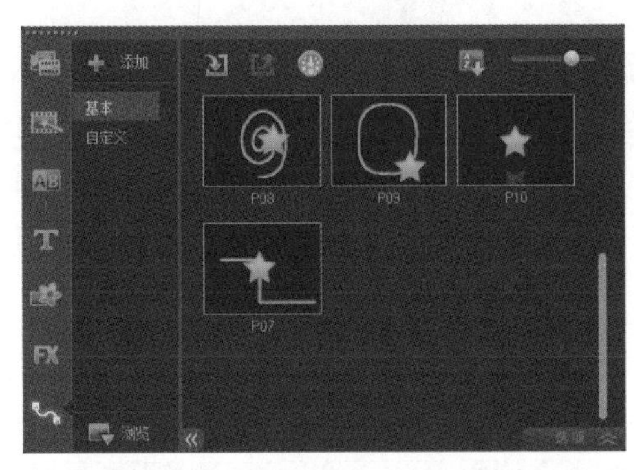

图 11-13

11.2　应用素材库路径

单击【路径】按钮，切换到路径素材库，会看到许多自带的预设路径，如图 11-14 所示。将路径添加到素材文件上后，可以制作出各种丰富的路径动画效果，还可以在其【高级运动】选项中进行自定义调节，如图 11-15 所示，

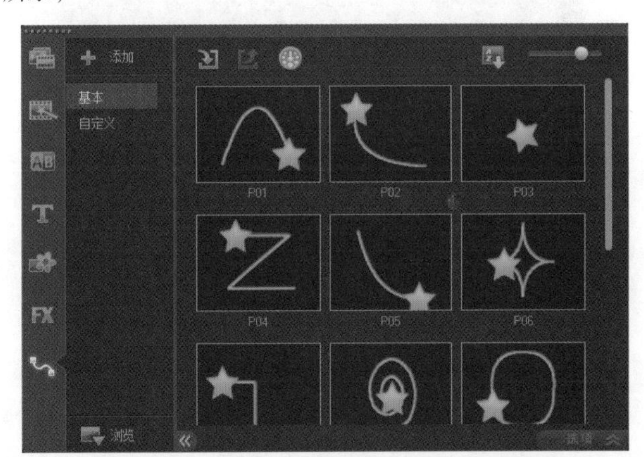

图 11-14

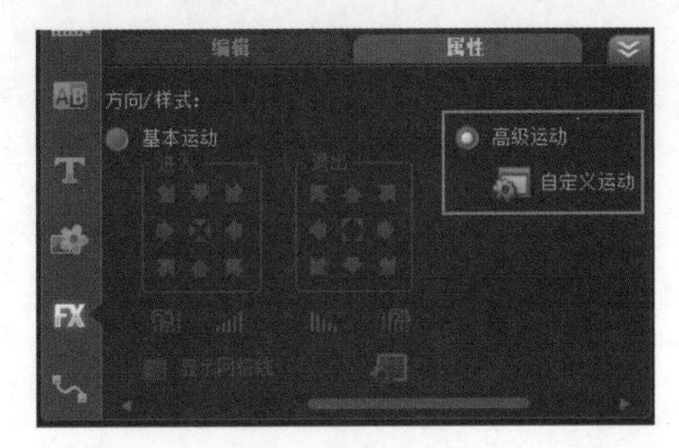

图 11-15

11.2.1

（1）在会声会影 X6 中，单击【路径】按钮切换到【路径】素材库，如图 11-16 所示。

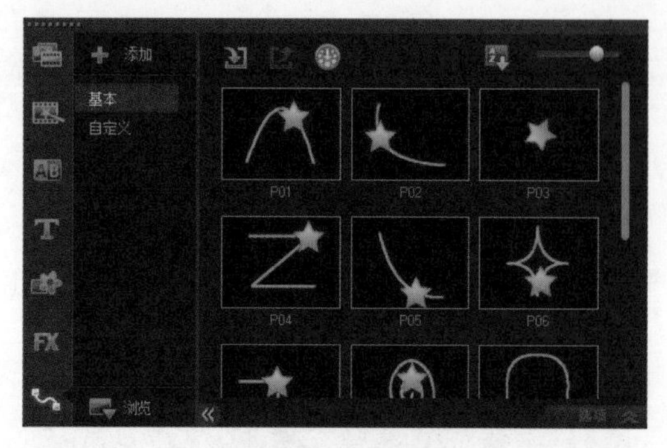

图 11-16

（2）在需要添加的路径上按住鼠标左键拖拽到时间轴中的素材文件上，接着释放鼠标左键，即可为当前素材应用该路径，如图 11-17 所示。

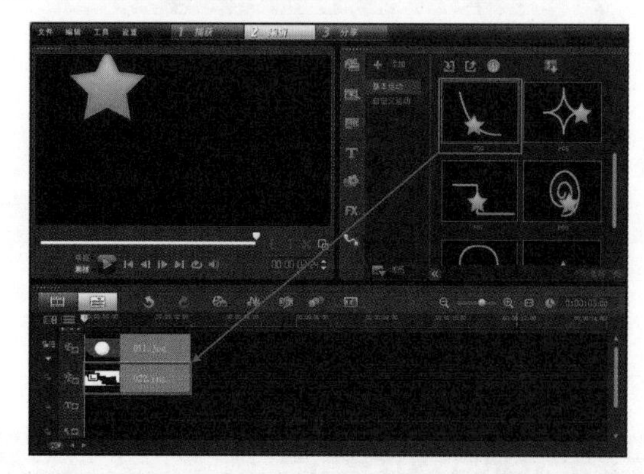

图 11-17

进阶实例：添加预设路径制作热气球升起

案例文件	进阶实例：添加预设路径制作热气球升起 .VSP
视频教学	视频文件\第 11 章\添加预设路径制作热气球升起 .flv
难易指数	★★☆☆☆
技术掌握	路径应用

案例分析：

本案例就来学习如何在会声会影 X6 中使用预设路径制作热气球升起的动画效果，最终渲染效果，如图 11-18 所示。

图 11-18

思路解析，如图 11-19 所示：

图 11-19

（1）添加覆叠素材。

（2）为覆叠素材添加预设路径。

制作步骤：

（1）打开会声会影 X6，将素材文件中的【01.jpg】素材文件添加到【视频轨】上，如图 11-20 所示。此时【预览窗口】中的效果，如图 11-21 所示。

图 11-20

图 11-21

（2）接着将素材文件夹中的【02.png】添加到【覆叠轨】上，如图 11-22 所示。此时【预览窗口】中的效果，如图 11-23 所示。

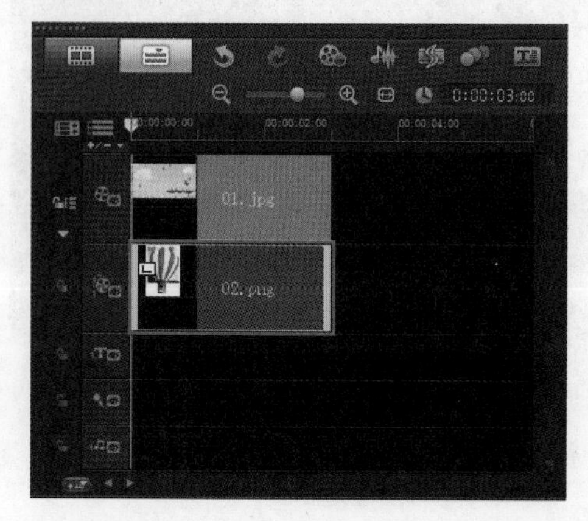

图 11-22

图 11-23

（3）单击【路径】按钮切换到【路径】素材库，将【P05】添加到【02.png】素材文件上，如图 11-24 所示。

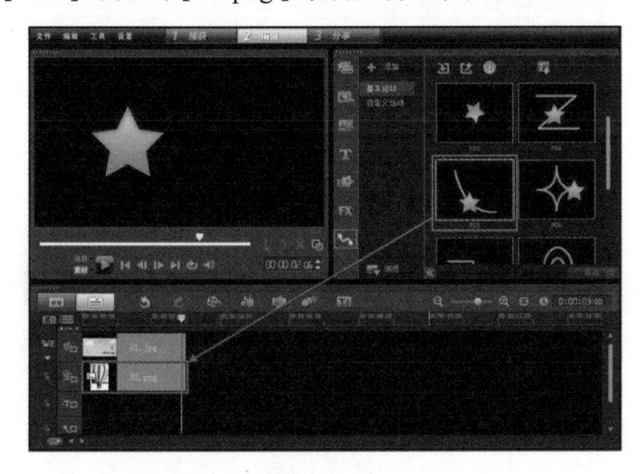

图 11-24

（4）此时，单击【预览窗口】中的【播放】按钮查看最终的效果，如图 11-25 所示。

图 11-25

进阶实例：路径动画制作相片滚动效果

案例文件	进阶实例：路径动画制作相片滚动效果 .VSP
视频教学	视频文件 \ 第 11 章 \ 路径动画制作相片滚动效果 .flv
难易指数	★★★★☆
技术掌握	路径和覆叠动画应用

案例分析：

本案例就来学习如何在会声会影 X6 中使用路径动画制作相片滚动效果，最终渲染效果，如图 11-26 所示。

思路解析，如图 11-27 所示：

图 11-26

图 11-27

（1）为覆叠素材添加路径动画。

（2）制作照片的覆叠动画效果。

制作步骤：

（1）打开会声会影 X6 软件，将素材文件夹中【01.jpg】分别添加到【视频轨】和【覆叠轨 1】上，如图 11-28 所示。此时【预览窗口】中的效果，如图 11-29 所示。

图 11-28

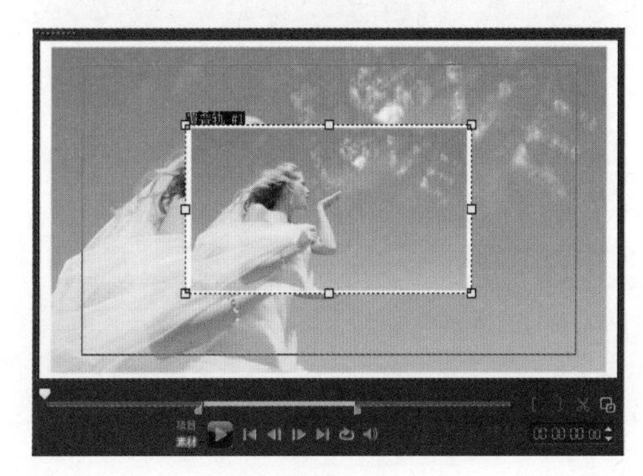

图 11-29

（2）双击【视频轨】上的素材文件，打开【选项】面板，选择【摇动和缩放】，如图 11-30 所示。单击【自定义】按钮，在弹出的对话框中设置【起始帧】和【结束帧】的【缩放率】都为 190%，单击【确定】按钮，如图 11-31 所示。

图 11-30

图 11-31

（3）单击【路径】按钮，切换到【路径】素材库，将【P10】添加到【覆叠轨】的【01.jpg】素材文件上，如图 11-32 所示。适当添加覆叠轨的数量，如图 11-33 所示。

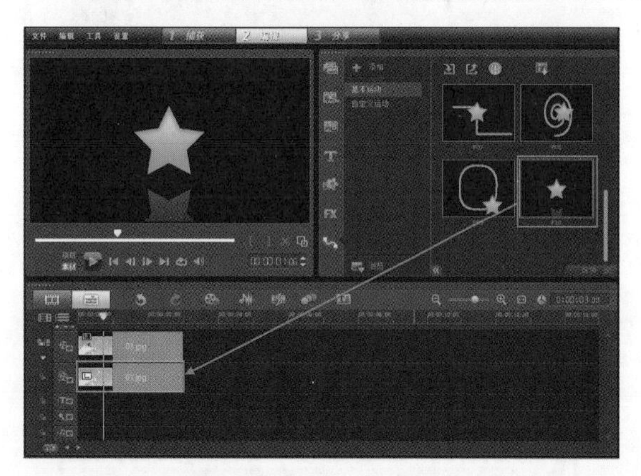

图 11-32

图 11-33

（4）接着将素材【02.jpg】添加到【覆叠轨 2】上，设置开始时间为 00:00:01:13，结束时间为 00:00:03:00，如图 11-34 所示。在【预览窗口】中调整素材的位置和大小，如图 11-35 所示。

图 11-34

图 11-35

（5）双击【覆叠轨 2】上的素材文件，打开【选项】面板，单击【遮罩和色度键】按钮，在弹出的参数面板中设置【边框】为 5，【色彩】为白色（R：255，G：255，B：255），如图 11-36 所示。此时【预览窗口】中的效果，如图 11-37 所示。

图 11-36

图 11-37

（6）接着在【选项】面板中，设置【进入】的方式为【从左边进入】，并开启【淡入动画效果】，如图 11-38 所示。

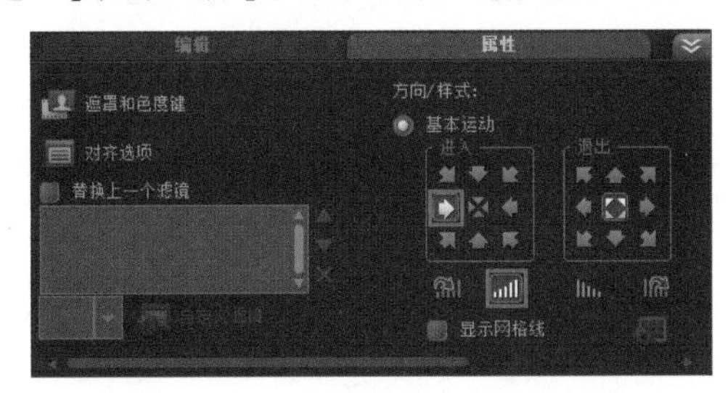

图 11-38

（7）选择【覆叠轨 2】上的【02.jpg】素材文件，使用快捷键【Ctrl+C】复制到【覆叠轨 3】和【覆叠轨 4】上，如图 11-39 所示。然后分别调整【覆叠轨 3】和【覆叠轨 4】上【02.jpg】素材文件在【预览窗口】中的位置，如图 11-40 所示。

图 11-39

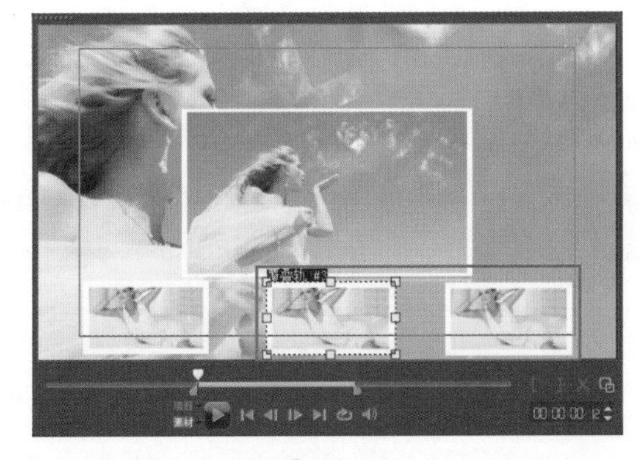

图 11-40

（8）分别在【覆叠轨 3】和【覆叠轨 4】的【01.jpg】素材文件上单击鼠标右键，在弹出的菜单中执行【替换素材】/【照片】命令，并将图片替换为【03.jpg】和【04.jpg】素材文件，如图 11-41 所示。此时【预览窗口】中的效果，如图 11-42 所示。

（9）单击【预览窗口】中的【播放】按钮查看最终的效果，如图 11-26 所示。

图 11-41

图 11-42

11.3　高级运动

【高级运动】属性也是会声会影 X6 中新增的功能。在【高级属性】的【自定义运动】对话框中，可以根据需要为覆叠轨上的素材文件制作动画、阴影、边框和镜像效果。【高级运动】选项在素材的【属性】选项卡中，如图 11-43 所示。

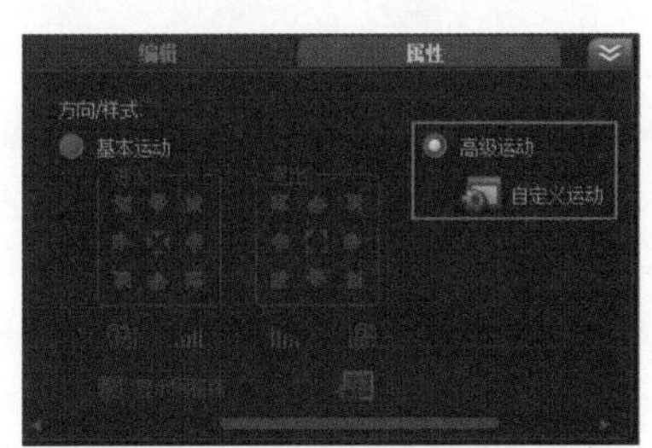

图 11-43

11.3.1

双击【覆叠轨】中的素材文件，打开【属性】选项卡中，然后选择【高级运动】选项，即可弹出【自定义运动】对话框，如图 11-44 所示。

在【自定义运动】对话框中可以对素材进行动画设置，并可设置素材的【位置】、【尺寸】、【旋转】、【阴影】、【边框】和【镜像】等参数效果，还可以添加关键帧动画。

图 11-44

重点参数提醒：

※回放控制：回放控制共包括 5 个按钮，这些按钮可以控制视频的播放。

※关键帧控制：可以添加和删除关键帧，以及控制关键帧的位置偏移。各按钮详解如下所示：

※【添加关键帧】：将擦洗器拖到没有关键帧的位置，然后单击该按钮，即可在当前位置添加一个关键帧。接着可以对该关键帧的各项参数进行设置。

※【删除关键帧】：选择需要删除的关键帧，然后单击该按钮，即可删除所选关键帧。

※【跳转到前一帧】：单击该按钮，可以直接跳转到当前位置的前一个关键帧处。

※【反转关键帧】：单击该按钮，可以将时间轴上的关键帧全部进行反向排列。

※【向左移动关键帧】：选择一个关键帧，然后单击该按钮，即可将该关键帧向左移动一帧的位置。

※【向右移动关键帧】：选择一个关键帧，然后单击该按钮，即可将该关键帧向右移动一帧的位置。

※【跳转到下一帧】：单击该按钮，会直接跳转到当前位置的下一个关键帧处。

※时间轴控制：显示视频的时间轴，并且可以单击【缩小】按钮和【放大】按钮进行缩放控制。

※属性面板：在属性面板中可以对【位置】、【尺寸】、【透明度】、【旋转】、【阴影】、【边框】和【镜像】的参数进行设置，如图 11-45 所示。

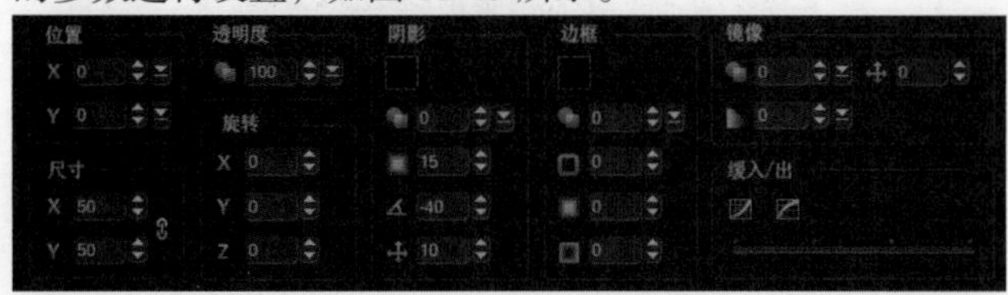

图 11-45

※位置：可以设置当前素材在 X 轴和 Y 轴方向上的位置。

※尺寸：通过调节 X 轴和 Y 轴方向的参数，可以控制素材的长宽比。单击【锁定宽高比】按钮，就可以分别调整 X 轴和 Y 轴方向的参数。再次单击【锁定宽高比】按钮时，即可恢复宽高比锁定。

※透明度：设置素材文件的透明度。

※旋转：可以设置当前素材沿 X 轴、Y 轴和 Z 轴方向进行旋转。

※阴影：可以为当前素材添加阴影效果，并可以设置阴影颜色。分别调整【阴影透明度】、【阴影模糊】、【阴影方向】和【阴影距离】的参数，可以设置素材的阴影效果。

※边框：可以为当前素材添加边框效果，并可以设置边框颜色。分别调整【边框透明度】、【边框大小】、【边框外模糊】和【边框内模糊】的参数，来设置边框的效果。

※镜像：可以将当前素材制作出镜像效果，参数分别为【镜像透明度】、【镜像距离】和【镜像淡出】。

※缓入 / 出：在起始帧或中间帧位置可以单击【缓入】或【缓出】按钮，能制作出关键帧动画的缓入或缓出效果。通过下面的滑块可以调节缓入和缓出的级别效果，如图 11-46 所示。

图 11-46

※【预览窗口】：在该窗口中可以预览当前正在播放的视频素材。

※对象变形窗口：可以通过调节周围的点，来控制视频或图像素材的方向和形状。

※时间码：时间码可以显示当前擦洗器所在位置的时间，而且可以通过调节时间码，直接跳转到指定的时间位置。

※重置：单击该按钮，会删除在【自定义运动】对话框中的所有操作，恢复到初始状态。

※保存到：单击该按钮，可以保存当前的路径效果到【路径】素材库中。并能在弹出的对话框中选择保存所有属性的路径或仅保存路径，如图 11-47 所示。

图 11-47

※确定：在制作完成后，单击该按钮，即可完成在【自定义运动】对话框中的操作。

※取消：单击该按钮，可以取消在【自定义运动】对话框中的当前操作。

11.3.2

除了【路径】素材库中的预设路径效果外，还可以创建自定义路径，并进行保存，方便以后使用。

1. 创建自定义路径

双击【覆叠轨 1】上的某一素材文件，然后在【属性】选项卡中单击选择【高级运动】选项，如图 11-48 所示。

在弹出的对话框中根据需要来创建关键帧，调整关键帧的相关参数，并可以在【预览窗口】中调整曲线的弧度，如图 11-49 所示。

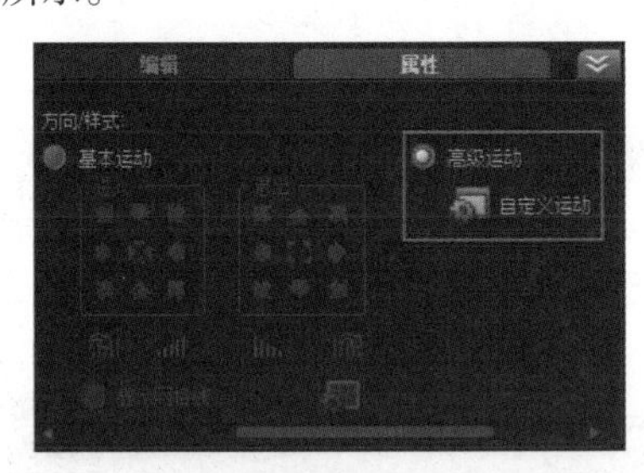

图 11-48

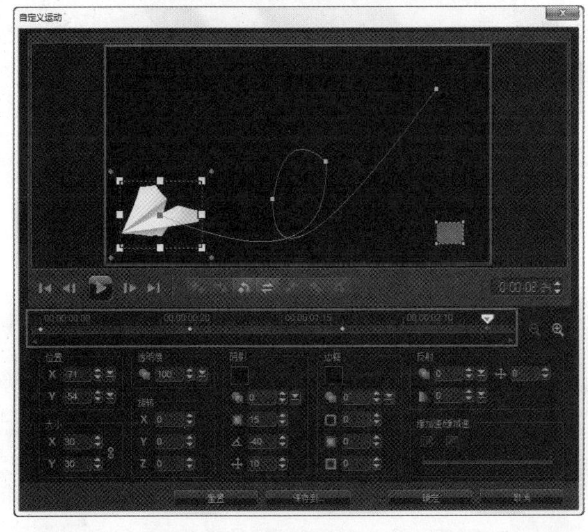

图 11-49

2. 保存自定义路径

当自定义路径的相关参数设置完成后，单击【保存到 ...】按钮，如图 11-50 所示。此时在弹出的【保存到路径素材库】对话框中设置【路径名称】，并选择合适的【选项】。接着在【保存到】的下拉列表中选择【自定义】选项，最后单击【确定】按钮，如图 11-51 所示。

重点参数提醒：

※路径名称：为自定义的路径进行命名。

※路径和所有属性：勾选该选项，可将路径及路径中素材的所有属性导出。

※仅路径：勾选该选项，只导出运动路径。

※保存到：可根据需要将路径导出到【基本运动】、【自定义运动】或【自定义】中。

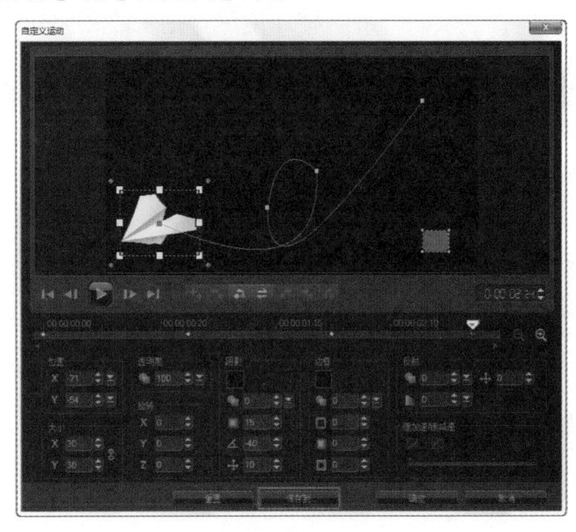

图 11-50

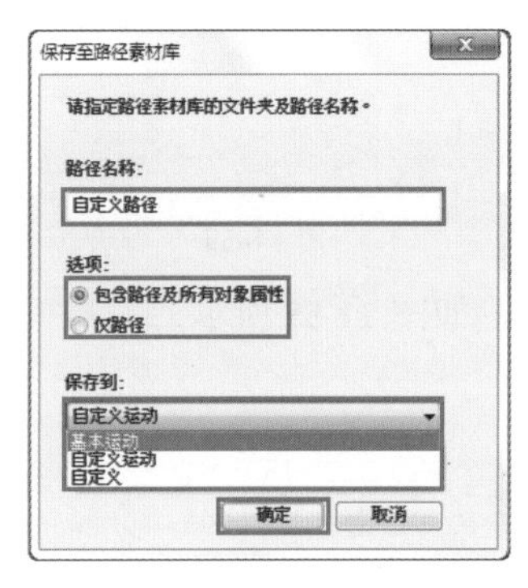

图 11-51

此时，会弹出提示导出成功的对话框，单击【确定】按钮即可，如图 11-52 所示。打开【路径】素材库的【自定义】文件夹，即可看到刚才导出的自定义路径效果，如图 11-53 所示。

图 11-52

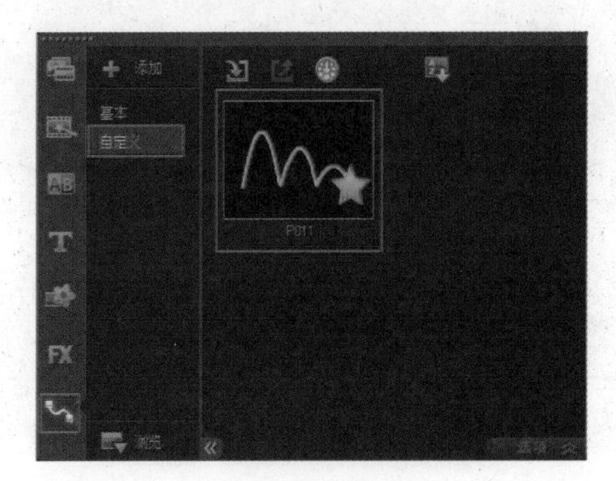

图 11-53

进阶实例：使用自定义路径制作飞机飞行运动

案例文件	进阶实例：使用自定义路径制作飞机飞行运动 .VSP
视频教学	视频文件\第 11 章\使用自定义路径制作飞机飞行运动 .flv
难易指数	★★★☆☆
技术掌握	自定义运动，调整自定义参数应用

案例分析：

本案例就来学习如何在会声会影 X6 中使用自定义运动制作飞机动画效果，最终渲染效果，如图 11-54 所示。

图 11-54

思路解析，如图 11-55 所示：

图 11-55

（1）添加覆叠素材。

（2）使用自定义运动。

制作步骤：

（1）打开会声会影 X6，将素材文件夹中的【01.jpg】和【02.png】分别添加到【视频轨】和【覆叠轨】上，如图 11-56 所示。此时【预览窗口】中的效果，如图 11-57 所示。

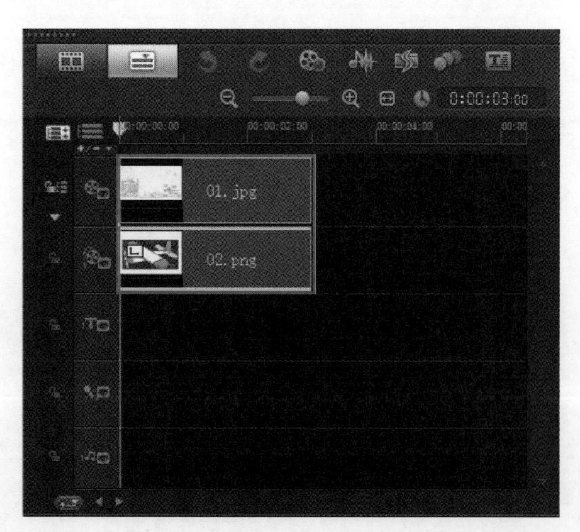

图 11-56

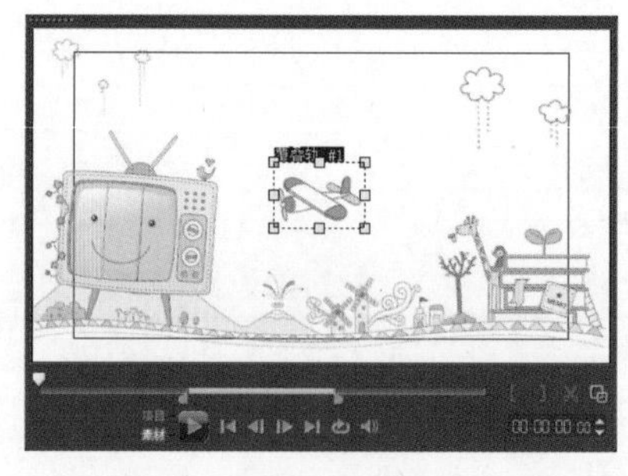

图 11-57

（2）在【覆叠轨】的【02.png】素材文件上单击鼠标右键，在弹出的菜单中选择【自定义运动】选项，如图 11-58 所示。在弹出的对话框中选择起始帧，设置【位置】的【X】为 58 和【Y】为 – 75，【大小】的【X】和为 35，如图 11-59 所示。

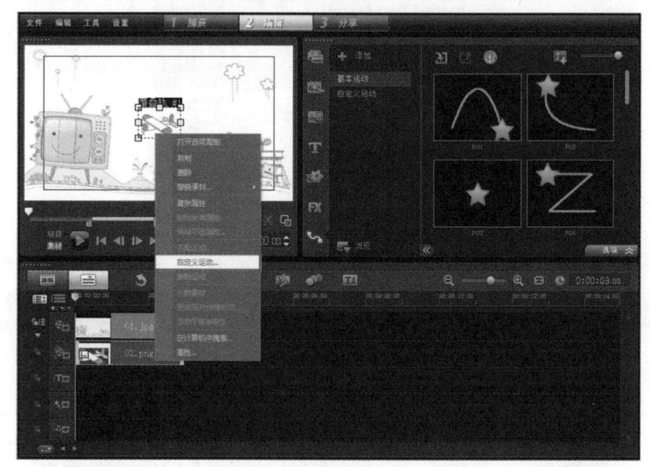

图 11-58

图 11-59

（3）在 00:00:01:00 的位置添加关键帧，并设置【位置】的【X】为 25 和【Y】为 – 63，【大小】的【X】和【Y】为 35，如图 11-60 所示。在 00:00:01:12 的位置添加关键帧，并设置【位置】的【X】为 -17 和【Y】为 17，【大小】的【X】和【Y】为 30，并调整曲线的弧度，如图 11-61 所示。

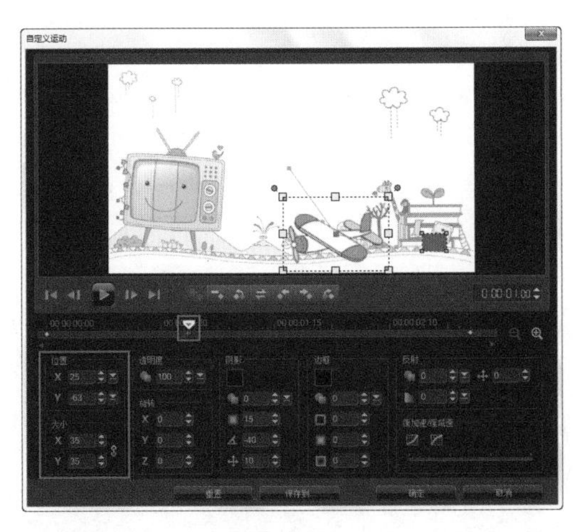

图 11-60

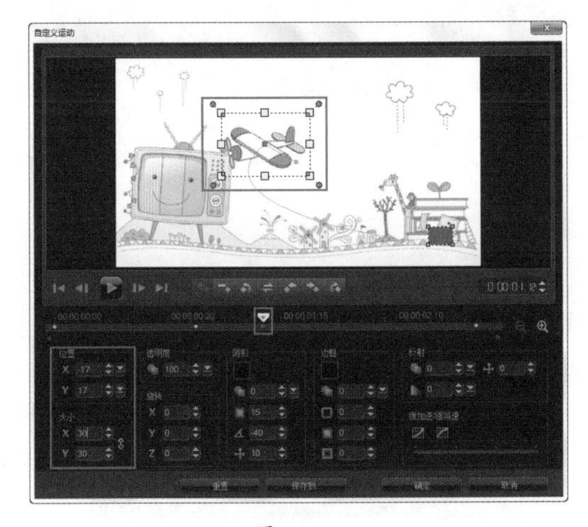

图 11-61

（4）在 00:00:02:00 的位置添加关键帧，并设置【位置】的【X】为 19 和【Y】为 – 29，【大小】的【X】和【Y】为 25，并调整曲线的弧度，如图 11-62 所示。接着选择【结束帧】，设置【位置】的【X】为 – 52 和【Y】为 66，【大小】的【X】和【Y】为 20，并调整曲线的弧度，单击【确定】按钮，如图 11-63 所示。

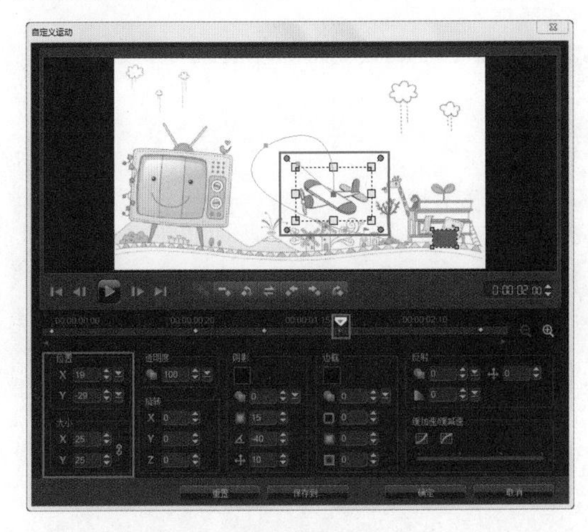

图 11-62

（5）此时，单击【预览窗口】中的【播放】按钮查看最终的效果，如图 11-64 所示。

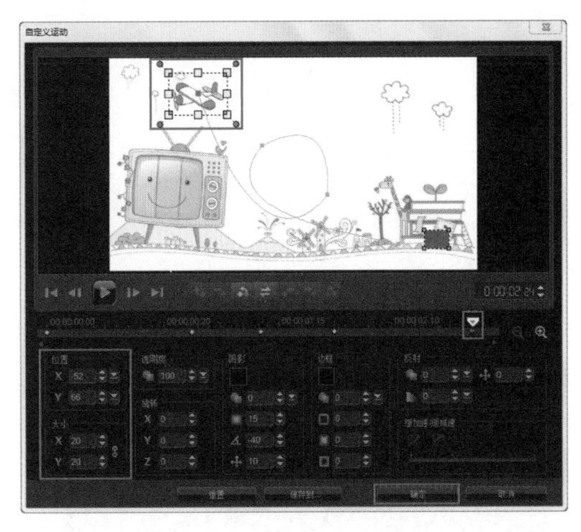

图 11-63

图 11-64

进阶实例：使用自定义运动制作风车旋转动画

案例文件	进阶实例：使用自定义运动制作风车旋转动画 .VSP
视频教学	视频文件 \ 第 11 章 \ 使用自定义运动制作风车旋转动画 .flv
难易指数	★★★☆☆
技术掌握	自定义路径、添加文字、制作文字动画应用

案例分析：

本案例就来学习如何在会声会影 X6 中使用自定义运动制作风车旋转动画效果，最终渲染效果如图 11-65 所示。

图 11-65

思路解析，如图 11-66 所示：

图 11-66

（1）添加覆叠素材。

（2）利用自定义运动制作动画。

制作步骤：

（1）打开会声会影 X6，将素材文件夹中的【01.jpg】添加到【视频轨】上，如图 11-67 所示。此时【预览窗口】中的效果，如图 11-68 所示。

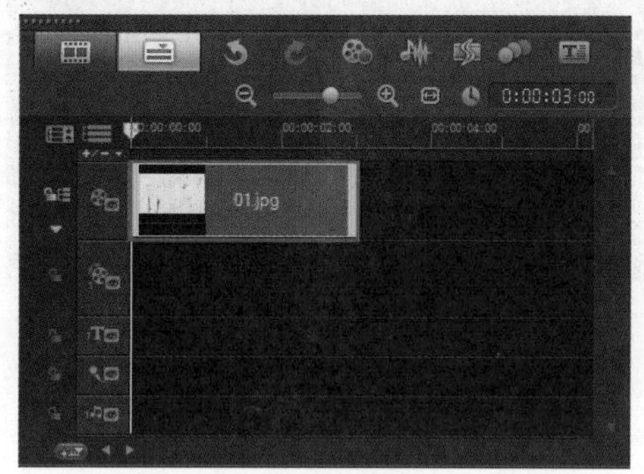

图 11-67

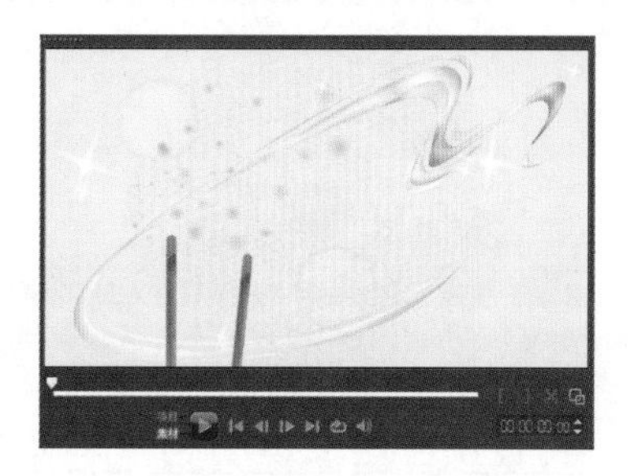

图 11-68

（2）适当添加覆叠轨的数量。将素材文件夹中的【02.png】和【03.png】添加到【覆叠轨 1】和【覆叠轨 2】上，如图 11-69 所示。此时【预览窗口】中的效果，如图 11-70 所示。

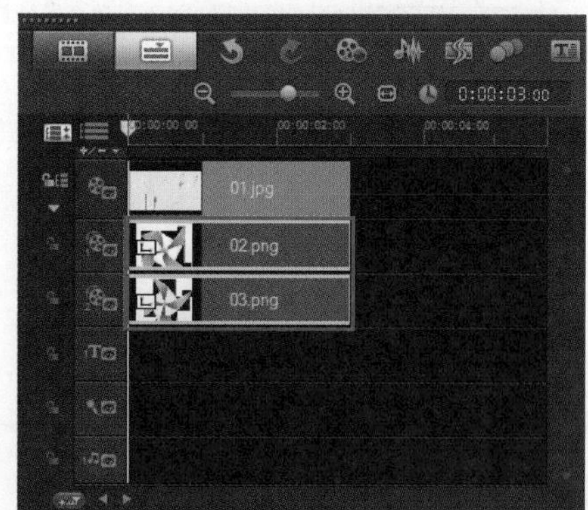

图 11-69

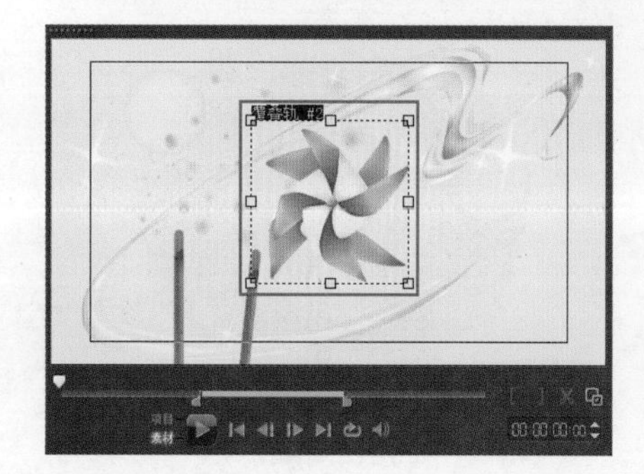

图 11-70

（3）单击【路径】按钮切换到【路径】素材库，分别将【P10】添加到【02.jpg】和【03.jpg】素材文件上，如图 11-71 所示。双击【覆叠轨 1】上的【02.jpg】素材文件，然后在其【属性】选项卡中，单击【高级运动】选项下的【自定义运动】按钮，如图 11-72 所示。

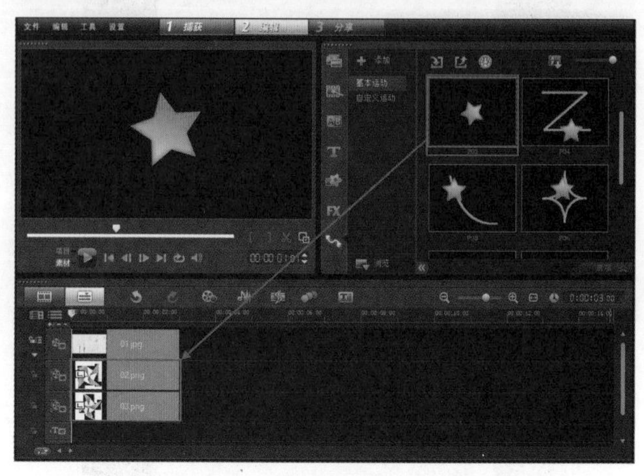

图 11-71

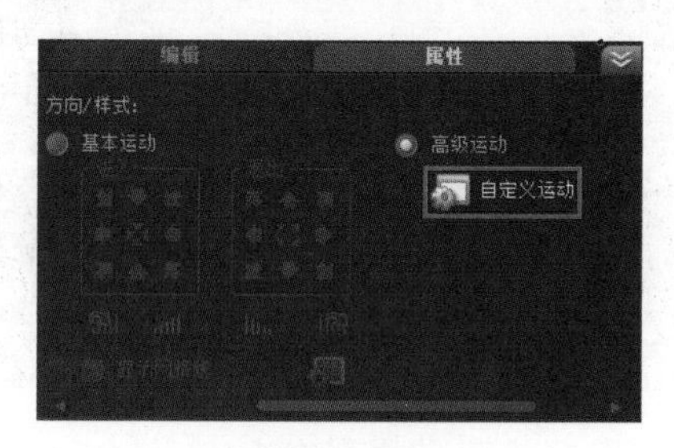

图 11-72

（4）在弹出的对话框中，选择起始帧，设置【位置】的【X】为 - 54、【Y】为 - 14，【大小】的【X】和【Y】为 60，【旋转】的【Z】为 41，如图 11-73 所示。将【起始帧】的参数复制到【结束帧】，并设置【旋转】的【Z】为 360，单击【确定】按钮，如图 11-74 所示。

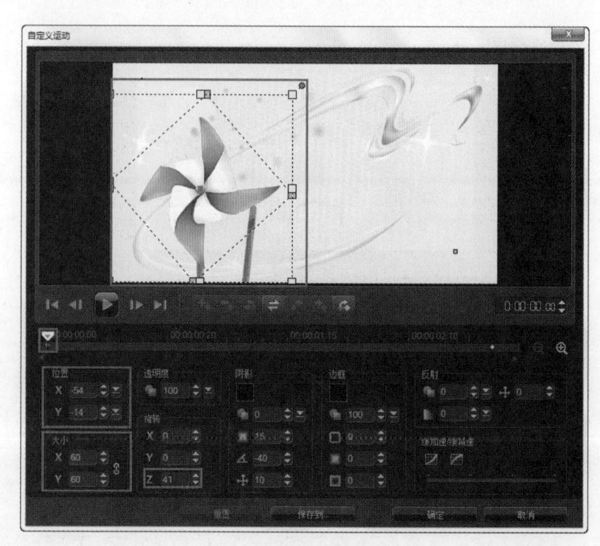

图 11-73

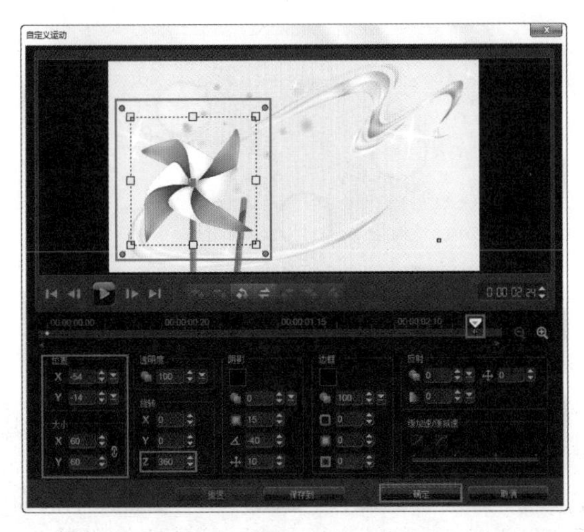

图 11-74

（5）双击【覆叠轨 2】上的【03.jpg】素材文件，然后在其【属性】选项卡中单击【自定义运动】按钮，在弹出的对话框中，选择起始帧，设置【位置】的【X】为 -28、【Y】为 – 26，【大小】的【X】和【Y】为 60，【旋转】的【Z】为 – 106，如图 11-75 所示。将起始帧的参数复制到结束帧，并设置【旋转】的【Z】为 335，单击【确定】按钮，如图 11-76 所示。

图 11-75

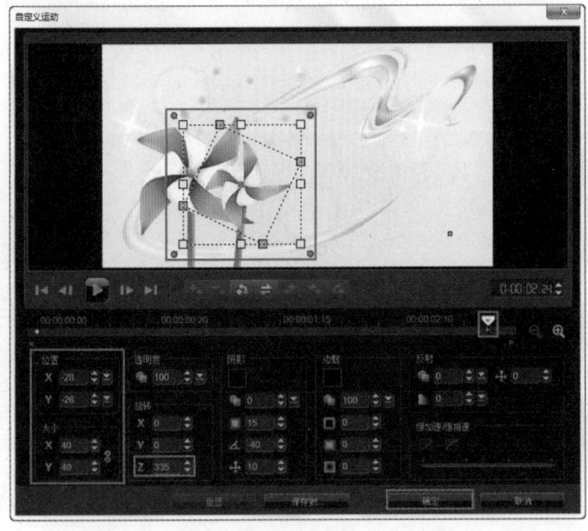

图 11-76

（6）单击【标题】按钮，然后在【编辑】面板中设置合适的【字体】和【字体大小】，设置【色彩】为黑色（R：0，G：0，B：0），如图 11-77 所示。接着在【预览窗口】中输入文字，此时【预览窗口】中的效果，如图 11-78 所示。

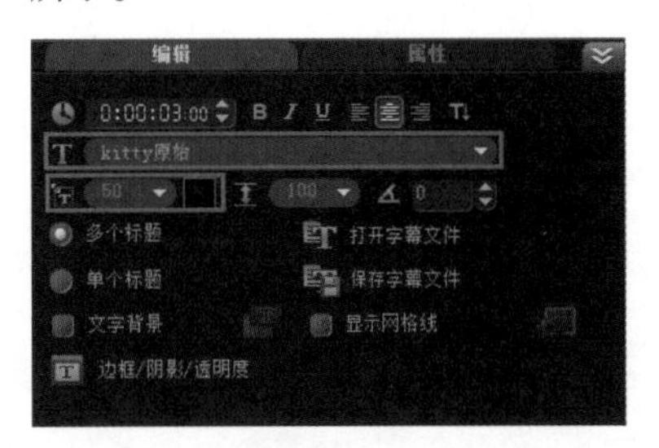

图 11-77

图 11-78

（7）双击文字轨上的文字，打开【属性】面板，单击【动画】按钮，设置【动画类型】为【淡化】，并选择合适的淡化预设方式，如图 11-79 所示。

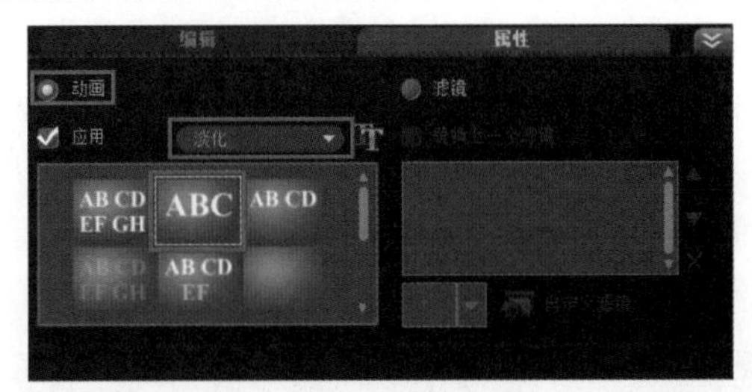

图 11-79

（8）此时，单击【预览窗口】中的【播放】按钮查看最终的效果，如图 11-80 所示。

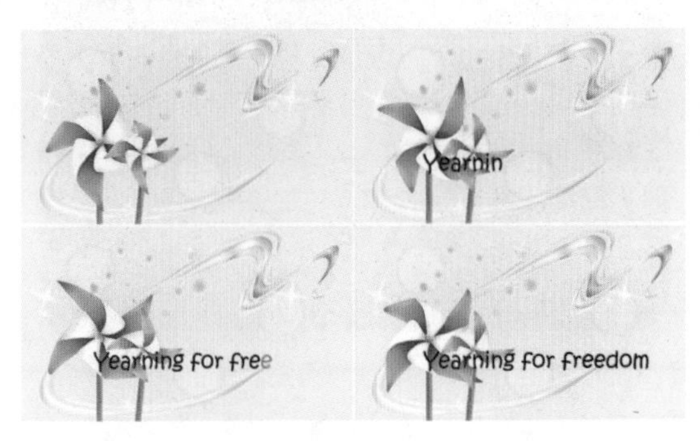

图 11-80

进阶实例：添加自定义路径制作旋转世界

案例文件	进阶实例：添加自定义路径制作旋转世界 .VSP
视频教学	视频文件 \ 第 11 章 \ 添加自定义路径制作旋转世界 .flv
难易指数	★★★★☆
技术掌握	自定义路径的使用

案例分析：

本案例就来学习如何在会声会影 X6 中使用自定义路径制作旋转世界，最终渲染效果，如图 11-81 所示。

图 11-81

思路解析，如图 11-82 所示：

图 11-82

（1）制作路径动画，更改自定义参数。

（2）添加覆叠，制作文字效果。

制作步骤：

1. 制作路径动画

（1）打开会声会影 X6，将素材文件中的【01.jpg】和【02.png】素材文件添加到【视频轨】和【覆叠轨 1】上，如图 11-83 所示。此时【预览窗口】中的效果，如图 11-84 所示。

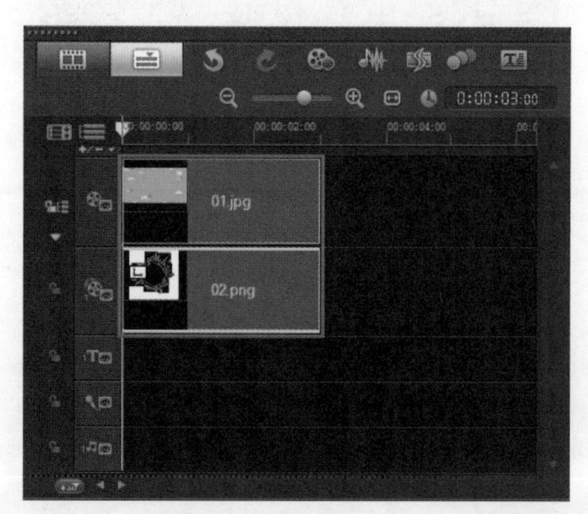

图 11-83

（2）单击【路径】按钮切换到【路径】素材库，将【P03】添加到【02.png】素材文件上，如图 11-85 所示。

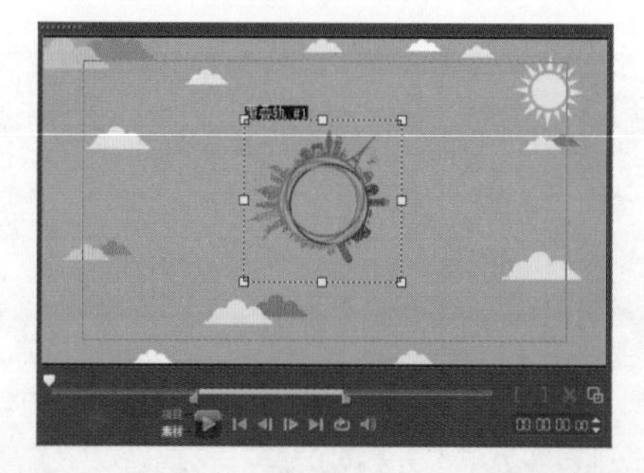

图 11-84

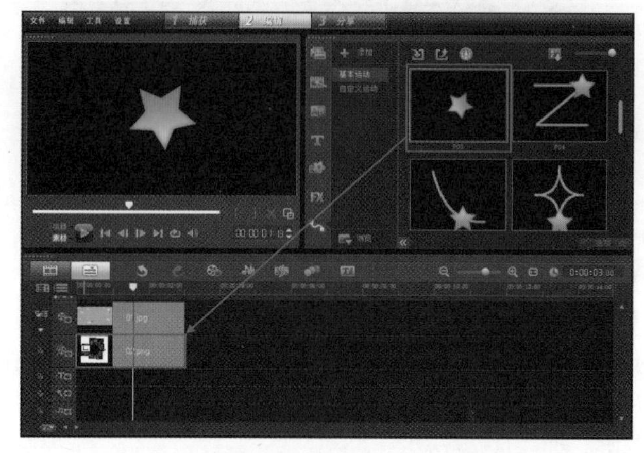

图 11-85

（3）双击【覆叠轨 1】上的【02.jpg】素材文件，然后在其【属性】选项卡中，单击【自定义运动】选项，如图 11-86 所示。

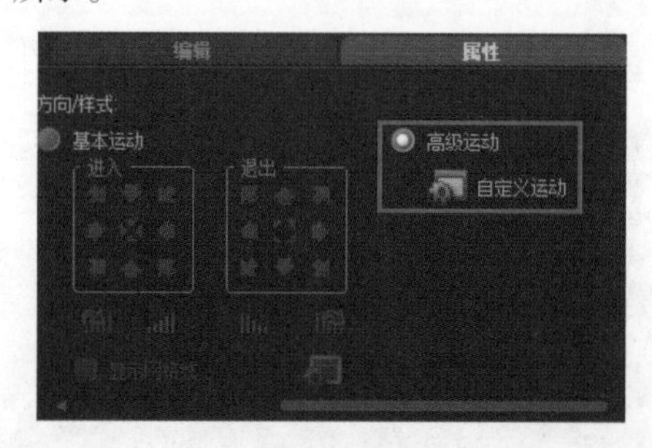

图 11-86

求生秘籍——技巧提示：自定义运动路径

选择添加路径的素材，单击鼠标右键，在弹出的菜单中选择【自定义运动】选项，如图 11-87 所示。

图 11-87

（4）在弹出的对话框中选择【起始帧】，然后设置【大小】的【X】和【Y】为 108，如图 11-88 所示。接着将【起始帧】复制到【结束帧】的位置，并单击【确定】按钮，如图 11-89 所示。

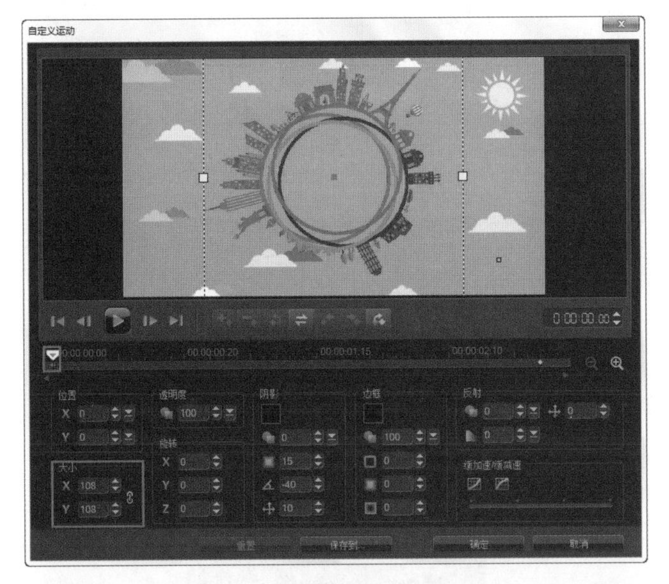

图 11-88

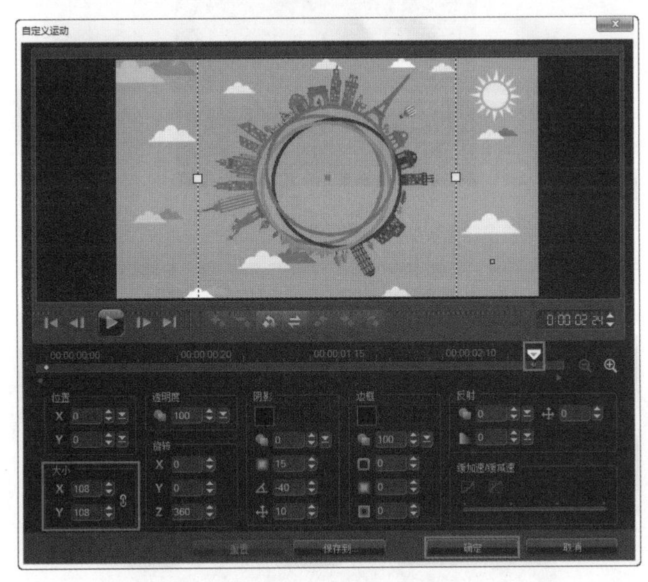

图 11-89

（5）适当添加覆叠轨的数量，如图 11-90 所示。将素材文件夹中的【03.png】添加到【覆叠轨 2】上，如图 11-91 所示。

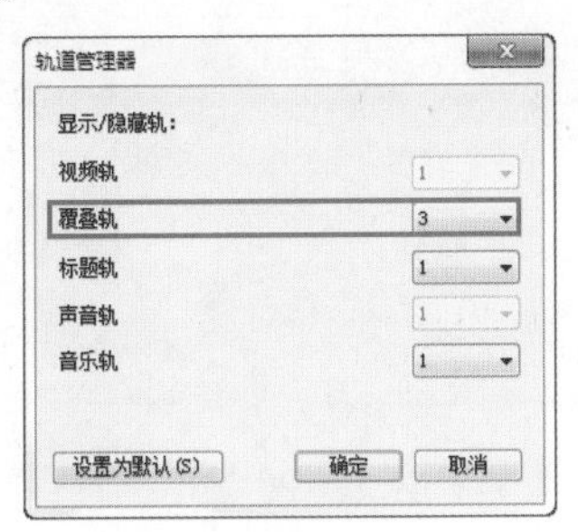

图 11-90

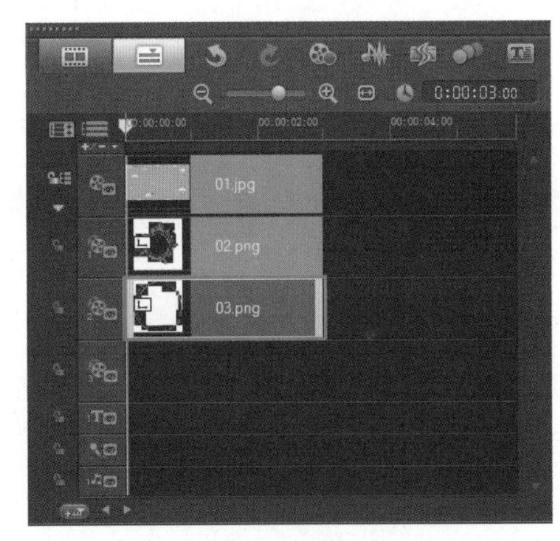

图 11-91

（6）单击【路径】按钮切换到【路径】素材库，将【P03】添加到【03.png】素材文件上，如图 11-92 所示。

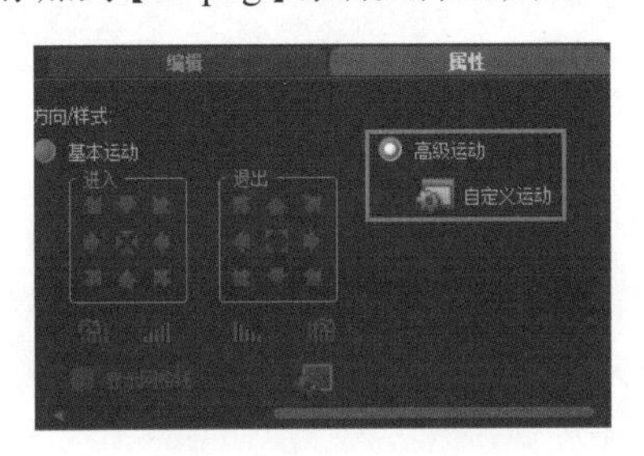

图 11-92

（7）双击【覆叠轨 2】上的【03.jpg】素材文件，然后在其【属性】选项卡中，单击【自定义运动】选项，如图 11-93 所示。

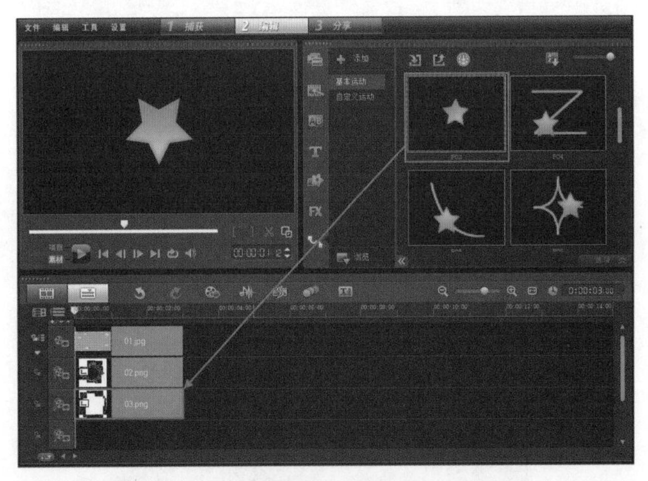

图 11-93

（8）在弹出的对话框中选择【起始帧】，然后设置【大小】的【X】和【Y】为 101，如图 11-94 所示。接着将【起始帧】复制到【结束帧】的位置，并单击【确定】按钮，如图 11-95 所示。

2. 添加覆叠，制作文字效果

（1）将素材文件夹中的【04.png】添加到【覆叠轨 3】

上，如图 11-96 所示。接着在【预览窗口】中单击鼠标右键，执行【调整到屏幕大小】，如图 11-97 所示。

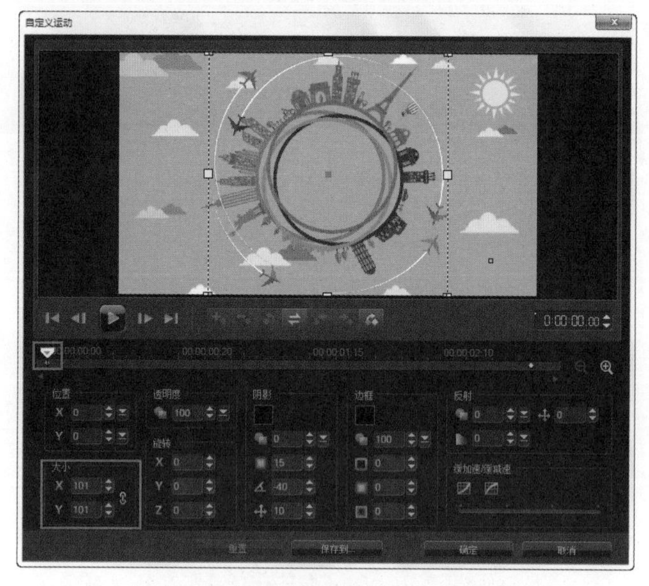

图 11-94

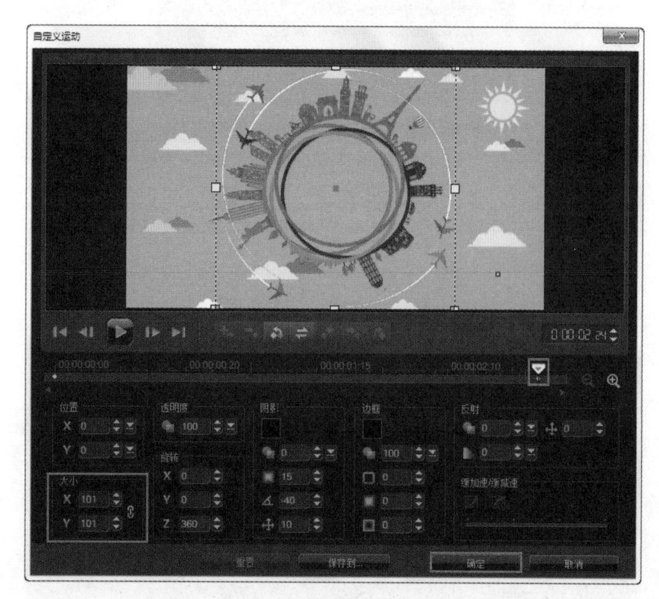

图 11-95

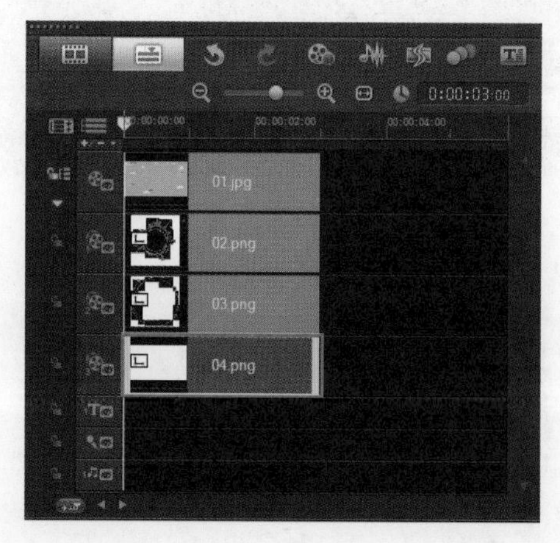

图 11-96

图 11-97

（2）单击【素材库】面板中的【标题】按钮，在【编辑】面板设置合适的【字体】和【字体大小】，【色彩】为白色（R：255，G：255，B：255），如图 11-98 所示。接着在【预览窗口】中输入文字【world】，此时【预览窗口】中的效果，如图 11-99 所示。

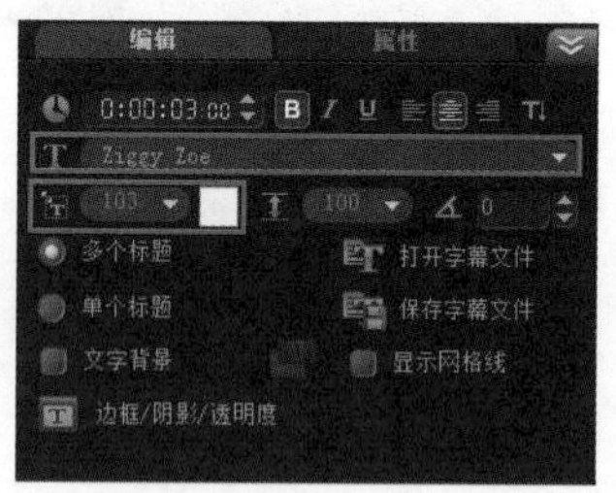

图 11-98

图 11-99

（3）此时，单击【预览窗口】中的【播放】按钮查看最终的效果，如图 11-100 所示。

图 11-100

求生秘籍——技巧提示：逐帧移动关键帧

在会声会影X6中，选择需要移动的关键帧，单击【向左移动关键帧】和【向右移动关键帧】按钮可以逐帧移动。同时也可以直接选择关键帧，按住鼠标左键进行左右移动，在合适的位置释放鼠标左键。但是在移动关键帧过程中，起始帧和结束帧的位置不可以移动。

进阶实例：路径动画制作相片展示效果

案例文件	进阶实例：路径动画制作相片展示效果.VSP
视频教学	视频文件\第11章\路径动画制作相片展示效果.flv
难易指数	★★★★☆
技术掌握	自定义路径、覆叠动画应用

案例分析：

本案例就来学习如何在会声会影X6中使用路径动画制作相片展示效果，最终渲染效果，如图11-101所示。

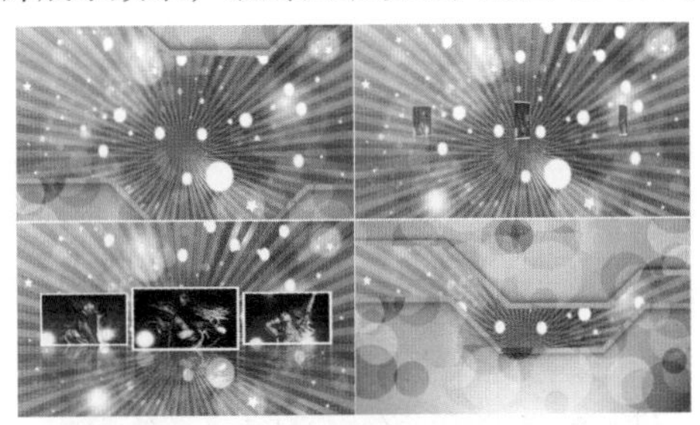

图 11-101

思路解析，如图11-102所示：

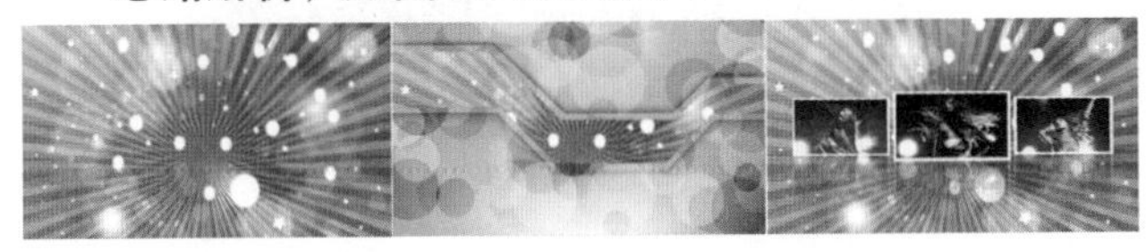

图 11-102

（1）制作覆叠动画效果。

（2）制作照片的自定义运动路径。

制作步骤：

1. 制作覆叠动画效果

（1）打开会声会影X6，将素材文件夹中的【01.jpg】添加到【视频轨】上，并设置结束时间为第5秒，如图11-103所示。此时【预览窗口】中的效果，如图11-104所示。

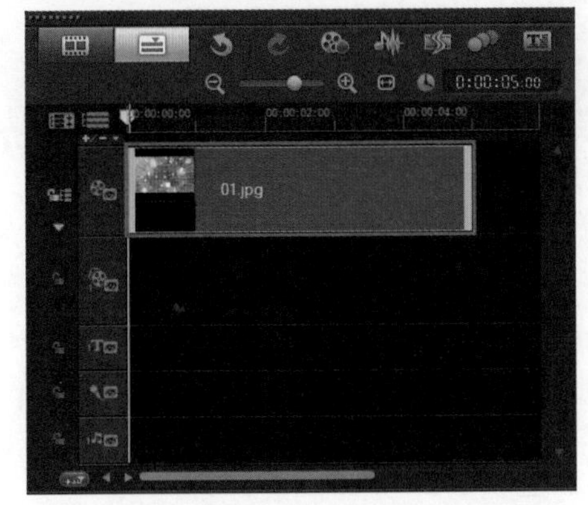

图 11-103

图 11-104

（2）适当添加覆叠轨的数量。接着将素材【02.png】和【03.png】分别添加到【覆叠轨1】和【覆叠轨2】上，并分别设置结束时间为第1秒，如图11-105所示。接着分别在【预览窗口】中调整素材的位置和大小，如图11-106所示。

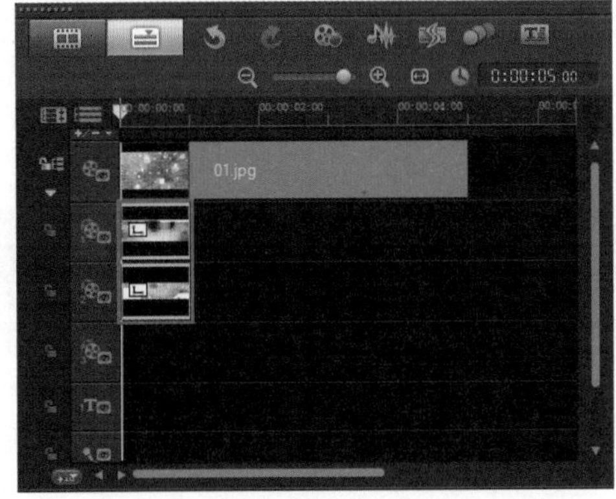

图 11-105

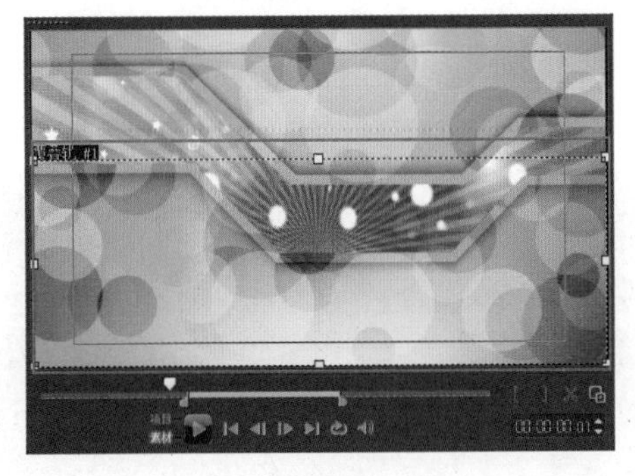

图 11-106

（3）双击【覆叠轨1】上的【02.png】，设置【退出】方式为【从下方退出】，如图11-107所示。双击【覆叠轨2】上的【03.png】，设置【退出】方式为【从上方退出】，如图11-108所示。

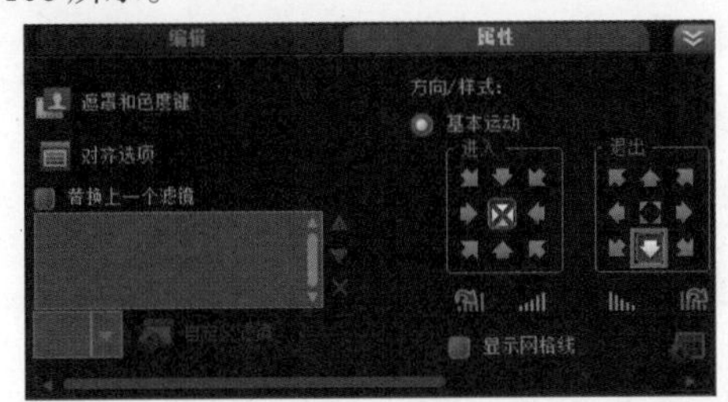

图 11-107

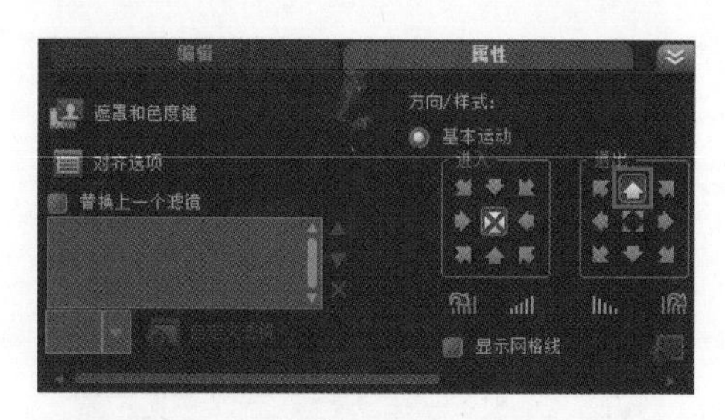

图 11-108

2. 制作路径动画

（1）将素材文件夹中的【04.jpg】、【05.jpg】和【06.jpg】添加到【覆叠轨 1】、【覆叠轨 2】和【覆叠轨 3】上，如图 11-109 所示。

图 11-109

（2）单击【路径】按钮切换到【路径】素材库，分别将【P10】添加到【04.jpg】、【05.jpg】和【06.jpg】素材文件上，如图 11-110 所示。双击【覆叠轨 1】上的【04.jpg】素材文件，然后在其【属性】选项卡中，单击【自定义运动】选项，如图 11-111 所示。

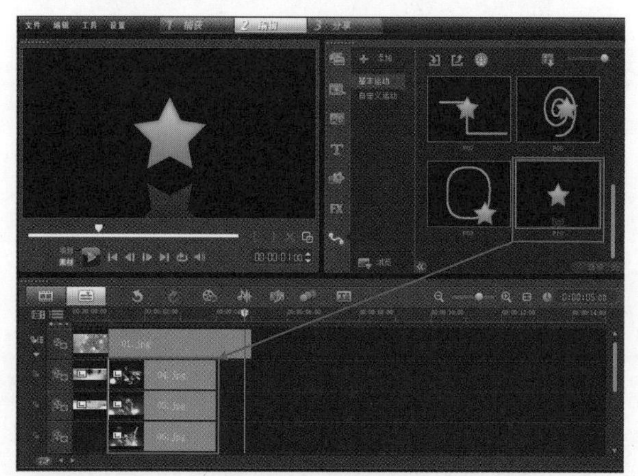

图 11-110

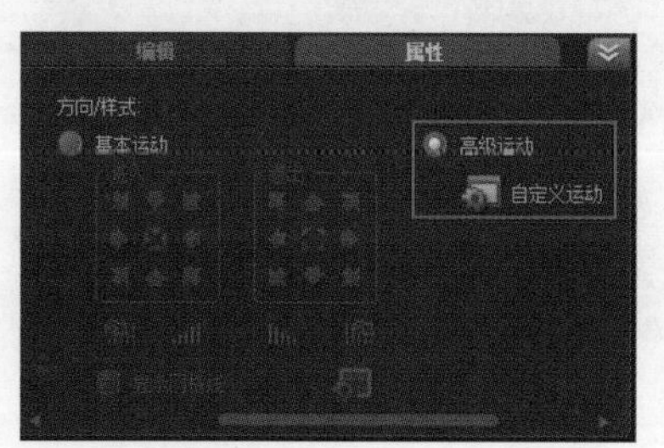

图 11-111

（3）在弹出的对话框中选择【起始帧】，设置【边框】为白色，【边框透明度】为 100，【边框大小】为 5，如图 11-112 所示。选择第二个关键帧，设置【大小】的【X】和【Y】为 30，设置【边框】为白色，【边框透明度】为 100，【边框大小】为 5，如图 11-113 所示。

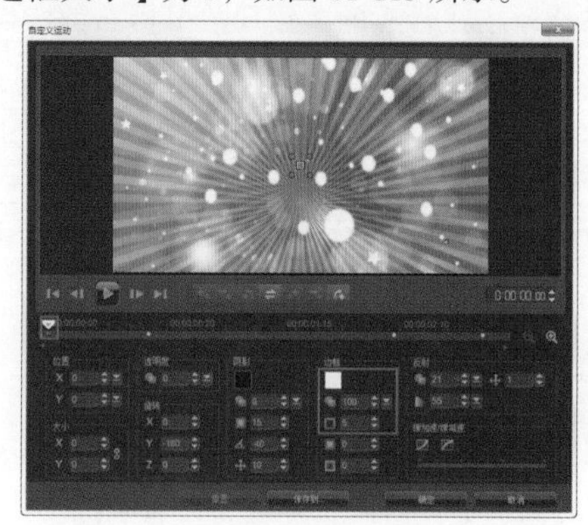

图 11-112

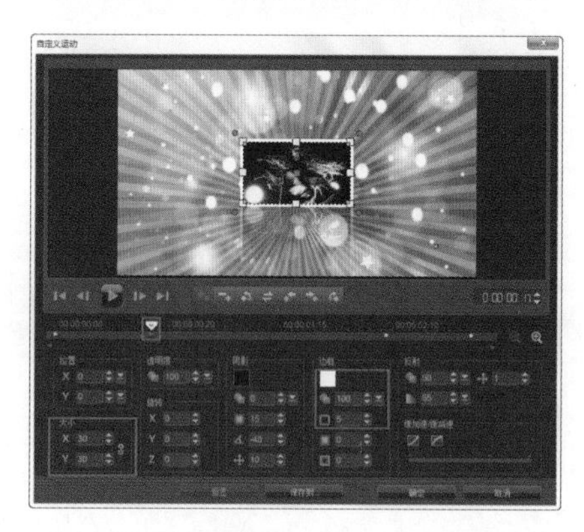

图 11-113

（4）接着选择第 3 帧，设置【大小】的【X】和【Y】为 30，设置【边框】为白色，【边框透明度】为 100，【边框大小】为 5，如图 11-114 所示。选择【结束帧】，设置【边框】为白色，【边框透明度】为 100，【边框大小】为 5，并单击【确定】按钮，如图 11-115 所示。

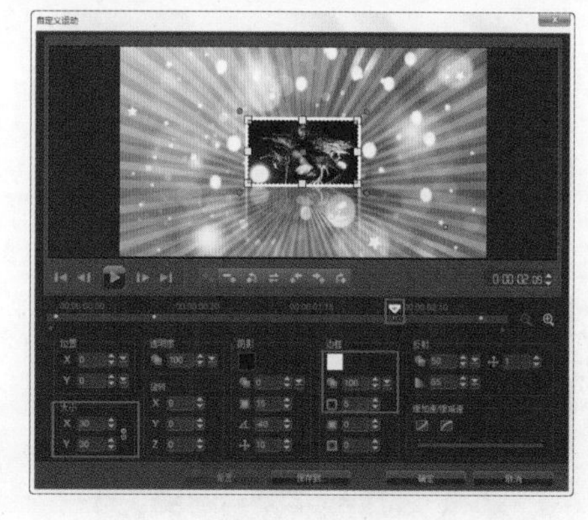

图 11-114

（5）双击【覆叠轨 2】上的【05.jpg】素材文件，然后在其【属性】选项卡中单击【自定义运动】选项，在弹出的对话框中设置每个关键帧【位置】的【X】数

值为 - 60，【边框】为白色，【边框透明度】为 100，【边框大小】为 5，并且设置第二帧和第三帧【大小】的【X】和【Y】为 25，单击【确定】按钮，如图 11-116 所示。

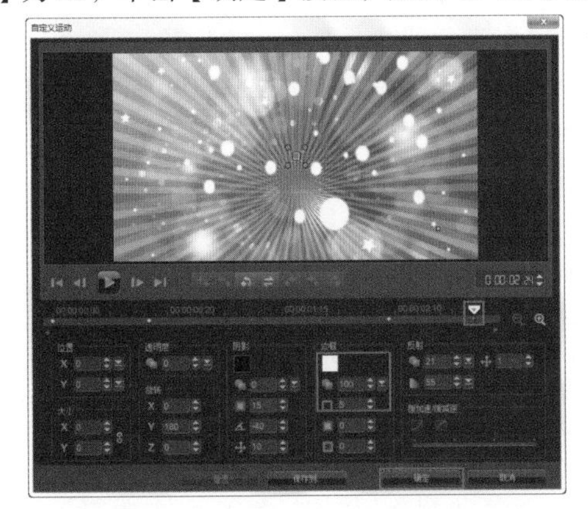

图 11-115

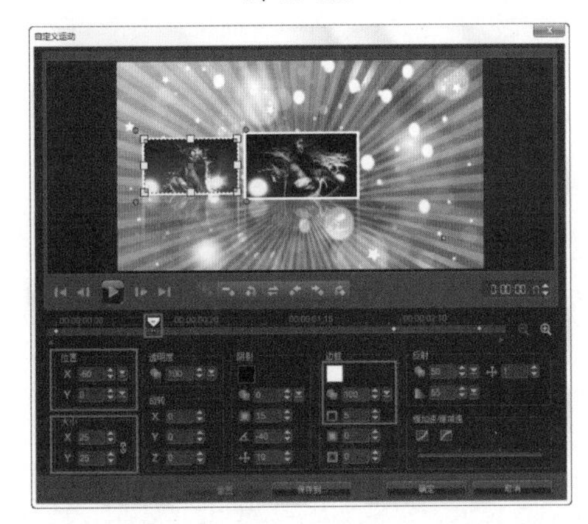

图 11-116

（6）双击【覆叠轨 3】上的【06.jpg】素材文件，然后在其【属性】选项卡中单击【自定义运动】选项，在弹出的对话框中设置每个关键帧【位置】的【X】为 60，【边框】为白色，【边框透明度】为 100，【边框大小】为 5，并且设置第二帧和第三帧【大小】的【X】和【Y】为 25，单击【确定】按钮，如图 11-117 所示。

图 11-117

3. 制作最终效果

（1）接着将【覆叠轨 1】和【覆叠轨 2】上的【02.png】和【03.png】分别复制到【覆叠轨 1】和【覆叠轨 2】的第 4 秒的位置，如图 11-118 所示。

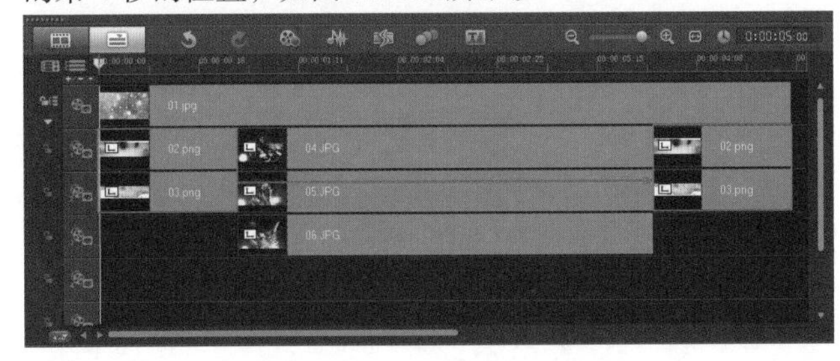

图 11-118

（2）双击【覆叠轨 1】上的【02.png】，设置【进入】方式为【从下方进入】，并设置【退出】方式为【静止】，如图 11-119 所示。双击【覆叠轨 2】上的【03.png】，设置【进入】方式为【从上方进入】，并设置【退出】方式为【静止】，如图 11-120 所示。

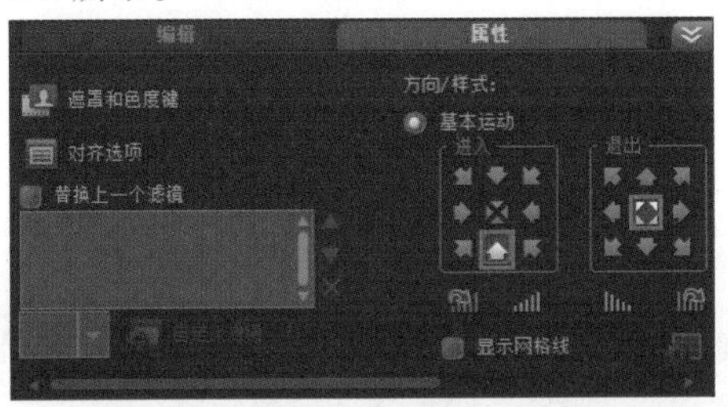

图 11-119

图 11-120

（3）此时，单击【预览窗口】中的【播放】按钮查看最终的效果，如图 11-121 所示。

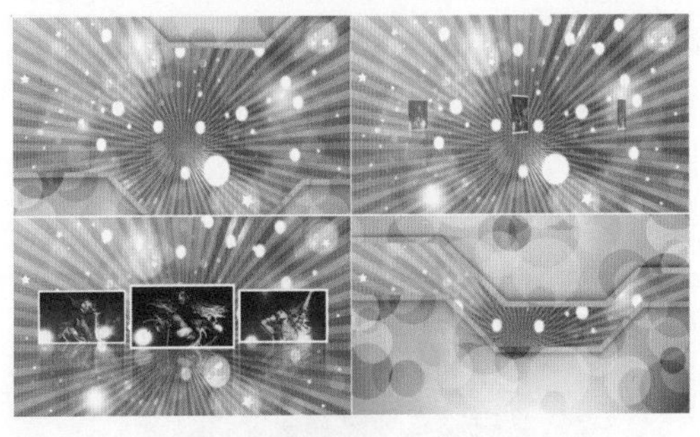

图 11-121

11.4　跟踪运动

跟踪运动也是会声会影 X6 中新增的功能。该功能可以将视频素材中物体进行跟踪，并可以为跟踪的物体链接文本或其他图形素材等，如可以对移动的车辆添加跟随文字等。

11.4.1

制作跟踪运动的【轨道运动】功能只有在视频素材上才能生效，所以要先选择时间轴中的视频素材文件，然后单击上面的【轨道运动】按钮，如图 11-122 所示。

图 11-122

求生秘籍——技巧提示：轨道运动

选择在视频轨上的素材文件，单击鼠标右键，然后在弹出的菜单中选择【轨道运动】按钮，如图 11-123 所示。

图 11-123

单击【轨道运动】按钮后，会弹出【轨道运动】对话框，在该对话框中可以对视频中的物体进行跟踪等操作，如图 11-124 所示。

图 11-124

重点参数提醒：

※【预览窗口】：在该窗口中会显示出当前正在播放的视频素材。

※跟踪点：在该点上按住鼠标左键可以进行拖动，将该点或区域框拖到想要跟踪的对象上即可。

※匹配：与跟踪点匹配的对象会放置在覆叠轨上，而且可以在当前【预览窗口】中调整其大小。

※回放控制：回放控制按钮可以控制视频的播放。

※轨道运动：单击该按钮，会在视频短片中自动选择跟踪器进行跟踪运动。

※重置为默认位置：单击该按钮，会将所有的操作动作重置为默认。

※时间码：时间码可以显示当前擦洗器所在位置的时间，而且可以通过调节时间码，直接跳转到指定的时间位置。

※时间轴控制：显示视频的时间轴，并且可以设置跟踪的入点/出点以及进行缩放控制。

※【跟踪入点/出点】：可以在视频短片中指定运动跟踪的范围。当擦洗器在需要设置入点/出点的位置时，单击【入点/出点】按钮即可在当前位置设置入点/出点。

※【缩小/放大】：单击【缩小/放大】按钮，可以调整视频时间轴的视图。

※跟踪控制：在该参数面板中的按钮和选项，可以设置跟踪路径的属性和匹配的对象，如图 11-125 所示。

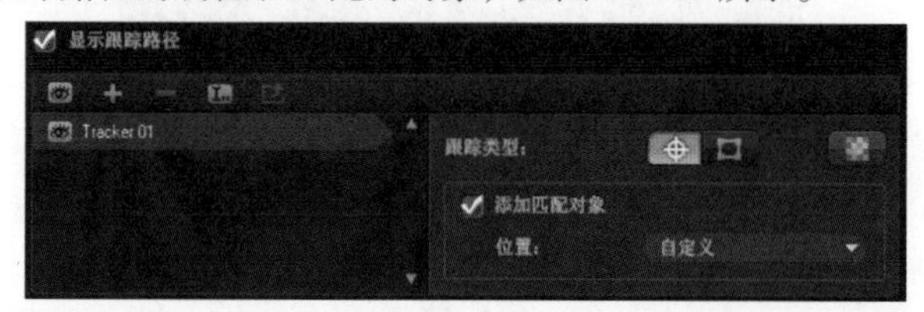

图 11-125

※显示跟踪路径：勾选该选项，可以在【预览窗口】中显示跟踪路径。勾选掉该选项，则会在【预览窗口】中隐藏跟踪路径。

※【隐藏全部轨道】：当该按钮为睁开的眼睛时，在【预览窗口】中的跟踪器是可见的。而禁用时，则为【闭上的眼睛】，这时在【预览窗口】中的跟踪器会被隐藏。

※【添加跟踪】：单击该按钮，可以添加一个跟踪器。

※【删除跟踪】：当跟踪器在两个或两个以上时，可以选择需要删除的跟踪器，然后单击该按钮进行删除。

※【设置跟踪器为点/区域】：单击该按钮，可以设置【预览窗口】中的跟踪器为点。

※【设置跟踪器为区域】：单击该按钮，可以设置【预览窗口】中的跟踪器为区域，并且可以调节区域大小。

※【应用马赛克】：单击该按钮，会对跟踪对象应用马赛克效果，可以模糊跟踪对象的区域。

※添加匹配对象：勾选该选项，可以为跟踪器添加匹配对象。若不添加匹配对象，可以勾选掉该选项。

※【位置】Position：在下拉列表中可以选择匹配对象的位置，包括【覆盖】、【右上】、【左】、【右】和【自定义】5 个选项。

11.4.2

在【轨道运动】对话框中可以添加多个跟踪器，从而制作出不同物体的跟踪路径。接着还可以分别对不同的跟踪路径添加相应的匹配对象。

（1）当【跟踪 01】结束跟踪后，单击下面的【添加跟踪】按钮，此时就会出现添加的【跟踪 02】跟踪器，如图 11-126 所示。在该对话框中的跟踪器上按住鼠标左键拖拽到要跟踪的对象上，并在【预览窗口】中适当调整匹配对象的大小和位置，然后单击【跟踪运动】按钮，即可开始进行跟踪运动，如图 11-127 所示。

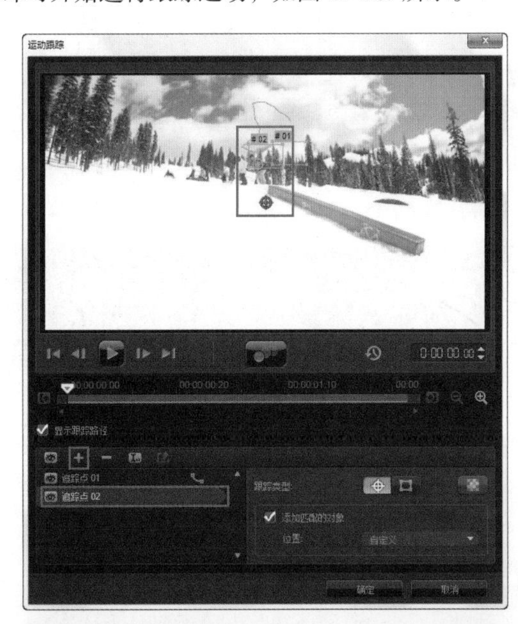

图 11-126

图 11-127

（2）跟踪结束后，可以适当对跟踪器位置进行调整。此时，已经出现了两条跟踪路径，如图 11-128 所示。单击【确定】按钮，返回会声会影 X6 中，在时间轴上可以看到两条跟踪路径，如图 11-129 所示。

图 11-128

图 11-129

11.4.3

（1）跟踪完成后，还可以精确跟踪起始和结束范围，将擦洗器拖到需要开始的范围位置，单击【跟踪入点】按钮，如图 11-130 所示。然后将擦洗器拖动到结束的范围位置，然后单击【跟踪出点】按钮，即可查看精确的时间范围，如图 11-131 所示。

图 11-130

图 11-131

（2）精确时间范围后，在【预览窗口】中的【跟踪器】上按住鼠标左键拖拽到要跟踪的对象上，并适当调整匹配对象的大小和位置。然后单击【跟踪运动】按钮，即可开始进行跟踪运动，如图 11-132 所示。跟踪结束后，在【预览窗口】可以看到跟踪路径，如图 11-133 所示。

图 11-132

图 11-133

进阶实例：应用运动跟踪制作马赛克追踪效果

案例文件	进阶实例：应用运动跟踪制作马赛克追踪效果 .VSP
视频教学	视频文件 \ 第 11 章 \ 应用运动跟踪制作马赛克追踪效果 .flv
难易指数	★★☆☆☆
技术掌握	运动跟踪、应用 / 隐藏马赛克功能的应用

案例分析：

本案例就来学习如何在会声会影 X6 中应用运动跟踪制作马赛克追踪效果，最终渲染效果，如图 11-134 所示。

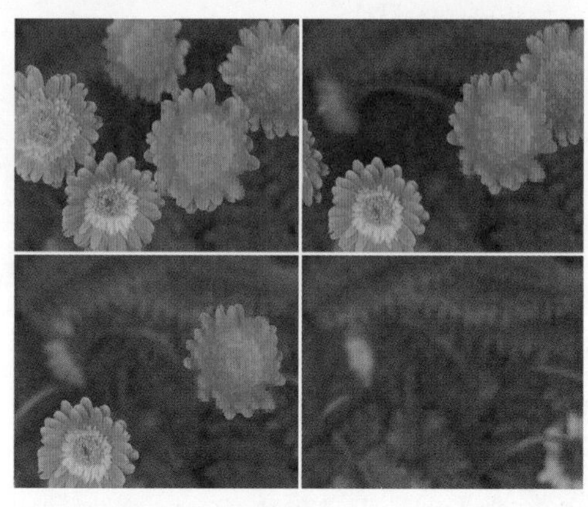

图 11-134

思路解析，如图 11-135 所示：

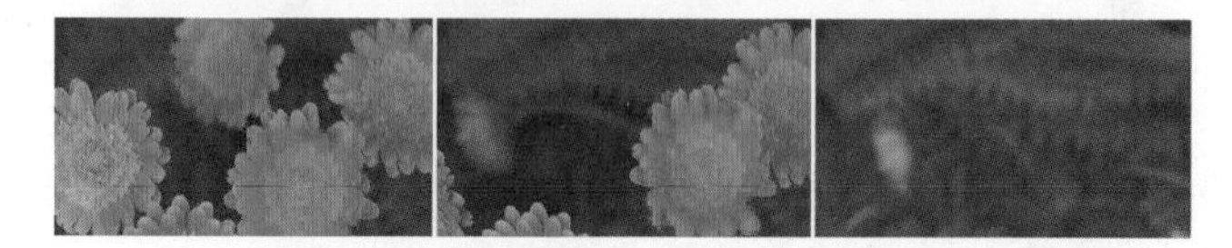

图 11-135

（1）在运动跟踪中进行设置马赛克。

（2）对物体进行跟踪运动。

制作步骤：

（1）打开会声会影 X6，将素材文件夹内的【视频 .avi】添加到【视频轨】上，然后单击【轨道运动】按钮，如图 11-136 所示。

图 11-136

（2）在弹出的对话框中，在【跟踪器】上按住鼠标左键，并将其拖拽到要跟踪的对象上，勾选掉【添加匹配的对象】选项，如图 11-137 所示。

图 11-137

（3）接着点击【应用 / 隐藏马赛克】，如图 11-138 所示。在窗口中调整马赛克的范围大小，如图 11-139 所示。

图 11-138

图 11-139

（4）设置完成后，单击【跟踪运动】按钮，开始物体的运动跟踪，如图 11-140 所示。跟踪结束后单击【确定】按钮，如图 11-141 所示。

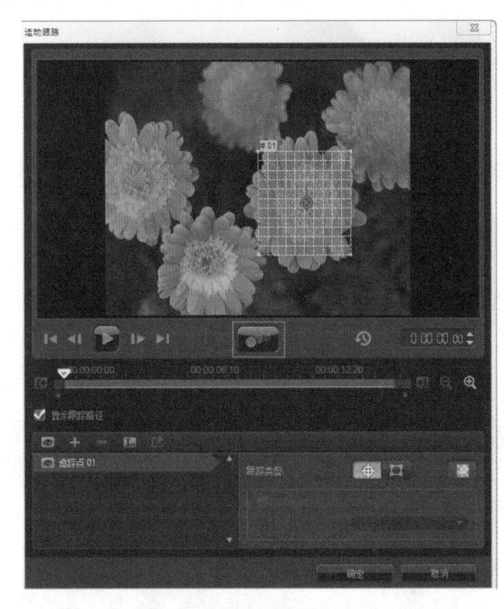

图 11-140

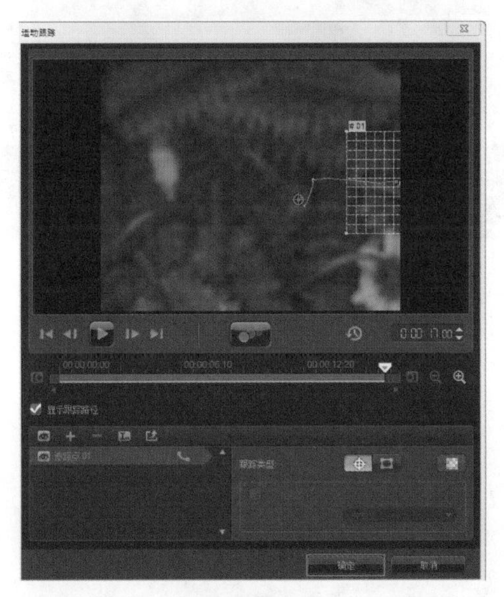

图 11-141

（5）此时，单击【预览窗口】中的【播放】按钮查看最终的效果，如图 11-142 所示。

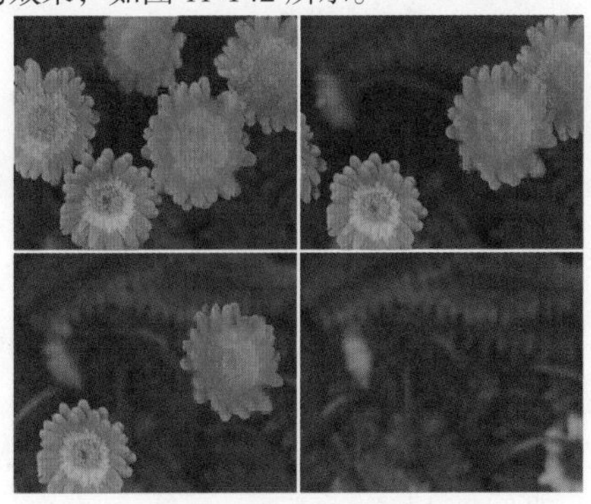

图 11-142

11.5 匹配运动

在对视频素材应用了【跟踪运动】功能以后，会出现跟踪路径。此时可以根据跟踪路径将时间轴中的其他素材对象链接为匹配对象。

11.5.1

在会声会影 X6 中，设置完成跟踪运动后，可以通过替换图像，为跟踪路径设置图像匹配运动。

（1）在【时间轴】中的匹配对象上单击鼠标右键，然后在弹出的菜单中选择【替换素材】选项，如图 11-143 所示。接着在弹出的对话框中选择替换的素材，单击【打开】按钮，如图 11-144 所示。

图 11-143

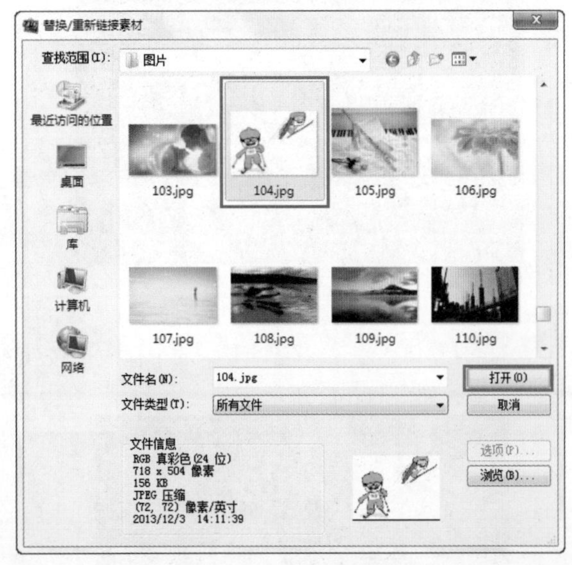

图 11-144

（2）此时会弹出【匹配运动】对话框，在该对话框中可以对匹配素材进行大小和位置的调整，还可以添加【旋转】、【阴影】或【边框】等参数。设置完成后单击【确定】按钮即可，如图 11-145 所示。

图 11-145

进阶实例：制作对话框跟踪运动

案例文件	进阶实例：制作对话框跟踪运动 .VSP
视频教学	视频文件 \ 第 11 章 \ 制作对话框跟踪运动 .flv
难易指数	★★☆☆☆
技术掌握	跟踪运动、替换跟踪图片

案例分析：

本案例就来学习如何在会声会影 X6 中制作对话框跟踪运动，最终渲染效果如图 11-146 所示。

图 11-146

思路解析，如图 11-147 所示：

图 11-147

（1）添加运动跟踪路径。

（2）替换匹配对象素材。

制作步骤：

（1）打开会声会影 X6，将素材文件夹内的【视频 .avi】添加到【视频轨】上，然后单击【轨道运动】按钮，如图 11-148 所示。

（2）在弹出的对话框中，在【跟踪器】上按住鼠标左键，并将其拖拽到要跟踪的对象上，释放鼠标左键，在【预览窗口】中适当调整匹配对象的位置和大小，如图 11-149 所示。

图 11-148

图 11-149

（3）设置完成后，单击【跟踪运动】按钮，开始物体的运动跟踪，如图 11-150 所示。在需要停止的位置，单击【停止】按钮，即可停止，如图 11-151 所示。

图 11-150

图 11-151

（4）设置完成后单击【确定】按钮，如图 11-152 所示。在【覆叠轨】中，出现了与跟踪范围相对应长度的匹配对象，如图 11-153 所示。

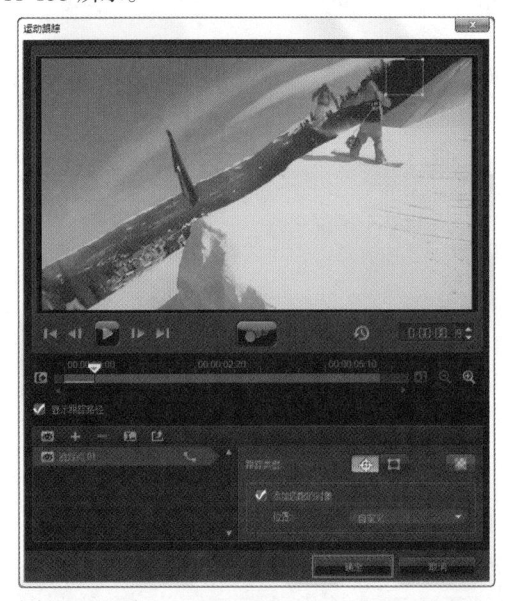

图 11-152

图 11-153

（5）可以替换匹配对象。在时间轴中的匹配对象上单击鼠标右键，然后在弹出的菜单中选择【替换素材】选项，并选择替换【01.png】素材，单击【打开】按钮，如图 11-154 所示。

图 11-154

（6）此时，单击【预览窗口】中的【播放】按钮查看最终的效果，如图 11-155 所示。

图 11-155

11.5.2

在使用【轨道跟踪】完成跟踪路径后，可以输入标题文字，然后将标题文字与跟踪路径制作匹配对象。在【标题轨】的字幕文件上单击鼠标右键，然后在弹出的菜单中选择【匹配运动 ...】选项，如图 11-156 所示。

图 11-156

进阶实例：制作文字跟踪运动

案例文件	进阶实例：制作文字跟踪运动 .VSP
视频教学	视频文件 \ 第 11 章 \ 制作文字跟踪运动 .flv
难易指数	★★★☆☆
技术掌握	运动跟踪、匹配文字、文字效果

案例分析：

本案例就来学习如何在会声会影 X6 中制作文字跟踪运动，最终渲染效果，如图 11-157 所示。

图 11-157

思路解析，如图 11-158 所示：

图 11-158

（1）制作路径跟踪运动。

（2）匹配运动的文字效果。

制作步骤：

1. 制作路径跟踪

（1）打开会声会影 X6，将素材文件夹内的【视频 .avi】添加到【视频轨】上，然后单击【轨道运动】按钮，如图 11-159 所示。

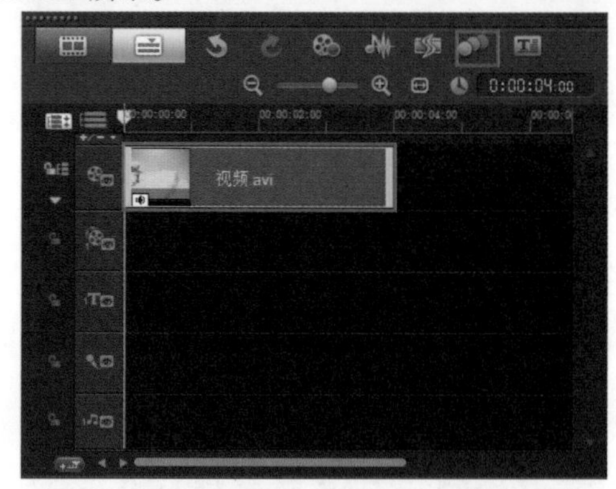

图 11-159

（2）在弹出的对话框中，在【跟踪器】上按住鼠标左键，并将其拖拽到要跟踪的对象上，接着勾选择【添加匹配对象】选项，如图 11-160 所示。

图 11-160

（3）设置完成后，单击【跟踪运动】按钮，即可开始进行跟踪运动，如图 11-161 所示。跟踪结束后单击【确定】按钮，如图 11-162 所示。

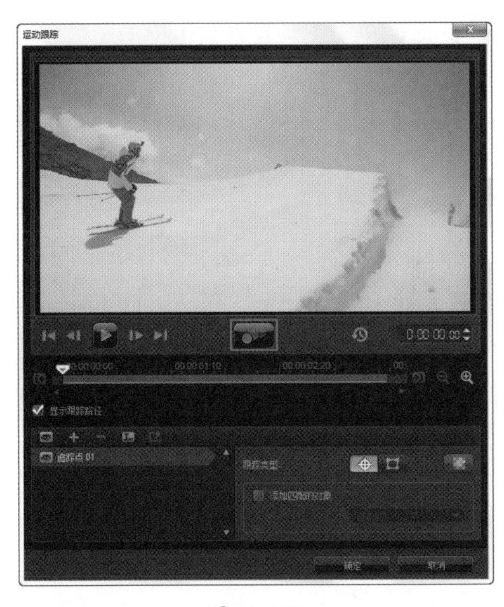

图 11-161

图 11-162

2. 制作文字匹配运动

（1）选择【标题】素材库，然后在【预览窗口】中双击鼠标左键，并输入文字，如图 11-163 所示。接着在【编辑】选项卡中设置【区间】为 4 秒，并设置合适的【字体】和【字体大小】，设置【色彩】为橙色（R：248，G：83，B：28），如图 11-164 所示。

图 11-163

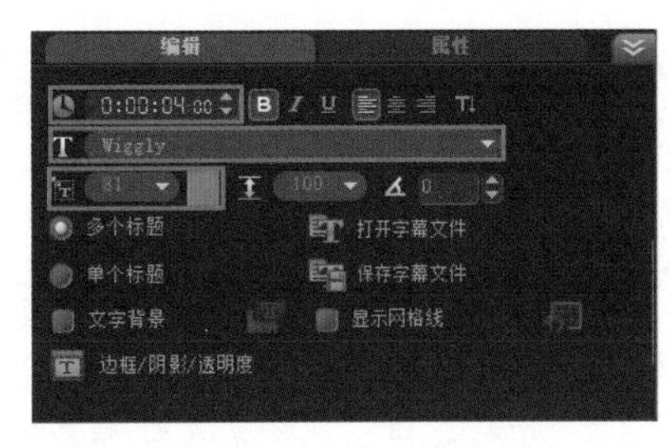

图 11-164

（2）单击【边框 / 阴影 / 透明度】按钮，在弹出的对话框中，设置【边框宽度】为 3，【线条色彩】为白色（R：255，G：255，B：255），【文字透明度】为 10，【柔化边缘】为 10，单击【确定】按钮，如图 11-165 所示。此时在【预览窗口】中的文字效果，如图 11-166 所示。

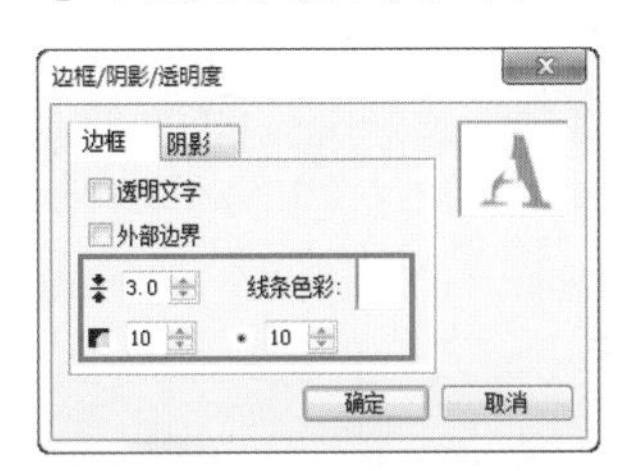

图 11-165

图 11-166

（3）在【标题轨】的标题字幕文件上单击鼠标右键，然后在弹出的菜单中选择【匹配运动 ...】选项，如图 11-167 所示。接着在弹出【匹配运动】对话框，选择起始帧，设置【偏移】的【X】为 – 8 和【Y】为 31，设置【大小】的【X】和【Y】为 20，如图 11-168 所示。

图 11-167

图 11-168

（4）接着将擦洗器拖拽到 00:00:03:03 的位置，添加关键帧，设置【偏移】的【X】和【Y】为 0，大小的【X】和【Y】为 20，如图 11-169 所示。选择结束帧，设置【偏移】的【X】为 – 4，【Y】为 24，大小的【X】和【Y】为 47，最后单击【确定】按钮，如图 11-170 所示。

图 11-169

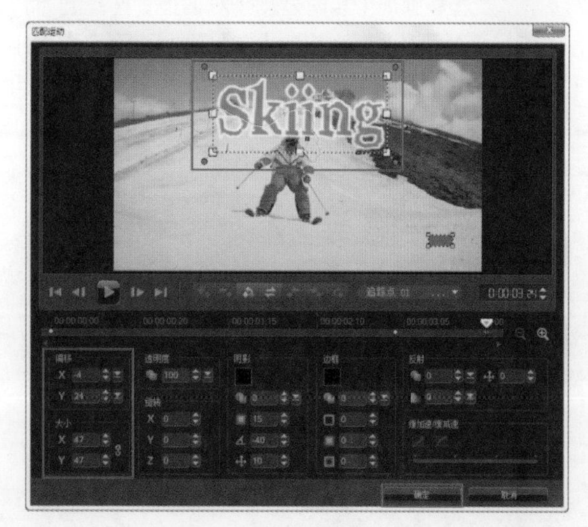
图 11-170

（5）此时，单击【预览窗口】中的【播放】按钮查看最终的效果，如图 11-171 所示。

图 11-171

输出篇

第 12 章 渲染输出视频

第 12 章　渲染输出视频

本章内容简介

会声会影 X6 在将作品制作完成后，最后一个步骤就是渲染输出视频，经过这个步骤作品才可以更方便地在播放器或硬件上播放。本章主要讲解了如何渲染输出视频和音频，以及创建自定义影片模板和刻录光盘的方法。

本章学习要点

掌握渲染输出视频的方法

了解输出 HTML5 项目文件的方法

掌握输出影片模板的方法

掌握输出音频的方法

学习刻录光盘的方法

佳作欣赏

12.1　初识渲染输出

12.1.1

在会声会影 X6 中完成项目的制作与编辑后，可以将项目中的所有素材、字幕和滤镜特效以视频、音频或图像文件的格式保存起来，保存的过程即为渲染输出，该步骤一般为最终成品的最后一步。

在使用会声会影 X6 编辑完成项目后，其保存格式为 *.VSP，而这种格式的影片只能在会声会影 X6 中打开，观看很不方便。将项目进行最终的渲染输出，可以方便地在其他媒体中查看作品的最终效果，而且传输也方便，可以在会声会影 X6 中直接将视频文件上传到网页或刻录到光盘中。

12.1.2

（1）切换到【分享】步骤，然后单击【创建声音文件】按钮，如图 12-1 所示。

（2）在弹出的【创建声音文件】对话框中，设置渲染输出的文件保存路径、名称以及音频格式，接着单击【保存】按钮，如图 12-2 所示。

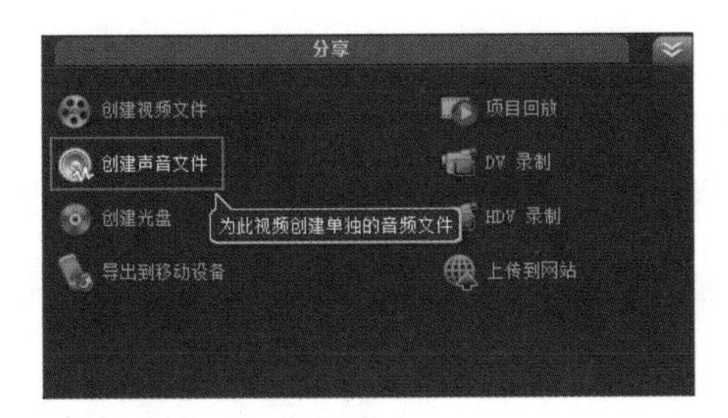

图 12-1

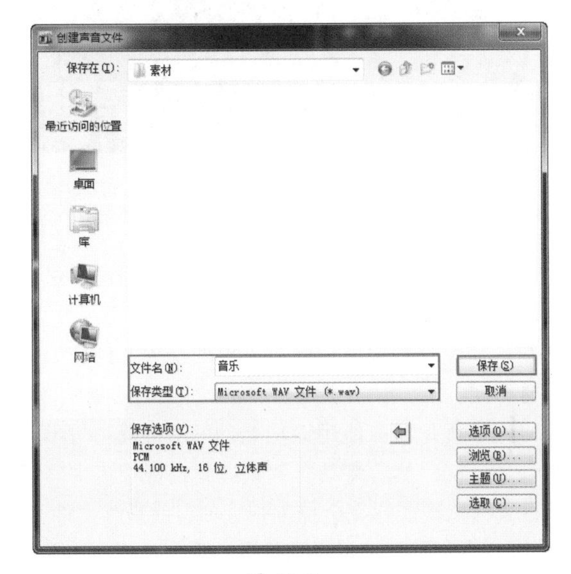

图 12-2

（3）此时已经开始渲染音频，并显示渲染输出的进度，如图 12-3 所示。

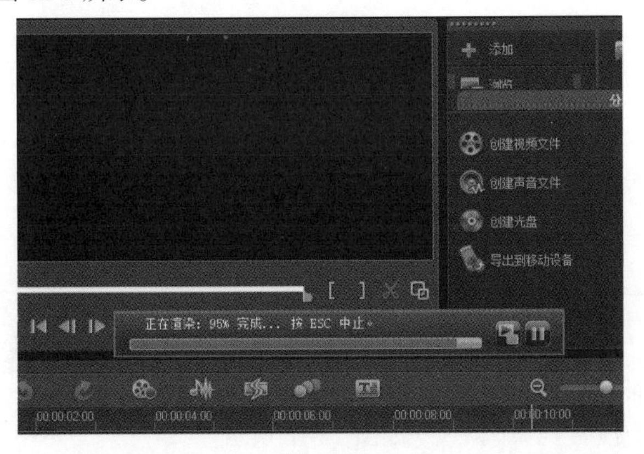

图 12-3

（4）在渲染结束后，即可在设置的渲染保存路径下看到刚渲染出来的音频文件，如图 12-4 所示。

12.2　渲染输出视频

若将制作完成的项目进行渲染输出后，可以在其他多种播放器中打开直接观看，会声会影的【分享】界面，如图 12-5 所示。

重点参数提醒：

※创建视频文件：单击该按钮，可以在弹出的菜单中选择输出的视频文件格式，如图 12-6 所示。

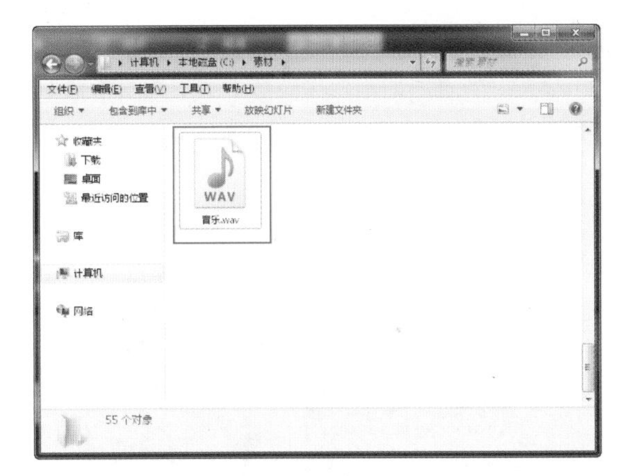

图 12-4

图 12-5

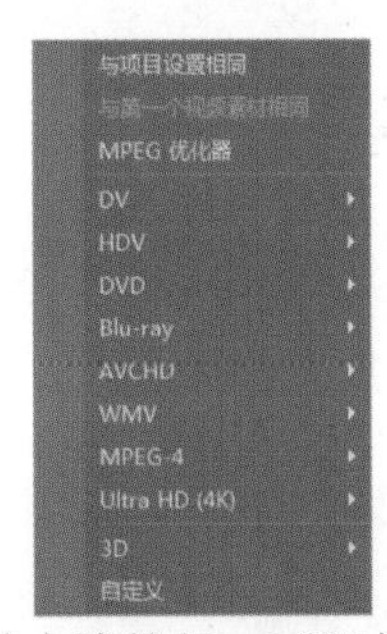

图 12-6

※创建声音文件：单击该按钮，可以将项目中的声音单独进行输出并保存。

※创建光盘：单击该按钮，可以将项目渲染输出为光盘的 DVD 或 AVCHD 等格式，如图 12-7 所示。

※导出到移动设备：单击该按钮，可以在弹出的菜单中选择需要导出的文件格式和大小，如图 12-8 所示。

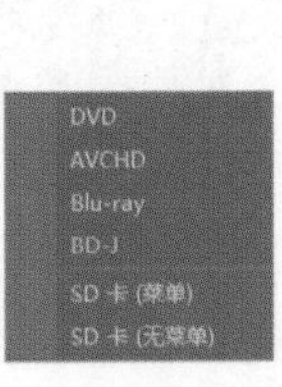

图 12-7

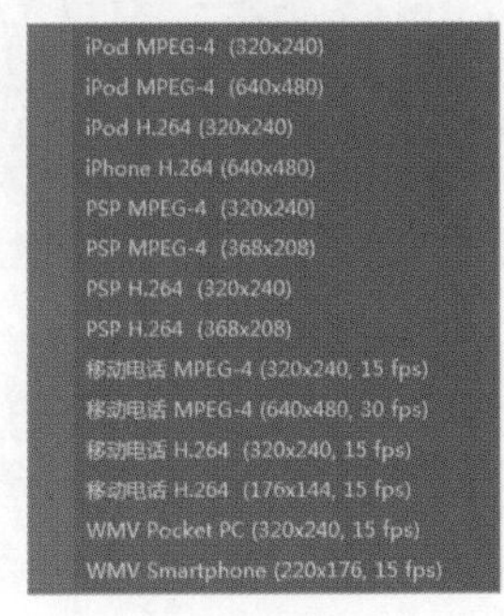

图 12-8

※ 项目回放：单击该按钮，可以全屏播放当前的项目，并可以在弹出的对话框中选择回放【整个项目】或是【预览范围】，如图 12-9 所示。

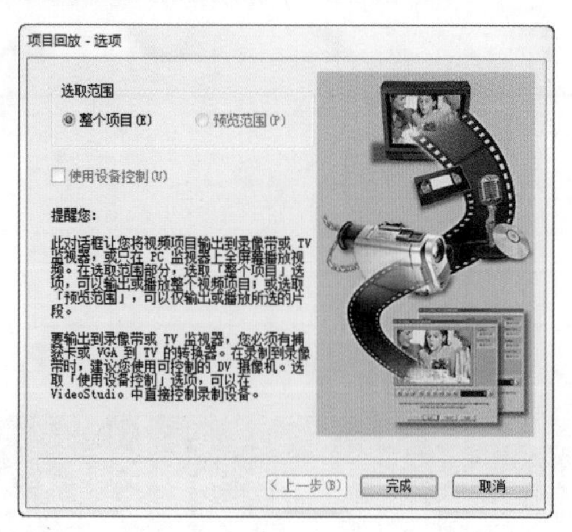

图 12-9

※ DV 录制：单击该按钮，可以将视频文件输出到 DV 摄像机中。

※ HDV 录制：单击该按钮，在弹出的菜单栏中选择相关选项，可以将视频文件输出到高清 DV 摄像机中，如图 12-10 所示。

※ 上传到网站：单击该按钮，可以在弹出的菜单中选择需要上传的网站，如图 12-11 所示。

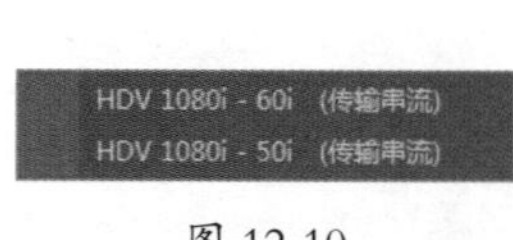

图 12-10

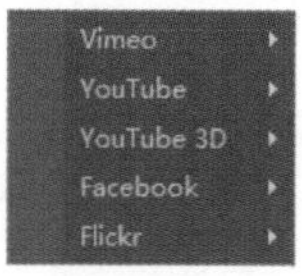

Vimeo
YouTube
YouTube 3D
Facebook
Flickr

图 12-11

12.2.1

在会声会影 X6 中提供了许多输出视频的保存格式，可以根据需求来选择相应的格式进行渲染输出。

（1）在会声会影 X6 的编辑器中单击切换到【分享】步骤面板，如图 12-12 所示。

图 12-12

（2）然后单击【创建视频文件】按钮，在弹出的菜单中选择合适的保存格式，如图 12-13 所示。

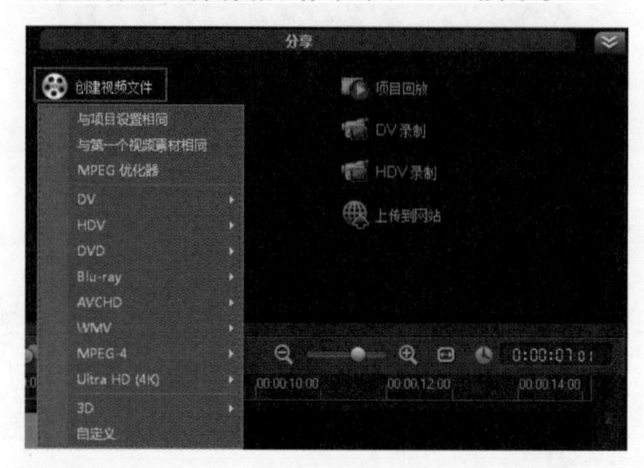

图 12-13

重点参数提醒：

※与项目设置相同：渲染输出的作品与当前项目的设置等相同。

※与第一个视频素材相同：输出的视频文件与第一个视频素材相同。

※MPEG 优化器：使用该功能，可以将视频与不同的属性组合在一起，然后将其合并到连续的视频流中。还可以调整设置，以便能够完全控制视频项目的最终文件大小。

※【DV】：是指 Digital Video（数字视频）的首字母缩写。将 DV 从摄像机复制到计算机，然后再将影片复制回摄像机（编辑之后的影片），不会有任何质量损失。可以设置 DV 的分辨率为 4:3 或 16:9，如图 12-14 所示。

※HDV：HDV 是在 DV 盒式磁带上录制和回放高清晰视频的格式。在会声会影 X6 中 HDV 有四种格式，如图 12-15 所示。

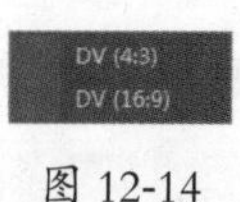

图 12-14

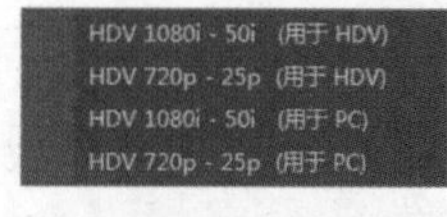

图 12-15

※【DVD】：DVD 就是数字通用光盘，由于其质量和兼容性的优势，在视频制作中广泛应用。在会声会影 X6 中提供了以下格式，如图 12-16 所示。

※【Blu-ray】：Blu-ray 是一种使用蓝光镭射以达到高清晰视频录制和回放的光盘格式，是标准 DVD 容量的 5 倍之多，在会声会影 X6 中提供了多种格式，如图 12-17 所示。

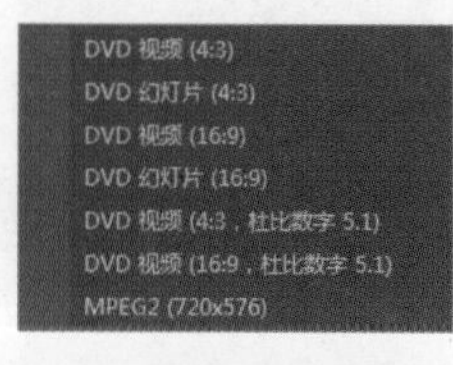

图 12-16

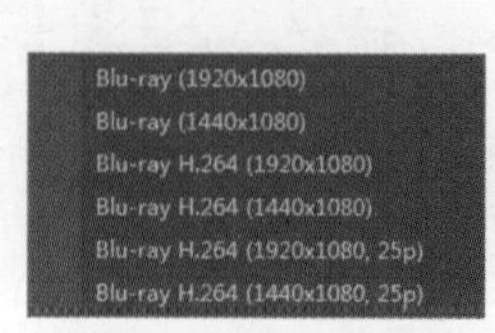

图 12-17

※【AVCHD】：其全称为 Advanced Video Codec High Definition，是一种专为摄像机使用的视频格式。它使用了

专为 Blu-ray 光盘 / 高清晰兼容性而设计的光盘结构，可以在标准 DVD 上刻录。在会声会影 X6 中提供了多种摄像机视频格式，如图 12-18 所示。

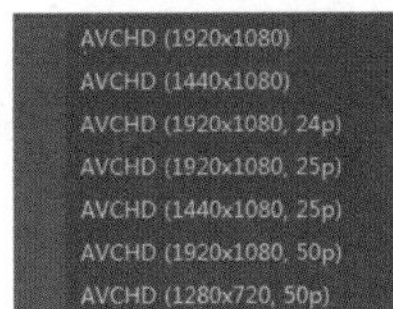

图 12-18

※WMV：WMV 是微软推出的一种流媒体格式。在同等质量下，WMV 格式的体积较小，因此较适合在网上播放和传输。在会声会影 X6 中提供了多种流媒体格式，如图 12-19 所示。

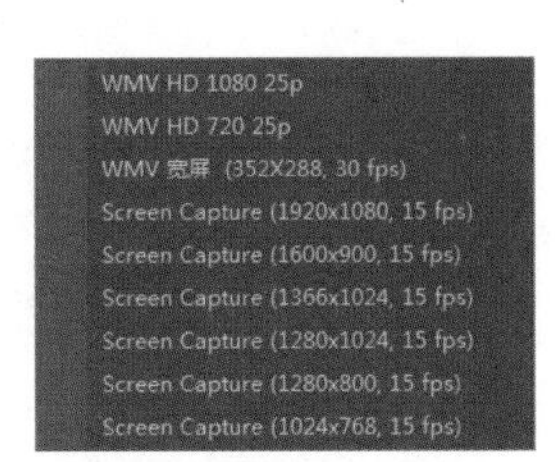

图 12-19

※MPEG-4：该格式为移动设备和 Internet 视频流中常用的视频和音频压缩格式，能够以低数据速率提供高质量视频，如图 12-20 所示。

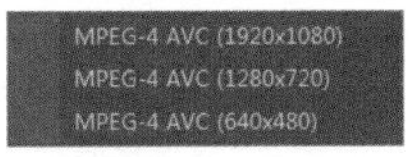

图 12-20

※Ultra HD(4K)：超高清视频，分辨率可提供 880 多万像素，从而实现电影级的画质，相当于 1080p 的 4 倍还多。相应的所占空间也很大，如图 12-21 所示。

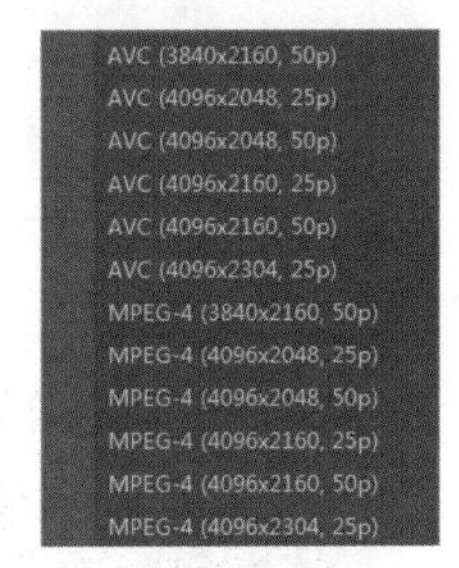

图 12-21

※3D：输出 3D 形式的视频文件，其菜单中包括 DVD、Blu-ray、AVCHD、WMV 和 MVC，如图 12-22 所示。

图 12-22

※自定义：选择该选项，可以在弹出的对话框中设置输出的保存路径、名称以及保存的格式类型，如图 12-23 所示。

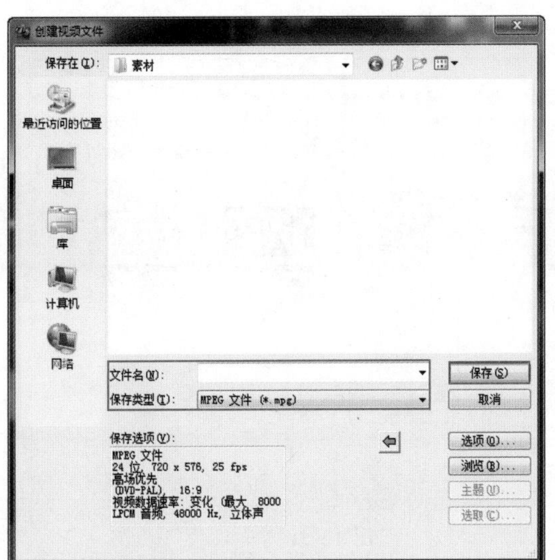

图 12-23

12.2.2

当视频输出的保存格式选择完后，在弹出【创建视频文件】的对话框中设置渲染输出的文件保存路径和文件名称。还可以单击该对话框中的【选项】按钮，如图 12-24 所示。在弹出的对话框中，可根据需要进行一些设置，然后【确定】按钮，如图 12-25 所示。

图 12-24

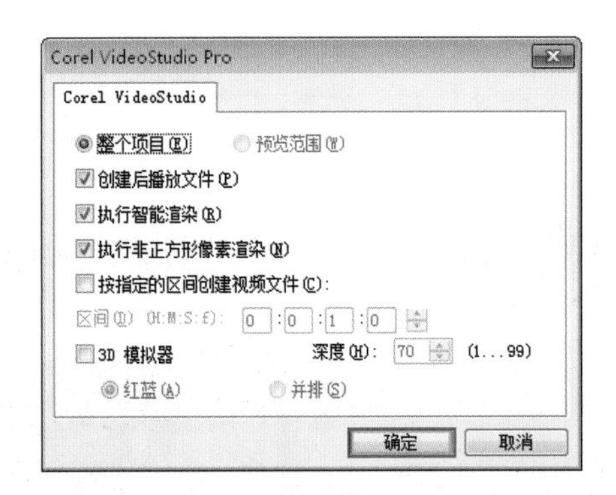

图 12-25

重点参数提醒：

※整个项目：选择该选项，即可输出整个项目文件。

※预览范围：选择该选项，即可输出设置的预览范围部分的项目。

※创建后播放文件：勾选该选项，在创建完成后会自动播放创建出的文件。

※执行智能渲染：勾选该选项，可以直接对项目进行智能渲染。

※执行非正方形像素渲染：勾选该选项，即进行非正方形的像素渲染。

※按指定的区间创建视频文件：勾选该选项，可以设置一定的区间，并进行渲染创建。

※3D 模拟器：勾选该选项，可以模拟 3D 透视效果，并可以设置其深度和红蓝以及并排的效果。

进阶实例：渲染输出完整视频

案例文件	进阶实例：渲染输出完整视频 .VSP
视频教学	视频文件 \ 第 12 章 \ 渲染输出完整视频 .flv
难易指数	★★★☆☆
技术掌握	渲染整个项目的方法

案例效果

在会声会影 X6 中，可以通过【Corel VideoStudio Pro】对话框来设置项目的渲染选项，选择是否输出完整的视频文件。本案例主要是针对“渲染输出整个项目”的方法进行练习，如图 12-26 所示。

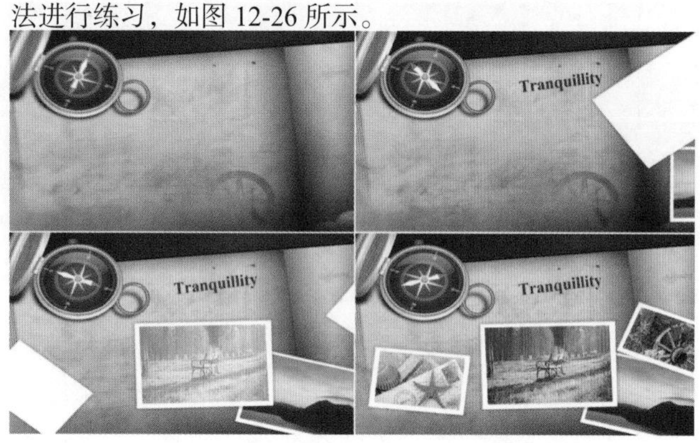

图 12-26

操作步骤

（1）打开相应文件夹中的【渲染输出完整视频 .VSP】素材文件，切换到【分享】步骤，然后单击【创建视频文件】按钮，并在弹出的菜单中选择【DVD】/【DVD 视频（16:9）】，如图 12-27 所示。

图 12-27

（2）在弹出的【创建视频文件】对话框中设置渲染输出文件保存的路径和名称，接着单击【创建视频文件】对话框中的【选项】按钮，如图 12-28 所示。

（3）在弹出的对话框中选择【整个项目】选项，并单击【确定】按钮，如图 12-29 所示。

（4）在设置完成后，单击【创建视频文件】对话框中的【保存】按钮，即可开始渲染视频，如图 12-30 所示。

图 12-28

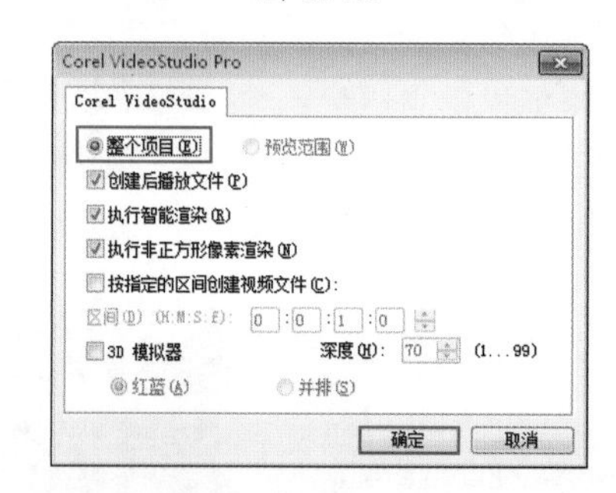

图 12-29

图 12-30

（5）在渲染结束后，即可在设置的渲染保存路径下看到刚渲染出来的 MPG 格式的视频文件，如图 12-31 所示。

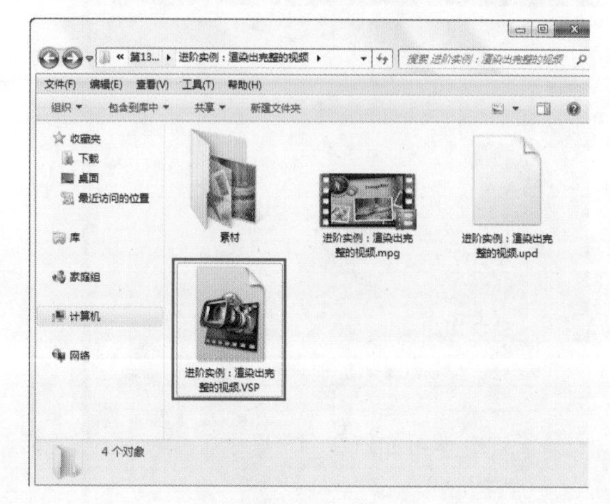

图 12-31

求生秘籍——技巧提示：渲染 MPEG 格式文件会产生其他的文件

在使用会声会影 X6 渲染 MPEG 文件的同时会自动生成一个 *.upd 文件，如图 12-32 所示。其主要有两个作用，一是在会声会影 X6 里可以自动把 MPEG 文件以场为基准点来进行切割；二是在创建光盘时，可以按场信息来添加章节点。若不刻录光盘，可以在文件完成渲染后删除即可。

图 12-32

12.2.3

在会声会影 X6 中，可以选择影片的某一部分进行渲染输出。在【Corel VideoStudio Pro】对话框中，设置项目为【预览范围】，然后才能对预览范围的部分进行渲染输出，如图 12-33 所示。

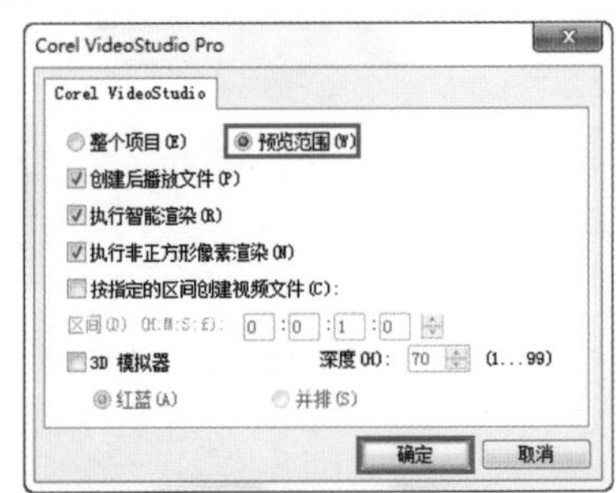

图 12-33

进阶实例：渲染部分影片

案例文件	进阶实例：渲染部分影片 .VSP
视频教学	视频文件 \ 第 12 章 \ 渲染部分影片 .flv
难易指数	★★★☆☆
技术掌握	渲染范围的设置

案例分析：

本案例就来学习如何在会声会影 X6 中渲染部分影片，最终渲染效果，如图 12-34 所示。

思路解析，如图 12-35 所示：

图 12-34

图 12-35

（1）通过标记按钮，标记开始时间和结束时间。

（2）渲染输出预览的视频素材。

制作步骤：

（1）打开会声会影 X6 软件，然后在视频轨中插入【视频 .avi】视频素材，如图 12-36 所示。此时在【预览窗口】中的效果，如图 12-37 所示。

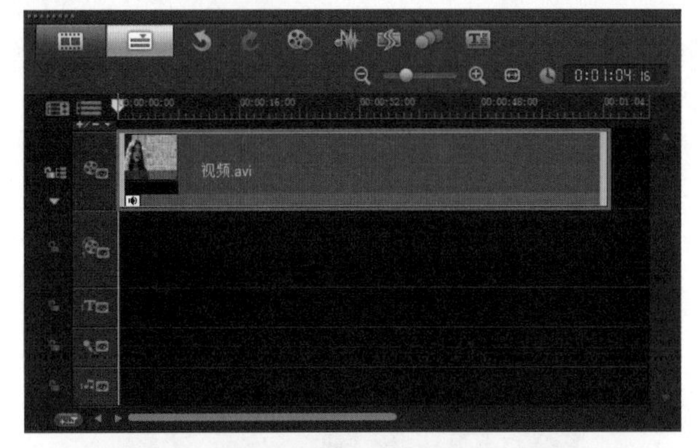

图 12-36

图 12-37

（2）选择【视频轨】中的【01.avi】素材文件，然后将擦洗器拖拽到 00:00:25:06 的位置，并单击【开始标记】按钮，如图 12-38 所示。即可将起始标记设置为当前位置，如图 12-39 所示。

图 12-38

图 12-39

（3）接着将擦洗器拖拽到00:00:54:05的位置，单击【结束标记】按钮，如图 12-40 所示。即可将结束标记设置为当前位置，此时预览窗口中，如图 12-41 所示。

图 12-40

图 12-41

（4）切换到【分享】步骤面板，然后单击【创建视频文件】按钮，在弹出的菜单中选择【DVD】/【DVD 视频（16:9）】，如图 12-42 所示。

（5）在弹出的对话框中设置渲染文件的保存路径和保存名称，接着单击【选项】按钮，如图 12-43 所示。

图 12-42

图 12-43

（6）此时在弹出的对话框中选择【预览范围】选项，并单击【确定】按钮，如图 12-44 所示。接着在【创建视频文件】窗口中单击【确定】按钮，即可进行渲染，如图 12-45 所示。

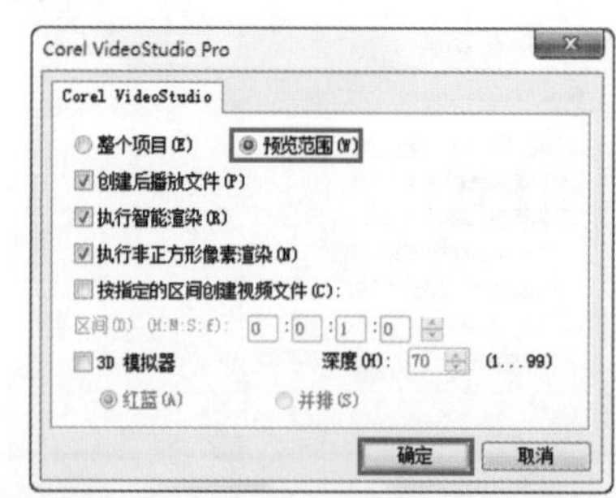

图 12-44

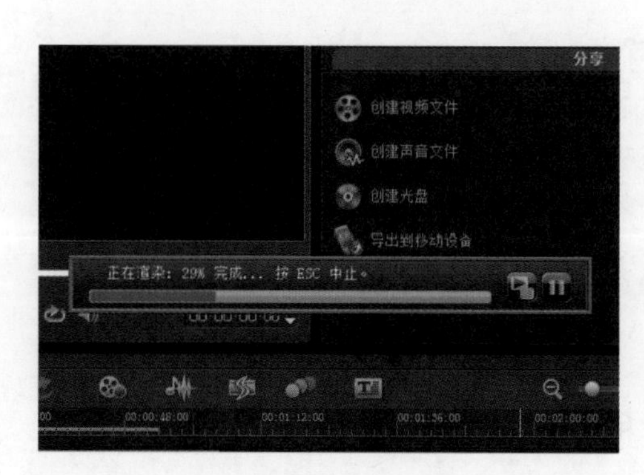

图 12-45

（7）在渲染结束以后，在渲染路径下即可看到刚渲染出的视频文件，如图 12-46 所示。

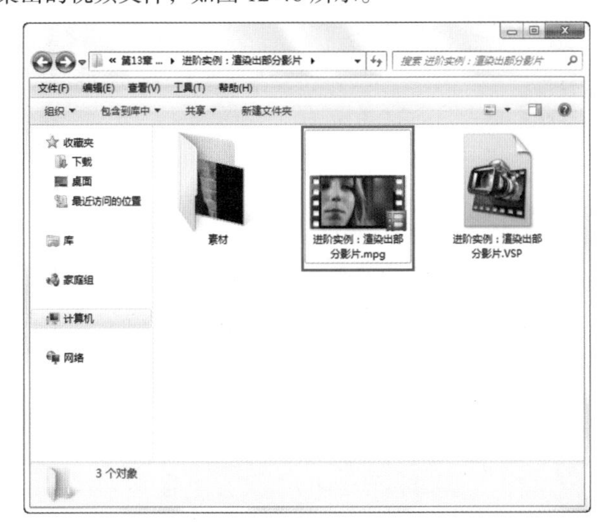

图 12-46

12.2.4

切换到【分享】步骤面板，然后单击【创建 HTML5 文件】按钮，设置相应输出参数，即可输出 HTML5 文件。输出的 HTML5 文件，可以在网页中直接观看所制作完成的最终作品效果，如图 12-47 所示。

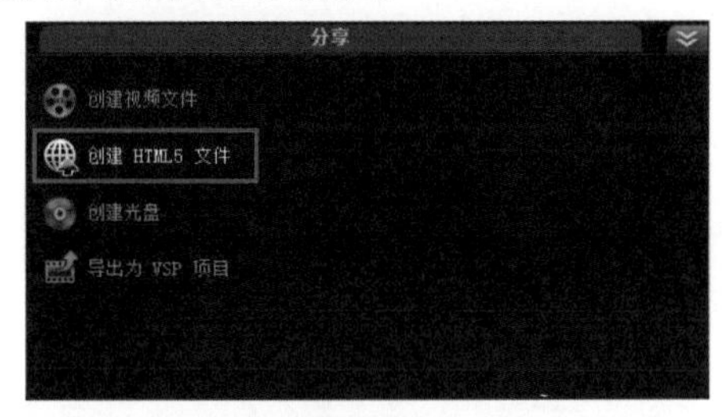

图 12-47

进阶实例：输出 HTML5 文件

案例文件	进阶实例：输出 HTML5 文件 .VSP
视频教学	视频文件 \ 第 12 章 \ 输出 HTML5 文件 .flv
难易指数	★★★★☆
技术掌握	渲染导出 HTML5 文件

案例分析：

本案例就来学习如何在会声会影 X6 中制作 HTML5 文件并导出文件，最终渲染效果，如图 12-48 所示。

图 12-48

思路解析，如图 12-49 所示：

图 12-49

（1）替换项目中的照片素材文件。

（2）输出 HTML5 文件。

制作步骤：

（1）打开会声会影 X6 软件，然后在菜单栏中单击【文件】/【新 HTML5 项目】按钮，如图 12-50 所示。此时会弹出关于 HTML5 格式的提示对话框，单击【确定】按钮即可，如图 12-51 所示。

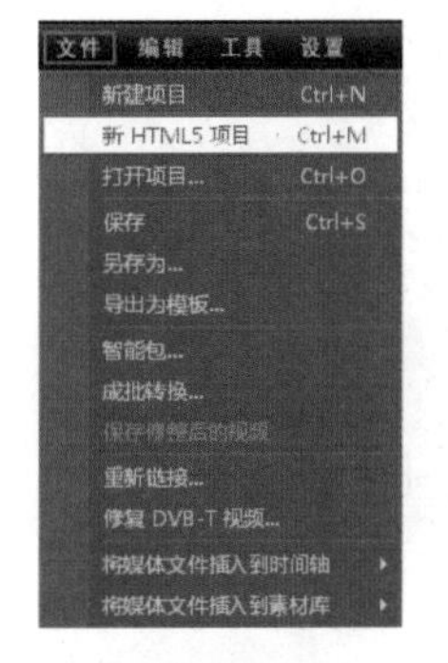

图 12-50

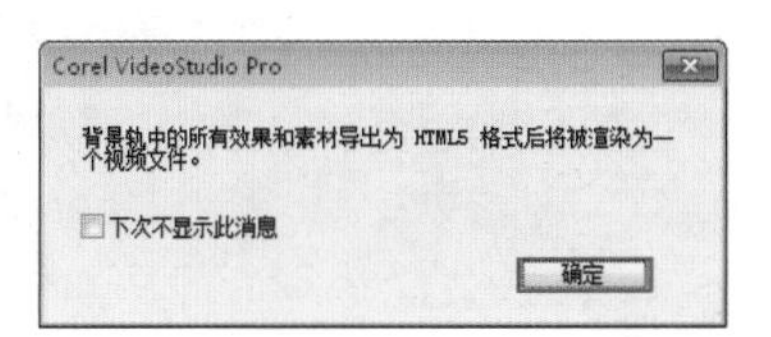

图 12-51

（2）选择【即时项目】素材库，然后将【T01】即时项目素材添加到时间轴中，如图 12-52 所示。

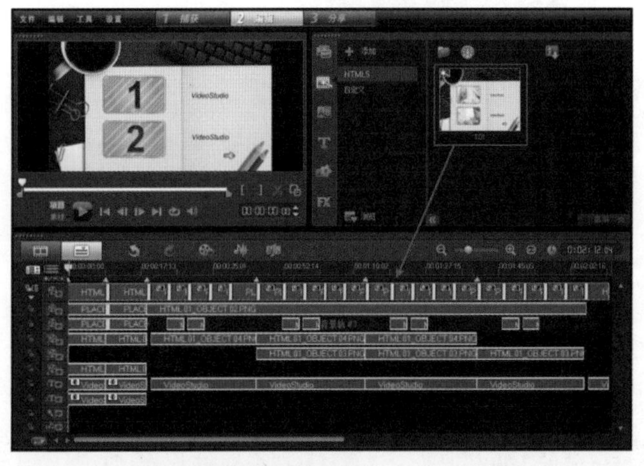

图 12-52

（3）在【PLACEHOLDER01.JPG】素材文件上单击鼠标右键，在弹出的菜单中选择【替换素材】/【照片】选项，并选择相应的素材文件替换，如图 12-53 所示。

（4）以此类推，将即时项目中的其他素材文件也一一进行替换，如图 12-54 所示。此时的预览效果，如图 12-55 所示。

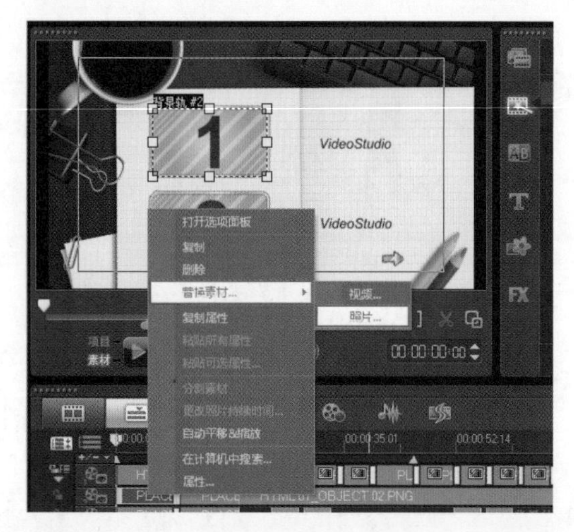

图 12-53

图 12-54

图 12-55

（5）选择时间轴中的【Video Studio】标题文字，然后在【预览窗口】中修改文字，并适当在【编辑】选项卡中修改【字体】和【字体大小】等参数，如图 12-56 所示。依次类推，将其他文字也进行修改，如图 12-57 所示。

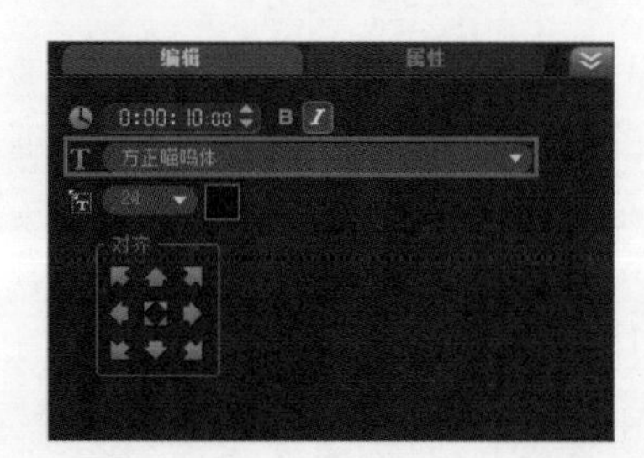

图 12-56

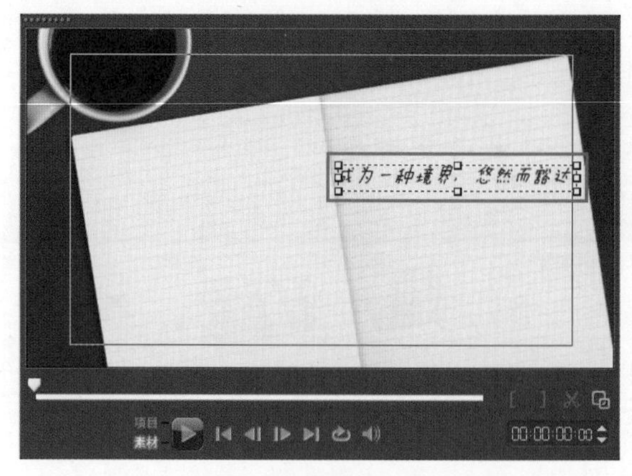

图 12-57

（6）切换到【分享】步骤面板，然后单击【创建 HTML5 文件】按钮，如图 12-58 所示。在弹出的对话框中设置【文件夹路径】和【项目文件夹名】，如图 12-59 所示。

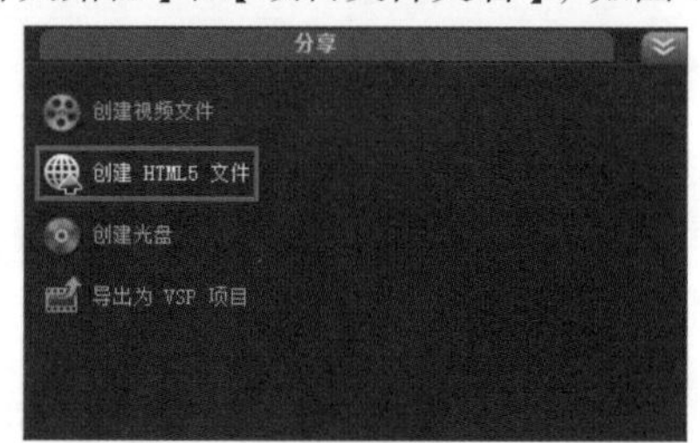

图 12-58

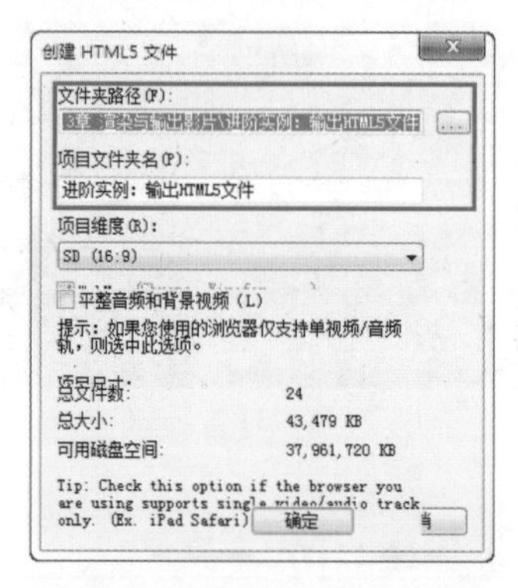

图 12-59

（7）单击【确定】按钮，即可对该项目开始进行渲染，如图 12-60 所示。在渲染结束后会弹出提示成功的对话框，单击【确定】按钮即可，如图 12-61 所示。

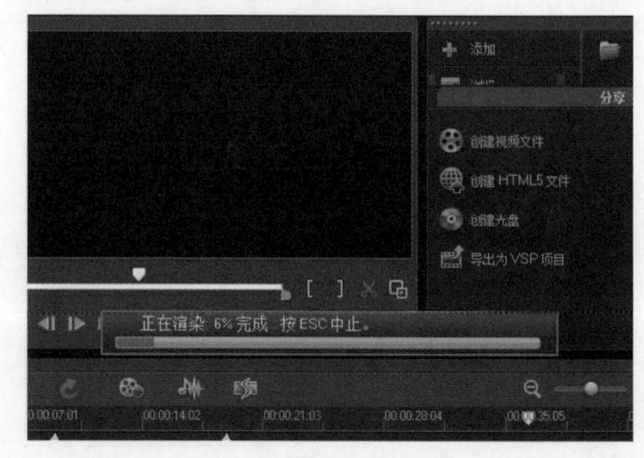

图 12-60

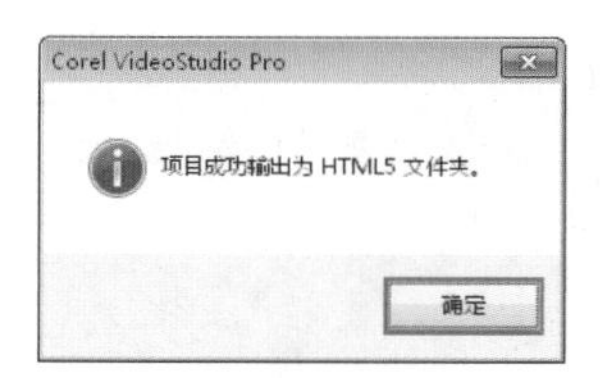

图 12-61

（8）此时，在渲染路径下会出现该渲染文件名称的文件夹，文件夹内为 HTML5 的相关文件，如图 12-62 所示。

图 12-62

12.2.5

在会声会影 X6 中，可以将制作完成的视频文件通过【分享】步骤上传到一些视频网站上。

1. 上传完成的项目文件

（1）视频制作完成后，切换到【分享】步骤面板，然后单击【上传到网站】按钮，如图 12-63 所示。在弹出的菜单中会出现相应的网站选项，在各网站的子菜单下显示了支持的视频格式，如图 12-64 所示。

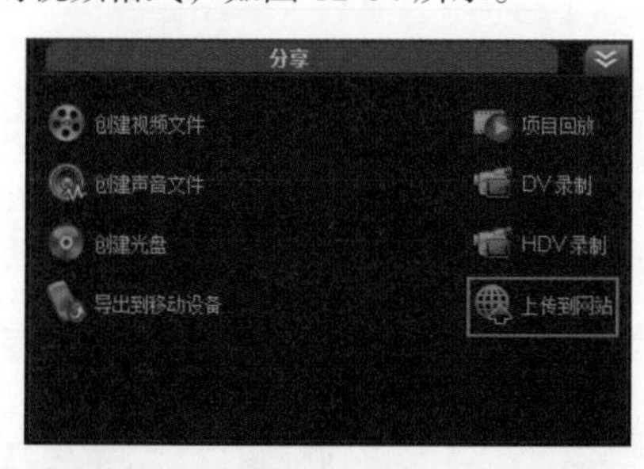

图 12-63

图 12-64

（2）选择视频格式后，会弹出【创建视频文件】对话框，在该对话框中可以设置文件名称及存放路径，接着单击【保存】按钮即可，如图 12-65 所示。

图 12-65

2. 上传计算机中文件

（1）切换到【分享】步骤面板，然后单击【上传到网站】按钮，在弹出的菜单中选择【查找要上传的文件】选项，如图 12-66 所示。

图 12-66

（2）在弹出的【打开视频文件】对话框中选择需要上传的文件，然后单击【打开】按钮，如图 12-67 所示。接着在弹出的对话框中按照步骤进行操作，即可将视频上传到指定的视频网站，如图 12-68 所示。

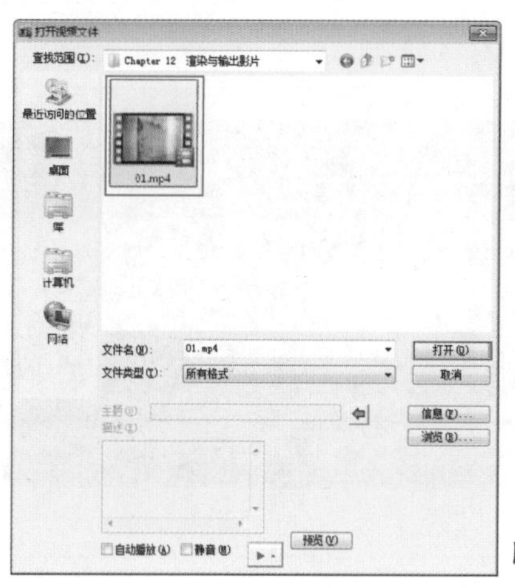

图 12-67

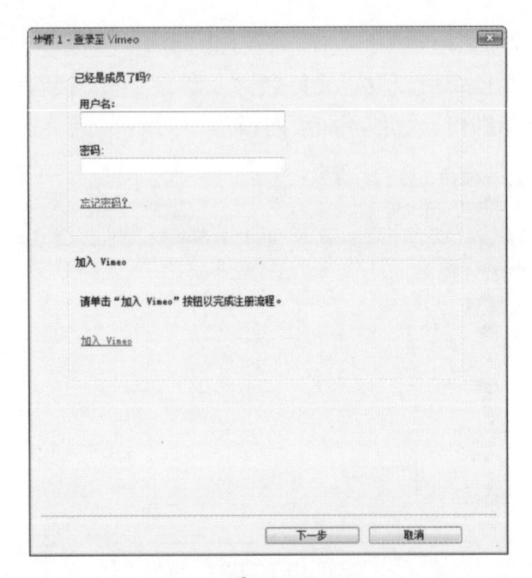

图 12-68

12.2.6

在会声会影 X6 中，可以将视频文件直接输出到移动设备中。首先要将移动设备与计算机进行连接，使计算机能够正确识别移动设备。

（1）切换到【分享】步骤面板中，然后单击【导出到移动设备】按钮，如图 12-69 所示。接着在弹出的菜单中选择合适的视频格式选项，如图 12-70 所示。

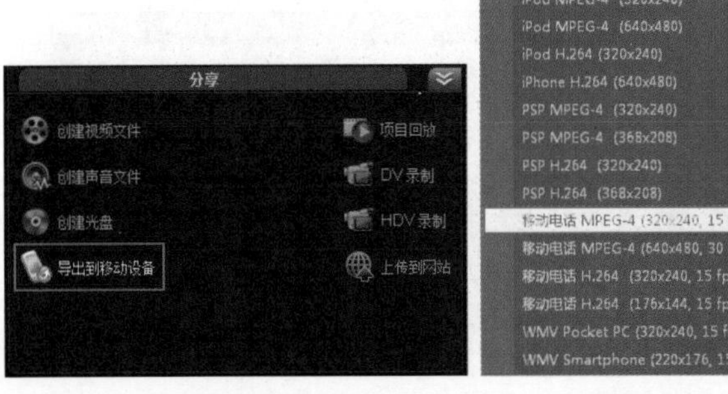

图 12-69　　图 12-70

（2）在弹出的【将媒体文件保存至硬盘 / 外部设备】对话框中，可以设置相应的文件名称，然后单击选择视频输出的目标设备，接着单击【确定】按钮，如图 12-71 所示。即可将当前项目中的视频直接渲染输出到相连的移动设备中，如图 12-72 所示。

图 12-71

图 12-72

12.3 输出影片模板

在会声会影 X6 中为了方便影片的输出，提供了一些预设的输出模板，这些模板中设置了常用的文件模式和参数设置。但是，预设的模板不能完全适应当前的项目，这时可以进行自定义视频文件输出模板。自定义视频输出模板能方便项目输出，免去逐步设置的麻烦。

12.3.1

（1）在【制作影片模板管理器】对话框中单击【新建】按钮，如图 12-73 所示。在弹出的【新建模板】对话框中设置模板的名称为【PAL VCD】，然后单击【确定】按钮，如图 12-74 所示。

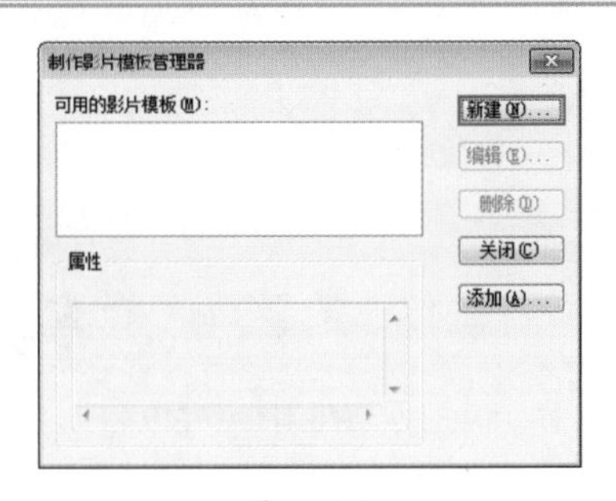

图 12-73

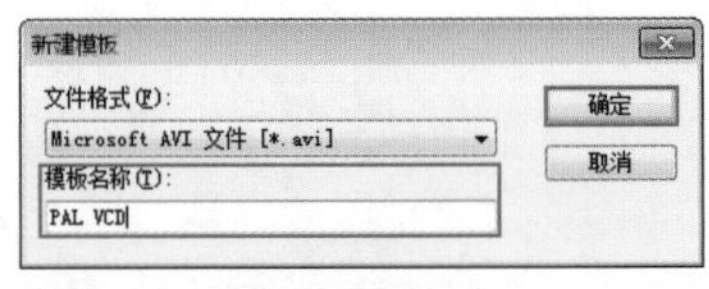

图 12-74

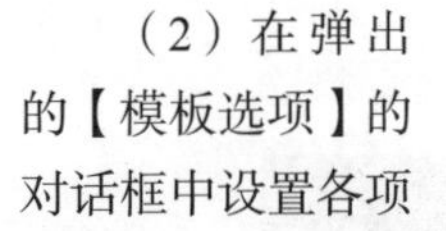

（2）在弹出的【模板选项】的对话框中设置各项参数，并单击【确定】按钮，如图 12-75 所示。接着在【制作影片模板管理器】对话框中单击【关闭】按钮，即可完成模板的创建。

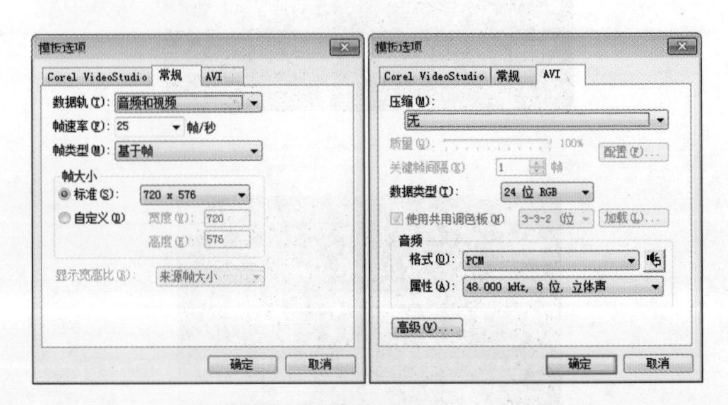

图 12-75

求生秘籍——技巧提示：VCD 格式

Video CD foramt 是 MPEG 图像特有的一种文件格式。通过 VCD 写作软件可以将这种文件写到 CD 上，该 CD 即 Video CD，可以在 VCD 播放机或 CD-ROM 驱动器上播放。

VCD 格式是比较早的视频压缩格式，该格式的影片质量较差，同时输出的视频文件也比 DVD 格式的视频文件小很多。VCD 格式的视频文件可以在 VCD 和 DVD 播放机中进行播放。

12.3.2

RM 为流视频格式，文件所占空间较小，非常实用于网络实时传输。

（1）在【制作影片模板管理器】对话器中单击【新建】按钮，如图 12-76 所示。在弹出的【新建模板】对话框中设置模板的名称为【RM】，并单击【确定】按钮，如图 12-77 所示。

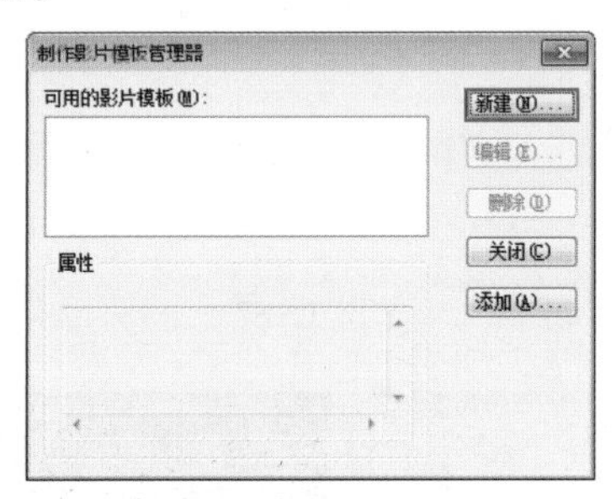

图 12-76

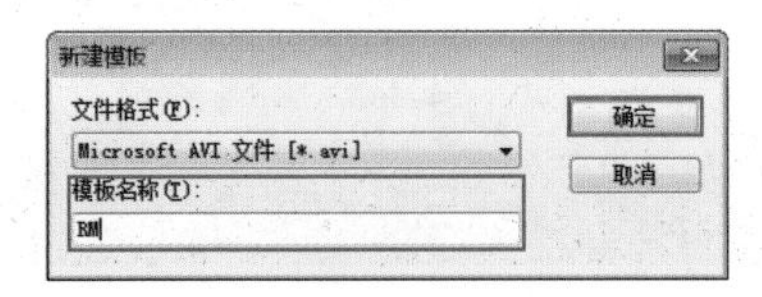

图 12-77

（2）在弹出的【模板选项】的对话框中设置各项参数，然后单击【确定】按钮，如图 12-78 所示。接着在【制作影片模板管理器】对话器中单击【关闭】按钮，即可完成模板的创建。

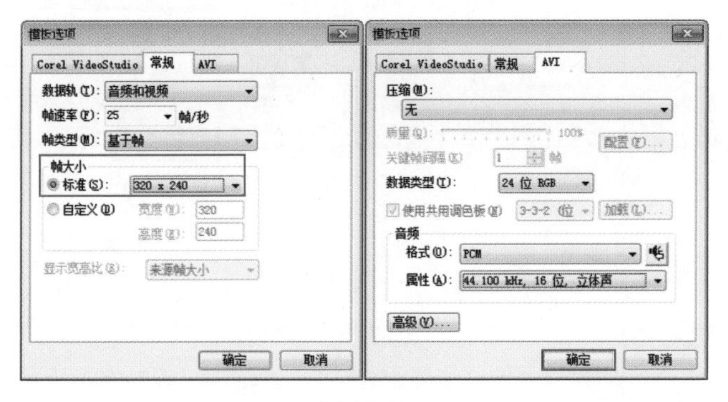

图 12-78

12.3.3

在菜单栏中执行【设置】/【制作影片模板管理器】命令，然后在弹出的对话框中，单击【新建】按钮，如图 12-79 所示。

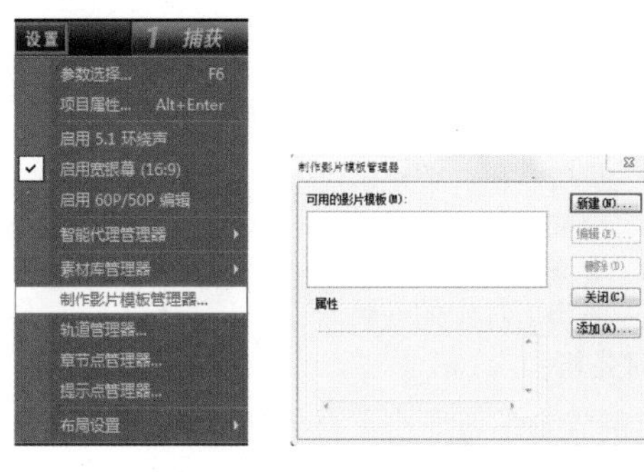

图 12-79

此时在弹出的【新建模板】对话框中设置【模板名称】为【影片模板】，并单击【确定】按钮，如图 12-80 所示。

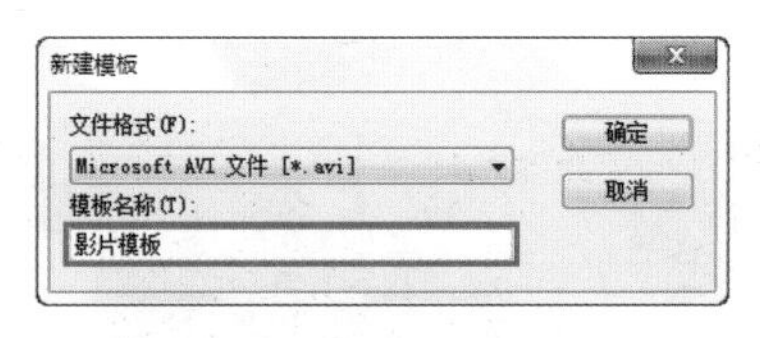

图 12-80

接着在弹出的【模板选选】对话框，选择【常规】选选卡，对相关参数进行设置，如图 12-81 所示。在【AVI】选选卡中设置【压缩】和【音频】等属性参数，然后单击【确定】按钮，如图 12-82 所示。

图 12-81　　图 12-82

在弹出的【制作影片模板管理器】对话框中，新创建的模板会出现在【可用的影片模板】中，然后单击【关闭】按钮，即可完成模板的创建，如图 12-83 所示。

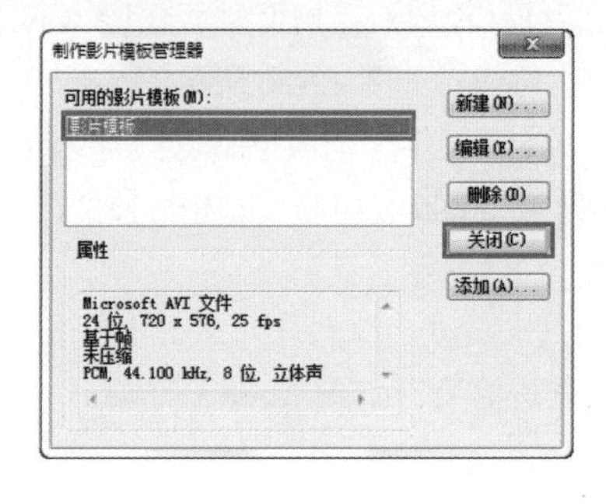

图 12-83

12.4 输出音频

通过会声会影 X6 可以将影片项目中的音频文件单独进行渲染输出。在会声会影 X6 中提供了 MP4、RM、WAV 和 WMA4 种音频格式。

进阶实例：输出影片中的音频

案例文件	进阶实例：输出影片中的音频 .VSP
视频教学	视频文件 \ 第 12 章 \ 输出影片中的音频 .flv
难易指数	★★★★☆
技术掌握	输出影片中的音频

案例分析：

本案例就来学习如何在会声会影 X6 中输出视频中的音频文件。

制作步骤：

（1）打开会声会影 X6，将素材文件夹中的【视频 .avi】添加到【视频轨】上，如图 12-84 所示。切换到【分享】步骤，然后单击【创建声音文件】按钮，如图 12-85 所示。

图 12-84

图 12-85

（2）在【创建声音文件】对话框中设置【文件名】为【输出音频文件】，设置【音频类型】为【*.wav】格式，接着单击【选项】按钮，如图 12-86 所示。

（3）在弹出的【音频保存选项】中选择【压缩】选项卡，并设置【属性】为【48.000kHz,16 位，立体声】，然后单击【确定】按钮，如图 12-87 所示。

（4）接着在【创建声音文件】对话框中单击【保存】按钮，此时开始进行渲染，如图 12-88 所示。

图 12-86

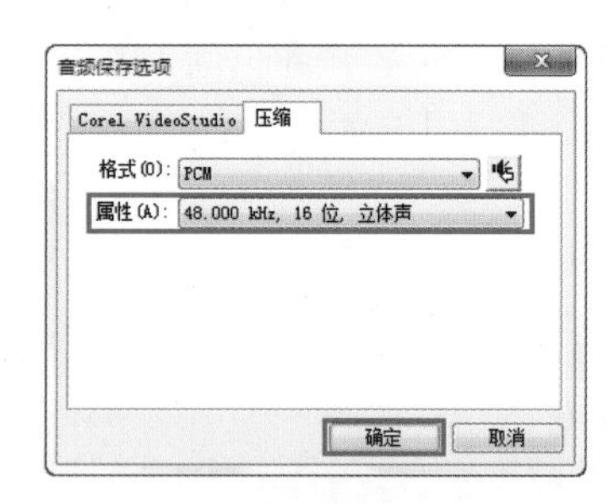

图 12-87

图 12-88

（5）在渲染结束以后，可以在渲染路径下看到该视频的音频文件被单独输出，如图 12-89 所示。

图 12-89

12.5　设置项目回放

通过会声会影 X6 中的项目回放功能可以在当前项目未渲染前，以全屏模式查看音频播放效果。在检查确定没有问题时，即可进行渲染输出。

12.5.1

利用回放功能可以将整个或部分项目输出到 DV 摄像机上，从而可以在 PC 或电视上预览实际大小的影片。但是，若是使用的 DV AVI 的影片模板，则项目只能输出到 DV 摄像机。在参数选择中可以选择回放的方法。

1. 以实际大小播放项目

在【分享】步骤的选项面板中，单击【项目回放】按钮，如图 12-90 所示。然后在弹出的【项目回放 - 选项】对话框中选择【整个项目】，并单击【完成】按钮，即可以全屏幕查看项目，如图 12-91 所示。

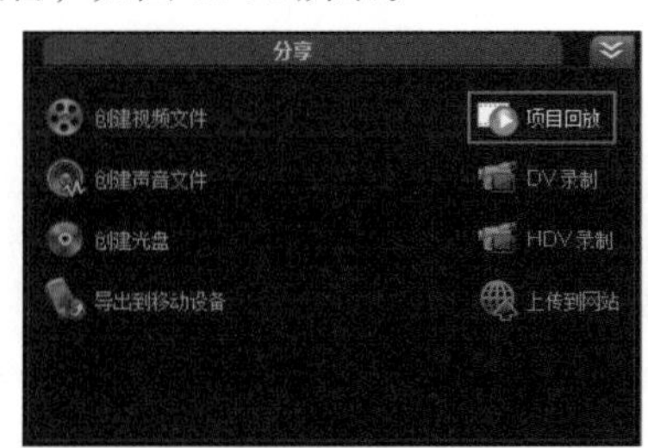

图 12-90

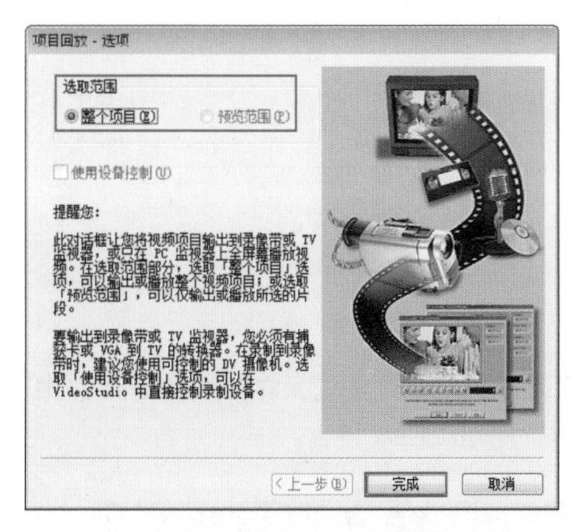

图 12-91

2. 以预览范围播放项目

通过开始 / 结束标记按钮可以标记预览范围，如图 12-92 所示。在【分享】步骤的选项面板中，单击【项目回放】按钮，如图 12-93 所示。

然后在弹出的【项目回放 - 选项】对话框中选择【预览范围】，并单击【完成】按钮，即可全屏幕查看预览范围的项目，如图 12-94 所示。

求生秘籍——技巧提示：按 <Esc> 键可以停止项目回放

若要停止当前的项目回放，可以按键盘上 <Esc> 键。

图 12-92

图 12-93

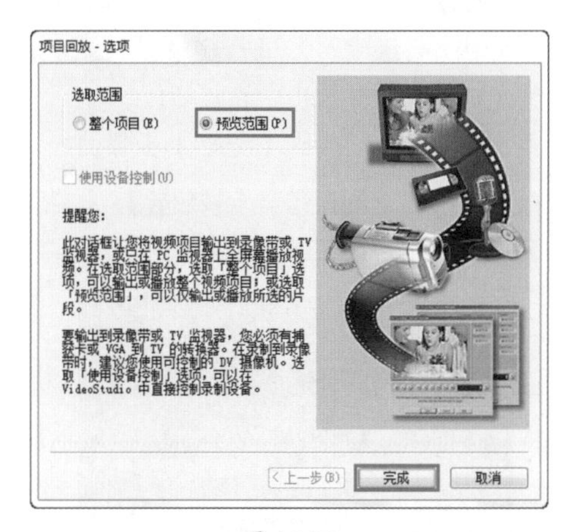

图 12-94

12.5.2

在会声会影 X6 中使用 MPEG 优化器可以对 MPEG 文件进行优化，同时可以根据实际需求来调整输出视频文件的大小。

（1）切换到【分享】步骤面板中，然后单击【创建视频文件】按钮，在弹出的菜单中选择【MPEG 优化器】选项，如图 12-95 所示。

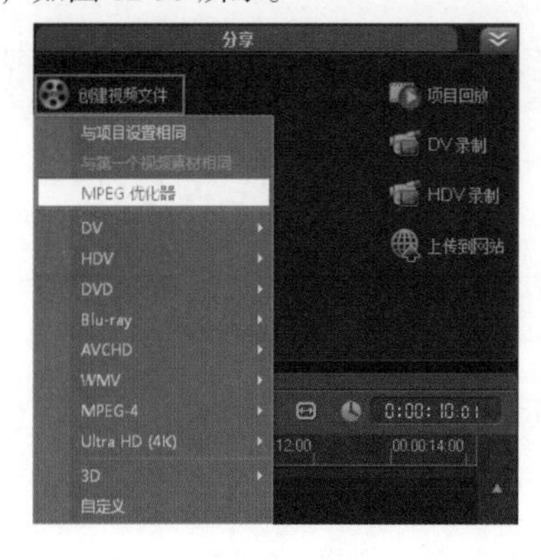

图 12-95

（2）接着在弹出的对话框中选择【自定义转换文件的大小】选项，并根据实际需要对【大小】进行设置，如图 12-96 所示。

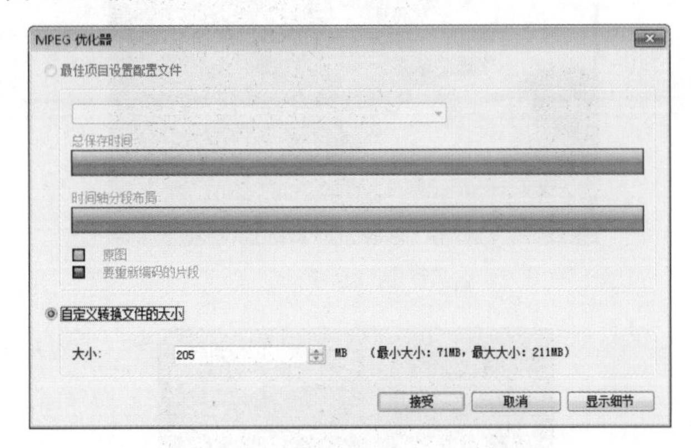

图 12-96

12.6 在会声会影 X6 中刻录光盘

通过会声会影X6可以将视频项目直接刻录到光盘中，包括 VCD、DVD、AVCHD、Blu-ray 或 BD-J。主要通过会声会影 X6 中的高级编辑器进行刻录，刻录完成的光盘可以在电脑光驱和光盘播放机中直接播放。

在会声会影 X6 中切换到【分享】步骤面板，然后单击【选项面板】中的【创建光盘】按钮，并在弹出的菜单中选择合适的输出格式，如图 12-97 所示。

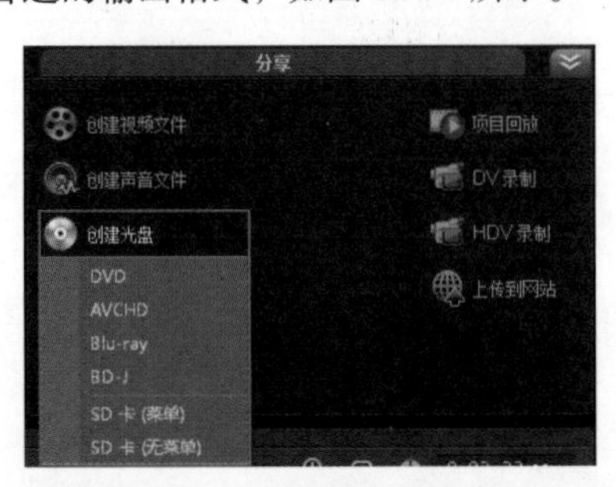

图 12-97

求生秘籍——技巧提示：视频刻录到光盘前需注意的问题

通过会声会影 X6 将项目视频刻录到光盘中之前，需要注意是否有足够的缓存空间来进行光盘影像和视频文件压缩等操作。

此时在弹出的对话框中可以进行自定义光盘输出设置，使用【飞梭栏】、【开始/结束标记】和【导览控制】来修整视频素材和 VideoStudio 项目，并可以精确的修整和编辑视频的长度，如图 12-98 所示。

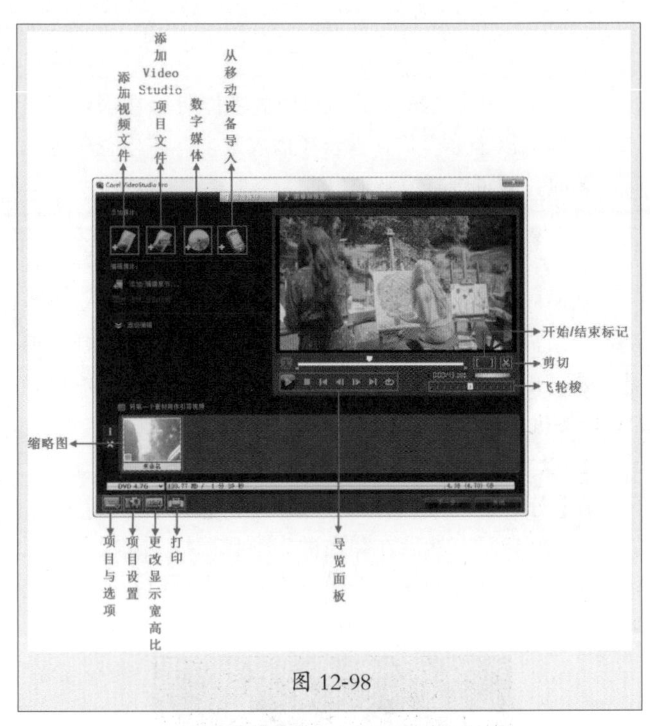

图 12-98

重点参数提醒：

※添加视频文件：单击该按钮，即可在弹出的对话框中选择打开视频素材。

※添加 VideoStudio 项目文件：单击该按钮，即可在弹出的对话框中选择要打开的 *.VSP 项目文件。

※数字媒体：单击该按钮，可以从 DVD/DVD-VR、AVCHD 和 BDMV 光盘中添加视频。

※从移动设备导入：单击该按钮，可以从连接的移动设备中导入素材文件。

※缩略图：视频素材添加到【媒体素材列表】中后，会默认看到该视频素材的第一帧的缩略图。

※项目与选项：单击该按钮，在弹出的菜单栏中可以选择【参数选择】和【光盘模板管理器】选项，如图 12-99 所示。

图 12-99

※项目设置：单击该按钮，在弹出的对话框中可以设置项目，如图 12-100 所示。

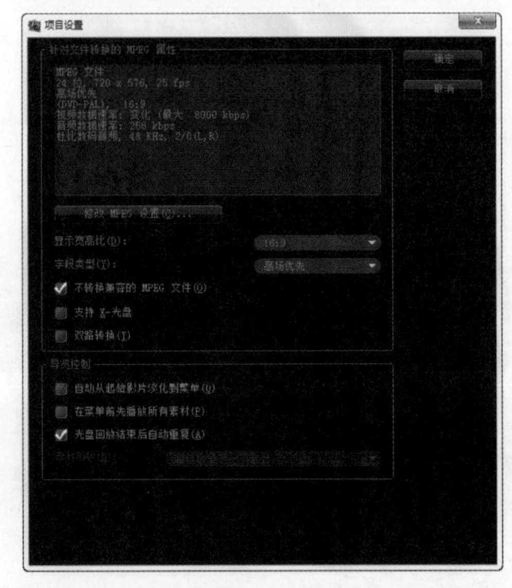

图 12-100

※更改显示宽高比：单击该按钮，在弹出的菜单栏中可以设置宽高比为 4:3 或 16:9。

※打印：单击该按钮，可以基于当前项目打印光盘贴纸。

※飞轮梭：调整飞轮梭可以快进和快退查看视频项目。

求生秘籍——技巧提示：更改缩略图

更改缩略图：单击视频素材文件，然后将【擦洗器】移动到需要作为缩略图的位置，并在缩略图上单击鼠标右键，接着在弹出的菜单中选择【改变略图】选项，如图 12-101 所示。此时缩略图成功被更改，如图 12-102 所示。

图 12-101

图 12-102

进阶实例：刻录光盘 DVD

案例文件	进阶实例：刻录光盘 DVD.VSP
视频教学	视频文件 \ 第 12 章 \ 刻录光盘 DVD.flv
难易指数	★★★☆☆
技术掌握	设置 DVD 的相关选项、设置画廊和编辑的参数

案例分析：

本案例就来学习如何在会声会影 X6 中导入视频并刻录光盘 DVD，最终渲染效果，如图 12-103 所示。

图 12-103

思路解析，如图 12-104 所示：

图 12-104

（1）导入素材文件。

（2）设置画廊和编辑的相关参数。

制作步骤：

（1）打开会声会影 X6 软件，然后在视频轨中插入【视频.avi】视频素材，如图 12-105 所示。此时在【预览窗口】中的效果，如图 12-106 所示。

图 12-105

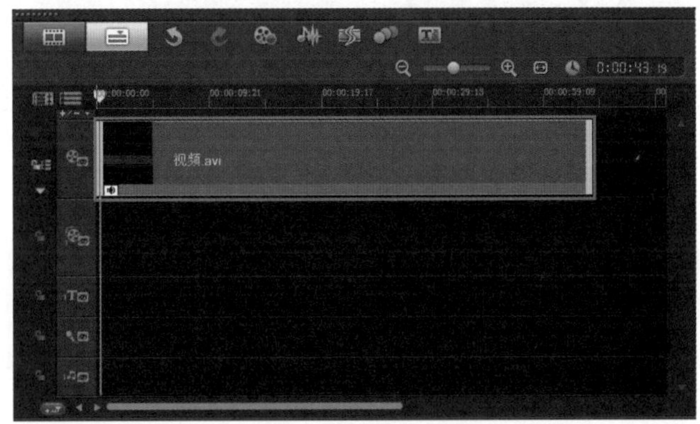

图 12-106

（2）将空白光盘放置到刻录光驱中。然后切换到【分享】步骤面板，并单击【创建光盘】按钮，在弹出的菜单中选择【DVD】格式，如图 12-107 所示。此时弹出的对话框中显示出需要刻录的视频文件，单击【下一步】按钮，如图 12-108 所示。

（3）此时会切换到【菜单和预览】面板，在该面板中包括【画廊】和【编辑】两个选项卡，可以为需要刻录的视频选择添加合适的文字和场景等效果，接着单击【下一步】按钮，如图 12-109 所示。

图 12-107

图 12-108

图 12-109

（4）切换到【输出】步骤面板，在该步骤面板中显示刻录光盘的相关选项内容，单击【刻录】按钮，即可开始刻录 DVD 光盘，如图 12-110 所示。

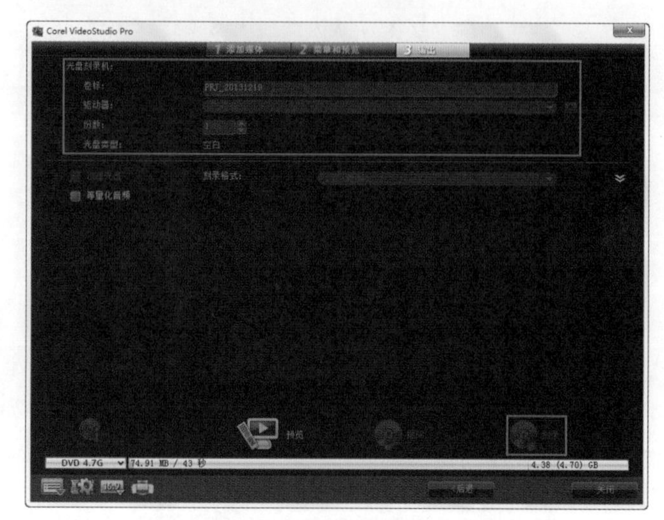

图 12-110

案例篇

江南
烟雨

亲亲，我的宝贝

KING VERVE
王者之势
DEDTINY
we must think about whether

第 13 章　综合实例：江南烟雨

综合实例：　江南烟雨

案例文件	综合实例：江南烟雨 .VSP
视频教学	视频文件 \ 第 13 章 \ 江南烟雨 .flv
难易指数	★★★★★
技术掌握	色彩校正、云彩滤镜、自定义动画、添加文字，制作文字淡入动画

13.1　案例分析

本案例就来学习如何在会声会影 X6 中利用色彩校正、云彩滤镜、和添加文字等效果制作江南烟雨的方法，最终渲染效果，如图 13-1 所示。

图 13-1

13.2　思路解析

思路解析，如图 13-2 所示。

图 13-2

（1）使用色彩校正调整背景色彩，添加云朵滤镜。

（2）为覆叠素材添加自定义动画效果，添加文字效果淡入效果。

13.3　制作步骤

（1）打开会声会影 X6，将素材文件夹中的【01.jpg】添加到视频轨上，设置结束时间为第 8 秒的位置，如图 13-3 所示。此时【预览窗口】中的效果，如图 13-4 所示。

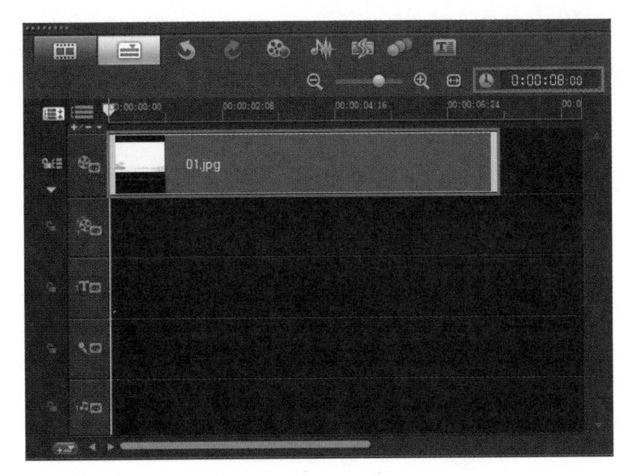

图 13-3

图 13-4

（2）双击视频轨上的素材文件，打开【照片】选项面板，单击【色彩校正】按钮，在弹出的对话框中，设置【色调】为－68，【亮度】为－55，如图 13-5 所示。此时【预览窗口】中的效果，如图 13-6 所示。

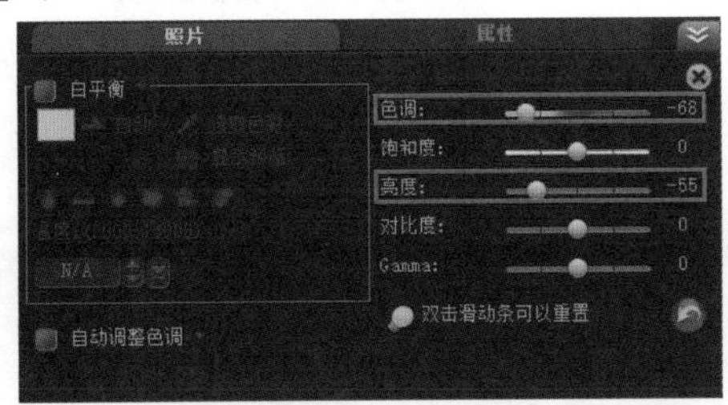

图 13-5

图 13-6

（3）打开素材滤镜库，设置【画廊】为【特殊】，然后将【云彩】滤镜拖拽到视频轨的【01.jpg】素材上，如图 13-7 所示。

图 13-7

（4）双击视频轨上的素材文件，打开属性面板，选择合适的预设滤镜效果，如图 13-8 所示。

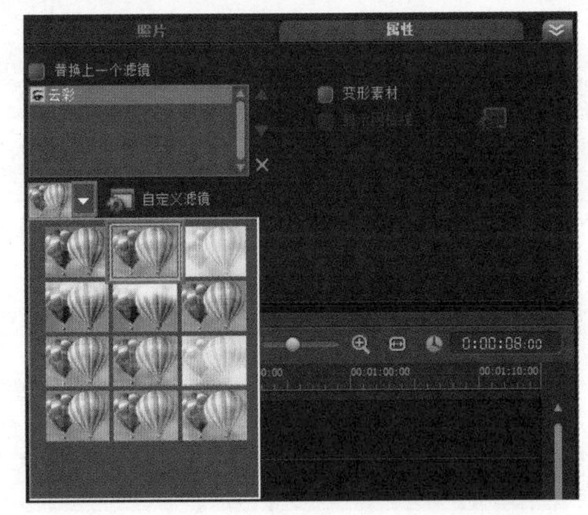

图 13-8

（5）将素材文件夹中的【02.png】添加到【覆叠轨 1】上，设置开始时间为第 1 秒，结束时间为第 8 秒，如图 13-9 所示。双击【覆叠轨 1】上的文件，然后在【预览窗口】中调整素材的位置和大小，如图 13-10 所示。

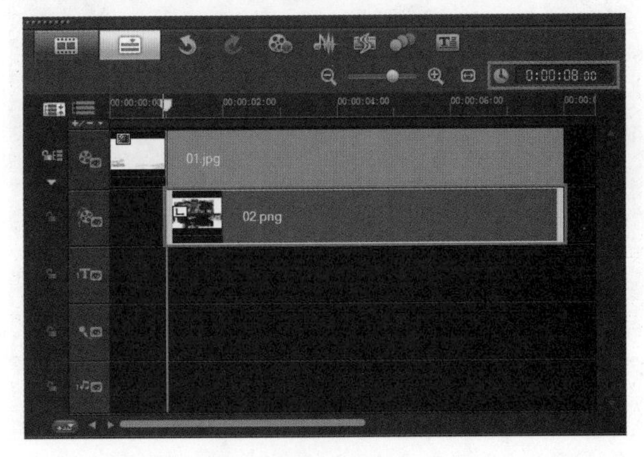

图 13-9

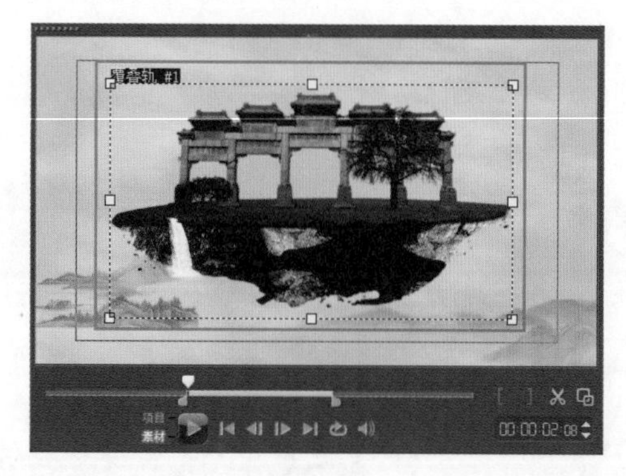

图 13-10

（6）在【覆叠轨 1】的【02.png】素材文件上单击鼠标右键，在弹出的菜单栏中选择【自定义运动】选项。在弹出的对话框中选择起始帧，设置【大小】的【X】和【Y】为 30，【透明度】为 30，如图 13-11 所示。将擦洗器拖拽到结束帧，设置【大小】的【X】和【Y】为 70，【透明度】为 100，如图 13-12 所示。

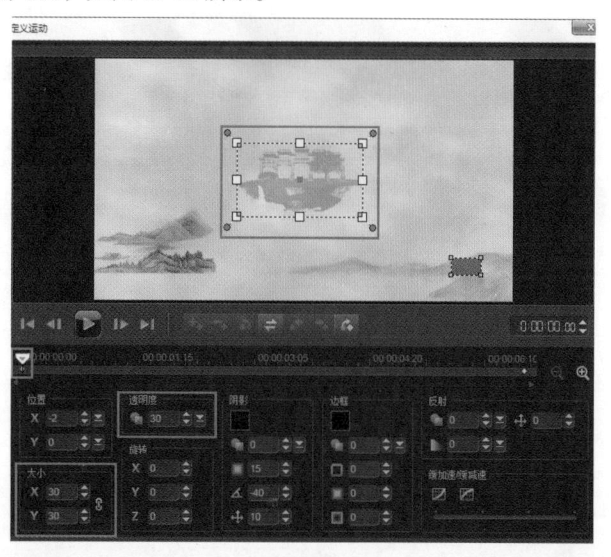

图 13-11

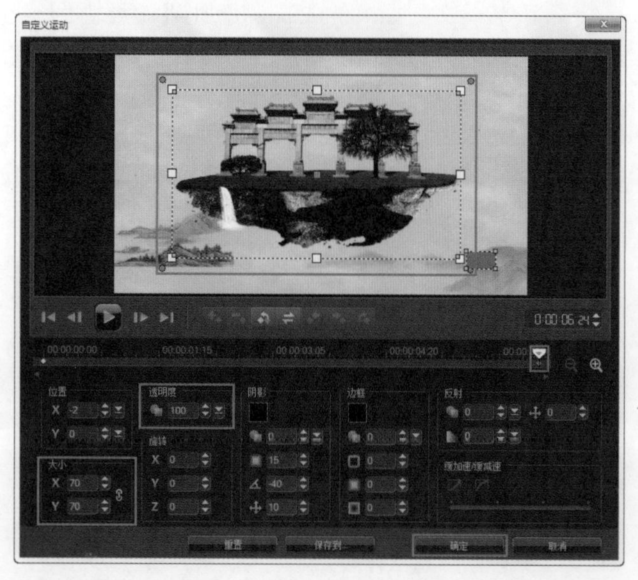

图 13-12

（7）单击时间轴上的【轨道管理器】按钮，在【轨道管理器】中设置【覆叠轨】的数量为 4，单击【确定】按钮，如图 13-13 所示。将素材文件夹中的【03.png】添加到【覆叠轨 2】上，设置开始时间为第 2 秒，结束时间为第 8 秒，如图 13-14 所示。

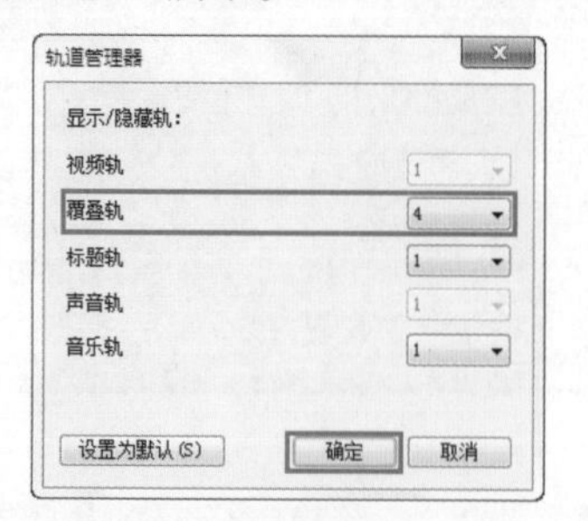

图 13-13

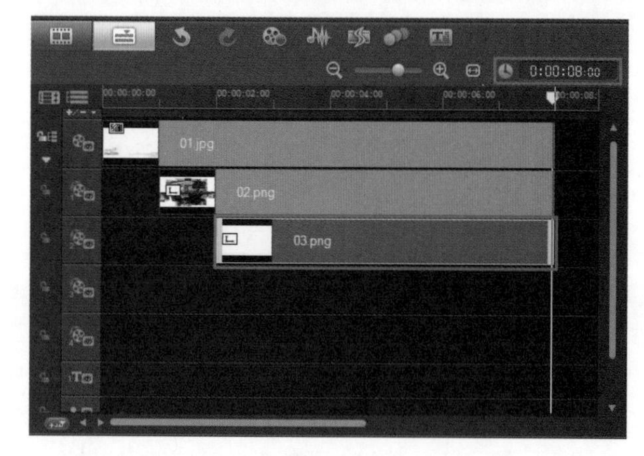

图 13-14

（8）双击【覆叠轨 2】上的【03.png】素材文件，在【预览窗口】中调整素材的位置和大小，如图 13-15 所示。双击打开【选项】面板，单击【淡入动画效果】按钮，如图 13-16 所示。

图 13-15

（9）将素材文件夹中的【04.png】添加到【覆叠轨 3】上，设置开始时间为第 2 秒，结束时间为第 8 秒，如图 13-17 所示。双击该素材文件，在【预览窗口】中调整素材的位置和大小，如图 13-18 所示。

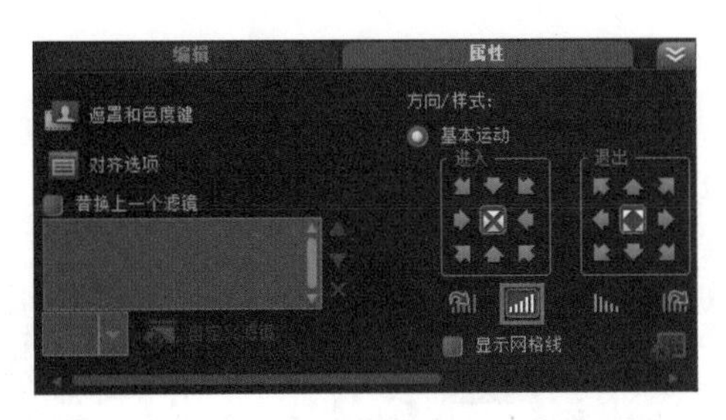

图 13-16

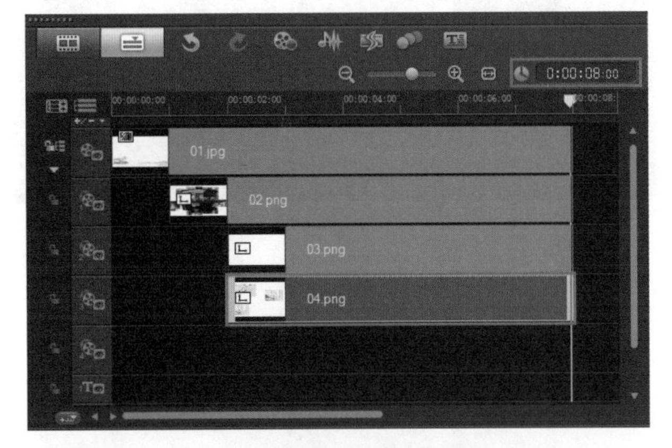

图 13-17

图 13-18

（10）双击【覆叠轨】上的素材文件，打开【选项】面板，单击【淡入动画效果】按钮，为素材设置淡入动画效果，如图 13-19 所示。

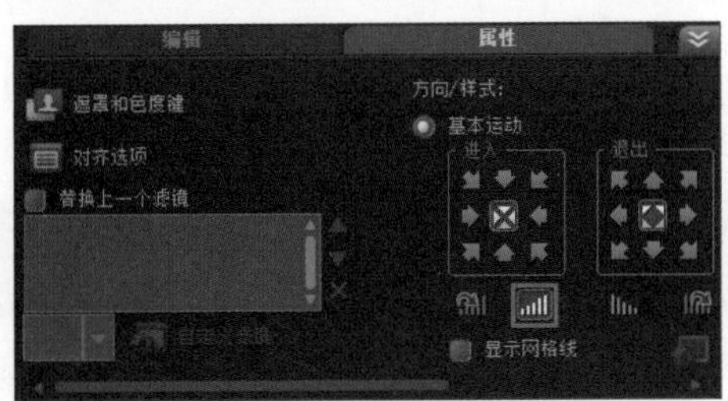

图 13-19

（11）将擦洗器拖拽到第 3 秒的位置，单击【标题】按钮，接着在【预览窗口】中双击鼠标左键，并输入文字，如图 13-20 所示。双击标题文件双击打开【选项】面板，设置区间为 5 秒，设置合适的【字体】和【字体大小】，设置【色彩】为黑色（R：0，G：0，B：0），接着单击【粗体】按钮、【上对齐】按钮和【将方向更改为垂直】按钮，如图 13-21 所示。

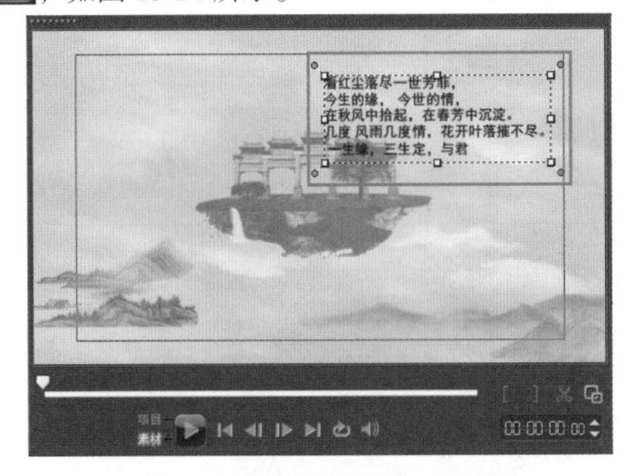

图 13-20

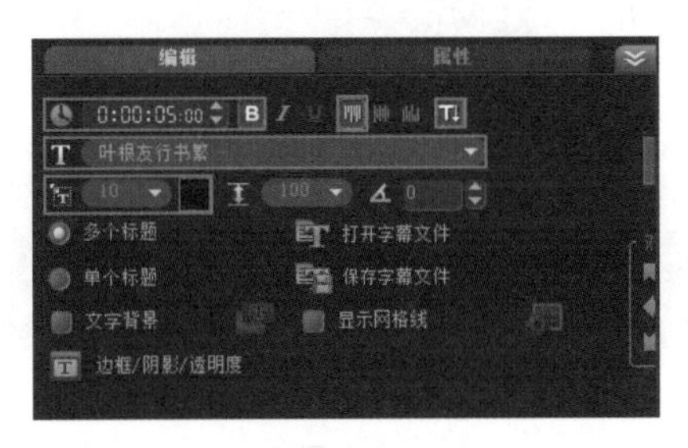

图 13-21

（12）此时【预览窗口】中的效果，如图 13-22 所示。打开属性面板，勾选【应用】选项，设置【动画效果】为【淡化】效果，并选择合适的预设淡入效果，如图 13-23 所示。

图 13-22

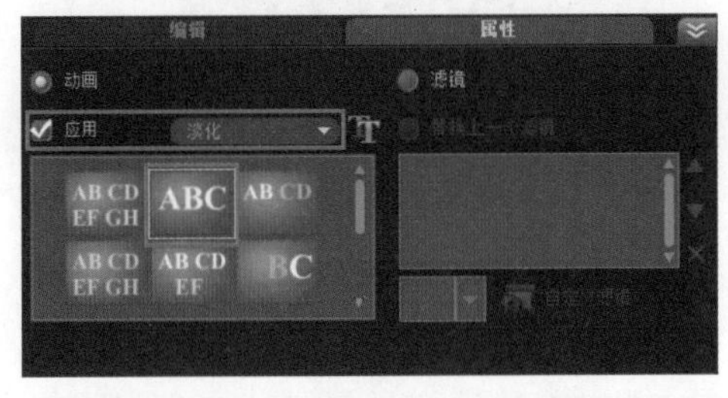

图 13-23

（13）在【轨道管理器】中设置【标题轨】的数量为 2，如图 13-24 所示。接着将擦洗器拖拽到第 6 秒的位置，在【预览窗口】中输入文字，如图 13-25 所示。

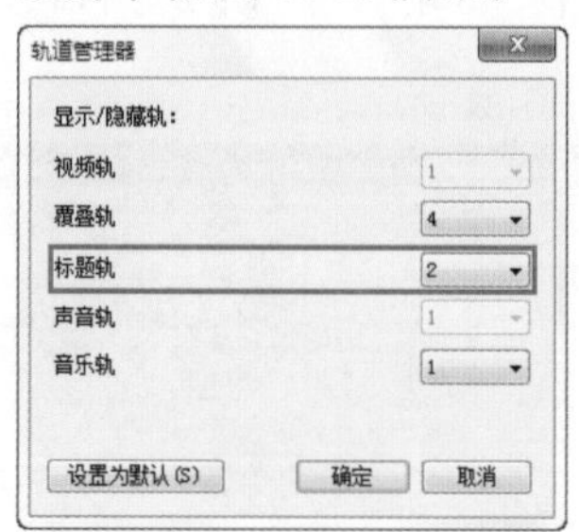

图 13-24

图 13-25

（14）双击【标题轨 2】上的文字，设置文字的【区间】为 2 秒，并设置合适的【字体】和【字体大小】，如图 13-26 所示。此时【预览窗口】中的效果，如图 13-27 所示。

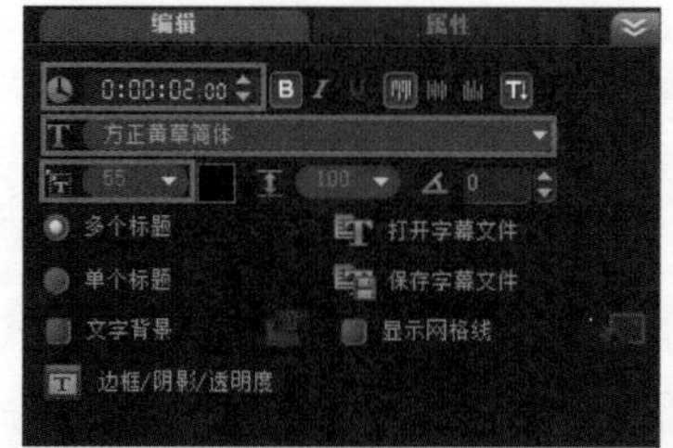

图 13-26

图 13-27

（15）打开素材文件夹，将素材文件中的【05.png】添加到【覆叠轨 4】上，设置开始时间为第 6 秒，结束时间为第 8 秒，如图 13-28 所示。此时在【预览窗口】中调整素材的位置，如图 13-29 所示。

图 13-28

图 13-29

（16）双击【覆叠轨 4】上的【05.png】素材文件，打开【选项】面板的【属性】选项卡，单击【淡入动画效果】按钮，如图 13-30 所示。

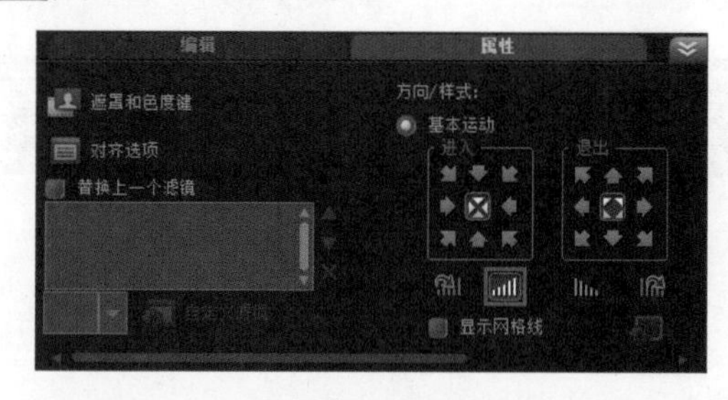

图 13-30

（17）此时，单击【预览窗口】中的【播放】按钮查看最终的效果，如图 13-31 所示。

图 13-31

第 14 章　综合实例：歌舞人生

综合实例：歌舞人生

案例文件	综合实例：歌舞人生 .VSP
视频教学	视频文件 \ 第 14 章 \ 歌舞人生人 .flv
难易指数	★★★★★
技术掌握	为素材设置基本运动方式和淡入的动画效果、以及添加滤镜效果

14.1　案例分析

本案例就来学习如何在会声会影 X6 中为素材设置基本运动方式和淡入的动画效果，并添加滤镜效果制作歌舞人生，最终渲染效果，如图 14-1 所示。

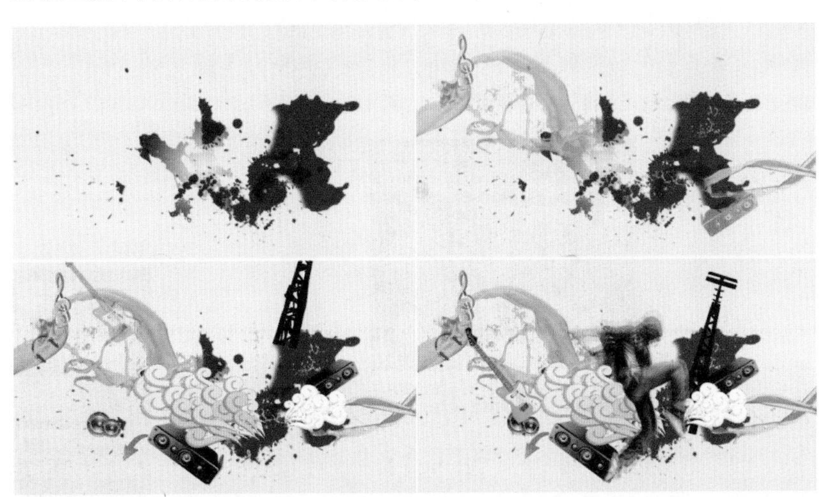

图 14-1

14.2　思路解析

思路解析如图 14-2 所示。

（1）为素材设置基本运动方式和淡入的动画效果。

（2）为覆叠素材添加滤镜效果。

图 14-2

14.3 制作步骤

（1）打开会声会影 X6，单击【素材库】面板上的【图形】按钮，然后将【黄色】拖拽到【视频轨】上，并设置结束时间为第 10 秒，如图 14-3 所示。

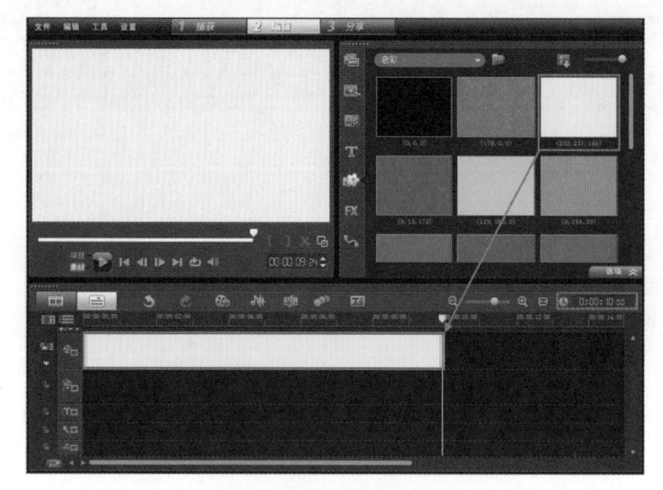

图 14-3

（2）双击【视频轨】上的素材文件，打开色彩【选项】面板，单击【色彩选取器】的色块，将颜色更改为浅黄色（R：244，G：231，B：163），如图 14-4 所示。

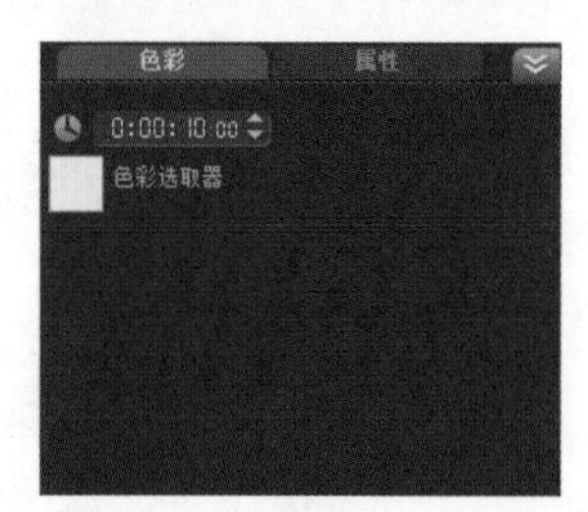

图 14-4

（3）将素材文件夹中的【01.png】拖拽到【覆叠轨 1】上，设置结束时间为第 10 秒，如图 14-5 所示。双击选择【01.png】素材，然后在【预览窗口】中的该素材上单击鼠标左键，在弹出的菜单中执行【调整到屏幕大小】，如图 14-6 所示。

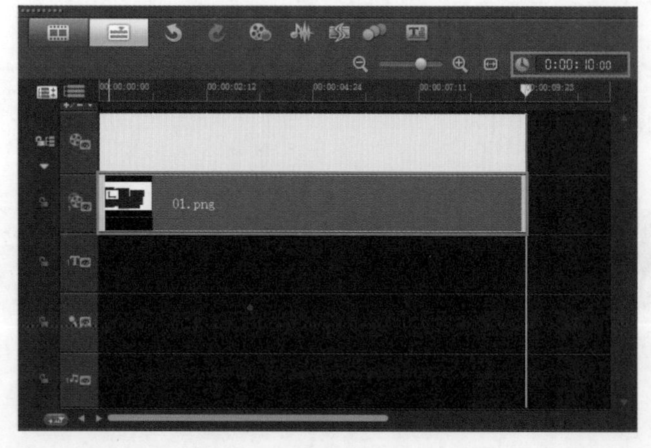

图 14-5

图 14-6

（4）在【轨道管理器】中设置【覆叠轨】的数量为 13，如图 14-7 所示。将素材文件中的【02.png】、【03.png】和【04.png】拖拽到【覆叠轨 2】、【覆叠轨 3】和【覆叠轨 4】上，分别设置开始时间为第 1 秒，结束时间为第 10 秒，如图 14-8 所示。

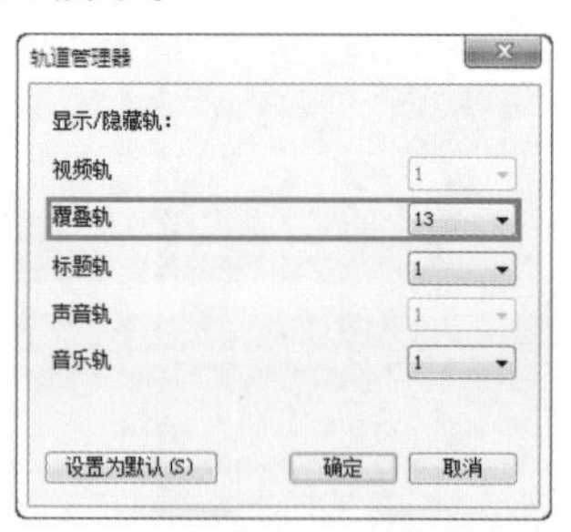

图 14-7

图 14-8

（5）分别选择【覆叠轨 2】、【覆叠轨 3】和【覆叠轨 4】上的【02.png】、【03.png】和【04.png】素材文件，然后分别在【预览窗口】中调整它们的位置和大小，如图 14-9 所示。

（6）双击【覆叠轨 2】、【覆叠轨 3】和【覆叠轨 4】上的【02.png】、【03.png】和【04.png】素材文件，打开选项面板，分别单击【淡入动画效果】按钮，如图 14-10 所示。

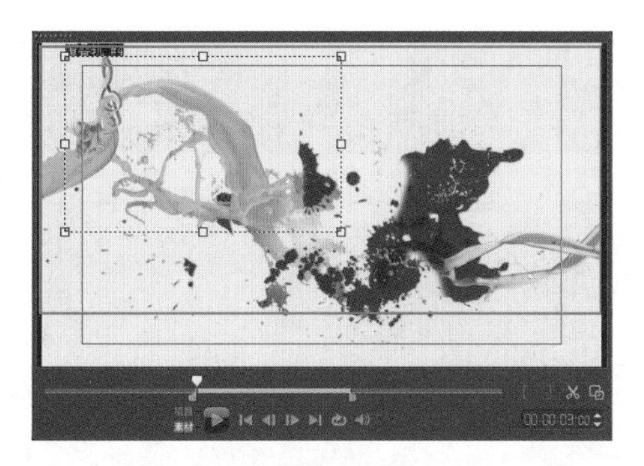

图 14-9

图 14-10

（7）将素材文件夹中的【05.png】添加到【覆叠轨 5】上，设置开始时间为第 2 秒，结束时间为第 10 秒，如图 14-11 所示。接着在【预览窗口】中调整素材的位置和大小，如图 14-12 所示。

图 14-11

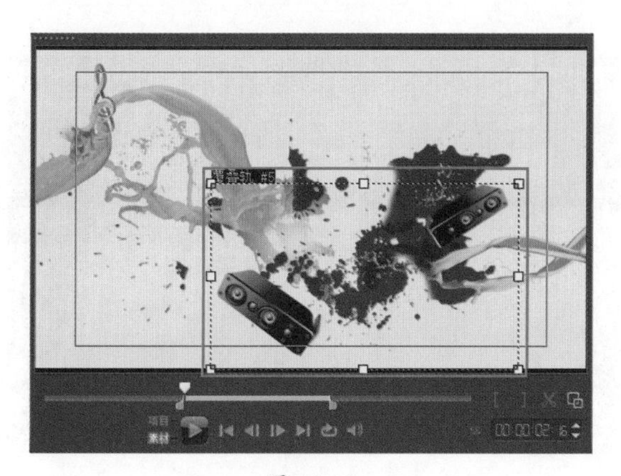

图 14-12

（8）双击【覆叠轨 5】上的素材文件，打开【属性】选项面板，设置进入的方式为【从下方进入】，并单击【淡入动画效果】按钮，如图 14-13 所示。

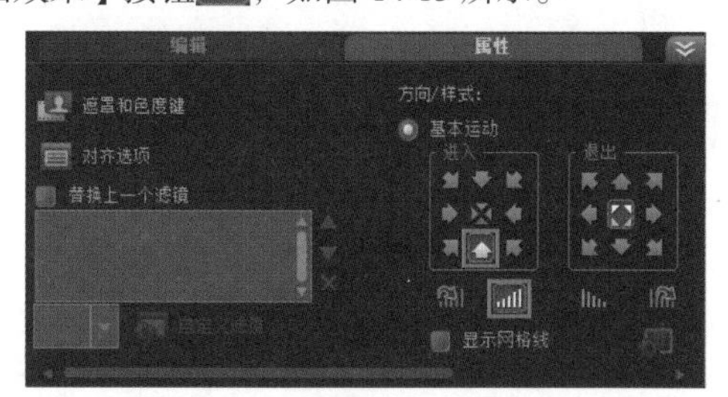

图 14-13

（9）将素材文件夹中的【06.png】添加到【覆叠轨 6】上，设置开始时间为第 3 秒，结束时间为第 10 秒，如图 14-14 所示。接着在【预览窗口】中调整素材的位置和大小，如图 14-15 所示。

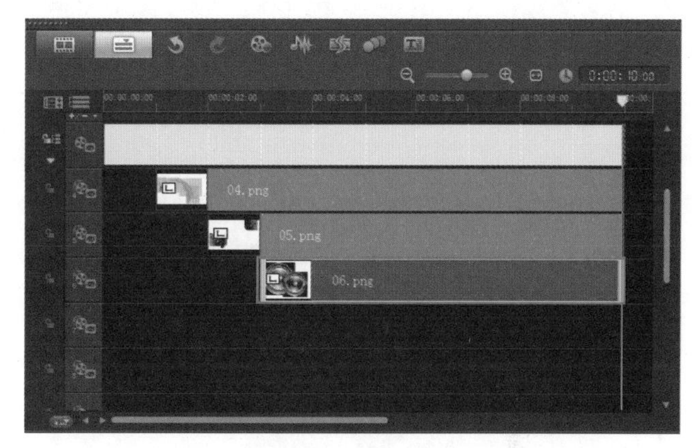

图 14-14

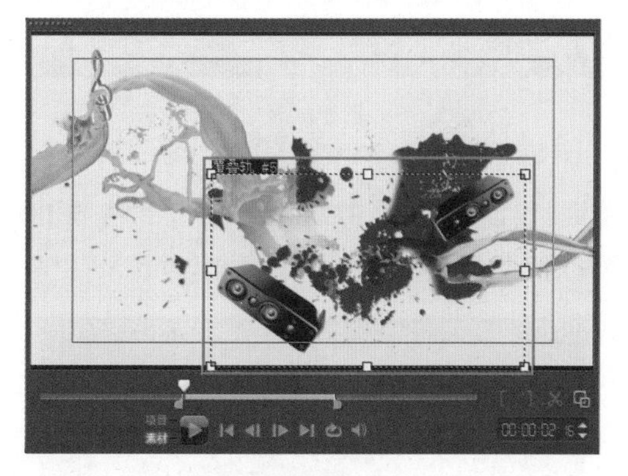

图 14-15

（10）双击【覆叠轨 6】上的素材文件，打开属性选项面板，设置进入的方式为【从左边进入】，并单击【淡入动画效果】按钮，如图 14-16 所示。

（11）将素材文件夹中的【07.png】添加到【覆叠轨 7】上，设置开始时间为第 4 秒，结束时间为第 10 秒，如图 14-17 所示。接着在【预览窗口】中调整素材的位置和大小，如图 14-18 所示。

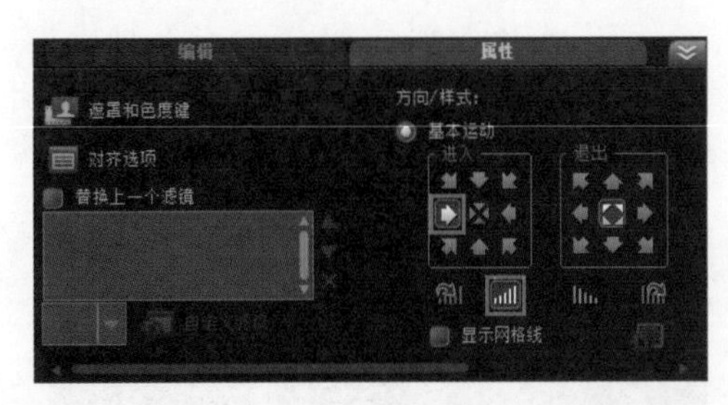

图 14-16

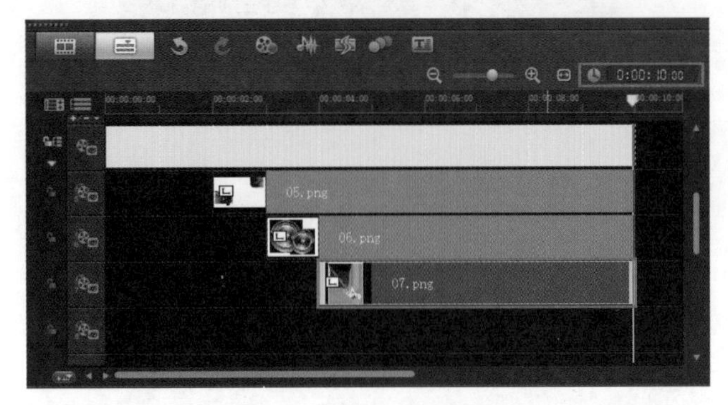

图 14-17

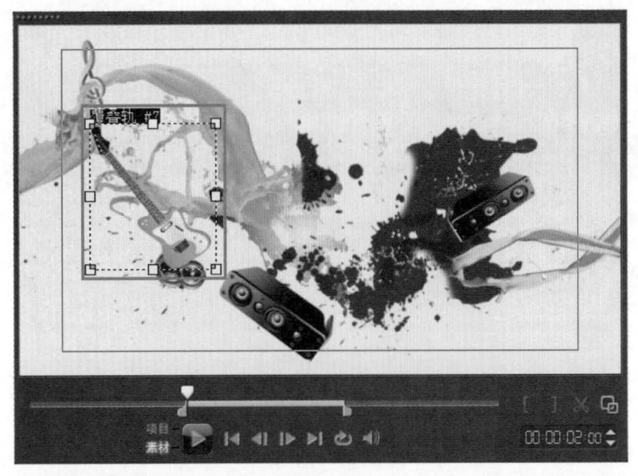

图 14-18

（12）双击【覆叠轨 7】上的素材文件，打开【属性】选项面板，设置【进入】的方式为【从上方进入】，并单击【淡入动画效果】按钮，如图 14-19 所示。

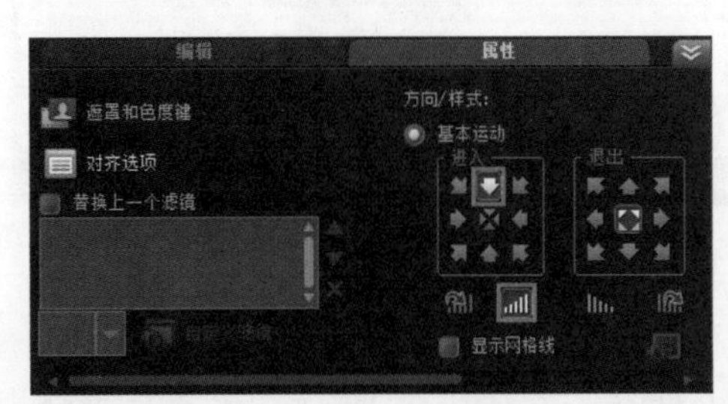

图 14-19

（13）将素材文件夹中的【08.png】和【09.png】分别添加到【覆叠轨 8】和【覆叠轨 9】上，设置开始时间为第 4 秒，结束时间为第 10 秒，如图 14-20 所示。接着分别在【预览窗口】中调整素材的位置和大小，如图 14-21 所示。

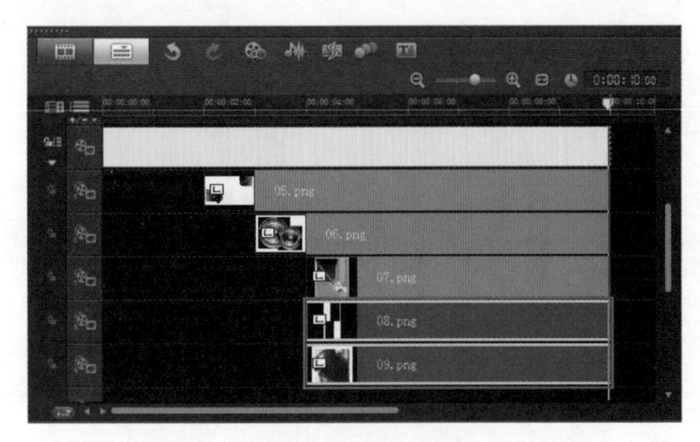

图 14-20

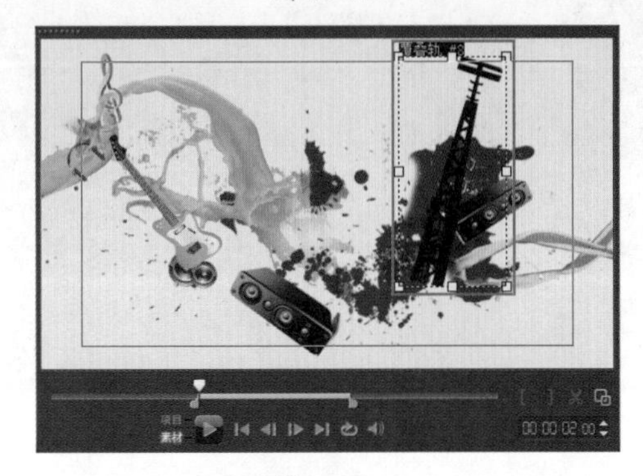

图 14-21

（14）双击【覆叠轨】上的【08.png】素材文件，在属性选项面板中，设置【进入】的方式为【从上方进入】，如图 14-22 所示。

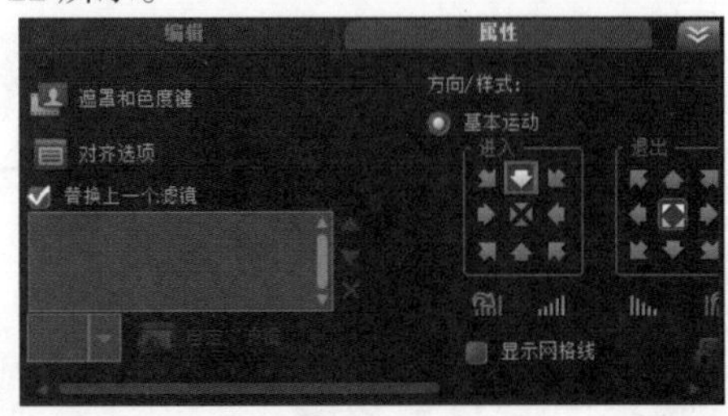

图 14-22

（15）将素材文件夹中的【10.png】拖拽到【覆叠轨 10】上，设置开始时间为第 4 秒，结束时间为第 10 秒，如图 14-23 所示。接着在【预览窗口】中调整素材的位置和大小，如图 14-24 所示。

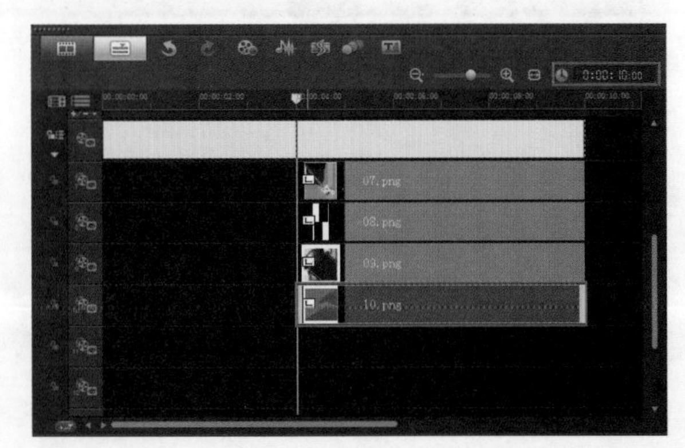

图 14-23

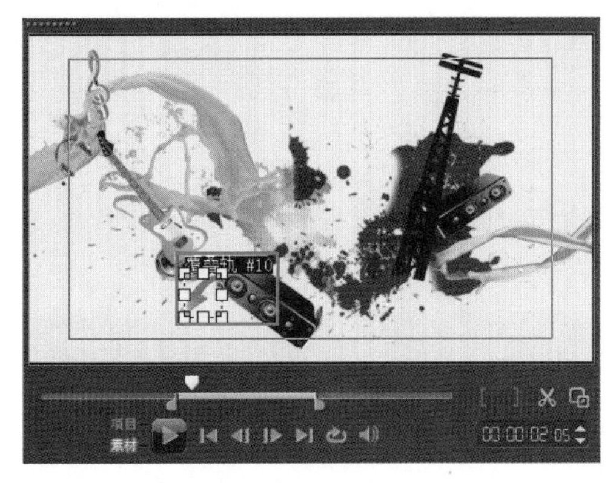

图 14-24

（16）将素材文件夹中的【11.png】和【12.png】分别拖拽到【覆叠轨 11】和【覆叠轨 12】上，设置开始时间为第 5 秒，结束时间为第 10 秒，如图 14-25 所示。接着分别在【预览窗口】中调整素材的位置和大小，如图 14-26 所示。

图 14-25

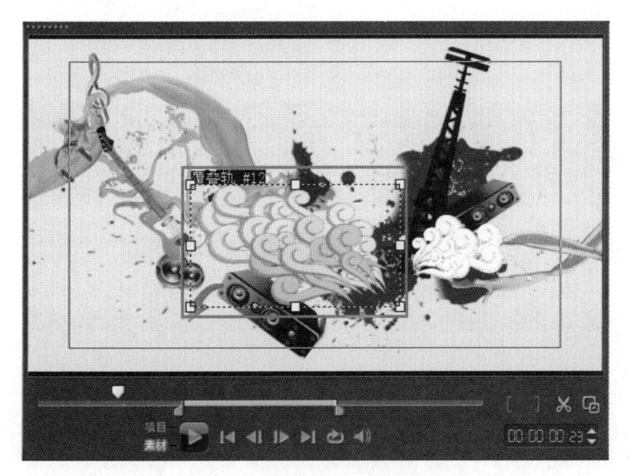

图 14-26

（17）将擦洗器拖拽到第 6 秒的位置，接着将素材【13.png】、【14.png】和【15.png】添加到【覆叠轨 13】上第 6 秒的位置，设置每个素材的区间大小为 1 秒，如图 14-27 所示。接着分别在【预览窗口】中调整素材的位置和大小，如图 14-28 所示。

图 14-27

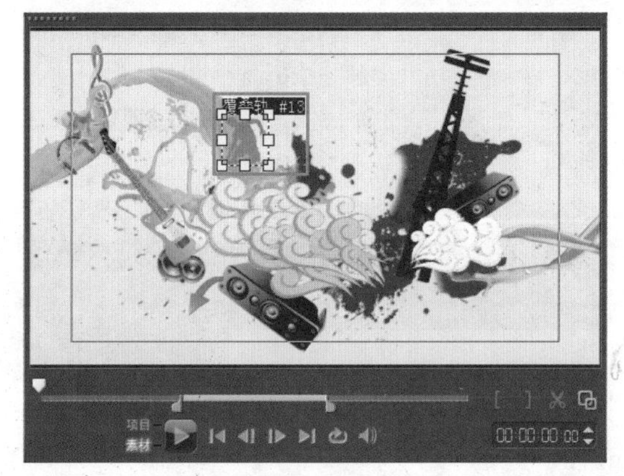

图 14-28

（18）将素材【16.png】添加到【覆叠轨 14】上，设置开始时间第 7 秒，结束时间为 10 秒，如图 14-29 所示。并在【预览窗口】中调整素材的位置和大小，如图 14-30 所示。

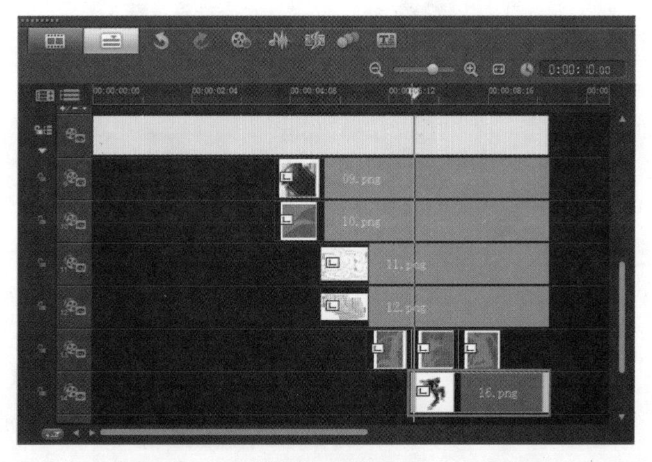

图 14-29

（19）单击【素材库】面板上的【滤镜】按钮，设置【画廊】的类型为【特殊】，接着将【幻影动作】拖拽到【16.png】素材文件上，如图 14-31 所示。

（20）此时，在【预览窗口】中单击【播放】按钮，查看最终的效果，如图 14-32 所示。

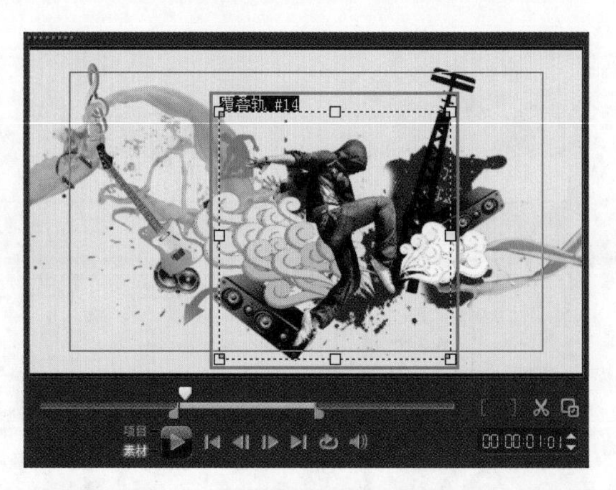

图 14-30

图 14-31

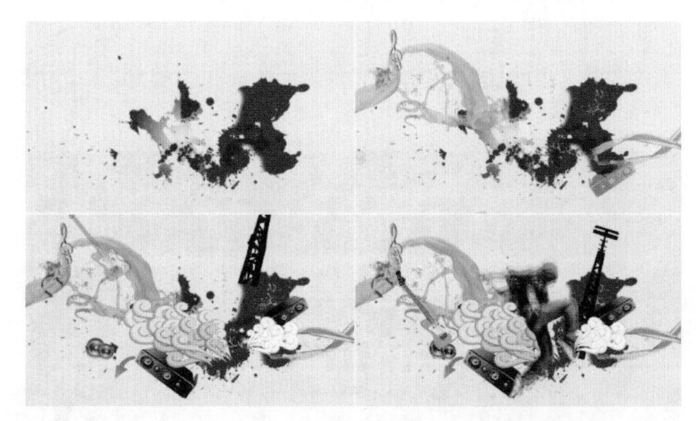

图 14-32

第 15 章　综合实例：摄影版式

综合实例：　摄影版式

案例文件	综合实例：摄影版式 .VSP
视频教学	视频文件 \ 第 15 章 \ 摄影版式 .flv
难易指数	★★★★★
技术掌握	添加自定义遮罩、素材的基本运动和自定义运动、添加文字效果、为音频添加淡入淡出

15.1　案例分析

本案例就来学习如何在会声会影 X6 中制作摄影版式，最终渲染效果，如图 15-1 所示。

图 15-1

15.2　思路解析

思路解析如图 15-2 所示。

图 15-2

（1）为素材添加自定义遮罩，设置素材的基本运动和自定义运动。

（2）添加文字效果，为文字添加滤镜效果，添加音频文件。

15.3　制作步骤

添加自定义遮罩

（1）打开会声会影 X6，单击【素材库】面板中的【图形】按钮，设置【画廊】类型为色彩，将【白色】背景拖拽到【视频轨】上，如图 15-3 所示。双击时间轴上的素材，打开色彩【选项】面板，设置区间为 16 秒，单击【色彩选取器】的色块，设置颜色为灰色（R：212，G,210，B,197），如图 15-4 所示。

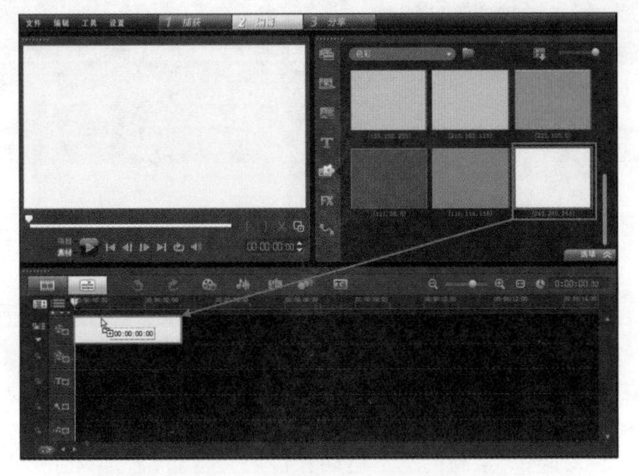

图 15-3

图 15-4

（2）在【轨道管理器】中设置【覆叠轨】的数量为 8，如图 15-5 所示。接着将素材文件夹中的【01.jpg】添加到【覆叠轨 1】上，如图 15-6 所示。

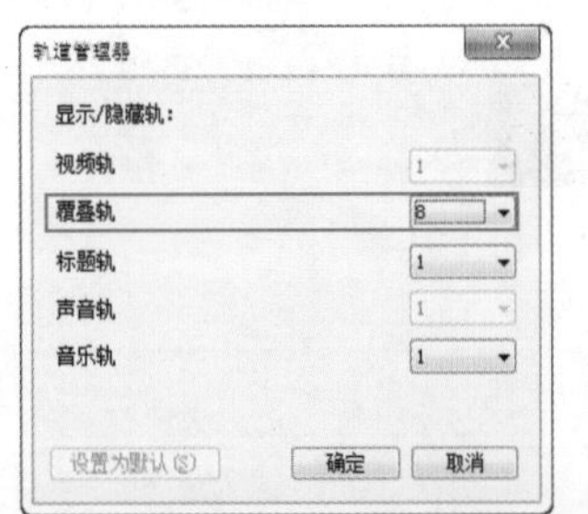

图 15-5

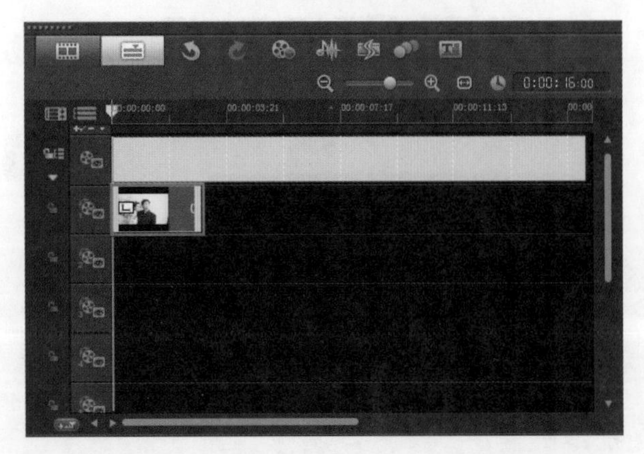

图 15-6

（3）双击【覆叠轨 1】上的素材文件，打开【选项】面板，单击【遮罩和色度键】按钮，接着勾选【应用覆叠】选项，设置【类型】为【遮罩帧】，单击【添加遮罩项】按钮，如图 15-7 所示。在弹出的对话框中选择相应的遮罩素材，并单击【打开】按钮，如图 15-8 所示。

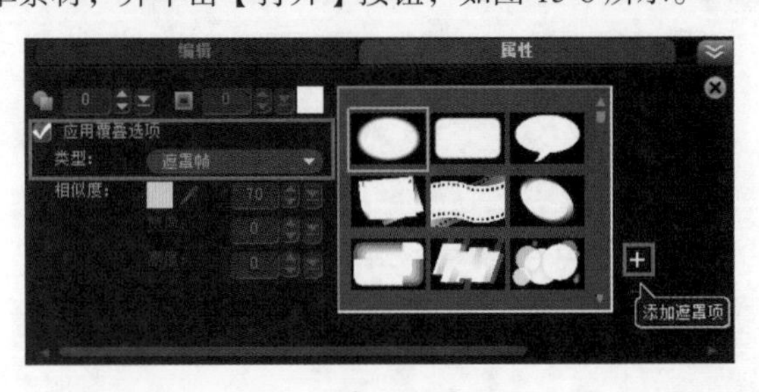

图 15-7

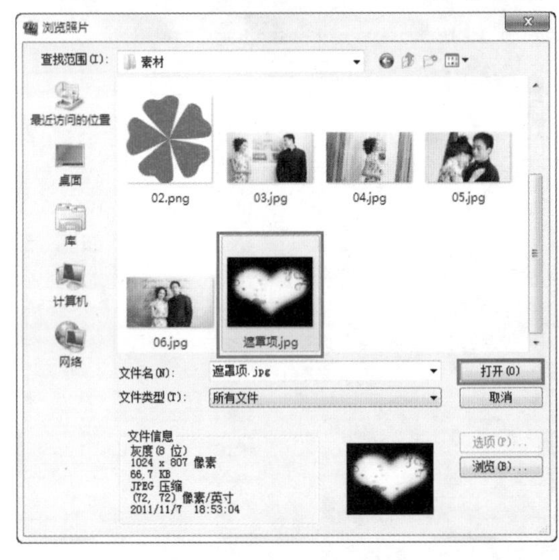

图 15-8

（4）此时在弹出的对话框提示中，单击【确定】按钮转换成 8 位位图，如图 15-9 所示。此时遮罩成功添加到会声会影 X6 中，如图 15-10 所示。

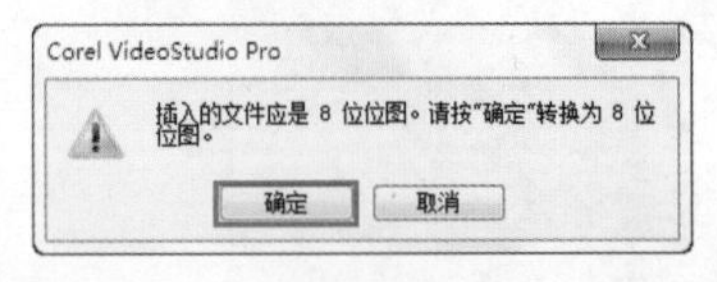

图 15-9

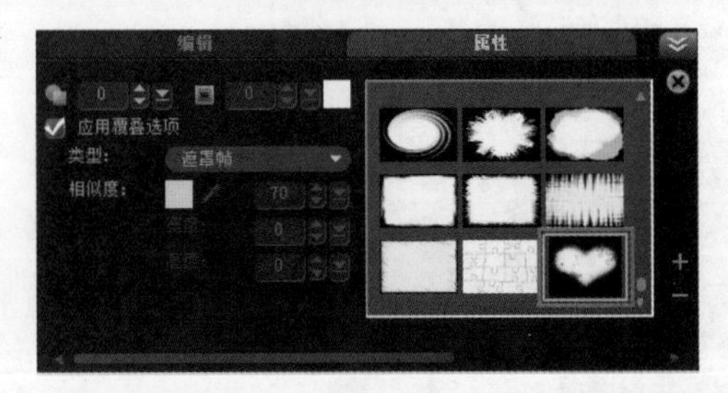

图 15-10

（5）选择【覆叠轨 1】上的素材文件，在【预览窗口】中，单击鼠标右键执行【调整到屏幕大小】命令，如图 15-11 所示。此时【预览窗口】中的效果，如图 15-12 所示。

图 15-11

图 15-12

（6）单击【素材库】面板中的【图形】按钮，设置【画廊】类型为【Flash 动画】，将【Motion23】拖拽到【覆叠轨 2】上，如图 15-13 所示。在时间轴中的【Motion23】上单击鼠标右键，在弹出的菜单中选择【速度 / 时间流逝 ...】选项，设置【新素材区间】为 2 秒，并单击【确定】按钮，如图 15-14 所示。

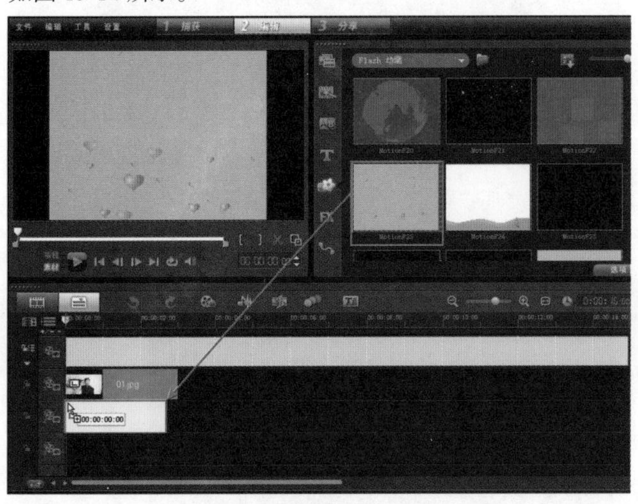

图 15-13

（7）将素材文件夹中的【02.jpg】拖拽到【覆叠轨 1】上，并设置结束时间为第 17 秒，如图 15-15 所示。单击【素

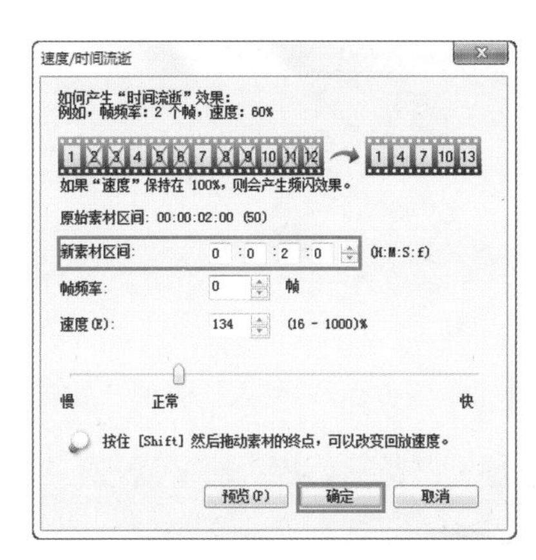

图 15-14

材库】面板中的【转场】按钮，设置类型为【过滤】，然后将【淡化到黑色】拖拽到【覆叠轨 1】的素材中间，如图 15-16 所示。

图 15-15

图 15-16

设置素材的基本运动

（1）选择【覆叠轨 1】上的【02.jpg】素材文件，在【预览窗口】中调整素材的位置和大小，如图 15-17 所示。双击【覆叠轨 1】上的【02.jpg】素材文件，打开【选项】面板，设置素材【进入】的方式为【从上方进入】，并单击【淡入动画效果】按钮，如图 15-18 所示。

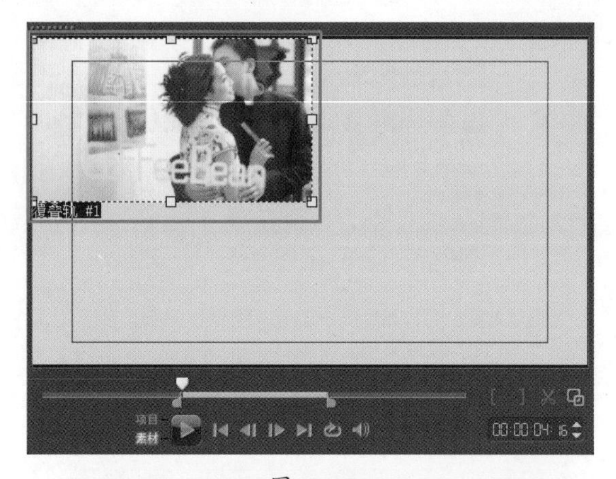

图 15-17

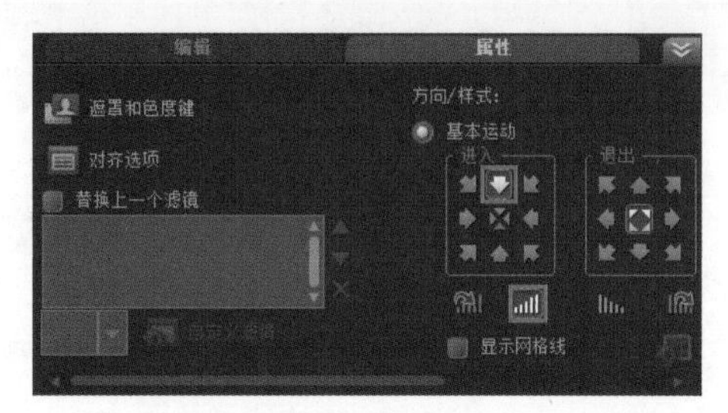

图 15-18

求生秘籍——技巧提示：调整网格大小

在会声会影 X6 中，通过更改调整网格的相关参数，如图 15-19 所示。可以快速地帮助【覆叠轨】上的素材文件调整到相应的大小和位置，如图 15-20 所示。

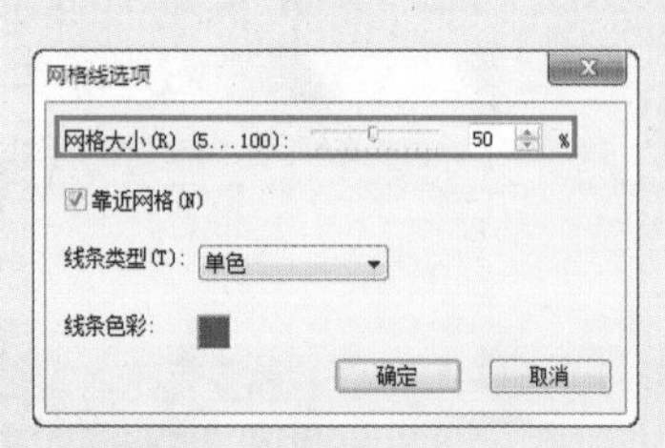

图 15-19

图 15-20

（2）将素材文件夹中的【03.jpg】素材文件添加到【覆叠轨 2】上，设置开始时间为第 6 秒，结束时间为第 16 秒，如图 15-21 所示。

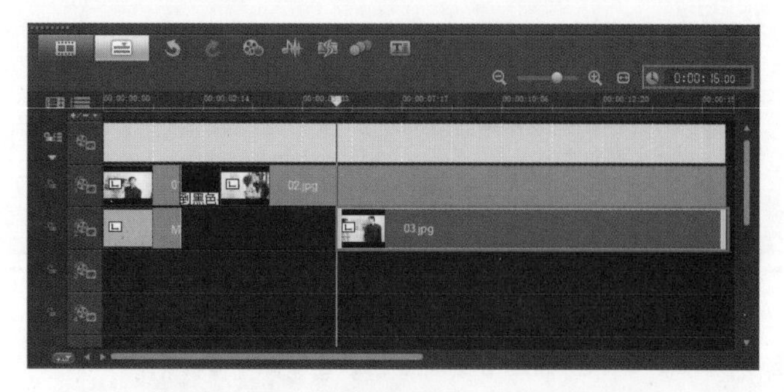

图 15-21

（3）选择【覆叠轨 2】上的【03.jpg】素材文件，在【预览窗口】中调整素材的位置和大小，如图 15-22 所示。双击【覆叠轨 2】上的【03.jpg】素材文件，打开【选项】面板，设置素材【进入】的方式为【从下方进入】，并单击【淡入动画效果】按钮，如图 15-23 所示。

图 15-22

图 15-23

（4）单击【素材库】面板中的【图形】按钮，设置【画廊】类型为【色彩】，将【灰色】拖拽到【覆叠轨 3】上，并设置开始时间为第 10 秒，结束时间为第 16 秒，如图 15-24 所示。在【预览窗口】中调整素材的位置和大小，如图 15-25 所示。

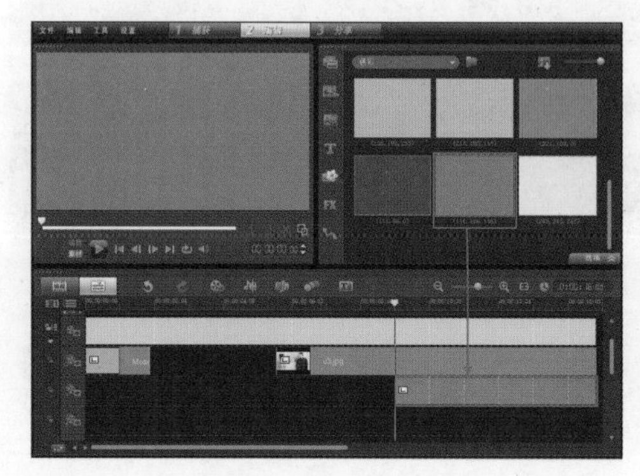

图 15-24

图 15-25

（5）双击【覆叠轨 3】素材，打开【选项】面板，单击【遮罩和色度键】按钮，勾选【应用覆叠选项】选项，设置【类型】为【遮罩帧】，并选择合适的遮罩方式，如图 15-26 所示。此时【预览窗口】中的效果，如图 15-27 所示。

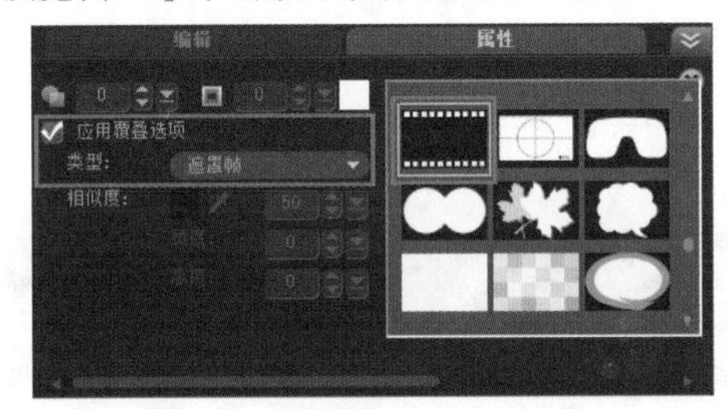
图 15-26

图 15-27

（6）将素材文件夹中的【04.jpg】添加到【覆叠轨 4】上，设置开始时间为第 12 秒，结束时间为第 16 秒，如图 15-28 所示。选择【覆叠轨 4】上【04.jpg】素材，并在【预览窗口】中调整素材的位置和大小，如图 15-29 所示。

图 15-28

图 15-29

（7）在【选项】面板中单击【属性】选项卡，设置【进入】的方式为【从左边进入】，并单击【淡入动画效果】按钮，如图 15-30 所示。

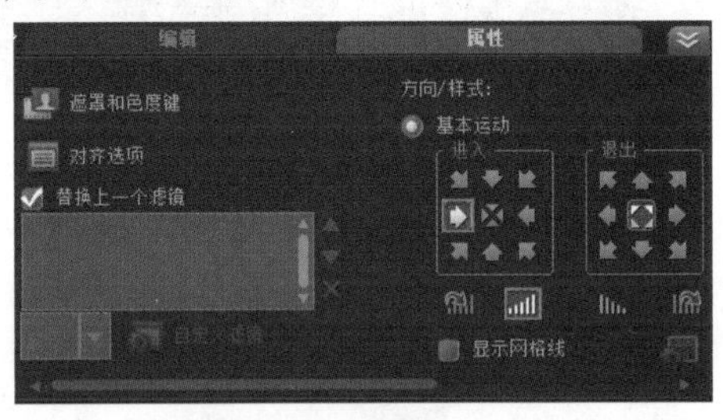
图 15-30

（8）在【覆叠轨 4】的素材文件上单击鼠标右键，在弹出的菜单中选择【复制】选项，如图 15-31 所示，将【04.jpg】分别复制到【覆叠轨 5】和【覆叠轨 6】上，如图 15-32 所示。

图 15-31

图 15-32

第 15 章

（9）接着将【覆叠轨 5】和【覆叠轨 6】上的两个素材文件依次向后移动 1 秒，并设置结束时间为第 16 秒，如图 15-33 所示。然后分别在【预览窗口】中调整素材的位置，如图 15-34 所示。

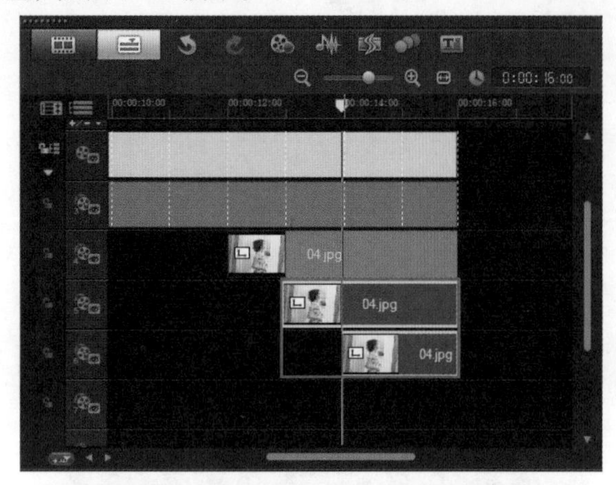

图 15-33

图 15-34

（10）分别在【覆叠轨 5】和【覆叠轨 6】的【04.jpg】素材文件上单击鼠标右键，在弹出的菜单中执行【替换素材】/【照片】命令，如图 15-35 所示。选择合适的素材进行替换，此时【预览窗口】中的效果，如图 15-36 所示。

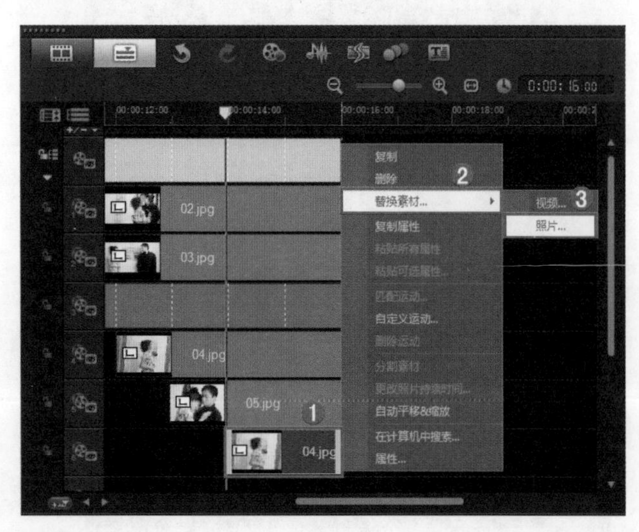

图 15-35

图 15-36

设置素材的自定义运动

（1）将素材文件夹中的【01.png】素材文件添加到【覆叠轨 7】上，设置开始时间为第 3 秒，结束时间为第 16 秒，如图 15-37 所示。接着在【预览窗口】中调整素材的位置和大小，并单击鼠标右键执行【保持宽高比】命令，如图 15-38 所示。

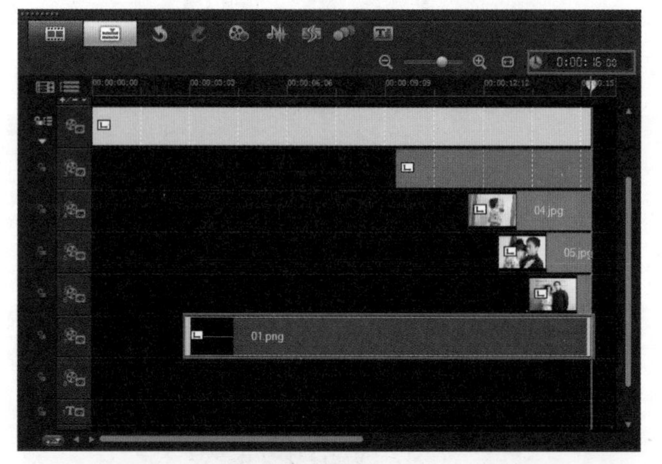

图 15-37

图 15-38

（2）将素材文件夹中的【02.png】素材文件添加到【覆叠轨 8】上，设置开始时间为第 3 秒，结束时间为第 16 秒，如图 15-39 所示。接着在【预览窗口】中调整素材的位置和大小，如图 15-40 所示。

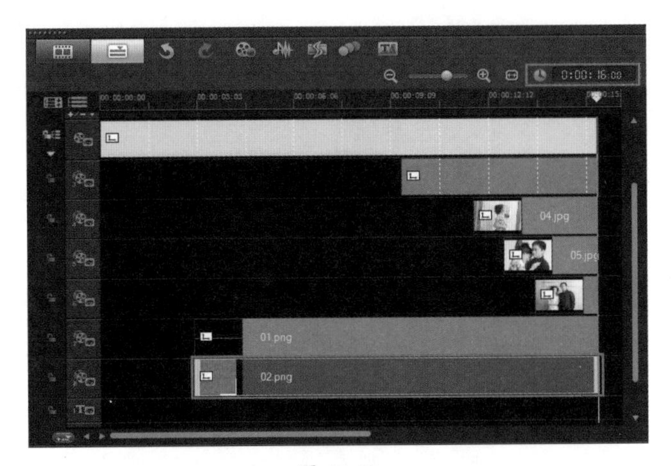

图 15-39

图 15-40

（3）在【覆叠轨 8】的素材文件上单击鼠标右键，在弹出的菜单中选择自定义运动命令，如图 15-41 所示。在弹出的对话框中，选择结束帧，设置旋转【Z】的参数大小为 – 360，单击【确定】按钮，如图 15-42 所示。

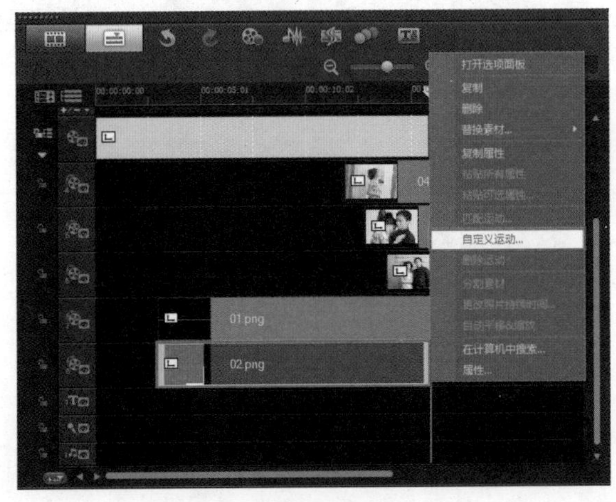

图 15-41

添加文字效果

（1）单击【标题】按钮，并在【预览窗口】中双击鼠标左键，然后在【选项】面板中设置【区间】为 13，并设置合适的【字体】和【字体大小】，并设置【色彩】为棕色（R：64,G：41,B：5），如图 15-43 所示。在【预览窗口】中输入文字，如图 15-44 所示。

图 15-42

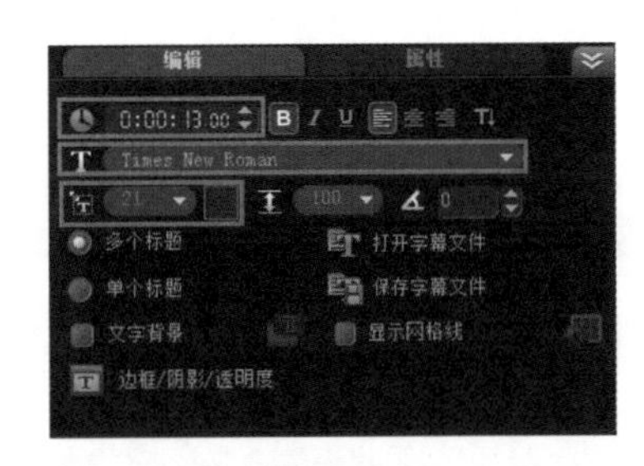

图 15-43

图 15-44

（2）接着在【预览窗口】中再次双击鼠标左键，在【选项】面板中设置合适的【字体大小】，如图 15-45 所示。接着在【预览窗口】中输入文字，如图 15-46 所示。

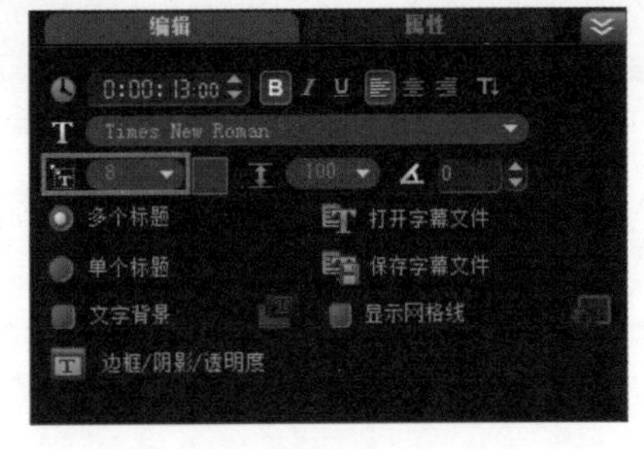

图 15-45

图 15-46

（3）在【轨道管理器】对话框中设置【标题轨】的数量为 2，如图 15-47 所示。接着单击【标题】按钮，在【预览窗口】中双击鼠标左键，并输入文字，如图 15-48 所示。

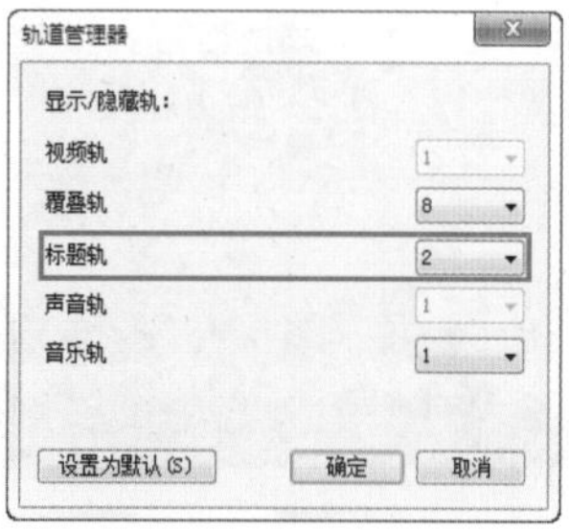

图 15-47

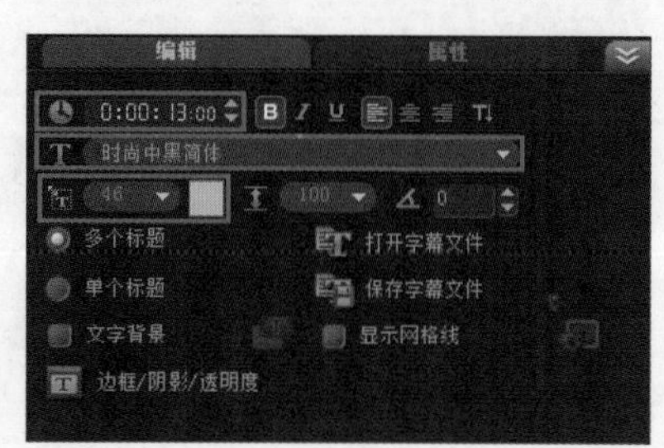

图 15-48

（4）双击【标题轨 2】上的文字，打开【选项】面板，更改【区间】为 13 秒，并设置合适的【字体】和【字体大小】，设置【色彩】为橙色（R：247，G：188，B：91），如图 15-49 所示。此时【预览窗口】中的效果，如图 15-50 所示。

图 15-49

图 15-50

（5）单击【素材库】中的（滤镜）按钮，设置【画廊】类型为【标题效果】，然后将【光线】滤镜拖拽到【标题轨 2】的标题字幕上，如图 15-51 所示。双击【标题轨 2】上的标题字幕，打开【选项】属性面板，选择【光线】滤镜，并单击【自定义滤镜】按钮，如图 15-52 所示。

图 15-51

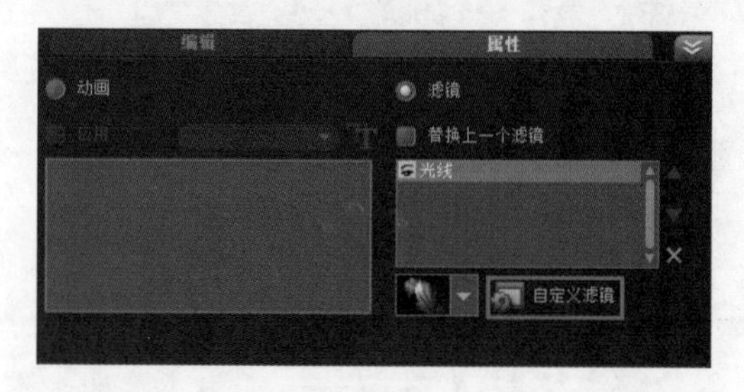

图 15-52

（6）在弹出的对话框中，选择起始帧，将【原图】中的十字光标移动到合适的位置，并设置【高度（V）】为 8，【倾斜（K）】为 45，【发散（P）】为 25，如图 15-53 所示。

（7）将擦洗器拖拽到结束帧的位置，在【原图】中将十字光标移动到合适的位置，并设置【高度（V）】为 8，【倾斜（K）】为 162，【发散（P）】为 11，然后单击【确定】按钮，如图 15-54 所示。

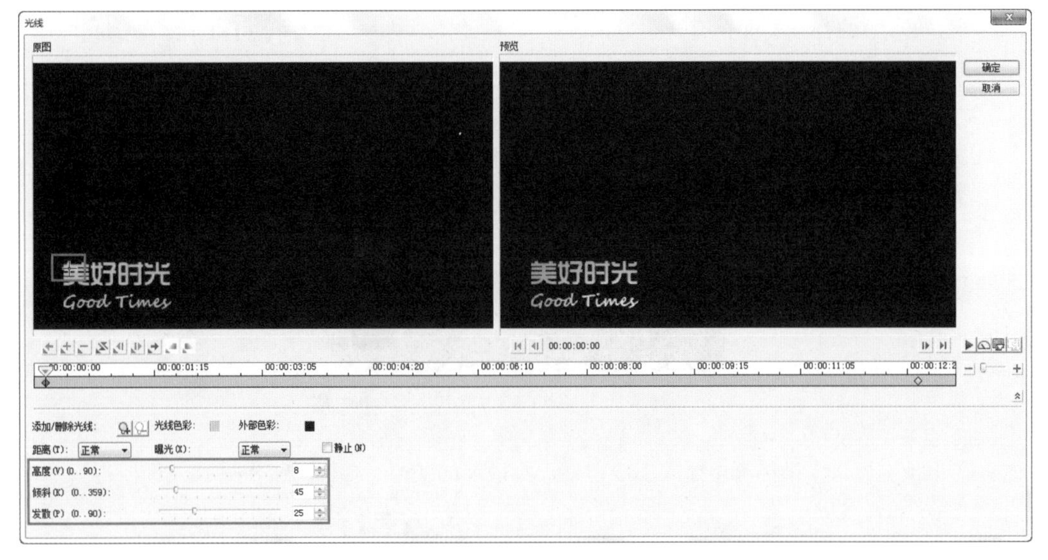

图 15-53

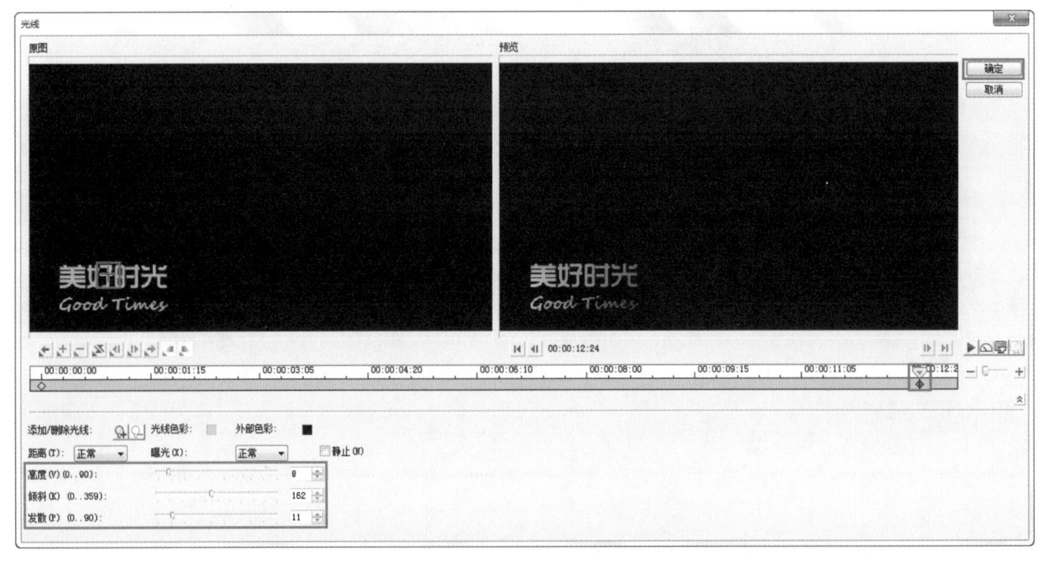

图 15-54

（8）在【声音轨】上单击鼠标右键，在弹出的菜单中执行【插入音频】/【到语音轨...】命令，在弹出的对话框中选择【配乐.MP3】素材文件，并单击【打开】按钮，如图 15-55 所示。此时该音频文件已经被添加【声音轨】上，如图 15-56 所示。

图 15-55

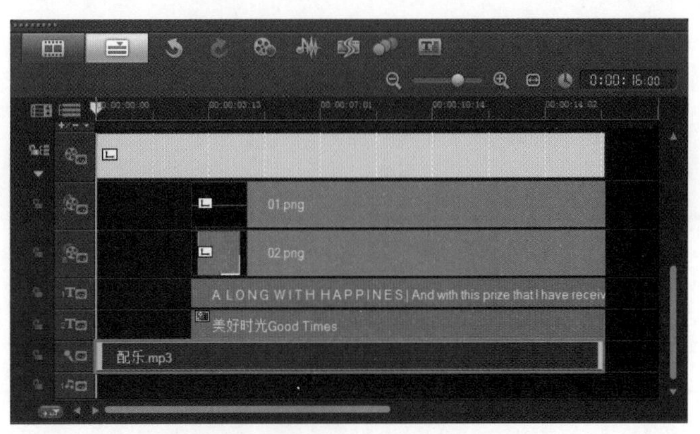

图 15-56

（9）双击【声音轨】上的音频文件，打开【音乐和声音】面板，单击 [淡入] 和 [淡出] 按钮，为音频素材设置淡入和淡出效果，如图 15-57 所示。

图 15-57

（10）此时，在【预览窗口】中单击【播放】按钮，查看最终的效果，如图 15-58 所示。

图 15-58

第 16 章　综合实例：萌宝贝相册

综合实例：　萌宝贝相册

案例文件	综合实例：萌宝贝相册 .VSP
视频教学	视频文件 \ 第 16 章 \ 萌宝贝相册 .flv
难易指数	★★★★☆
技术掌握	添加滤镜效果、添加自定义遮罩、制作自定义运动

16.1　案例分析

本案例就来学习如何在会声会影 X6 中制作萌宝贝相册，最终渲染效果，如图 16-1 所示。

图 16-1

16.2　思路解析

思路解析如图 16-2 所示。

图 16-2

（1）为覆叠素材添加滤镜效果。

（2）为覆叠素材设置自定义运动。

16.3　制作步骤

（1）打开会声会影 X6，单击【素材库】上的【图形】按钮，将橙色的色彩拖拽到视频轨上，如图 16-3 所示。

（2）双击视频轨上的【色彩】素材，打开【选项】面板，设置【色彩区间】为 12 秒，单击【色彩选取器】的色块，并设置色彩为浅橙色

（R：250，G：167，B：43），如图 16-4 所示。此时【预览窗口】中的效果，如图 16-5 所示。

图 16-3

图 16-4

图 16-5

（3）将素材文件夹中的【01.png】添加【覆叠轨 1】上，设置结束时间为第 12 秒的位置，如图 16-6 所示。在【预览窗口】中调整素材位置的大小，如图 16-7 所示。

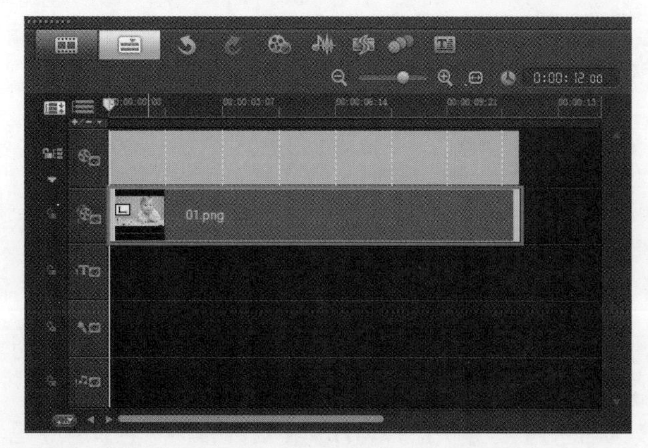

图 16-6

图 16-7

（4）在【素材库】面板中单击 [滤镜] 按钮FX，设置【画廊】类型为【暗房】，然后将【亮度和对比度】滤镜拖拽到时间轴中的【01.png】素材文件上，如图 16-8 所示。接着在其【选项】属性面板中为【亮度和对比度】滤镜选择合适的预设效果，如图 16-9 所示。

图 16-8

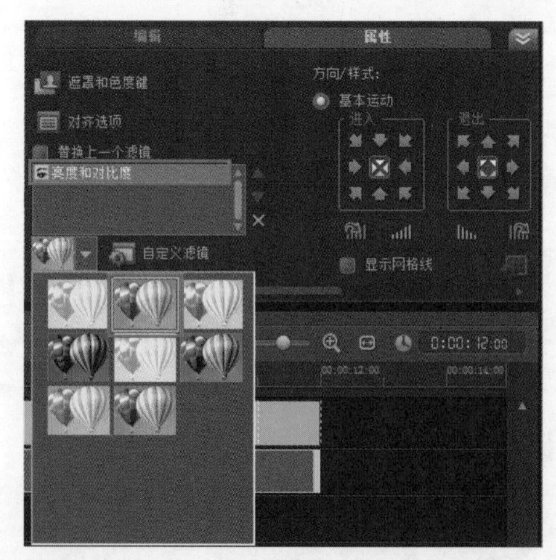

图 16-9

（5）在【轨道管理器】中设置【覆叠轨】的数量为 5，并单击【确定】按钮，如图 16-10 所示。接着将素材文件夹中的【02.jpg】添加到【覆叠轨 2】上，设置开始时间为第 3 秒，结束时间为第 12 秒，如图 16-11 所示。

图 16-10

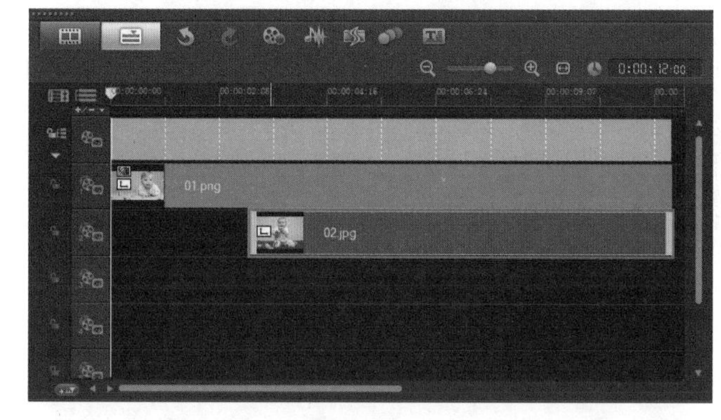

图 16-11

（6）双击【02.jpg】素材文件，打开【选项】属性面板，单击【遮罩和色度键】按钮，如图 16-12 所示。接着勾选【应用覆叠选项】，设置【类型】为【遮罩帧】，最后单击【添加遮罩】按钮，如图 16-13 所示。

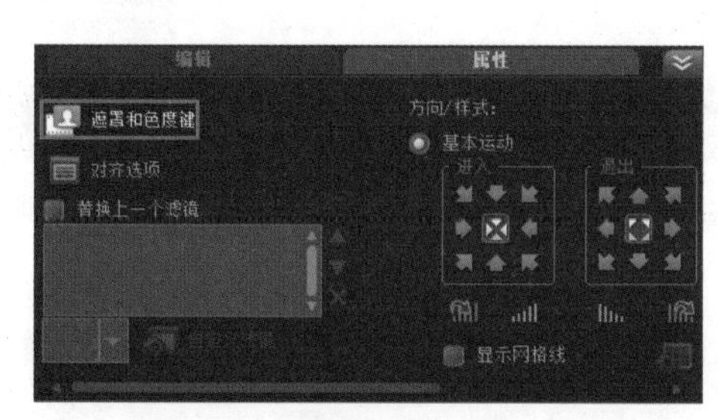

图 16-12

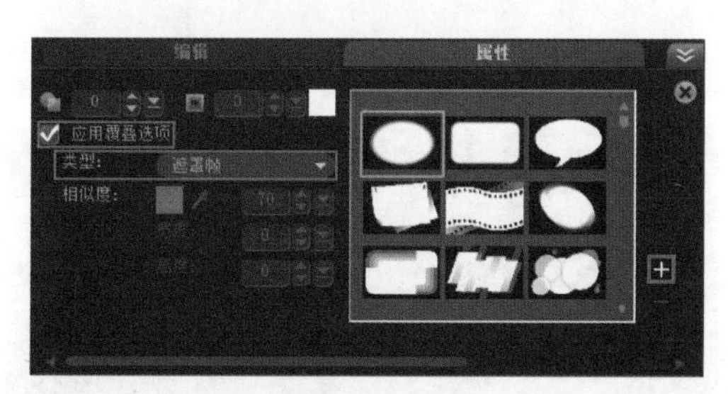

图 16-13

（7）在弹出的对话框中，选择合适的遮罩素材，并单击【打开】按钮，如图 16-14 所示。接着在弹出的对话框中单击【确定】按钮，如图 16-15 所示。

（8）此时该遮罩已经添加到会声会影 X6 中，如图 16-16 所示。接着在【预览窗口】中调整素材的位置和大小，如图 16-17 所示。

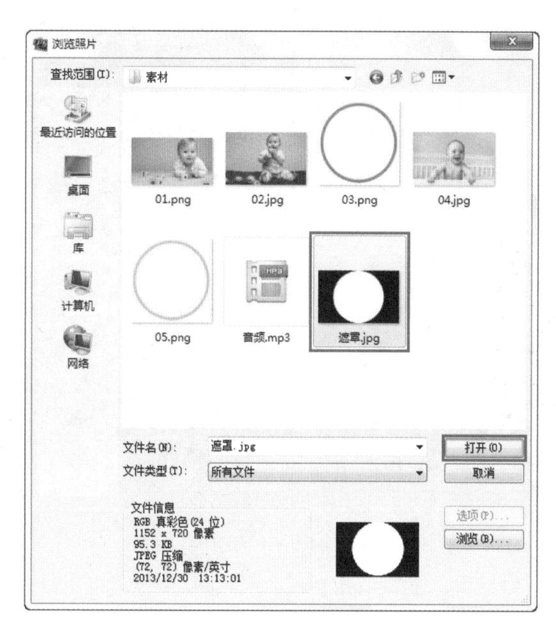

图 16-14

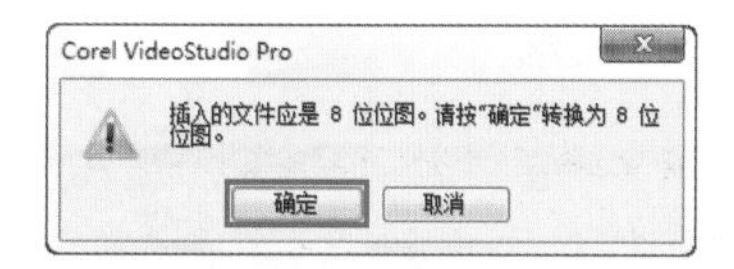

图 16-15

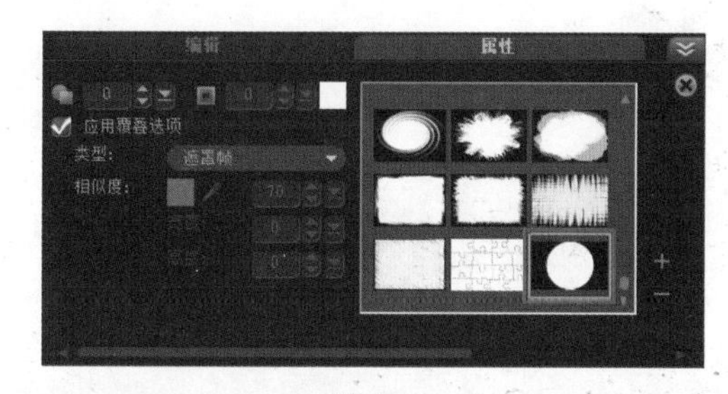

图 16-16

图 16-17

（9）在【覆叠轨 2】的【02.jpg】素材文件上单击鼠标右键，在弹出的菜单中选择【自定义运动】选项，如图 16-18 所示。

图 16-18

（10）在弹出的对话框中选择起始帧，并设置【透明度】为 50，【旋转】的【Z】为 - 360，如图 16-19 所示。接着在第 2 秒的位置添加关键帧，设置【透明度】为 100，设置【旋转】的【Z】为 0，最后单击【确定】按钮，如图 16-20 所示。

图 16-19

图 16-20

（11）将素材文件夹中的【03.png】添加到【覆叠轨 3】上，设置开始时间为第 2 秒，结束时间为第 12 秒，如图 16-21 所示。接着在【预览窗口】中调整素材的位置和大小，如图 16-22 所示。

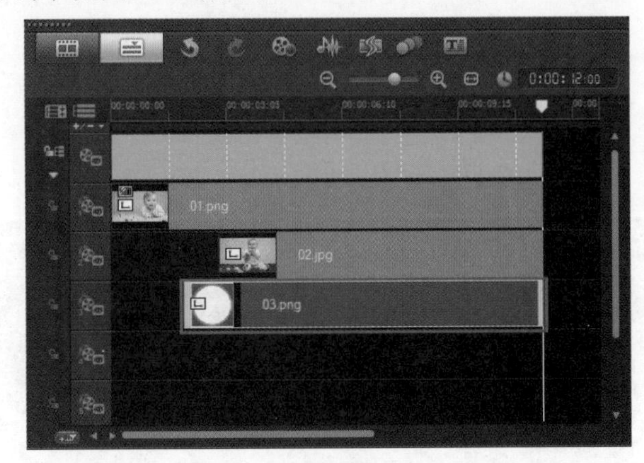

图 16-21

图 16-22

（12）双击【03.png】素材文件打开【选项】面板，并单击【淡入动画效果】按钮，如图 16-23 所示。接着将【04.jpg】素材文件添加到【覆叠轨 4】上，设置开始时间为第 6 秒，结束时间为第 12 秒，如图 16-24 所示。

图 16-23

（13）双击【04.jpg】素材文件，打开【选项】属性面板，然后单击【遮罩和色度键】按钮，如图 16-25 所示。接着勾选【应用覆叠选项】，设置【类型】为【遮罩帧】，并选择合适的关键帧，如图 16-26 所示。

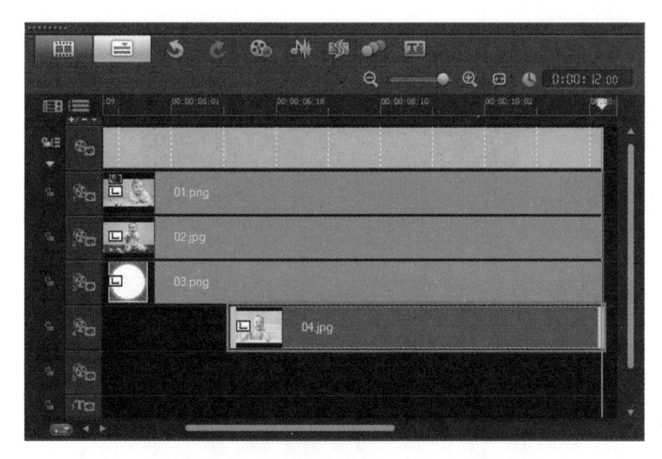
图 16-24

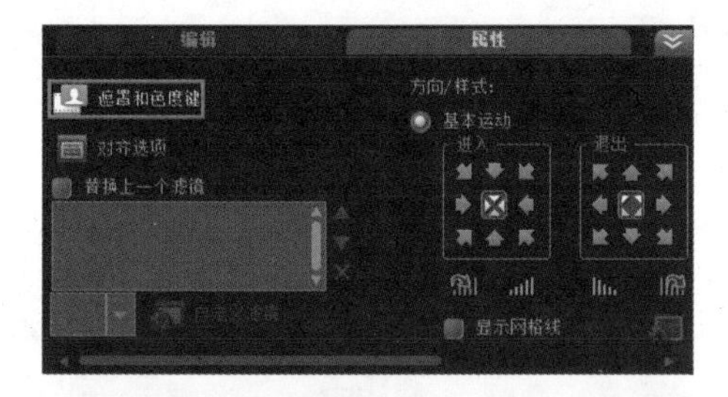
图 16-25

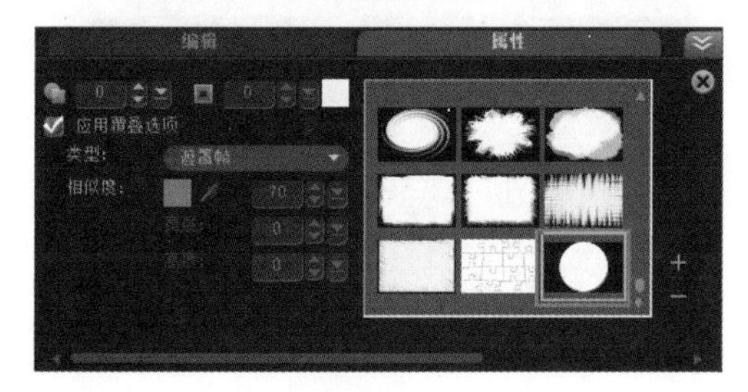
图 16-26

（14）此时在【预览窗口】中调整【04.jpg】素材文件的位置和大小，如图 16-27 所示。在【覆叠轨 4】的【04.jpg】素材文件上单击鼠标右键，在弹出的菜单中选择【自定义运动】选项，如图 16-28 所示。

图 16-27

（15）在弹出的对话框中选择起始帧，设置【透明度】为 50，【旋转】的【Z】为 – 360，如图 16-29 所示。接着在第 2 秒添加一个按钮，并设置【透明度】为 100，【旋转】的【Z】为 0，最后单击【确定】按钮，如图 16-30 所示。

图 16-28

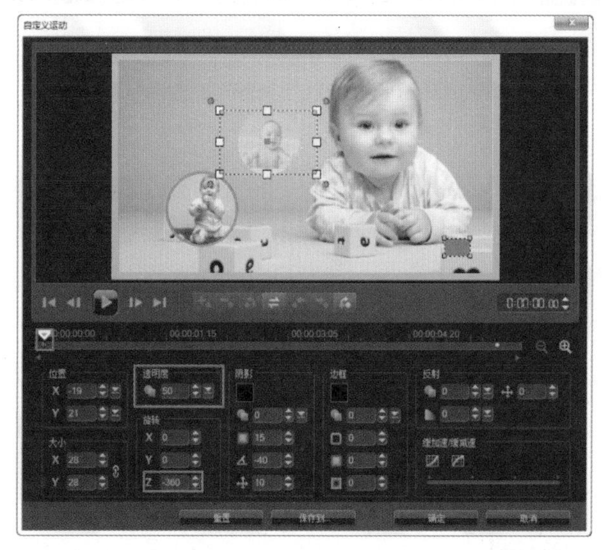
图 16-29

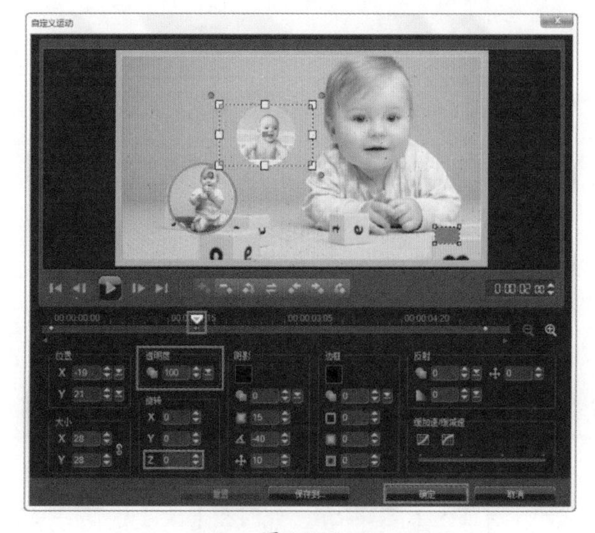
图 16-30

（16）接着将【05.png】素材文件添加到【覆叠轨 5】上，设置开始时间为第 5 秒，结束时间为第 12 秒，如图 16-31 所示。接着在【预览窗口】中调整素材的位置和大小，如图 16-32 所示。

第 16 章

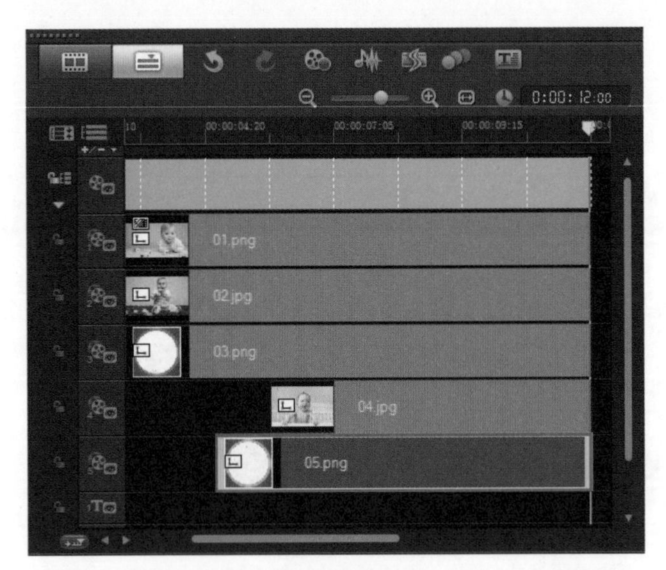

图 16-31

图 16-32

（17）双击【05.png】素材文件，打开【选项】属性面板，并单击【淡入动画效果】按钮，如图 16-33 所示。

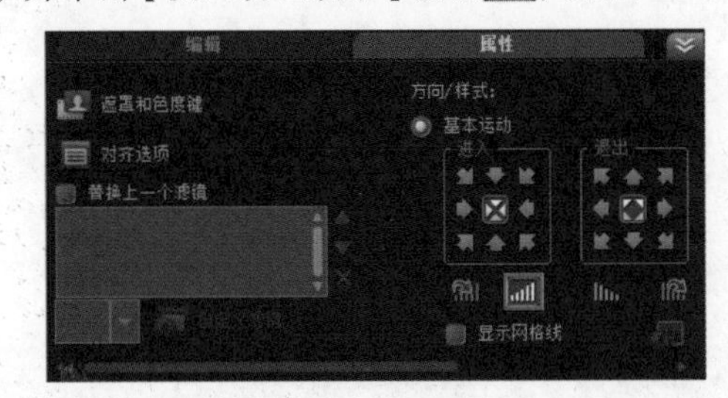

图 16-33

（18）将时间轴拖拽到第 9 秒的位置，单击（标题）按钮，并在【选项】面板中设置合适【字体】和【字体大小】，如图 16-34 所示。此时在【预览窗口】中输入文字，如图 16-35 所示。

（19）双击【标题轨】上的标题素材文件，打开【选项】属性面板，勾选【应用】选项，然后设置【动画类型】为【弹出】，接着选择合适的预览方式，如图 16-36 所示。

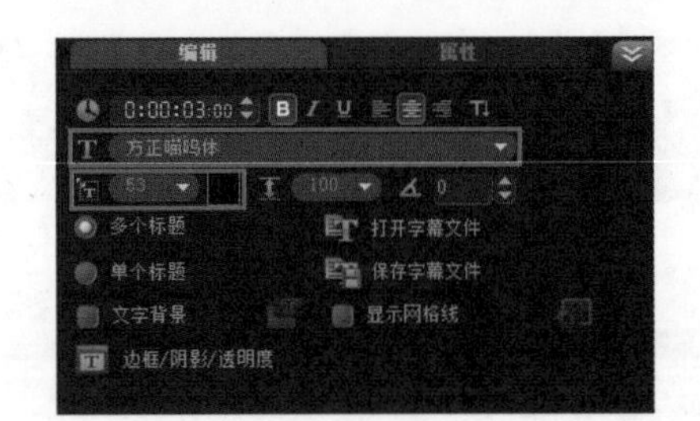

图 16-34

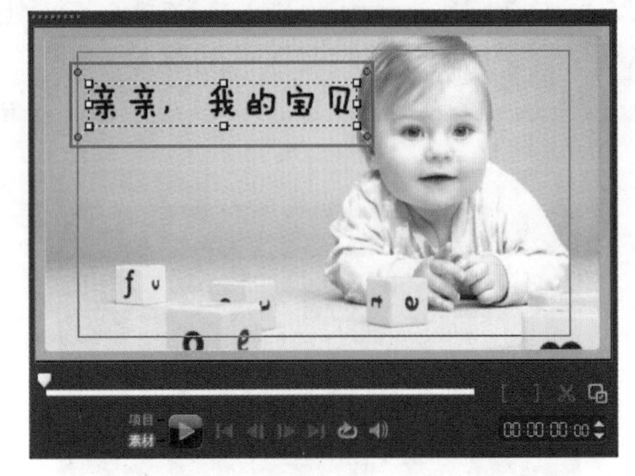

图 16-35

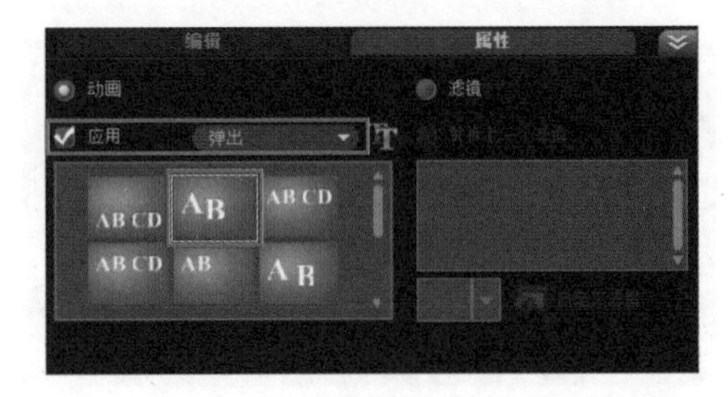

图 16-36

（20）将【音频.mp3】素材文件添加到【音频轨】上，如图 16-37 所示。双击时间轴中的【音频.mp3】素材文件，打开【音乐和声音】面板，并单击【淡入】和【淡出】按钮，为音频设置淡入淡出的效果，如图 16-38 所示。

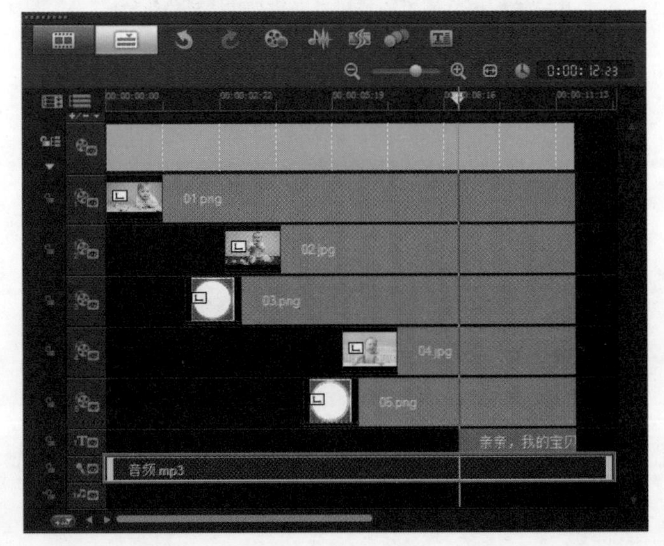

图 16-37

图 16-38

（21）单击【预览窗口】中的【播放】按钮，查看最终效果，如图 16-39 所示。

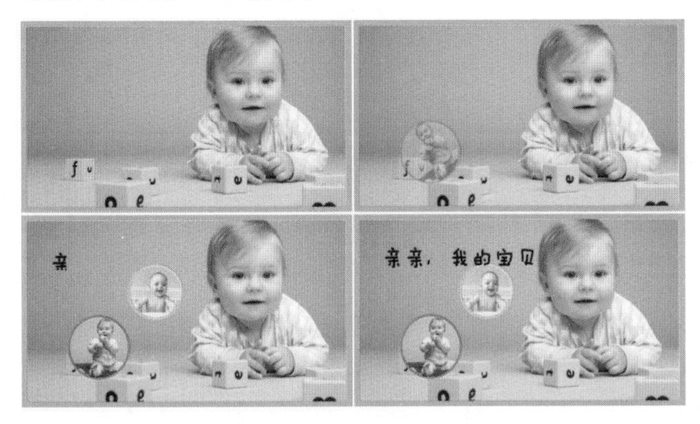

图 16-39

第 17 章　综合实例：假日生活

综合实例：　假日生活

案例文件	综合实例：假日生活 .VSP
视频教学	视频文件 \ 第 17 章 \ 假日生活 .flv
难易指数	★★★★☆
技术掌握	调整覆叠素材的暂停区间、调整素材的位置和大小、自定义运动

17.1　案例分析

本案例就来学习如何在会声会影 X6 中制作假日生活，最终渲染效果，如图 17-1 所示。

图 17-1

17.2　思路解析

思路解析如图 17-2 所示。

（1）调整覆叠素材的位置和大小，暂停区间。

（2）为覆叠素材设置自定义运动，调整文字和位置。

图 17-2

17.3 制作步骤

（1）打开会声会影 X6，将【01jpg】添加到【视频轨1】上，设置结束时间为第 18 秒，如图 17-3 所示。此时【预览窗口】中的效果，如图 17-4 所示。

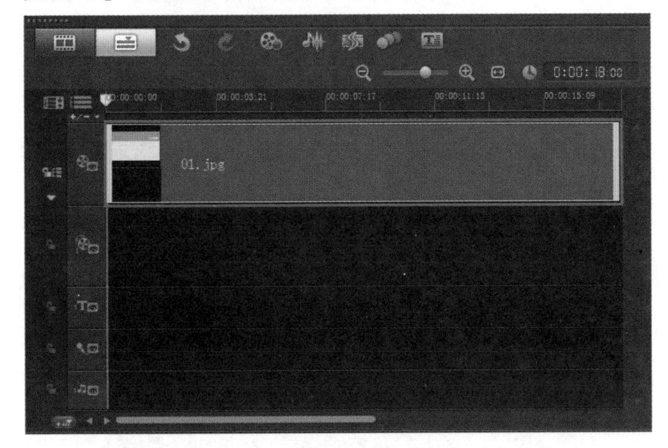

图 17-3

图 17-4

（2）将【02.png】素材文件添加到【覆叠轨 1】上，设置结束时间为第 18 秒，如图 17-5 所示。在【预览窗口】中调整素材的位置和大小，如图 17-6 所示。

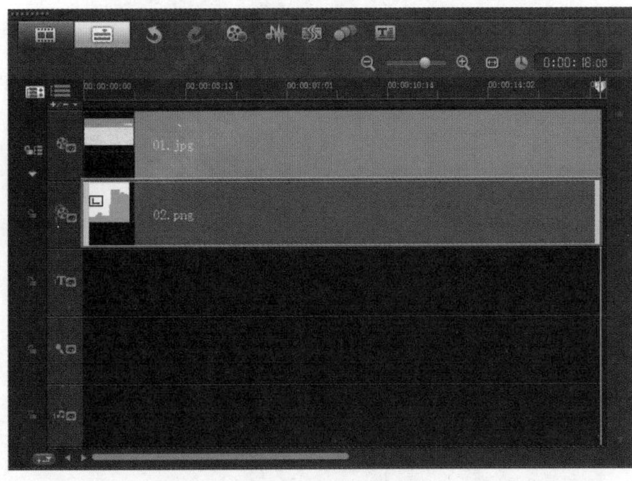

图 17-5

图 17-6

（3）单击【素材库】面板中的【图形】按钮，将白色色彩模板拖拽到【覆叠轨 2】上，并设置开始时间为第 2 秒，结束时间为第 18 秒，如图 17-7 所示。接着在【预览窗口】中调整白色色彩的形状、位置和大小，如图 17-8 所示。

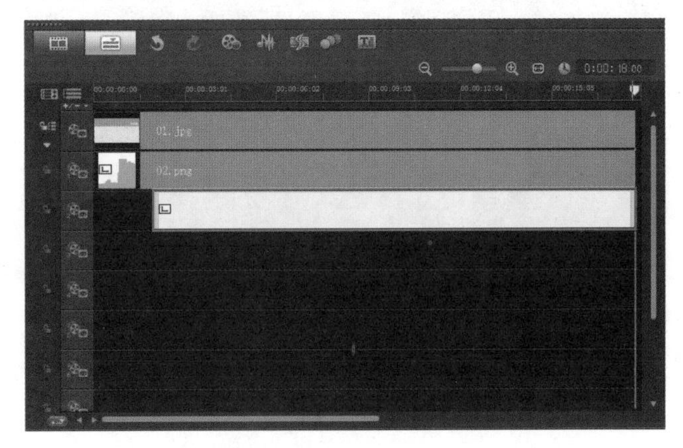

图 17-7

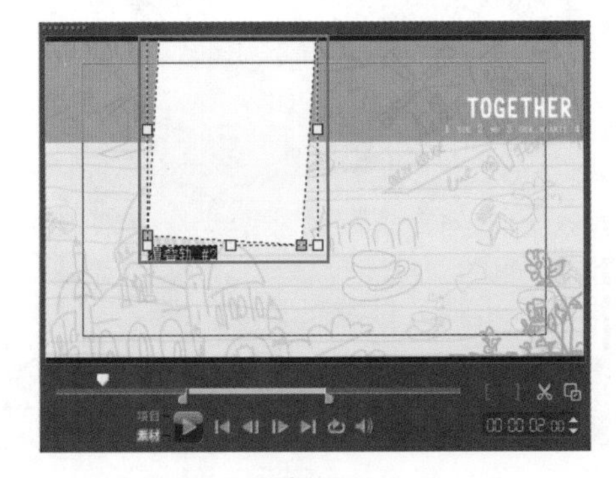

图 17-8

（4）双击【覆叠轨】上的白色色彩素材文件，打开【选项】属性面板，设置【基本运动】方式为【从上方进入】，如图 17-9 所示。接着在【预览窗口】中调整素材的暂停区间，如图 17-10 所示。

图 17-9

图 17-10

（5）将素材【03.jpg】拖拽到【覆叠轨 3】上，设置开始时间为第 4 秒，结束时间为第 18 秒，如图 17-11 所示。接着在【预览窗口】中调整素材的位置和大小，如图 17-12 所示。

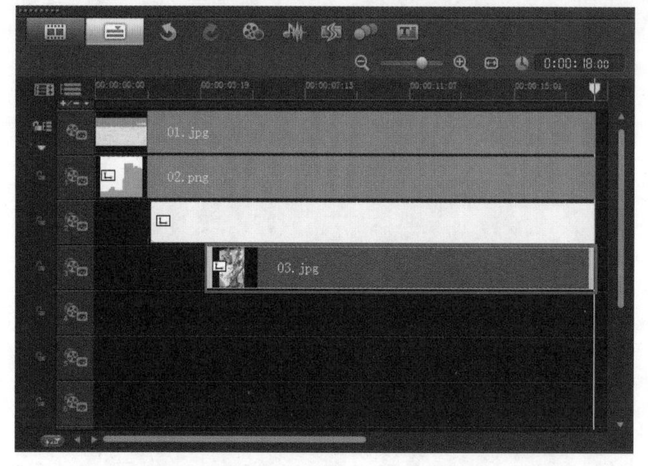

图 17-11

图 17-12

（6）双击【覆叠轨】上的素材文件，打开【选项】属性面板，并单击【淡入动画效果】按钮，如图 17-13 所示。接着在【预览窗口】中调整素材的暂停区间，如图 17-14 所示。

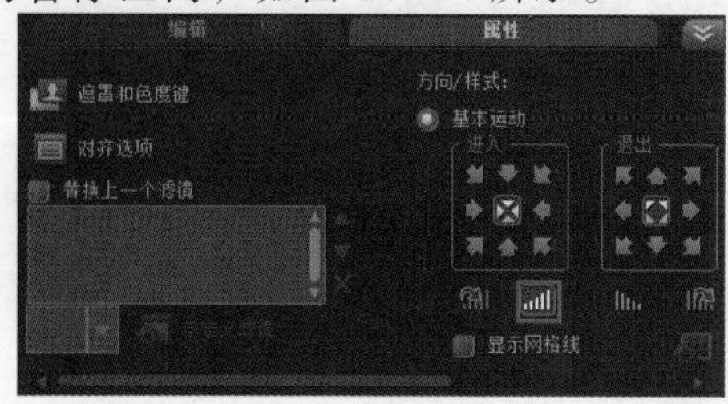

图 17-13

图 17-14

（7）单击【素材库】面板中的【图形】按钮，将白色色彩拖拽到【覆叠轨 4】上，设置开始时间为第 6 秒，结束时间为第 18 秒，如图 17-15 所示。接着在【预览窗口】中调整白色色彩的形状、位置和大小，如图 17-16 所示。

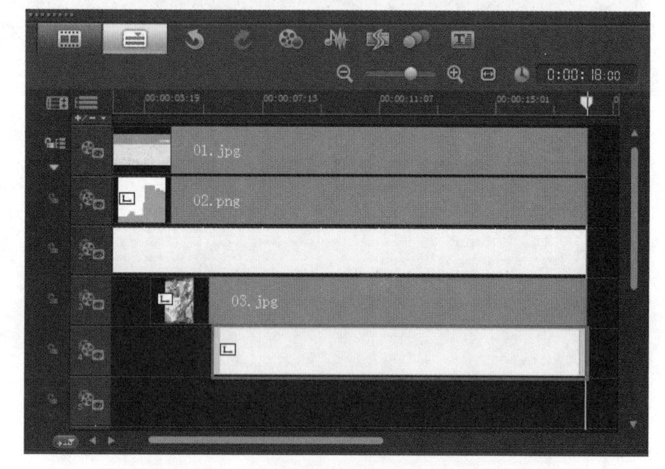

图 17-15

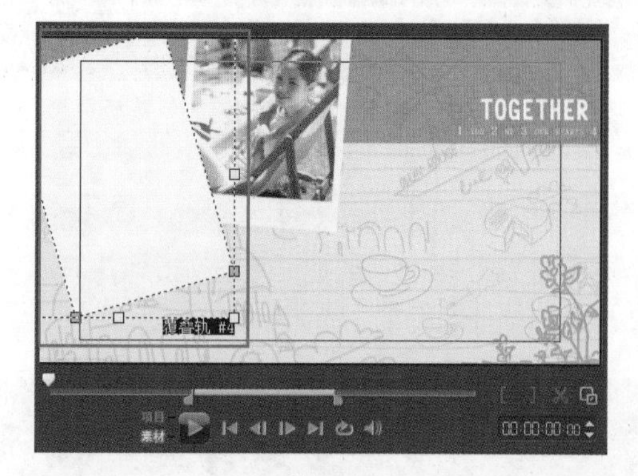

图 17-16

（8）双击【覆叠轨 4】上的白色色彩素材文件，打开【选项】属性面板，设置【基本运动】为【从左边进入】，如图 17-17 所示。接着在【预览窗口】中调整素材的暂停区间，如图 17-18 所示。

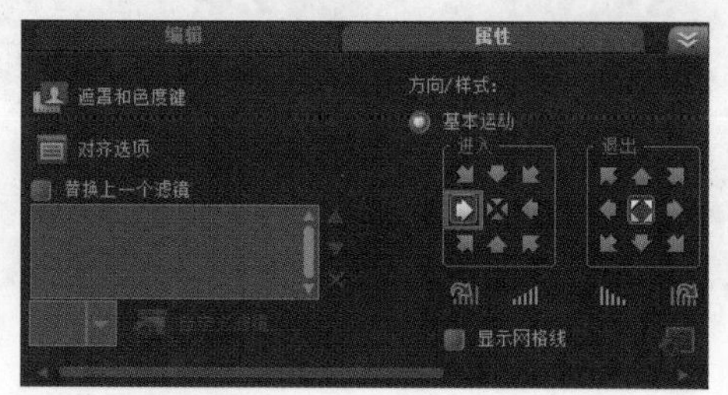

图 17-17

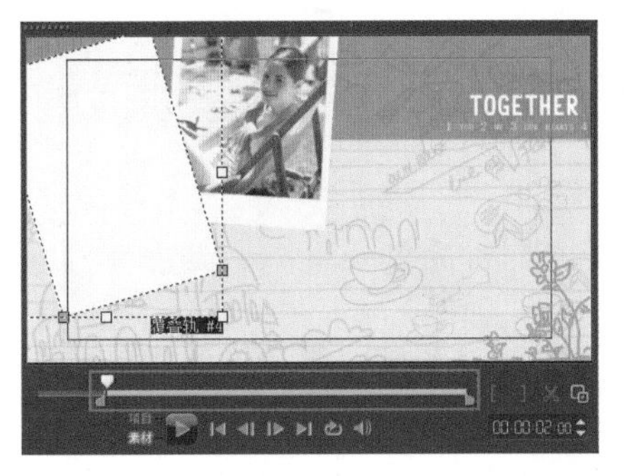

图 17-18

（9）将素材【04.jpg】拖拽到【覆叠轨 5】上，设置开始时间为第 8 秒，结束时间为第 18 秒，如图 17-19 所示。接着在【预览窗口】中调整素材的位置和大小，如图 17-20 所示。

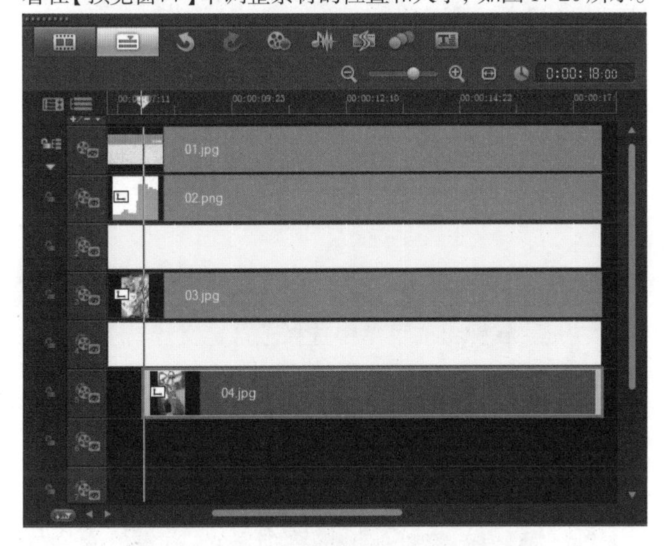

图 17-19

图 17-20

（10）双击【04.jpg】素材文件，打开【选项】属性面板，并单击【淡入动画效果】按钮，如图 17-21 所示。接着在【预览窗口】中调整素材的暂停区间，如图 17-22 所示。

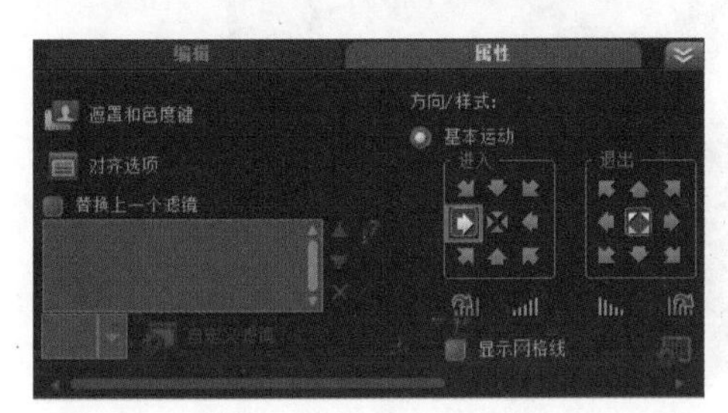

图 17-21

图 17-22

（11）单击【素材库】面板中的【图形】按钮，将白色色彩拖拽到【覆叠轨 6】上，设置开始时间为第 10 秒，结束时间为第 18 秒，如图 17-23 所示。接着在【预览窗口】中调整白色色彩的形状、位置和大小，如图 17-24 所示。

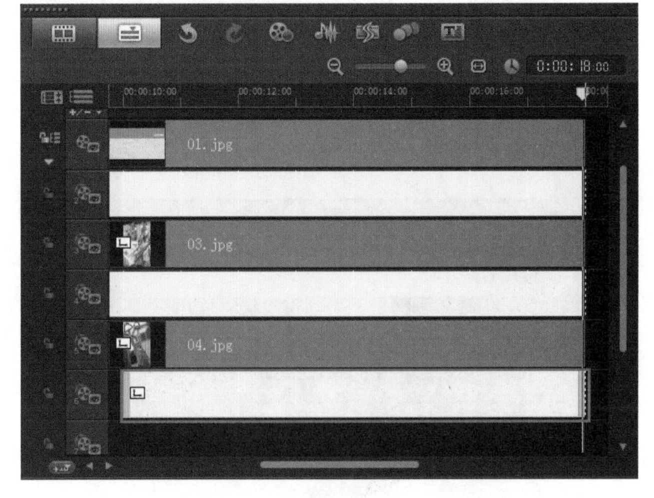

图 17-23

图 17-24

（12）双击【覆叠轨 6】上的白色色彩素材文件，打开【选项】属性面板，设置【基本运动】为【从下方进入】，如图 17-25 所示。接着在【预览窗口】中调整素材的暂停区间，如图 17-26 所示。

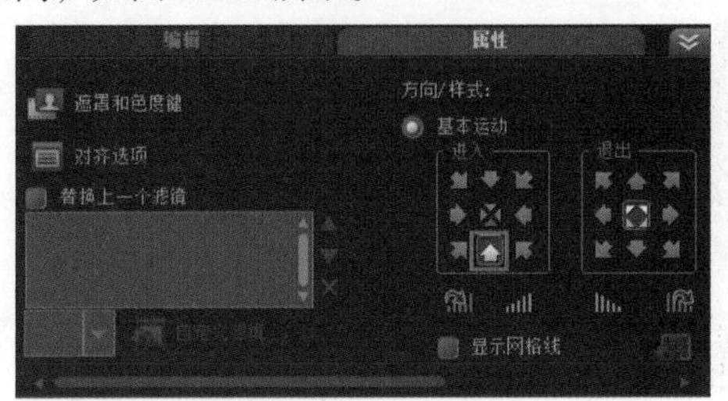

图 17-25

第 17 章

图 17-26

（13）将素材【05.jpg】拖拽到【覆叠轨 7】上，设置开始时间为第 12 秒，结束时间为第 18 秒，如图 17-27 所示。接着在【预览窗口】中调整素材的位置和大小，如图 17-28 所示。

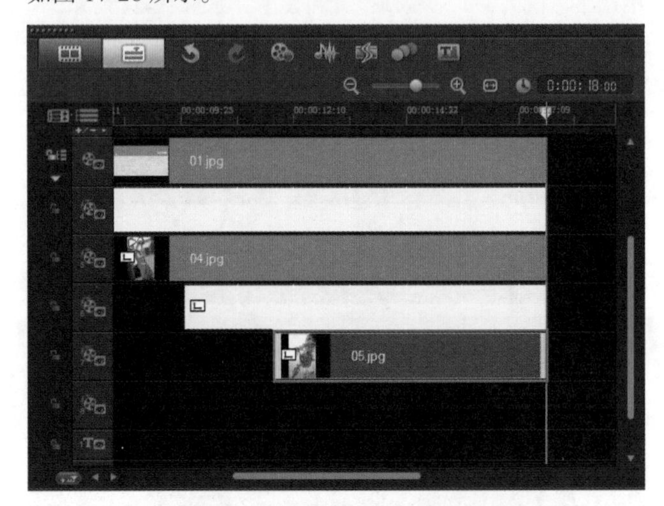

图 17-27

图 17-28

（14）双击【覆叠轨 7】上的【05.jpg】素材文件，打开【选项】属性面板，并单击【淡入动画效果】按钮，如图 17-29 所示。接着在【预览窗口】中调整素材的暂停区间，如图 17-30 所示。

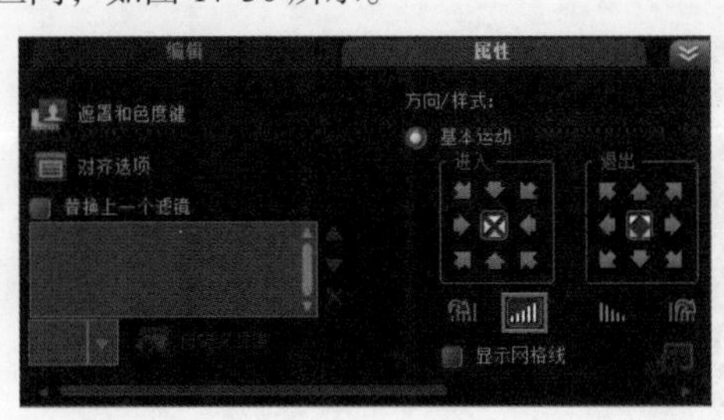

图 17-29

图 17-30

（15）将素材【05.jpg】添加到【覆叠轨 8】素材文件夹中，如图 17-31 所示。

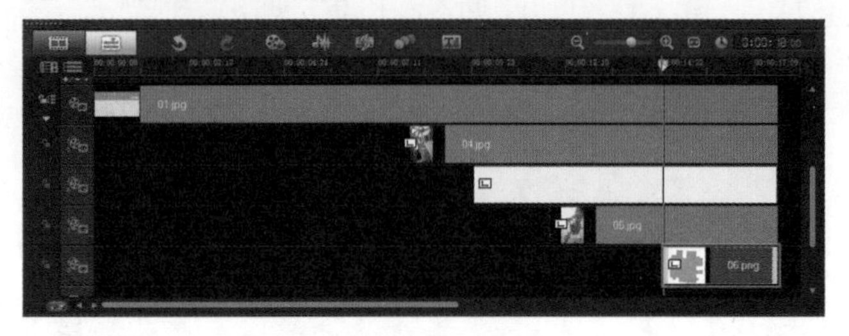

图 17-31

（16）在【覆叠轨 8】的【06.jpg】素材文件上单击鼠标左键，在弹出的菜单中选择【自定义运动】选项，如图 17-32 所示。在弹出的对话框中，设置【位置】的【X】为 68，【Y】为 0，设置【大小】的【X】和【Y】为 16，【旋转】的【Z】为－360，如图 17-33 所示。

图 17-32

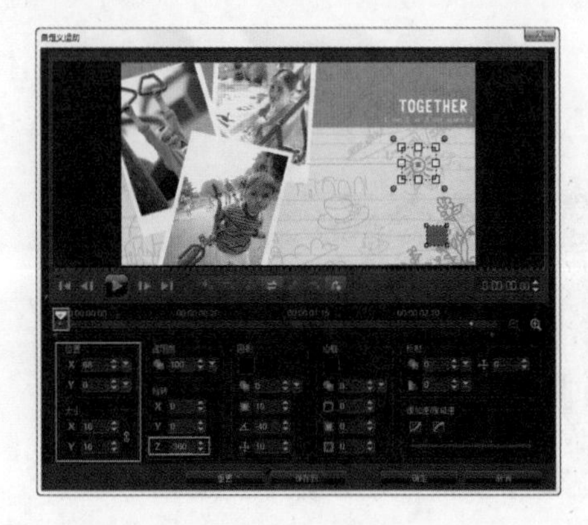

图 17-33

（17）将擦洗器拖拽到结束帧，设置【位置】的【X】为68，【Y】为0，设置【大小】的【X】和【Y】为16，【旋转】的【Z】为0，接着单击【确定】按钮，如图 17-34 所示。

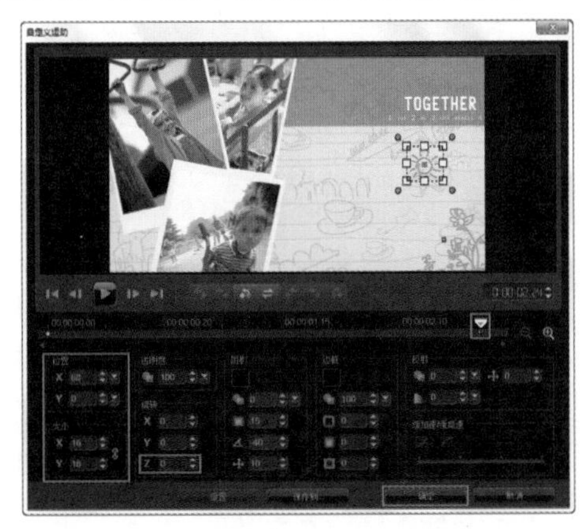

图 17-34

（18）将擦洗器拖拽到第 15 秒的位置，如图 17-35 所示。接着在【预览窗口】中输入文字，如图 17-36 所示。

图 17-35

图 17-36

（19）双击文字，打开【选项】属性面板，设置合适的【字体】和【字体大小】，设置【行间距】为 80，【按角度旋转】为 28，设置【色彩】分别为绿色（R：10，G：159，B：114）和黄色（R：255,G：175,B：27），如图 17-37 所示。

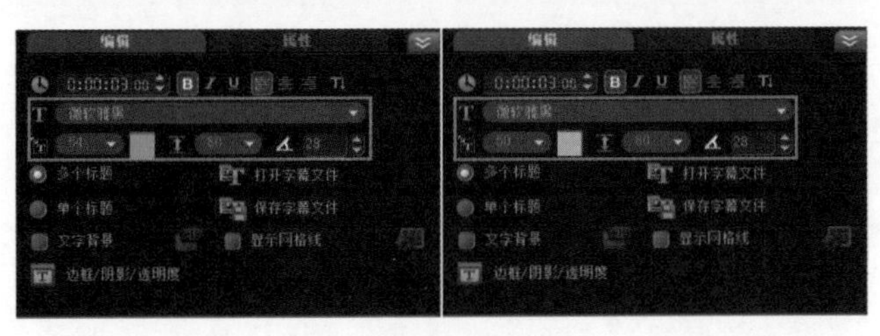

图 17-37

（20）单击【边框 / 阴影 / 透明度】按钮，在弹出的对话框中勾选【外部边界】选项，并设置【边框宽度】为 7，【线条色彩】为白色（R：255，G：255，B：255），如图 17-38 所示。此时在【预览窗口】中的效果，如图 17-39 所示。

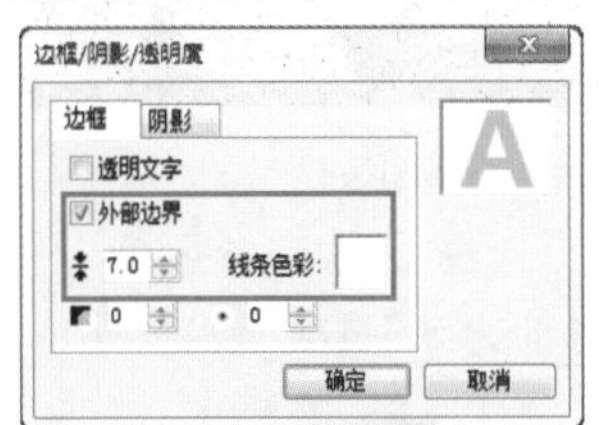

图 17-38

图 17-39

（21）选择【属性】选项卡，然后勾选【应用】选项，设置【动画类型】为【弹出】，并选择合适的预设弹出方式，如图 17-40 所示。

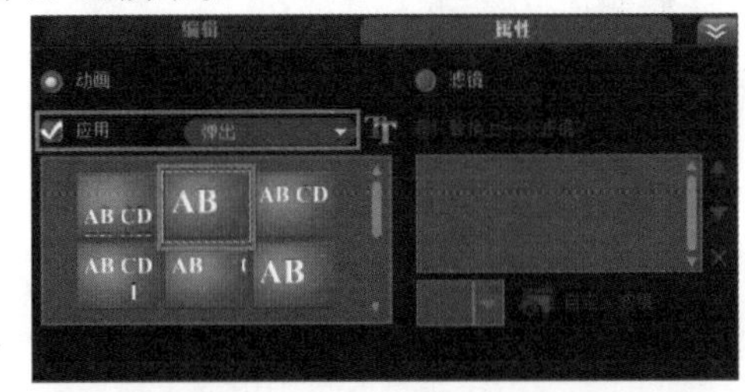

图 17-40

（22）添加一个【标题轨】，并在【预览窗口】中输入文字，如图 17-41 所示。双击文字打开【选项】属性面板，并设置合适的【字体】和【字体大小】，设置【行间距】为 80，【按角度旋转】为 28，如图 17-42 所示。

图 17-41

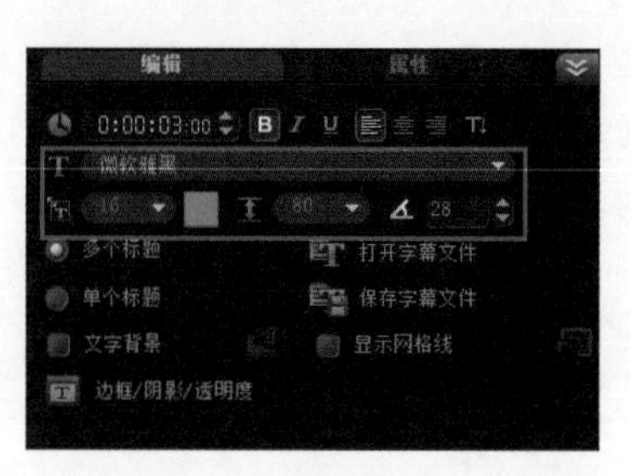

图 17-42

（23）单击【边框 / 阴影 / 透明度】按钮，在弹出的对话框中勾选【外部边界】选项，设置【边框宽度】为3，【线条色彩】为【白色】（R：255，G：255，B：255），如图 17-43 所示。此时在【预览窗口】中调整文字的位置，如图 17-44 所示。

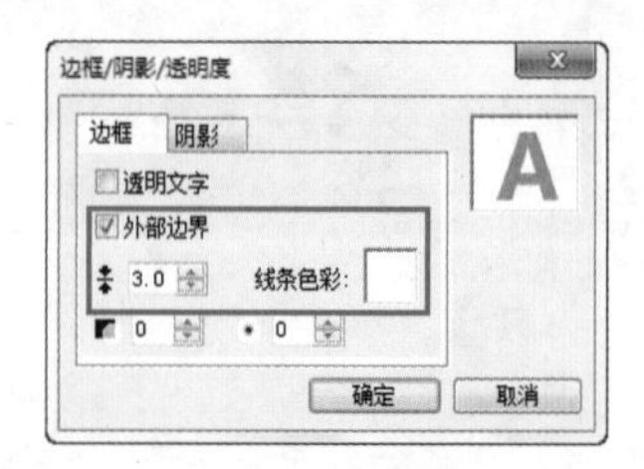

图 17-43

图 17-44

（24）此时，单击【预览窗口】中的【播放】按钮查看最终效果，如图 17-45 所示。

图 17-45

第 18 章　综合实例：婚纱电子相册

综合实例：　婚纱电子相册

案例文件	综合实例：婚纱电子相册 .VSP
视频教学	视频文件 \ 第 18 章 \ 婚纱电子相册 .flv
难易指数	★★★★☆
技术掌握	添加 Flash 动画、调整速度 / 时间流逝、制作艺术文字效果

18.1　案例分析

本案例就来学习如何在会声会影 X6 中使用 Flash 动画和覆叠素材等制作婚纱电子相册，最终渲染效果，如图 18-1 所示。

图 18-1

18.2　思路解析

思路解析如图 18-2 所示。

图 18-2

（1）添加覆叠素材和 Flash 动画。

（2）制作艺术文字效果。

18.3　制作步骤

（1）打开会声会影 X6，将素材文件夹中的【01.jpg】添加到【视频轨】上，设置结束时间为第 20 秒，如图 18-3 所示。此时【预览窗口】中的效果，如图 18-4 所示。

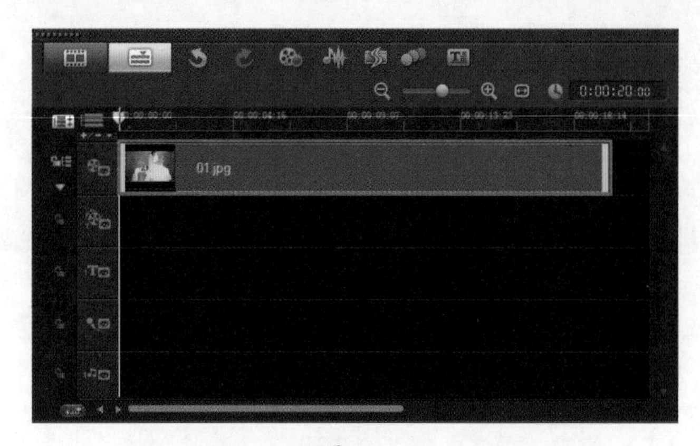

图 18-3

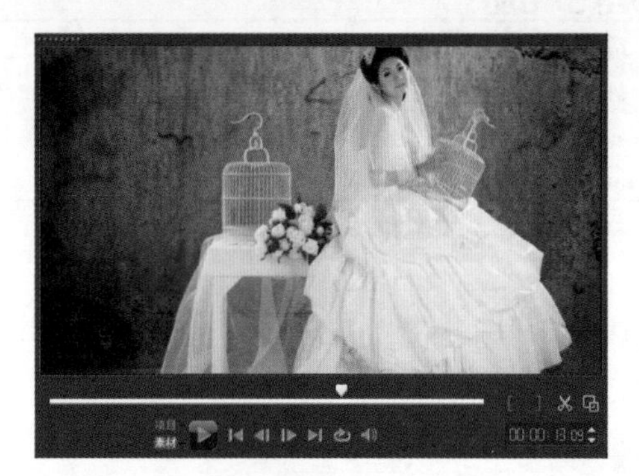

图 18-4

（2）双击【01.jpg】素材文件，打开【选项】面板，选择【摇动和缩放】选项，接着单击【自定义】按钮，如图 18-5 所示。在弹出的对话框中，选择【起始帧】选项，并设置【缩放率】为 170%，然后在【预览窗口】中调整十字光标的位置，如图 18-6 所示。

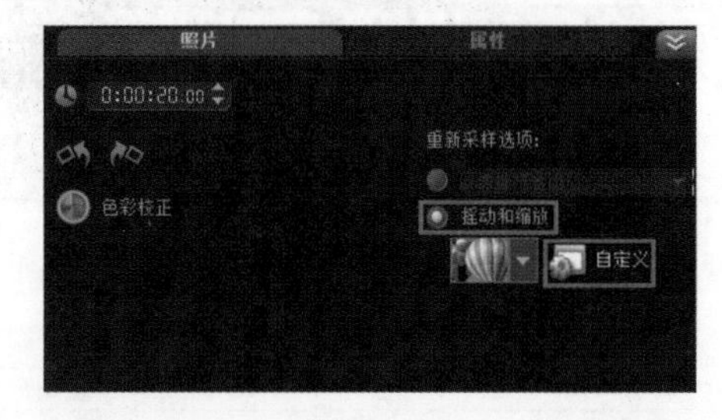

图 18-5

图 18-6

（3）在 00:00:00:21 的位置添加关键帧，设置【缩放率】为 166%，并在【预览窗口】中调整十字光标的位置，如图 18-7 所示。在 00:00:01:16 的位置添加关键帧，设置【缩放率】为 164%，并在【预览窗口】中调整十字光标的位置，如图 18-8 所示。

图 18-7

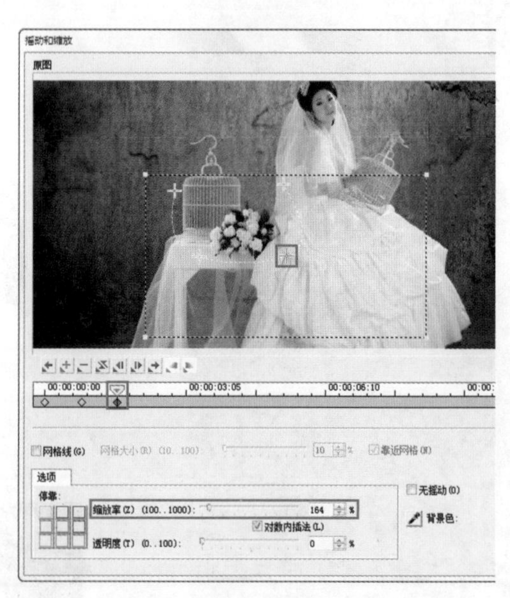

图 18-8

（4）在 00:00:02:11 的位置添加关键帧，设置【缩放率】为 162%，并在【预览窗口】中调整十字光标的位置，如图 18-9 所示。在 00:00:03:09 的位置添加关键帧，设置【缩放率】为 164%，并在【预览窗口】中调整十字光标的位置，如图 18-10 所示。

（5）在第 5 秒的位置添加关键帧，设置关键帧的【缩放率】为 101%，接着在【预览窗口】中调整十字光标的位置，如图 18-11 所示。

图 18-9

图 18-10

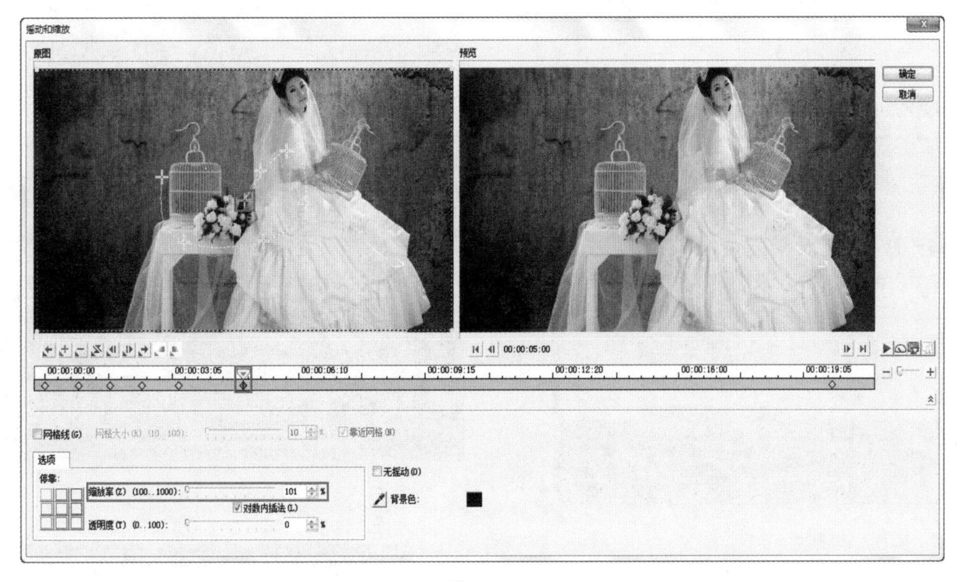

图 18-11

（6）选择第 5 秒的关键帧，使用快捷键【Ctrl+C】进行复制，接着使用快捷键【Ctrl+V】粘贴到结束帧的位置，最后单击【确定】按钮，如图 18-12 所示。

图 18-12

（7）将素材文件夹中的【02.png】添加到【覆叠轨 1】上，设置结束时间为第 20 秒的位置，如图 18-13 所示。接着在【预览窗口】中单击鼠标右键，在弹出的菜单中选择【调整到屏幕大小】命令，如图 18-14 所示。

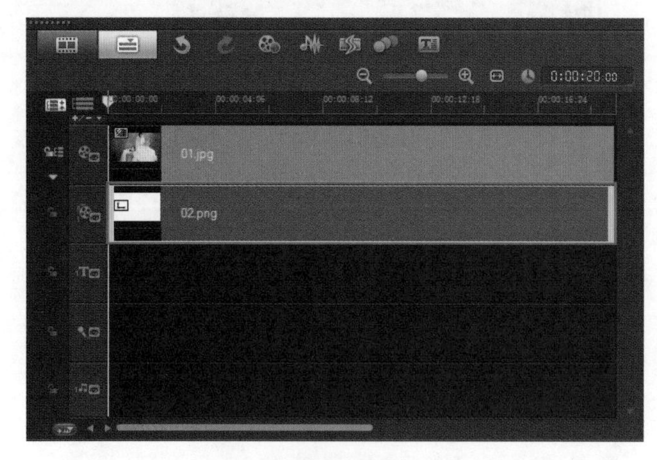

图 18-13

图 18-14

（8）在【轨道管理器】中设置覆叠轨的数量为 4，如图 18-15 所示。单击【素材库】面板上的 [图形] 按钮，设置【画廊】类型为【Flash 动画】，接着将【MotionF44】添加到【覆叠轨 2】上，如图 18-16 所示。

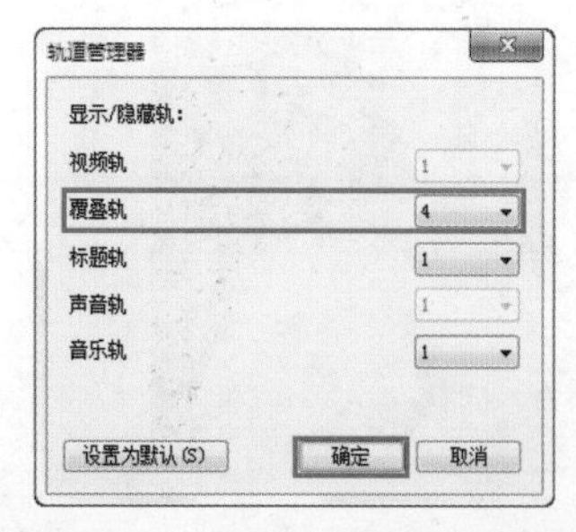

图 18-15

（9）将【03.png】素材文件添加到【覆叠轨 2】上，设置开始时间为第 5 秒，结束时间为第 18 秒，如图 18-17 所示。接着在【预览窗口】中调整素材的位置和大小，如图 18-18 所示。

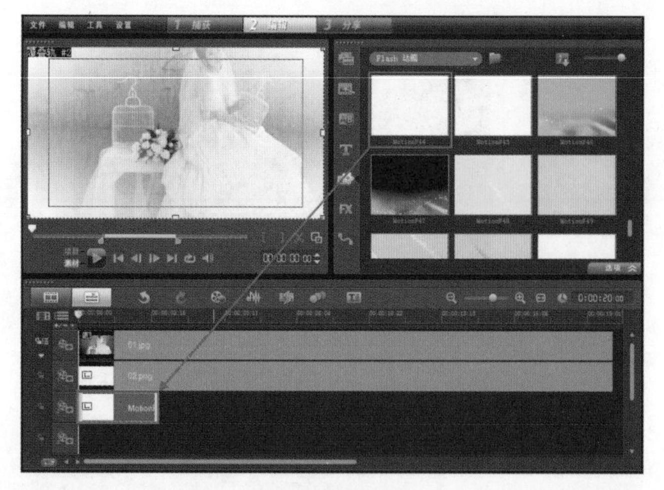

图 18-16

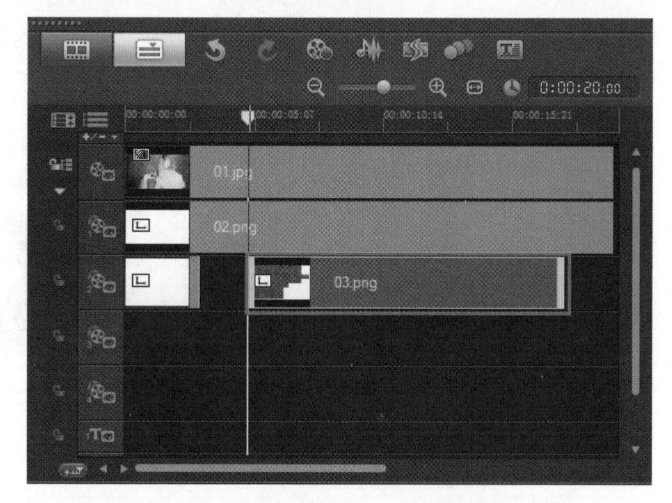

图 18-17

图 18-18

（10）双击【03.png】素材文件，打开【选项】属性面板，并单击【淡入动画效果】按钮，为素材设置淡入的动画效果，如图 18-19 所示。

（11）将【04.png】素材文件添加到【覆叠轨 3】上，设置开始时间为第 9 秒，结束时间为第 16 秒，如图 18-20 所示。

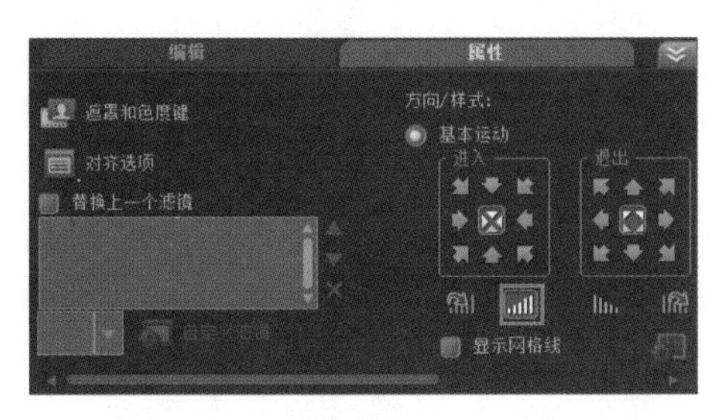

图 18-19

图 18-20

（12）选择【04.png】素材文件，在【预览窗口】中调整素材的位置和大小，如图 18-21 所示。打开【选项】面板，设置【基本运动】的【进入】方式为【从左边进入】，【退出】为【从右边退出】，如图 18-22 所示。

图 18-21

图 18-22

（13）将【05.png】添加到【覆叠轨 4】上，设置开始时间为第 7 秒，结束时间为第 18 秒，如图 18-23 所示。接着在【预览窗口】中调整素材的位置和大小，如图 18-24 所示。

图 18-23

图 18-24

（14）双击【05.png】素材文件，打开【选项】面板，单击【淡入动画效果】按钮和【淡出动画效果】按钮，如图 18-25 所示。

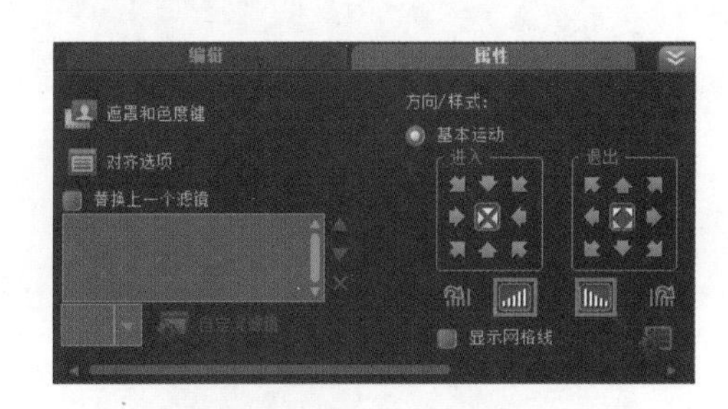

图 18-25

（15）在【素材库】面板上单击【转场】按钮，设置【画廊】类型为【过渡】，接着将【过渡到黑色】拖拽到【视频轨】上，如图 18-26 所示。选择添加的转场的特效，在【转场】选项面板中设置【转场的区间】为 2 秒，如图 18-27 所示。

图 18-26

图 18-27

（16）将【过渡到黑色】拖拽到【覆叠轨 1】的【02.png】素材文件上，如图 18-28 所示。双击添加的转场，在【转场】选项面板中设置区间为 2 秒，如图 18-29 所示。

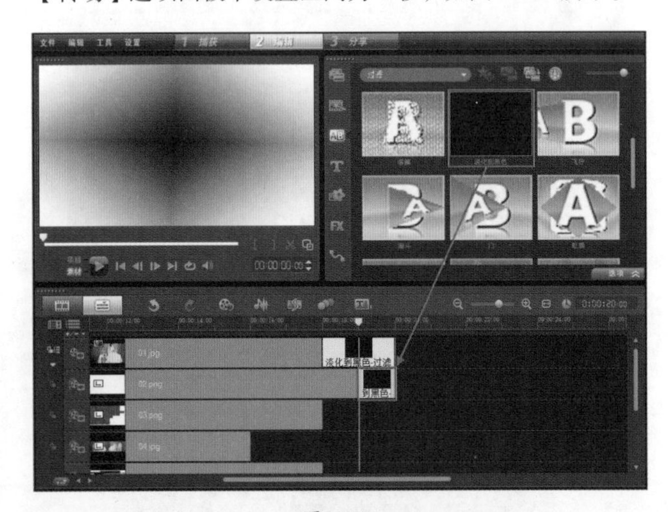

图 18-28

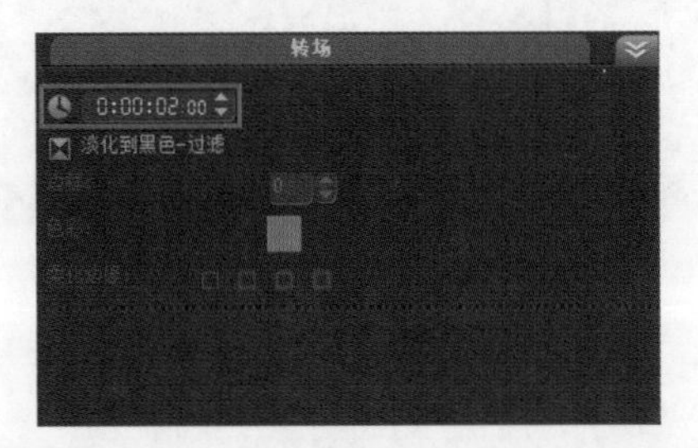

图 18-29

（17）单击【素材库】面板上的【图形】按钮，设置【画廊】类型为【Flash 动画】，将【MotionD09】拖拽到【覆叠轨 4】上，如图 18-30 所示。在【预览窗口】中调整素材的位置和大小，如图 18-31 所示。

图 18-30

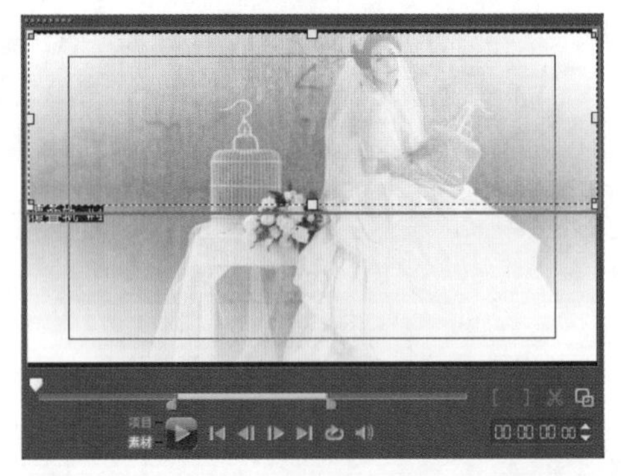

图 18-31

（18）在【覆叠轨 4】的【MotionD09】素材文件上单击鼠标右键，在弹出的菜单中选择【速度 / 时间流逝 ...】，如图 18-32 所示。在弹出的对话框中，设置【新素材区间】为 2 秒，并单击【确定】按钮，如图 18-33 所示。

图 18-32

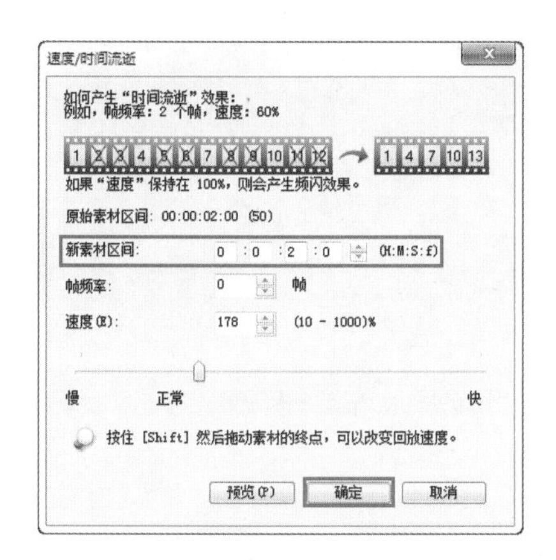

图 18-33

（19）在第 18 秒的位置，单击【标题】按钮，然后在【选项】面板中设置文字的区间为 2 秒，选择合适的【字体】和【字体大小】，设置【色彩】为白色（R：255，G：255，B：255），如图 18-34 所示。接着在【预览窗口】中输入文字，如图 18-35 所示。

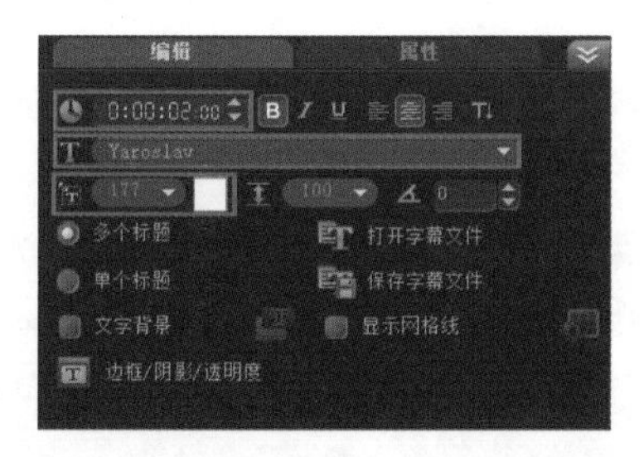

图 18-34

图 18-35

（20）双击【标题轨】上的文字，打开【选项】属性面板，然后勾选【应用】选项，设置【动画类型】为【淡入】，并选择合适的预设淡入效果，如图 18-36 所示。

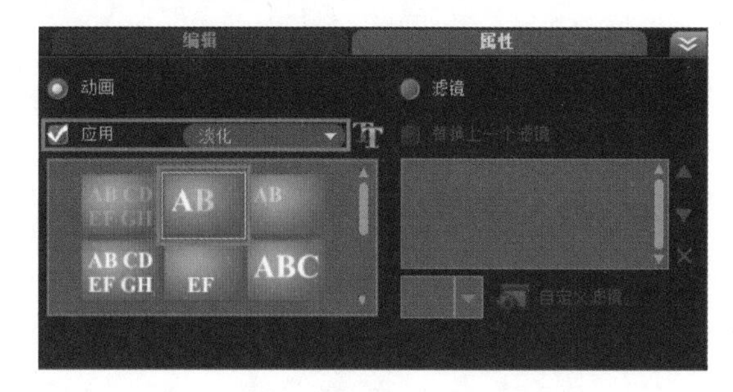

图 18-36

（21）单击【预览窗口】中的【播放】按钮查看最终的效果，如图 18-37 所示。

图 18-37

第 19 章　综合实例：时尚动感

综合实例：　时尚动感

案例文件	综合实例：时尚动感 .VSP
视频教学	视频文件 \ 第 19 章 \ 时尚动感 .flv
难易指数	★★★★☆
技术掌握	添加 Flash 动画、调整色彩模板的色彩、调整覆叠轨素材动画的暂停区间

19.1　案例分析

本案例就来学习如何在会声会影 X6 中使用色彩模板、标题文字和滤镜特效制作时尚动感效果，最终渲染效果，如图 19-1 所示。

图 19-1

19.2　思路解析

思路解析如图 19-2 所示。

图 19-2

（1）添加色彩模板和标题文字。

（2）为覆叠素材添加滤镜效果。

19.3 制作步骤

（1）打开会声会影 X6，将素材文件夹中的【01.jpg】添加到【视频轨】上，设置结束时间为第 20 秒，如图 19-3 所示。此时【预览窗口】中的效果，如图 19-4 所示。

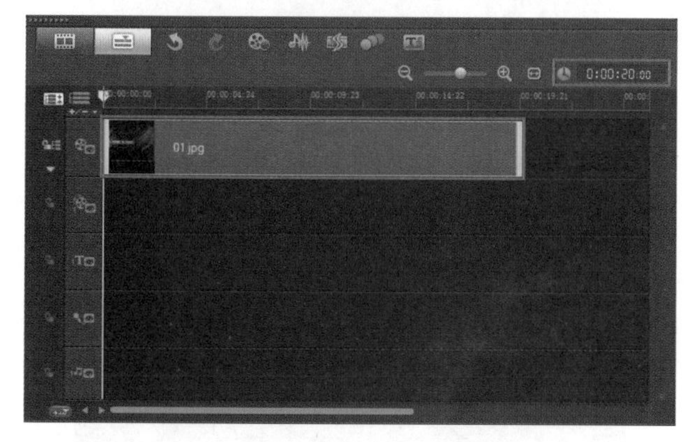

图 19-3

图 19-4

（2）单击【素材库】面板上的【图形】按钮，将【画廊】类型设置为【Flash 动画】，接着将【MotionF21.swf】拖拽到【覆叠轨 1】上，如图 19-5 所示。

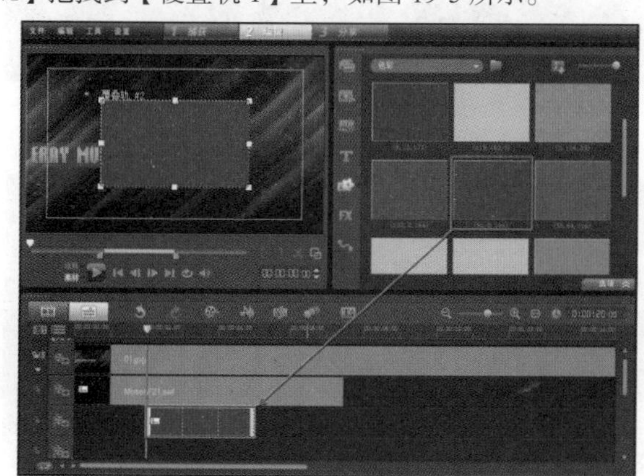

图 19-5

（3）在【轨道管理器】中设置【覆叠轨】的数量为 7，并设置【图形】素材库中的【画廊】类型为【色彩】，接着将【紫色】拖拽到【覆叠轨 1】上，如图 19-6 所示。

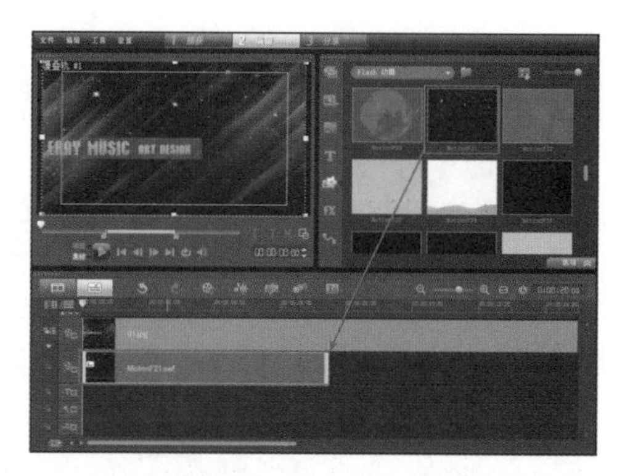

图 19-6

（4）双击【覆叠轨 2】上的色彩素材文件，打开【编辑】选项面板，设置色彩的【区间】为 18 秒，单击【色彩选取器】色块，将色彩更改为浅紫色（R：184，G：132，B：216），如图 19-7 所示。此时在【预览窗口】中调整素材的位置和大小，如图 19-8 所示。

图 19-7

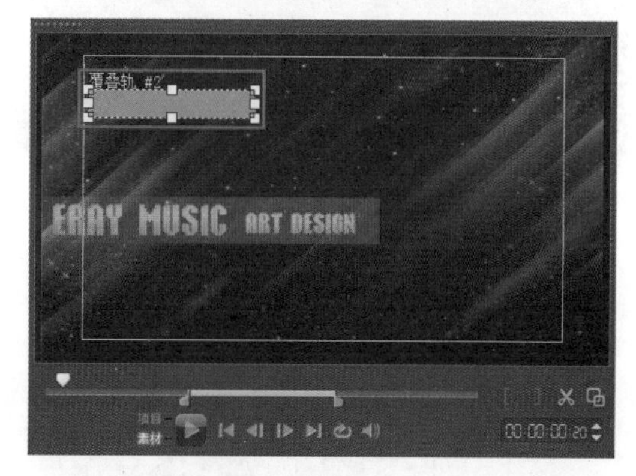

图 19-8

（5）在【选项】面板的【属性】选项卡中，设置素材的【进入】方式为【从左边进入】，并单击【淡入动画效果】按钮，如图 19-9 所示。在【预览窗口】中调整素材基本运动的暂停区间，如图 19-10 所示。

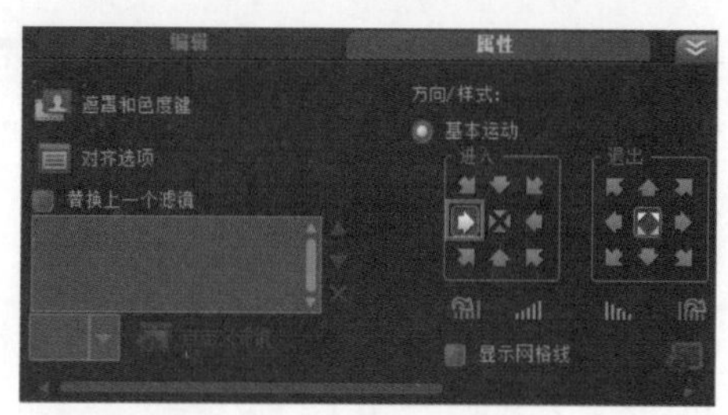

图 19-9

图 19-10

（6）将【02.png】素材文件添加到【覆叠轨 3】上，设置开始时间为第 3 秒，结束时间为第 20 秒，如图 19-11 所示。在【预览窗口】中调整素材的位置和大小，如图 19-12 所示。

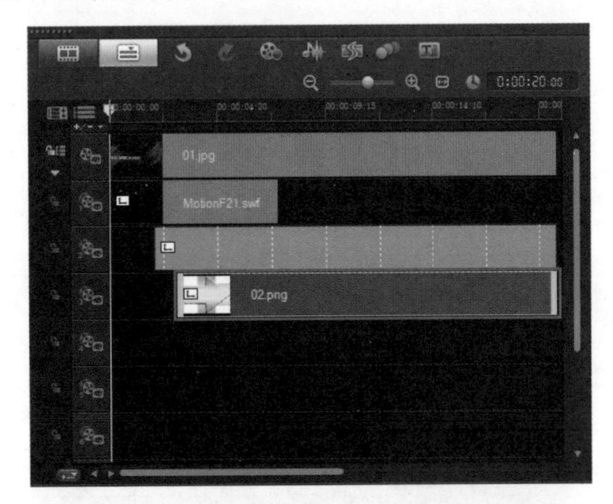

图 19-11

图 19-12

（7）双击【覆叠轨 3】上的色彩素材文件，打开【选项】属性面板，单击【淡入动画效果】按钮，如图 19-13 所示。接着在【预览窗口】中调整素材的暂停区间，如图 19-14 所示。

（8）将【03.png】素材文件添加到【覆叠轨 4】上，设置开始时间为第 5 秒，结束时间为第 20 秒，如图 19-15 所示。在【预览窗口】中调整素材的位置和大小，如图 19-16 所示。

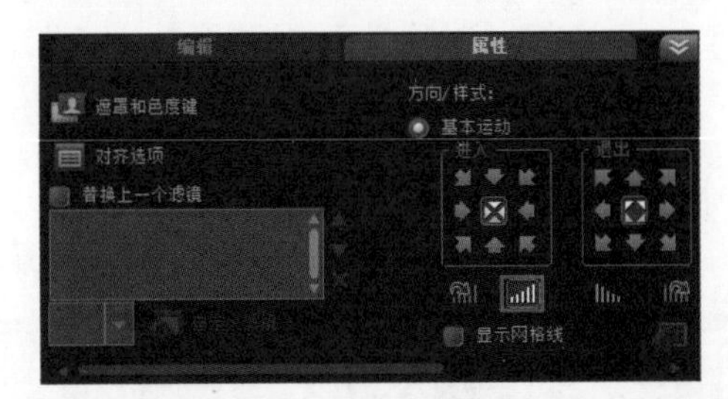

图 19-13

图 19-14

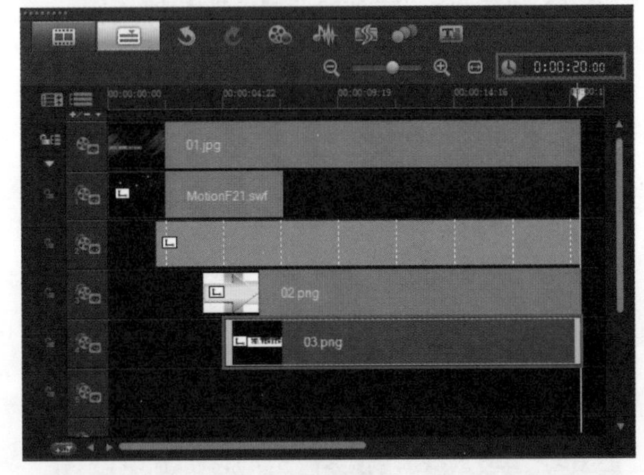

图 19-15

图 19-16

（9）双击【覆叠轨 4】上的【03.png】素材文件，打开【选项】属性面板，单击【淡入动画效果】按钮，如图 19-17 所示。接着在【预览窗口】中调整素材的暂停区间，如图 19-18 所示。

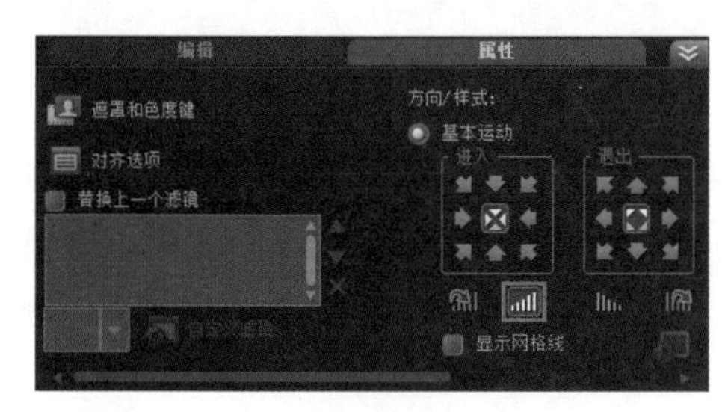

图 19-17

图 19-18

（10）在【覆叠轨 2】的素材上单击鼠标右键，在弹出的菜单中选择【复制】选项，如图 19-19 所示。接着在【覆叠轨 4】上单击鼠标左键即可粘贴，如图 19-20 所示。

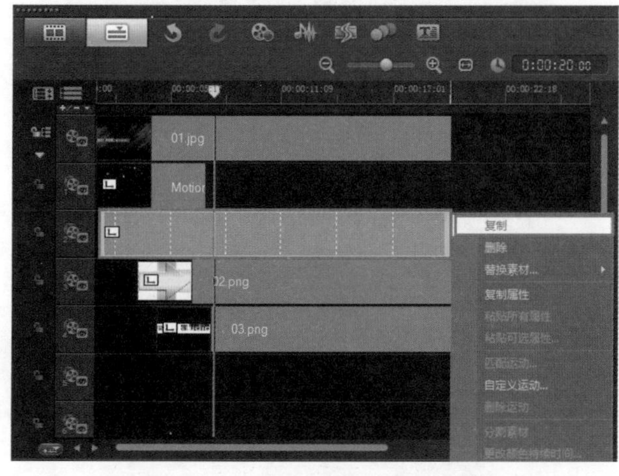

图 19-19

（11）设置【覆叠轨 4】上的素材文件的开始时间为第 7 秒，结束时间为第 20 秒，如图 19-21 所示。接着在【预览窗口】中调整素材的位置，并调整素材的暂停区间，如图 19-22 所示。

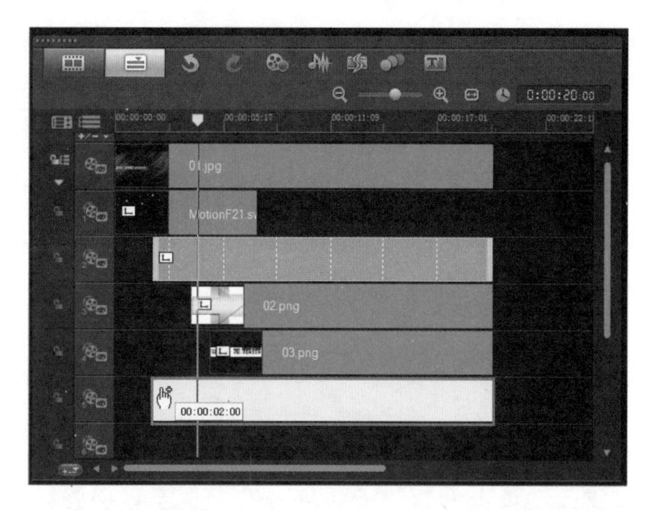

图 19-20

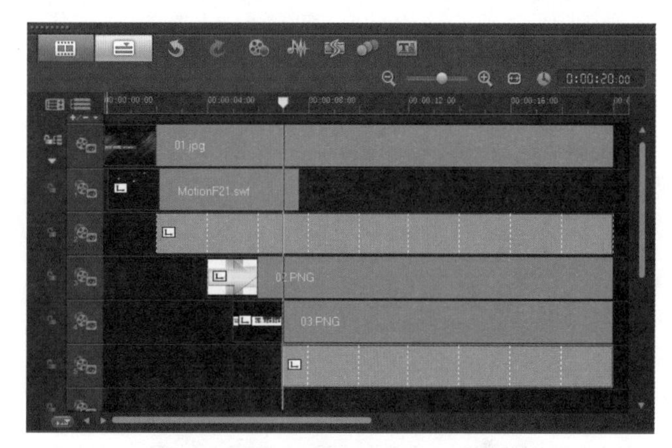

图 19-21

图 19-22

（12）将【覆叠轨 3】上的【02.png】素材文件复制粘贴到【覆叠轨 6】上，并调整素材的开始时间为第 9 秒，结束时间为第 20 秒，如图 19-23 所示。接着在【预览窗口】中调整素材的位置，并调整素材的暂停区间，如图 19-24 所示。

（13）将【04.png】素材文件添加到【覆叠轨 7】上，设置开始时间为第 10 秒，结束时间为第 20 秒，如图 19-25 所示。接着在【预览窗口】中调整素材的位置和大小，如图 19-26 所示。

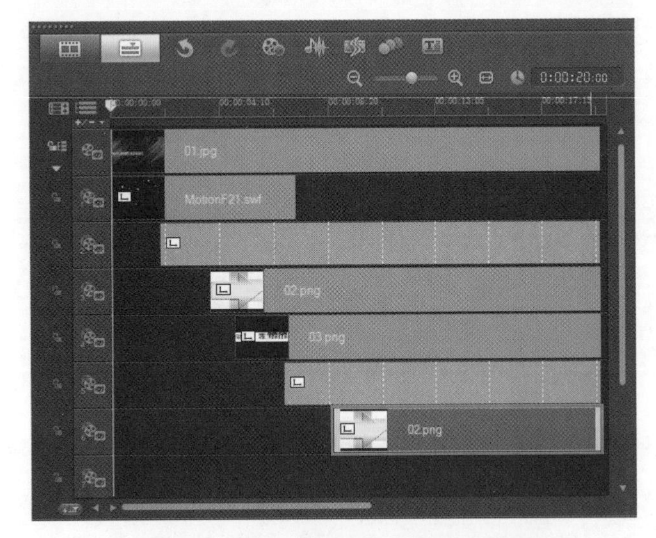

图 19-23

图 19-24

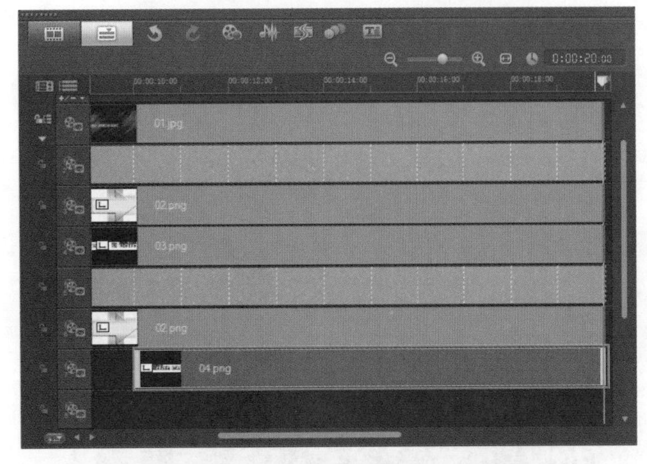

图 19-25

图 19-26

（14）双击【04.png】素材文件，打开【选项】属性面板，单击【淡入动画效果】按钮，如图 19-27 所示。接着在【预览窗口】中调整素材的暂停区间，如图 19-28 所示。

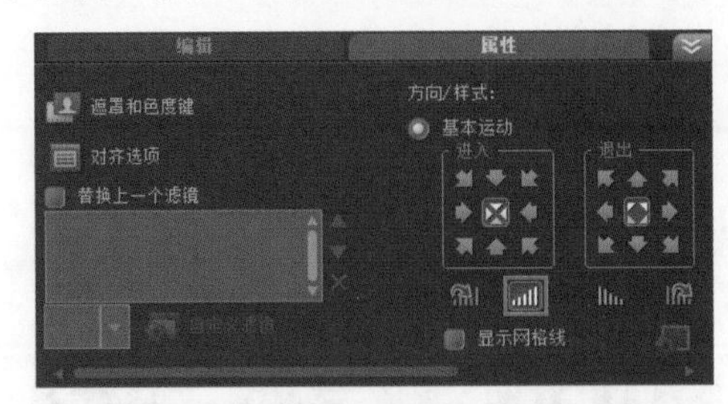

图 19-27

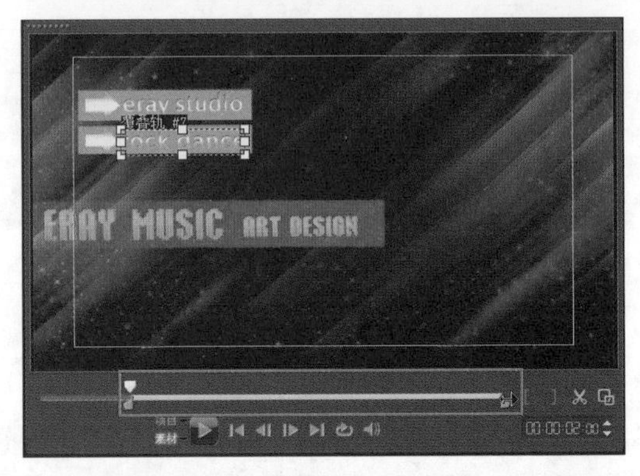

图 19-28

（15）将擦洗器拖拽到第 12 秒的位置，然后在【预览窗口】中输入文字，如图 19-29 所示。打开【选项】面板，设置文字的【区间】为 8 秒，接着选择合适的【字体】和【文字大小】，设置【色彩】为黄色（R：244，G：228，B：84），如图 19-30 所示。

图 19-29

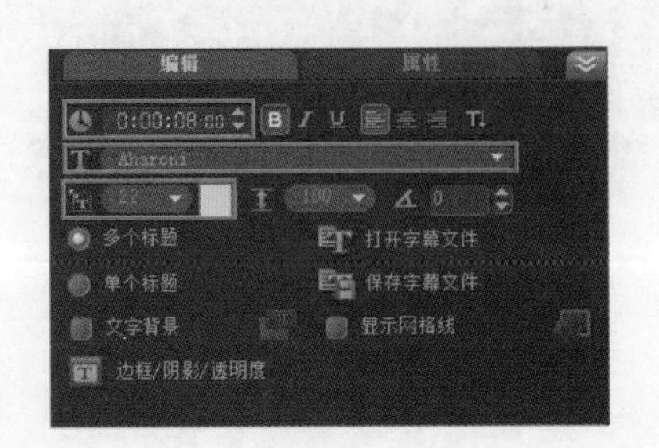

图 19-30

（16）单击【边框 / 阴影 / 透明度】按钮，在弹出的对话框中，勾选【外部边界】选项，设置【边框宽度】为 7，【线条色彩】为深黄色（R：183,G：119,B：13），接着单击【确定】按钮，如图 19-31 所示。此时【预览窗口】中的效果，如图 19-32 所示。

图 19-31

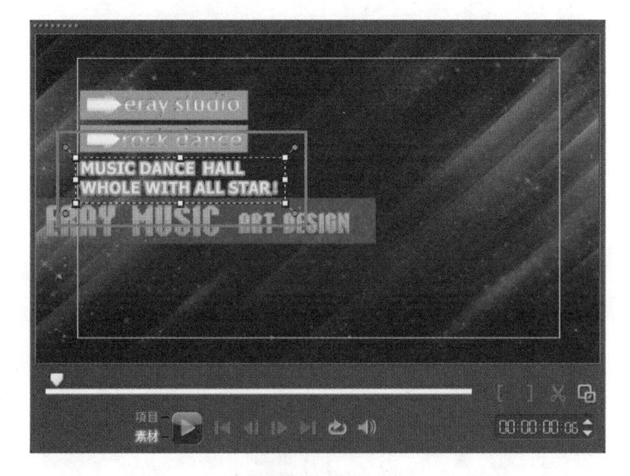

图 19-32

（17）选择【选项】面板的【属性】选项卡，然后勾选【应用】选项，并设置【动画类型】为【弹出】，如图 19-33 所示。接着在【预览窗口】中调整暂停区间，如图 19-34 所示。

图 19-33

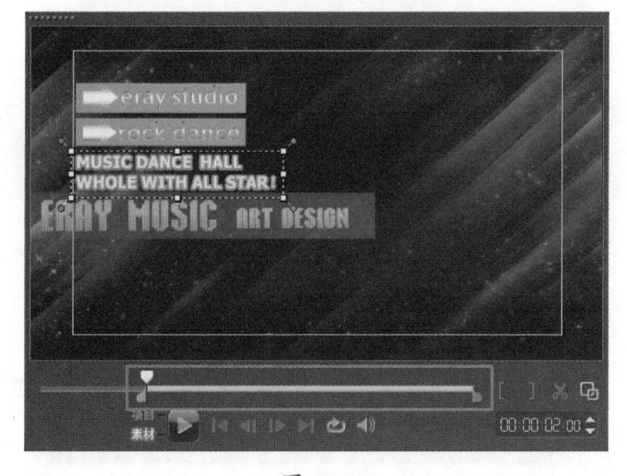

图 19-34

（18）设置【标题轨】的数量为 2。然后单击【素材库】上的【标题】按钮，并将合适的文字模板拖拽到【标题轨 2】上，如图 19-35 所示。双击文字打开【选项】面板，设置文字的【区间】为 6 秒，并设置合适【字体】和【字体大小】，设置【色彩】为黄色（R：244，G：228，B：84），如图 19-36 所示。

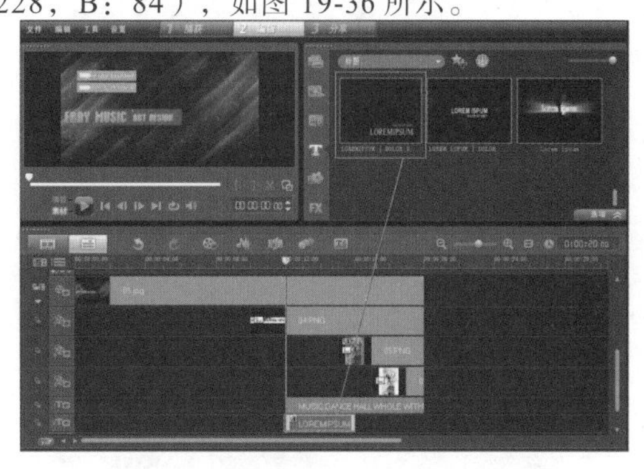

图 19-35

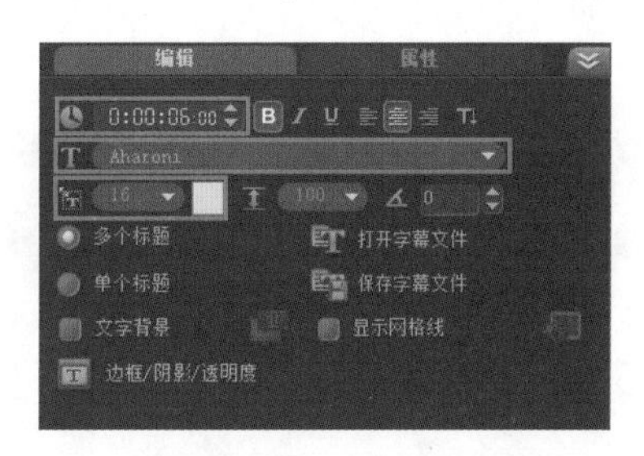

图 19-36

（19）此时在【预览窗口】中重新输入文字，并适当调整位置，如图 19-37 所示。在【标题轨 2】上调整标题文字的开始时间为第 14 秒，如图 19-38 所示。

图 19-37

图 19-38

（20）将【05.png】素材文件添加到【覆叠轨 8】上，设置开始时间为第 15 秒，结束时间为第 20 秒，如图 19-39 所示。接着在【预览窗口】中调整素材的位置和大小，如图 19-40 所示。

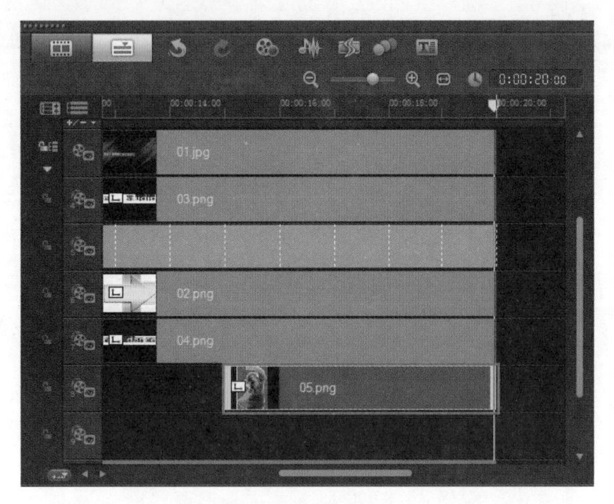

图 19-39

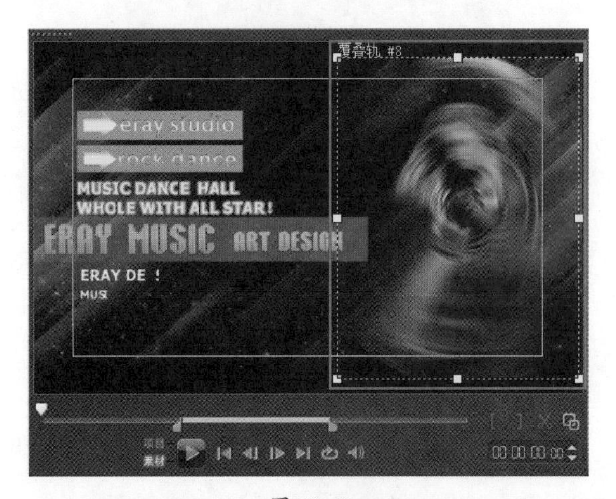

图 19-40

（21）单击【素材库】面板上的【滤镜】按钮FX，设置【画廊】类型为【相机镜头】，接着将【缩放动作】拖拽到【05.png】素材文件上，如图 19-41 所示。

图 19-41

（22）将【06.png】素材文件添加到【覆叠轨 9】上，并设置开始时间为第 17 秒，如图 19-42 所示。接着在【预览窗口】中调整素材的位置和大小，如图 19-43 所示。

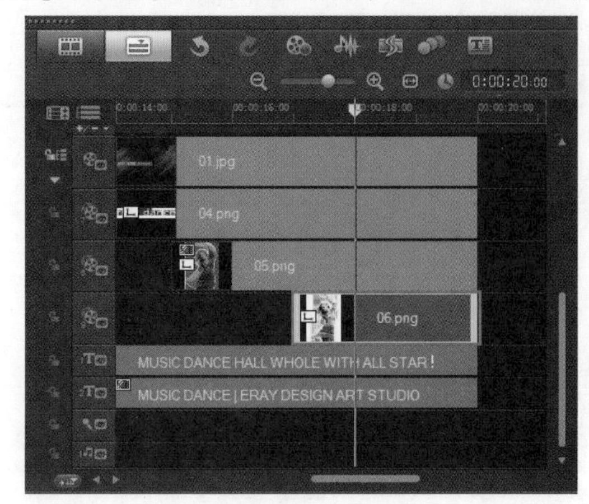

图 19-42

图 19-43

（23）双击【06.png】素材文件，打开【选项】属性面板，并单击【淡入动画效果】按钮，如图 19-44 所示。

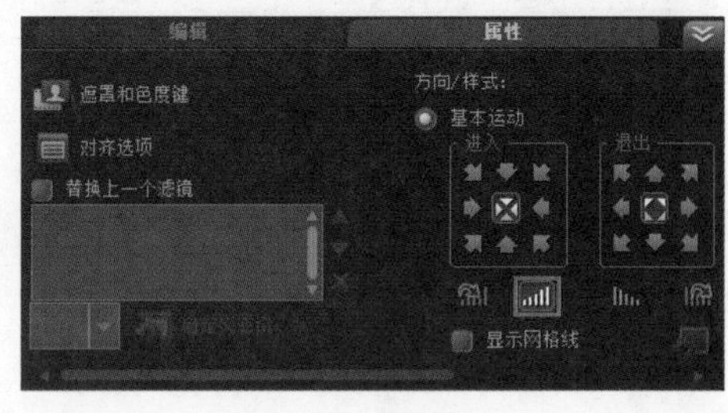

图 19-44

（24）此时，单击【预览窗口】中的【播放】按钮查看最终效果，如图 19-45 所示。

图 19-45

第 20 章　综合实例：王者之势

综合实例：　王者之势

案例文件	综合实例：王者之势 .VSP
视频教学	视频文件 \ 第 20 章 \ 王者之势 .flv
难易指数	★★★★★
技术掌握	色彩模板、标题模板和覆叠动画等的应用

20.1　案例分析

本案例就来学习如何在会声会影 X6 中使用色彩模板、标题模板和覆叠动画等制作王者之势效果，最终渲染效果，如图 20-1 所示。

图 20-1

20.2　思路解析

思路解析如图 20-2 所示。

图 20-2

（1）制作色彩背景和文字效果。

（2）为覆叠素材制作动画效果。

20.3　制作步骤

（1）打开会声会影 X6 软件，然后将素材文件中的【01.jpg】添加到【视频轨】上，设置结束时间为第 15 秒，如图 20-3 所示。此时，在【预览窗口】中的效果，如图 20-4 所示。

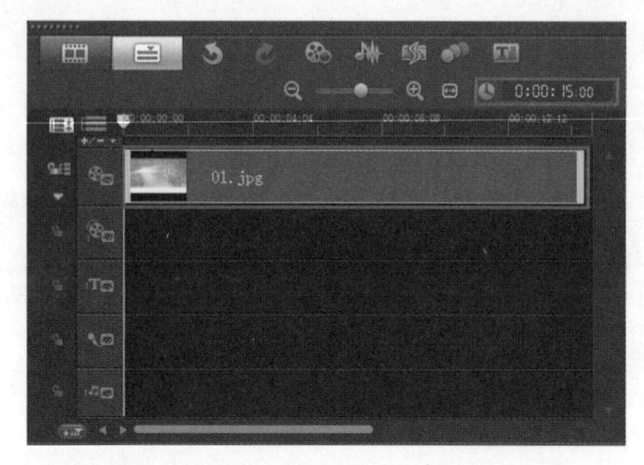

图 20-3

图 20-4

（2）单击【素材库】面板上的【图形】按钮，将【画廊】类型设置为【色彩】，将红色的色彩模板拖拽到【覆叠轨 1】上，并设置结束时间为第 15 秒，如图 20-5 所示。在【预览窗口】中调整素材的位置和大小，如图 20-6 所示。

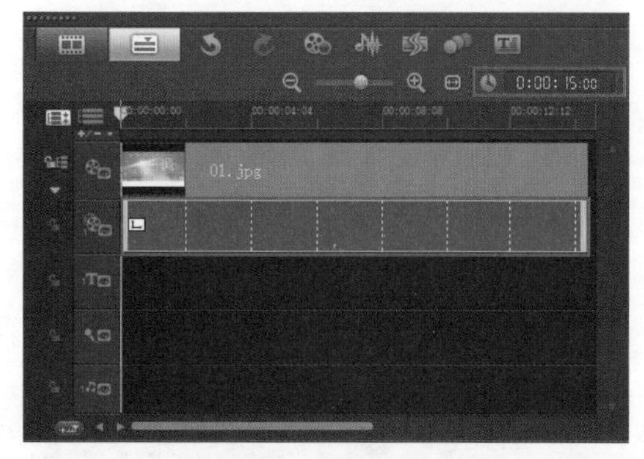

图 20-5

图 20-6

（3）单击【素材库】面板上的【转场】按钮，设置【画廊】类型为【过渡】，接着将【过渡到黑色】转场分别添加到【视频轨】和【覆叠轨 1】的素材上，如图 20-7 所示。分别双击【视频轨】和【覆叠轨 1】上的转场，打开【选项】面板，设置转场的【区间】为 2 秒，如图 20-8 所示。

图 20-7

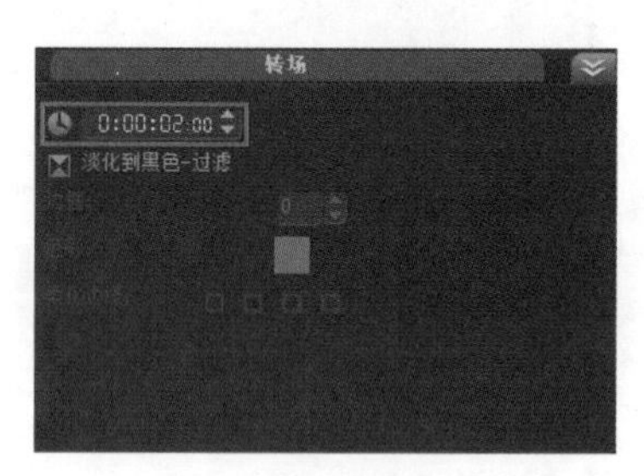

图 20-8

（4）单击【素材库】面板上的【标题】按钮，然后将合适的标题模板拖拽到【标题轨 1】上，如图 20-9 所示。接着在【预览窗口】中的标题字幕上双击鼠标左键，重新输入合适的文字，如图 20-10 所示。

图 20-9

（5）选择【预览窗口】中的文字，在【选项】编辑面板中，设置【区间】为 2 秒，设置【色彩】为灰

图 20-10

色（R：180，G：180，B,180），如图 20-11 所示。接着单击【边框/阴影/透明度】按钮，在弹出的对话框中设置【线条色彩】为白色（R：255，G：55，B：255），单击【确定】按钮，如图 20-12 所示。

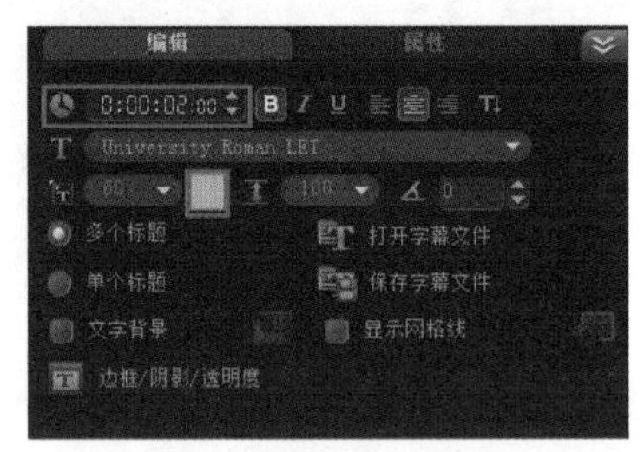

图 20-11

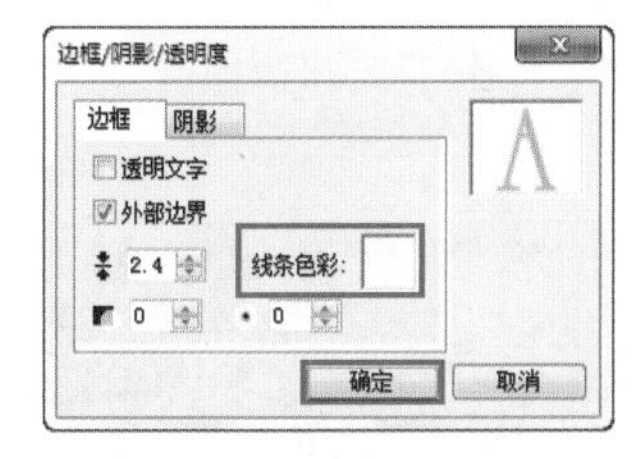

图 20-12

（6）在【轨道管理器】中设置【覆叠轨】的数量为 8。然后将【02.png】素材文件添加到【覆叠轨 2】上，并设置开始时间为第 3 秒，结束时间为第 15 秒，如图 20-13 所示。接着在【预览窗口】中调整素材的位置和大小，如图 20-14 所示。

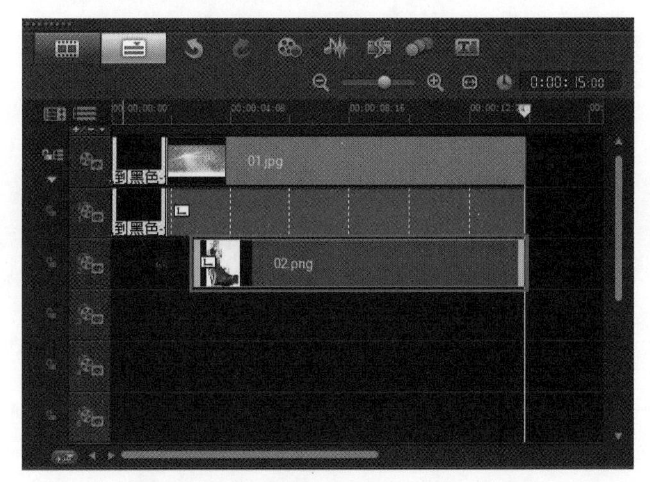

图 20-13

图 20-14

（7）将【03.png】素材文件添加到【覆叠轨 3】上，设置开始时间为第 4 秒，结束时间为第 15 秒，如图 20-15 所示。接着在【预览窗口】中调整素材的位置和大小，如图 20-16 所示。

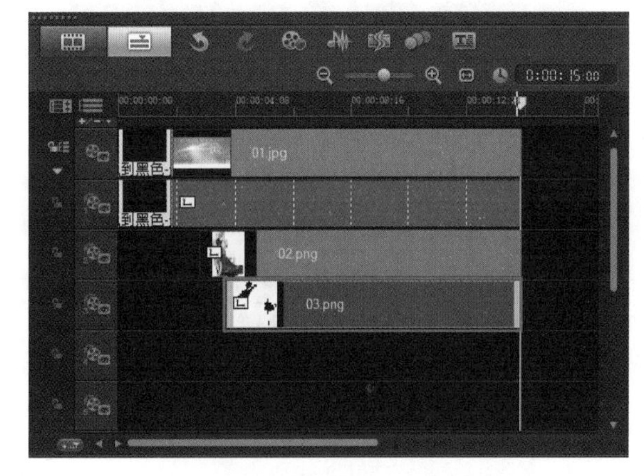

图 20-15

图 20-16

（8）双击【覆叠轨 3】上的【03.png】素材文件，打开【选项】属性面板，并单击【淡入动画效果】按钮，为素材设置淡入的动画效果，如图 20-17 所示。

图 20-17

（9）将擦洗器拖拽到第 4 秒的位置，单击【标题】按钮，在【预览窗口】中输入文字，如图 20-18 所示。然后在【选项】面板中设置【区间】为 11 秒，并设置合适的【字体大小】，设置【色彩】为黑色（R：0，G：0，B：0），如图 20-19 所示。

图 20-18

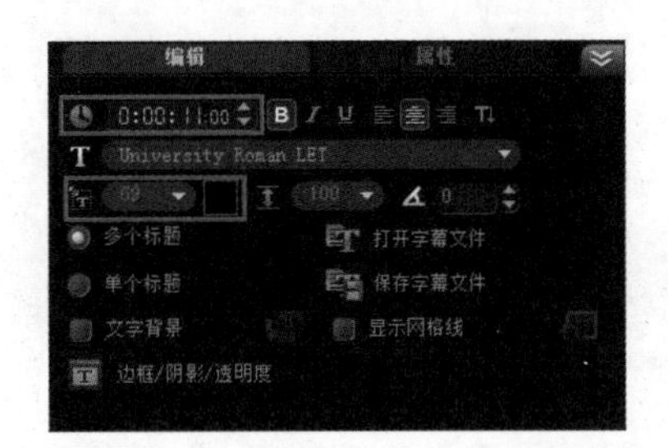

图 20-19

（10）在【属性】选项卡中勾选【应用】选项，设置【动画类型】为【缩放】，如图 20-20 所示。接着单击【自定义动画属性】按钮，在弹出的对话框中，设置【单位】为【字符】，【缩放起始】为【2.5】，最后单击【确定】按钮，如图 20-21 所示。

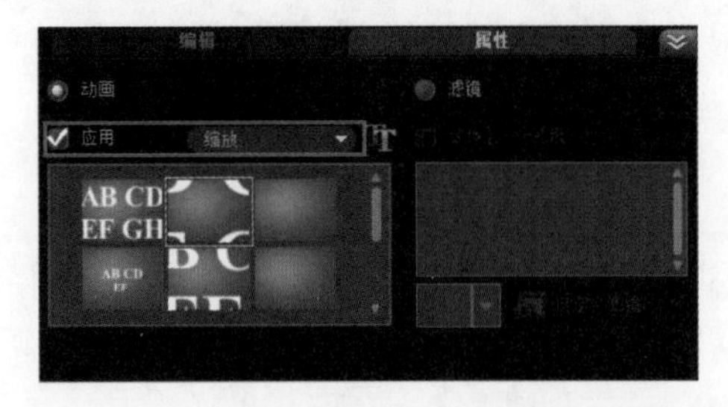

图 20-20

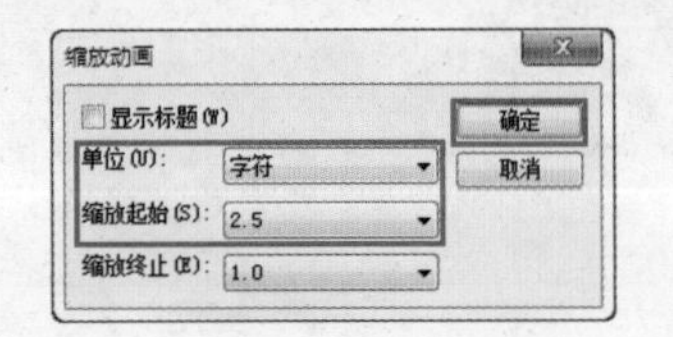

图 20-21

（11）接着继续输入文字，如图 20-22 所示。并在【选项】面板中设置文字的相关参数，如图 20-23 所示。

图 20-22

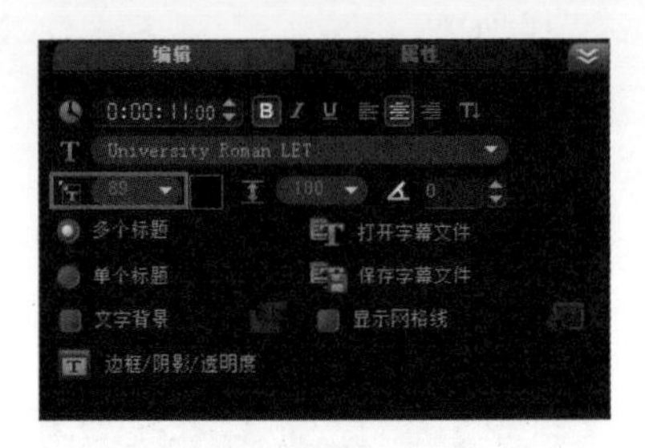

图 20-23

（12）在【属性】选项卡中勾选【应用】选项，设置【动画类型】为【弹出】，并选择合适的预设弹出方式，如图 20-24 所示。

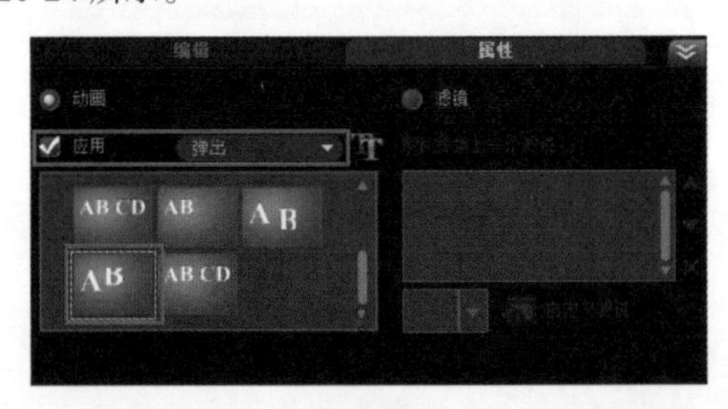

图 20-24

（13）继续输入文字，并调整文字的位置，如图 20-25 所示。然后在【选项】面板中设置文字的参数，如图 20-26 所示。

图 20-25

图 20-26

（14）此时在【预览窗口】中的文字效果，如图 20-27 所示。

图 20-27

（15）在【轨道管理器】中设置【标题轨】的数量为 2。然后单击【素材库】面板中的【标题】按钮，将合适的标题模板拖拽到【标题轨 2】上，并设置开始时间为第 7 秒，结束时间为第 15 秒，如图 20-28 所示。接着在【预览窗口】中重新修改文字内容，此时【预览窗口】中的效果，如图 20-29 所示。

图 20-28

图 20-29

（16）双击【标题轨 2】上的标题文字，打开【选项】面板，分别设置【区间】为 8 秒，然后设置合适的【文字大小】，并分别设置【色彩】为黑色（R：0，G：0，B：0）和白色（R：255，G：255，B：255），如图 20-30 所示。接着在【预览窗口】中调整文字的位置，如图 20-31 所示。

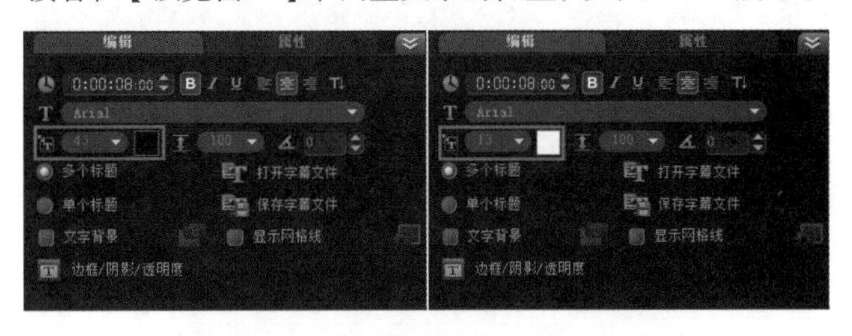

图 20-30

图 20-31

（17）将【04.png】素材文件添加到【覆叠轨 4】上，并设置开始时间为第 9 秒，结束时间为第 15 秒，如图 20-32 所示。此时在【预览窗口】中调整素材的位置和大小，如图 20-33 所示。

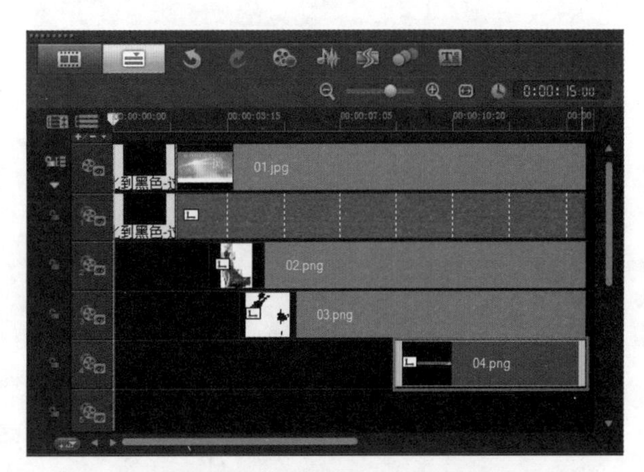

图 20-32

图 20-33

（18）双击【04.png】素材文件，打开【选项】属性面板，并设置素材的【基本运动】方式，设置【进入】的方式为【从左边进入】，并单击【淡入动画效果】按钮，如图 20-34 所示。

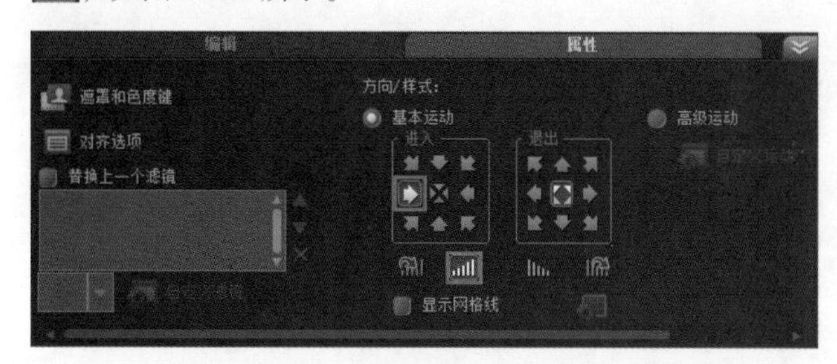

图 20-34

（19）将【05.jpg】素材文件添加到【覆叠轨 5】上，设置开始时间为第 10 秒，结束时间为第 15 秒，如图 20-35 所示。此时【预览窗口】中的效果，如图 20-36 所示。

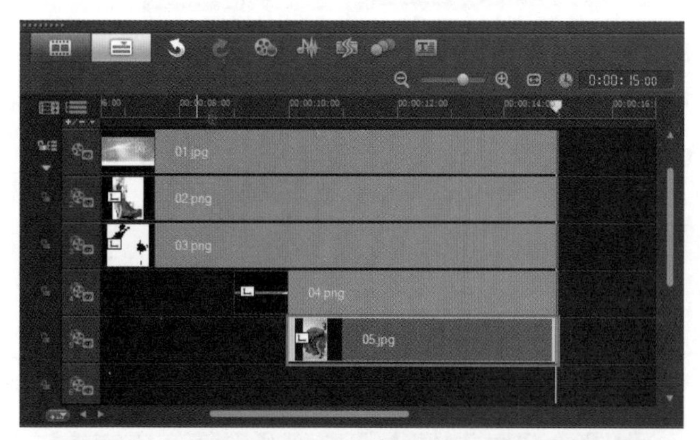

图 20-35

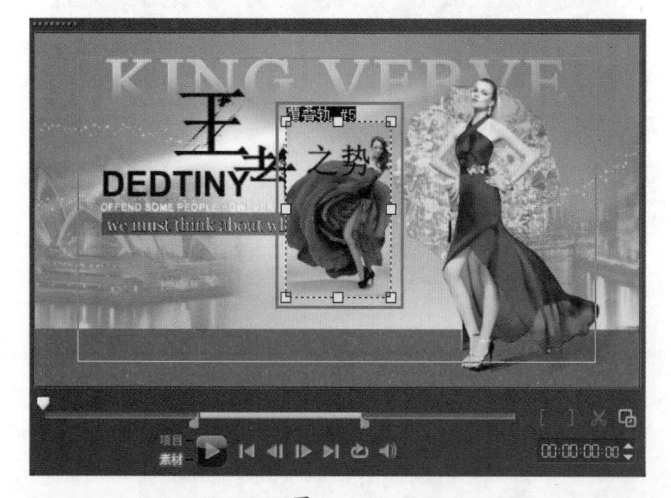

图 20-36

（20）单击【素材库】面板中的【路径】按钮，将【P10】拖拽到【覆叠轨 5】的【05.jpg】素材文件上，如图 20-37 所示。在【覆叠轨 5】的【05.jpg】素材文件上单击鼠标右键，在弹出的菜单中选择【自定义运动】，如图 20-38 所示。

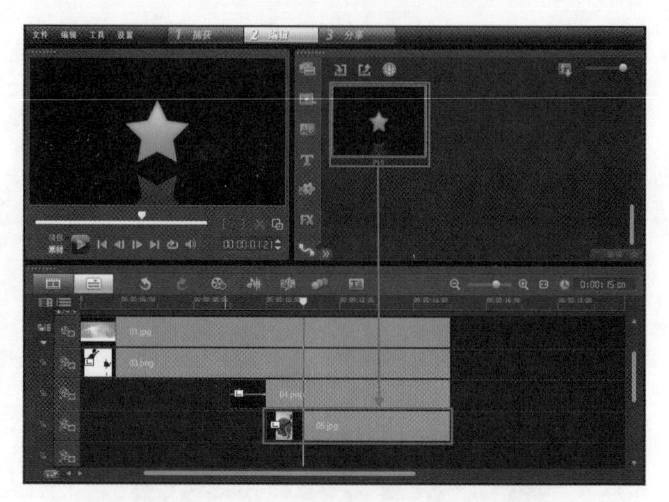

图 20-37

图 20-38

（21）在弹出的对话框中，选择起始帧，设置【位置】的【X】为 – 75，【Y】为 – 5，【阴影模糊】为 15，【阴影方向】为 – 40，【边框】的【颜色】为白色（R：255，G：255，B：255），【边框透明度】为 100，【边框】大小为 12，如图 20-39 所示。

图 20-39

（22）将擦洗器拖拽到第二个关键帧，设置【位置】的【X】为 – 75，【Y】为 – 55，设置【大小】的【X】和【Y】为 30，设置【阴影透明度】为 50，【阴影模糊】为 15，

【阴影方向】为 40，【阴影距离】为 15，【边框】的【颜色】为白色（R：255，G：255，B：255），【边框透明度】为 100，【边框大小】为 12，如图 20-40 所示。

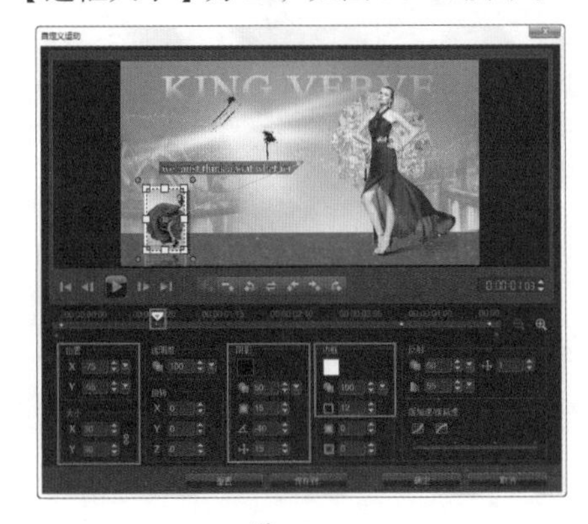

图 20-40

（23）将擦洗器拖拽到第三个关键帧，设置【位置】的【X】为－75，【Y】为－55，设置【大小】的【X】和【Y】为 30，设置【阴影透明度】为 50，【阴影模糊】为 15，【阴影方向】为 40，设置【边框】的【颜色】为白色（R：255，G：255，B：255），【边框透明度】为 100，【边框大小】为 12，如图 20-41 所示。

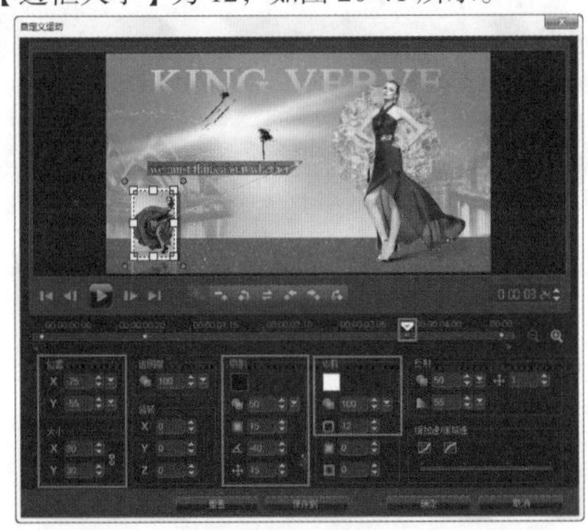

图 20-41

（24）将擦洗器拖拽到结束帧，设置【位置】的【X】为－75，【Y】为－55，【边框】的【颜色】为白色（R：255，G：255，B：255），【边框透明度】为 100，【边框大小】为 12，最后单击【确定】按钮，如图 20-42 所示。

图 20-42

（25）在【覆叠轨 5】的【05.jpg】素材文件上单击鼠标右键，在弹出的菜单中选择【复制】选项，如图 20-43 所示，分别粘贴到【覆叠轨 6】、【覆叠轨 7】和【覆叠轨 8】上，如图 20-44 所示。

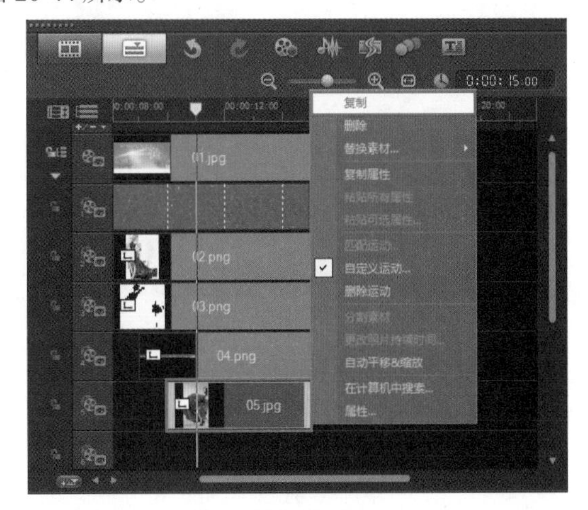

图 20-43

图 20-44

（26）在【覆叠轨 6】的【05.jpg】素材文件上单击鼠标右键，在弹出的菜单中选择【自定义运动】选项，如图 20-45 所示。设置每个关键帧的【位置】的【X】和【Y】分别为－49 和－55，然后单击【确定】按钮，如图 20-46 所示。

图 20-45

第 20 章

图 20-46

（27）在【覆叠轨 7】的素材文件上单击鼠标右键，在弹出的菜单中选择【自定义运动】选项，如图 20-47 所示。分别设置每个关键帧的【位置】的【X】为 – 23，【Y】为 – 55，然后单击【确定】按钮，如图 20-48 所示。

图 20-47

图 20-48

（28）在【覆叠轨 8】的素材文件上单击鼠标右键，在弹出的菜单中选择【自定义运动】选项，如图 20-49 所示。分别设置每个关键帧的【位置】的【X】为 3，【Y】为 – 55，然后单击【确定】按钮，如图 20-50 所示。

图 20-49

图 20-50

（29）在【覆叠轨 6】的素材文件上单击鼠标右键，在弹出的菜单中执行【替换素材】/【照片】命令，并在弹出的对话框中选择替换的素材，接着单击【打开】按钮即可替换素材，如图 20-51 所示。以此类推将【覆叠轨 7】和【覆叠轨 8】上的素材文件进行替换，如图 20-52 所示。

图 20-51

（30）此时，单击【预览窗口】中的【播放】按钮查看最终效果，如图 20-53 所示。

0:00: 15:00
01.jpg
04.png
05.jpg
06.jpg
07.jpg
08.jpg
王 | 者 | 之势
图 20-52

ING VERVE
王
之势
DEDTINY
之势
DEDTINY
王者
之势
图 20-53